震 前 过 程

——用于地震预测研究的多学科方法

〔美〕迪米塔尔·奥祖诺夫（Dimitar Ouzounov）
〔俄〕谢尔盖·普林涅茨（Sergey Pulinets）
〔日〕服部克巳（Katsumi Hattori）
〔美〕帕特里克·泰勒（Patrick Taylor）
编

刘芹芹　申　奥　林婉清　申旭辉　译

科 学 出 版 社
北　京

图字：01-2020-0206 号

内 容 简 介

本书涉及地球物理学、地球化学等多个学科交叉内容，重点描述了目前用于地震预测研究的多学科方法，从震前岩石圈-大气层-电离层-磁层耦合的物理概念及模型出发，通过震前地震学现象的地面和卫星遥感监测进一步阐述震前过程机制，涉及与地震活动相关的地表地球化学和电磁观测、大气/热观测、电离层观测等，并包含了各种地震活动异常提取技术和方法，提出了地震预报预测跨学科多参量评估方法。

本书可供开展地震科学研究的硕士/博士研究生以及从事该方向科研和教学的人员参考。

Pre-Earthquake Processes: A Multidisciplinary Approach to Earthquake Prediction Studies
ISBN: 9781119156932

审图号：GS 京（2024）2177 号

图书在版编目(CIP)数据

震前过程 ：用于地震预测研究的多学科方法 / (美)迪米塔尔・奥祖诺夫(Dimitar Ouzounov)等编；刘芹芹等译. -- 北京 ：科学出版社, 2024.5

书名原文: Pre-Earthquake Processes

ISBN 978-7-03-078484-1

Ⅰ. ①震… Ⅱ. ①迪… ②刘… Ⅲ. ①地震预测-研究 Ⅳ. ①P315.75

中国国家版本馆 CIP 数据核字(2024)第 090754 号

责任编辑：崔 妍 韩 鹏 徐诗颖/责任校对：何艳萍
责任印制：肖 兴/封面设计：无极书装

科学出版社 出版
北京东黄城根北街 16 号
邮政编码：100717
http://www.sciencep.com
北京天宇星印刷厂印刷
科学出版社发行 各地新华书店经销
*
2024 年 5 月第 一 版 开本：787×1092 1/16
2024 年 5 月第一次印刷 印张：24
字数：570 000

定价：298.00 元

（如有印装质量问题，我社负责调换）

中文版前言

在过去的 25 年间，日本、中国、欧盟、俄罗斯、美国等对震前研究产生了浓厚的兴趣，地震前兆信号总体上也在相关证据的稳定累积下得到了检验。最近在亚洲和欧洲发生的大地震突出了这些地区进行各种研究以寻找用于预测或预报的地震前兆的重要性。本书提供了目前国际上对震前信号及其地震预报/预测研究的最新发展资料。

地震是最具破坏性的频发自然灾害之一：它们对社会的影响极大，因为地震的发生会造成重大人身安全和财产的损失。尽管数十年来收集了大量的研究和数据，我们还是更了解地震之后发生的事情而非震前所发生的大量复杂现象。

本书所涵盖的历史跨度约为2500年，记录了这期间在强震前所观测到的物理现象。很早以前，亚里士多德（Ancient Greece，384～322 B.C.）、普林尼（Roman Empire，AD 23～79）以及中国古代的许多科学家（Tributsch，1978，1982）就认为雾和云是大型震前活动的观测性证据。本书除对日本、中国和欧洲震前研究史进行回顾外，也考虑到了近期观测技术发展所带来的最新结果。我们在本书中介绍了新的传感器，其能够大量获取大范围的时空测量数据，捕捉地球或其内部产生的各种活动。我们认为，卫星观测为科学家们提供了新的可能性，通过监测地球电磁环境所反映的各种异常现象和地面变形来研究地震行为。跨学科观测可以通过观察可能存在的岩石圈-大气层耦合来提高我们对全球范围内地震孕育过程的认知理解。这也是本书的一个主要观点，因为人们普遍认为，通过对地震学、地球化学、地磁学、大气科学和地质学研究的整合，我们对地球物理过程的理解可以更进一步。

本书中包含的课题最初提出于 2004 年美国地球物理联盟秋季会议期间组织的震前研究会议上。我们从中着重选取了 20 项研究，作为当前对震前情况研究和理解方面进展的报告，本版由来自中国、日本、俄罗斯、意大利、法国、希腊、美国 7 个国家的 40 多位科学家供稿。部分提出的参数列举如下：观测所得地球化学流体和气体，超低频（ULF）磁信号，大气效应包括电离层总电子含量（TEC）测量以及震中地区的地震序列活动。尽管篇幅很大，但本书也有很多好的研究成果未能提及。

目前关于震前方面的书提供了一些必要信息和经验教训，这些都可以看作地震预测研究未来的发展。通过多年的国际合作，我们发现只有通过对空间和地面观测的整合才能更可靠地检测与强震活动相关的震前信号。这可以通过多参数传感器来完成，因为震前信号的测量通常隐藏在观测的背景噪声中。

本书为读者准备了很多案例研究，这些案例显示了一些地震前发生相关地球物理和地球化学“异常”。然而，迄今为止我们对震前信号理解的整体方法都无法真正得到证实。本书在理解震前信号方面取得了重大的进展，可能能促进有效地震预测的产生。

我希望中国的读者们能够喜欢本书，不仅因为书中包含了最新的科研成果，还因为其提供了许多跨领域研究的思路。我希望向研究生，以及从事地震学、地球物理学、地球动力学、地球观测、大气和电离层科学、全球导航卫星系统和自然灾害学研究的专家们推荐本书。

我们在此所呈现的是一本关于地震孕育过程及其地震活动多学科系统研究的书。很早以前就应该开展这类研究了，正如 Ari Ben Menahem 在 24 年前所述："除非我们开展跨学科研究和观测工作，否则下一次大地震总会让我们惊讶。"（Ben Menahem，1995）

迪米塔尔·奥祖诺夫（Dimitar Ouzounov）
美国加利福尼亚州奥兰治查普曼大学
2019 年 9 月 1 日

参考文献

Ben Menahem A., A. (1995) Concise History of mainstream Seismology: Origina, Legacy and Perspectives. *Bull. Seismol. Soc. Amer*. 85, 1202-1225

Ouzounov D., S. Pulinets, K. Hattori, P.Taylor. (2018). *Ed's Pre-Earthquake Processes: A Multi-disciplinary Approach to Earthquake Prediction Studies*, AGU/Wiley, 2018, 385 pp

Pulinets S. and D. Ouzounov. (2018). *The Possibility of Earthquake Forecasting:Learning from nature, Institute of Physics Books, IOP Publishing, Dec 2018*, 168pp

Pulinets S., D. Ouzounov, A. Karelin, D. Boyarchuk. (2020). *Earthquake precursors in atmosphere and ionosphere*. New concept for short-term earthquake forecast. Springer

Tributsch, H. (1978), Do aerosol anomalies precede earthquakes?*Nature 276* 606–608

Tributsch, H. (1982), *When the Snakes Awake: Animals and Earthquake Prediction*, MIT Press, 248p

部分彩色图片可扫描下载

前　言

对于地震现象的了解，从最早的科学观测至今已经有超过 2500 年的历史。公元前 340 年，古希腊哲学家亚里士多德所著的《气象汇论》被认为是世界上第一本全面描述地震相关现象的著作。书中提出了第一次对地震的描述，包括提出的“普纽玛（气息）”理论——一种震前会出现的现象。自此，欧洲开启了大地震大气前兆观测。19 世纪末，亚历山大·冯·洪堡（1897）研究了大气环流，维尔纳斯基（1912）研究了地震过程“地球呼吸”现象。这一阶段取得了诸多科学进展，第一台现代地震仪的发明者——英国地震学家和地质学家约翰·米恩，出版了《地震和地球的其他运动》的第一版（米恩，1913），书中提出了关于强震预警的新观点。米恩基于日本北部 387 次地震活动观测首次报道了地震活动大气信号的定量分析结果，发现临震前波峰略微提前于月平均气温的正弦曲线（Milne，1913），在之后的第七版（Milne and Lee，1939）中写道：“有人认为，小震去除了断层阻力，而这样的一系列小震可能是对即将到来的灾害的预警。”以及“有人指出地震波传播速度的变化预示着地震的到来。”

在过去的 15～30 年间，日本、俄罗斯、中国以及欧洲各国对于震前研究产生了浓厚的兴趣。近期在亚洲和欧洲发生的强震也表明了开展地震前兆的多学科研究，对地震预测、预报具有重要意义。美国地球物理学会秋季会议中震前过程特别讨论会也应运而生。本书的主题最初也是基于 2004 年以来的讨论会成果联合整理而来。本书中我们着重介绍了部分研究成果，展示了当前的研究以及我们对于震前活动理解的进展。这些研究来自世界各地，但主要集中于中国、日本、俄罗斯、意大利、法国和希腊，描述了目前观测到的多种参数及其与地震前活动的关系。部分参数包括地球化学流体和气体，超低频（ULF）磁信号，大气效应，包括电离层总电子含量（TEC）测量以及记录地震区的地震活动。此外，还有数个国家的案例。

尽管本书仅代表正在进行的全球地震预测研究的一部分，但也说明了地震研究的范围和多样性。本书旨在展示参与这一重要研究领域的各种参量，地震、大气、地球化学和历史等方面，并将这些研究的知识和认知带给更广泛的地球科学界。

本书意在将跨学科的研究方法引入震前研究。目的是记录在震前过程研究方面取得的最新进展，并提供国际上相关研究的近况概览。这些经同行评审过的研究可以在未来的期刊出版物中被引用，希望可以给不相信地震存在前兆物理现象的科学家们一个满意的答案。

希望本书能给不熟悉地震前兆研究的人提供一个起点，并为将来的研究指明方向。我们期望本书可以鼓励他人开展地震前兆现象的研究，并继续发展跨学科的物理方法来探索不断变化的地球，提高对地震的预测能力，并促进新一代科学家的教育。

致谢

感谢美国地质学会编辑 Ritu Bose 博士，本书的成功离不开他的努力与支持。编者们还要感谢 50 位审稿人对这 20 章内容所投入的时间与精力。

迪米塔尔•奥祖诺夫（Dimitar Ouzounov）等
2018 年 1 月

参考文献

Humboldt, A., Von (1897), *COSMOS: A Sketch of the Physical Description of the Universe*, New York, 462 pp.

Milne, J. (1913), *Earthquakes and Other Movements*, 1st edn, London, 210 pp.

Milne, J. and Lee, A. W. (1939), *Earthquakes and Other Movements*, 7th edn, Kegan Paul, Trench, & Co., Ltd, London, 244 pp.

Vernadsky, V. (1912), About the gas exchange of Earth crust, *Russ.Acad.Sci.St Petersburg*, 6, 2141-2162. (In Russian.)

目　　录

第七部分　地震预报/预测的跨学科方法

第一部分　震前现象研究的历史发展

1 震前研究方面的国际合作：历史及新方向

上田诚也[1]和长尾年恭[2]

1 日本学士院，日本
2 东海大学海洋研究所，日本

摘要 地震预测必须确定时间、震中和震级，并具有一定的准确性。相比于长期预测和中期预测，短期预测对于人身安全和社会财产的保护具有直接意义。从全球的角度来看，从事地震预测研究的地震学家们对短期预测普遍持悲观态度。然而，近些年来，在地震短期的可预测性方面，各科学领域凸显了积极迹象。本文总结了地震预测研究的历史发展，并就国际合作的新方向做了总体的概述。

现代地震学是始于 1906 年旧金山 8.3 级地震后所提出的弹性回跳理论（Reid，1910）。该理论提出了在断层两侧的岩石受应力挤压逐渐发生形变，直至超过其强度极限，从而引发地震。被积累了很多年的压力在短时间内得到有效释放，并一直作为地震产生机理的指导理论，但在之后的几十年里，并未对地震预测进行过正式的科学尝试。20 世纪 60 年代，包括苏联、中国大陆、中国台湾和美国在内的数个国家和地区开始尝试地震预测研究。各国开启地震预测研究近乎同时，原因尚不明确，可能与二战结束后科研活动恢复的契机有关。此阶段地震预测科学的发展受益于为核爆检测所建立的全球标准地震台网（WWSSN）（Bolt，1976）。

在日本，1962 年问世的"地震预测——当前的进展和未来发展的方向"被誉为"蓝图"（Tsuboi et al.，1962），其内容虽然是基于经验的，但涵盖了所有可能的监测项目，如地壳运动、潮汐、地震活动性、地震波速、活动断层、地球化学和钻孔水位变化，甚至包括地磁和地电。从 1965 年至今，地震预报项目基金已得到多个连续的 5 年计划的支持。俄罗斯对地震预测也有着相似漫长的历史，可以追溯到苏联时期。在中国，中国地震局（CEA）从 20 世纪 60 年代末开始一直负责开展地震预测工作。美国在 1965 年提出了全国地震危险降低计划（NEHRP），但直到 1977 年才由国会授权通过。中国台湾在 1999 年经历了集集 7.3 级大地震（又称"9・21"大地震），面对该次紧急突发情况和自然灾害，主要依赖于消防员和警察。在该地震后，建立了常驻搜救队和早期预警系统。

1967 年，在国际大地测量和地球物理联合会（IUGG）的主持下，国际地震预报委员会正式成立。IUGG 是世界上最大的地球物理学组织。在 20 世纪 70 年代早期，乐观主义盛行（Press，1975），举例来说，膨胀扩散模型（Sholtz et al.，1973）取得了显著的成功，该模型似乎可以解释所有先兆现象，例如异常隆升、地震波速改变等。膨胀是由于在高应力下产生微裂缝而导致的体积增加，并且水的扩散性涌入被认为是岩石强度降低，导致地震的暴发。1975 年，对海城 7.3 级地震的长期、中期及短期预测的成功也助长了乐观情绪，但这种乐观后来被证明只是暂时的。由加州精确测量所得的地震波速变化与膨胀扩散模型所预测的结果不符（McEvilly and Johnson，1974），中国地震局也未能预测到发生于 1976 年的 7.8 级唐山地震（Chen et al.，1988）。紧接着，美国帕克菲尔德按照预测应于 1993 年前发生的地震，直到 2004 年才发生（Langbein et al.，2005）。就目前而言，国际上没有任何一个国家的地震预测项目可被认为是成功的。进一步导致了地震预测领域整体上的悲观主义，不仅是科学界和社会人士，就连政府方面也包括在内，这种悲观的情形（Evernden，1982）基本一直延续至今日。2011 年的日本东京 9.0 级大地震，发生在第七个五年计划期间，在该地震后，日本的地震科学界彻底放弃了临震预报研究。

同时，板块构造的概念也于 20 世纪 70 年代左右开始集中发展，依照板块构造理论，地球表层由大约 10 个缓慢移动（小于 10cm/a）的板块（厚度在 150km 以下）构成，板块间的相互运动引起了一系列构造变化，从造山运动到地震都属于此列（e. g. Uyeda，1977；Turcotte and Schubert，1982）。对于包括地震学家在内的地球科学工作者们来说，板块构造学说开启了一个以全球化的视角来看待地球科学问题的新篇章，认识到了局部地震活动是全球地震活动网的一部分，也进一步促进了“国际合作”新局面。

尽管如此，因缺乏可靠可识别的前兆信息，地震学家们对地震预测仍抱有消极态度。在日本，国家项目的资源大部分都被用于地震台网的改进，而非对地震前兆数据的获取，地震前兆数据信息获取通常需要监测与地震不直接相关的物理量。在这长时间的悲观态度笼罩下，各国仍有科学家以极高的热情积极投身于地震预测科学研究中。比如说，VAN 短期地震预测法（以该预测法的创始人 Varotsos、Alexpoulos 和 Nomicos 的首字母命名）在过去的几十年里被应用于希腊地震预测研究中。该方法基于对地震前地球电场的低频瞬态变化，或称地震电信号（SES）的观测，预测即将发生的地震参数（震中、震级和时间窗）（Varotsos and Alexopoulos，1984；Varotsos et al.，1986）。

正如 M. Hayakawa 在第 2 章所述，这些工作的主要重点在于电磁前兆。在 20 世纪 80 年代初日本就用甚低频（VLF）和低频（LF）电磁辐射开展了地震电磁方面的研究（Gokhberg et al.，1982）。值得一提的是，日本的地震电磁小组只在 1995 年日本神户地震拿到过一次经费。但这可以被认为是更广泛的地震前兆研究的开始，也进一步引发其他国家和地区诸如中国台湾、俄罗斯和意大利科学家对地震电磁领域的研究。随后，日本的两家科研机构开启了为期五年的电磁效应在短期地震预测方面应用的可行性研究（1996～2001）。这两家机构分别是科学和技术厅（现为文部科学省，MEXT）地震综合前沿框架下的 RIKEN（理化学研究所）和 NASDA（宇宙开发事业团，现为日本宇宙航空研究开发机构，JAXA）。RIKEN 和 NASDA 的项目分别由上田诚也和早川正士倡导。

RIKEN 机构在日本全境安装了大约 40 个 VAN 型地电站，监测到 5 级以上地震前电磁异常现象（Uyeda et al.，2000），但也观测到来自直流电车的噪声，因此 VAN 方法不适合应用于日本。然而，2000 年，在没有直流电车的伊豆岛的火山地震活动前，VAN站点确实监测到了明显的直流和超低频电磁辐射前兆。

目前仍有许多国家在积极利用超低频到甚高频波段开展地震研究。地震前电离层异常可能是值得关注的（Heki，2011；Kamogawa and Kakinami，2013；Heki and Enomoto，2015）。岩石圈-大气圈-电离层耦合（LAIC）（Kuo et al.，2014；Pulinets et al.，2015）和热辐射异常（Ouzounov et al.，2011）也是该领域的重要研究方法，将在本书后续章节中进行详细介绍。

1996 年 CNES（法国国家太空研究中心）开拓性地开展微小卫星的研发工作，于 2004 年成功发射 DEMETER（震区电磁辐射探测）卫星，成为该领域的国际先驱。DEMETER 卫星数据观测到 4.8 级以上夜间地震前 4 小时内，VLF 信号显著下降（Nemec et al.，2008）。目前中意合作开展的电磁卫星星座计划已经启动，计划自 2017 年起发射数颗卫星[①]。

1999 年 7 月，国际大地测量与地球物理学联合会于英国伯明翰召开大会。在分会讨论中，与会者就电磁前兆与其物理学机理进行了激烈的探讨，大会决定成立国际地震与火山电磁研究工作组（EMSEV），EMSEV 由 IUGG 于 2001 年建立，作为 IAGA（国际地磁学和高空大气学协会）、IASPEI（国际地震学与地球内部物理学协会）、IAVCEI（国际火山学与地球内部化学协会）的一个联合工作组，工作组明确了将 EMSEV 定位于涉及多学科领域的国际化团队。

EMSEV 是全新地震预测研究与“国际合作”的开端。EMSEV 的首次会议于 2002 年在莫斯科召开。此后，该工作组每两年举行一次国际会议：法国（2004）、印度（2006）、罗马尼亚（2008）、美国（2010）、日本（2012）、波兰（2014）和中国（2016）。EMSEV 工作组同时还在 IUGG 国际会议上组织了特别会议：日本（2003，札幌），意大利（2007，佩鲁贾），澳大利亚（2011，墨尔本），捷克共和国（2015，布拉格），以及由 IAGA、IAVCEI 和 IASPEI 所组织的多次会议（冰岛、日本、墨西哥、南非、匈牙利）和地区性研讨会（菲律宾、吉尔吉斯斯坦、希腊、法国）。

综上所述，希望大家能够看到从电磁研究中逐渐兴起的地震预测在地震学研究方面所取得的令人瞩目的复兴。例如，孕震过程机理方面的研究（Lippiello et al.，2012）以及慢地震在强震的发生中所起到的作用（Obara and Kato，2016）。期望我们可以摒弃一直以来对地震预测所持的悲观态度，齐力协心探索一条将前兆信息应用于实际地震预测之中的可行之路。

参考文献

Bolt, B. (1976), *Nuclear Explosions and Earthquakes: The Parted Veil*, W.H.Freeman, San Francisco, 309 pp.

Chen, Y., Tsoi, K., Chen, F., Gao, G., Zou, Q., and Chen, Z. (1988), *The Great Tangshan Earthquake of 1976*, Pergamon, Tarrytown, 153 pp.

Evernden, J. (1982), Earthquake prediction: What we have learned and what we should do now, *Bull. Seismol. Soc. Am.*, *72*, 343-349.

① 电磁监测试验卫星已于 2018 年初发射入轨。

Gokhberg, M. B., Morgounov, V., Yoshino, T., and Tomizawa, I. (1982), Experimental measurement of electromagnetic emissions possibly related to earthquake in Japan, *J. Geophys.Res.*, *87* (B9), 7824-7828.

Heki, K. (2011), Ionospheric electron enhancement preceding the 2011 Tohoku-Oki earthquake, *Geophys. Res. Lett.*, *38*, L17312, doi:10.1029/2011GL047908.

Heki, K. and Enomoto, Y. (2015), M_w dependence of the preseismic ionospheric electron enhancements, *J. Geophys.Res. Space Phys.*, *120*, 7006-7020, doi:10.1002/2015JA021353.

Kamogawa, M. and Kakinami, Y. (2013), Is an ionospheric electronenhancement preceding the 2011 Tohoku-Oki earthquake a precursor?*J. Geophys.Res. Space Phys.*, *118*, 1751-1754, doi:10.1002/ jgra.50118.

Kuo, C. L., Lee, L. C., and Huba, J. D. (2014), An improved coupling model for the lithosphere-atmosphere-ionosphere system, *J. Geophys.Res. Space Phys.*, *119*, 3189-3205, doi:10.1002/ 2013JA019392.

Langbein, J., Dreger, D., Fletcher, J., Harde-beck, J. L., Hellweg, M., Ji, C., Johnston, M., Murray, J. R., Nadeau, R. M., and Rymer, M. (2005), Preliminary report on the 28 September 2004, 6.0 Parkfield, California earthquake, *Seismol.Res. Lett.*, *76*, 10-26.

Lippiello, E., Marzocchi, W., de Arcangelis, L., and Godano, C. (2012), Spatial organization of foreshocks as a tool to fore-cast large earthquakes, *Sci.Rep.*, *2*, 846.

McEvilly, T. V. and Johnson, L. R. (1974), Stability of *P* and *S* velocities from central California quarry blasts, *Bull.Seismol.Soc. Am.*, *64*, 342-353.

Nagao, T., Enomoto, Y., Fujinawa, Y., Hata, M., Hayakawa, M., Huang, Q., Izutsu, J., Kushida, Y., Maeda, K., Oike, K., Uyeda, S., and Yoshino, T. (2002), Electromagnetic anomalies associated with 1995 KOBE Kobe earthquake, *J. Geodyn.*, *33*, 401-411.

Nemec, F., Santolık, O., Parrot, M., and Berthelier, J. J. (2008), Spacecraft observations of electromagnetic perturbations connected with seismic activity, *Geophys.Res. Lett.*, *35*, L05109, doi:10.1029/ 2007GL032517.

Obara, K. and Kato, A. (2016), Connecting slow earthquakes to huge earthquakes, *Science*, *353*(6296), 353-357.

Ouzounov, D., Pulinets, S., Romanov, A., Romanov, A., Tsybulya, K., Davidenko, D., Kafatos, M., and Taylor, P.(2011), Atmosphere-ionosphere response to the *M* 9 Tohoku earthquake revealed by multi-instrument space-borne and ground observations:Preliminary results, *Earthquake Sci.*, *24*, 557-564.

Press, F. (1975), Earthquake prediction, *Sci. Am.*, *232*(5), 14-23.

Pulinets, S., Ouzounov, D., Karelin, A., and Davidenko, D. (2015), Physical bases of the generation of short-term earthquake pre-cursors: a complex model of ionization-induced geophysical processes in the lithosphere-atmosphere-ionosphere-magneto-sphere system, *Geomagn.Aeron.*, *55*, 540-558.

Reid, H. F. (1910), *The Mechanics of the Earthquake*, Report of the State Earthquake Investigation Commission, Vol. *II*, Carnegie Institute, Washington, DC, 192 pp.

Sholtz, C., Sykes, L., and Aggarwal, Y. (1973), Earthquake pre- diction: a physical basis.*Science*, *181*, 803-810.

Tsuboi, C., Wadati, K., and Hagiwara, T. (1962), *Prediction of Earthquakes-Progress to Date and Plans for Further Development*, Report of Earthquake Prediction Research Group, Japan, Earthquake Research Institute, University of Tokyo, 21 pp.

Turcotte, D. and Schubert, G. (1982), *Geodynamics—Applications of Continuum Physics to Geological Problems*, John Wiley & Sons., Chichester, 450 pp.

Uyeda, S. (1977), *The New View of the Earth—Moving Continents and Moving Oceans*, W. H. Freeman and Co., San Francisco, CA, 217 pp.

Uyeda, S., Nagao, T., Orihara, Y., Yamaguchi, T. and Takahashi, I. (2000), Geoelectric potential changes: possible precursors to earthquakes, *Proc.Nat. Acad.Sci. USA*, *97*(9), 4561-4566.

Uyeda, S., Hayakawa, M., Nagao, T., Molchanov, O., Hattori, K., Orihara, Y., Gotoh, K., Akinaga, Y., and Tanaka, H. (2002), Electric and magnetic phenomena observed before the volcano-seismic activity 2000 in the Izu Island Region, Japan, *Proc.Nat. Acad.Sci. USA*, *99*(11), 7352-7355.

Varotsos, P. and Alexopoulos, K. (1984), Physical properties of the variations of the electric field of the earth preceding earthquakes, I & II.*Tectonophysics*, *110*, 73-125.

Varotsos, P., Alexopoulos, K., Nomicos, K. and Lazaridou, M. (1986), Earthquake prediction and electric signals.*Nature (London)*, *322*, 120.

2　日本的地震前兆研究

早川正士

电气通信大学（UEC），东京调布市，日本

摘要　本章旨在回顾日本所进行的地震前兆研究。相比中长期地震预测研究，因短期地震预测能够有效保障人身财产安全而成为地震前兆研究最具研究意义的一部分。在 1995 年神户 6.9 级地震后，日本开始了对地震前兆的广泛研究。在过去的二十年间，很多以电磁学而非地震学为中心的地震前兆研究凸显出来。特别是自 1996 年至 2001 年间，日本所进行的两个前沿项目对地震电磁学的发展做出了巨大的贡献。本章讲述了与地震有关的电磁现象，并特别参考了两个前沿项目期间以及之后所取得的科研成果。日本前沿项目成功推动了其他国家地震前兆研究的发展。此外，2011 年日本东京 9.0 级大地震后，部分前兆数据被认为与此次地震相关（不仅是电磁方面的，还有地面运动方面的）。本章还考虑了地震前兆研究和短期地震预测的未来发展方向，并给出了相关结论。

2.1　引言

在地震预测中，人们对同一个术语会有完全不同的用法，从而导致混淆。地震预测按照时间尺度考量可分为三类（e.g.，Uyeda，2013；Hayakawa，2015）：长期、中期和短期预测。长期预测涉及的时间尺度可达数百乃至上千年，此类预测基于板块构造学说、地震活动、历史记录、断层记录、考古调查等开展研究。中期预测为数年至数十年，通常使用地震和地壳活动的数据库。通过使用地震目录，可以评估特定区域规定时段内中长期发生强震的可能性。然而，中长期预测不过是统计学上的预测，不应该被看作是真正的预测。

只有基于可靠的地震前兆的地震预测才真正具有预测价值，但必须明确即将发生的地震的三个重要参数：时间（何时发生）、位置或者震中（何处发生）和预计震级（在地震前数日到一周的时间预估地震大小）。虽然很难成功，但对于保护人身安全和社会财产来说，短期地震预测是唯一有用而且具有研究意义的预测形式。本章回顾了 1995 年神户 6.9 级地震后开始的地震前兆研究，并强调电磁现象在短期地震预测中的重要性，给出日本地震预测研究的未来发展方向。

在谈及日本的地震前兆研究前，先简述日本在地震学领域所开展的地震预测整体历程。本文也简短地提到了之前对日本地震预测综述中所提出的要点（Rikitake，2001a,b；Uyeda，2012，2013，2015）。1965 年，日本地震科学界启动了国家地震预测项目，并且以连续五年计划的形式延续至今。遗憾的是，该项目所涉及的方法并不包含短期地震预测。即使经历了 1995 年神户地震和 2011 年的日本东京大地震后，该项目在地震预测方面的整体情况也未得到改善。因此，直到 1995 年的神户大地震后，日本广泛开展地震预报的前兆研究，而我们也非常感谢日本政府在 1996～2001 年间以前沿项目的形式提供的资助（目前唯一的此类政府经费）。

2.2 日本地震前兆研究

2.2.1 对前兆的综述

本章节主要介绍由日本各机构所进行的地震前兆研究，并提及了其他国家工作者们所作出的重要贡献。具体来说，以下内容主要基于我最近的书（Hayakawa，2015）。

地震前兆研究是短期地震预测的前提，这一点是不言自明的。从古希腊至今，记载了各类地震前兆现象（e.g.，Rikitake，2001a；Molchanov and Hayakawa，2008；Uyeda et al.，2008；Hayakawa and Hobara，2010）。地震前兆数据可以包括大地测量信号例如倾斜、全球定位系统（GNSS）数据、水文学资料比如水位、水温和地下水化学，不同频率的电磁波动、氡和其他电离气体的释放以及动物的异常行为（Rikitake，2001a）。前震和震前平静等地震活动也可以形成前兆数据。然而，在过去的几十年间所发现的大部分地震前兆都被证实是非地震学的数据，而这些非地震学（主要是电磁学）数据的测量工作主要是 1995 年神户地震后开始的（Hayakawam，1999，2009，2012，2013；Hayakawa and Molchanov，2002；Pulinets and Boyarchuk，2004；Molchanov and Hayakawa，2008）。但此类数据并未被日本长期开展的地震预测项目认可。

图 2.1 是由不同射频技术测量所得的地震电磁现象概念图，图 2.2 总结了世界范围内在地震电磁研究方面取得的重要成果历程。图 2.2 的前两个观测项为岩石圈效应，即是岩石圈震前现象的直接响应。第三项是地震大气效应，最后三项是电离层效应。首先介绍地电测量，该方法有着很长的历史，包括近期 VAN 测震法在希腊所取得的一些成果（因此法创始人 P. Varotsos，K. Alexopoulos，和 K. Nomicos 而得名）。（Varotsos，2005）。其次，对 ULF（超低频：<1 Hz）电磁辐射的研究始于斯皮塔克 6.9 级地震（Kopytenko et al.，1990；Molchanov et al.，1992）和洛马·普雷塔 7.1 级大地震（Fraser-Smith et al.，1990），ULF 在短期地震预测研究中起着至关重要的作用。图 2.2 中的第三项地震与大气扰动，被认为与 1995 年神户地震有关（Kushida and Kushida，2002）。相比之下，最后一项电离层扰动的发展时间要短一些。底部电离层甚低频（VLF 3–30kHz）传播发现电离层扰动具有与 1995 年神户地震关联的可靠证据（Hayakawa et al.，1996a），世界上开始广泛使用 VLF 到 LF 段（30–300 kHz）台网，包括欧洲、印度、俄罗斯和南美洲。因发现电离层扰动和神户地震有关，许多科学家将地震前兆研究集

中在电离层上部（如F区）（Pulinets and Boyarchuk，2004），VLF-LF波可以专门监测电离层底部。近期统计学意义的电离层扰动（高电离层和低电离层）与地震活动的关联性已经建立，为实际地震预报提供了可能（Liu，2009；Hayakawa et al.，2010）。用于地震电磁研究的法国DEMETER（震区电磁辐射探测）卫星于2004年成功发射，且关于震前的岩石圈效应如何扰动电离层研究也取得了许多科学成果（Parrot，2012，2013）。

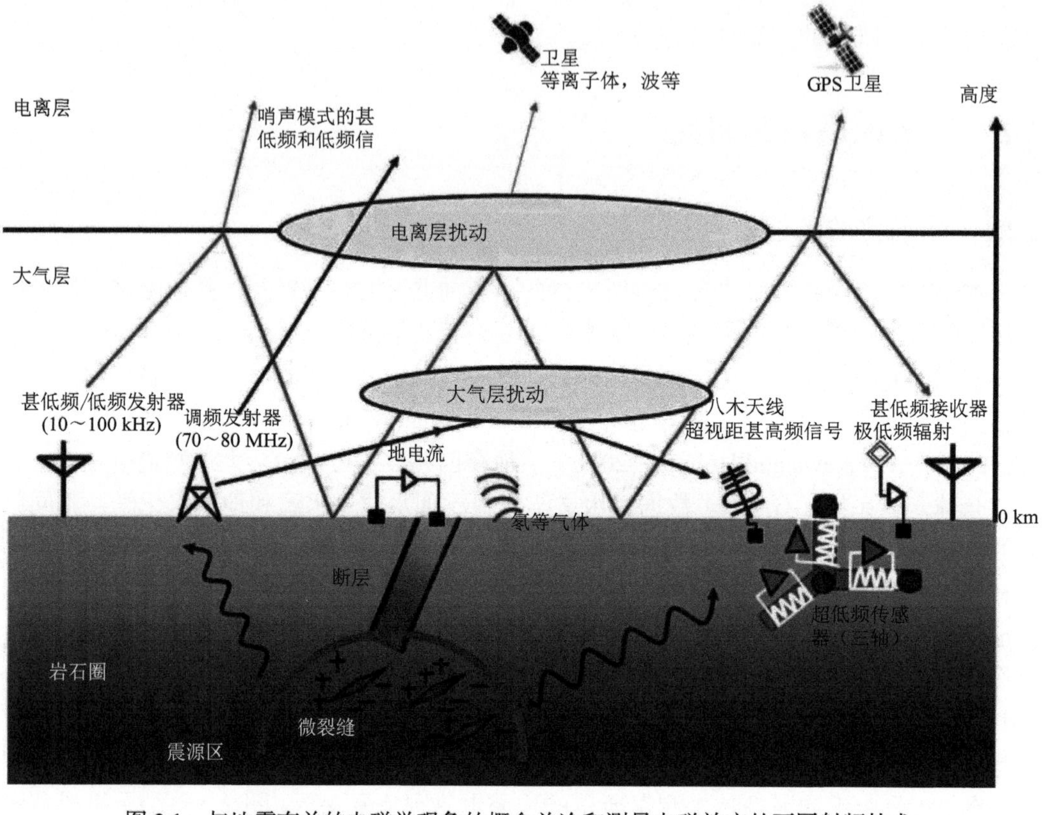

图 2.1　与地震有关的电磁学现象的概念总论和测量电磁效应的不同射频技术

2.2.2　日本的研究活动

关于图2.2的另外一个重点在于，日本的地震电磁小组只在1995年神户地震后得到一次拨款，而该次拨款被认为是日本广泛开展地震前兆研究的开端。两家研究机构受邀将临震前电磁扰动应用于短期地震预测中，开展为期五年（1996～2001年）的可行性研究，该研究属于前科学和技术厅（现为文部科学省，MEXT）下的地震综合前沿框架。两家机构为：（a）RIKEN（理化学研究所）和（b）NASDA（宇宙开发事业团，现为日本宇宙航空研究开发机构，JAXA）。上田诚也领导了RIKEN的前沿项目，而NASDA的项目则由笔者领导。

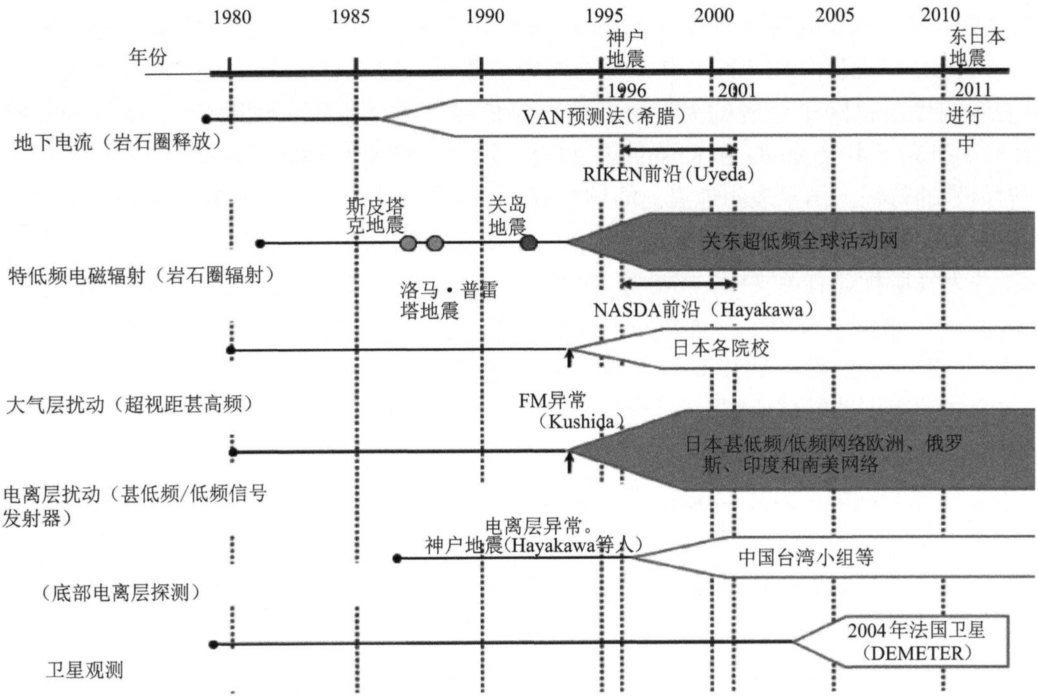

图 2.2　地震电磁研究史（包括岩石圈和大气层效应，以及电离层信号）

RIKEN 集团致力于像希腊一样安装 VAN 地电测量站，并最终在日本全境建立了约四十个测量站。五次 5 级以上地震中有四次能够观测到震前地电流的变化（Uyeda et al.，2004）。遗憾的是，他们发现日本所使用的直流电车干扰 VAN 地电前兆的观测结果，导致他们放弃了很多地电测量站，把主要精力集中在没有直流电车的地震区域。而后日本地震学家在 2000 年伊豆岛的火山地震活动前探测到了直流和超低频电磁辐射的显著前兆（Uyeda et al.，2002a）。此外，自 1997 年 5 月 14 日至 2000 年 6 月 25 日，东京以南约 170km 处的神津岛的地电被监测到有 19 处异常。Orihara 等（2012）通过严谨的数据分析表明这些反常无法与附近的地震建立起关联性。同时，伊豆岛地区在 2000 年的大型火山震群活动前几个月，在地电和地磁领域都观测到了超低频（0.01Hz）前的异常变化。在 6 级地震前达到了顶峰（Uyeda et al.，2004）。此后，日本的同事们就开始着重研究震前的超低频电磁辐射（Molchanov and Hayakawa，2008）。Hayakawa 等（1996b）报道了第三次超低频异常事件发生在 1993 年关岛 7.8 级地震前，Fraser-Smith 等（1990）和 Kopytenko 等（1990）对早期的斯皮塔克 6.8 级地震和洛马普列塔 6.9 级地震也记录到了相同的情况。在 RIKEN 和 NASDA 前沿项目的合作中于东京地区设立了以观察发震 ULF 电磁辐射的监测网，其包含在伊豆和 Boso（千叶）半岛的几个站点以及其他区域站点，ULF 监测网成功运行了大约十年的时间（Molchanov and Hayakawa，2008；Hattori，2013）。目前新的信号处理技术也被用于探测 ULF 辐射；比如，Hayakawa 等首次将分形分析用于 1993 年的关岛地震（Hayakawa，1999），其后在世界范围内开展了许多类似的研究。近期 Hattori（2013）从统计学的角度分析了东京十年期间的数据，发现 ULF 辐射出现在震前的可能性比震后更高。

同时 NASDA 的前沿项目团队也尽可能地扩大了 ULF 的观测区域用以满足研究需求。NASDA 不仅和 RIKEN 合作从岩石圈中追踪了 ULF 辐射，还充分利用了地面及卫星的观测设备追踪了地震的大气层及电离层信号。至于地震大气效应，Fukumoto 等（2001）研究了由 Kushida 和 Kushida（2002）发现的超视距 VHF（甚高频 30–300MHz）发射信号的特征。结果表明地震前能够观测到超视距 VHF 信号，但路径分析结果表明超视距 VHF 信号并非如 Kushida 和 Kushida（2002）所认为的是由电离层反射引起的，而是与大气层扰动有关。Fujiwara 等（2004）也做了关于 VHF 大气层效应的数据研究。Yasuda 等（2009）开发了一种新的干涉测向仪，进一步拓展了 VHF 研究。新的干涉测向法可以有效辨别普通 VHF 地震噪声和超视距 VHF 信号。基于上述观测结果，Hayakawa 等（2007）提出了解释地震大气层扰动的机理：因地表温度升高、地下水位抬升和气体的释放，导致大气层反射指数发生变化。Moriya 和他的同事们在北海道建立了超视距 VHF 信号监测网络，而且 Moriya 等（2010）基于超视距 VHF 信号长期数据的统计学研究，发现 VHF 信号与地震活动密切相关。另一种地震大气效应，震前 ELF（极低频 1～10Hz）脉冲辐射，也在堪察加半岛的长期观测基础上被发现（Schekotov et al.，2007）。因此，ELF 辐射的极化被认为是地震前兆活动中的一个新参量。该参量以及相应的测向结果已被用探测孕震相关的 ELF 辐射（Hayakawa et al.，2012；Schekotov et al.，2013a）。

卫星的使用是 NASDA 最重要的内容之一，力图使地表的各项特征监测成为可能，比如震前的近地表温度变化、土壤水分变化等。搭载于美国 NOAA（美国国家海洋和大气管理局）气象卫星上的甚高分辨率扫描辐射计（AVHRR）提供了中亚、中国和日本地震活跃区红外辐射异常增强的热图像（Tronin et al.，2002）。

探测电离层扰动是 NASDA 前沿计划的重点，NASDA 建立了一个用于观测 VLF-LF 发射信号的网络[就是所谓的 UEC（电气通信大学）]。该网络在日本有 7 个站点，信号由两台日本发射机[来自 JJY（40kHz，福岛）和 JJI（22.2kHz，宫崎）的发射信号]以及其他国家三个发射机[NWC（19.8kHz，澳大利亚）、NPM（21.4kHz，夏威夷）和 NLK（24.8kHz，Jim Creek，华盛顿州）]发射，并由每个站点同步接收。该 VLF-LF 网络对于日本乃至世界范围内多个强震的案例研究做出了很大的贡献：2003 年十勝沖 8.3 级地震（Shvets et al.，2004）、2004 年新潟县中部 6.8 级地震（Hayakawa et al.，2006）、2004 年苏门答腊 9.1 级地震（Horie et al.，2007）、2007 年新潟县中越近海 6.6 级地震（Hayakawa et al.，2008）、2009 年拉奎拉 6.9 级地震（Rozhnoi et al.，2009）和 2010 年海地 7 级地震（Hayakawa et al.，2011a）。统计研究还利用该监测网检测了底部电离层信号异常（电离层扰动）和浅层地震之间的关联性（Rozhnoi et al.，2004；Maekawa et al.，2006；Hayakawa et al.，2010）。

另一项发现是由 Schekotov 等（2006）通过分析堪察加半岛数年间的数据得到的，结果显示低电离层扰动会致使震前 ULF 磁场的水平分量受到抑制。也就是说，这种新型异常是 ULF 辐射在低电离层的吸收增强所致，所以可能与 VLF-LF 电离层扰动有同样的效果。

最后，也要考虑到卫星用于地震现象的观测。起初是充分利用国际宇宙天文卫星（IK）-24 星观测所得的数据。Molchanov 等（1993）在地震前探测到了 ELF-VLF 的噪声异常。此外，源于同一卫星的电离层等离子体观测数据被用于研究地震活动引起的重力波对赤道电离层异常的影响。笔者曾参与了法国 DEMETER 卫星计划，该卫星发射于 2004 年，所得数据免费提供给对此感兴趣的科学家们。Molchanov 等（2006）使用卫星的 VLF 宽频数据探测全球的 VLF-LF 发射机的哨声模式信号，发现在几次地震的震中上方，都出现了信号显著下降的情况，包括 2004 年的苏门答腊地震，这与 NASDA 的地面 VLF 观测结果一致。Muto 等（2008）的研究结果进一步确认了 Molchanov 等 2006 的结论。此后，卫星数据的使用仍在持续。Rozhnoi 等（2012）研究了 VLF 发射机信号的频谱展宽以此来检验地震电离层的不规则性，自此 Rozhnoi 等（2015）将卫星所得的 VLF 数据与地面获取的对应数据进行对比，以研究地震-电离层响应。

2.2.3 2011 年东日本大地震前兆

尽管大部分地震前兆均是事后确认，但 2011 年东日本地震确实存在前兆。现在已经发表了一些关于这些前兆的研究报告，这些报告主要是日本同行所做，并在下面列出。

（1）地震学：Nagao 等（2014）证明了地震活动始于 2009 年中，并在主震时达到峰值。

（2）电磁现象：

（a）岩石圈效应。Kopytenko 等（2012）研究了自 2000 年 1 月 1 日起至 2011 年 1 月 31 日十一年间三个观测站（江刺、水泽、柿冈）的磁场变化。发现震前三年已开始出现中期异常，并在 2011 年 2 月 22 日观测到频率波段在 0.033～0.01Hz 之间的短期异常。同时在主震前约两个月左右，观测到了另一种 ULF 电磁数据的日异常变化（Xu et al., 2013）。遗憾的是，因为地磁和 ULF 辐射异常并不强烈，考虑到这些因素，其分析结果尚待进一步研究。

（b）Hayakawa 等（2015）对 2011 年东日本大地震的 ULF 数据进行了一次所谓的自然时间临界分析（f=0.03～0.05 Hz），发现 2011 年 3 月 3 日至 5 日期间，也就是地震前的几天，磁场在水平分量上（f=0.03～0.05 Hz）符合所有临界条件，可能是一种短期前兆。

（c）大气效应。Ohta 等（2013）基于名古屋地区三个站点（中津川（岐阜县）、筱岛（三河湾）、伊豆）的测量，观测到了 ELF 大气辐射。3 月 6 日的 1～10Hz 范围内的 ELF 脉冲辐射可以作为地震前兆的可靠信息。各观测点观测到的辐射源的方位角大致与之后地震发生的区域相吻合，这一观测事实进一步证实了震源效用。

Schekotov 和 Hayakawa（2015）对柿冈地区在 2011 年东日本大地震前后五年时间里的 ULF 数据做了进一步的研究调查。将所得结果与地震活动的演化进行比对，检测出了辐射在垂直方向上的分量。ULF 辐射数据呈现季节性变化并在冬季达到最大值，但可以观测到震前该数据明显上升并在震后回落的现象。ULF 辐射似乎与大气参量相关，笔者认为其源头不在地下，可能来自大气放电现象。

（d）电离层信号 Hayakawa 等（2012，2013a，2013b）对 VLF-LF 观测网所得数据研究显示 2011 年东日本大地震很有说服力的短期前兆出现在 3 月 5 日和 6 日，NLK（Jim

Creek，USA）至 Chofu 链路（也包括来自高知和春日井（名古屋）的其他类似信号）信号被检测到了显著异常波动，异常表现为夜间幅值减小和振幅波动增强。俄罗斯地区也检测到了相关的异常信息。

Schekotov 等（2013a,b）和 Hayakawa 等（2013b）研究了距离震中不同距离（300～1300km）的磁层源中 ULF（f=0.03～0.05 Hz）水平磁场的减弱。发现 3 月 6 日柿冈的磁场出现了明显的减弱现象。Schekotov 等（2013a）用统计学的方法建立了这种减弱与地震活动之间的关联性。

以上两种现象，即底部电离层 VLF 磁场的异常和 ULF 场的降低均可用低电离层的扰动进行解释（Hayakawa et al.，2013b）。现在存在争议的另一个话题是震前（大约 40 小时）电离层电子含量的瞬态变化（Heki，2011；Kamogawa and Kakinami，2013），但尚待开展进一步的研究。

（3）地壳运动。GPS 数据探测到的震前地壳运动是地震前兆研究中很有发展前景的一项（e.g.，Chen et al.，2013）。Kamiyama 等（2014）使用 GPS 数据调查研究了 2011 年东日本大地震前十年的地壳运动，试图找出中短期以及临震前兆。结果发现地震前 6 个月左右沿纬度南向的地壳运动停止，而后呈现一种平缓的状态。震前约两个月沿经度西向的地壳运动也停止了。孕震引起的地壳运动可能发生在地震前几个月内。但最明显的异常莫过于 Kamiyama 等（2014）所发现的明显的震前地壳运动，可以被认为是地震的短期前兆。3 月 3 日至 6 日之间地壳运动出现反弹，3 月 6 日至 10 日期间，沿经度方向的地壳运动变化显著增大，并随后保持平稳。正如前文所述，在 3 月 3 日到 6 日之间有大量关于电磁特征的报告。从某种意义上来讲，将孕震（地壳运动）信息与电磁特征相结合以进一步理解地震电磁现象的机理是至关重要的。

2.3 地震预测的发展方向

在 2015 年，地震预测项目的各主要部门，包括日本地震学会和文部科学省地震研究促进中心，均明确其官方立场表示他们既不能也不想做短期预测。但在过去的 20 年间，前兆研究的新方向已经引起了人们对于短期地震预测的关注，最典型的例子就是电磁现象与地震之间可能存在的关联。正如之前所说，自 1995 年神户地震以来，这个新的科学领域取得了巨大的进展。也因此，短期地震预测的研究已经不仅仅局限于地震学界本身，也需要更多具备其他专业技能又有意愿致力于地震预测的研究者。在这种情况下我们需要明确的是，只有对前兆现象有深入的研究，才有可能进行短期地震预测。为兼顾到地震研究学界长久以来的阻力以及地震电磁学所取得的巨大进展，日本于 2014 年建立了日本地震预报学会，该学会致力于对不同类型前兆现象的科学研究，包括机理（孕震）、电磁和宏观方法。

未来充满了挑战，但我对于地震预测的未来还是很乐观的。首先需要解决以下所罗列的技术问题。

（1）长期不间断观测。通过使用射频技术可以探测到很多电磁前兆，但最重要的是进行长期（短则5年，最好在10年左右）的观测，依此在前兆和地震之间建立一个清晰的统计学关系。不间断观测所面临的最大问题在于因设备故障而导致的数据间断，因此考虑到不间断观测的重要性，对待观测设备的时候需要格外注意。只有通过长期不间断的观测，才更有可能找到新的与地震研究相关的现象。舒曼共振（SR）异常是由Hayakawa等（2005）新发现的，随后他们又在ELF波段中找到了其他发现，观测到了可能与地震有关的SR线辐射（Ohta et al.，2009，Hayakawa et al.，2011b），可以理解为回转波在薄层的低电离层被激发（Sorokin and Hayakawa，2014）。最后，把声发射作为一种关键的地震前兆开展观测研究也是非常重要的（Gorbatikov et al.，2002）。

（2）高灵敏度设备的研发。正如本章所讨论过的，在任何频段范围内，地震电磁特征探测器是将低强度地震效应与其他干扰噪声区分开的第一步。因此首先有必要研发各频段的高灵敏度探测器。比如一种新型直流位势探测器，不存在与地电位接触问题的隐患，一种新型ULF传感器（采用不同的协议），几种ULF段的测向仪（Kopytenko et al.，2002），ELF-VLF、VHF和VLF-LF段的多普勒频移观测器（Asai et al.，2011），以及一个VLF干涉测向仪（Yasuda et al.，2009）。诸如此类的高灵敏度接收器的发展无疑会给地震效应的研究带来新的发展。降低高性能设备费用是另一个重要的发展方向。比如，若在日本全境设立一个密集的VLF网络大概需要至少20～30个VLF接收机，如果单价可以降低的话，该网络是可行的。

（3）信号处理技术。对于新的测量技术，发展新型信号处理技术是长期大数据发展所必需的。在DC/ULF和VLF-LF领域中，新型信号处理技术对研究地震预测的重要性是显而易见的。信号处理技术在重要领域已取得了极大进展，包括小波分析（Alperovich et al.，2001）、主成分分析（Gotoh et al.，2002）以及分形分析（Hayakawa and Ida，2008），用以研究岩石圈中的非线性过程以及多种方向测定。Varotsos（2005）提出了一个新的概念分析法（与分形分析相似），以自然时间的方法来较准确地确认地震发生的时间。后续有必要仔细考量这种临界分析的重要性，以进一步确认常规统计分析的结果或找出隐藏在噪声数据中的可能前兆。信号处理方法的进一步发展势在必行。

（4）私企发布地震预报信息的能力。除上述解决新研究方向上技术问题的进展外，私人研究机构的努力也取得了一些很有前景的结果。短期地震预测不应该被看作是国家项目或国家政府独占的一个领域。科学家们帮助建立了一些致力于地震预测的私企，并且在具有高地震/海啸风险的部分地区，当地机关单位也会参与到这项研究中。

除了前文所提的关于数据收集和分析的技术问题外，地震电磁研究的终极目标在于更好地理解不同地震效应的物理学机理（震源辐射、地震-大气层和地震-电离层扰动以及电离层的等离子体和电磁特征）。显然，弄清这些物理机制也会有助于完善地震预测工作。在探究这些机理的过程中势必需要解决一些困难且具挑战性的问题，总结如下。

（1）对大量观测数据的总体协调。众人皆知地震电磁现象发生的区域极其广泛，不只局限于岩石圈，还包括大气层和电离层。地震电磁领域（地震预测）最难也最富挑战性的议题是电离层在震前为何会被扰动，又是怎样被扰动的（即LAIC——岩石圈大气层电离层耦合），该问题很难得到解答。协调各种观测项目的一种可行的办法是建立科学试验站点（比如堪察加半岛就是日俄合作的一部分）（Gladychev et al.，2001，Uyeda et al., 2002b)。对试验站点的首要需求是它必须位于没有人为噪声干扰的地方。其次是能在尽可能宽的频段中同步观察到更多的电磁现象，如图 2.2 所示，以达到协调观测数据的目的,从而能够以观测的方式验证特定猜想。以前就有一些关于LAIC 的猜想(Surkov and Hayakawa，2014，Sorokin et al.，2015)，包括：（a）静电通道说（Freund，2009），其中地壳岩石中的正空穴电荷载体起到了重要作用。（b）化学通道说（Pulinets and Ouzounov，2011），其中地面析出的氡气是主因；以及（c）大气震荡通道说（Hayakawa et al.，2004，Molchanov and Hayakawa，2008，Korepanov et al.，2009），其中震前的地面扰动（比如地壳运动、温度和压力变化或电离气体的析出）激发了向电离层移动的大气震荡。对 LAIC 作用机理的详细介绍可以参考 Sorokin 等（2015）近期的著作。因为 LAIC 的主体一定位于岩石圈内，一个新的方向是融合电磁前兆数据和地震机制数据，比如 GPS 测量（正如 Kamiyama 等（2014）所做）所得地壳运动与地震活动相结合。

（2）关于孕震辐射产生机制以及 LAIC 物理机制的具体研究。尽管每一种地震效应都有人提出了几种猜想，但是现阶段，对于大范围频段（从 DC/ULF 到 VLF 甚至更高）内产生电磁辐射的机理，以及大气层与电离层如何/为何被震前断裂效应所扰乱，其机制尚不明了(e.g.，Hayakawa，2009，2012，2013，Hayakawa and Molchanov，2002，Pulinets and Boyarchuk，2004，Molchanov and Hayakawa，2008，Surkov and Hayakawa，2014)。通过改进射频技术和不同地震现象的跨学科合作，以及对理论思想的阐述，可以辨明哪个猜想更合理更可信。最后要考虑的是卫星观测的必要性，因为对于 LAIC 方面的科学研究来讲，卫星观测的效率是不言自明的（Parrot，2012，2013）。日本非常希望能在不久的将来发射属于自己的地震预测卫星(类似法国 DEMETER 卫星(Parrot,2012,2013))。

2.4 结论

本章重要内容总结如下。

（1）自 1995 年神户地震后的 20 多年来，日本（以及其他国家）在地震前兆方面的研究已取得了巨大的进展，并注意到很多地震前兆不一定是地震学上的，而是电磁学上的。目前已经发现了一些电磁前兆，其中部分已被证实跟地震有统计学上的相关性，包括电离层（不仅局限于低电离层，还包括 F 层以上区域）扰动。这些电磁现象对于短期地震预测可能会起到至关重要的作用。

（2）短期地震预测有两个必要方面。一是纯粹的统计科学(或者说是基于对地震前兆的长期观测和对这些前兆与地震相关机理的阐明获取统计相关性的分析)，另一方面是基于前兆手段尝试地震预报。在这里本文强烈呼吁未来应该同时发展这两个方向，特别像日本这样存有大量活跃在地震研究领域私人机构的国家。

（3）当与地震活动有统计意义的地震前兆被确立后,最重要的一步是阐明地震前兆的产生机理。其科学研究的主要目标应该定为更好地理解 LAIC 的作用机理。只有通过多参量的协同观测才可能实现，包括岩石圈、大气层和电离层的参量，同时也需要用到地壳运动的数据。

（4）因为日本政府在未来几年内不会支持地震前兆的研究，因此私人研究机构在实际地震预测/预报上所起到的作用值得重视。地震预报最需要的是更高的准确度，需要依靠上述提到的多参量跨学科观测。

鸣谢

感谢来自日本和许多其他国家的合作者。同时也要感谢本书的编辑，给予笔者这次撰写综述的机会。

参考文献

Alperovich, L., Zheludev, V., and Hayakawa, M. (2001), Application of a wavelet technique for the detection of earth-quake signatures in the geomagnetic field, *Nat. Hazards Earth System Sci.*, *1*, 75-81.

Asai, S., Yamamoto, S., Kasahara, Y., Hobara, Y., Inaba, T., and Hayakawa, M. (2011), Measurement of Doppler shifts of short-distance subionospheric LF transmitter signals and seismic effects, *J. Geophys.Res.*, doi:10.1029/2010JA016055.

Chen, C.H., Wen, S., Liu, J.Y., Hattori, K., Han, P., Hobara, Y.,Wang, C. H., Yeh, T. K., and Yen. H. Y. (2013), Surface displacements in Japan before the 11 March 2011 M.9.0 TohokuOki earthquake, J. *Asian Earth Sci., 80,* 165-171.

Wang, C. H., Yeh, T. K., and Yen.H. Y. (2013), Surface dis-placements in Japan before the 11 March 2011 *M*.9.0 Tōhoku- Oki earthquake, *J. Asian Earth Sci.*, *80*, 165-171.

Fraser-Smith, A. C., Bernardi, A., McGill, P. R., Ladd, M. E., Helliwell, R. A., and Villard Jr., O. G. (1990), Low frequency magnetic field measurements near the epicenter of the Loma-Prieta earthquake, *Geopys.Res.Lett.*, *17*, 1465-1468.

Freund, F. (2009), Stress-activated positive hole charge carriers in rocks and the generation of pre-earthquake signal, in M. Hayakawa (ed.), *Electromagnetic Phenomena Associated with Earthquakes*, pp. 41-96, Transworld Research Network, Trivandrum, India.

Fujiwara, H., Kamogawa, M., Ikeda, M., Liu, J. Y., Sakata, H., Chen, Y. I., Ofuruton, H., Muramatsu, S., Chuo, Y. J., and Ohtsuki.Y. H. (2004), Atmospheric anomalies observed dur-ing earthquake occurrences, *Geophys.Res.Lett.*, *31*, L17110.

Fukumoto, Y., Hayakawa, M., and Yasuda, H. (2001), Investigation of over-horizon VHF radio signals associated with earthquakes, *Nat. Hazards Earth System Sci.*, *1*, 107-112.

Gladychev, V., Baransky, L., Schekotov, A., Fedorov, E., Pokhotelov, O., Andreevsky, S., Rozhnoi, A., Khabazin, Y., Belyaev, G., Gorbatikov, A., Gordeev, E., Chebrov, V., Sinitsin, V., Lutikov, A., Yunga, S., Kosarev, G., Surkov, V., Molchanov, O., Hayakawa, M., Uyeda, S., Nagao, T., Hattori, K., and Noda.Y. (2001), Study of electromagnetic emissions associated with seismic activity in Kamchatka region, *Nat. Hazards Earth System Sci.*, *1*, 127-136.

Gorbatikov, A. V., Molchanov, O. A., Hayakawa, M., Uyeda, S., Hattori, K., Nagao, T., Tanaka, H., Nikolaev, A. V., and Maltsev.P. (2002), Acoustic emission possibly related to earthquakes, observed at Matsushiro, Japan and its implications, in M. Hayakawa and O. A. Molchanov (eds), *Seismo Electromagnetics (Lithosphere-Atmosphere-Ionosphere Coupling)*, pp. 1-10, Terra Scientific Publishing, Tokyo.

Gotoh, K., Akinaga, Y., Hayakawa, M., and Hattori, K. (2002), Principal component analysis of ULF geomagnetic data for Izu islands earthquakes in July 2000, *J. Atmos.Electr.*, *22*(1), 1-12.

Hattori, K. (2013), ULF geomagnetic changes associated with major earthquakes, in M. Hayakawa (ed.), *Earthquake Prediction Studies: Seismo Electromagnetics*, pp. 129-152, Terra Scientific Publishing, Tokyo.

Hayakawa, M. (ed.) (1999), Atmospheric and Ionospheric Electromagnetic Phenomena Associated with Earthquakes, Terra Scientific Publishing, Tokyo, 996 pp.

Hayakawa, M. (ed.) (2009), *Electromagnetic Phenomena Associated with Earthquakes*, Transworld Research Network, Trivandrum, India, 279 pp.

Hayakawa, M. (ed.) (2012), *The Frontier of Earthquake Prediction Studies*, Nihon-Senmontosho-Shuppan, Tokyo, 794 pp.

Hayakawa, M. (ed.) (2013), *Earthquake Prediction Studies: Seismo Electromagnetics*, Terra Scientific Publishing, Tokyo, 168 pp.

Hayakawa, M. (2015), *Earthquake Prediction with Radio Techniques*, John Wiley & Sons, Singapore, 294 pp.

Hayakawa, M. and Molchanov, O. A. (eds) (2002), *Seismo Electromagnetics: Lithosphere-Atmosphere-Ionosphere Coupling*, Terra Scientific Publishing, Tokyo, 477 pp.

Hayakawa, M., and Ida, Y. (2008), Fractal (mono- and multi-) analysis for the ULF data during the 1993 Guam earthquake for the study of prefracture criticality, *Curr. Dev. Theory Appl.Wavelets*, *2*(2), 159-174.

Hayakawa, M. and Hobara, Y. (2010), Current status of seismo-electromagnetics for shortterm earthquake prediction, *Geomatics, Nat. Hazards Risk*, *1*(2), 115-155.

Hayakawa, M., Molchanov, O. A., Ondoh, T., and Kawai, E. (1996a), The precursory signature effect of the Kobe earthquake on VLF subionospheric signals, *J. Comm. Res. Lab.*, *43*, 169-180.

Hayakawa, M., Kawate, R., Molchanov, O. A., and Yumoto, K. (1996b), Results of ultra-low-frequency magnetic field measurements during the Guam earthquake of 8 August 1993, *Geophys.Res.Lett.*, *23*, 241-244.

Hayakawa, M., Itoh, T., and Smirnova, N. (1999), Fractal anal- ysis of ULF geomagnetic data associated with the Guam earthquake on August 8, 1993, *Geophys.Res.Lett.*, *26*(18), 2797-2800.

Hayakawa, M., Molchanov, O. A., and NASDA/UEC Team (2004), Summary report of NASDA's earthquake remote sensing frontier project, *Phys.Chem.Earth*, *29*, 617-625.

Hayakawa, M., Ohta, K., Maekawa, S., Yamauchi, T. Ida, Y., Gotoh, T., Yonaiguchi, N., Sasaki, H., and Nakamura, T. (2006), Electromagnetic precursors to the 2004 Mid Niigata Prefecture earthquake, *Phys.Chem.Earth*, *31*, 356-364.

Hayakawa, M., Surkov, V. V., Fukumoto, Y., and Yonaiguchi, N. (2007), Characteristics of VHF over-horizon signals possibly related to impending earthquakes and a mechanism of seismo-atmospheric perturbations, *J. Atmos. Solar-Terr. Phys.*, *69*, 1057-1062.

Hayakawa, M., Horie, T., Yoshida, M., Kasahara, Y., Muto, F., Ohta, K., and Nakamura, T. (2008), On the ionospheric perturbation associated with the 2007 Niigata Chuetsuoki earthquake, as seen from subionospheric VLF/LF network observations, *Nat. Hazards Earth System Sci.*, *8*, 573-576.

Hayakawa, M., Kasahara, Y., Nakamura, T., Muto, F., Horie, T., Maekawa, S., Hobara, Y., Rozhnoi, A. A., Solivieva, M., and Molchanov, O. A. (2010), A statistical study on the correlation between lower ionospheric perturbations as seen by subionospheric VLF/LF propagation and earthquakes, *J. Geophys.Res.*, *115*, A09305.

Hayakawa, M., Raulin, J. P., Kasahara, Y., Bertoni, F. C. P., Hobara, Y., and Guevara-Day, W. (2011a), Ionospheric perturbations in possible association with the 2010 Haiti earthquake, as based on medium-distance subionospheric VLF propagation data, *Nat. Hazards Earth System Sci.*, *11*, 513-518.

Hayakawa, M., Y. Hobara, K. Ohta, J. Izutsu, A. P. Nickolaenko, and V. M. Sorokin (2011b), Seismogenic effects in the ELF Schumann resonance band, *IEEJ Trans. Fund. Mater.*, *131*(9), 684-690.

Hayakawa, M., Hobara, Y., Yasuda, Y., Yamaguchi, H., Ohta, K., Izutsu, J., and Nakamura, T. (2012), Possible precursor to the March 11, 2011, Japan earthquake: Ionospheric perturbations as seen by subionospheric very low frequency/low frequency propagation, *Ann.Geophys.*, *55*(1), 95-99.

Hayakawa, M., Hobara, Y., Rozhnoi, A., Solovieva, M., Ohta, K., Izutsu, J., Nakamura, T., and Kasahara Y. (2013a), The ionospheric precursor to the 2011 March 11 earthquake based upon observations obtained from the Japan-Pacific subionospheric VLF/LF network, *Terr.Atmos.Ocean.Sci.*, *24*(3), 393-408, doi: 10.3319/TAO.2012.12.14.01 (AA).

Hayakawa, M., Rozhnoi, A., Solovieva, M., Hobara, Y., Ohta, K., Schekotov, A., and Fedorov, E. (2013b), The lower ionospheric perturbation as a precursor to the 11 March 2011 Japan earthquake, *Geomatics, Nat. Hazards Risk*, *4*(3), 275-287, doi:org/10.1080/19475705.2012.751938.

Hayakawa, M., Schekotov, A., Potirakis, S., and Eftaxias, K. (2015), Criticality features in ULF magnetic fields prior to the 2011 Tōhoku earthquake, *Proc.Japan Acad.Ser.B*, *91*, 25-30, doi: 10.2183/pjab.91.25.

Heki, K. (2011), Ionospheric electron enhancement preceding the 2011 Tōhoku-Oki earthquake, *Geophys. Res.Lett.*, *38*, L17312.

Horie, T., Yamauchi, T. Yoshida, M., and Hayakawa, M. (2007), The wave-like structures of ionospheric perturbation associated with Sumatra earthquake of 26 December 2004, as revealed from VLF observation in Japan of NWC signals, *J. Atmos.Solar-Terr.Phys.*, *69*, 1021-1028.

Kamiyama, M., Sugito, M., Kuse, M., Chekotov, A., and Hayakawa, M. (2014), On the precursors to the 2011 Tōhoku earthquake: crustal movements and electromagnetic signatures, *Geomatics, Nat. Hazards Risk*, doi:10.1080/19475705.2 014.937773.

Kamogawa, M. and Kakinami, Y. (2013), Is an ionospheric electron enhancement preceding the 2011 Tōhoku-Oki earthquake a precursor?, *J. Geophys.Res.Space Phys.*, *118*, 1751-1754.

Kopytenko, Yu.A., Matiashvili, T. G., Voronov, P. M., Kopytenko, E. A., and Molchanov, O. A. (1990), Discovering of ultra-low-frequency emissions connected with Spitak earthquake and its aftershock activity with the data of geomagnetic pulsations observations at Dusheti and Vardzija, IZMIRAN, Moscow, Preprint N3 (888), 27 pp.

Kopytenko, Yu.A., Ismaguilov, V. S., Hattori, K., Voronov, P. M., Hayakawa, M., Molchanov, O. A., Kopytenko, E. A., and Zaitev, D. B. (2002), Monitoring of the ULF electromagnetic disturbances at the station network before EQ in seismic zones of Izu and Chiba peninsulas (Japan), in M. Hayakawa and O. A. Molchanov (eds), *Seismo Electromagnetics (Lithosphere-Atmosphere-Ionosphere Coupling)*, pp. 11-18, Terra Scientific Publishing, Tokyo.

Kopytenko, Yu.A., Ismaguilov, V. S., Hattori, K., and Hayakawa, M. (2012), Anomaly disturbances of the magnetic fields before the strong earthquake in Japan on March 11, 2011, *Ann.Geophys.*, *55*(1), 101-107, doi: 10.4401/ag-5260.

Korepanov, V., Hayakawa, M., Yampolski, Y., and Lizunov, G. (2009), AGW as a seismo-ionospheric coupling responsible agent, *Phys.Chem.Earth*, *34*, 485-495.

Kushida, Y. and Kushida, R. (2002), Possibility of earthquake forecast by radio observations in the VHF band, *J. Atmos.Electr.*, *22*, 239-255.

Liu, J. Y. (2009), Earthquake precursors observed in the ionospheric Fregion, in M. Hayakawa (ed.), *Electromagnetic Phenomena Associated with Earthquakes*, pp. 187-204.Transworld Research Network, Trivandrum, India.

Maekawa, S., Horie, T., Yamauchi, T., Sawaya, M., Ishikawa, M., Hayakawa, M., and Sasaki, H. (2006), A statistical study on the effect of earthquakes on the ionosphere, based on the subionospheric LF propagation data in Japan, *Ann.Geophysicae*, *24*, 2219-2225.

Molchanov, O. A. and Hayakawa, M. (2008), *Seismo Electromagnetics and Related Phenomena: History and Latest Results*, Terra Scientific Publishing, Tokyo, 189 pp.

Molchanov, O. A., Kopytenko, Yu.A., Voronov, P. M., Kopytenko, E. A., Matiashvili, T. G., Fraser-Smith, A. C., and Bernardi, A. (1992), Results of ULF magnetic field measurements near the epicenters of the Spitak (M_s=6.9) and Loma Prieta (M_s =7.1) earthquakes: comparative analy- sis, *Geophys.Res.Lett.*, *19*, 1495-1498.

Molchanov, O. A., Mazhaeva, O. A., Goliavin, A. N., and Hayakawa, M. (1993), Observations by the Intercosmos-24 satellite of ELF-VLF electromagnetic emissions associated with earthquakes, *Ann. Geophysicae*, *11*, 431-440.

Molchanov, O. A., Hayakawa, M., Afonin, V. V., Akentieva, O. A., and Mareev, E. A. (2002a), Possible influence of seismicity by gravity waves on ionospheric equatrial anomaly from data of IK-24 satellite 1.Search for idea of seismo-ionosphere cou- pling, in M. Hayakawa and O. A. Molchanov (eds), *Seismo Electromagnetics (Lithosphere–Atmosphere–Ionosphere Coupling)*, pp. 275-285, Terra Scientific Publishing, Tokyo.

Molchanov, O. A., Hayakawa, M., Afonin, V. V., Akentieva, O. A., Mareev, E. A., and Trakhtengerts, V. Yu.(2002b), Possible influence of seismicity by gravity waves on ionospheric equat- rial anomaly from data of IK-24 satellite 2.Equatorial anom-aly and small-scale ionospheric turbulence, in M. Hayakawa and O. A. Molchanov (eds), *Seismo Electromagnetics (Lithosphere-Atmosphere-Ionosphere Coupling)*, pp. 287-296, Terra Scientific Publishing, Tokyo.

Molchanov, O. A., Rozhnoi, A., Solovieva, M., Akentieva, O., Berthelier, J. J., Parrot, M., Lefeuvre, F., Biagi, P. F., Castellana, L., and Hayakawa, M. (2006), Global diagnostics of the ionospheric perturbations related to the seismic activ-ity using the VLF radio signals collected on the DEMETER satellite, *Nat. Hazards Earth System Sci.*, *6*, 745-753.

Moriya, T., Mogi, T., and Takada, M. (2010), Anomalous pre- seismic transmission of VHF-band radio waves resulting from large earthquakes, and its statistical relationship to magnitude of impending earthquakes, *Geophys.J. Int.*, *180*, 858-870.

Muto, F., Yoshida, M., Horie, T., Hayakawa, M., Parrot, M., and Molchanov, O. A. (2008), Detection of ionospheric per- turbations associated with Japanese earthquakes on the basis of reception of LF transmitter signals on the satellite DEMETER, *Nat. Hazards Earth System Sci.*, *8*, 135-141.

Nagao, T., Enomoto, Y., Fujinawa, Y., Hata, M., Hayakawa, M., Huang, Q., Izutsu, J., Kushida, Y., Maeda, K., Oike, K., Uyeda, S., and Yoshino, T. (2002), Electromagnetic anomalies associated with 1995 Kobe earthquake, *J. Geodyn.*, *33*, 477-487.

Nagao, T., Orihara, Y., and Kamogawa, M. (2014), Precursory phenomena possibly related to the 2011 *M* 9.0 off the Pacific coast of Tōhoku earthquake, *J. Disaster Res.*, *9*, 303-310.

Ohta, K., Izutsu, J., and Hayakawa, M. (2009), Anomalous excitation of Schumann resonances and additional anomalous resonances before the 2004 Mid-Niigata prefecture earthquake and the 2007 Noto Hantou earthquake, *Phys.Chem.Earth*, *34*(6 & 7), 441-448.

Ohta, K., Izutsu, J., Chekotov, A., and Hayakawa, M. (2013), The ULF/ELF electromagnetic radiation before the 11 March 2011 Japanese earthquake, *Radio Sci.*, *48*, 589-596, doi:10.1002/ rds.20064.

Orihara, T., Kamogawa, M., Nagao, T., and Uyeda, S. (2012), Pre-seismic anomalous telluric current signals observed in Kozu-shima Island, Japan, *Proc.Nat. Acad.Sci.USA*, *109*, 19125-19128.

Parrot, M. (2012), Satellite observation of ionospheric distur- bance before large earthquakes, in M. Hayakawa (ed.), *The Frontier of Earthquake Prediction Studies*, pp. 738-764, Nihon-Senmontosho-Shuppan, Tokyo.

Parrot, M. (2013), Satellite observation of ionospheric pertur-bations related to seismic activity, in M. Hayakawa (ed.), *Earthquake Prediction Studies: Seismo Electromagnetics*, pp. 1-16, Terra Scientific

Publishing, Tokyo.

Pulinets, S. A. and Boyarchuk, K. (2004), *Ionospheric Precursors of Earthquakes*, Springer, Berlin, 315 pp.

Pulinets, S. and Ouzounov, D. (2011), Lithosphere-atmosphere-ionosphere coupling (LAIC) model—a unified concept for earthquake precursors validation, *J. Asian Earth Sci.*, *41*(4-5), 371-382.

Rikitake, T. (2001a), Predictions and Precursors of Major Earthquakes: The Science of Macroscopic Anomalous Phenomena, Terra Scientific Publishing Company, Tokyo, 198 pp.

Rikitake, T. (2001b), *Earthquake Prediction: Achievements and Future*, Nihon-Senmontosho-Shuppan, Tokyo, 617 pp. (In Japanese.)

Rozhnoi, A., Solovieva, M. S., Molchanov, O. A., and Hayakawa, M. (2004), Middle latitude LF (40 kHz) phase variations associated with earthquakes for quiet and disturbed geomagnetic conditions, *Phys. Chem.Earth*, *29*, 589-598.

Rozhnoi, A., Solovieva, M., Molchanov, O., et al.(2009), Anomalies in VLF radio signals prior to the Abrusso earthquake(M=6.3) on 6 April 2009, *Nat. Hazards Earth System Sci.*, *9*, 1727-1732.

Rozhnoi, A., Solovieva, M., Biagi, P. F., Schwingenschuh, K., and Hayakawa, M. (2012), Low frequency signal spectrum analysis for strong earthquakes, *Ann.Geophys.*, *55*(1), 181-186, doi: 10.4401/ag-5076.

Rozhnoi, A., Solovieva, M., Parrot, M., et al.(2015), VLF/LF signal studies of the ionospheric response to strong seismic activity in the far Eastern region combining the DEMETER and ground-based observations, *Phys.Chem.Earth*, Parts A/B/C, https://doi.org/10.1016/j.pce.2015.02.005.

Schekotov, A. and Hayakawa, M. (2015), Seismo-meteo-elec- tromagnetic phenomena observed during a 5-year interval around the 2011 Tōhoku earthquake, *Phys. Chem. Earth*, Parts A/B/C, doi:10.106/j.pce.2015.01.010.

Schekotov, A., Molchanov, O., Hattori, K., Fedorov, E., Gladyshev, V. A., Belyaev, G. G., Chebrov, V., Sinitsin, V., Gordeev, E., and Hayakawa, M. (2006), Seismo-ionospheric depression of the ULF geomagnetic fluctuations at Kamchatka and Japan, *Phys.Chem.Earth*, *31*, 313-318.

Schekotov, A. Y., Molchanov, O. A., Hayakawa, M., Fedorov, E. N., Chebrov, V. N., Sinitsin, V. I., Gordeev, E. E., Belyaev, G. G., and Yagova, N. V. (2007), ULF/ELF magnetic field variations from atmosphere induced by seismicity, *Radio Sci.*, *42*, RS6S90, doi:10.1029/2005RS003441.

Schekotov, A., Fedorov, E., Molchanov, O. A., and Hayakawa, M. (2013a), Low frequency electromagnetic precursors as a prospect for earthquake prediction, in M. Hayakawa (ed.), *Earthquake Prediction Studies: Seismo Electromagnetics*, pp. 81-99, Terra Scientific Publishing, Tokyo.

Schekotov, A., Fedorov, E., Hobara, Y., and Hayakawa, M. (2013b), ULF magnetic field depression as a possible precursor to the 2011/3.11 Japan earthquake, *J. Atmos. Electr.*, *33*(1), 41-51.

Shvets, A. V., Hayakawa, M., and Maekawa, S. (2004), Results of subionospheric radio LF monitoring prior to the Tokachi (M=8, Hokkaido, 25 September 2003) earthquake, *Nat. Hazards Earth System Sci.*, *4*, 647-653.

Sorokin, V. and Hayakawa, M. (2014), Plasma and electromagnetic effects caused by the seismic-related disturbances of electric current in the global circuit, *Mod. Appl. Sci.*, *8*(4), 61-83.

Sorokin, V., Chumyrev, V., and Hayakawa, M. (2015), *Electrodynamic Coupling of Lithosphere-Atmosphere-Ionosphere of the Earth*, Nova Publishers, New York, 355 pp. Surkov, V. and Hayakawa, M. (2014), *Ultra and Extremely Low Frequency Electromagnetic Field*, Springer, Tokyo, 486 pp. Tronin, A. A., Hayakawa, M., and Molchanov, O. A. (2002), Thermal IR satellite data application for earthquake research in Japan and China, *J. Geodyn.*, *33*, 477-487.

Uyeda, S. (2012), Earthquake prediction in Japan, in M. Hayakawa (ed.), *The Frontier of Earthquake Prediction Studies*, pp. 3-13, Nihon-Senmontosho-Shuppan, Tokyo.(In Japanese.)

Uyeda, S. (2013), On earthquake prediction in Japan, *Proc.Japan Acad.Ser.B*, *89*, 391-400.

Uyeda, S. (2015), Current affairs in earthquake prediction in Japan, *J. Asian Earth Sci.*, https://doi.org/10.1016/j/ jseas.2015.07.006

Uyeda, S., Hayakawa, M., Nagao, T., Molchanov, O., Hattori, K., Orihara, Y., Gotoh, K., Akinaga, Y.,and Tanaka, H. (2002a), Electric and magnetic phenomena observed before the volcano-seismic activity 2000 in the Izu island region, Japan, *Proc. Nat. Acad. Sci. USA*, *99*(11), 7352-7355.

Uyeda, S., Nagao, T. Hattori, K., Noda, Y., Hayakawa, M., Miyaki, K., Molchanov, O., Gladychev, V., Baransky, L., Schekotov, A., Belyaev, G., Fedorov, E., Pokhotelov, O., Andreevsky, S., Rozhnoi, A., Khabazin, Y., Gorbatikov, A., Gordeev, E., Chebrov, V., Lutikov, A., Yunga, S., Kosarev, G., and Surkov, V. (2002b), Russian-Japanese complex geophysical observatory in Kamchatka for monitoring of phenomena connected with seismic activity, in M. Hayakawa and O. A. Molchanov (eds), *Seismo Electromagnetics (Lithosphere-Atmosphere-Ionosphere Coupling)*, pp.413-419, Terra Scientific Publishing, Tokyo.

Uyeda, S., Nagao, T., and Tanaka, H. (2004), A report from the RIKEN International Frontier Research Project on Earthquakes (IFREQ). *Terr. Atmos.Ocean.Sci.*, *15*, 269-310.

Uyeda, S., Nagao, T., and Kamogawa, M. (2008), Short-term earthquake prediction: Current status of seismo-electromag- netics, *Tectonophysics*, *470*, 205-213.

Varotsos, P. (2005), *The Physics of Seismic Electric Signals*, Terra Scientific Publishing, Tokyo, 338 pp.

Xu, G., Han, P., Huang, Q., Hattori, K., Febriani, F., and Yamaguchi, H. (2013), Anomalous behavior of geomagnetic diurnal variations prior to the 2011 off the Pacific coast of Tōhoku earthquake (M_w9.0), *J. Asian Earth Sci.*, *77*, 59-65.

Yasuda, Y., Ida, Y. Goto, T., and Hayakawa, M. (2009), Interferometric direction finding of overhorizon VHF transmitter signals and natural VHF radio emissions possibly associated with earthquakes, *Radio Sci.*, *44*, RS2009, doi:10.1029/2008RS003884.

3　震前观测及其在中国地震预报中的应用：历史与近期进展综述

王　辉[1]，王永仙[2]，刘　杰[2]，申旭辉[3]，余怀忠[2]，
江在森[1]，张国民[1]

1 中国北京，中国地震局地震预测研究所地震预测重点实验室
2 中国北京，中国地震局中国地震台网中心
3 中国北京，中国地震局地壳应力研究所

摘要　本文对中国大陆震前现象观测与解读的进展情况进行了总结。所研究的震前现象包括地壳变形和地震活动，以及地电、地磁和地下水的特性变化。这些现象与地震主震前发震区及其附近的地壳形变有关。根据近几十年来中国大陆发生的震例研究，下面列出了震前现象的一些一般性特征。

（1）震前现象显示出两种不同的时间变化模式：几月至几年间的缓慢变化以及几天至几个月的快速变化。

（2）震前现象的明显变化通常发生在强震之前。震前现象的特征可以是异常的幅度变化和持续时间，也包括异常的时空分布情况。

（3）通常震前异常现象发生在主震震中附近。我们对近年在青藏高原东南缘发生的三次地震有关的震前现象进行了回溯性分析。回顾性研究表明，尽管初步的机制模型为这些震前现象提供了可能的物理解释，但用这些模型来预测地震仍然存在很大困难。

3.1　引言

银川地震，每岁小动，民习以为常，大约春冬二季居多，如井水忽浑浊，炮声散长，群犬围吠，即防此患。如若秋多雨水，冬时未有不震者。

——17 世纪的《银川小志》

中国是世界上为数不多的拥有大量丰富地震历史记录的国家之一。以上陈述是描述中国震前现象的典型历史文献。在这个引文中，描述了多种类型的震前现象，包括小型地震、地壳运动水井水位变化、地声和异常动物活动。此外，还提到了一种感知相关性，即地震发生的可能时间与天气和季节变化有关。在许多其他地方的编年史中也发现

了类似的历史记载。基于震前现象的观测，这些文献记录了地震预测早期概念。

中国的地震灾害非常严重。中国历史地震目录囊括了自公元 23 年以来震级 6 级以上的 1000 多起灾难性地震活动。这些地震中至少有 13 起造成了特别严重的伤亡（$M \geqslant 8$）（Ming et al.，1995）。据记录，1556 年发生的华县 8 级地震造成了 83 万人死亡，至今仍是人类历史上伤亡最大的地震。现代中国地震也造成了巨大的损失，1976 年的唐山大地震（M_s 7.8）摧毁了整个唐山市，造成约 24 万人死亡。2008 年汶川大地震（M_s 8.0）造成 8 万多人死亡或失踪，数十万人受伤，地震造成的财产损失超过 8000 亿人民币。通过预测地震来减小地震造成的灾害一直是中国的国家目标之一。

强震灾难致使中国开始了对震前兆现象的研究，并认为是自 1966 年后中国地震预测的重要方法。震前现象研究包括了震前观测到的大量物理或化学现象，主要与发震过程的成核作用有关。异常现象是相对于背景条件而言的异常变化，且通常发生在地震发生过程的不同时期。

在过去几十年中，通过地震前兆现象来预测地震的做法遭遇了争议和失败，只有少数案例得到成功预测（Jackson，2004；Yue，2005；Wang et al.，2006；Chen，2010；Chen and Wang，2010）。在 20 世纪 70 年代中期，地震学家确信地震预测可以在短时间内做到。这种信心部分源于中国对 1975 年海城 7.3 级地震的成功预测。在对海城地震预测过程中，根据对震前现象的观察，做出了两次正式的中期预测，并在主震当天，科学家和政府官员所采取的行动挽救了数千人的生命。最终有效地促成了一次临震预测（Wang et al.，2006）。然而，18 个月后发生的另一场毁灭性地震，即唐山 7.8 级地震，迫使地震学会承认地震预测所面临的困难。

本文的目的是研究中国大陆已发表的科学文献并总结震前现象的基本特征以及未来地震预测研究中可能会用到的结论。

3.2 中国大陆地震震前现象研究

3.2.1 震前现象的选择

为选择可靠的震前现象，我们提出了两个评估阶段（Wyss，1997b）。首先，震前现象必须在科学出版物发表。震前现象的所有记录都应是可信的、受控的且经过校正的实验。此外，对震前现象的详细观测时间需要被记载。其次，应对孕震现象进行准确的定义。地震现象的量化值、解译数据的处理方法和信噪比应该是明确的。最后，存在解释现象发生的公认物理模型（Scholz，1968，1977）。

根据这些标准，可以在地震发生前的不同阶段记录公认的震前现象（图 3.1）。主要与主震前发震区以及附近发生的地壳形变有关。这些现象如下（Zhang et al.，2013）：

（1）地壳形变。根据 Reid 的弹性回跳理论，地震是地壳形变累积的结果。在主震前，地壳运动产生的水平位移和垂直位移发生了变化。最明显的震前现象之一是地壳形变率的加快和形变方向的改变。

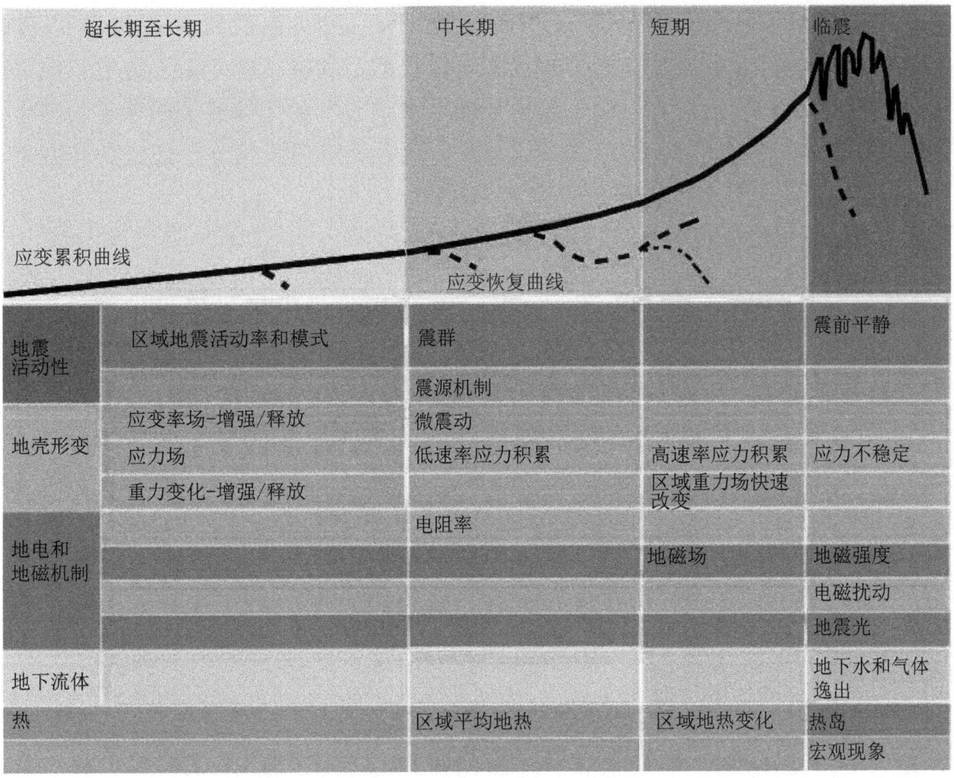

图 3.1　概念模型显示了地震形成不同阶段的应变积累曲线与震前现象之间的关系

（2）地震活动性。地震台网测量的地震活动性现象通常由空间特征模式组成，包括地震丛集和空区、平静期、频繁的背景地震活动、前震和 *b* 值的变化。部分研究结果显示地震参数如震源机制、P 波和 S 波速度会在地震前发生变化。

（3）地电和地磁。震前的地电和地磁效应包括电场和磁场的局部变化。与这些现象有关的震前变化有两种类型：时间参量（如电阻率）和空间参量，包括地电场和地磁场。红外辐射的变化是另一种来自地面的地电效应，主要通过地震发生前由卫星观测获取。

（4）地下流体。地下水对地壳应力的变化很敏感，可能会出现各种震前现象，包括水位、水质、含量和温度的变化。另外，地球会排出各种气体。

3.2.2　中国大陆地震监测系统

20 世纪 70 年代和 80 年代，中国大陆建立了多学科地震监测系统，为研究和利用震前现象提供了基础设施。该系统的数字现代化是在第九个五年计划期间（1996～2000 年）进行的。2008 年汶川 8 级地震后，该监测系统得到了进一步更新。全球导航卫星系统（GNSS）项目、数字地震观测网项目、地球物理背景场项目和地球物理现场监测项目，以及地震预测科学实验场项目相继被提出，从而加强了中国的地震监测能力（Huang et al.，2017）。

至 2012 年，中国大陆运行的常规地震台总数超过 1000 个。其他用于地震观测的站点也已经部署完成，包含应变仪、重力仪、磁力计、地电仪器和水位计，以及其他类型的仪器。对地震活动、地壳变形（包括固定地壳形变和井孔应变）、地电、地磁、重力和地下流体以及其他因素的变化（包括与地下水动力学和化学有关的参量）进行了观测，部署的仪器数量超过 2000 个（表 3.1）。除了固定观测站外，还定期开展流动测量。例如，2013 年流动水准测量总长度为 10439km，建立了 4430 个流动重力站，并进行了 1308 次地磁测量。

表 3.1 中国大陆多学科震前现象监测系统的统计学描述

方法	台站数量/个	设备数量/台
重力	39	42
形变	246	561
地磁	162	366
地电	139	222
地下流体	453	1101
其他可用观测	354	416
总数	1393	2708

中国地壳运动观测网（CMONC）建于 1998～2001 年，由 27 个连续观测站和 1056 个移动观测站组成（Li et al.，2012）。该网络在 2008 年至 2011 年期间进行了扩增，总计新增设立了 233 处连续观测站和 1000 多个流动观测站。该网络提供了整个中国大陆地区的精确地壳运动速度场。

多学科地震监测系统为地震监测提供了丰富的信息。震前现象监测网的原始数据和专业数据产品存储量超过了 1.2TB（C. Liu et al.，2015）。原始数据和专业数据产品每年增加 400GB 存储量，为地球内部活动观测提供了更多详细信息。例如，在 2008～2011 年间，中国地震台网中心（CENC）关于地震震级记录的完整性从之前的 2.6 级提高到了 1.6 级，只有西藏和新疆的部分地区由于自然条件困难导致部署的站点较少（Mignan et al.，2013）。

3.2.3 震前现象的特征总结

基于震例研究的综合定量分析，开展了中国大陆震前现象的初步特征回顾（Ma et al.，1982；Jiang et al.，2009；Chen，2010）。基于对所述特征与未来潜在地震间关系的研究评估了长期、中期、短期和临震预测的科学方法和工作流程。在未来 10～15 年内，中长期地震预测中的有用信息可用来进一步改进关键区域的监测。结果也可用于国家对整个大陆地震趋势的年度评估中。基于震前现象提出了关于中国地震危险性评估的实验。在特定区域基于案例研究的地震预测评估为实际的地震预测提供了有价值的测试实例。

3.2.3.1 中国的震例

自 1966 年以来，中国大陆在地震监测网络覆盖范围内发生了超过 1200 次 5 级以上地震。部分的震前现象已被研究并记录在《中国地震案例》系列丛书中。本系列丛书共 10 卷，时间跨度为 1966～2006 年。书中共记录了 200 多次地震，每次地震的信息包括地质学背景、地震危险程度和地震参数，如地震活动和震源机制，以及每次地震发生前的震前现象（Zhang et al.，1988，1990a，b；Z. Zhang et al.，1999，2000；Chen et al.，2002a，b，c，2008；Jiang et al.，2014）。书中记录的统一格式和规格使其成为中国大陆震前现象综合研究的宝贵数据（Zhang et al.，2013）。

依据这些年来可靠的记录，基于 1986～2006 年间《中国地震案例》对震前现象的基本时空特征进行了分析。根据记录，在大约 270 次地震前观测到了超过 3000 个震前现象，至少 22 次震级大于 7.0，59 次震级在 6 级左右，近 200 次震级为 4～5 级。所记录的震前现象可分为 75 种不同的物理参量（表 3.2）。Huang 等（2017）详细介绍了这些潜在的震前现象及其在中国地震预测中的应用。

表 3.2 中国大陆观测的地球物理参数震前现象列表

主题	震前现象参数
地震学	地震频带，地震分布（时间、空间、静止或活跃），地震空白区（段），前兆地震（群），前震活动，地震窗口，缺震，地震群活动，诱发性前震，地震丛集，地震迁移，地震频率，*b*-值，应变释放（能量释放），*h*-值，地震间歇期，小震调制比，波速（波速比），同震应力 τ，P 波初动符号矛盾比，环境应力 τ_0，质量因子（Q 值），小震综合断层面解，振幅比，地震波形，断层面总面积（$\Sigma(t)$），地震尾波持续时间比 τ_H/τ_V，地震尾波衰减系数 a，S 波偏振，地震强度因子 M_f-值，地震非均匀度（GL 值），η 值，地震活动的 D 值，地震活动的综合指数 A，地震集中度 C，地震活动度 S，微动，地震节律，地震熵（Q_t，Q_N，$Q\Sigma$），地震状态指数值（$A(b)$），衰减率 p，特定集中度 C1，地震活动度 γ，震级容量维 D_0，算法复杂性（$C(n)$，Ac），地震间隙参数（σH），频带集中度 CB，“*E*, *N* and *S*”元素，地震活动模糊度 *Sy*，地震信息效率（I_q），地震发生的区域数量（A 值）
形变	倾斜（钟摆、管式），固定水准测量（短途水准），水准测量（长途水准），移动水准测量，海平面水准测量，固定基线（短基线），移动基线，断层蠕动，测距，流动重力测量，钻孔应力（压电容应力、振弦应力），体积应力，断层应力（伸缩计），钻孔应力（电感应应力、钢丝应力）
地电与地磁	地磁垂直强度（地磁 Z 分量变化、地磁日变化低点漂移、地磁日变化畸变、地磁振幅差），诱导磁效应（地磁传递函数），地磁总强度，磁偏角，流动地磁测量，视电阻率（ρ_s），自然电位（V_{SP}），电磁干扰，热红外（长波辐射（OLR），亮温），大气电势
地下水	井水位、湖水位、水温、（泉水）流量、油井变化、地下水、空气和土壤中的氡含量、汞含量；二氧化碳、氦、氢、氧、氮、氩、硫化氢、甲烷、地下水中的气体总量；二氧化硅；钾离子、锂离子、钙离子、镁离子、氯离子、氟离子、碳酸氢根离子、硫酸根离子；总水硬度、pH 值、水的电导率、地下水中的微观电性
综合	综合统计（异常项数量、异常站点项比率）、前兆信息熵（H）
其他	宏观现象、地面温度、大气压力、干旱、洪涝

3.2.3.2 震前现象的频率变化

虽然震前现象在中强震之前很常见，但其在不同地震之前出现的频次不同。国家监测台网共筛选了 75 个震前物理参量用于监测，但 1986～2006 年《中国地震案例》中仅记录了 44 个物理参量的震前变化。根据记录，其他 31 个地震案例震前观测到不超过 5 个物理参量发生变化。

图 3.2 记录地震前的 44 种震前现象发生的频率。震前现象频次较高的参量包括（a）地震频率，（b）倾斜，（c）地震空区，（d）地下水氡的含量，（e）b 值和（f）井水水位。六种参量在震前发生变化的次数分别占地震总数的 53%、53%、45%、45%、44%和 38%。所记录的地震至少半数都会在震前发生这六类震前现象。

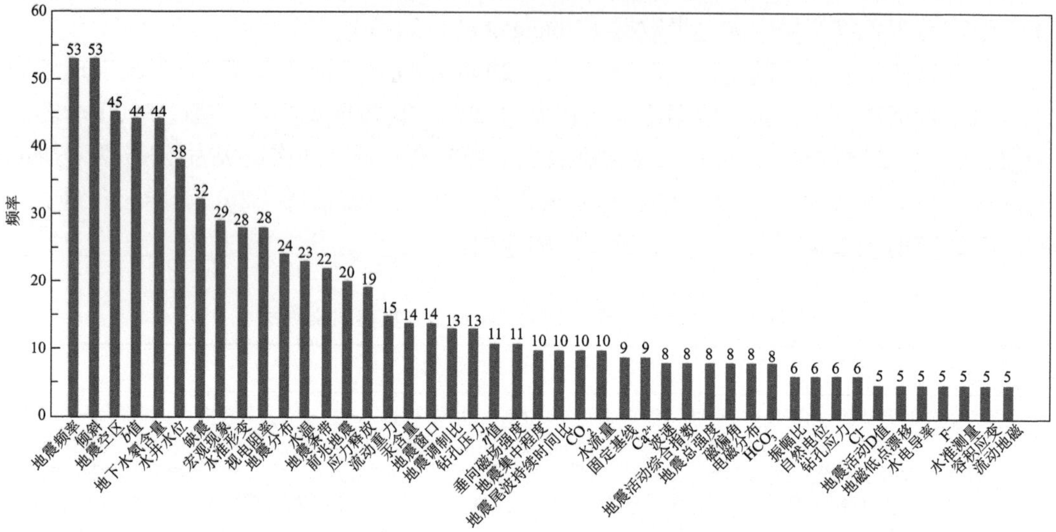

图 3.2 根据《中国地震案例》丛书，发生在 1986～2006 年间主震之前异常现象出现的频率

3.2.3.3 震前现象的各种变化

大多数震前现象可根据其初始发生时间分为两类。一类震前现象变化缓慢，而且通常会持续至少 1 年，通常在大地震前的中期被观测到。另一类震前现象在地震发生前几天至 1～2 个月内发生迅速变化。如果持续时间很短且变化很快，则主要与主震之前的短期活动有关。不同的变化模式可能会被视为孕震过程中不同阶段的标志。

一些震前现象，例如距离震中 100km 以内区域的地壳运动和基线长度、地电场、地磁场、氡含量和水温的变化，通常被认为是短期现象而不是中期或临震现象。此外，在接近主震震中 300km 内且在 100km 外的区域中，发生了短期水温的频繁变化。短期流体化学变化也经常出现在距离主震震中 200～300km 的区域（Zheng et al.，2006）。因此，水温和流体化学观测可能会为孕震过程提供更多短期信息。同时，电磁和地壳温度的变化主要发生在地震前 3 个月内。这些变化可能会提供与即将发生的地震相关的其他信息。

3.2.3.4 震前现象的特征及其时空分布

震前现象通常集中于发震构造周围。所记录的震前现象分布规模与未来地震的大小成正比。震前现象有时出现在特定地质构造断层带局部范围内。图 3.3 所示为 5 级、6 级、7 级地震所记录到的震前现象与震中的距离。图中显示与 5 级地震有关的震前现象记录主要在距震中范围 200km 以内，6 级地震震前现象发生在震中 300km 以内，而 7 级地震的震前现象发生在震中 100～500km 范围内，显示出了范围更广的分布。

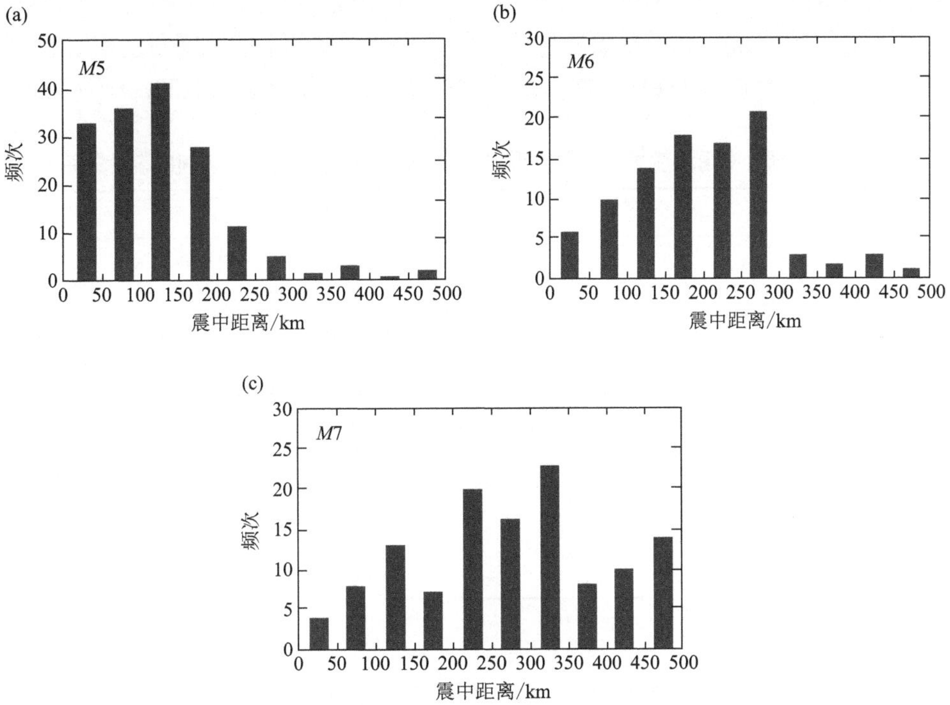

图 3.3　基于《中国地震案例》丛书，5 级、6 级和 7 级地震的震前现象距离震中距离的频次

时序模式表明，震前现象的记录主要是在每次地震发生前的 5 年内。大多数震前现象均是在主震前 1 个月至 2 年内被捕捉，表明中期震前现象比长期震前现象更为明显。根据记录，中期震前现象的数量最多，而报告的短期和临震现象数量最少。尽管如此，地震前可观测到震前现象的时间几乎与未来地震的震级成正比。对 5 级地震来说，大多数震前现象的记录均出现在震前 10 天左右。而对于 6 级地震来说，大多数震前现象的记录均在地震发生前 1 个月内。对 7 级地震的时间关系不太确定，与 7 级地震的发生次数较少有关。

此外，震前现象的空间分布也可能在主震前不同阶段发生变化。在长期和中期阶段，震前现象往往首先出现在孕震区，然后出现在周边地区。在短期和临震阶段，震前现象可能更集中在发震区（Ma et al.，1982）。震前现象的变化可为评估主震的地点和时间提供指示。

3.2.3.5　震前现象的时空特征与主震地震震级的初步经验性关系

震前现象的一些初步特征，包括其频率、多样性、振幅、持续时间和空间范围的变化，与主震大小呈正相关。一般来说，较大的地震，其震前现象往往更为明显。此外，随着主震震级的增加，受震前现象影响的物理参量数量，以及持续时间和空间范围也会更大。例如，根据《中国地震案例》系列丛书，在 5 级、6 级和 7 级地震之前记录到的震前现象数平均值分别为 7.0、10.3 和 20.3。震前现象数量为主震震级评估提供了基础信息。

根据对中国地震案例的研究，已经建立了震前现象特征与主震震级大小之间的初步统计关系。一般来说，震前现象的持续时间和影响区域的空间范围与主震震级大小呈对数关系。表 3.3 所示为可观察到震前现象的持续时间与主震震级之间的统计关系。

表 3.3 根据《中国地震案例》所得震前现象持续时间与主震震级之间的统计关系

方法	统计关系 [a]
Vp/Vs	$\lg T = 0.34M + 0.63$
地震活动性	$\lg T = 0.60M - 1.72$
b 值	$\lg T = 0.20M + 1.32$
水文地球化学	$\lg T = 0.506M - 0.984$
电阻率	$\lg T = 0.34M - 0.13$
地表形变	$\lg T = 0.46M - 1.26$
干旱	$\lg T = 0.67M - 1.27$
地表应力	$\lg T = 0.19M + 1.11$

[a] T 是地震前兆现象趋势持续时间，M 是主震震级

震前现象的幅度与主震震级之间的统计关系是非常复杂的。通常在孕震区附近震前现象的幅度更大，并随着离震中距离的增加而减小。震前现象的复杂性可能是由孕震区周围构造环境的差异造成的。虽然较大的主震震级，震前现象的幅度表现出增大趋势，但它们之间的定量统计关系尚不明确，也进一步反映了孕震过程的非线性。

3.2.4 从太空观察震前现象

天基技术提供了监测地球的新方法，具有全球尺度、高动态范围、不间断观测的优势特点，提供了更多震前现象的捕捉机会。天基技术优势有助于理解孕震过程和发生规律。目前，以全球导航卫星系统和卫星红外仪为代表的卫星技术在地震监测中发挥了重要作用。

CMONC 使用全球定位系统（GPS）测量并提供有关地壳运动和动态变化的具体直接信息（Li et al.，2012）。GPS 观测表明，在相对较大的区域内，出现了孕震区周围的地壳形变增强，与大地震前几年的孕震构造应变积累一致。例如，2001 年可可西里 8.1 级地震发生在剪切应变高值区域（Jiang et al.，2003），2008 年汶川地震发生在有较大 E-W 应力区的边缘（Wu et al.，2015）。地震断层的高度锁定和滑动亏损可能会在短期内改变孕震区附近的区域地壳形变模式（Wu et al.，2015）。

遥感监测也成为了地震监测的一个新方面。自 20 世纪 90 年代以来，中国一直在

进行基于卫星的红外相关震前现象监测研究（Xu et al.，1991）。其特征包括亮温（BT）、长波辐射通量（OLR）和地表潜热通量（SLHF）。100 多次地震的多参量红外异常研究结果表明红外异常具有普遍性特征。例如，大约 50%的 5 级以上地震会出现红外参量的异常，且异常主要发生在震前 2 周内，但每个参量的异常区域不同。BT 异常通常是独立的并且分布广泛，而 OLR 和 SLHF 异常通常发生在震中附近并且总是沿着发震断层分布。6 级以上地震前发现红外异常的可能性更高（Shen et al.，2013）。

基于卫星技术的电磁测量也被用于监测震前现象。用于探测电离层异常的主要方法包括基于地面的电离层垂测和斜测，GPS 观测反演可以确定总电子含量（TEC）、掩星事件和电离层原位观测。许多研究都注意到大地震存在震前电离层异常（Le et al.，2015）。全球地震案例数据研究表明电离层震前现象通常出现在主震前几天的时间内（Le et al.，2015），主要分布在电离层中相对较大的区域，7 级以上地震电离层异常更为明显（Shen et al.，2013）。

然而，卫星观测的震前现象的区域通常大于地面站监测的异常区域。例如，2008 年汶川地震发生前几天，即使在中国南方跨度约为 11°的距离处也可以观测到电离层中的 TEC 异常（Ma and Wu，2012）。统计数据显示，空间对地观测震前异常现象与地震活动性呈正相关关系。目前尚需进一步开展工作，包括非发震区和无震期在内的完整时空扫描。

3.2.5 中国板内地震的力学理论

部分板内孕震过程的力学理论是基于中国震前现象的观测发展起来。结果表明，大多数震前现象与主震发生前发震构造附近产生的地壳形变有关。

岩石力学实验模型阐述了孕震过程中发震断层的四个阶段：稳态、亚稳态、超不稳定态和不稳定态。在稳态和亚稳态阶段通常会观察到震前现象的逐渐变化，而在超不稳态阶段通常会发生震前现象的快速变化（Ma，2016），地震发生在不稳定阶段。模型解释了两种震前现象。

同时还提出了有关的概念和数值模型。一类模型基于单一地震活动的起源，而另一类模型认为中国发生的强震与几次地震活动的相互作用有关。自 1970 年以来，科学家们提出了单一地震区模型，如复合孕震模型（Kuo et al.，1973）、膨胀-蠕变模型（Niu，1978）以及坚固体孕震模型（Mei，1995，1996a，b）。复合孕震模型假设地震区由两种类型的力学单元组成：应力累积单元，为锁定的高强度区域；应力适应单元，为蠕变的低强度区域。在该模型中，构造应力加载从应力适应单元传递到应力累积单元。在地震发生前，应力累积单元的应力集中度会增加。模型的定量模拟可以显示岩石会膨胀并显出累积应力达到阈值的时期，连续应力累积产生断层蠕变和累积破裂，并导致锁定单元中产生不稳定破裂。该模型还提供了一种机制，可以解释震前现象中的快速变化和长期变化。该模型的更新版本已用于解释 2008 年 8.0 级汶川地震的孕震过程（Zhang et al.，2010）。

强震间相互作用模型主要是通过数值模拟实现。构造块体孕震模型使用由机械弹簧、阻尼器和滑块组成的网络系统来模拟断层系统中孕震的非线性过程（Zhang et al.，1995）。作为复杂断层网络的一阶近似，该模型表征了中国大陆强震间的相互作用。建模结果还为强震机理和震前现象的演变提供了独特的视野。

3.3 过去数十年间观测震前现象的一些案例研究

尽管过去 50 年来中国大陆已经收集了大量关于震前现象的数据，但仍难以用来地震预测（Wang et al.，2006；Chen，2009；Chen and Wang，2010；Rhoades，2010）。尽管震前现象的应用方面取得了少数成功，但争议和失败仍然存在（Wu，1999；G. Zhang et al.，1999；Yue，2005；Wu and Jiang，2006；Chen，2010；Zhuang and Jiang，2012）。

在过去的 10 年里，青藏高原东南缘发生了许多中震强震，给我们提供了很好的例子，可以研究震前现象与主震之间的关系。我们重新审视了青藏高原东南缘地区三次地震前发生的震前现象，即汶川 8.0 级地震、芦山 7.0 级地震和鲁甸 6.5 级地震。

3.3.1 2008 年汶川 8.0 级地震

2008 年 5 月 12 日，位于青藏高原东南的龙门山断层中北部发生破坏性地震。该次地震产生的破裂长度超过 400km（Xu et al.，2009），并造成了自 1976 年唐山大地震以来最大的一次地震损失。2005 年，龙门山断层的中北部地区被选定为国家地震监测和地震重点监视区域之一（Zhang et al.，2006）。

许多报道就 2008 年汶川地震震前现象进行了讨论。Ma 和 Wu（2012）提供了相关文献的合集。汶川地震前出现的震前现象至少有数十年的持续趋势，很少会发现突变现象。

汶川地震震前现象最明显的一点是龙门山断层的地震空区。虽然龙门山断层可以产生大地震，但历史记录和仪器记录表明沿断层缺乏地震活动（Ming et al.，1995；Division of Earthquake Monitoring and Prediction，1999）。龙门山断裂带在历史上所发生的最大地震记录是 1970 年大邑 6.2 级地震。对古地震的研究表明，映秀-北川断层的强震复发间隔达数千年（Densmore et al.，2007）。沿龙门山断层方向小地震的空间分布表明，绵竹-茂县-江油-平武段在 1970 年至 1999 年具有较低的 *b* 值和较高的应力集中度（Yi et al.，2006）。2001 年 9 月至 2007 年 3 月在龙门山断层周围发生的 4 级以上地震形成了一个地震环，面积超过 522400km^2。

与龙门山断层相连的鲜水河断层水位测量结果显示在汶川地震前出现了显著变化。在 Xuxu、Goupu、Zhuwo 和 Laoqianning 站收集的观测结果显示，2002 年至 2008 年间，连接震中位置的曲线偏离了鲜水河断层自 20 世纪 80 年代中期至 2001 年长期左旋剪切的趋势（图 3.4）。数值模拟表明，鲜水河断层地震间的锁定会提高龙门山断层的负荷率（Luo and Liu，2010）。在鲜水河断层水位观测中出现的长期趋势偏差被认为是汶川地震的重要震前现象。

(a)

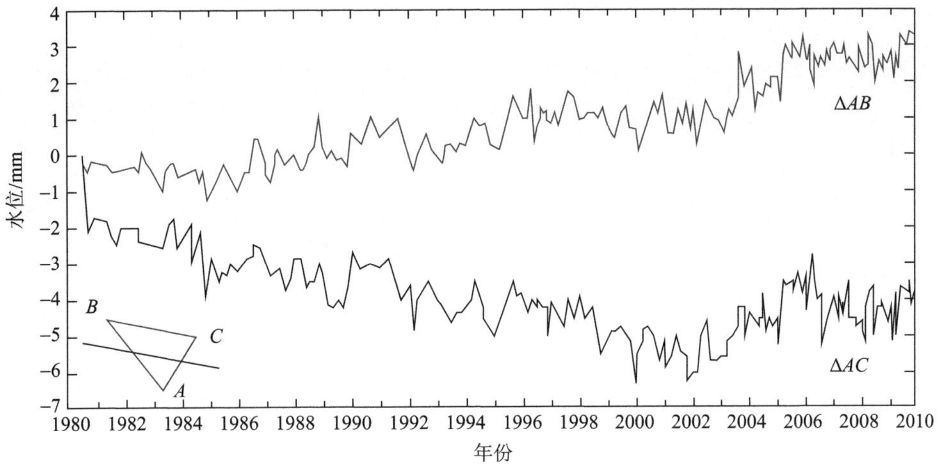
水位/mm
年份
ΔAB
ΔAC
A
B
C
4
3
2
1
0
−1
−2
−3
−4
−5
−6
−7
1980
1982
1984
1986
1988
1990
1992
1994
1996
1998
2000
2002
2004
2006
2008
2010

(b)

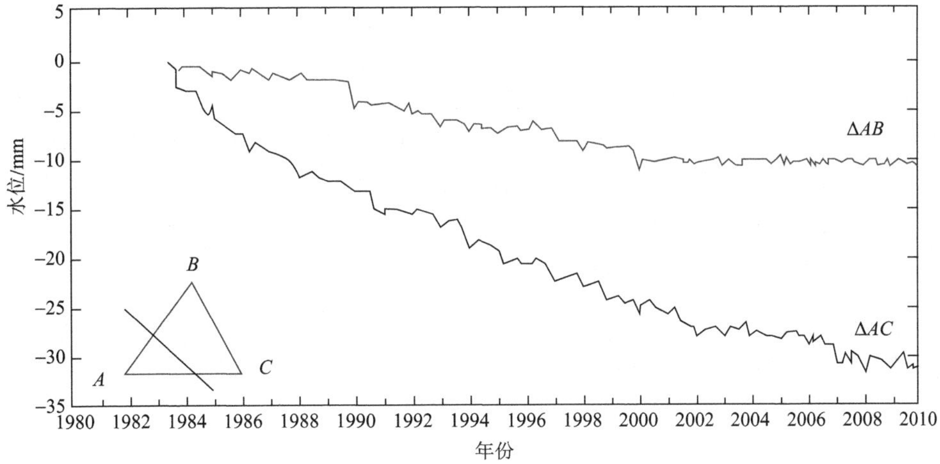
水位/mm
年份
ΔAB
ΔAC
A
B
C
5
0
−5
−10
−15
−20
−25
−30
−35
1980
1982
1984
1986
1988
1990
1992
1994
1996
1998
2000
2002
2004
2006
2008
2010

(c)

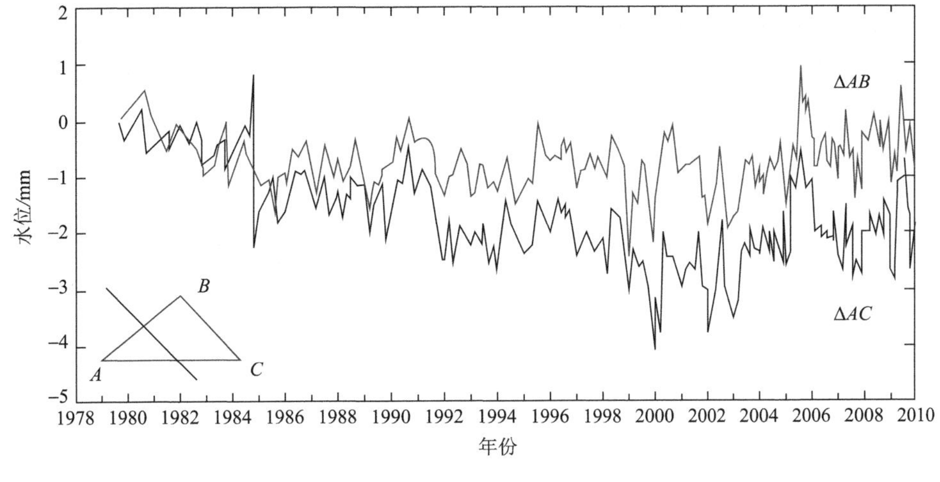
水位/mm
年份
ΔAB
ΔAC
A
B
C
2
1
0
−1
−2
−3
−4
−5
1978
1980
1982
1984
1986
1988
1990
1992
1994
1996
1998
2000
2002
2004
2006
2008
2010

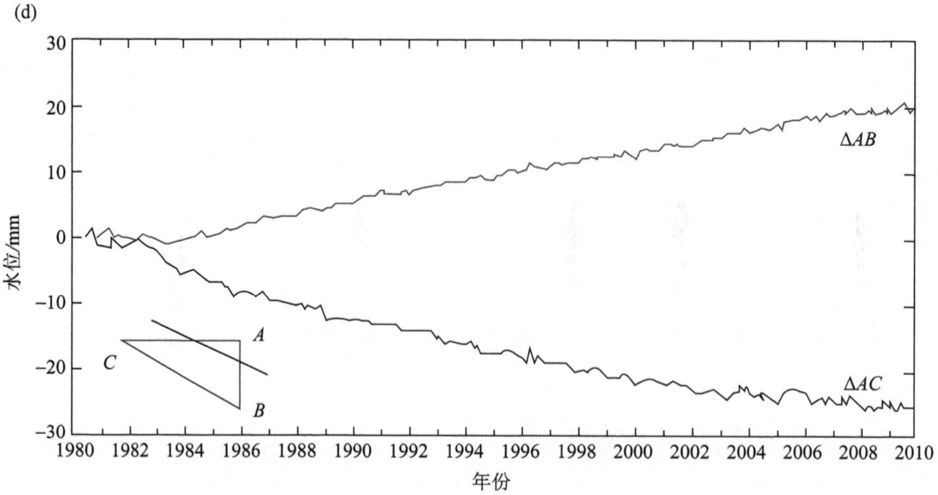

图 3.4　鲜水河断层带固定基线站所收集观测数据的曲线。黑线和灰线标示了两个基线在不同方向上的运动。这里所示的数据来自以下站点：（a）Xuxu，（b）Goupu，（c）Laoqianning，（d）Zhuwo

另一个重要的震前现象是重力变化（Zhu et al.，2010）。1998 年至 2000 年开展的绝对和相对重力测量结果表明，龙门山断层作为四川省西部和东部间的边界，四川省西部的重力异常为负，而北部异常为正。四川省在两个地区之间的重力差异超过 90×10^{-8} m/s。2000～2002 年间，四川省西部与四川省北部地区之间的重力差异增大。汶川地震前汶川-马尔康地区出现了较大的重力梯度（图 3.5）。

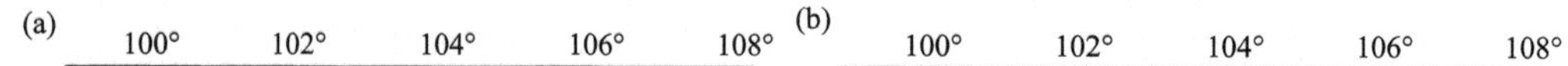

图 3.5　2008 年汶川地震前重力变化等值线（单位为 μGal）：（a）1998 至 2000 年；（b）在 2000 至 2002 年。灰线表示主要活动断层。红圈所示为 2008 年汶川地震的震中（彩色图片参阅电子版，电子版扫描前言后二维码查看，不一一标注）

遗憾的是，尽管许多研究人员报道了 2008 年汶川地震前 3 天中国南部电离层电子含量的异常增强（Le et al.，2015），但地震发生前，其他能作为震前现象的快速变化并不明显（Chen and Wang，2010）。缺少观测现象异常变化可能与 2008 年之前缺乏密集的监测站网络以及对该地区的研究不足有关。

3.3.2 2013 年芦山 7.0 级地震

芦山地震 7.0 级（M_W 6.6）发生在 2013 年 4 月 20 日，即 2008 年汶川 8.0 级地震后 5 年。芦山地震活动致使龙门山断层南段发生破裂。2008 年汶川地震产生的应力传递导致 2008 年后龙门山断层南段库仑应力变化（ΔCFS）增加（Parsons et al.，2008；Toda et al.，2008），表明该区域地震危险性的增加。

震前现象的长期缓慢变化包括地震活动和重力变化。沿龙门山断层南部的 b 值变化表明，宝兴与成都之间的断层段在 1980～2013 年间达到高应力水平（Yi et al.，2008）。此外，2008 年汶川地震出现了 ΔCFS 增加的区域（Parsons et al.，2008；Toda et al.，2008）。2010～2012 年的重力测量表明，潜在震源区内和附近的局部重力发生了变化。宝兴、天泉、康定、泸定和石棉附近的异常变化高达 100×10^{-8} m s^{-2}。在芦山 7.0 级地震前 2～3 年区域重力变化呈现了动态模式，且出现了累积重力模式（Zhu et al.，2013）。基于多次震前现象的综合分析，Su 等（2014）在 2013 年 4 月 20 日主震前两个月的 2013 年 2 月 22 日进行了一次科学的地震预测。

在重新审查了区域监测网的数据之后，发现了主震前所出现的震前现象的快速变化。BT 异常现象出现于 2013 年 1 月 15 日，并持续至 2013 年 4 月 19 日。震前现象从龙门山断层和鲜水河断层迁移到这两个断层之间的交汇带，位置靠近芦山地震的震中（Xie et al.，2015）。自 2013 年 1 月 30 日开始，在康定站观测到地温变化，也可能与芦山地震相关孕震构造的应力变化有关（Chen et al.，2013）。电磁变化在芦山地震发生前的孕震区周围。震前最早电磁信号异常出现在主震前 21 天（Ma et al.，2013）。地电场变化主要表现为昼夜波形失真和频谱特征的变化，通常出现在地震前 1～2 个月（An et al.，2013）。然而，观测所得震前现象的快速变化距离芦山地震震中较远。

3.3.3 2014 年鲁甸 6.5 级地震

鲁甸 6.5 级地震于 2014 年 8 月 3 日发生在中国西南部的云南省鲁甸县（Cheng et al.，2015）。地震震中位于青藏高原与华南地块的边界，发生于昭通断层的次级左旋断层上（Wen et al.，2013）。地震发生在 2008～2014 年全国年度会商制定的地震重点监视区域内。

川滇构造区块东部中段最大的地震是发生于 1974 年的 7.1 级地震。6 级地震的发生周期似乎具有准周期性的，复发间隔为 17～19 年。因上一次地震为 1995 年武定 6.5 级地震，根据特征地震模型（Nishenko and Buland，1987）评定鲁甸地区为 2014 年地震高风险区。

GPS 数据也显示出了地震发生前的明显变化。图 3.6 所示为区域 GPS 速度场和地壳剪切应变率。2007～2013 年，走滑事件主导了川滇构造区东缘的剪切应变模式。沿边界的局部剪切应力与强地震活动一致（Wen et al.，2008）。然而，2011～2013 年区域地壳剪切应变率显著增加，可能是由鲁甸地震孕震区的高度锁定和滑动亏损造成的（Wu et al.，2015）。

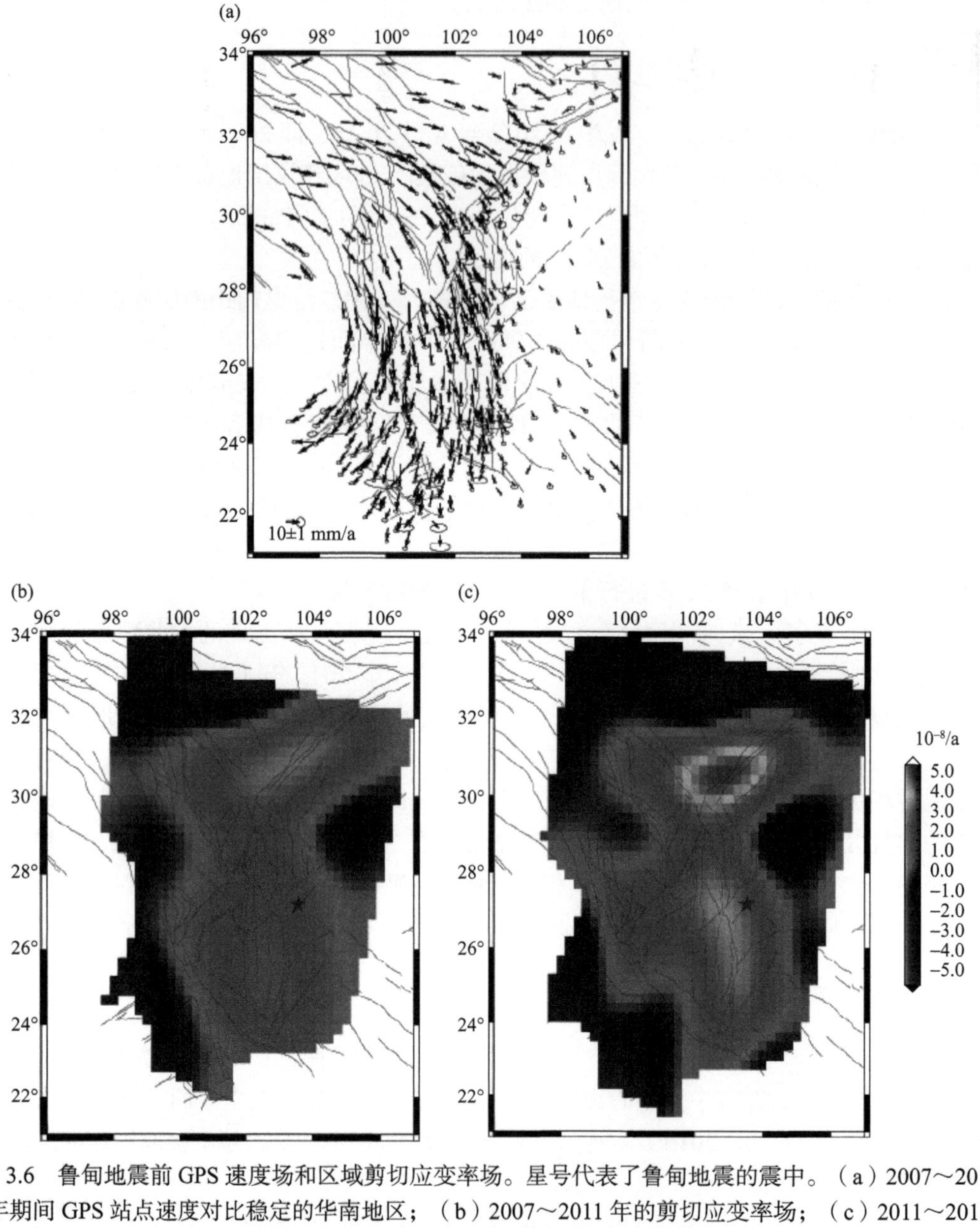

图 3.6　鲁甸地震前 GPS 速度场和区域剪切应变率场。星号代表了鲁甸地震的震中。（a）2007～2013 年期间 GPS 站点速度对比稳定的华南地区；（b）2007～2011 年的剪切应变率场；（c）2011～2013 年期间的剪切应变率场（彩色图片请参阅电子版）

孕震区附近的地下水表现出与震前现象相关的显著快速变化。地震发生前 6 个月地下水发生快速变化（Y. Liu et al.，2015）。比如昭通站和会泽站的水位发生了明显变化。2014 年 6 月，在主震发生前两个月，昭通站的井水水位迅速增长[（图 3.7（a）]。

2014 年 7 月，会泽站也发生了类似的急剧变化，变化幅度达到 0.59m[图 3.7（b）]。2014 年 7 月，在主震发生前几天，宁南站的二氧化碳排放达到峰值[图 3.7（c）]，但会东站的排放量是 2014 年 5 月前 4 年内的最低值[图 3.7（d）]。鲁甸站的二氧化碳排放量在 2014 年 2 月后不断增加，在主震后开始减少[图 3.7（e）]。2014 年 7 月，巧家站地下水中 Ca^{2+}浓度出现了快速变化[图 3.7（f）]。所有这些站点都位于鲁甸地震的孕震区附近。上述快速变化的记录可能为鲁甸地震的孕震过程的解读提供有用的信息。

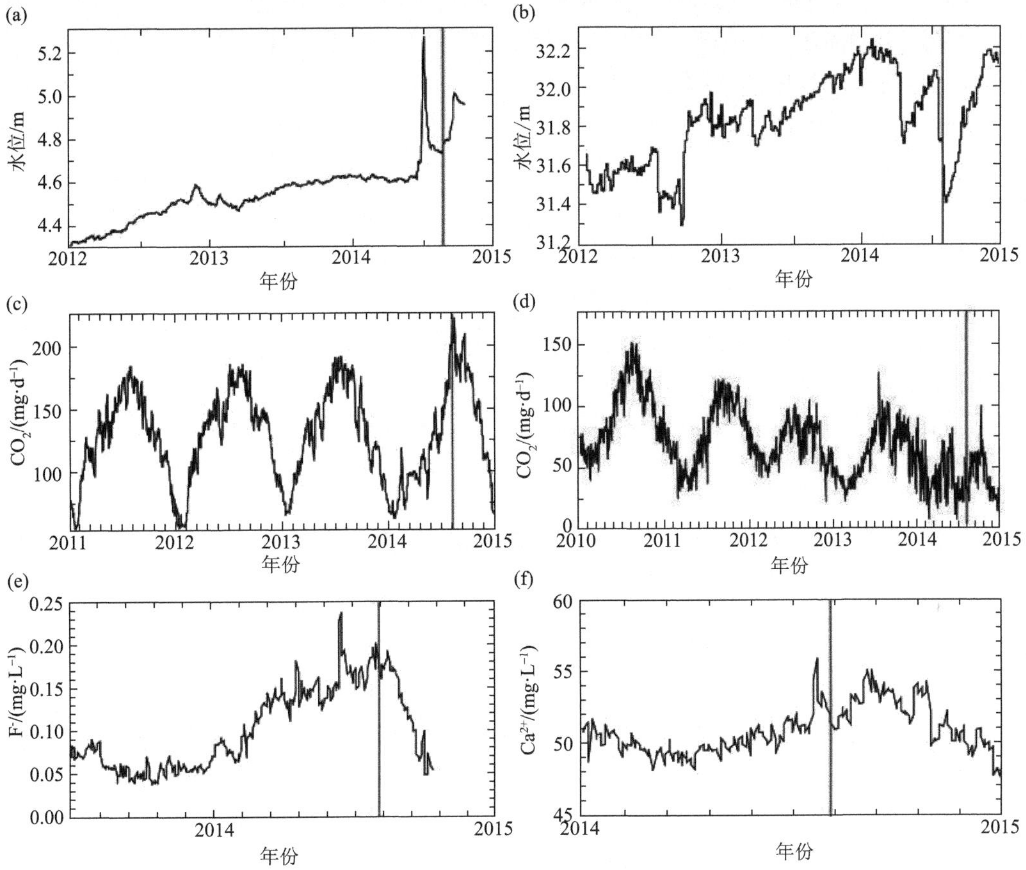

图 3.7　鲁甸地震震中附近固定地下水观测站的观测数据曲线[据 Liu et al.（2015b）]。灰色竖线表示鲁甸地震的发生时间。这里所示的数据来自以下站点：（a）昭通，（b）会泽，（c）宁南，（d）惠东，（e）鲁甸，（f）巧家。站点位置如图 3.7 所示

3.3.4 总结

2008 年汶川地震、2013 年芦山地震和 2014 年鲁甸地震均发生在青藏高原东缘。然而，每次地震发生前的震前现象有着不同的特征。在鲁甸地震发生前观测到的明显的快速变化位于震中附近，而汶川地震和芦山地震前发生的快速变化离震中非常远。因此，震前现象与这两次地震之间的关系目前仍不清楚。可能与地震的孕震机制差异有关（Ma，2016）。汶川和芦山地震均发生在龙门山断层，且均为逆冲事件，而鲁甸地震主要是走滑事件。

3.4 讨论

3.4.1 震前现象观测中的几个关键问题

中国大陆的多学科地震联合监测系统仍然较少。各站点间的平均距离约为100km，远远大于大孕震区（Ohnaka，2000）。震中附近的某些独立站点可以观测到许多震前现象。与此同时，监测网的空间分布不均匀。由于环境限制以及人口稠密地区要获取更多数据的需求，中国东部网络更密集，西部较为稀疏。而从科学的角度来看，中国西部的地震活动比中国东部地区更加严重，从某种程度而言中国西部的观测网不足。

造成震前现象的机制目前尚不清楚。虽然震前现象与主震发生前孕震区及附近地壳的形变有关，但确定的关联性仍在探索中，尤其震前现象与主震之间的关联性时常会引起争议。例如，在2008年汶川地震主震前1～3天，宽频地震仪大范围检测到异常抖动信号（Hu and Hao，2008）。关于这些信号是代表震前现象或是噪声的争论持续了数年之久（Fu et al.，2009；Hu et al.，2010）。

此外，近年来，因快速城市化造成的人类活动也干扰了地震观测。设立的部分地震监测站因为工程项目和建设而不得不舍弃。人类活动也会产生噪声，掩盖了与孕震过程有关的微弱信号。优化多学科地震监测系统的空间分布，以及观测技术和地震预测方法的开发是非常必要的。

3.4.2 应用震前现象预测地震的困难和未来潜在的研究方向

尽管我们对震前现象进行观测和全面分析已经付出了相当大的努力（Huang et al.，2017），但震前现象的可观测性仍然非常有限，并且观测数据仍然很难应用于地震预测。

台站的建设位于地表，而地震的破裂通常发生在10～20km的深度。我们无法直接观测到地壳深处孕震过程。由于现有观测技术的局限性，只能使用位于地球表面或地壳浅层且分布稀疏的仪器来观察震前现象。不完整、不充分且有时不精确的观测数据不足以可靠地识别与地震直接相关的震前现象。

震前现象的分布规模通常大于最终地震破裂规模。如图3.6所示，观测所得的与5级、6级和7级地震有关的震前现象分别主要出现在离震中200km、300km和500km的距离。虽然这种明显关联性只是部分案例特定区域的选取结果，即分别选取距离5级、6级和7级地震震中200km、300km和500km范围（Zhang et al.，2013），但观察结果能清楚地反映震级和破裂长度之间的指数关系。另一方面，5级、6级、7级和8级地震的平均破裂长度分别约为5 km、15 km、40 km和100 km（Wells and Coppersmith，1994）。仅基于对震前现象观测的记录来确定强震震中的位置是很困难的。此外，区分大地震震前现象与大地震震前较小地震的震前现象的模式也极具挑战性。与2008年汶川8.0级地震相关的震前现象支持了这一说法。地震发生在龙门山断层中部和北部，破裂带长度大于400km。地震发生前，整个川滇地区发生了许多震前现象，而龙门山断层出现的地震现象较少（Chen，2010）。空间分布的不一致性导致震前现象与龙门山断层地震之间关联性解释产生矛盾。在这次灾难性地震发生之前，部分作者确认了龙门山断层周围两个地震危险程度较高的区域。一个位于断层北部，另一个位于断层南部。龙门山地区的潜在地震可能性被低估了。

强震的复发间隔通常比地震监测系统运行的时间长得多。内陆地区负载增加的缓慢性致使地震复发间隔也较长，板内地震很少重复发生，中国大陆强震的复发间隔通常超过 1000 年（Xu and Deng，1996；Liu-Zeng et al.，2007；Lin and Guo，2008；Harkins et al.，2010；Liu et al.，2011）。另外，孕震过程的信息获取是非常困难的，尤其在震前现象方面，其涵盖了从最初的应力积累到破裂的整个地震过程。同时，不同的地质结构和地壳环境可能产生不同的震前现象模式，在短时间内搜集数量足够多的震例是非常困难的。此外，我们对震前现象的了解主要基于中型地震，这类地震的发生频率更高。因此，我们或许能够获得更多与中型地震而非强震有关的数据。

目前能够用于解释震前现象发生的物理模型非常有限。地震的爆发是自组织地质演化过程的结果，受复杂的深层地壳地球动力学的影响（Geller et al.，1997；Wyss，1997a）。来自周围板块的应力传递，局部地幔对流以及断层和块体之间的相互作用等均会影响孕震过程。通常认为板内地震活动具有活跃期-平静期-活跃期的模式。观测到的震前现象可能与地震序列而不是单一地震有关。例如，圣安德烈亚斯断层上 Parkfield 站 6 级地震的复发间隔被判断为 22±3 年（Bakun and Lindh，1985）。然而，1988 年前后却没有如期发生此次被预测的地震，反而发生在 16 年后的 2004 年。对这种延迟的可能解释涉及了附近几次地震所产生应力影的影响（Jackson and Kagan，2006）。复杂的地球动力学将导致不同的震前现象模式，对这种复杂的地球物理过程知之甚少，之前提出地震的孕震和同震物理模型都是粗略类比研究。虽然模型理论看似合理，并有助于理解孕震过程，但模型中的许多参数仍然不甚明确。

孕震过程所获取数据的客观、可靠、充分且连续性是地震预测的科学基础。如天基观测、宽带地震仪、深孔地震探测（Niu et al.，2008）、海洋观测技术以及涉及人工源的主动观测等地球科学的新技术，均为高密度、宽频带、广覆盖、多参量的背景信息提供支撑。新技术的应用能够产生新的科学数据，进一步推动认识地震过程。与此同时，新技术产生的数据会进一步挑战目前对孕震过程的解释，并迫使我们以新的、不同的方式来分析孕震过程。多参量四维场的构建是一个值得追求的目标，例如地壳变形和应力-应变关系，以及地球物理和地球化学参量（Plesch et al.，2007；Shi et al.，2014；Shaw et al.，2015）。震前现象的观测和应用将在未来面临新的机遇和挑战。

3.5 结论

基于中国发生的地震，初步研究了震前现象观测特性。从这项工作中可以得出以下主要结论。

（1）主震之前的震前现象的时间模式是不同的。在大地震发生前的几个月到几年内，会出现某种类型的震前现象。震前现象通常是缓慢而稳定地发展，并表现出相对长期趋势的偏差。也有部分震前现象往往在大地震前几天至几个月出现迅速变化。

（2）出现较大变化的震前现象通常发生在强震前。一般来说，大地震之前记录到的震前现象类型更多。而且这些现象的持续时间更长，能观测到的空间范围也更大。

（3）震前现象的空间分布不均匀。地震现象通常出现在主震震中附近，并集中在地震断层上。在 7 级或 7 级以上震前现象往往发生在震中周围不同直径的区域内，在短期和临震期间集中发生在震中附近。

（4）震前现象非常复杂。虽然我们已经观测到许多震前现象，且在过去的 50 年中已经初步获取了震前现象的时空分布，但与主震间的关联性仍存在争议。尽管一些地震表现出明显的震前现象，但也有很多地震并未伴随着明显的震前现象。此外，在发生了许多类似震前现象的重大变化后，并未发生地震。与震前现象相关的争议也凸显了实践中预测地震的困难。

鸣谢

我们感谢匿名审稿人和编辑迪米塔・乌佐诺夫（Dimitar Ouzounov）的建设性意见，我们根据他们的意见修改了原稿。感谢张磊博士提供与鲁甸地震有关的地下水数据，并感谢祝意青教授提供与汶川地震有关的重力数据。这项工作得到了中国地震局地震预测研究所所基项目 CEA（Grant 2014IES010206）和国家自然科学基金（Grant 41774111）的支持。

参考文献

An, Z., Du, X., Tan, D., et al.(2013), Study on the geoelectric field variation of Sichuan Lushan M_s 7.0 and Wenchuan M_s 8.0 earthquake, *Chin.J. Geophys.*, *56*(11), 3868-3876, doi:10.6038/cjg20131128.(In Chinese.)

Bakun, W. H. and Lindh, A. G. (1985), The Parkfield, California, earthquake prediction experiment, *Science*, *229*(4714), 619-624.

Chen, Q. (2010), Earthquake prediction in China:Discussions after the 2008 Wenchuan earthquake, *Quaternary Sciences*, *30*(4), 721-735, doi:10.3969/j.issn.1001-7410.2010.04.08.(In Chinese.)

Chen, Q. and Wang, K. (2010), The 2008 Wenchuan earthquake and earthquake prediction in China, *Bull.Seismol.Soc. Am.*, *100*(5B), 2840-2857, doi:10.1785/0120090314.

Chen, Q., Zhen, D., and Che, S. (2002a), *Earthquake Cases in China (1992-1994)*, Seismological Press, Beijing.(In Chinese.)

Chen, Q., Zhen, D., and Gao, R. (2002b), *Earthquake Cases in China (1997-1999)*, Seismological Press, Beijing. (In Chinese.)

Chen, Q., Zhen, D., Liu, G., et al.(2002c), *Earthquake Cases in China (1995-1996)*, Seismological Press, Beijing. (In Chinese.)

Chen, Q., Zheng, D. and Huang, W. (2008), *Earthquake Cases in China (2000-2002)*, Seismological Press, Beijing.(In Chinese.)

Chen, S., Liu, P., Liu, L., et al. (2013), A phenomenon of ground temperature change prior to Lushan earthquake observed in Kangding.*Seismol. Geol.*, *35*(3), 634-640, doi:10.3969/j.issn.0253-4967.2013.03.017.(In Chinese.)

Chen, Y. (2009), Earthquake prediction: retrospect and prospect, *Sci.China Ser. D—Earth Sci.*, *39*(12), 1633-1658. (In Chinese.)

Cheng, J., Wu, Z., Liu, J., et al.(2015), Preliminary report on the 3 August 2014, M_w 6.2/M_s 6.5 Ludian, Yunnan-Sichuan border, Southwest China, earthquake, *Seismol.Res. Lett.*, *86*(3), 750-763, doi:10.1785/0220140208.

Densmore, A. L., Ellis, M. A., Li, Y., et al.(2007), Active tec- tonics of the Beichuan and Pengguan faults at the eastern margin of the Tibetan Plateau, *Tectonics*, *26*(TC4005), doi:10.1029/2006TC001987.

Division of Earthquake Monitoring and Prediction, C.S.B.(1999), *Catalog of Chinese Historical Strong Earthquakes (1912-1990 M_s>4.7)*, China Seismological Press, Beijing.(In Chinese.)

Fu, R., Wan, K., Chong, J., et al.(2009), Earthquake auspice or other factor?—Discussion with authors of the paper "The short-term anomalies detected by broadband seismographs before the May 12 Wenchuan earthquake, Sichuan, China,". *Chin. J. Geophys.*, *52*(2), 584-589.(In Chinese.)

Geller, R. J., Jackson, D. D., Kagan, Y. Y., et al.(1997), Earthquake cannot be predicted, *Science*, *275*, 1616.

Harkins, N., Kirby, E., Shi, X., et al.(2010), Millennial slip rates along the eastern Kunlun fault:Implications for the dynam- ics of intracontinental deformation in Asia, *Lithosphere*, *2*(4), 247-266, doi:10.1130/L85.1.

Hu, X. and Hao, X. (2008), The short-term anomalies detected by broadband seismographs before the May 12 Wenchuan earthquakes, Sichuan, China.*Chin. J. Geophys.*, *61*(6), 1726- 1734.(In Chinese.)

Hu, X., Hao, X., and Xue, X. (2010), The analysis of the non- typhoon-induced microseisms before the 2008 Wenchuan earthquake.*Chin. J. Geophys.*, *53*(12), 2875-2886, doi:10.3969/j.issn.00001-5733.2010.12.011. (In Chinese.)

Huang, F., Li, M., Ma, Y., et al.(2017), Studies on earthquake precursors in China:A review for recent 50 years, *Geod.Geodyn.*, doi:10.1016/j.geog.2016.12.002.

Institute of Earthquake Science and China Earthquake Networks Center, C.E.N.(2007), *Specification for Earthquake Case Summarization*, Vol. DB/T 24-2007, China Earthquake Administration, Beijing.(In Chinese.)

Jackson, D. D. (2004), Earthquake prediction and forecasting, in R.S.J.Sparks and C.J.Hawkesworth (eds), *The State of the Planet:Frontiers and Challenges in Geophysics*, pp. 335-348, American Geophysical Union, Washington, DC.

Jackson, D. D. and Kagan, Y. Y. (2006), The 2004 Parkfield earthquake, the 1985 prediction, and characteristic earthquakes: lessons for the future, *Bull.Seismol.Soc. Am.*, *96*(4B), S397-S409, doi:10.1785/0120050821.

Jiang, H., Fu, H., Yang, M., et al.(2014), *Earthquake Cases in China (2003-2006)*, Seismological Press, Beijing.(In Chinese.)Jiang, H., Miao, Q., WU, Q., et al.(2009), Analysis on statisti- cal features of precursor based on earthquake cases in China mainland, *Acta Seismol.Sin.*, *31*(3), 245-259.(In Chinese.)

Jiang, Z., Zhang, X., Zhu, Y., et al.(2003), Regional tectonic deformation background before the Kunlun M_s 8.1 earthquake (In Chinese.), *Sci.China Ser. D—Earth Sci.*, *33*(suppl.), 163-172.

Kuo, T.-K., Chin, P.-Y., Hsu, W. -Y., et al.(1973), Preliminary study on a model for the development of the focus of an earthquake.*Chin. J. Geophys.*, *16*(3), 43-48.(In Chinese.)

Le, H., Liu, J., Zhaoa, B., et al.(2015), Recent progress in iono- spheric earthquake precursor study in China:A brief review, *J. Asian Earth Sci.*, *114*(Part 2), 420-430, doi:10.1016/j. jseaes.2015.06.024.

Li, Q., You, X., Yang, S., et al.(2012), A precise velocity field of tectonic deformation in China as inferred from intensive GPS observations, *Sci.China Earth Sci.*, *55*(5), 695-698.

Lin, A. and Guo, J. (2008), Nonuniform slip rate and millennial recurrence interval of largeearthquakes along the eastern seg- ment of the Kunlun Fault, northern Tibet, *Bull.Seismol.Soc. Am.*, *98*(6), 2866-2878, doi:10.1785/0120070193.

Liu, C., Li, Z., Wang, J., et al.(2015).Progress in production and service of the earthquake preursory observation networks in China, *J. Seismol.Res.*, *38*(2), 313-319.(In Chinese.)

Liu, M., Stein, S., and Wang, H. (2011), 2000 years of migrating earthquakes in North China: how earthquakes in mid-conti-nents differ from thoese at plate boundaries, *Lithosphere*, *3*(2), 128-132, doi:10.1130/ L129.1.

Liu, Y., Ren, H., Zhang, L., et al.(2015).Underground fluid anomalies and the precursor mechanisms of the Ludian M_S 6.5 earthquake.*Seismol. Geol.*, *37*(1), 307-318, doi:10.3969/j. issn.0253-4967.2015.01.024.(In Chinese.)

Liu-Zeng, J., Klinger, Y., Xu, X., et al.(2007), Millennial recur- rence of large earthquakes on the Haiyuan fault near Songshan, Gansu Province, China, *Bull. Seismol. Soc. Am.*, *97*(1), 14-34, doi:10.1785/ 0120050118.

Luo, G. and Liu, M. (2010), Stress evolution and fault interactions before and after the 2008 Great Wenchuan earthquake, *Tectonophysics*,*491*,127-140,doi:10.1016/j.tecto.2009.12.019.

Ma, J. (2016), On "whether earthquake precursors help for pre- diction do exist," *Chin.Sci. Bull.*, *61*, 409-414, doi:10.1360/N972015-01239.(In Chinese.)

Ma, Q., Fang, G., Li, W., et al.(2013), Electromagnetic anoma- lies before the 2013 Lushan M_S 7.0 earthquake, *Acta Seismol.Sin.*, *35*(5), 717-730.(In Chinese.)

Ma, T. and Wu, Z. (2012), Precursor-like anomalies prior to the 2008 Wenchuan Earthquake: a critical-but-constructive review, *Int. J. Geophys.*, *2012*(583097), doi:10.1155/2012/ 583097.

Ma, Z., Fu, Z., Zhang, Y., et al. (1982), *Earthquake prediction:Nine major earthquakes in China (1966-1976)*, Seismological Press, Beijing.(In Chinese.)

Mei, S. (1995), On the physical model of earthquake precursor fields and the mechanism of precursors' time-space distribu- tion—origin and evidences of the strong body earthquake- generating model, *Acta Seismol.Sin.*, *8*(3), 337-349.

Mei, S. (1996a), On the physical model of earthquake precursor fields and the mechanism of precursors' time-space distribution (III) - anomalies of seismicity and crustal deformation and their mechanisms when a strong earthquake is in prepa- ration, *Acta Seismol.Sin.*, *9*(2), 223-234.

Mei, S. (1996b), On the physical model of earthquake precursor fields and the mechanism of precursors′ time-space distribution (II)—How do the stress and strain fields evolve while a strong earthquake is in preparation and how does the evolution affect the seismicity and earthquake precursors?*Acta Seismol. Sin.*, *9*(1), 1-12.

Mignan, A., Jiang, C., Zechar, J. D., et al.(2013), Completeness of the Mainland China earthquake catalog and implications for the setup of the China Earthquake Forecast Testing Center, *Bull.Seismol.Soc. Am.*, *103*(2A), 845-859, doi:10.1785/0120120052.

Ming, Z. Q., Hu, G., Jiang, X., et al. (1995), *Catalog of Chinese Historic strong earthquakes from 23 AD to 1911*, Seismological Publishing House, Beijing.(In Chinese.)

Nishenko, S. P. and Buland, R. (1987), A generic recurrence interval distribution for earthquake forecasting, *Bull.Seismol.Soc. Am.*, *77*(4), 1382-1399.

Niu, F., Sliver, P. G., Daley, T. M., et al.(2008), Preseismic velocity changes observed from active source monitoring at the Parkfield SAFOD drill site, *Nature*, *454*, 204-208, doi:10.1038/nature07111.

Niu, Z. (1978), On the theory of precursors of tectonic earthquake—dilatancy-creep model of earthquake source development, *Chin.J. Geophys.*, *21*(3), 199-212.(In Chinese.)

Ohnaka, M. (2000), A physical scaling relation between the size of an earthquake and its nucleation zone size,

Pure Appl.Geophys., *157*, 2259-2282.

Parsons, T., Ji, C., and Kirby, E. (2008), Stress changes from the 2008 Wenchuan earthquake and increased hazard in the Sichuan basin, *Nature*, *454*(7203), 509-510, doi:10.1038/ nature07177.

Plesch, A., Shaw, J. H., Benson, C., et al.(2007), Community fault model (CFM) for southern California, *Bull.Seismol.Soc. Am.*, *97*(6), 1793-1802, doi:10.1785/0120050211.

Rhoades, D. A. (2010), Lessons and questions from thirty years of testing the precursory swarm hypothesis, *Pure Appl.Geophys.*, *167*, 629-644, doi:10.1007/s00024-010-0071-7.

Scholz, C. H. (1968), The frequency-magnitude relation of microfracturing in rock and its relation to earthquakes, *Bull.Seismol.Soc. Am.*, *58*(1), 399-415.

Scholz, C. H. (1977), A physical interpretation of the Haicheng earthquake prediction, *Nature*, *267*, 121-124.

Shaw, J. H., Plesch, A., Tape, C., et al.(2015), Unified structure representation of the southern California crust and upper mantle, *Earth Planet.Sci. Lett.*, *415*, 1-15, doi:10.1016/j. epsl.2015.01.016.

Shen, X., Zhang, X., Hong, S., et al.(2013), Progress and development on multiparameters remote sensing application in earthquake monitoring, *Earthquake Sci.*, *26*(6), 427-437, doi:10.1007/s11589-013-0053-9.

Shi, Y., Zhang, B., Zhang, S., et al.(2014), On numerical earthquake prediciton, *Earthquake Sci.*, *27*(3), 319-335, doi:10.1007/ s11589-014-0082-z.

Su, Q., Yang, Y., Zheng, B., et al.(2014), A review of the thinking and process about prediction of Lushan M7.0 earthquake on Apr.20, 2013.*Seismol. Geol.*, *36*(4), 1077-1093, doi:10.3969/j.issn.0253-4967.2014.04.012.(In Chinese.)

Toda, S., Lin, J., Meghraoui, M., et al.(2008), 12 May 2008 M=7.9 Wenchuan, China, earthquake calculated to increase failure stress and seismicity rate on three major fault systems, *Geophys.Res. Lett.*, *35*(L17305), doi:10.1029/2008GL034903.

Wang, K., Chen, Q., Sun, S., et al. (2006), Predicting the 1975 Haicheng earthquake, *Bull.Seismol.Soc. Am.*, *96*(3), 757-795, doi:10.1785/0120050191.

Wells, D. L. and Coppersmith, K. J. (1994), New empirical relationships among magnitude, rupture length, rupture width, rupture area, and surface displacement, *Bull.Seismol.Soc. Am.*, *84*(4), 974-1002.

Wen, X., Ma, S., Xu, X., et al.(2008), Historical pattern and behavior of earthquake ruptures along the eastern boundary of the Sichuan-Yunnan faulted-block, southwestern China, *Phys.Earth Planet. Inter.*, *168*, 16-36, doi:10.1016/j. pepi.2008.04.013.

Wen, X., Du, F., Yi, G., et al.(2013), Earthquake potential of the Zhaotong and Lianfeng fault zones of the eastern Sichuan-Yunnan border region, *Chin.J. Geophys.*, *56*(10), 3361-3372, doi:10.6038/cjg20131012.(In Chinese.)

Wu, Y., Jiang, Z., Zhao, J., et al.(2015), Crustal deformation before the 2008 Wenchuan M_s 8.0 earthquake studied using GPS data, *J. Geodyn.*, *85*, 11-23, doi:10.1016/j.jog.2014.12.002.

Wu, Z. (1999), Seismological problems of the statistical test of earthquake precursors-A review on the current discussions about earthquake prediction (II), *Earthquake Res. China*, *15*(1), 14-22.(In Chinese.)

Wu, Z. and Jiang, C. (2006), Performance evaluation and statis- tical test of candidate earthquake precursors:Revisit in the perspective of geodynamics—critical review on the recent earthquake prediction debate, *Earthquake Res.China*, *22*(3), 236-241.(In Chinese.)

Wyss, M. (1997a), Cannot earthquakes be predicted?*Science*, *278*, 487-490, doi:10.1126/science.278.5337.487.

Wyss, M. (1997b), Second round of evaluations of proposed earthquake precursors, *Pure Appl.Geophys.*, *149*(1), 3-16, doi:10.1007/BF00945158.

Xie, T., Zheng, X., Kang, C., et al.(2015), Posiible thermal brightness temperature anomalies associated with the Lushan (China) M 7.0 earthquake on 20 April 2013.*Seismol. Geol.*, *37*(1), 149-161, doi:10.3969/j.issn.

0253-4967.2015.01.012. (In Chinese.)

Xu, X. and Deng, Q. (1996), Nonlinear characteristics of paleoseismicity in China, *J. Geophys.Res. Solid Earth*, *101*(B3), 6209-6231.

Xu, X., Qiang, Z., and Lin, C. (1991), Earthquake satellite thermal infrared anomalies and surface temperature anomaly, *Chin.Sci. Bull.*, *36*(4), 291-294.(In Chinese.)

Xu, X., Wen, X., Yu, G., et al.(2009), Coseismic reverseand obliqueslip surface faulting generated by the 2008 *Mw* 7.9 Wenchuan earthquake, China, *Geology*, *37*(6), 515-518, doi:10.1130/G25462A.1.

Yi, G., Wen, X., Wang, S., et al.(2006), Study on fault sliding behaviors and strong-earthquake risk of the Longmenshan- Minshan fault zones from current seismicity parameters, *Earthquake Res.China*, *22*(2), 117-125.(In Chinese.)

Yi, G., Wen, X., and Su, Y. (2008), Study on the potential strongearthquake risk for the eastern boundary of the SichuanYunnan active faulted-block, China.*Chin. J. Geophys.*, *51*(6), 1719-1725.(In Chinese.)

Yue, M. (2005), Thoughts about the strategy for the development of earthquake prediction. *Recent Dev.World Seismol.*, *5*, 7-21.(In Chinese.)

Zhang, G., Geng, L., Zhang, Y., et al. (1995), Seismogenic model of groups of earthquakes in tectonic block and analysis for some features of earthquake precursory, *Acta Seismol.Sin.*, *17*(1), 1-10.(In Chinese.)

Zhang, G., Zhu, L., Song, X., et al.(1999).Predictions of the 1997 strong earthquakes in Jiashi, Xinjiang, China, *Bull.Seismol.Soc. Am.*, *89*(5), 1171-1183.

Zhang, G., Fu, Z., Wang, X., et al.(2006), Stuy on determination of the national significant seismic monitoring and protection regions, *Earthquake Res.China*, *22*(3), 209-221.(In Chinese.)

Zhang, P., Wen, X., Shen, Z., et al.(2010), Oblique, high-angle, listric-reverse faulting and associated development of strain: the Wenchuan earthquake of May 12, 2008, Sichuan, China, *Ann.Rev. Earth Planet. Sci.*, *38*, 353-382, doi:10.1146/ annurev-earth-040809-152602.

Zhang, Z., Luo, G., Li, H., et al., (1988), *Earthquake Cases in China (1966-1975)*, Seismological Press, Beijing.(In Chinese.)

Zhang, Z., Luo, G., Li, H., et al., (1990a), *Earthquake Cases in China (1976-1980)*, Seismological Press, Beijing.(In Chinese.)

Zhang, Z., Luo, G., Li, H., et al., (1990b), *Earthquake Cases in China (1981-1985)*, Seismological Press, Beijing.(In Chinese.)

Zhang, Z., Zhen, D., and Xu, J., (1999b), *Earthquake Cases in China (1986-1988)*, Seismological Press, Beijing.(In Chinese.)

Zhang, Z., Luo, G., Li, H., et al.(2000), *Earthquake Cases in China (1989-1991)*, Seismological Press, Beijing.(In Chinese.)

Zhang, Z., Chen, Q., and Zhen, D. (2013), Summary of earthquake case studies in China, Seismological Press, Beijing.(In Chinese.)

Zheng, Z., Zhang, G., He, K., et al.(2006), Statistics and anlayses of the anomalalies of earthquake cases in Chinses main- land, *Earthquake*, *26*(2), 29-37.(In Chinese.)

Zhu, Y., Zhan, F.B., Zhou, J., et al.(2010), Gravity Measurements and Their Variations before the 2008 Wenchuan Earthquake, *Bull.Seismol.Soc. Am.*, *100*(5B), 2815-2824, doi:10.1785/ 0120100081.

Zhu, Y., Wen, X., Sun, H., et al.(2013), Gravity changes before the Lushan, Sichuan, M_s =7.0 earthquake of 2013, *Chin. J. Geophys.*, *56*(6), 1887-1894, doi:10.6038/cjg20130611.(In Chinese.)

Zhuang, J., and Jiang, C. (2012), Scoring annual earthquake predictions in China, *Tectonophysics*, *524-525*, 155-164, doi:10.1016/j.tecto.2011.12.033.

4 对地震预测研究史的贡献

乔瓦尼·马丁内利

艾米利亚-罗马涅大区 ARPAE，意大利雷焦艾米利亚

摘要 在过去的 2500 年间，收集记录了大量关于地震事件的前兆现象数据，有专业数据，也有临时和间断数据。经过 120 年的融合，已在最近 30 年里形成了一门系统性应用研究。但是，科学界却不愿把对历史的回顾作为一种更好理解地震预测研究领域知识积累及应用的手段。本章对地震前兆现象研究进展中为什么会出现困难进行了重新的审视。此外，也指出了一些对自然现象间接观测的结果。为加深对地震预测史的理解，还同时回顾了一些可能的发展前景。

4.1 引言

目前地震预测仍是最具争议性的科学领域。地震观测实验结果时而非常乐观，时而又令人失望。因此，地震预测研究的特点是缺乏旨在收集实验数据的大型项目，而这种收集实验数据的大型项目在其他领域非常常见。地震预测方面大规模研究项目的缺乏与该学科的复杂性有关。时序研究有助于增强对地震预测零散信息的认知过程。时序性记录的地震事件是带有其准确的社会和经济背景的，认识到这一点可以更好地理解地震前兆研究历史的重要性。这段历史主要是由间接信息构成的。

地震预测领域的研究被认为缺乏信息方面的组织度，尽管地震前兆数据存在于其他领域中，开展实验数据系统性分析方法至关重要。其他领域的研究者记录了大量的间接数据（水位、复摆、气象、天文、电磁辐射以及电磁异常）（Breiner and Kovach，1967）。世界各处都有着科学遗产，特别是一向有着天文台和实验室传统的欧洲，提供了可观的数据记录。

然而，直到二战结束之后，才在世界范围内布置了统一的地震仪器。迄今为止，只有少数几个试验区进行了地震预测项目的研究，并取得了喜人的成果。地震预测意味着提前建立一系列参数，以准确地获取地震活动的时间、空间以及其震中和震级。依据地震预测的本质特征将地震预测研究分为两种：统计预测和确定性预测。统计预测是指计算在特定时间特定区域内，发生一定震级地震的可能性。

统计预测不仅需要考虑调查区域历史地震活动性，还要从区域和局部两种尺度上评

估地质因素（Gelfand et al.，1972；Caputo et al.，1980；Keilis-Borok，1990），该方法在研究高地震活动性区域和评估地震风险的时候格外有用。从另一方面来讲，确定性预测则是基于与前兆有关的既定物理定律以及对真实发生地震活动的理解，解决地震预报问题的经验方法（即尝试建立一套现象学定律）让很多学者及研究者提出了前兆和地震之间的具体关系，比如 Fidani（2012）提及 Bendandi（1931）用到了天文参数，Albarello 等（1991）提到 Lorenzini（1898）使用了水位数据。

4.2 公元前 600 年至公元 1500 年：早期对地震前兆的观测

这段时期盛行亚里士多德的地震起源思想。在他看来，地震是由地下风产生的（Liner，1997；Guidoboni，1998）。很多古希腊哲学家相信地震是由气象因素产生的，亚里士多德（公元前 384 年～公元前 322 年）在《气象汇论》（Aristotle，1982）一书中谈到了地震的可能源头，并认为地震活动是由地下风引起的（Howell，1986；Liner，1997）。历史记载亚里士多德的地震理论流行了大约 1700 年（Guidoboni，1998）。

地震预测研究始于地中海地区，并逐渐传播到中欧、欧亚大陆和远东地区，在地震理论和地震仪器的发展史中有所体现。古代文献中有很多地震预测的例子，但为符合当时盛行的灾害信念，记载的地震预测通常基于推测或猜测，只有少数案例能确立“前兆”和地震之间的因果关系。

另一个值得一提的例子是锡罗斯岛的费雷西底（公元前 600 年～公元前 550 年），据传他是毕达哥拉斯的老师之一。西塞罗在其《论占卜》一书中提到了费雷西底，谈及他成功预测了一场地震。在震前，他看到原本平常应该蓄满水的水井干涸了。在同一时期，米利都的安纳西曼德（公元前 610 年～公元前 546 年）警告斯巴达人可能有地震将近。这场地震发生于数日之后，但关于此次地震预测方法并未记载（Liner，1997）。在爱琴海地区一共有九个火山，其中五座火山在历史上均曾喷发过（Siebert and Simkin，2002）。因此，对自然现象的观测可能影响了古希腊哲人的思想。当今对于震前含水层水位变化的研究表明费雷西底发现的这种现象也是现有地震预测的有用部分（Roeloffs，1988）。

整个中世纪时期，哲学家和学者们将其注意力放在研究地震的成因上，而非尝试去预测地震。虽然现在看来当时的观测和记载现象可以看作前兆，但当时的主要目的是收集证据以支持各种关于地震起源的理论（e.g. Buoni，1571）。基于当时的哲学和宗教态度，学者们均转而研究其他现象，比如伴随地震出现看起来和地震有关的各类的灾害和奇迹等。中世纪时期还盛行亚里士多德的地下风理论。最早对亚里士多德的思想提出批判的是阿格里科拉（1494～1555），他不相信亚里士多德在地震学方面所提出的利用前兆进行地震预测，他认为地震是无法被预测的（Guidoboni，1998）。

4.3 1500～1800 年：希腊学识的传播

文艺复兴时期十分重视对自然现象的直接观测，自然哲学领域也出现了一种新的态度。一位来自费拉拉的博士 A. J. Buoni 对 1570 年费拉拉地震前后的鼓泡气和井水浑浊现象进行了研究。部分结果被记录在他撰写的《地震》中（Buoni，1571），该书包含了大量观测内容和历史信息，还引用了杰罗拉莫·卡尔达诺（Nicolò Cardano's）对类似现象的观测。与此相关的是，地下异常气体排放以及地球物理和地球化学异常的发生是当前研究的热点（Wakita et al.，1988）。

在 16 世纪和 17 世纪，科学理论变得尤为重要，部分得益于印刷机的出现、数据的可利用性以及对亚里士多德地震理论的摒弃，地震的历史记录反映了更加有利的文化环境。值得注意的是在 17 世纪，耶稣会的教父与中国政府进行了大量的交流。传教士利玛窦的文化科学之旅对此起着尤为重要的作用。他和中国政府建立了良好的外交关系，并"开创"了双方的文化交流。

传教士 Nicola Longobardo 后被利玛窦选定为自己的继承人，中国人称他为龙华民。龙华民是西西里的卡尔塔吉罗内人。他于 1597 年来到北京，并于 1655 年在京去世。他的《地震解》一书于 1626 年在北京出版（Longobardo，1626；Martinelli，1998）。在该书中，他明确地指出了一些前兆，比如大地异常气体排放、井水浑浊以及震前水质变化，目前被认为是地下流体的地球化学变化（e.g. Wakita et al.，1988；Martinelli，1998），可能与地震有关。他还提到了潮水的异常高涨，现在认为该现象表明可能表征地壳发生了变形。传教士龙华民把前兆现象的出现归因于"地下气压"，同时他还认为部分特定的气象、某些特定形状也是地震前兆，强调了亚里士多德所做的研究，特别是《气象汇论》一书的重要性（Aristotle，1982）。

另一个中国史料是 1663 年出版的隆德县志，Ma Zonjin 等（1990）引用时发现，其中对于前兆现象的描述几乎与 1626 年龙华民所述完全一样（Martinelli，1998）。可以认为是古希腊思想出现在中国文化环境中的例证。所有列出来的现象都是现代地震预测研究的领域（Rikitake，1982；Sultankhodzhaev，1984）。有趣的是中国现代地震预报研究认为气象现象观测很重要（Lu Dajiong，1988）。Lu Dajiong 证明了亚里士多德思想在中国有记载，这是耶稣会在中国传教所带来的巨大影响。

直到 18 世纪末，前兆研究未能得到地震成因理论研究项目的支持（Santoli，1783）。

4.4 1800～1920 年：科学方法和系统观测的开启

19 世纪 70 年代，意大利化学家 Demetrio Lorenzini 在其书中记录了意大利北部一口井中的水位变化（Albarello et al.，1991）。他的结果与 Michele Stefano de Rossi（1879）关于此次地震相关的水位变化结果一致。除 Michele Stefano de Rossi（1834～1898）外，19 世纪还涌现出了一大批有着科学成果的出色学者，比如 Robert Mallet（1810～1881）、Timoteo Bertelli（1826～1905）、Giuseppe Mercalli（1850～1914）和 John Milne（1850～1913），他们观测并记录了很多认为是地震前兆的现象（e.g. de Rossi，1879），其中包含许多种地球物理参数，并得到现代先进的地磁、重力、地壳缓慢形变、应用地球化学和水文学领域的检验。

尤其是在 1870 年至 1888 年间，Michele Stefano de Rossi 和 Timoteo Bertelli 建立了第一个覆盖意大利全境的仪器网络，包含 20 个可以探测地壳缓慢形变的“微震仪”（基于钟摆原理的仪器）（Ferrari et al.，2000），并探测到了一次 5.2 级地震的可能前兆（如图 4.1）。德国学者对 1872 年 3 月德国中部地震收集到了大量信息（Oeser，1992）。重要的是，地震前在弗罗茨瓦夫附近观测到了罗盘异常。1873 年，意大利中部也观测到了类似的结果（Serpieri，1873；Caputo，1995）。很多相似的观测结果被认为是地磁类型的前兆现象（Taramelli and Mercalli，1888；Ferrari，1991）。

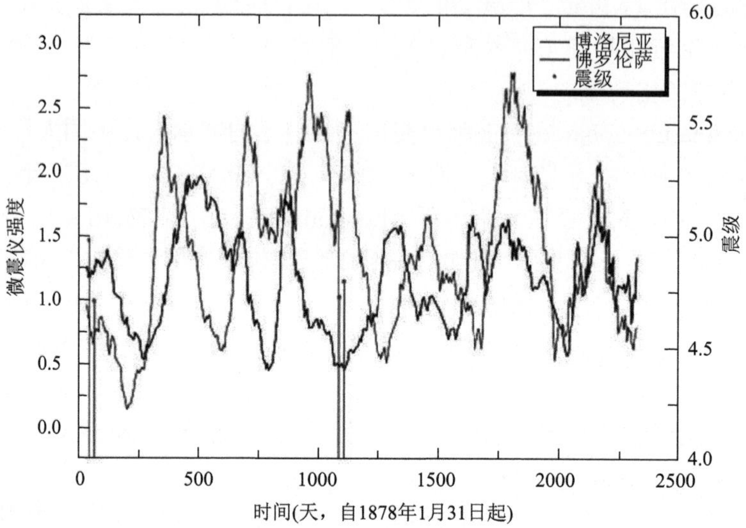

图 4.1　黑色是博洛尼亚的测量记录（基于钟摆仪器的角位移）。白色在距离 100km 处的佛罗伦萨记录的测量结果。在 5.2 级地震发生前，时间序列没有显示出相关性（Ferrari et al.，2000）（彩色图片请参阅电子版）

19 世纪和 20 世纪初进一步对震前、同震以及震后雷电现象进行了观测（Galli，1906，1910）。相关研究强调了地震与电磁现象或深源流体上升之间可能存在的关系。20 世纪早期，受 1909 年墨西拿地震的影响，地震研究成为了一大热题。Mondello（1909）在部分地震发生前，成功检测到了自电位异常。Alfani（1909）的记录中提到神父 Maccioni 曾经用“检波器”（一种可以检测电磁辐射的仪器，由 Calzecchi-Onesti 设计于 1887 年）成功检测到了两次作为地震前兆的无线电信号。1909 年，神父 A. Maccioni 发表他的第一个重要实验成果，即以微调过的“检波器”预测地震（Maccioni，1909）。在 1909 年，意大利工程师 Antonio Prati 对该设备进行了改进并申请了一个商用版的专利，这可能是开展地震前兆预测设备的开端。Ungania（1924）认为“检波器”预测的临震应该在整个意大利广泛使用。

差不多同期，日本也开展了类似的研究，包括建立观测网监测电磁辐射。尤为重要的是 1880 年横滨地震后日本成立了地震学会。英国对这类研究的兴趣——比如 Robert Mallet 对 1857 年意大利南部地震的基础研究（Mallet，1862）——被“出口”到了日本，因为日本有更多地震案例可供实验的内容。John Milne 是地震文化传播的主要负责人，他于1876～1895年间在日本工作，积极支持地震前兆研究（Milne，1890），1891年浓尾地震后Aikitu Tanakadate（1856～1952）开展了地磁场测量（Uyeda，2013）。

几乎同一时间，Giuseppe Mercalli开展了震前电磁参量变化的研究（Taramelli and Mercalli，1888；Lapina，1953）。整个欧洲都对电磁现象的研究和评测有着浓厚兴趣，并通过配备连续监测电磁现象设备验证震前地球物理观测现象。现代研究项目中也有开展类似的研究。

在1891年浓尾地震后，日本建立了国家地震调查会以研究地震和火山现象以降低灾害影响。俄罗斯公爵Boris Borisovich Galitzin是首个提出地震预测研究需要综合多学科方法，他于1911年起草了一个完整的地震预测研究计划（Galitzin，1960），该计划包括：

（1）研究地震事件的频率强度以及地震振幅记录的特征；

（2）研究地震波的传播速率以评估地震活跃区域的张力状态；

（3）旨在发现地壳缓慢形变的大地测量；

（4）重力测量；

（5）对泉水和井水状况的研究，对地壳气体成分的研究。

B. B. Galitzin对地下流体的关注源于他的直接观测；但其研究肯定也受到了他与欧洲诸多地球物理学家之间频繁交流的影响。他去过意大利，并与当地科学家进行学术交流。欧洲对与地震事件预测相关的地球流体状况颇感兴趣，这一点有大量史料可以佐证（de Rossi，1879；Mercalli，1883；Baratta，1901；Moreira et al.，1993）。特别是Michele Stefano De Rossi的记录中提到他在1883年伊斯基亚岛（意大利）5.8级地震同步观测到了地壳形变现象和沿海地质流体在流速与温度上的改变，并且我们几乎可以确定B. B.Galitzin阅读过他的发现。

4.5　现代及当代研究的开启：苏联和中国

1948年的阿什哈巴德地震促进了苏联对于地震前兆的系统研究（Zarkov，1983）。1949年，在盖尔姆（塔吉克斯坦）地区安装设备开展旨在预测地震事件的基础研究。1953年，G.A.Gamburtsev提出了新的前兆研究计划，在1966年塔什干地震后主要在乌兹别克斯坦开展。1969年，Semenov于当地地震前在盖尔姆地区观测到了压缩波速在一段时间内的下降。1956年，Y. Muminov开始了对当地泉水中化学参数的记录，以此来检测医用热矿泉水成分的变化。

A.N.Sultankhodzhaev所带领的研究团队对乌兹别克斯坦井中的热矿泉水进行了地球化学前兆方面的研究，并得到了有趣的结果（Sultankhodzhaev，1984）。鉴于出版物的数量以及质量，可以认为许多国家对地球化学和地球物理方面地震前兆的研究大部分均受到了中亚在20世纪60年代到80年代间开创性研究的启发（Abdullabekov，1991；Kissin et al.，1993；Gokhberg et al.，1995）。过去的几十年里，取得了最令人鼓舞的结果，部分结果已经得到确认（Wyss，1991）。Semenov（1969）与他的同事在塔吉克斯坦的试验区观测到当地地震前压缩波的波速下降，后来被称为膨胀效应（Scholz et al.，1973）。

目前的地震预测研究项目均是基于 Scholz 等（1973）提出的膨胀理论，或该理论的优化版本（Mjachkin et al.，1975）。这些理论均为同时期大量不同前兆现象背后的物理机制提供有机的解释。

苏联于地震预测方面的研究特点是重视且量化了多学科方法。事实上，整个苏联科学院都积极参与到地震预测的课题中，并且地球物理学家、地球化学家、数学家和地震学家们之间的积极的合作获取了各种成果，成为一大特色。因此，苏联在地球化学方面的处理方法取得了有趣的结果，但部分特征结果未能得到对地震学持有严谨态度的国家所认可。这些用地球化学手段所得的结果被 Carapezza 等（1980）和 Dall'Aglio（1995）（可参考 Mavlianova（1983）和 Barsukov 等（1984））认可。

欧洲科学思想的影响在中国也有所体现，中国在 20 世纪 60 年代启动了强震预测研究项目，成果喜人。尤其是 1956 年傅承义主导的关于地震预测的研究项目，该项目在 1966 年邢台地震后正式开始（Ma Zonjin et al.，1990）。中国研究思路与苏联的类似，但也注重对自然现象的经验主义观测，比如被认为是地震前兆因素有关的动物行为和天气现象。除此之外，基于先进仪器建立了自动化多参量监测网（Wan Dikun，1993；Huang et al.，2017）。尤其是中国建立的地下水监测网络，监测了超过 600 处热泉和水井（水深范围从 0.1km 到 2km 不等），且在部分强震前观测到疑似地震前兆的水位变化（Huang et al.，2004；Shi et al.，2013），但验证过程正在评估中以避免误报（Saegusa，1999）。

4.6 现代美国和日本的地震预测研究

Whitcomb 等（1973）在加利福尼亚复制了 Semenov（1969）关于震前压缩波波速变化的实验（图 4.2），Castle 等（1974）记录了加利福尼亚地震前发生的地壳形变。Wiss（1977）将此解读为膨胀效应的作用结果，但同一年在加利福尼亚地震预报方面的失败导致大家对地震预报持怀疑态度。因怀疑地震前可能存在的误报和漏报会带来潜在的危险，接下来的几十年里美国对地震前兆研究受到巨大的限制（NRC，1975；Hough，2010）。而在 1985 年，美国在加利福尼亚州的帕克菲尔德区域开启了新的地震研究。加州的帕克菲尔德实验区已配置了相关设备来监测前兆现象（Bakun，1990），与 1911 年 Galitzin 提出科研方法非常相似。作为一种多学科观测手段，加州的帕克菲尔德实验区被认为是 19 世纪欧洲传统地球物理观测网的复兴。

1927 年，Shiratoi 首次在部分地震前探测到了热泉中氡气的变化（Shiratoi，1927）。在 19 世纪 40 年代和 50 年代也出现了对地震前兆参数的流体观测报道（Imamura，1947；Hatuda，1953；Okabe，1956）。Tsuboi 等（1962）出版了关于地震预测方面的综合报告（俗称"蓝图"）后，日本对此尤为兴奋。该"蓝图"为研究活动项目提出了纲领，旨对日本境内开展地震预测。该项目开展几年后，主要致力于监测地壳运动、地震活动性、地磁以及岩石实验机理。日本在该项目初期对流体监测并不重视。20 世纪 70 年代后期，随着地震化学实验室的建立，开启了该领域研究活动，并取得了显著的科学成果（e.g. Wakita et al.，1980）。因为近期日本在地震预报方面的一些失败，导致当局在文件中尽量避免出现“预报”一词。虽然日本重申了要以多学科手段进行地震预测研究，但Uyeda（2013）对日本短期地震预测的批判降低了当地对地震预报的兴趣。

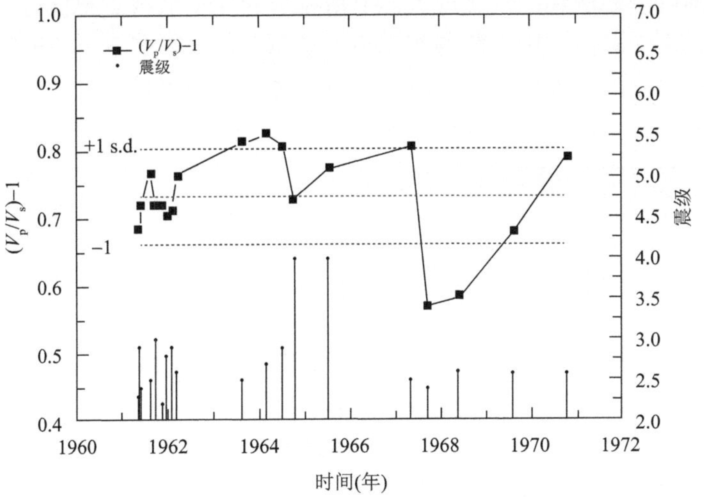

图 4.2　Whitcomb 等（1973）在加利福尼亚州对 V_p/V_s 研究的测量值。6.7 级地震之前，1967 年至 1969 年期间观察到了显著变化

4.7　欧洲和世界其他地区近期在地震预测方面的研究

近几十年间土耳其在地震预测方面取得了一些重要的成果，其与德国的研究机构合作开展了基于多参量方法的地震预测计划，包括地震前兆多参量观测和协同分析，可以追溯到 19 世纪地球物理观测的传统工作。目前的结果已经证明了该方法的适用性，与此相关的地震学界也均表示大力支持。

土耳其和德国合作项目的例子也对希腊、意大利、德国、冰岛、印度、新西兰和南非的其他研究项目产生影响。自 20 世纪 80 年代后半期以来，希腊、日本和法国通过电场变化前兆现象进行确定性地震预测研究，并取得了一定的进展，对地震预测相关的科学讨论有着极大影响（Varotsos and Kulhànek，1993）。地震学作为一门科学科，对地震前兆现象处理方法持怀疑态度（Burton，1985；Geller，1996），引起了对预测明显偶然性的关注，预测往往是电磁前兆的研究者们所作出的猜测。但是，完全否认这类研究的有效性可能会对类似的有效研究结果产生怀疑，事实证明这种结果是唯一的，并且具有共性特征，代表了现有的综合技术水平。对该争论后者的贡献包括 Di Bello 等（1994）和 Jouniaux 等（1994），清晰地证明了电前兆信号出现的非偶然性，可能与地壳应变过程中的电荷释放有关。

4.8　新的参量和新的监测技术

过去 30 年间发表了几项以卫星技术进行地震预测方面的研究（e.g. Gorny et al.，1988；Quiang et al.，1997；Pulinets and Ouzunov，2011；Lisi et al.，2016）。研究发现

热红外辐射存在异常的时空变化，可能与震前阶段地壳形变地下气体释放有关。地壳形变的过程可能会伴有流体的排放，从而开启了流体监测新研究领域。地基和卫星的联合观测可以更好地解读观测到的区域现象，卫星技术的成本低特点也促进了遥感技术方法的应用，便于各大学和研究中心能够在无须大规模设备的情况下自行开展研究项目。随着当代能够实时监测的个人电子设备不断普及，各种环境参量的研究发展极具前景。

4.9 部分地震预测研究的科学家传记

科学史让我们明白人类的记忆是相对短暂的，以下列出了一些积极推动地震预测研究的杰出科学家。

• De Rossi Michele Stefano（罗马，1834；罗卡迪帕帕，1898）和 Timoteo Bertelli 神父在意大利共同开展了地壳形变的观测。De Rossi Michele Stefano 担任了罗卡迪帕帕地球动力研究所的负责人，1874 年创办了科学期刊《意大利火山活动》，记录了大量的地震前兆性信息，他的思想被 Boris Borisovich Galitzin 公爵所采纳。

• Boris Borisovich Galitzin 公爵（圣彼得堡，1862～1916）发明了第一台电磁地震仪。1911 年，他当选国际地震学协会主席。同年发表了一份用于地震预测的参量表，也包括了非地震学参量，也包含了很多先进的监测方法，并在世界范围内沿用至今。

Gamburtsev Grigori Aleksandrovic（圣彼得堡，1903；莫斯科，1955）曾于 1949～1955 年间担任莫斯科地球物理研究所主任。1947 年，主导了苏联的首个地震预测研究项目，这也是二战后世界上的首个此类项目，其观测所得参数也包含在 B.B.Galitzin 所制的表中。

• Rikitake Tsuneji（东京，1921～2004），东京大学教授，于 1942 年加入地震研究所，并被认为是日本现代地震预测研究的奠基人之一。因其作品广为人知，提到他的名字，人们便想到他关于地磁学研究和地震预测思想。

• Keilis-Borok Vladimir（莫斯科，1921；卡尔弗城，2013）是莫斯科国际地震预测和数学地球物理研究所的创始人，于 1987～1991 年间担任国际大地测量与地球物理联合会主席，基于“模式识别”框架建立了新的地震预测算法，该算法以及其基于该算法开发的相似方法在世界多个地区广泛沿用至今。

4.10 结论

许许多多地震预测方面的研究实例让我们可以追溯地震预测研究的探索之路，必定存在可能的方法进一步探究地震预测研究与决策之间的联系。如果关于地震前兆事件的出版物均经过仔细的审核，那么地震科学的发展过程可以视为一个时序前进的轨迹；但事实并非如此，围绕地震预测研究的争论一直非常激烈，地球物理科学界被分为了两个部分：其一是地震学，其二是与非地震性观测有关的地球物理和地球化学。尽管通常的科研动力源自一个“学校”，但在地震预测研究中，经济学也在其中起到了一定作用，比如保险公司的介入。地震发生概率的评估是基于地震目录进行的（Freeman，1932），然而，世界上没有任何地方的地震预测研究能够取得如此好的结果，足以证明该方法胜过其他的防震方法。但到目前为止，只有少量资金被用于除地震学方法之外的其他方法研究，而且有一些发达国家正削减相关研究的经费，这可能会导致未来开展地震预测研究更少。

想要逆转地震预测研究局势，可能需要一个像 20 世纪 60 年代一样的新兴经济的发展周期。至少对地面监测技术而言，目前最好的历史阶段，无疑是属于过去的：从 1975 年到 1990 年，其科研成果无论是质量还是数量均达到了顶峰。新的卫星观测技术有助于降低这类研究的花费并为扩大科学和社会影响提供条件。

参考文献

Abdullabekov, K. N. (1991), *Electromagnetic Phenomena in the Earth's Crust*, Balkema, Rotterdam, 150 pp.

Albarello, D., Ferrari, G., Martinelli, G., and Mucciarelli, M. (1991), Well-level variation as a possible seismic precursor: a statistical assessment from Italian historical data, *Tectonophysics*, *193*, 385-395, doi: 10.1016/0040-1951(91) 90347-U.

Alfani, G. (1909), *Il terremoto sarà preveduto? Lo strumento del Padre Maccioni*, Corriere della Sera, 9 maggio.

Aristotle (1982), *Meteorologica*, P. Louis (ed.), Paris.

Bakun, W. H. (1990), The Parkfield, California earthquake prediction experiments, in *Prediction of Earthquakes, Occurrence and Ground Motion, Proceedings of the ECE/UN Seminar*, S. Oliveira (ed.), pp. 681-693, Lisbon.

Baratta, M. (1901), *I terremoti d'Italia. Saggio di storia geografia e bibliografia sismica italiana*, Torino, 951 pp. (antistatic reprint, Sala Bolognese 1979).

Barsukov, V. L., Varshal G. M., Garanin A. B., and Serebrennikov, V. S. (1984), Hydrochemical precursors of earthquakes, in *Earthquake Prediction, Proceedings of the International Symposium on Earthquakes Prediction*, pp. 169-180, UNESCO, Paris.

Bella, F., Biagi, P. F., Caputo, M., Della Monica, G., Ermini, A., Plastino, W., and Sgrigna, D. (1994), Electromagnetic back-ground and preseismic anomalies recorded in the Amare Cave (Central Italy), in *Electromagnetic Phenomena Related to Earthquake Prediction*, M. Hayakawa and Y. Fujinawa (eds), pp. 181-192, Tokyo.

Bendandi, R. (1931), *Un principio fondamentale dell'Universo*. S. T. E, Faenza, 300 pp.

Breiner, S. and Kovach, R. (1967), Local geomagnetic events associated with displacements on the San Andreas Fault, *Science*, *158*, 116-118.

Buoni, A. J. (1571), *Del terremoto: Dialogo di Jacopo Antonio Buoni medico ferrarese distinto in quattro giornate*, Modena. Burton, P. W. (1985), Electrical earthquake prediction, *Nature*, *315*, 370-371.

Caputo, M. (1995), Introduzione al Convegno, in *Terremoti in Italia*, pp. 3-5, Atti dei Convegni Lincei, Accademia Nazionale dei Lincei, Roma.

Caputo, M., Keilis-Borok, V. I., Oficerova, E., Ranzman, E., Rotwain, I., and Solovieff, A. (1980), Pattern recognition of earthquake-zone areas in Italy, *Phys. Earth Planet. Inter.*, *21*, 305-320.

Carapezza, M., Nuccio, P. M., and Valenza, M. (1980), Geochemical precursors of earthquakes, in *High Pressure Science and Technology*, B. Vodar and P. H. Marteau (eds), pp. 90-103, Pergamon Press, New York.

Castle, R. O., Alt, J. N., Savage, J. C., and Balazs, E. I. (1974), Elevation changes preceding the San Fernando Earthquake of February 9, 1971, *Geology*, *5*, 61-66.

Chapman, S. (1930), A note on two apparent large temporary local magnetic disturbances possibly connected with earthquakes, *Terr. Mag. Atmosph. Elec.*, *35*, 81-83.

Dall'Aglio, M. (1995), Ricerche sui premonitori geochimici dei terremoti. Passato, presente e futuro, in *Terremoti in Italia*, pp. 295-300, Atti dei Convegni Lincei, Accademia Nazionale dei Lincei, Roma.

De Rossi, M. S. (1879), *La meteorologia endogena*, Vol. *1*, Milano.

Di Bello, G., Lapenna, V., Satriano, C., and Tramutoli, V. (1994), Self-potential time series analysis in a seismic area of Southern Italy: first results, *Ann. Geofisica*, *37*, 1137-1148.

Ferrari, G. (1991), The 1887 Ligurian earthquake: a detailed study from contemporary scientific observations, *Tectonophysics*, *193*, 131-139.

Ferrari, G., Albarello, D., and Martinelli, G. (2000), Tromometric measurements as a tool for crustal deformation monitoring, *Seismol. Res. Lett.*, *71*, 562-569, doi: 10. 1785/ gssrl. 71. 5. 562

Fidani, C. (2012), The Raffaele Bendandi earthquake warnings based on planetary positions, *New Concepts Global Tecton. Newslett.*, *65*, 47-54.

Fraser-Smith, A. C., Bernardi, A., Mc Gill, P. R., Bowen, M. M., Ladd, M. E., Helliwell, R. A., and Villard, O. G. Jr. (1990), Low-frequency magnetic field measurements near the epicenter of the M_S 7. 1 Loma Prieta earthquake, *Geophys. Res. Lett.*, *17*, 1465-1468.

Freeman, J. R. (1932), *Earthquake Damage and Earth Insurance*, McGraw Hill, New York, 904 pp.

Galitzin, B. B. (1960), *Izbrannie Trudiy (Selected Works)*, Vol. *2*, Izd-vo, AN SSSR, Moscow.

Galli, I. (1906), Fenomeni luminosi nei terremoti, in *Atti del Congresso dei Naturalisti Italiani*, pp. 264-277, Milano.

Galli, I. (1910), Raccolta e classificazione di fenomeni luminosi osservati nei terremoti, *Boll. Soc. Sismol. Ital.*, *14*, 221-448.

Gelfand, I. M., Guberman, Sh. A., Izvekova, M. L., Keilis-Borok, V. I., and Ranzman E. Ia. (1972), Criteria of high seismicity determined by pattern recognition, in A. R. Ritsema (ed.), *The Upper Mantle*, *Tectonophysics 13*, 415-422.

Geller, R. (ed.) (1996), Debate on "VAN, " *Geophys. Res. Lett.*, *23*, 1291-1452.

Gokhberg, M. B., Morgounov, V. A., and Pokhotelov, O. A. (1995), *Earthquake Prediction: Seismo-Electromagnetic Phenomena*, Gordon and Breach Publishers, OPA, Amsterdam, 193 pp.

Gorny, V. I., Salman, A. G., Tronin, A. A., and Shilin, B. B. (1988), The earth outgoing IR radiation as an indicator of seismic activity, *Proc. Acad. Sci. USSR*, *301*, 67-69.

Guidoboni, E. (1998), Earthquakes, theories from antiquity to 1600, in G. A. Good (ed.), *Sciences of the Earth, An Encyclopaedia of Events, People, and Phenomena.*, Vol. *1*, pp. 197-205), Garland Publishing, New York.

Hatuda, Z. (1953), Radon content and its change in soil air near the ground surface, *Memoires of the College of Science*, pp. 285-306, series B XX, University of Kyoto.

Hough, S. E. (2010), *Predicting the Unpredictable. The Tumultuous Science of Earthquake Prediction*, Princeton University Press. Princeton, 260 pp.

Howell, B. F. (1986), History of ideas on the cause of earthquakes. *EOS (Trans. Am. Geophys. Union)*, *67*, 1323-1326.

Huang, F., Jian, C., Tang, Y., Xu, G., Deng, Z., Chi, G-C., and Ferrar C. D. (2004), Response changes of some wells in the mainland subsurface fluid monitoring network of China, due to the September 21, 1999, M_S 7. 6 Chi-Chi earthquake, *Tectonophysics*, *390*, 217-234, doi: 10. 1016/j. tecto. 2004. 03. 022.

Huang, F., Li, M., Ma, Y., Han, Y., Tian, L., Yan, W., and Li, X. (2017), Studies on earthquake precursors in

China: A review for recent 50 years, *Geod. Geodyn.*, http://dx.doi.org/10.1016/j.geog.2016.12.002.

Imamura, G. (1947), Report on the observed variation of the Toghiomata hot spring immediately before the Nagano earthquake of July 15, 1947, *Kagaku, 11*, 16-17.

Jouniaux, L., Lallemant, S., and Pozzi, J. P. (1994), Changes in the permeability, streaming potential and resistivity of a claystone from the Nankai prism under stress, *Geophys. Res. Lett., 21*, 149-152.

Keilis-Borok, V. I. (ed.) (1990), *Intermediate-Term Earthquakes Prediction: Models, Algorithms, Worldwide Tests*, Special Issue, Phys. Earth Planet. Inter., 61, 1-139.

Kissin, I. G., Belikov, W. M., Ishankuliyev, G. A., Wang Chengmin, Zhang Wei, Dong Shouyu, Jia Huazhou, and Dikun Wan (1993), High amplitude hydrogeologic precursors of earthquakes in seismic regions of the former Soviet Union and China: a comparative analysis, *J. Earthquake Pred. Res., 2*, 89-103.

Lapina, M. I. (1953), Geomagnetism and seismic phenomena, *Izv. AN SSSR, Ser. Geof., 5*, 393 (in Russian).

Liner, C. L. (1997), *Greek Seismology-Being an Annotated Sourcebook of Earthquake Theories and Concepts in Classical Antiquity*, Samizdat Press, 135 pp.

Lisi, M., Filizzola, C., Genzano, N., Paciello, R., Pergola, N., and Tramutoli, V. (2016), Reducing atmospheric noise in RST analysis of TIR satellite radiances for earthquakes prone areas satellite monitoring, *Phys. Chem. Earth, 85-86*, 87-97, doi: 10. 1016/j. pce. 2015. 07. 013.

Longobardo, N. (Long Huamin) (1626), *Interpretazione del ter-remoto*, Italian translation by G. Matteucig, English translation by Yue Xiaozhu and Lu Dajiong, Centro Studi Internazionale “Before Day”, Napoli 1988, 57 pp.

Lorenzini, D. (1898), *Guida dei Bagni della Porretta e dintorni*, Bologna.

Lu Dajiong (1988), *Impending Earthquake Prediction*, Nanjing. Luongo, G., Carlino, S., Cubellis, E., Delizia, I., and Obrizzo, F. (2011), *Casamicciola Milleottocentottantatre*, Bibliopolis, Napoli, 282 pp.

Maccioni, A. (1909), Nuova scoperta nel campo della sismologia, *Atti della R. Accad. Fisiocrit., 1*, 435-444.

Mallet, R. (1862), *Great Neapolitan Earthquake of 1857. The First Principles of Observational Seismology*, 2 Vols, Chapman and Hall, London. (Anastatic reprint (1987) in E. Guidoboni and G. Ferrari (eds), *Mallet's Macroseismic Survey on the Neapolitan Earthquake of 16th December, 1857*, 4 Vols, ING-SGA, Bologna.)

Martinelli, G. (1998), Earthquakes, prediction, in G. A. Good (ed.), *Sciences of the Earth, An Encyclopedia of Events, People, and Phenomena*, pp. 192-196., Garland Publishing, Inc. New York.

Mavlianova, G. A. (1983), *Hydrogeoseismological Precursors of Earthquakes*, Uzbekh Soviet Socialist Republic, Tashkent.

Ma Zonjin, Fu Zhengxiang, Zhang Yingzhen, Wang Chengmin, Zhang Guomin, and Lin Defu (1990), *Earthquake Prediction—Nine Major Earthquakes in China (1966-1976)*, Beijing.

Mercalli, G. (1883), *Vulcani e fenomeni vulcanici in Italia*, Milano, 374 pp. (Anastatic reprint, Sala, Bolognese 1980.)

Milne, J. (1890), Earthquakes in connection with electric and magnetic phenomena, *Trans. Seismol. Soc. Jpn, 15*, 135-163. Mjachkin, V. I., Brace, W. F., Sobolev, G. A., and Dietrich J. H. (1975), Two models for earthquake forerunners, *Pure Appl. Geophys., 113*, 169-181.

Mondello, U. (1909), *Sulla presenza di onde elettromagnetiche precorritrici del sismo*, Pubblicazioni dell'Osservatorio di Ardenza al Mare 4, Livorno, 15 pp.

Moreira, V. S., Marques, J. S., Cruz, J. F., and Nunes, J. C. (1993), Review of the historical seismicity in the Gulf of Cadiz area before the 1 November 1755 earthquake. An intermediate report, in M. Stucchi (ed.) *Historical Investigation of European Earthquakes*, Vol. *1*, pp. 225-235, Materials of the CEC Project “Review of Historical Seismicity in Europe, ” with the collaboration of J. Vogt, Milano, .

NRC Panel on the Public Policy Implications of Earthquake Prediction of the Advisory Committe on

Emergency Planning (1975), *Earthquake Prediction and Public Policy*, National Academy of Sciences, Washington, DC, 142 pp.

Oeser, E. (1992), Historical earthquake theories from Aristotle to Kant, in R. Gutdeutsch, G. Gr ü nthal, and R. Musson Abhand (eds), *Historical Earthquakes in Central Europe*, pp. 11-31, Geologische Bundesanstalt, Wien.

Okabe, S. (1956), Time variation of the atmospheric radon-content near the ground surface with relation to some geophysical phenomena, *Memories of the College of Science*, pp. 99-115, Series A 28, University of Kyoto.

Ponomarev, A. V., Zavyalov, A. D., Smirnov, V. B., and Lockner, D. A. (1997), Physical modeling of the formation and evolution of seismically active fault zones, *Tectonophysics*, *227*, 57-81.

Pulinets, S. A. and Ouzunov, D. (2011), Lithosphere-atmosphere-ionosphere coupling (LAIC) model-an unified concept for earthquake precursors validation, *J. Asian Earth Sci.*, *41*, 371-382, doi: 10. 1016/j. jseaes. 2010. 03. 005.

Quiang, Z. I., Xu, X. D., and Dian, C. D. (1997), Thermal infrared anomaly precursor of impending earthquakes, *Pure Appl. Geophys*., *149*, 159-171.

Rikitake, T. (1966), A five year plan for earthquake prediction research in Japan, *Tectonophysics*, *3*, 1-15.

Rikitake, T. (1982), *Earthquake Forecasting and Warning*, Tokyo. Roeloffs, E. A. 1988, Hydrologic precursors to earthquakes: a review, *Pure Appl. Geophys*., *126*, 177-209.

Saegusa, A. (1999), China clamps down on inaccurate warnings, *Nature*, *97*, 284.

Santoli, V. M. (1783), *De mephiti et vallibus anxanti*, Napoli, 107 pp.

Schinche, T. (1875), *De fontibus librorum Ciceronis qui sunt de divinatione*, Jena.

Schindler, C., Balderer, W., Gerber, W., and Imbach, E. (1993), The Marmara Poly-Project: tectonics and recent crustal movements revealed by space-geodesy and their interaction with the circulation of groundwater, heat flow and seismicity in Northwestern Turkey, *Terra Nova*, *5*, 164-173.

Scholz, C. H., Sykes L. R., and Aggarwal, Y. P. (1973), Earthquake prediction: a physical basis, *Science*, *181*, 803.

Semenov, A. M. (1969), Variations in the travel-time of transverse and longitudinal waves before violent earthquakes. *Izv. Acad. Sci. USSR, Phys. Solid Earth*, *4*, 245-248.

Serpieri, A. (1873), Rapporto delle osservazioni fatte sul terremoto avvenuto in Italia la sera del 12 marzo 1873, *Suppl. Meteorol. Ital., 1872*, 45-83.

Shi, Z., Wang, G., and Liu, C. (2013), Advances in research on earthquake fluids hydrogeology in China: a review, *Earthquake Sci., 26*, 415-425, 10. 1007/s11589-014-0060-5

Shiratoi, K. (1927), The variation of radon activity of hot springs, *Sci. Rep. Tohoku Imp. Univ. Ser. III*, *16*, 614-621.

Siebert, L., and Simkin, T. (2002), *Volcanoes of the World: an Illustrated Catalog of Holocene Volcanoes and their Eruptions*. Smithsonian Institution, Global Volcanism Program Digital Information Series, GVP-3, (http: //www. volcano. si. edu).

Sobolev, G. A. (1975), Application of electric method to the tentative short-term forecast of Kamchatka earthquake, *Pure Appl. Geophys*., *113*, 229-235.

Sultankhodzhaev, A. N. (1984), Hydrogeosismic precursors to earthquakes, in *Proceedings of the International Symposium on Earthquake Prediction*, pp. 181-191, UNESCO, Paris.

Taramelli, T. and Mercalli, G. (1888), Il terremoto ligure del 23 febbraio 1887, *Ann. Uff. Centr. Meteorol. Geodin. Ital., Ser. II*, *8*(1886), 331-626.

Tsuboi, C., Wadati, K., and Hagiwara, T. (1962), *Prediction of earthquakes -progress to date and plans for further develop-ment*, Report of the Earthquake Prediction Research Group of Japan, Earthquake Research

Institute of Tokyo.

Ungania, E. (1924), *Presismofono Ungania. Unico apparecchio preavvisatore dei terremoti, segnalatore delle perturbazioni elettromagnetiche*, Bologna.

Uyeda, S. (2013), On Earthquake prediction in Japan, *Proc. Jpn Acad. Ser. B, Phys. Biol. Sci.*, *89*, 391-400, doi: 10. 2183/ pjab. 89. 391.

Varotsos, P. and Kulhànek, O. (eds) (1993), Measurements and theoretical models of the Earth's electrical field variations related to earthquakes, *Tectonophysics*, *224*(2-3), 1-228.

Wakita, H., Nakamura, Y., Notsu, K. Noguchi, M., and Asada, T. (1980), Radon anomaly: possible precursor of the 1978 Izu-Oshima-Kinkai earthquake, *Science*, *207*, 882-883.

Wakita, H., Nakamura, Y., and Sano, Y. (1988), Short-term and intermediate-term geochemical precursors, *Pure Appl. Geophys. 126*, 267-278.

Wan Dikun (1993), China's national seismic well-network for observation of groundwater behaviour (water level and hydrogeochemistry) and typical earthquake cases, *J. Earthquake Pred. Res.*, *2*, 1-16.

Whitcomb, J. H., Garmany, J. D., and Anderson, D. L. (1973), A bare precursory change in seismic body-wave velocities occurring before the earthquake in San Fernando, California, *Science*, *180*, 632-635.

Wiss, M. (1977), Interpretation of the southern California uplift in terms of the dilatancy hypothesis. *Nature*, *266*, 805-808. Wyss, M. (ed.) (1991), *Evaluation of Proposed Earthquake Precursors*, American Geophysical Union, Washington, DC, 94 pp.

Zarkov, V. N. (1983), *Vnutrennee stroenie zemli i planet*, Moscow, 404 pp. (In Russian.)

第二部分　近期的震前过程物理模型及概念

5 岩石圈-大气层-电离层-磁层耦合——关于震前信号产生的概念

谢尔盖·普林涅茨[1]，迪米塔·乌佐诺夫[2]，亚历山大·卡列林[3]，
德米特里·达维登科[1]

1 俄罗斯科学院空间研究所，俄罗斯莫斯科
2 地球系统建模和观测卓越中心（CEESMO），查普曼大学，美国加利福尼亚州橙县
3 俄罗斯科学院地磁、电离层和电波传播研究所（IZMIRAN），俄罗斯莫斯科

摘要 地震周期最后阶段的震源物理机制始终是科学界关注和探讨的重要内容。然而在模型开发与探讨过程中只考虑了固体地球过程。卫星技术的发展提供了看问题的新视角：在主震数日/数周前在孕震区的大气层和电离层发现新异常。对此类异常开展的深入研究，证明其在统计学上具有高置信度，可被认定为短期地震前兆。本章中我们力求阐明物质和能量从地下传到大气的上下层，包括近地空间的全过程。因为模型的跨学科特性，难以对其物理和空间域设立通用代码，也就意味着本章呈现的材料应该更多地被看作概念上的理论而非作为模型的输出结果。举例来说，如果在边界层使用等离子体化学仪器，就可以采取电磁学手段提取电离层异常。经验证明这种概念方法在地震研究方面和其他诱发大气电离的天然和技术人为诱发方面均有效。

5.1 引言

几十年来，多个国家使用地面设备对地震周期最后阶段所发生的物理和化学过程进行相关研究（Scholz et al.，1973；Kanamori and Anderson，1975；Dobrovolsky，1991；Sobolev，1993；Zavyalov，2006；Wiemer and Schorlemmer，2007），促成了短期前兆或前震的空间分布与临震强度标度准则的建立（Dobrovolsky et al.，1979；Bowman et al.，1998；Toutain and Baubron，1998）。短期地震前兆空间分布区域被称为“孕震区”（Dobrovolsky et al.，1979）或“临界区”（Bowman et al.，1998），其半径为能探测到短期前兆的区域到震中的最大距离。该准则起初仅是模糊概念，而后被遥感技术所证实。图 5.1 描述了 2009 年意大利拉奎那地震前地表热异常的空间分布。在 4 月 6 日的意大利拉奎拉 6.3 级地震前五天（2009 年 4 月 1 日）（Pulinets et al.，2013），由 MODIS（Pergola et al.，2010）监测到热红外（TIR）异常区域位于 Dobrovolsky 等（1979）（蓝圈）和

Bowman et al 等（1998）（红圈）所划定的孕震区内。

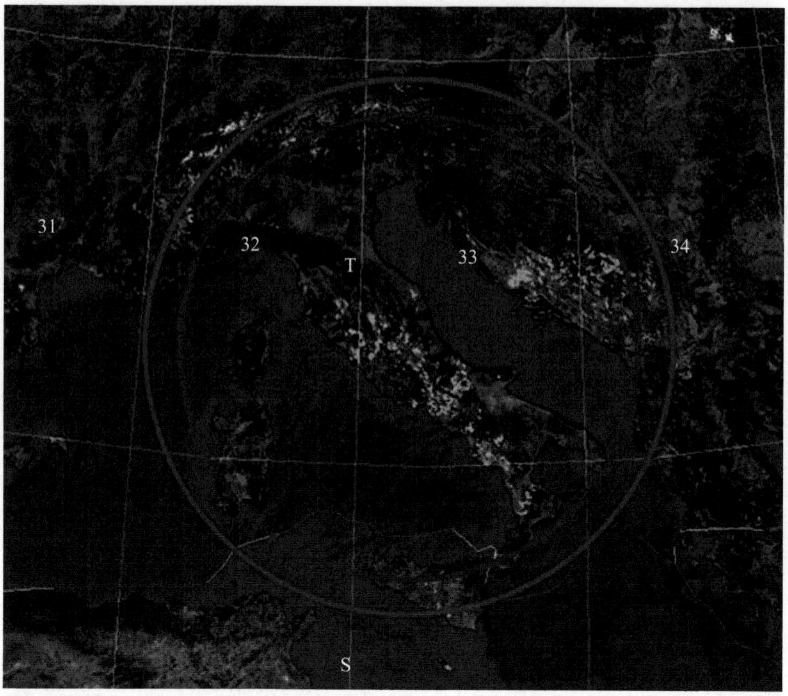

图 5.1　2009 年 4 月 6 日拉奎拉 6.3 级地震（黄色和红色）前 5 天 MODIS 监测的热红外（TIR）异常。蓝圈是根据 Dobrovolsky 等（1979）的发现绘制的孕震区；红圈是基于 Bowman 等（1998）的研究所得的孕震区。地震震中由红十字标示[来源：Pulinets 等（2013），经 Sergey Filinets 许可转载]（彩色图片请参阅电子版）

提取的热红外异常（黄色和红色区域）与孕震区十分吻合，而孕震区范围也被不同震级地震的多种前兆空间分布所证实（Liu et al.，2009）。由此我们可以得出结论，孕震区即是我们可能观测到岩石圈-大气层-电离层-磁层耦合（LAIMC）过程的区域。为确认所有涉及的过程链，我们需要统筹诸多学科，如地震学、岩石力学、核物理学、微观物理学、等离子体化学、热动力学、气象学、大气电学、无线电波传播学、电离层和磁层物理学、日地物理学。考虑到一个章节难以涵盖全部内容，我们将主要讨论地球物理各分支学科之间的相互作用。

过去 20 年间，科学界围绕 LAIMC 的各个方面开展了大量研究，目前尚未完成对 LAIMC 模型的完整描述。基于已出版的文献，对 LAIMC 的研究可以分为两组：①试图对震前热异常做出解释（Qiang et al.，1991；Tramutoli et al.，2009）；②构建地震-电离层耦合模型（Sorokin et al.，2000；Klimenko et al.，2011；Kuo et al.，2011，2014，2015；Enomoto，2012；Namgaladze，2013；Sorokin and Hayakawa，2013；Hegai et al.，2015）。唯一试图整合热异常和电离层异常的研究是 Freund（2013），但其所建立的模型完全基于陆地观测的固体效应，而震前异常发生的场所既包括陆地也包括海洋，因此该模型不具备普适性。

5.2 岩石圈-大气层的相互作用

如果设想岩石圈与大气层之间存在相互作用，很自然的一个出发点是考虑大气组分，即气体。但如若气体一直处于从地壳向外释放的状态，我们如何从释放的气体推断地震将要发生？众所周知，在地震周期的最后阶段地壳形变不是弹性的而是脆性的，地壳形变产生的凹凸体为地壳中的气体迁移开辟了新的通道。古登堡-里克特公式又名震级-频度关系（frequency magntide distribution，FMD），

$$\lg N(M)=a-b\cdot M \tag{5.1}$$

该公式描述了地震活动的特性，N 代表震级≥M 的地震数，a 和 b 为地区常量。在孕震的最后阶段表现为 b 值下降。Schorlemmer 等（2004）称“低于平均值的 b 值代表断层闭锁部分（凹凸体），未来最有可能在此产生主震”。这直接表明了 FMD 的物理含义。Turcotte（1997）将 FMD 解释为破裂面积大于给定值的地震次数与破裂面积本身之间的幂定律（分形），其具有 D～$2b$ 的空间分形维数。Turcotte 和 Malamud（2002）认为低 b 值可以解释为凹凸体附近强而均匀的应力场。因此 b 值的下降等同于分形维数的下降，这可以理解为地震活动的集群整合（实验观察结果）以及裂纹的增大，由于地壳迁移路径的改变，进一步导致震前氡析出的增加（Khilyuk et al.，2000）。

由图 5.2 可见，在 1995 年 1 月 17 日的日本神户 6.9 级地震之前，b 值与分形维数 D_2 都出现了下降（Enescu and Itu，2003），同时也检测到了神户地区氡含量的变化（Igarashi et al.，1995）。图 5.2 中同样明显的一点是，在神户地震前地震平静期（SQ）的地震数量分布特征与同期的分形维数上升特征一致。因此，基于神户 6.9 级地震观测结果，推断 b 值下降期间可以观测到氡含量的上升。然而，近年来对地震多发区的氡含量的测量可靠性不高，人们希望通过伽马能谱对氡进行新的、更精细的测量，以便进一步认识氡含量变化与地震活动之间的关联性（Fu et al.，2015）。

根据 Pulinets 等（2015）所述，氡是空气电离诱发边界层改变的主因，类似于银河宇宙射线对对流层凝聚核产生的影响（Lee et al.，2003；Svensmark et al.，2007），氡在衰变过程中会产生大量水合离子，通过潜热排放导致地震前热异常，进一步改变区域边界层的导电性，从而通过电磁耦合效应对电离层造成影响。以上两种空气电离的结果形成了模型的两个分支：通过地球化学-热力作用产生的热异常和通过地球化学-电磁作用产生的电离层和磁层异常。

5.3 地球化学-热力作用

地球化学-热力作用通过离子诱导成核（IIN）过程将氡的地球化学特性转变为热源（Laakso et al.，2002；Kathmann et al.，2005），与环境条件相结合产生一种雪崩式累积特征过程，主要原因分为以下 3 种。

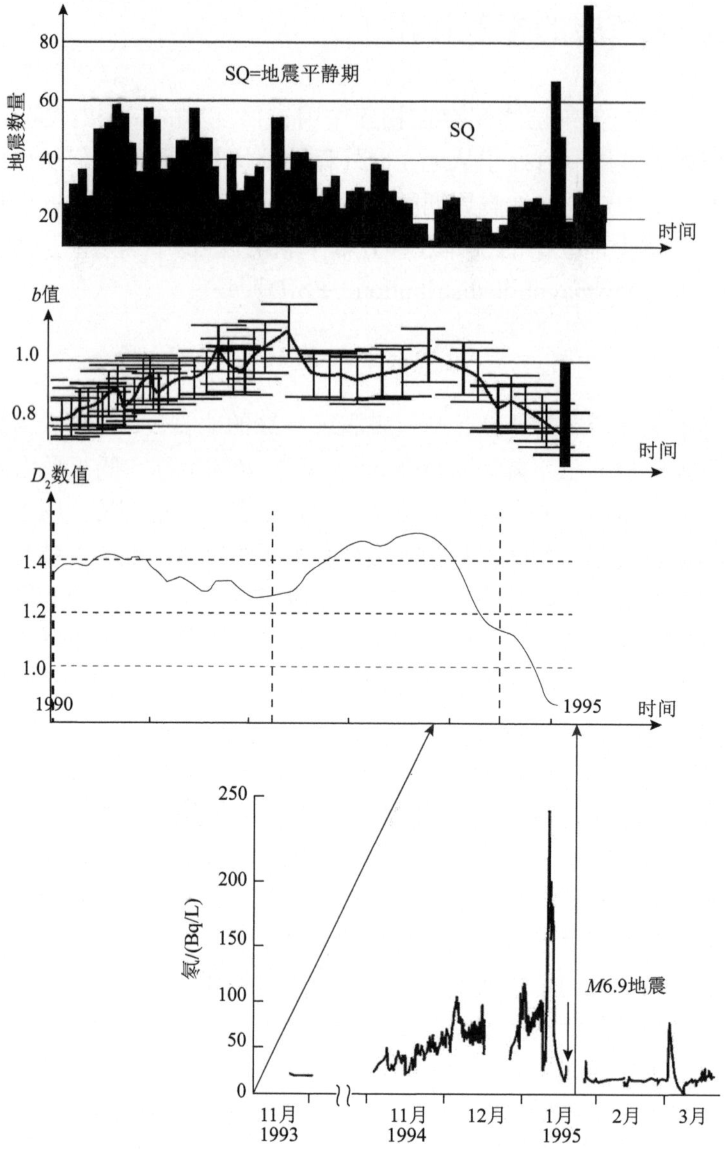

图 5.2　从上到下：1990～1995 年神户地区的地震活动；同一时期的 b 值变化；神户地区地震活动的分形维数 D_2；1993 年 11 月期间的氡活动（水中），箭头表示时间对应

（1）正如 Yasuoka 等（2006）所言，地震前氡的析出符合贝尼奥夫应变的幂率（Ben Zion and Lyakhovsky，2002），可以由一个对数周期震荡模型近似得到（Sornette and Sammis，1995）。氡析出水平的急剧上升引起了离子生成速率的快速增长。

（2）氡的半衰期为 3.8 天，与日冕射电电离只需考虑电离源的强度而不考虑随时间积累不同，早期释放的氡可以被储存，从而对电离活动产生累积效应。

（3）由于夜间的逆温变化，混合层高度非常低（100～300 m）（Eresmaa et al.，2012），导致作为电离源的氡和新生成的离子都集中到了地表。

正如 Boyarchuk 等（2006）所述，电离速率越高，离子浓度越高，新生成的离子簇就越稳定，离子生长加速，可达到 1～3 μm（Pulinets and Ouzounov，2011）。显然，因为潜热释放取决于离子大小和离子浓度，热能释放的效率取决于团簇离子的数量与大小。基于上述提出的 1～3 点，我们将离子生成速率的量级约束为 $q_i \leqslant 10^{10}\ m^{-3}\cdot s^{-1}$（Chernogor，2012）。近期在黎巴嫩南部的氡测量结果（Kobeissi et al.，2015）显示，该值的量级可以达到 $10^{11}\ m^{-3}\cdot s^{-1}$。如果离子簇增长至 1 μm 大小（与 4×10^{10} 个水分子大小相当），并且使用 $40.68\times10^3\ J\cdot mol^{-1}$（$1\ mol = 6.022\times10^{23}$）作为潜热常数 U_0，可以得到接近 27 $W\cdot m^{-3}\cdot s^{-1}$ 的热能释放（q_i 取值为 $10^{10}\ m^{-3}\cdot s^{-1}$）。

图 5.3 示意性地描述了地球化学-热力反应，将放射性气体通量转化为放热反应器。"PLASER" 软件用于估算空气电离产生热能的释放效率，通过使用一组物质特性、等离子化学反应和其他必须参数，选取反应媒介来建模。该模型根据动力学方程式对包括原子、分子和离子 Ni 在内的离子组成和电子态数量进行定量计算，以及在非平稳状态下对电子温度 T_e 和气体温度 T_g 进行定量计算。就发生过程而言，能量主要来源于大气层中的水汽。图 5.4 所示为经 PLASER 软件计算得到的气温随相对湿度增加而升高的函数关系。

Pulinets 和 Boyarchuk（2004）对电离产生的一系列等离子化学反应开展了研究，以下只列出主要的最终正负离子簇：$NO_3^-\cdot(H_2O)_n$，$NO_3^-\cdot(HNO_3)_n(H_2O)_m$，以及 $H_3O^+\cdot(H_2O)_m$，被认为极有可能是对流层的主要离子。

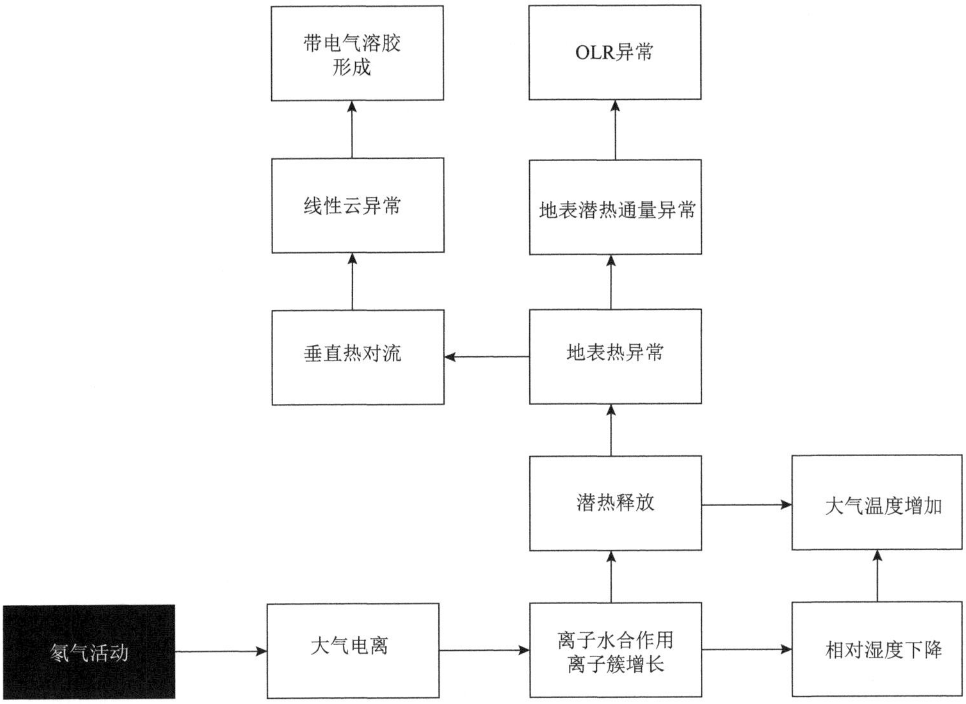

图 5.3　地球化学-热力相互作用的示意图

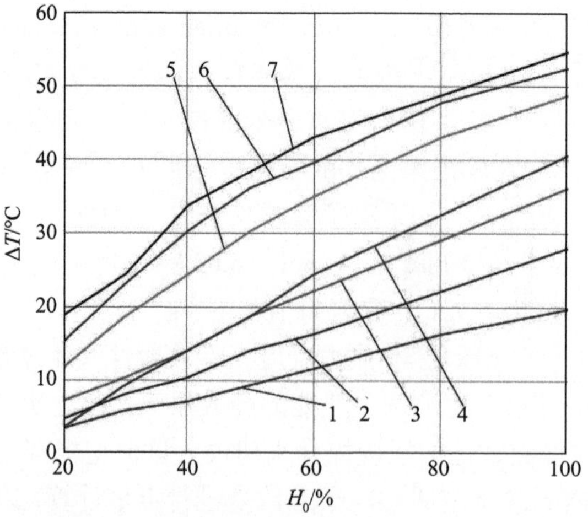

图 5.4 不同初始温度下大气加热 ΔT 与初始相对湿度 H_0 关系图，不同初始温度［$T=5$（1），10（2），15（3），20（4），25（5），30（6）和 35（7）℃］在 $f=40\text{cm}^3\cdot\text{s}^{-1}$ 且 $\tau=10\text{h}$ 的情况下计算

由于等离子体化学反应的热能被释放到大气，从而在大气中观测到了以下几类热异常。

（1）在近地表大气中记录的热异常通常由亮度温度测得，被称为 TIR（红外温度）异常。

（2）热异常通常以气温升高（通常还伴有相对湿度下降）的形式出现在大气边界层的低层，被称为气象异常。

（3）由大气柱水汽含量反演的热异常通常称为地表潜热通量（SLHF），通常位于地表以上 2000～5000 m 海拔高度。

（4）出现在大气层顶或云顶，即靠近对流层顶（10～15km）的热异常，被称为射出长波辐射（OLR）。

这些异常可以根据它们的物理表现分为两类：（1）和（4）通过红外波段 2～7 μm 和 8～14 μm 之间的电磁波测得；（2）和（3）可以看作热力学现象，通常由微波探测器测得。读者可以参阅第 13 章，其中对热异常的性质和形态做了更详尽的描述（Ouzounov et al.，2018a）。

5.4 地球化学-电磁作用

我们很自然地会认为孕震过程高强度的电离能够改变孕震区内全球大气电场的近地空气电导率和电性特征。而在文献中通常只考虑空气电离引起大气电导率的增加，而忽略了离子的迁移属性，离子迁移性往往与离子质量有关。离子迁移性的变化区间可以超过四个数量级，使得局部电导率受轻重离子浓度的影响。从表 5.1 中可看出离子迁移性的变化情况（Hirsikko，2011）；例如，当离子大小增长到 80 nm，其迁移性可以下降四个数量级。地震前的离子团簇的大小可以达到 1000 nm，使得离子的迁移性将再下降至少一个数量级。

表 5.1 离子簇的迁移性和直径

离子簇大小/密度	分析器	分数	迁移性/（$cm^2 \cdot V^{-1} \cdot s^{-1}$）	直径/nm
小	IS_1	N_1/P_1	2.51～3.14	0.36～0.45
	IS_1	N_2/P_2	2.01～2.51	0.45～0.56
	IS_1	N_3/P_3	1.60～2.01	0.56～0.70
	IS_1	N_4/P_4	1.28～1.60	0.70～0.85
大	IS_1	N_5/P_5	1.02～1.28	0.85～1.03
	IS_1	N_6/P_6	0.79～1.02	1.03～1.24
	IS_1	N_7/P_7	0.63～0.79	1.24～1.42
	IS_1	N_8/P_8	0.50～0.63	1.42～1.60
中等	IS_1	N_9/P_9	0.40～0.50	1.6～1.8
	IS_1	N_{10}/P_{10}	0.32～0.40	1.8～2.0
	IS_1	N_{11}/P_{11}	0.25～0.32	2.0～2.3
	IS_2	N_{12}/P_{12}	0.150～0.293	2.1～3.2
	IS_2	N_{13}/P_{13}	0.074～0.150	3.2～4.8
	IS_2	N_{14}/P_{14}	0.034～0.074	4.8～7.4
轻	IS_2	N_{15}/P_{15}	0.016～0.034	7.4～11.0
	IS_3	N_{16}/P_{16}	0.0091～0.0205	9.7～14.8
	IS_3	N_{17}/P_{17}	0.0042～0.0091	15～22
重	IS_3	N_{18}/P_{18}	0.00192～0.00420	22～34
	IS_3	N_{19}/P_{19}	0.00087～0.00192	34～52
	IS_3	N_{20}/P_{20}	0.00041～0.00087	52～79

因此，至少可以提出三种不同的边界层电导率的变化与电离响应情况：

（1）轻离子浓度大量上升致使边界层电导率上升；

（2）当大气电导率与未发生电离的情况一致时，轻离子团簇和重离子团簇局部浓度达到平衡，如同没有发生大气电离过程。

（3）通过离子诱导的成核过程形成的大型离子团簇，其浓度高于小型离子团簇（有时能够完全去除轻离子），显著降低了大气电导率。

垂向总电流，I，可以表示为

$$I = e\left(\sum n^{+}\mu^{+} + \sum n^{-}\mu^{-}\right)E = \sigma E \tag{5.2}$$

其中 n^{+}和 n^{-}分别表示正负离子的浓度，μ^{+}和 μ^{-}分别表示正负离子的迁移性，E 是大气中的垂直电场，e 是一个电子所带的电荷，σ 是总的大气电导率。

在晴天的时候，地面和电离层之间没有额外的垂直电流源或电流汇，所以低层大气电导率决定了全球大气电场的总电流，从而决定孕震区上空的电势。因此可以把电离层电势的变化看作边界层和对流层电导率变化的一个指标。Markson（2007）对 50 年间全球大气电场的观测记录进行分析并证明了这种影响的存在。最显著的证明案例是在大气层开展的核武器实验。自然，电离层电势的局部变化也会引起该区域电子浓度以及电离层温度的变化。

我们可以从另一个角度来看待地震-电离层异常现象，即考虑与电荷分离相关的天然垂向电流场和对流电场；Pulinets 和 Boyarchuk（2004）与 Morozov（2006）都研究过这两种现象。除了近地表下行的垂向电场，其在近地表强度为 100～150 Vm^{-1} 外，还会产生一个额外电场，其值有时候能达到 1000 Vm^{-1}（Vershinin et al.，1999）。电场可能发生反转（已经实验证明），因此电场方向可能垂直向上。这样，可以解决异常电场从地表发射入电离层的问题。图 5.5 中所示为地球化学-电磁作用的示意图，两种可能性包含其中，之后将做详细讨论。

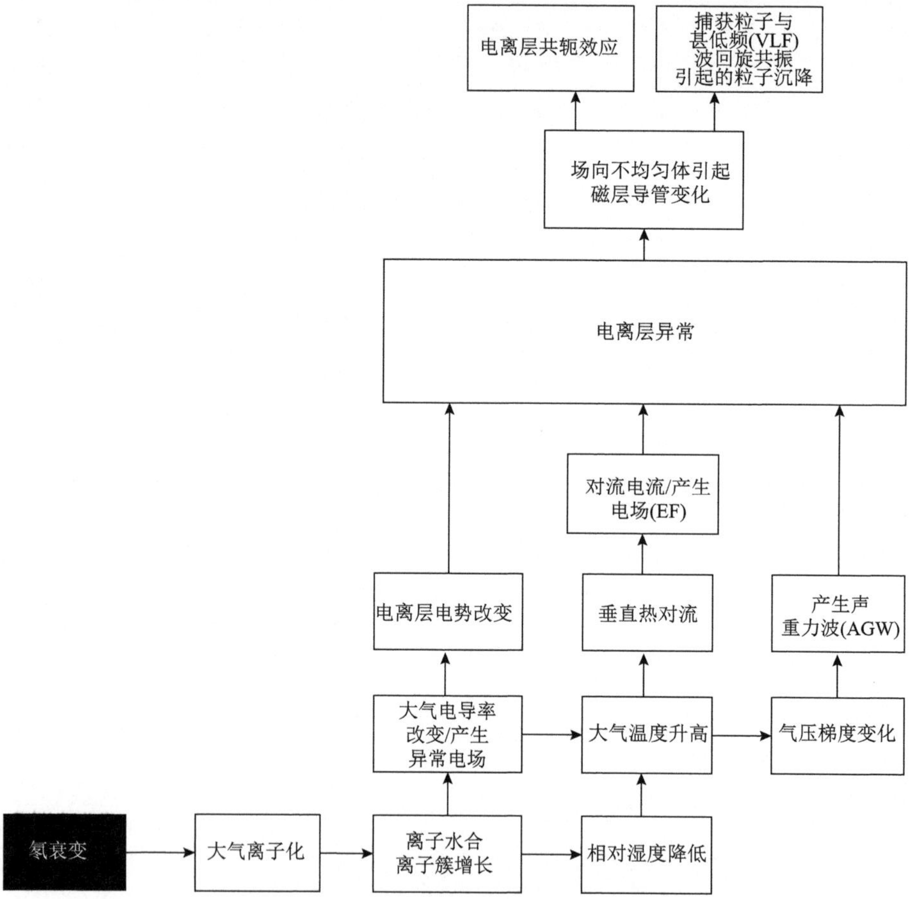

图 5.5　地球化学-电磁学相互作用的示意图

自 Park 和 Dejnakarintra（1973，1977）的开创性成果之后，电场穿透进入电离层的现象就一直是科学界争论不休的问题。Park 和 Dejnakarintra 认为电场穿透进入电离层主要是由于雷暴云的作用。基于该方法，Kim 和 Hegai（1997）只考虑了孕震过程的地表电场源问题，由 Pulinets 等（1998）加以完善。根据估计，夜间地面电场强度达到 1000 Vm^{-1} 的情况下最大程度上能够引起电离层电场强度达到 0.7 mVm^{-1}。最近 Hegai 等（2015）研究了太阳活动极小期的夜间电离层和电离层内部大型等离子体泡的两种情况下，估算得到的垂直于地磁场的电场值分别为 0.2 $mV{\cdot}m^{-1}$ 和 1.0 $mV{\cdot}m^{-1}$。

现在有很多研究对电离层中观测到的地震-电离层效应进行模拟[Namgaladze,2013；Sorokin and Hayakawa，2013；Kuo et al.，2011，2014；以及 Hayakawa et al.（2018）和 Kuo et al.（2018）的陈述]。为了再现实验观测所得的震前电离层异常，这些模型人为引入了一种比自然值大几个数量级（4～5）的所谓外部电场或者外部电流，但在没有有效实验支持的情况下，外部电场只是推测性的。Denisenko（2015）回顾了所有的模拟研究并清晰地证明了它们之间在物理上的不一致性。尽管接受了 Hegai 等（2015）的方法，他仍坚持认为进入电离层的穿透电场是可以忽略不计的。

因此对这一讨论进行总结时我们应该认识到目前对于电场从地面穿透进入电离层这一说法还未达成共识。在这种情况下目前正确的方法是关注实验结果以确保模拟结果与物理现实一致。考虑到传感器的校准问题，对电离层中电场的直接测量可能不准确。因此震前电离层中可靠的异常信息需要通过测量离子的沉降速率获得。Liu 和 Chao（2016）在最近的一篇论文中用到了搭载于卫星上的电离层等离子体和电动力学仪器所得数据，通过测定赤道电离层的离子漂移速度估测电离层电场。对 2001 年 3 月 31 日的中国台湾 6.8 级地震前 1～5 天西向电场的估测值为 0.91 $mV{\cdot}m^{-1}$（对于没有地震-电离层扰动影响的对照组，东向电场的估算结果为 0.51 $mV{\cdot}m^{-1}$）。下文对图 5.6 的讨论中将进一步解释该结果。同时表 5.2 中对比了不同模型对电离层中震源电场的估测结果，从这些数据中可以看出 Hegai 等（2015）建立的模型得到的估测结果最贴近真实结果。

图 5.6（a）将有助于进一步理解 Liu 和 Chao（2016）的实验结果，该图由左右两部分组成，描绘了赤道电离层的经向（纬向）截面。地磁场正垂直于图平面。左图为大气电导率的增加，右边为重离子团占主导时大气电导率下降的情况。在弱电离的初始阶段，大气边界层中的轻离子占主导，大气主体电导率普遍增加并最终导致相对于地面的电离层电势下降[图 5.6（a）左]。如果同样情形发生在下午东向电场形成赤道异常的时候[图 5.6（a）中白色箭头]，电离层电势会下降[图 5.6（a）左下图中上半部分的凹曲线]。电离层是一种高传导性的媒介，而且不允许电势的局部下降，会通过产生一个指向异常中心的电场来维持等电势（灰色箭头）。在这些情况下，“灰区”（孕震）会被从东边的电导率异常区减去并添加在西边的“白区”（自然）。在图 5.6（a）左图的情况下，电导率异常西侧区域整体上增加了自然电场和孕震电场，导致垂直 ExB 漂移速度向西增大，电导率异常东侧区域电导率将减小，由于电导率异常面积产生的自然电场和孕震电场整体被减去。这样一来赤道异常（异常峰的电子浓度与异常谷的浓度之比）会向电导率异常中心的西边发展，而东边的赤道异常会得到遏制。图 5.6（b）所示为这种情况的 3D 图像。

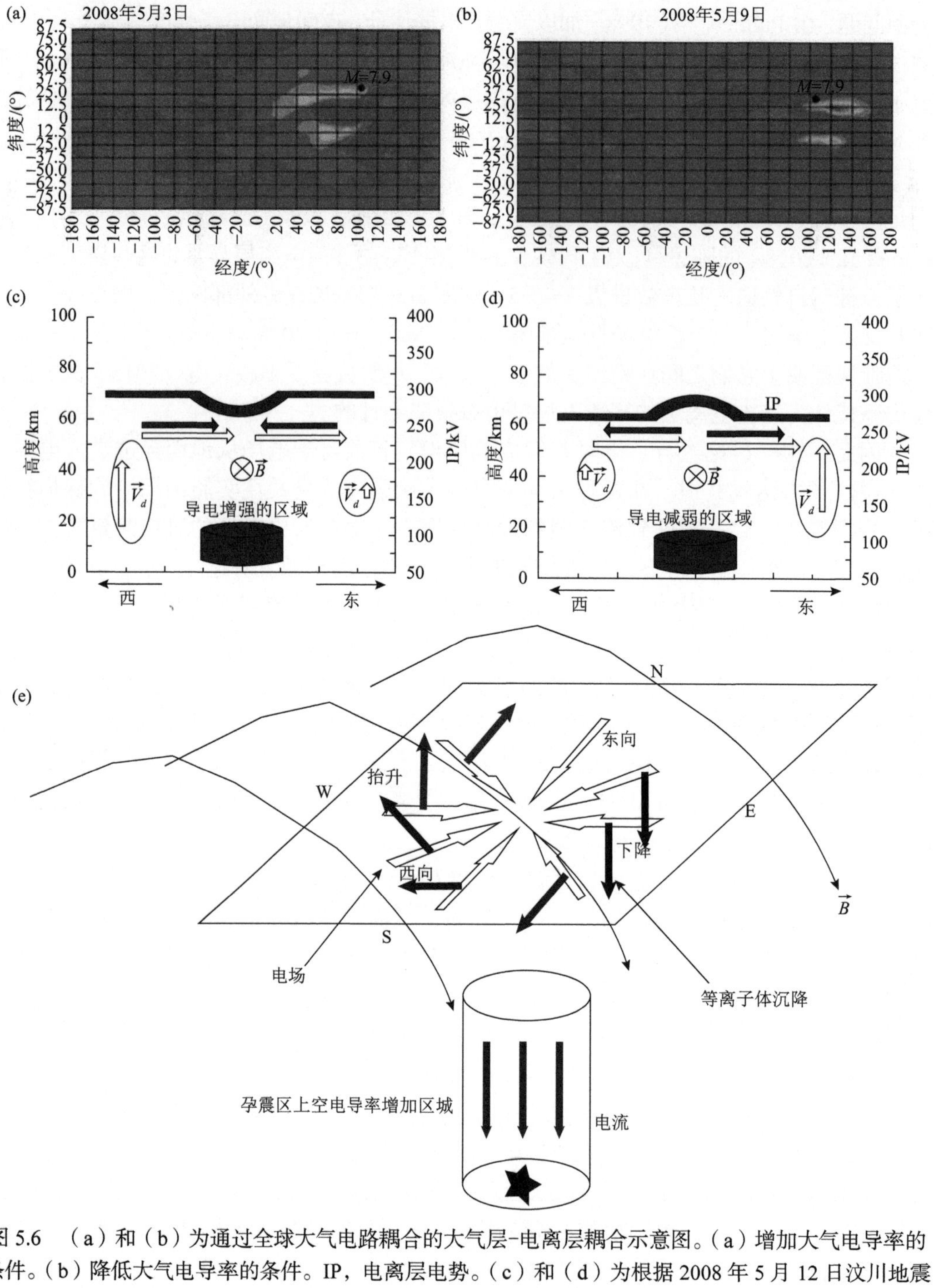

图 5.6　（a）和（b）为通过全球大气电路耦合的大气层-电离层耦合示意图。（a）增加大气电导率的条件。（b）降低大气电导率的条件。IP，电离层电势。（c）和（d）为根据 2008 年 5 月 12 日汶川地震前全球电离层图 GPS 总电子浓度数据得到的差分图。（c）2008 年 5 月 3 日所得的二维空间分布结果。（d）2008 年 5 月 9 日所得的二维空间分布结果。（e）呈现了图 5.6（a）的左下图大气电导率增加的三维结果（彩色图片请参阅电子版）

表 5.2 通过不同模型估算的电离层中的发震电场

模型	电场
Hegai 等，2015	0.2～1 $mV·m^{-1}$
Sorokin 和 Hayakawa，2013	10 $mV·m^{-1}$
Namgaladze，2013	2～10 $mV·m^{-1}$
Kuo 等，2011；2014	1～7 $mV·m^{-1}$
Denisenko，2015	1 $μV·m^{-1}$

当电离率很高，相对湿度足够产生大型离子团簇，天气平静的时候，气溶胶大小的重离子团可以形成大的云团，会造成大气电导率异常下降。这种情况下会观测到赤道异常区东侧电导率异常增大，而赤道西侧的大气电导率异常将被抑制。一般来说，前兆时期内左图对应的是与氡析出总量上升、形成大型离子簇的初期阶段，而右图则对应所谓的“离子老化”阶段。这种解读得到了图 5.6（a）上部图片所示实验观测结果的有力支持，左侧显示了 2008 年 5 月 3 日所获取的全球电离层差分图（GIM）图，而右侧对应 2008 年 5 月 9 日，成核过程开始几天后的 GIM 图。

Liu 和 Chao（2016）所得结论与图示之间有什么联系呢？对于图 5.6 中左下图东部和右下图西部所得结果，与赤道异常的抑制是一致的。考虑到验证所提 LAIMC 概念的重要性，我们直接引用自 Liu and Chao（2016）。

根据国际地磁参考场（IGRF）模型，我们发现震中上方 600km 处的 B 场为 $0.32×10^{-4}$nT，磁倾角 I 为 33.4°。因为 V_{par} 与磁场平行，所以不会产生电场。相反，出现地震-电离层前兆（SIP），$V_{PerM}=-11.12$ m/s，$E_{SIP}=0.36$ $mV·m^{-1}$ 向西，而参照日 $V_{PerM}=17.05$ m/s，$E_0=0.55$ $mV·m^{-1}$ 向东。因此，地震生成的电场可以按照西向 $E_{sg}=E_{SIP}+E_0=0.91$ $mV·m^{-1}$ 来计算。

由实验结果可知孕震电场的绝对值要大于天然东向电场，不仅减少了等离子体的上行漂移，还将其转化为了下行漂移（$V_{PerM}=-11.12$ m/s）。

这样就出现了一个很自然的问题：如果震源电场对赤道异常的改变如此显著，那么如果没有天然东向电场的话，比如在当地的上午，我们能观测到什么结果？法国 DEMETER 卫星所得的汶川地震前电子浓度测量数据可以用于回答此问题（图 5.7）（Ryu et al.，2014）。图 5.7 所示为 DEMETER 卫星在 2008 年 5 月 4 日和 5 日上午[1010 LT（当地时间）]观测得到的纬向分布的电子密度。可以看出，多数情况下电子浓度分布均未显示出赤道异常的双峰结构，只有上午 10 点接近震中（20515）的位置存在上述异常结构的记录。这一观测证实了所提物理模型的有效性，并表明仪器可以捕捉此类前兆信息——在合适时间的天然条件下不应出现局部赤道异常区域存在赤道异常。

目前，对于电磁耦合的原因有两种设想：（a）强异常电场穿透电离层和（b）边界层电导率变化。随之出现的问题是这两者是否相斥，如果相斥的话哪一种设想是正确的，或者这两种设想在实际情况中都会发生？目前来看后者更接近现实情况。如图 5.8（a）所示，考虑到行星边界层（PBL；大气层最低的 1～2 km，即地球表面动能、热能和水汽交换最直接影响的区域（Kaimal and Finningan，1994））在当地时的动态变化，可以得出这个结论。在天气平静晴朗的条件下进行观测，可以发现 PBL 形状会随地方时变化：

夜间非常狭窄（100～300 m），日出时会迅速拓宽，并在白天达到海拔 2 km 的高度。因此夜间条件下大型离子团/气溶胶无法上升到大气层中，而氡气也会滞留在地表附近，提高电离水平和离子产生率。

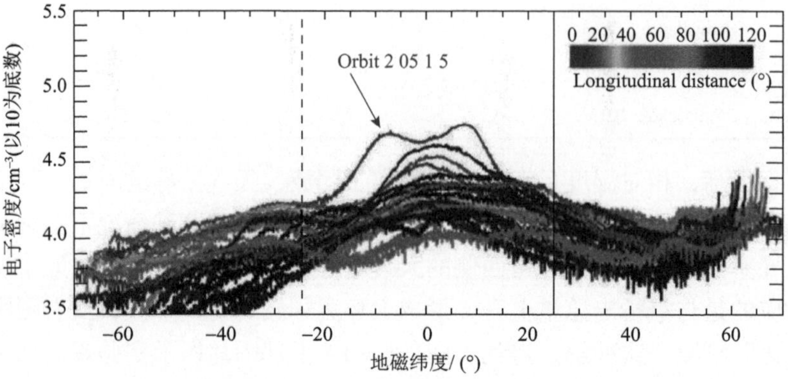

图 5.7　2008 年 5 月 4 日至 5 日 DEMETER 卫星半轨道在当地时间上午 10 点的纬度（地磁纬度）剖面图。双峰曲线（红色）表示最接近震中 Δlong= 5.5°，轨道为 20515 的卫星轨道[来源：由 Ryu 等（2014）修改]（彩色图片请参阅电子版）

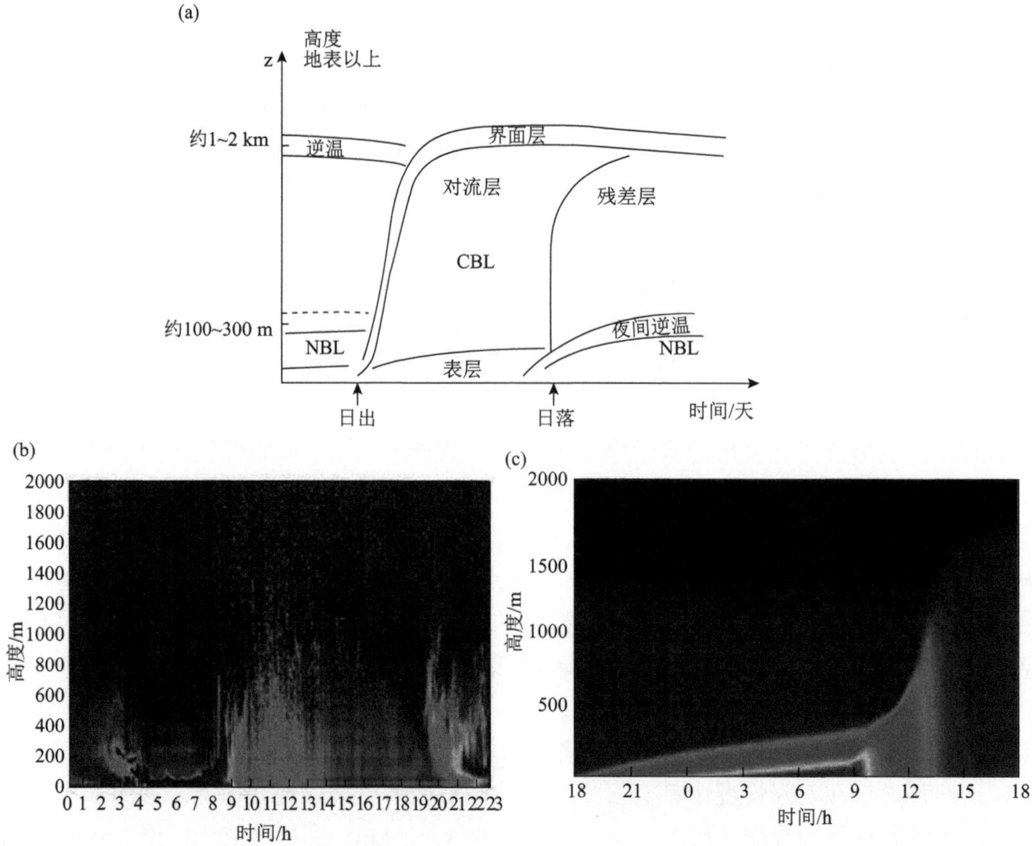

图 5.8　（a）大气边界层及其日常变化的示意图：CBL 和 NBL 分别是对流层和夜间边界层。（b）气溶胶分布的每日变化，改编自 Eresmaa 等（2012）。（c）大气边界层的上边界由大气中的氡记录[来源：改编自 Eresmaa 等（2012）和 Vinuesa 等（2007）]（彩色图片请参阅电子版）

这一观点得到了实验数据的有力支持。PBL 的上边缘可以通过使用 LiDAR 追踪氡（Eresmaa et al.，2012）进行监测（Vinuesa et al.，2007）。氡在夜间[图 5.8（c）]被限制在地表附近，尤其是在逆温的情况下，而在日间则散布于整个边界层，海拔可达 2 km 的高度。根据模型的模拟结果，氡浓度在日出前达到最大值。考虑到自然电场的存在和正负离子之间差异的迁移速率，整个地震准备区范围内电荷不断地分离与生成（对于 M 7 级地震，孕震半径为 1000 km）。理论估算表明（Redin et al.，2014），在低扰动环境下，气溶胶的存在会使得电离增强的区域形成负电荷。电极层中，大型负离子 N_-的浓度完全超过了大型正离子 N_+和轻离子 n_-与 n_+的浓度。值得注意的是，从海拔 0.5 m 开始，轻负离子 n_-的浓度也超过了轻正离子 n_+的浓度。计算也表明 0.5 m 高的电场值超过天然电场值 100 V m^{-1}，最高可达一个数量级。所以，夜晚为电场穿透机制提供了良好的前提环境。

日间条件下大型离子团簇连同氡气上升至海拔 2 km 左右[图 5.8（b）]，之后氡气会继续产生成核反应的核心并进一步形成大型电荷团簇。基于 Gringel（1986）的观点：大气层下部 2 km 占总柱状电阻的 50%，下部 13 km 约占总柱状电阻的 95%。所以我们可以认为白天“大气电导机理”是有效的（图 5.6）。

再回到大气层-电离层耦合的其他可能机理，我们注意到声重力波（AGW）可能对电离层有一定影响（Hayakawa and Molchanov，2007）。大规模的地面热异常可能是产生气压震荡的源头（Genzano et al.，2007）。地震前低电离层的分层可以作为耦合过程的一种可能迹象，而且可以通过斜向电离层探测技术开展观测（Blaunstein and Plohotniuc，2008）。在孕震区上空的顶部电离层，能够观测到长时间（至少 4h）稳定的异常，然而这并不能说明地震前电离层中存在任何波的活动，如果能捕捉到更可靠的实验证据证明 AGW 对电离层产生的影响，就有可能在未来的研究中对声重力波做更细致的考虑。

图 5.5 显示了地球化学-电磁作用，离地面最远的磁层异常是由于电离层不规则体通过磁力线穿透到磁层引起的。一些研究（Sorokin et al.，2000；Pulinets et al.，2002）考虑过场向不规则体的原因。Intercosmos 19 号卫星的观测首次证实磁层导管的改变是由电离层前兆的共轭效应所致，三种观测现象被记录：甚低频（VLF）辐射、粒子沉积，（Ruzhin and Larkina，1996），以及由顶部探测仪观测的电子密度大规模不规则体形成（Pulinets and Legen’ka，1997）。后来，DEMETER 卫星记录了等离子泡形成过程在赤道异常波峰、极低频（ELF）噪音（f< 500 Hz）、局部电子密度以及电子和离子温度的共轭效应。因此，我们认为共轭效应也应在 GPS 的电子总含量（TEC）观测中有所记录（Liu et al.，2010；Pulinets et al.，2010）[见 Parrot 和 Li（2018）以及 Liu 等（2018）的阐述，分别在本书的 15 和 16 章]。

磁层中共轭效应的证据进一步有力证明了地震-电离层-磁层耦合的电磁本质而非类波扰动。

5.5 地震前兆与综合参量的协同

最重要的一点是所有物理前兆（至少在 LAIMC 模型框架内）都不是独立存在的，

都是一个开放复杂非线性耗散系统的元素。地震前兆应该从协同的角度来考虑，其综合分析应揭示孕震过程的连续方向，即所谓的“时间箭头”（Eddington，1928），表明其系统达到临界点。当多参量分析显示出一个参量对另一参量的反馈延时增加时，这种连续的演化方向是可以被探测到的，由此可以证明孕震过程中存在时间链。该时间链是由 Pulinets 等（2015）根据 2009 年 4 月 6 日意大利拉奎拉 6.3 级地震前兆的时间/高度发展情况证明的（图 5.9）。图 5.9 中斜虚线部分可以理解为时间箭头，可以得出结论：多参量方法提供的不仅是更大范围的不同地震前兆异常数据，也可以作为检测多参量协同作用并证明前兆信息与地震构造发育关系的工具，地震构造发育的前兆信息通常表现为 b 值的下降（Papadopoulos et al.，2010）并在熵动力学中表现为 b 的负对数（De Santis et al.，2011）。

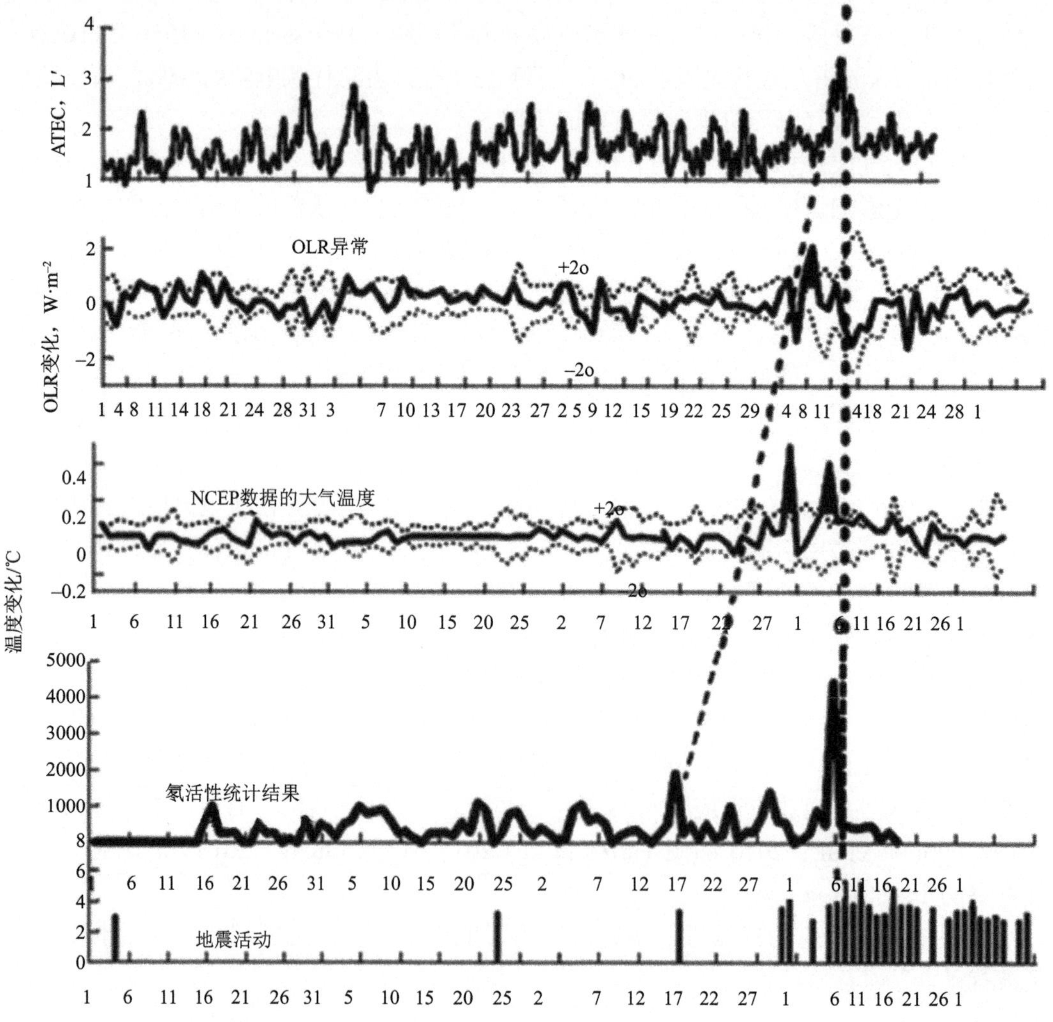

图 5.9 拉奎拉地震前地震活动、氡排放以及大气和电离层参数变化的时序动态：OLR，长波辐射（来源：国家环境保护中心）

部分大地震，如 2004 年苏门答腊 9.1 级地震、2008 年汶川 8 级地震、2009 年拉奎拉 6.3 级地震和 2011 年东日本 9 级地震，吸引了大量科学家开展研究，收集了大量卫星和地面实验数据。上述大地震事件为基于实验数据的前兆产生机理的发展提供了实验背景。但是数据的收集和解译均是在地震发生后进行的，如若开展短期地震预报，多参量实时监测和解译是必不可少的。

在全球范围内实时收集所有参量数据几乎是不可能的，尤其是考虑到地基测量只限于特定地点或者特定地球物理观测站。所以我们应该充分利用卫星遥感和远震测量的可操作性以及全球覆盖优势。实时同步监控多个变量是很难的，因此应该选择代表性的综合参量来描述整个复杂系统的状态。通常使用分形维数变化来检测复杂系统的状态。Enescu 和 Itu（2003）的结果表明神户地震的发生，分形维数 D_2 明显下降。Turcotte 和 Malamud（2002）的研究表明分形维数 D 与 $2b$ 之间存在相关关系，b 值能被监测，并且可以代替分形维度。想要做到严格地实时监测地下活动是很困难的，比如凹凸体和裂缝的形成。但 b 值是一个综合参量，能够反映地壳的改变，可以被用于实时监测地震流体。

如图 5.2 所示，b 值的下降与氡析出速率的上升有关，激发了大气层和电离层中短期前兆的产生过程（Pulinets et al.，2015）。远程监测氡气变化几乎是不可能的，尤其是通过卫星监测，但 Pulinets 等（2015）提出了新的综合参量：大气化学势（ACP），可以作为氡变化的指标，即“大气中水蒸气的化学势（ACP）校正”。其时序变化与震前氡的变化高度相似：震前一个月内 ACP 局部绝对值达到最大（通常是在主震前三天到二十天），局部最小值出现在主震前后的两三天内。ACP 在堪察加半岛的典型时序结果见图 6.10 顶部；对勘察加半岛十多年内 6 级以上地震开展统计分析，图 5.10 中部图为 ACP 局部最大值的统计分布结果，图 5.10 底图为同一组实验数据最小值的统计分布（Pulinets et al.，2016）。从几个重要因素考量，可以看出 ACP 的综合特点。

（1）其值是源于气温与相对湿度的时序图——大气发生电离过程的特点是气温上升和相对湿度下降。

（2）考虑到气温和相对湿度在大区域范围具有综合特性，表征了整个区域的电离水平，而非氡气的单点测量结果。

（3）该参量在全球不同地区不同地震中表现出了惊人的自相似性，值得开展详细讨论。

大气中离子的出现使得水蒸气分子可以通过水合作用进入离子中，这种水合作用不同于冷凝，冷凝过程化学势等于潜热，其值为 $Q = 40.683\ \text{kJ}\cdot\text{mol}^{-1}$ 或 $U_0 = 0.422\ \text{eV}\cdot\text{mol}^{-1}$。蒸发/冷凝的过程是一阶相变转换，通常在化学势能相等的情况下发生。

但考虑到由氡电离新生成的离子有着不同的化学势。在单分量近似中，我们引入了考虑这种情况的化学势 ΔU 修正。这样实际的化学势可以表达为

$$U(t) = U_0 + \Delta U \cdot \cos 2t \tag{5.3}$$

U_0 是纯水的化学势能，$U(t)$ 是考虑电离和水合过程的化学势能，$\cos 2t$ 考虑了太阳辐射的日常变化。

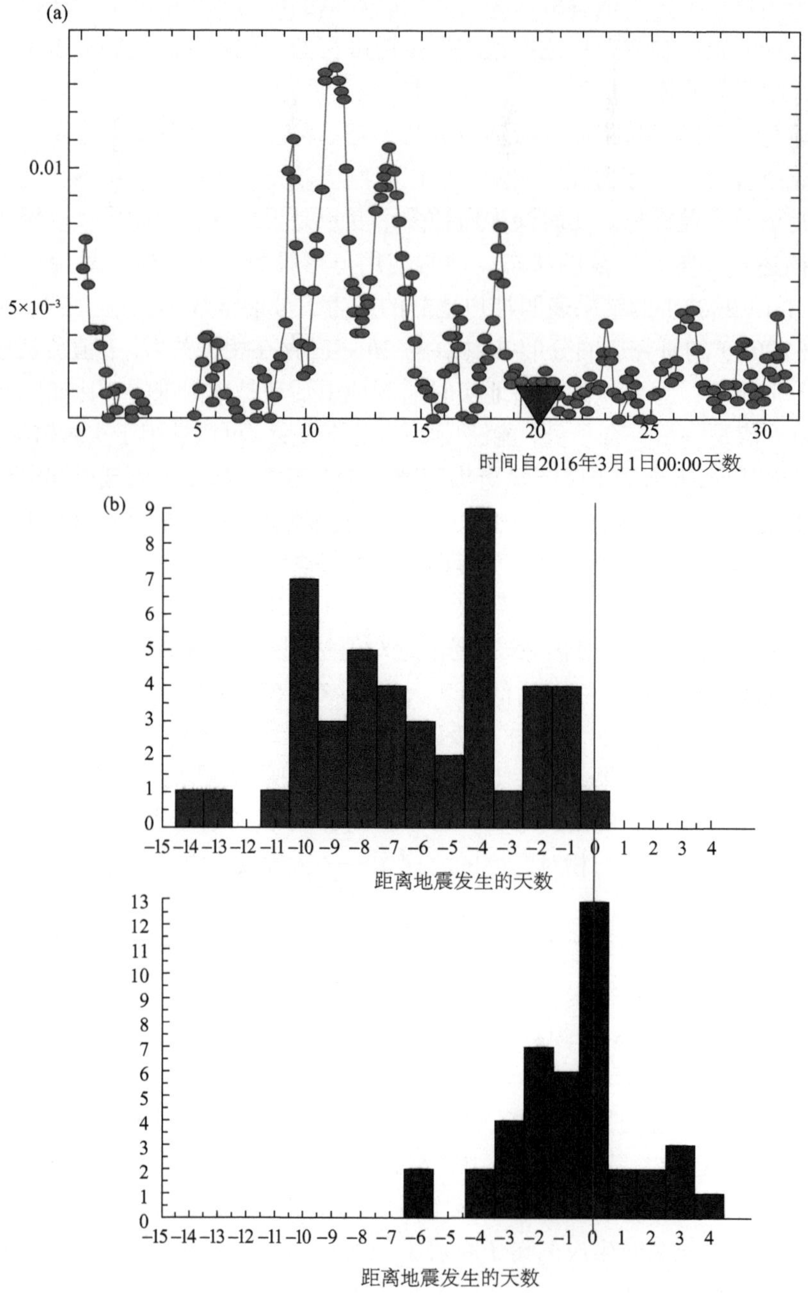

图 5.10 （a）2016 年 3 月 20 日在堪察加东海岸附近 6.7 级地震同期化学势的时序修正。（b）在勘察加半岛地区 11 年观测期内地震震级大于 6 级最大化学势能（红色）和最小化学势能（蓝色）与主震发生天数的柱状统计图（彩色图片请参阅电子版）

空气相对湿度可以表达为以下形式

$$H(t)=\frac{\exp\left(-U(t)/k\cdot T\right)}{\exp\left(-U_0/k\cdot T\right)}=\exp\left(\frac{U_0-U(t)}{k\cdot T}\right)=\exp\left(\frac{0.032\cdot\Delta U\cdot\cos^2 t}{(k\cdot T)^2}\right) \tag{5.4}$$

其中 k 为玻尔兹曼常数，T 为气温。正如 Boyarchuk 等（2010）所言，式（5.4）所得的水分子化学势的增加（ΔU）反映了成核过程的强度，可以作为地震前兆的指标。反过来说，在微波探测数据的帮助下，卫星遥感可以探测得到气温和空气相对湿度，而这些信息可用于大气的实时同化模拟。

5.6 总结与结论

本章中提及的物理框架为实现地震短期预测的多参量监测提供了现实可能。地震数据和遥感数据（主要以综合参数的形式）的结合使得以准实时的方式在全球范围内提前几天至一个月期间监测到 6 级以上强震的发生成为可能。利用模拟技术开发了可自动探测不同前兆的实用程序，可用于未来地震监测（Ouzounov et al.，2018b）。

总而言之，将此处提出的方法与现有模型（例如引言中提到的模型）进行比较将无济于事。为简化研究，只考虑热前兆与电离层前兆两组，辅以表 5.3 中所总结的标准以及本文所提的 LAIMC 概念（同样列于表 5.3 中）。根据表 5.3，我们可以认为本文所提概念具有广泛适用性，可以解释大陆和海洋上空的大气层和电离层短期前兆的物理机理和形态学特性。尽管如此，仍缺乏用于完整描述整个模型的通用程序，其推导只是时间和模型创新的问题。

表 5.3 模型比较

模型	主源	热前兆	电离层前兆	实验数据验证	物理学准确度	存在数值模拟	陆地	海洋
Freund，2013	压力激发 P 孔，地表正电荷	+	+	需要高的地表电场，没有记录，带正电云，没有记录	完全错误的电离层耦合机制	没有热通量的数值计算，没有与电离层耦合的数值模型	+	−
Kuo 等，2011；2014	外部电流的解释采用 Freund 模型	−	+	电离层异常和等离子体泡形成的正确呈现	使用大于天然电场 4～6 个数量级的外加电场，没有记录，第二版负离子通量，没有记录	开始引入外部电流，正确使用磁导管模拟	+	−
Sorokin 等，2000；Sorokin 和 Hayakawa，2013	外部电流在大气层	−	+	共轭效应的一维计算，使用非常老的实验数据开展比较	使用大于天然电场 4～6 个数量级的外加电流	电离层效应的一维数值模拟	+	−

续表

模型	主源	热前兆	电离层前兆	实验数据验证	物理学准确度	存在数值模拟	陆地	海洋
Namgaladze，2013	外部电流在大气层	−	+	正确呈现电离层异常，包括共轭效应	使用大于天然电场4~6个数量级的外加电流	开始引入外部电流，正确的三维模拟	+	−
Klimenko等，2011	外部电流在电离层	−	+	正确呈现电离层异常，包括共轭效应	利用外部电场匹配获匹配正确电离层效应	开始引入外部电流，正确的三维模拟	+	+
Hegai等，2015	在地表的垂直电场	−	+	孤立的电离层异常的正确呈现	利用地表垂直电场的预设值修正一维计算	使用垂直电场预设值修正一维计算	+	−
Qiang等，1991；Tramutoli等，2009	源于地下排放的温室气体通量	地表仅有热红外，没有潜热，没有长波辐射	−	存在温室气体通量增加的实验数据	对大面积气温升高而未能引起湿度下降存在怀疑	没有模拟	+	+
Enomoto，2012	带负电的深层气体通量	−	+	电磁效应可能与提出的带电气体通量有关	使用反向大地电磁感应机制	Vanhamäki et al.（2005）开展了部分评估	-	+
LAIMC	源于地下氡气通量引起大气电离	+ 四类热异常	+	所有效应均被现有的地震前兆类型观测所证实	基于大气学和电离层物理的基本准则建立的物理机制	分别对大气层和电离层效应开展数值模拟	+	+

鸣谢

笔者想要感谢国际空间科学研究所对验证岩石圈-大气层-电离层-磁层耦合（LAIMC）国际项目的支持，空间观测促进了对各地球圈之间相互作用概念的理解与研究。

参考文献

Ben-Zion, Y. and Lyakhovsky, V. (2002), Accelerated seismic release and related aspects of seismicity patterns on earthquake faults, *Pure Appl. Geophys., 159*, 2385-2412, 2002.

Blaunstein, N. and Plohotniuc, E. (2008), *Ionosphere and Applied Aspects of Radio Communication and Radar*, CRC Press, 600pp.

Bowman, D. D., Ouillon, G., Sammis, C. G., Sornette, A., and Sornette, D. (1998), An observation test of the critical earthquake concept, *J. Geophys. Res., 103*, 24, 359-24, 372.

Boyarchuk, K. A., Karelin, A. V., and Shirokov, R. V. (2006), The Basic Model of the Ionized Atmosphere Kinetics, VNIIEM Publications, Moscow, 320pp.

Boyarchuk, K. A., Karelin, A. V., and Nadolski, A. V. (2010), Statistical analysis of the chemical potential correction value of the water vapor in atmosphere on the distance from earthquake epicenter, *Issues*

Electromech., 116, 39-46.

Chernogor, L. F. (2012), *Physics and Ecology of Catastrophes*, Kharkov National University Publications, Kharkov, 556pp.

De Santis, A., Cianchini, G., Favali, P., Beranzoli, L., and Boschi, E. (2011), The Gutenberg-Richter Law and entropy of earthquakes: Two case studies in Central Italy, *Bull. Seismol. Soc. Am., 101*, 1386-1395.

De Santis, A., Cianchini, G., Favali, P., Beranzoli, L., and Boschi, E. (2011), The Gutenberg-Richter Law and entropy of earthquakes: Two case studies in Central Italy, *Bull. Seismol. Soc. Am.*, 101, 1386-1395.

Denisenko, V. V. (2015), Estimate for the strength of the electric field penetrating from the Earth's surface to the ionosphere. *Russ. J. Phys. Chem. B, 9*, 789-795.

Dobrovolsky, I. P. (1991), *The Theory of Tectonic Earthquake Preparation*, IPE RAS Publications, Moscow, 224pp.

Dobrovolsky, I. P., Zubkov, S. I., and Myachkin, V. I. (1979), Estimation of the size of earthquake preparation zones, *Pure Appl. Geophys., 117*, 1025-1044.

Eddington, A. (1928), *The Nature of the Physical World*, Cambridge University Press, Cambridge, 361pp.

Enescu, B. and Itu, K. (2003), Values of *b* and *p*: their variations and relation to physical processes for earthquakes in Japan, *Ann. Disast. Prev. Res. Inst., Kyoto Univ., 46B*.

Enomoto, Y. (2012), Coupled interaction of earthquake nucleation with deep Earth gases: a possible mechanism for seismo- electromagnetic phenomena, *Geophys. J. Int., 191*, 1210-1214.

Eresmaa, N., Härkönen, J., Joffre, S. M., Schultz, D. M., Karppinen, A., and Kukkonen, J. (2012), A three-step method for estimating the mixing height using ceilometer data from the Helsinki testbed. *J. Appl. Meteorol. Climatol. 51*, 2172-2187.

Freund, F. (2013), Earthquake forewarning—a multidisciplinary challenge from the ground up to space, *Acta Geophys., 61*(4), 775-807.

Genzano, N., Aliano, C., Filizzola, C., Pergola, N., and Tramutoli, V. (2007), A robust satellite technique for monitoring seismically active areas: The case of Bhuj-Gujarat earthquake, *Tectonophysics, 431*, 197-210.

Gringel, W. (1986), Electrical structure from 0 to 30 kilometers, in *The Earth's Electrical Environment*, pp. 166-182, National Academy Press, Washington, DC.

Hayakawa, M. and Molchanov, O. (2007), Seismo-electromagnetics as a new field of radiophysics: electromagnetic phenomena associated with earthquakes, *Radio Sci. Bull., 320*, 8-17.

Hayakawa, M., Asano, T., Rozhnoi, A., and Solovieva, M. (2018), Very-low- to low-frequency sounding of ionospheric perturbations and possible association with earthquakes, in D. Ouzounov, S. Pulinets, K. Hattori, and P. Taylor (eds), *Pre-Earthquake Processes: A Multi-disciplinary Approach to Earthquake Prediction Studies*, pp. Geophysical Monograph 234, American Geophysical Union, Washington, DC, and John Wiley & Sons, Inc., Hoboken, NJ, 277-304.

Hegai, V. V., Kim, V. P., and Liu, J. Y. (2015), On a possible seismomagnetic effect in the topside ionosphere, *Adv. Space Res., 56*, 1707-1713.

Hirsikko, A. (2011), *On formation, growth and concentrations of air ions*, Academic dissertation, Report series of aerosol science, No. 125(2011), Helsinki Universtiy, 64pp.

Igarashi, G., Saeki, S., Takahata, N., Sumikawa, K., Tasaka, S., Sasaki, Y., Takahashi, M., and Sano, Y. (1995), Ground- water radon anomaly before the Kobe earthquake in Japan, *Science, 269*, 60-61.

Kaimal, J. C. and Finnigan, J. J. (1994), *Atmospheric Boundary Layer Flows: Their Structure and Measurement*, Oxford University Press, New York, NY.

Kanamori, H. and Anderson, D. L. (1975), Theoretical basis of some empirical relations in seismology, *Bull. Seismol. Soc. Am., 65*, 1073-1095.

Karelin, A. V. (2007), *The Physical Background of the Laser- Reactor*, VNIIEM Publications, Moscow, 157pp.

Kathmann, S. M., Schenter, G. K., and Garrett, B. C. (2005), Ion-induced nucleation: The importance of chemistry, *Phys. Rev. Lett., 94*, doi: 10. 1103/PhysRevLett. 94. 116104.

Khilyuk, L. F., Chillingar, G. V., Robertson, J. O. Jr., and Endres, B. (2000), *Gas Migration. Events Preceding Earthquakes*, Gulf Publishing Company, Houston, TX, 390pp.

Kim, V. P. and Hegai, V. V. (1997), On possible changes in the midlatitude upper ionosphere before strong earthquakes, *J. Earthquake Pred. Res., 6*, 275-280.

Klimenko, M. V., Klimenko, V. V. Zakharenkova, I. E. Pulinets, S. A. Zhao, B., and Tzidilina, M. N. (2011), Formation mechanism of great positive disturbances prior to Wenchuan earthquake on May 12, 2008, *Adv. Space Res., 48*, 488-499.

Kobeissi, M. A., Gomez, F., and Tabet, C. (2015), Measurement of anomalous radon gas emanation across the Yammouneh Fault in southern Lebanon: A possible approach to earthquake prediction, *Int. J. Disaster Risk Sci., 6*, 250-266.

Kuo, C. L., Huba, J. D., Joyce, G., and Lee, L. C. (2011), Ionosphere plasma bubbles and density variations induced by preearthquake rock currents and associated surface charges, *J. Geophys. Res, 116*, article ID A10317.

Kuo, C. L., Lee, L. C., and Huba, J. D. (2014), An improved coupling model for the lithosphere-atmosphere-ionosphere system, *J. Geophys. Res. Space Phys., 119*, 3189-3205, doi: 10. 1002/2013JA019392.

Kuo, C. L., Ho, Y. Y., and Lee, L. C. (2018), Electrical Coupling Between the Ionosphere and Surface Charges in the Earthquake Fault Zone, in D. Ouzounov, S. Pulinets, K. Hattori, and P. Taylor (eds), *Pre-Earthquake Processes: A Multi-disciplinary Approach to Earthquake Prediction Studies*, pp. Geophysical Monograph 234, American Geophysical Union, Washington, DC, and John Wiley and Sons, Inc., Hoboken, NJ.

Laaks, L., Mäkelä, J. M., Pirjola, L., and Kulmala, M. (2002), Model studies on ion-induced nucleation in the atmosphere, *J. Geophys. Res., 107*(D20), 4427, doi: 10. 1029/2002JD002140.

Lee, S.-H., Reeves, J. M., Wilson, J. C., Hunton, D. E., Viggiano, A. A., Miller, T. M., Ballenthin, J. O., and Lait, L. R. (2003), Particle formation by ion nucleation in the upper troposphere and lower stratosphere, *Science, 301*(5641), pp. 1886-1889.

Liu, J.-Y. and Chao, C.-K. (2016), An observing system simula- tion experiment for 1 FORMOSAT-5/AIP detecting seismoionospheric precursors, *Terr. Atmos. Ocean. Sci., 28*(2), doi: 10. 3319/TAO. 2016. 07. 18. 01(EOF5).

Liu, J.-Y., Chen, Y. I., Chen, C. H., Liu, C. Y., Chen, C. Y., Nishihashi, M., Li, J. Z., Xia, Y. Q., Oyama, K. I., Hattori, K., and Lin, C. H. (2009), Seismoionospheric GPS total electron content anomalies observed before the 12 May 2008 M_w 7. 9 Wenchuan earthquake, *J. Geophys. Res. Space Phys., 114*, A04320, doi: 10. 1029/2008JA013698.

Liu, J.-Y, Hattori, K., and Chen, Y. (2018), Application of total electron content derived from the Global Navigation Satellite System for detecting earthquake precursors, in D. Ouzounov, S. Pulinets, K. Hattori, and P. Taylor (eds), *Pre-Earthquake Processes: A Multidisciplinary Approach to Earthquake Prediction Studies*, pp., Geophysical Monograph 234, American Geophysical Union, Washington, DC, and John Wiley and Sons, Inc., Hoboken, NJ.

Markson, R. (2007), The global circuit intensity: its measurement and variation over the last 50 years, *Bull. Am. Meteorol. Soc.*, doi: 10. 1175/BAMS-88-2-223, 223-241.

Morozov, V. N. (2006), The influence of convective current generator on the global current, *Nonlin. Processes Geophys., 13*, 243-246.

Namgaladze, A. A. (2013), Earthquakes and global electrical circuit, *Russ. J. Phys. Chem. B, 7*(5), 589-593.

Ouzounov, D., Pulinets, S., Kafatos, M., and Taylor, P. (2018a), Thermal radiation anomalies associated with major earth- quakes, in D. Ouzounov, S. Pulinets, K. Hattori, and P. Taylor (eds), *Pre-Earthquake*

Processes: A Multidisciplinary Approach to Earthquake Prediction Studies, pp., Geophysical Monograph 234, American Geophysical Union, Washington, DC, and John Wiley and Sons, Inc., Hoboken, NJ.

Ouzounov, D., Pulinets, S., Hattori, K., Liu, J.-Y., and Han, P. (2018b), Multiparameter assessment of pre-earthquake atmos- pheric signals, in D. Ouzounov, S. Pulinets, K. Hattori, and P. Taylor (eds), *Pre-Earthquake Processes: A Multidisciplinary Approach to Earthquake Prediction Studies*, pp., Geophysical Monograph 234, American Geophysical Union, Washington, DC, and John Wiley and Sons, Inc., Hoboken, NJ.

Papadopoulos, G. A., Charalampakis, M., Fokaefs, A., and Minadakis, G. (2010), Strong foreshock signal preceding the L'Aquila (Italy) earthquake (M_w 6. 3) of 6 April 2009, *Nat. Hazards Earth Syst. Sci.*, *10*, 19-24.

Park, C. G. and Dejnakarintra, M. (1973), Penetration of thundercloud electric fields into the ionosphere and magnetosphere, 1. Middle and auroral latitudes. *J. Geophys. Res.*, *84*, 960-964.

Park, C. G. and Dejnakarintra, M. (1977), Thundercloud electric fields in the ionosphere, in Electrical Processes in Atmospheres, Dolezhalek, H. and Reiter, R., eds., Steinkopff, Darmstadt, pp. 544-551.

Parrot, M. and Li, M. (2018) Statistical analysis of the ionospheric density recorded by DEMETER during seismic activity, in D. Ouzounov, S. Pulinets, K. Hattori, and P. Taylor (eds), *Pre-Earthquake Processes: A Multidisciplinary Approach to Earthquake Prediction Studies*, pp., Geophysical Monograph 234, American Geophysical Union, Washington, DC, and John Wiley and Sons, Inc., Hoboken, NJ.

Pergola, N., Aliano, C., Coviello, I., Filizzola, C., Genzano, N., Lacava, T., Lisi, M., Mazzeo, G., and Tramutoli, V. (2010), Using RST approach and EOS-MODIS radiances for monitoring seismically active regions: a study on the 6 April 2009 Abruzzo earthquake, *Nat. Hazards Earth Syst. Sci.*, *10*, 239- 249, doi: 10. 5194/nhess-10-239-2010.

Pulinets, S. (2012) Low-latitude atmosphere-ionosphere effects initiated by strong earthquakes preparation process, *Int. J. Geophysics*, *2012*, article ID 131842, doi: 10. 1155/2012/131842 Pulinets, S. A. and Boyarchuk, K. A. (2004), *Ionospheric Precursors of Earthquakes*, Springer, Berlin, 315pp.

Pulinets, S. A. and Legen'ka, A. D. (1997), First simultaneous observations of the topside density variations and VLF emissions before the Irpinia earthquake, November, 23, 1980 in magnetically conjugated regions, in *Proceedings of International Workshop on Seismo Electromagnetics*, pp. 56-59, University of Electro-Communications Publications, Chofu, Japan.

Pulinets, S. and Ouzounov, D. (2011), Lithosphere-atmosphere-Ionosphere Coupling (LAIC) model - an unified concept for earthquake precursors validation, *J. Asian Earth Sci.*, *41*, 371-382.

Pulinets, S. A., Khegai, V. V., Boyarchuk, K. A., and Lomonosov, A. M. (1998), Atmospheric electric field as a source of ionospheric variability, *Phys. Uspekhi*, *41*, 515-522.

Pulinets, S. A., Boyarchuk, K. A., Hegai, V. V., and Karelin, A. V. (2002), Conception and model of seismo-ionosphere-magnetosphere coupling, in M. Hayakawa and O. A. Molchanov (Eds), *Seismo-Electromagnetics: Lithosphere-Atmosphere-Ionosphere Coupling*, pp. 353-361, Terra Scientific Publishing, Tokyo.

Pulinets S. A., Bondur, V. G., Tsidilina, M. N., and Gaponova, M. V. (2010), Verification of the concept of seismoionospheric relations under quiet heliogeomagnetic conditions, using the Wenchuan (China) earthquake of May 12, 2008, as an example, *Geomag. Aeron.*, *50*, 231-242.

Pulinets, S. A., Tramutoli, V., Genzano, N., and Yudin, I. A. (2013), TIR anomalies scaling using the earthquake preparation zone concept, *2013 AGU Meeting of the Americas*, Paper NH42A-06, Cancun, Mexico, 14-17 May.

Pulinets, S. A., Ouzounov, D. P., Karelin, A. V., and Davidenko, D. V. (2015), Physical bases of the generation of short-term earthquake precursors: A complex model of ionization-induced geophysical processes in the lithosphere-atmosphere- ionosphere-magnetosphere system, *Geomagn. Aeron., 55*(4), 540-558.

Pulinets, S., Ouzounov, D., Davidenko, D., and Petrukhin, A. (2016), Multiparameter monitoring of short-term earth- quake precursors and its physical basis. Implementation in the Kamchatka region, *E3S Web of Conferences 11*, 00019, doi: 10. 1051/e3sconf/20161100019.

Qiang, Z. J., Xu, X. D., and Dian, C. G. (1991), Thermal infrared anomaly precursor of impending earthquakes, *Chin. Sci. Bull., 36*, 319-323.

Redin, A., Kupovykh, G., Kudrinskaya, T., and Boldyreff, A. (2014), Surface layer electrodynamic structure under severe aerosol pollution, *XV International Conference on Atmospheric Electricity*, P-07-11, 15-20 June, Norman, OK, 6pp.

Ruzhin, Yu. Ya. and Larkina, V. I. (1996), Magnetic conjugation and time coherency of seismoionosphere vlf bursts and energetic particles, *Proceedings of 13th International Wroclaw Symposium on Electromagnetic Compatibility*, pp. 645-648, Wroclaw.

Ryu, K., Parrot, M., Kim, S. G., Jeong, K. S., Chae, J. S., Pulinets, S., and Oyama, K.-I. (2014), Suspected seismoionospheric coupling observed by satellite measurements and GPS TEC related to the *M* 7. 9 Wenchuan earthquake of 12 May 2008, *J. Geophys. Res. Space Phys., 119*, 10, 305-10, 323.

Scholz, C. H., Sykes, L. R., and Aggarwal, Y. P. (1973), Earthquake prediction: A physical basis, *Science, 181*, 803-809.

Schorlemmer, D., Wiemer, S., and Wyss, M. (2004), Earthquake statistics at Parkfield: 1. Stationarity of *b*-values, *J. Geophys. Res*., *109*, B12307, doi: 10. 1029/2004JB003234.

Sobolev, G. A. (1993), *The Basics of Earthquake Prediction*, Nauka Publications, Moscow, 314pp.

Sornette, D. and Sammis, C. G. (1995), Complex critical exponents from renormalization group theory of earthquakes: implications for earthquake predictions, *J. Phys. I France, 5*, 607-619.

Sorokin, V. and Hayakawa, M. (2013), Generation of seismicrelated DC electric fields and lithosphere-atmosphere- ionosphere coupling, *Modern Appl. Sci., 7*(6), 1-25.

Sorokin, V. M, Chmyrev, V. M., and Hayakawa, M. (2000), The formation of ionosphere-magnetosphere ducts over the seismic zone, *Planet. Space Sci., 48*, 175-180.

Svensmark, H., Pedersen, J. O. P., Marsch, N. D., Enghoff, M. B., and Uggerhøj, U. I. (2007), Experimental evidence for the role of ions in particle nucleation under atmospheric conditions. *Proc. Royal Soc. A, 463*, 385-396.

Toutain, J.-P. and Baubron, J.-C. (1998), Gas geochemistry and seismotectonics: a review. *Tectonophysics, 304*, 1-27.

Tramutoli, V., Aliano, C., Corrado, R., Filizzola, C., Genzano, N., Lisi, M., Lanorte, V., Tsamalashvili, T., and Pergola, N. (2009), Abrupt change in greenhouse gases emission rate as a possible genetic model of TIR anomalies observed from satellite in earthquake active regions, in *Proceedings of the 33rd International Symposium on Remote Sensing of the Environment*, Vol. 2, pp. 567-570, Stresa, Italy.

Turcotte, D. L. (1997), *Fractals and Chaos in Geology and Geophysics*, Cambridge University Press, Cambridge, 414pp.

Turcotte, D. L. and Malamud, B. D. (2002), Earthquakes as a complex system, in W. H. K. Lee, H. Kanamori, P. Jennings, and C. Kisslinger (eds), *International Handbook of Earthquake and Engineering Seismology Part A*, pp. 209-227 Academic Press, New York.

Vershinin, E. F., Buzevich, A. V., Yumoto, K., Saita, K., and Tanaka, Y. (1999), Correlations of seismic activity with electromagnetic emissions and variations in Kamchatka region, in M. Hayakawa (ed.), *Atmospheric and Ionospheric Electromagnetic Phenomena Associated with Earthquakes*, pp. 513-517, Terra Scientific Publishing Company, Tokyo.

Vinuesa, J.-F., Basu, S., and Galmarini, S. (2007), The diurnal evolution of ^{222}Rn and its progeny in the atmospheric boundary layer during the Wangara experiment. *Atmos. Chem. Phys.,* *7*, 5003-5019.

Wiemer, S. and Schorlemmer, D. (2007), ALM: An Asperity- based Likelihood Model for California, *Seismol. Res. Lett.,* *8*(1), 134-140.

Yasuoka, Y., Igarashi, G., Ishikawa, T., Tokonami, S., and Shinogi, M. (2006), Evidence of precursor phenomena in the Kobe earthquake obtained from atmospheric radon concen- tration, *Appl. Geochem.,* *21*, 1064-1072.

Zavyalov, A. D. (2006), The Theory of Middle-Term Earthquake Forecast. Basics, Methodology, Realization, Nauka Publications, Moscow, 256pp.

6　地震断裂带电离层和地表电荷之间的电耦合

郭正玲[1]，何懿英[2]，李罗权[2]

1 中国台湾桃园市“中央大学”空间科学研究所
2 中国台湾台北市“中央研究院”地球科学研究所

摘要

现在已经提出了几个岩石圈-大气层-电离层耦合（LAIC）模型来解释强震前观测到的前兆现象，比如大气层电导率异常和电离层电子总量（TEC）变化。耦合模型包括①氡电离在全球大气电场中造成的气溶胶带电和负载电阻的变化，②基于应力岩石电流实验的应力岩石-大气层-电离层的电耦合模型，和③外加纬向电场的电离层动力学。本章总结了对于 LAIC 过程中应力-岩石-大气层-电离层耦合模型，提出了断裂带大气层和地表电荷之间电耦合的物理机理，也讨论了其他地震前后的可能异常并提出未来要把电场测量用于验证孕震过程活动。

6.1　关于岩石圈-大气层-电离层耦合的前期研究

在 1960 年 5 月 22 日智利 9 级以上地震前，5 月 20 日有几个小时的地磁活动平静期，在此期间 F2 层的临界频率（*fo*F2）要稍低于中值。1964 年阿拉斯加 9.2 级地震前，磁强计和离子探测仪数据观测到了磁扰动和电离层不规则体。此外，地面观测也记录了相关的地震前兆，包括电离层探测（Liu et al.，2001；Pulinets and Boyarchuk，2004；Liu et al.，2009）、超低频-甚高频的直流电场发射（ULF-VHF）（Varotsos，2006；Schekotov et al.，2007；Smirnova and Hayakawa，2007；Surkov and Hayakawa，2007；Uyeda et al.，2009）、大功率的人工发射台站监测的底部电离层 VLF/LF 信号振幅与相位异常（Hayakawa，2007；Hayakawa et al.，2010，2012）、热异常（Ouzounov and Freund，2004；Ouzounov et al.，2006；Pulinets et al.，2006）和大地震之前的电离层电子总含量（TEC）异常（Liu et al.，2000，2001，2004，2009，2010；Chuo，2002；Pulinets and Legen’ka，2003；Klimenko et al.，2011；Zolotov et al.，2011；Namgaladze et al.，2012）。地基和卫星观测结果显示在主震前几天，地震断裂带上空的大气层和电离层会出现与地震活动相关的电磁扰动。

卫星上所搭载的科学载荷也记录了地震活动前波和等离子体的扰动（Chmyrev et al.，1989；Parrot et al.，1993；Parrot，1995；Akhoondzadeh et al.，2010；Li and Parrot，2013）。观测到的电磁扰动可以沿磁力线追溯到地震活动的区域（Pulinets and Legen'ka，2003；Pulinets et al.，2003；Pulinets and Boyarchuk，2004；Liu et al.，2009）。这些前兆现象包括了地震区上空电离层电子密度的波动（Liu et al.，2009；Kakinami et al.，2010）、电离层等离子体离子组成和温度变化（He et al.，2010；Oyama et al.，2011）和电离层 F 区高度剖面的震荡（Afraimovich et al.，1999；Astafyeva and Heki，2009；Cahyadi and Heki，2013）。

现有几个 LAIC 模型已被提出用于解释地震前兆，比如强震前的大气电导率异常与电离层 TEC 变化。氡电离可能会造成气溶胶带电以及负载电阻的变化，从而引起全球大气电场中的 TEC 变化（Pulinets et al.，2000，2003，2006；Pulinets and Legen'ka，2003；Pulinets and Boyarchuk，2004；Pulinets，2009；Pulinets and Ouzounov，2011）。Kuo 等（2011，2014，2015）提出了应力-岩石-大气层-电离层的电耦合，见图 6.1。耦合模型适用于全球大气电路，其附加电流位于岩石圈和电离层之间，类似同心电容器（Wilson，1921）。

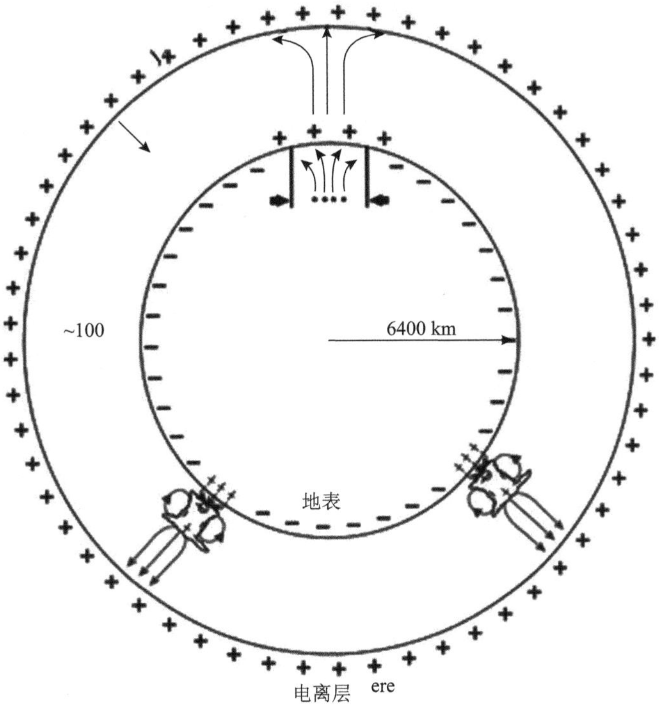

图 6.1　表示岩石圈-大气-电离层之间的电耦合示意图

岩石应力作用激发岩石圈中的电流源（Freund，2000，2002，2010，2013；Freund and Sornette，2007；Freund et al.，2009），如图 6.2 所示。在 LAIC 模型中，我们假设存在“发电机（电池）”可以提供电流源，从电池中流出穿透岩石圈达到大气层和电离层。然而，目前（例如 Denisenko，2015）根据双电层模型，指出发电机中的电流不能流出岩石圈到达大气层。我们把本章作为一个契机来指出这两种模型的不同，图 6.3 中有详细描述。

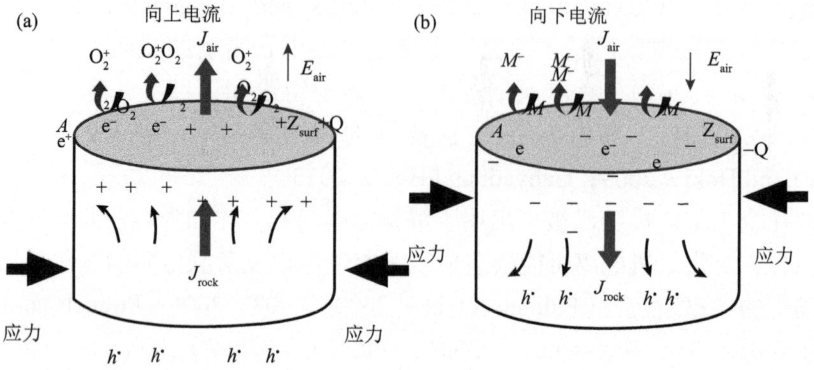

图 6.2　由于孕震区岩石受到应力作用，岩石中晶格结构的形变会产生电子载流子（正空穴，h˙）和电流（J_{rock}）。正空穴从高应力区域扩散到无应力区域，互相产生静电排斥，并推向岩石表面。在地表，尤其是尖锐点，发生场电离（$O_2 \rightarrow O_2^+ + e^-$），会产生 O_2^+离子。表面电荷密度 Σ_{surf}和总电荷量 Q 由岩石表面的正电荷和空气中的 O_2^+离子累积而成的。上行电场 $\mathbf{E}_{air}$与表面的正电荷驱动上行电流 J_{air}（Kuo et al.，2014）（来源：经 John Wiley 和 Sons 许可转载。）

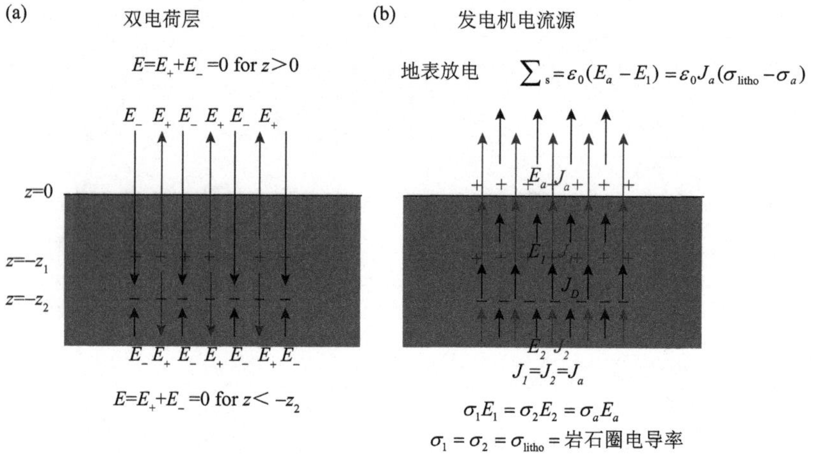

图 6.3　（a）嵌在岩石圈中的双电荷层模型　（b）发电机（电池）电流源的模型

图 6.3 的模型（a）在岩石圈中插入了两个电荷层，而模型（b）存在发电机（电池）电流源。方便起见我们在图 6.3 仅考虑一维模型。在模型（a）中，正电荷层位于 $z = -z_1$，而负电荷层位于 $z = -z_2$。电场方向是远离正电荷层（红色），指向负电荷层（蓝色）。结果是大气层的电场 $E = E_+ + E_- = 0$，$z>0$，其中 E_+和 E_-分别代表正负电荷层的电场。两个电荷层不能产生电场，因此电流只能在大气层中。值得注意的是岩石圈中电荷会在具有电导性的圈中流出，衰变期 $t_{decay} = \varepsilon_0/\sigma_{litho} = 10^{-10}$ s，其中真空电容率 $\varepsilon_0 = 8.85\times10^{-12}$ F m^{-1} 而 $\sigma_{litho} = 0.01$ S m^{-1}。

在模型（b）中存在一个发电机（电池）提供电流源。电池内的电机电流（JD）。

岩石圈地表电荷密度公式（6.12）近似为$\sum_s \approx \varepsilon_0 J_a / \sigma_a = 4.4\times10^{-7}\,\text{C}\cdot\text{m}^{-2}$造成了电荷的分离，呈现两层电荷。可是，想要维持电荷层就需要不断给电池充电。在良导体的岩石圈中，电流会通过岩石圈流出发电机进入大气层。然而接近地表（$z=0$）的岩石圈大气电导率是低的（$2\times10^{-14}\,\text{S}\cdot\text{m}^{-1}$），岩石圈的电导率是高的（$1\times10^{-2}\,\text{S}\cdot\text{m}^{-1}$）。

应考虑由于外加表面电荷密度而产生的附加电导率（如 Kuo et al.，2011）。岩石圈地表电荷密度可以通过公式计算获取$\sum_s = \varepsilon_0(E_a - E_1) = \varepsilon_0 J_a (\frac{\sigma_{\text{litho}} - \sigma_a}{\sigma_{\text{litho}}\sigma_a})$。其中 σ_a 比 σ_{litho} 更小。$\sum_s \approx \varepsilon_0 J_a / \sigma_a = 4.4\times10^{-7}\,\text{C}\cdot\text{m}^{-2}$，在之前的工作中考虑了附加电导率（Kuo et al.，2011，公式 9），地表电荷密度提供了一个附加电导率$\sigma_1 = en_+\mu_+ = \frac{\sum_s}{h}\mu_+$，地表电荷密度被修正$\sum_s = \sqrt{(\varepsilon_0 h J_a)/\mu_+}$（Kuo et al.，2011，公式 10），$n_+$和 μ_+分别代表正离子的密度和速率 $2.5\times10^{-4}\text{V}\cdot\text{m}^2$，$h$ 是地表电荷的估计特征高度。在这种情况下，对于附加电导率为 $\sigma_1 = 2\times10^{-13}\text{S}\cdot\text{m}^{-1}$，表面电荷估计高度约为 55 m。众所周知，大气层电导率剖面的空间变化，存在感应的空间电荷，保持电流连续性（Pasko，2013）。

与地震活动相关的外加纬向电场可能会引起 TEC 变化（Zolotov et al.，2011，2012；Namgaladze et al.，2012；Kuo et al.，2014）。LAIC 的作用过程引起了科学界越来越多的关注（Molchanov et al.，2004；Pulinets and Boyarchuk，2004；Klimenko et al.，2011；Sorokin and Hayakawa，2013；Ouzounov et al.，2014；Sorokin et al.，2015），但是目前需要更多的实验仪器和空基观测对可能的 LAIC 过程进行验证（Ouzounov et al.，2014）。

在以下章节中，将计算断层区域电离层大气电流与地表电荷之间的电耦合，并计算存在大气电流情况下的电离层动力学，也模拟在磁纬 7.5°、15°、22.5°和 30°的 TEC 变化。在第 6.4 节中，将 2011 年东北大地震引起的 TEC 变化与日本 GEONET 观测结果进行比较。在 6.5 节，将针对智利地震开展模型结果与 DEMETER 观测结果进行比较，DEMETER 观测到地震前等离子体密度与离子速度变化之间关系。最后讨论地震前后其他可能的前兆异常。

6.2 大气电场存在下的电离层动态变化

如图 6.4 所示，大气电流源可能会导致电离层动态变化（Kuo et al.，2011，2014；Kuo and Lee，2015，2017）。此处主要关注向上驱动电流对电离层的影响。大气层中的电流源可能是受应力作用的岩石或者与地震活动相关的土壤气体注入大气层中所形成的带电气溶胶，可以用电离层和大气层的电耦合模型进行检验。

6.2.1 进入电离层的上行电流

上行电流 $\boldsymbol{J}$ 有一个沿着磁场 z'方向的平行分量 $\boldsymbol{J}_\parallel$，以及一个 y'轴方向的垂直分量 $\boldsymbol{J}_\perp$。为简化式（6.1），可以忽略平行电场，因为平行电导率 $\sigma_\parallel$要大于彼得森电导率 σ_P

和霍尔电导率 σ_H，所以局部垂直电流 $\boldsymbol{J}_\perp$可以表达为 $\boldsymbol{J}_\perp=(J_{x'}, J_{y'})$ 垂直电场为 $\boldsymbol{E}_\perp=(E_x', E_y')$。对于垂直电流，

$$\boldsymbol{J}_\perp=\begin{pmatrix} J_{x'} \\ J_{y'} \end{pmatrix}=\begin{pmatrix} \sigma_P & \sigma_H \\ -\sigma_H & \sigma_P \end{pmatrix}\begin{pmatrix} E_{x'} \\ E_{y'} \end{pmatrix} \tag{6.1}$$

在这种情况下，$J_{x'}=0$，$J_{y'}=\boldsymbol{J}_\perp$以及$\boldsymbol{J}'_\perp=(0, J_\perp)$。电场可以通过公式（6.1）获得

$$E'_x=\frac{-\sigma_H}{\sigma_P^2\sigma_H^2}J_\perp \tag{6.2a}$$

$$E'_y=\frac{-\sigma_P}{\sigma_P^2\sigma_H^2}J_\perp \tag{6.2b}$$

对于岩石圈受应力激发的岩石向上（向下）电流，如图 6.4 所示，式（6.2a）电场 E_x分量是向东（向西），式（6.2b）中的电场 E_y分量具有向上（向下）方向。将 E_x'认为是霍尔电场，$\boldsymbol{E}_H=E'_x\hat{\boldsymbol{x}}'$；认为 E_y'是彼得森电场，$\boldsymbol{E}_P=Ey'\hat{\boldsymbol{y}}'$。请注意，夜间和白天电离层 E 区（85～120 km）的平均霍尔电导率 σ_H 约为彼得森电导率 σ_P 的十倍（见网站 http://wdc.kugi.kyoto-u.ac.jp/ionocond/sigcal/index.html）。因此霍尔电场 $\boldsymbol{E}_H$ 大约是彼得森电场 $\boldsymbol{E}_P$ 的十倍。霍尔电场 $\boldsymbol{E}_H$ 作为电离层发电源，将导致下行 $\boldsymbol{E}\times\boldsymbol{B}$ 电离层等离子体运动。

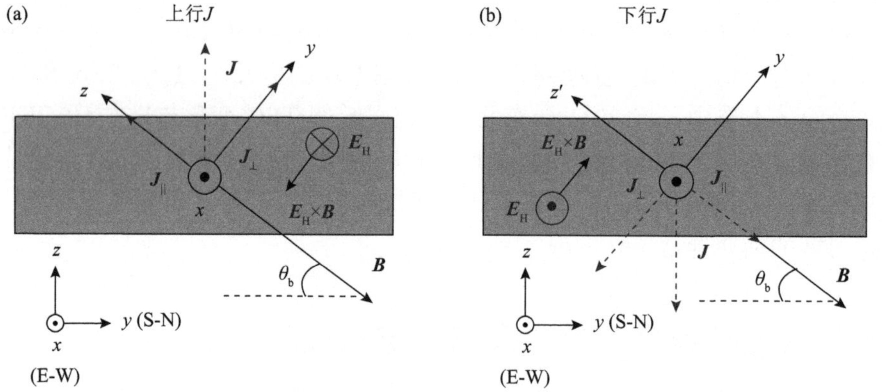

图 6.4 彼得森电导率和霍尔电导率效应。旋转后坐标（x', y', z'）由带箭头的黑线表示。x'轴和 y'轴的正方向分别是球坐标系坐标中的东向和北向。对于上行电流密度 $\boldsymbol{J}$，其平行和垂直分量分别沿 z'轴和 y'轴。垂直的（a）上行电流和（b）下行电流 $\boldsymbol{J}_\perp$导致沿$+y'$（$-y'$）轴存在彼得森电场（$\boldsymbol{E}_P$），沿$+x'$（$-x'$）轴存在霍尔电场（$\boldsymbol{E}_H$）（Kuo et al., 2014）

6.2.2 大气电流对电离层模型影响

与电离层中性风效应类似，将从大气层流入电离层的电流作为驱动力，在电离层 SAMI3 模型中施加电场为如下所述的 $\boldsymbol{E}_{ext}$（如 $\boldsymbol{E}_P$ 和 $\boldsymbol{E}_H$）。首先通过电离层的广义坐标（x_1, x_2, x_3）表示电流密度守恒方程中的各项，$\nabla\cdot\boldsymbol{J}=0$。

$$\boldsymbol{E} = -\nabla \Phi = -\frac{1}{W}\sum_{i=2}^{3}\boldsymbol{a}_i \frac{\partial \Phi}{\partial x_i} \tag{6.3}$$

$$\nabla \cdot \boldsymbol{J} = \frac{1}{W}\sum_{3}^{i=2}\frac{\partial(\boldsymbol{a}_i \cdot \boldsymbol{J})}{\partial x_i} = 0 \tag{6.4}$$

体积元素是

$$W = \left(\nabla x_2 \times \nabla x_3 \cdot \nabla x_1\right)^{-1} \tag{6.5}$$

面积向量是 $\boldsymbol{a}_i$ 被定义为

$$\boldsymbol{a}_i = W\nabla x_1 . \tag{6.6}$$

广义坐标（x_1，x_2，x_3）一一对应于偶极坐标（s，p，φ），其中 s 平行于磁场，而 p 和 φ 垂直于磁场。指向向量记为 $\boldsymbol{r}$，$\boldsymbol{r}=\boldsymbol{r}$（$s$，$p$，$\varphi$），曲线比例因子 h 在式（6.7）～（6.9）中定义。偶极坐标（s，p，φ）是正交的。

$$h_s = \left|\frac{\partial \boldsymbol{r}}{\partial s}\right| = \left(\left|\nabla s\right|\right)^{-1} = \frac{r^3}{R_E^3}\frac{1}{\Delta} = \frac{1}{b_s} \tag{6.7}$$

$$h_p = \left|\frac{\partial \boldsymbol{r}}{\partial p}\right| = \left(\left|\nabla p\right|\right)^{-1} = \frac{R_E \sin^3\theta}{\Delta} = \frac{1}{b_s}\frac{R_E^2}{p^2}\frac{1}{r\sin\theta} \tag{6.8}$$

$$h_\varphi = \left|\frac{\partial \boldsymbol{r}}{\partial \varphi}\right| = \left(\left|\nabla_\varphi\right|\right)^{-1} = r\sin\theta \tag{6.9}$$

其中，$\Delta=(1+3\cos^2)^{1/2}$，$b_s=\boldsymbol{B}/B_0$。公式（6.5）中的体积元素为 $W = h_s h_p h_\varphi$。等式（6.6）中的面积矢量的例证 $\boldsymbol{a}_\text{i} = h_p h_\varphi \boldsymbol{e}_s$，其中 $\boldsymbol{e}_s = \frac{\partial \boldsymbol{r}}{\partial s} / \left|\frac{\partial \boldsymbol{r}}{\partial s}\right|$。等式（6.3）没有电场 x_1 分量是由于假设沿着磁场线电势相等，如 $\frac{\partial \Phi}{\partial x_1} = 0$。将公式（6.4）中的电流项 $\boldsymbol{J}$ 替换为公式（6.10）中的电流密度。

$$\begin{aligned} \text{J}_\perp &= \sigma_p\left(\boldsymbol{E} - \boldsymbol{E}_{ex} + \boldsymbol{V}_n \times \boldsymbol{B}\right) + \sigma_h \mathbf{b} \times \left(\boldsymbol{E} - \boldsymbol{E}_{ex} + \boldsymbol{V}_n \times \boldsymbol{B}\right) \\ &+ \sigma_{pi}\frac{m_i}{e}\boldsymbol{g} + \sigma_{hi}\boldsymbol{b} \times \frac{m_i}{e}\boldsymbol{g} \end{aligned} \tag{6.10}$$

将式（6.4）沿磁力线从电离层的一个半球到另一个半球对 s 积分。在电离层模型中假设沿磁场线的电势相等，三维方程（6.4）可以简化为电势的二维偏微分方程 Φ

$$\begin{aligned} &\frac{\partial}{\partial p}C_{pp}\frac{\partial \Phi}{\partial p} - \frac{\partial}{\partial p}C_{p\varphi}\frac{\partial \Phi}{\partial p} - \frac{\partial}{\partial p}C_{\varphi p}\frac{\partial \Phi}{\partial p} + \frac{\partial}{\partial p}C_{\varphi\varphi}\frac{\partial \Phi}{\partial \phi} \\ &= \frac{\partial S_p}{\partial p} + \frac{\partial S_\varphi}{\partial \phi} \end{aligned} \tag{6.11}$$

其中

$$C_{pp}=\int\left(\frac{\boldsymbol{a}_p\cdot\boldsymbol{a}_p}{W}\right)\sigma_p\mathrm{d}s=\int\frac{h_sh_\varphi}{h_p}\sigma_p\mathrm{d}s=p\int\frac{\Delta}{b_s}\sigma_p\mathrm{d}s \tag{6.12a}$$

$$C_{p\varphi}=C_{\varphi p}=\int\left(\frac{\boldsymbol{b}\cdot\boldsymbol{a}_p\times\boldsymbol{a}_\varphi}{W}\right)\sigma_p\mathrm{d}s=\int h_s\sigma_h\mathrm{d}s=\int\frac{\sigma_s}{b_s}\mathrm{d}s \tag{6.12b}$$

$$C_{\varphi\varphi}=\int\left(\frac{\boldsymbol{a}_\varphi\cdot\boldsymbol{a}_\varphi}{W}\right)\sigma_p\mathrm{d}s=\int\frac{h_sh_p}{h_\varphi}\sigma_p\mathrm{d}s=\frac{1}{p}\int\frac{1}{b_s\Delta}\sigma_p\mathrm{d}s \tag{6.12c}$$

离子和电子的彼得森和霍尔导电率为

$$\sigma_p=\frac{n_\mathrm{i}e}{B}\frac{\nu_\mathrm{in}/\Omega_\mathrm{i}}{1+\nu_\mathrm{in}^2/\Omega_\mathrm{i}^2}+\frac{n_\mathrm{e}e}{B}\frac{\nu_\mathrm{en}/\Omega_\mathrm{e}}{1+\nu_\mathrm{en}^2/\Omega_\mathrm{e}^2} \tag{6.13a}$$

$$\sigma_h=\frac{n_\mathrm{i}e}{B}\frac{1}{1+\nu_\mathrm{in}^2/\Omega_\mathrm{i}^2}+\frac{n_\mathrm{e}e}{B}\frac{1}{1+\nu_\mathrm{en}^2/\Omega_\mathrm{e}^2} \tag{6.13b}$$

n_i和n_e是离子和电子的密度；Ω_i和Ω_e是离子陀螺频率和电子陀螺频率；ν_in和ν_en是离子和电子与中性粒子的碰撞频率。

等式（6.11）的源项是

$$\begin{aligned}S_p&=\int\boldsymbol{a}_p\cdot\left[\sigma_p\left(-\boldsymbol{E}_\mathrm{ext}+\boldsymbol{V}_n\times\boldsymbol{B}\right)+\sigma_h\boldsymbol{b}\times\left(-\boldsymbol{E}_\mathrm{ext}+\boldsymbol{V}_n\times\boldsymbol{B}\right)\right]\\&\quad+\sigma_\mathrm{pi}\frac{m_\mathrm{i}}{e}\boldsymbol{g}+\sigma_{h\mathrm{i}}\boldsymbol{b}\times\frac{m_\mathrm{i}}{e}\boldsymbol{g}]\mathrm{d}s\\&=\int h_sh_\varphi\left(-\sigma_pE_{\mathrm{ext},p}-\sigma_hE_{\mathrm{ext},\varphi}+\sigma_pBV_{n,\varphi}\right.\\&\quad+\sigma_pBV_{n,p}+\sigma_{pi}\frac{m_\mathrm{i}}{e}g_p)\mathrm{d}s\\&=\int\frac{r\sin\theta}{b_s}[-\left(\sigma_pE_{\mathrm{ext},p}-\sigma_hE_{\mathrm{ext},\varphi}\right)\\&\quad+\left(\sigma_pBV_{n,\varphi}+\sigma_hBV_{n,p}\right)+\sigma_{pi}\frac{m_\mathrm{i}}{\mathrm{e}}g_p]\mathrm{d}s\\&=-F_{pE_\mathrm{ext}}+F_{pV_n}+F_{pg}\end{aligned} \tag{6.14}$$

其中

$$F_{pE_\mathrm{ext}}=\int\frac{r\sin\theta}{b_s}\left(\sigma_pE_{\mathrm{ext},p}+\sigma_hE_{\mathrm{ext},\varphi}\right)\mathrm{d}s \tag{6.15a}$$

$$F_{pV_n}=\int\frac{r\sin\theta}{b_s}\left(\sigma_pBV_{n,p}+\sigma_hBV_{\mathrm{n.\varphi}}\right)\mathrm{d}s \tag{6.15b}$$

$$F_{pg} = \int \frac{r\sin\theta}{b_s}\left(\sigma_{pi}\frac{m_\mathrm{i}}{\mathrm{e}}g_p\right)\mathrm{d}s \tag{6.15c}$$

以及

$$\begin{aligned}S_\varphi &= \int \boldsymbol{a}_\varphi \cdot \left[\sigma_p\left(-\boldsymbol{E}_\mathrm{ext} + \boldsymbol{V}_n \times \boldsymbol{B}\right) + \sigma_h \mathbf{b} \times \left(-\boldsymbol{E}_\mathrm{ext} + \boldsymbol{V}_n \times \boldsymbol{B}\right)\right] \\ &\quad + \sigma_{p\mathrm{i}}\frac{m_\mathrm{i}}{e}\boldsymbol{g} + \sigma_{h\mathrm{i}}\boldsymbol{b} \times \frac{m_\mathrm{i}}{e}\boldsymbol{g}]ds \\ &= \int h_s h_p\left(-\sigma_p E_{\mathrm{ext},\varphi} - \sigma_h E_{\mathrm{ext},p} - \sigma_p B V_{n,p}\right. \\ &\quad \left. + \sigma_h B V_{n,\varphi} + \sigma_{h\mathrm{i}}\frac{m_\mathrm{i}}{\mathrm{e}}g_p\right)\mathrm{d}s \\ &= \int \frac{R_E \sin^3\theta}{b_s\Delta}[-\left(\sigma_p E_{\mathrm{ext},\varphi} + \sigma_h E_{\mathrm{ext},p}\right) \\ &\quad + \left(-\sigma_p B V_{n,p} + \sigma_h B V_{n,\varphi}\right) + \sigma_{h\mathrm{i}}\frac{m_\mathrm{i}}{\mathrm{e}}g_p]\mathrm{d}s \\ &= -F_{\varphi E_\mathrm{ext}} + F_{\varphi V_n} + F_{\varphi g}\end{aligned} \tag{6.16}$$

其中

$$F_{\varphi E_\mathrm{ext}} = \int \frac{R_E \sin^3\theta}{\Delta b_s}(\sigma_p E_{\mathrm{ext},\varphi} + \sigma_h E_{\mathrm{ext},p})\mathrm{d}s \tag{6.17a}$$

$$F_{\varphi V_n} = \int \frac{R_E \sin^3\theta}{\Delta b_s}(-\sigma_p B V_{n,p} + \sigma_h B V_{n,\varphi})\mathrm{d}s \tag{6.17b}$$

$$F_{\varphi g} = \int \frac{R_E \sin^3\theta}{\Delta b_s}(\sigma_{h\mathrm{i}}\frac{m_\mathrm{i}}{\mathrm{e}}g_p)\mathrm{d}s. \tag{6.17c}$$

离子的彼得森和霍尔电导率是

$$\sigma_{p\mathrm{i}} = \frac{n_\mathrm{i} e}{\Omega_\mathrm{i}}\left(\frac{\nu_\mathrm{in}/\Omega_\mathrm{i}}{1+\nu_\mathrm{in}^2/\Omega_\mathrm{i}^2}\right) \tag{6.18a}$$

$$\sigma_{h\mathrm{i}} = \frac{n_\mathrm{i} e}{\Omega_\mathrm{i}}\left(\frac{1}{1+\nu_\mathrm{in}^2/\Omega_\mathrm{i}^2}\right) \tag{6.18b}$$

等式（6.14）和（6.16）中的外加电场 E_ext 是驱动力项（Sp 和 $S\varphi$），用于求解 SAMI3 模型电离层的电势等式（6.11）；如本章所述，施加的电场 E_ext 由进入电离层的电流求出。

6.3 结果

6.3.1 由大气层上行/下行电流产生的电离层电场

图 6.5 所示为海拔 85 km 处矢量场（白色箭头）和电场强度 E_{85} km，产生上行电流 J_{max}=100 nA·m^{-2}，σ_H=10σ_P。在下列计算中，我们设海拔 85 km 处日间 σ_P=1×10^{-6} S·m^{-1}，夜间 σ_P=2×10^{-7} S·m^{-1}。要注意的是，模型计算是在孕震区磁纬度为 7.5°、15°、22.5°和 30°处进行的。

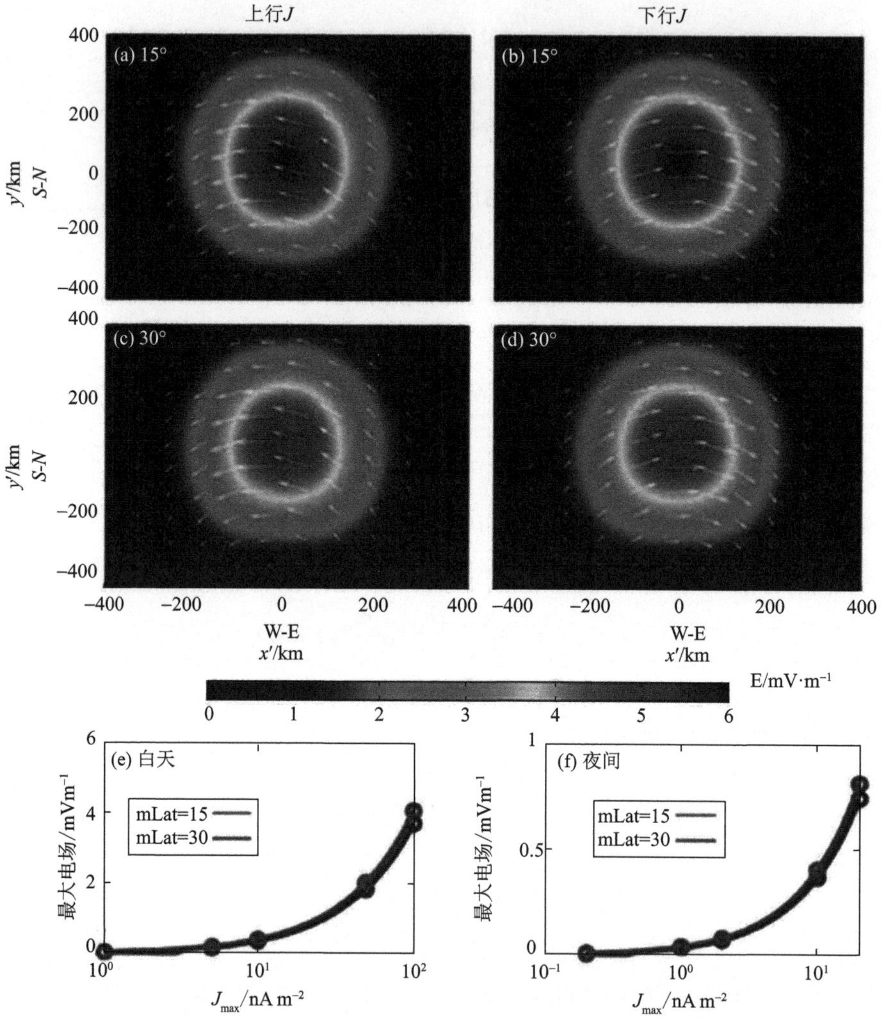

图 6.5　矢量电场（白色箭头）和电场幅度的轮廓，对应磁纬度 15°处的（a）上行和（b）下行电流，以及磁纬度 30°处的（c）上行和（d）下行电流；假设霍尔电导率约为电离层 E 层中彼得森电导率的十倍（$10\sigma_P \approx \sigma_H$）；（e）将电场的大小作为日间磁纬度 15°和 30°处电流的函数；（f）将电场的大小作为夜间磁纬度 15°和 30°处电流的函数（Kuo et al.，2014）；mLat，磁纬度（来源：经 John Wiley 和 Sons 许可转载）（彩色图片请参阅电子版）

6.3.2 磁纬度为 7.5°、15°、22.5°和 30°处上行/下行电流的 TEC 变化

图 6.6 所示为电流源区上方子午面电离层电子密度和速度矢量的等值线图：①磁纬度 15°的上行电流，②磁纬度 15°的下行电流，③磁纬度 30°的上行电流，④纬度 30°的下行电流。图 6.6 中的白色虚线表示从地震区到另外半球共轭点的磁力线。对于磁纬度在 15°和 30°的上行电流，图 6.6（a）和图 6.6（c）所示为西向电场，引起了电离层等离子体从电流源区域沿磁场向下（**E**×**B**）移动，下行电离层等离子体的速度也在图 6.6（a）和图 6.6（c）中用点状黑线表示，运动方向是远离该源区的。磁纬度为 15°和 30°的下行电流，东向电场如图 6.6（b）和 6.6（d）所示引起电离层等离子体向上（**E**×**B**）移动。对于磁纬度在 15°的上行（下行）电流，等离子体的最大速度为 133 $m·s^{-1}$（120 $m·s^{-1}$）。对于磁纬度在 30°的上行（下行）电流，等离子体的最大速度为 193 $m·s^{-1}$（160 $m·s^{-1}$）。

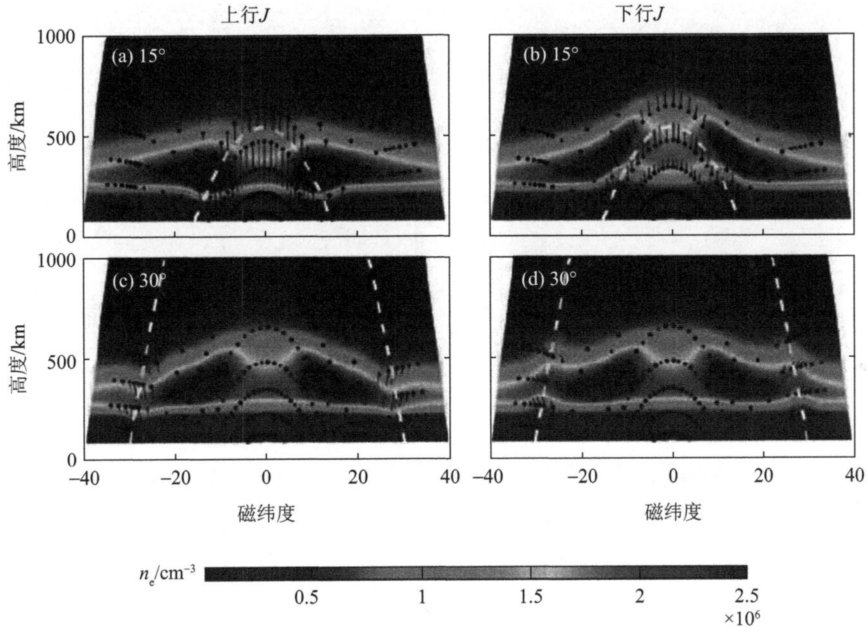

图 6.6 磁纬度 15°电流源区上方子午面中的电子密度和速度等值线图（a）上行电流（西向电场）和（b）下行电流（东向电场）和磁纬度 30°（c）上行电流和（d）下行电流。黑点上的黑线表示电离层等离子体的速度，运动方向远离黑点（Kuo et al.，2014）
（来源：经 John Wiley 和 Sons 许可转载）（彩色图片请参阅电子版）

在图 6.7（a，c，e，g）和图 6.7（b，d，f，h）中分别给出了磁纬度为 7.5°，15°，22.5°和 30°的上行（下行）电流的 TEC 变化值（%）。如图 6.4（a）所示，对于上行电流，西向电场引起等离子体从稍高的纬度（北）向稍低的纬度（南）向下（**E**×**B**）移动。等离子体从图底部的起始点开始穿过磁力线。如图 6.6（a）中虚线表示磁纬度为 15°，图 6.6（c）虚线表示磁纬度为 30°。等离子体从起始高度沿磁力线从北半球移动到南半球，从高（低）密度地区的运移可以引起 TEC 的增加（减少）。

图 6.8 表明，在磁纬度为 15°和 30°地区的白天与夜晚，TEC 变化的最大值会随发电机电流密度 J_{max} 而改变。如若需要产生 ΔTEC ≅ 2%～20%，夜间（白天）电离层的电

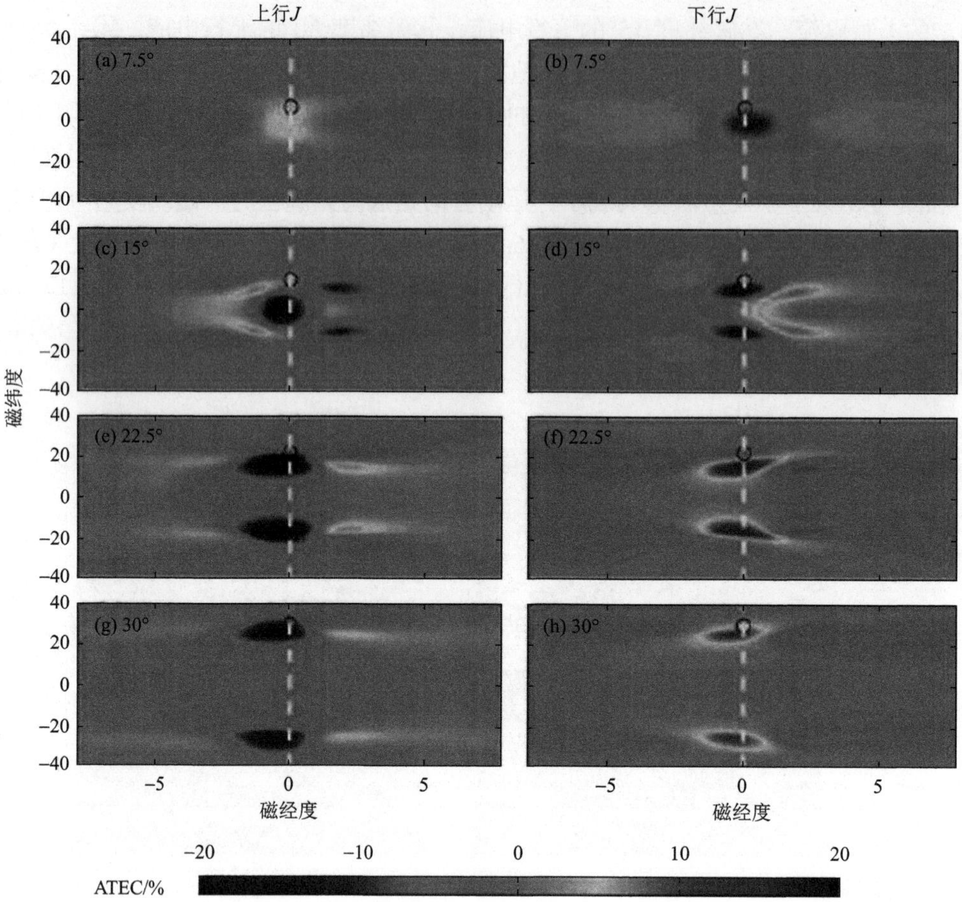

图 6.7 上行（下行）电流情况的 TEC 变化（%）显示在左（右）列中。从上到下的面板分别是磁纬度 7.5°，15°，22.5°和 30°的结果。空心圆表示当前震源的位置（地震震中）（Kuo et al.，2014）（来源：经 John Wiley 和 Sons 许可转载）（彩色图片请参阅电子版）

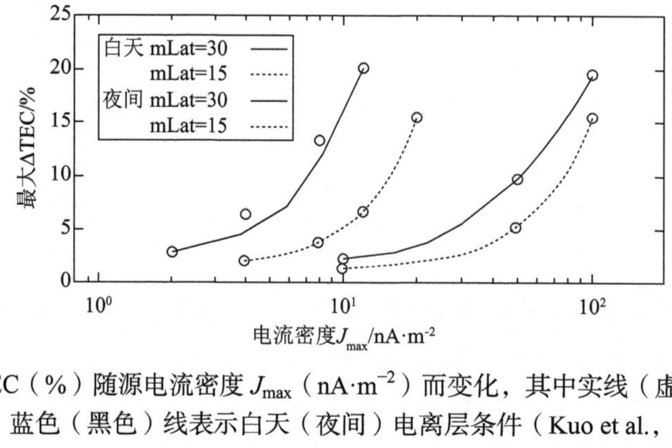

图 6.8 最大 ΔTEC（%）随源电流密度 J_{max}（nA·m^{-2}）而变化，其中实线（虚线）是在纬度 30°（15°）处的 ΔTEC。蓝色（黑色）线表示白天（夜间）电离层条件（Kuo et al.，2014）。mLat，磁纬度（来源：经 John Wiley 和 Sons 许可转载）（彩色图片请参阅电子版）

流密度 J_{max} 达到 1～10 nA·m^{-2}（10～100 nA·m^{-2}）。Freund 等（2009）报道了岩石上施加 10 MPa 的压力可以产生 100 nA·m^{-2} 的电流密度，与白天电离层产生 ΔTEC ≅ 20%所需的 J_{max} 相当。从另一方面来说，将带电气溶胶引入大气层中（Sorokin and Hayakawa，2013）能产生密度为 1～100 nA·m^{-2} 的电流这一观点尚待观察。

6.3.3 夜间大气电流引发的等离子体泡

在夜间，磁纬度较高的 30°，TEC 的下降（上升）类似图 6.7（g）[图 6.7（h）]所示结果，但是源区附近的 TEC 下降不会导致等离子体泡的形成。而在磁纬度较低的 15°，如图 6.7（c）[图 6.7（d）]所示，由西向（东向）电场引起的电子密度耗空区会引发等离子体泡的出现，参见图 6.9 和图 6.10。西向电场会导致在断裂带的两边出现两个电子密度的耗空区，而中部地区电子密度的损耗则是在东向电场的影响下出现的。图 6.9（图 6.10）所示为西向（东向）电场产生的双（单）等离子体气泡。这些等离子体泡是由纬度在 20°以下的赤道地区电离层电子密度耗空区产生的。

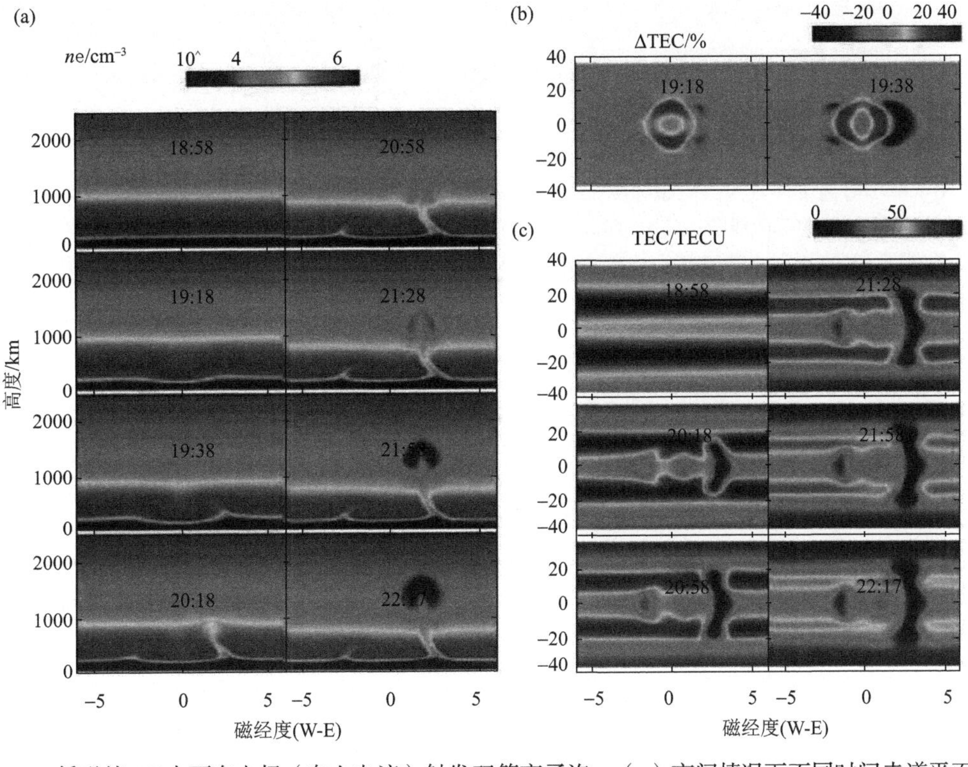

图 6.9 低磁纬 15°由西向电场（向上电流）触发双等离子泡：（a）夜间情况下不同时间赤道平面内电子密度 n_e 的等值线图；（b）施加西向电场时 ΔTEC 的等值线图；（c）等离子体泡形成过程中 TEC 的等值线图（Kuo et al.，2014）（来源：经 John Wiley 和 Sons 许可转载）（彩色图片请参阅电子版）

图 6.10 所示为电离层下行发电机电流驱动东向电场。东向电场会在 E 区引起局部的等离子体上行运动。低密度等离子体的上行会引发瑞利—泰勒不稳定性，通常伴随重流体（F 层）发生在轻流体（E 层）顶部，浮力使得低密度等离子体（泡）上升。

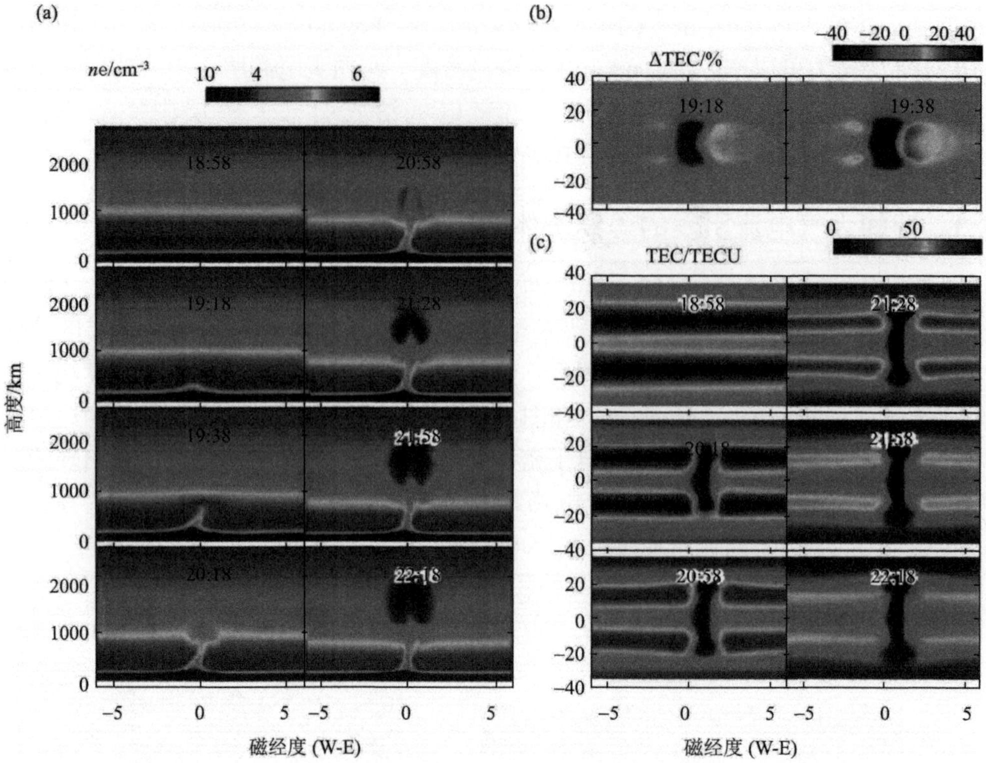

图 6.10　单个等离子体气泡由低磁纬度 15°的东纬向电场（下行电流）引发：（a）夜间不同时间赤道平面内电子密度 n_e 的等值线图；（b）西向电场 ΔTEC 的等值线图；（c）等离子体气泡形成过程中 TEC 的等值线图（Kuo et al.，2014）（来源：经 John Wiley 和 Sons 许可转载）（彩色图片请参阅电子版）

6.4　案例研究 A：与东日本地震有关的震前 TEC 变化

6.4.1　2011 年东日本地震前电离层的 TEC 异常

Heki（2011）基于日本密集的 GPS 数据检测到东日本地震（9 级）前 40 min TEC 正异常前兆，正异常幅度（ΔTEC）约为 3 TECU（TEC 的单位）。在 2010 年智利地震（8.8 级）、2004 年苏门答腊-安达曼地震（9.2 级）和 1994 年北海道东部海域地震（8.3 级）前也观测到了与地震相关的类似 TEC 异常。在这一部分将应用优化的 LAIC 模型来计算 TEC 变化并将模拟结果与 TEC 观测结果开展比较。对东日本地震的模拟，假设受应力作用的相关电流出现在地震前 40 min 左右，并在之后呈线性增长，并在主震时达到其强度最大值。要观测到约 3TECU 的 ΔTEC，需要发电机电流密度达到 25 nA m^{-2} 左右。基于日本 GEONET 密集 GPS 观测（http://www.gsi.go.jp），可以探测到 2011 年 3 月 11 日东日本地震的可能前兆异常（Heki，2011；Heki and Enomoto，2013）。Heki（2011）使用了 GPS-TEC 数据在震中区域寻找清晰的电离层 TEC 异常前兆。TEC 变化始于地震前约 40 min，几乎达到背景 TEC 的 10%。在主震发生时（5:46 UT），8 颗 GPS 卫星开展孕震区观测（Heki，2011）。同震电离层扰动（CIDs）表现为 GPS 卫星所观测到的地震后约 10 分钟由声波引起的不规则 TEC 变化，以及地震后 40～80 min 时间内观测到由大气重力波或内重力波引起的电离层震荡。

6.4.2 比较模型结果与日本 GEONET 的 TEC 观测结果

依据 Heki（2011）的建模，2011 年东日本地震沿日本海沟方向形成长约 450 km 宽约 200 km 的断裂带，断裂带的方向为北东向约 30°。设电流密度最大值为 J_{max}=25 nA m^{-2}，如图 6.11 所示，在主震前 40 min（5:06～5:46 UT）电流密度从 0 至最大值呈线性增长，因此 TEC 的增长从地震前 40 min 开始（5:46 UT），而 TEC 增长的区域面积也逐渐增大直至最大值 ΔTEC。

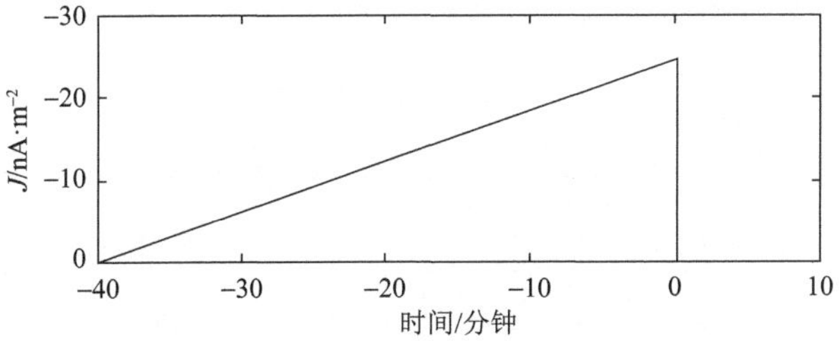

图 6.11 主震前 40 min（5:06～5:46 UT）最大电流密度从零到最大值呈现线性增加（Kuo et al., 2015）（来源：经 TAO 期刊许可转载）

与 Kuo 等（2014）的模拟结果相比，建模结果表明存在东向（西向）电场导致下行（上行）发电机电流从大气层穿透进入电离层。在靠近震中的磁纬 30°，外加东向（西向）电场会对电离层等离子体产生一个近似于北向上行或南向下行的 **E**×**B** 运动[参照图 6.12（a）]。对于由下行电流引起东向电场进而引起等离子体运动近似上行北向，其 **E**×**B** 驱使电离层等离子体从高密度区域向低密度区域运动，增大了等离子体密度[图 6.12（c）]并增加了 TEC[图 6.12（b）]。因此，我们选择有下行电流的东向电场作为计算中的发电机电流。

计算中所用的典型发电机电流密度值 J_{max} 为 10～100 nA m^{-2}，对应的日间最大 ΔTEC 为 1～7 TECU，参见图 6.8 中实线。在夜间，更小的发电机电流（1～10 nA m^{-2}）会产生类似的 ΔTEC 值。在我们的计算中，发电机电流等于电离层电导率

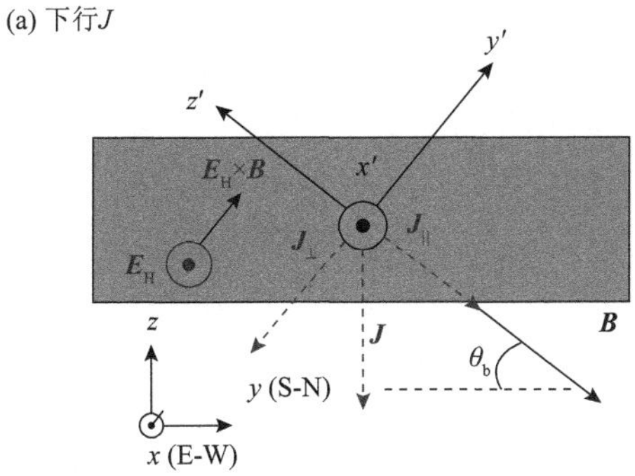

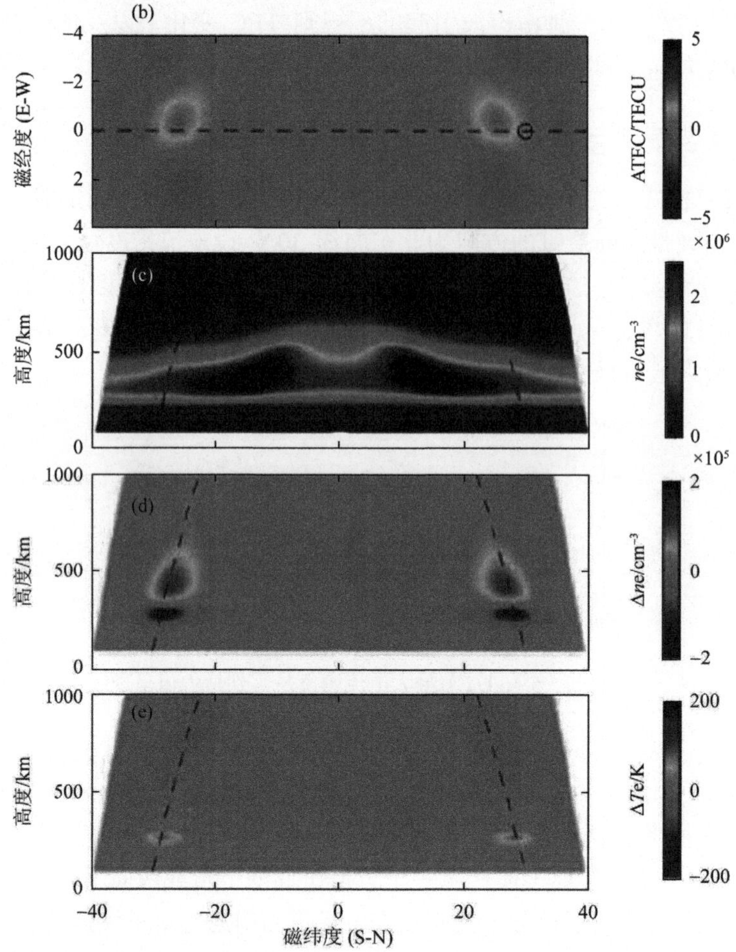

图 6.12 磁纬 30°时下行电流引起的电离层异常；（a）下行电流导致了东向电场的存在，由此产生的 $\boldsymbol{E}\times\boldsymbol{B}$ 运动增强了电离层等离子体密度；（b）ΔTEC 的等值线图，单位为 TECU，其中空心圆表示震源区；（c）子午面中电子密度 n_e 的等值线图；（d）子午面电子密度变化 Δn_e 的等值线图；（e）子午面的温度变化 ΔT_e 的等值线图（Kuo et al.，2015）（来源：经 TAO 许可转载）（彩色图片请参阅电子版）

与产生电场之积，典型日间电离层电导率是夜间的十倍。所以，就需要更大的电流来达到与白天电离层同样的 ΔTEC。

图 6.13（a～c）所示为超过 1000 个日本 GEONET 地面 GPS 站点观测到底部电离层 TEC 变化，所对应的 ΔTEC 测量值以 TECU 为单位用彩点的形式给出。图 6.13（d～f）所示为模拟所得的 TEC 等值线。图 6.13（g～i）为 TEC 等值线，其中颜色代表了 TECU 值。所用的东向电场产生了向上的 $\boldsymbol{E}\times\boldsymbol{B}$ 运动以及 TEC 的上升。图 6.13（g～i）中的 ΔTEC 可用于与图 6.13（a～c）中测量的 ΔTEC 结果进行比较。

图 6.14 所示为主震前 1 min ΔTEC 剖面（红点）模拟结果与观测结果（蓝点）以 TECU 为单位进行的对比。图 6.14（a～c）分别为 139°、140°和 141°的地理经度剖面图，图 6.14（d～f）分别是 36°、38°和 40°的地理纬度剖面图。$J_{max}\approx 25$ nA m^{-2} 的模拟结果与观测大致吻合。

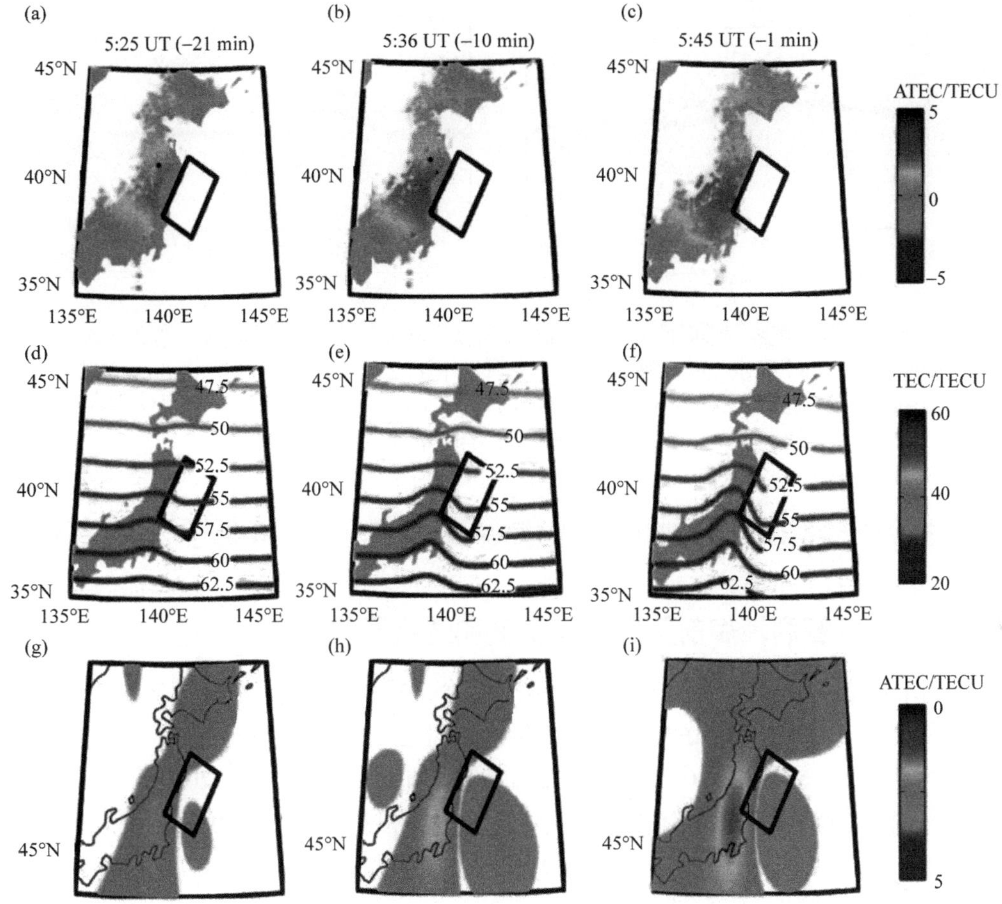

图 6.13 来自日本 GEONET 对 ΔTEC 的观测结果，其中彩色码表示在地震主震前（a）21 min，（b）10 min 和（c）1 min 的时间序列中 TEC 的大小。模拟结果的 TEC 等值线如图（d），（e）和（f）。模拟结果的 ΔTEC 在如图（g），（h）和（i）（Kuo et al.，2015）（来源：经 TAO 授权转载）（彩色图片请参阅电子版）

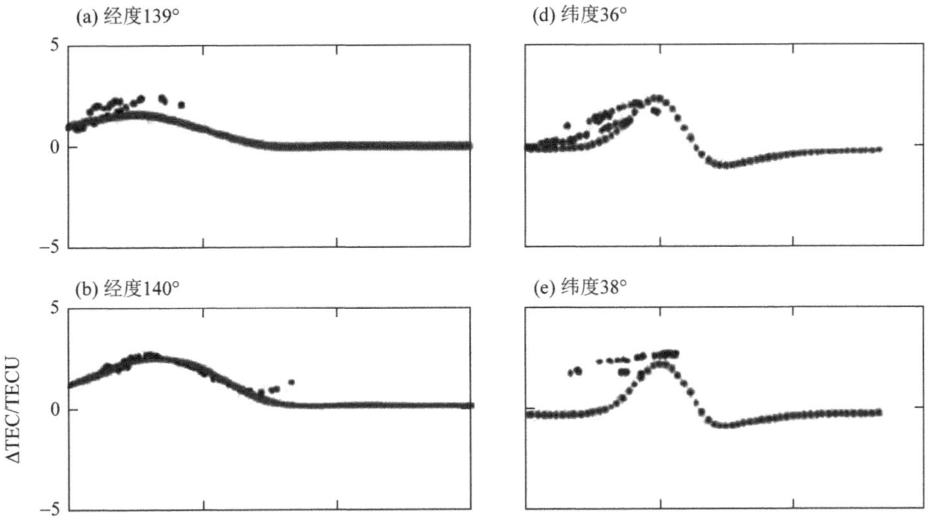

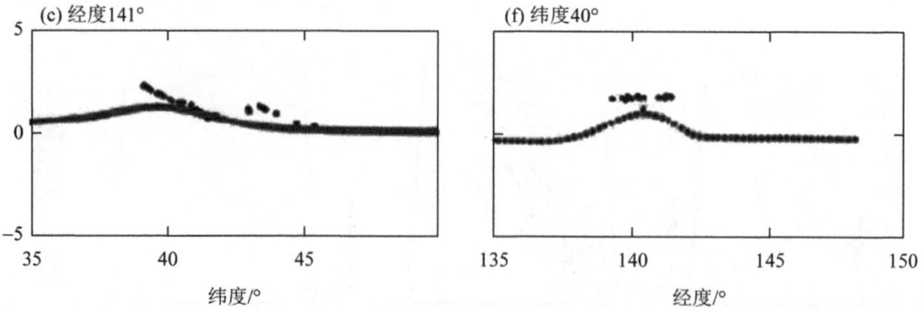

图 6.14 主震前 1 分钟美国东部时间 05:45，观测结果 ΔTEC（蓝点）和模拟结果（红点）的比较（以 TECU 为单位）：（a）经度 139°剖面，（b）经度 140°剖面，（c）经度 141°剖面，（d）纬度 36°剖面，（e）纬度 38°剖面，以及（f）纬度 40°剖面（Kuo et al.，2015）（来源：经 TAO 期刊许可转载）（彩色图片请参阅电子版）

6.5 案例研究 B：智利地震震前等离子体密度和离子速度变化

6.5.1 2010 年智利地震前等离子体密度和速度异常

法国 DEMETER 卫星的设计旨在探测地震前后电离层参量的变化。因其有着 98°倾角且在太阳同步轨道，DEMETER 可以提供地方时（LT）10:30 和 22:30，纬度在 65°以内的数据（Parrot et al.，2006）。DEMETER 的在轨时间为 2004～2010 年。本节研究了 2010 年智利地震前等离子体密度和速度的变化。智利地震（2010 年 2 月 27 日）是 DEMETER 卫星在轨期间发生的最大的地震之一。震中位于 35.91°S、72.73°W，震级 8.8 级。震中地磁纬度为 25.74°S。Ho 等（2013）报道了 DEMETER 在智利地震前发现了夜间电子密度增强的现象。

图 6.15 所示为智利地震前 10 天至地震后 30 天电子密度和垂直速度的时序变化。F10.7 指数（10.7 cm，2800 MHz 的太阳辐射通量）和行星 *k* 指数（Kp；地球磁场扰动指数）表明太阳和地磁活动均处于相对平静期。因此可以关注于可能与地震有关的局部电离层变化。每个分析日中选取最近位置的密度以及速度数据。将某一观测日的前三十天的数据为背景场参照（Liu et al.，2011）。

$$\mathrm{UB = M + 1.5UQ{-}M} \quad （上界限） \tag{6.19a}$$

$$\mathrm{LB = M{-}1.5M{-}LQ} \quad （下界限） \tag{6.19b}$$

其中 UB、LB、M、UQ 和 LQ 分别是上界限、下界限、30 天数据的中位数、上四分位数和下四分位数。就智利地震而言，结果显示电子密度在地震前 9～19 日和 28 日增加。同时，垂直速度在地震前 9、10、14、15、17 和 25 日升高，因此密度和速度几乎在同一时间段增加。柱状图[图 6.15（b）]显示了电子密度百分比变化，由以下公式给出

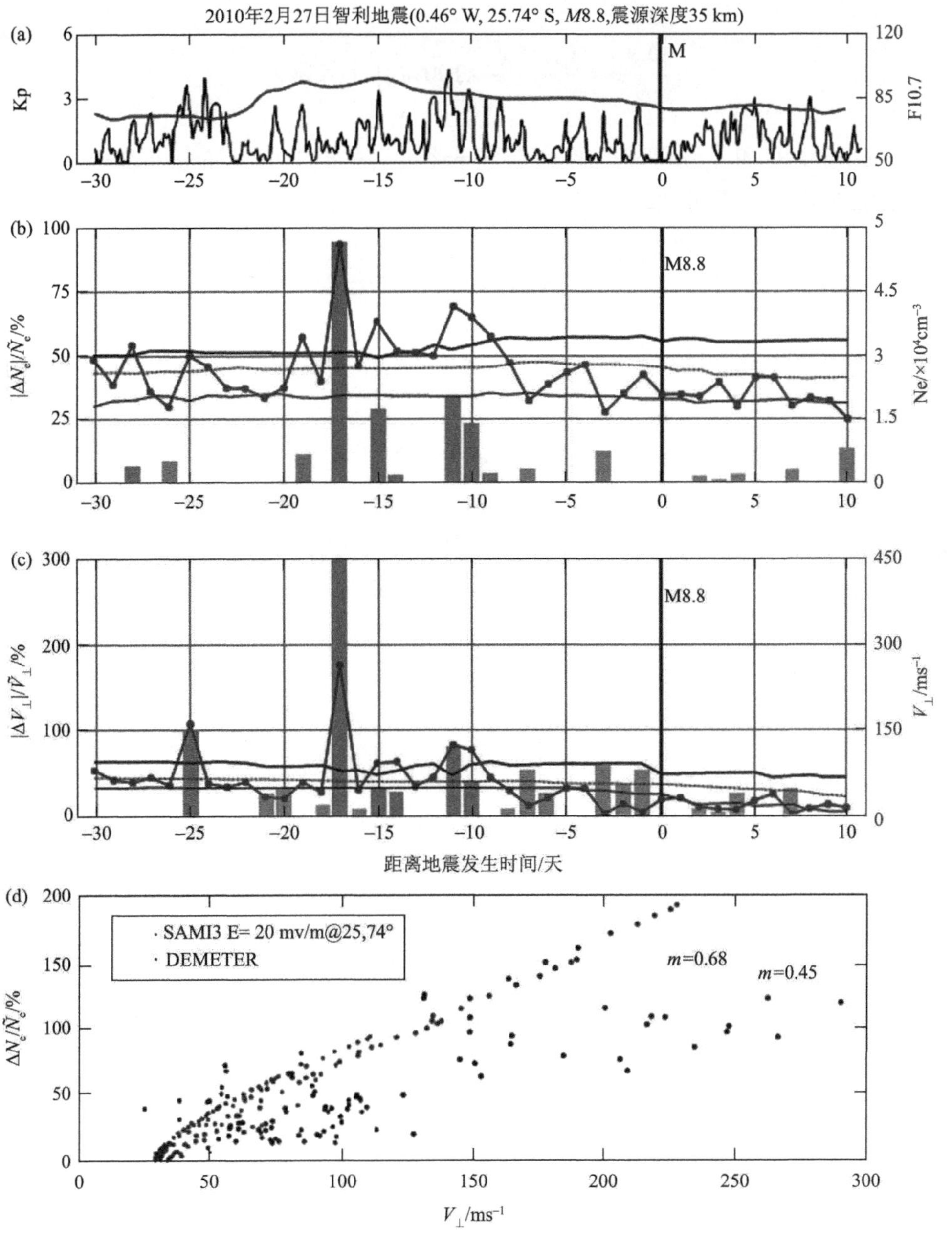

图 6.15 智利地震前后空间环境和电离层变化。（a）地磁指数 Kp 和太阳活动指数 F10.7。（b）和（c）分别是电子密度和离子速度的时间分布。红线、蓝线和虚线代表观测值、上下限和中位数。粉红色和浅蓝色条表示电子密度（$|\Delta N_e|N_e$）和垂直速度（$|\Delta V_\perp|V_\perp$）百分比变化。震中的地磁纬度为 25.74°S。（d）2010 年智利地震前模拟（蓝色）和观测（黑色）结果的比较。点表示了垂直速度和密度变化。黑色（蓝色）是穿过 DEMETER 观测（SAMI3 模拟）的原点的最佳拟合线，m 是斜率（彩色图片请参阅电子版）

$$\frac{|\Delta N_e|}{\tilde{N}_e} = \frac{N_e - \text{UB}}{\tilde{N}_e} \times 100\% \text{（上异常）}$$
$$\frac{|\Delta N_e|}{\tilde{N}_e} = \frac{\text{LB} - N_e}{\tilde{N}_e} \times 100\% \text{（下异常）} \tag{6.20}$$

N_e、UB、LB 和 $\tilde{N}_e$ 分别是与电离层电子密度有关的上下限和中位数的观测结果。速度变化百分比采用相同形式

$$\frac{|\Delta V_\perp|}{\tilde{V}_\perp} = \frac{V_\perp - \text{UB}}{\tilde{V}_\perp} \times 100\% \text{（上异常）}$$
$$\frac{|\Delta V_\perp|}{\tilde{V}_\perp} = \frac{\text{LB} - V_\perp}{\tilde{V}_\perp} \times 100\% \text{（下异常）} \tag{6.21}$$

参量显著增强出现在 2 月 10 日（地震发生前 17 天），此时电子密度和速度的百分比变化（图 6.15）分别达到 93%和 306%。

为检测异常分布是否因电离层季节变化引起的，比较了 2008 年至 2010 年同一季节密度和速度异常强度的增加（图 6.16）。密度和垂直/平行速度异常强度定义为

$$\Delta N_e = N_e - \text{UB}(N_e) \tag{6.22}$$

$$\Delta V_\perp = V_\perp - \text{UB}(V_\perp), \Delta V_\parallel = V_\parallel - \text{UB}(V_\parallel) \tag{6.23}$$

对比分析地震前后 30 天内的异常强度，如图 6.16 所示。2010 年的电子密度强度（ΔN_e）较 2008 年和 2009 年大。在 2010 年，全部的电子密度异常以及 98.77%的垂直速度异常均发生于地震之前。与之相反的是，2008 年只有 61%的垂直速度异常发生于地震之前，11%的垂直速度变化在 2009 年同期也发生过。另一方面来讲，三年的平行速度在地震前后未表现出明显的变化。上述数据表明增强的电子密度和垂直速度可能与 2010 年智利地震有关，但平行速度未受到地震活动的影响。

考虑垂直速度数据，即 $\boldsymbol{E}\times\boldsymbol{B}$ 运动，可以更深入地了解等离子体密度变化。图 6.15（d）所示为智利地震前 1～30 天内 DEMETER 在海拔 670 km 震中附近纬度±2.5°、经度±7.8°内观测到的增强后的密度变化与相关垂直速度（$V_\perp$）的关系。每个黑点表示一对 $\left(\frac{|\Delta N_e|}{\tilde{N}_e}\right)$ 以及 $V_\perp$。当垂直速度为 0 时，没有等离子体密度变化，最佳拟合（黑色）线（斜率 m 为 0.45）经过原点。

DEMETER 在轨期间其他的地震活动跟踪结果。图 6.17 和图 6.18 所示分别为 2009 年 9 月 9 日萨摩亚群岛地震（187.9°E，15.4°S，8.1 级）与 2009 年 2 月 18 日克马德克群岛地震（183.7°E，27.4°S,7.0 级）的密度和速度变化。萨摩亚群岛地震和克马德克群岛地震的地磁纬度分别为 16.86°S 和 29.26°S。与 2010 年智利地震相似，在相同的异常

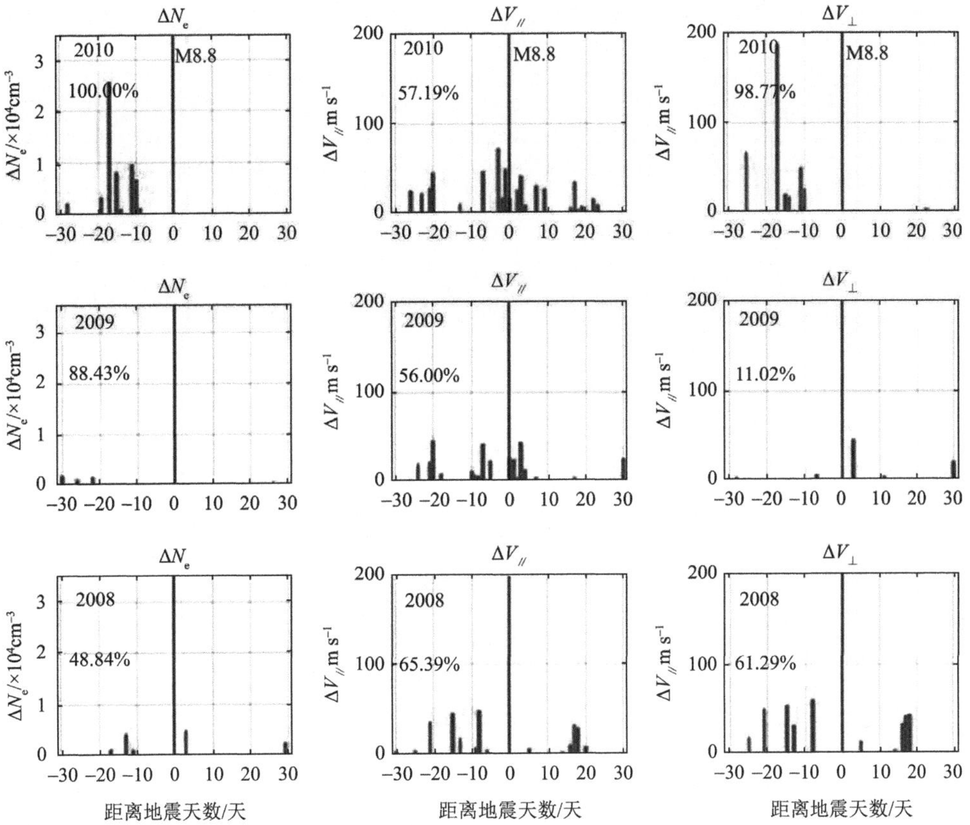

图 6.16 2008 年、2009 年和 2010 年异常上升的比较（从下到上）。从左到右，图片分别显示了电子密度，平行速度和垂直速度的异常。红色条显示ΔN_e、$\Delta V_\perp$和$\Delta V_\parallel$的值（彩色图片请参阅电子版）

识别标准下，两次地震均发生于南半球的地磁活动的平静期。虽然 2009 年萨摩亚群岛地震在震前有为期 8 天的数据空白，但在震前 4～12 天观测到等离子体密度的显著上升，以及同期的垂直速度异常下降。密度变化百分比$\left(\frac{|\Delta N_e|}{\widetilde{N}_e}\right)$和速度变化百分比$\left(\frac{|\Delta V_\perp|}{\tilde{V}_\perp}\right)$分别达到 80%和 344%。2009 年萨摩亚群岛地震在地震前 4 天、6 天出现以及 20～24 日都出现密度上升和下降，在此期间速度异常同步出现，密度变化百分比$\left(\frac{|\Delta N_e|}{\widetilde{N}_e}\right)$和速度变化百分比$\left(\frac{|\Delta V_\perp|}{\tilde{V}_\perp}\right)$分别达到 40%和 141%。图 6.17 和图 6.18 分别显示了两次地震前 30 天增加的密度变化$\left(\frac{|\Delta N_e|}{\widetilde{N}_e}\right)$和垂直速度（$V_\perp$）。萨摩亚群岛地震和克马德克群岛地震最佳拟合斜率分别是 $m = 0.41$ 和 $m = 0.66$，与智利地震相比，斜率随着地磁场纬度增加而增加。

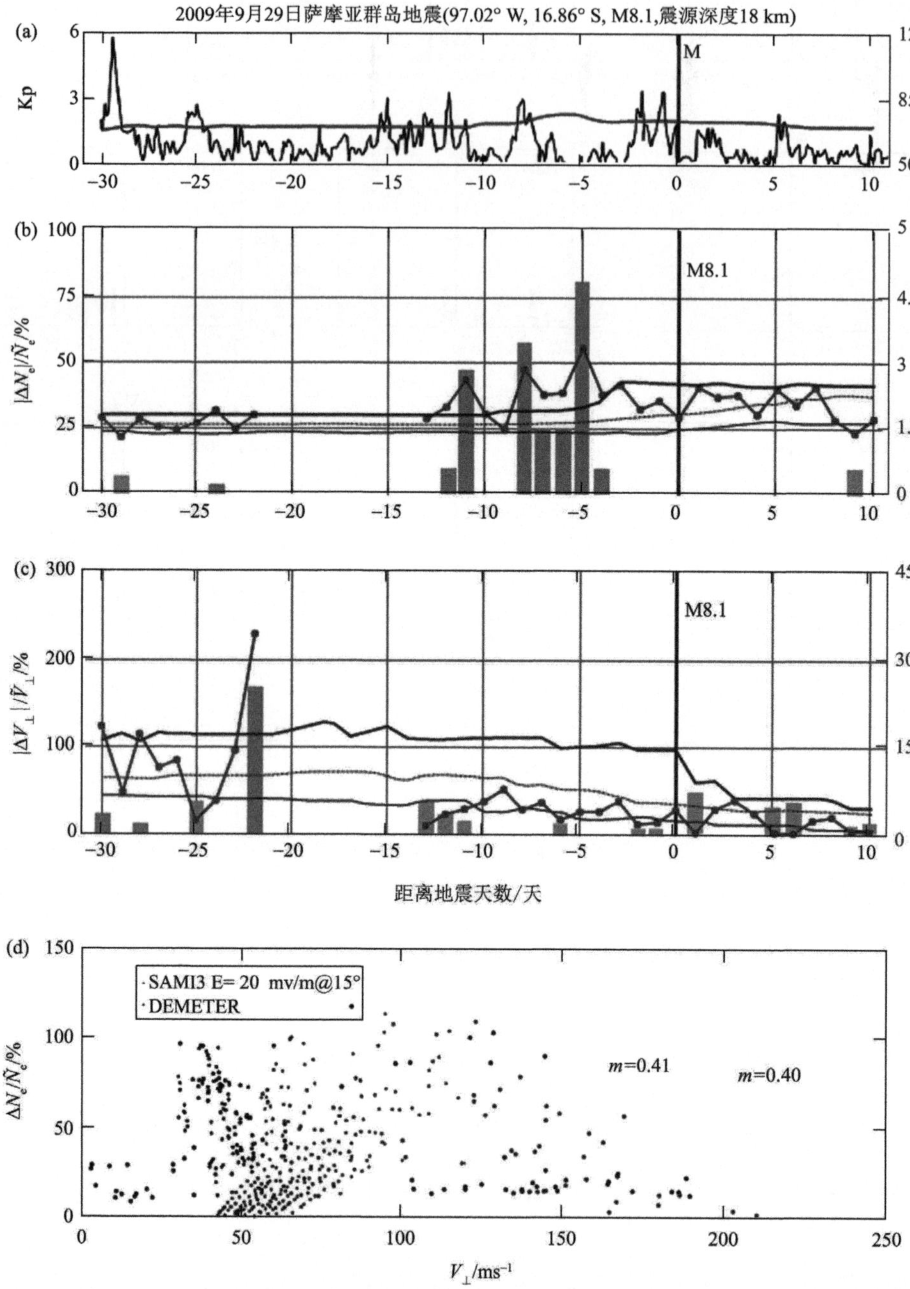

图 6.17　2009 年萨摩亚群岛地震前后空间环境和电离层的变化，震中的地磁纬度为 16.86°S
（彩色图片请参阅电子版）

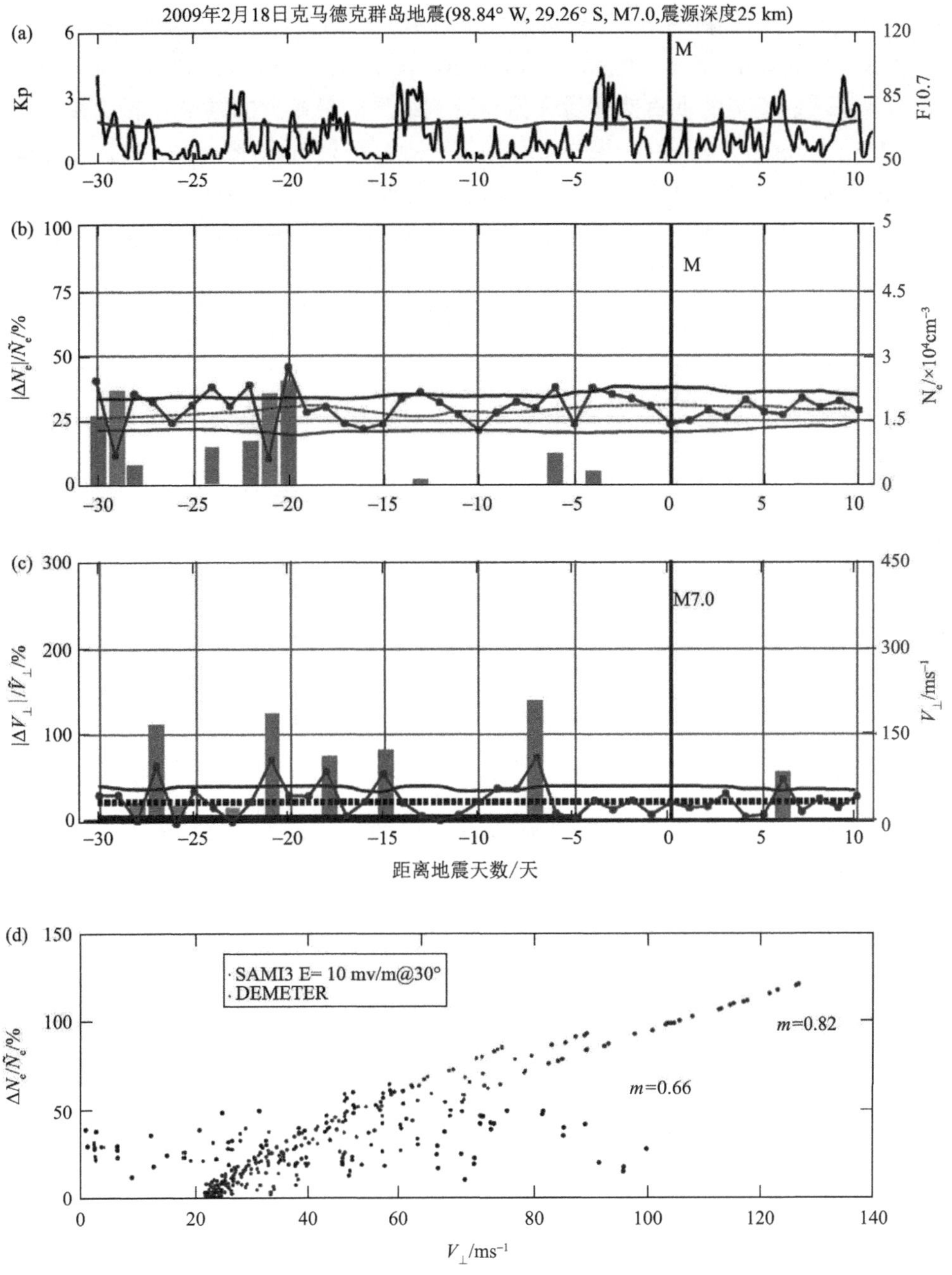

图 6.18　2009 年克马德克群岛地震前后空间环境和电离层的变化，震中的地磁纬度为 29.26°S（彩色图片请参阅电子版）

6.5.2　DEMETAR 观测值与耦合模型结果之间的比较

此处使用了 6.3 节中描述的电离层等离子体运动的数值模拟。以智利地震前明显的异常时间（2 月 10 日）的地球物理场参数为例：$F_{10.7} = 91$，$F_{10.7A} = 82.69$，$A_P = 3$。模拟包括电离层底部和震中纬度（25.74°S）外加不同电场，结果显示更大的电场导致更大的密度和速度变化。斜率 m 也随着电场 E 的增加而增大：当 $E = 0\ \mathrm{mV \cdot m^{-1}}$，$m = 0.43$；当 $E = 15\ \mathrm{mV \cdot m^{-1}}$，$m = 0.59$；当 $E = 20\ \mathrm{mV \cdot m^{-1}}$，$m = 0.68$；当 $E = 25$，$m = 0.73$（图 6.19）。选取模拟的垂直速度最大值与观测结果的最接近的结果开展比较，即选取 $E = 20\ \mathrm{mV \cdot m^{-1}}$（$m = 0.68$）的结果与智利地震的观测结果对比[图 6.18（d）]，选取 $E = 10\ \mathrm{mV \cdot m^{-1}}$ 的模拟结果，与喀麦德群岛地震的观测结果（$m = 0.82$，图 6.19）开展比较。模拟结果的斜率值大于观测值的斜率值，表明引起相同密度变化所需要的观测速度要大于模拟速度。

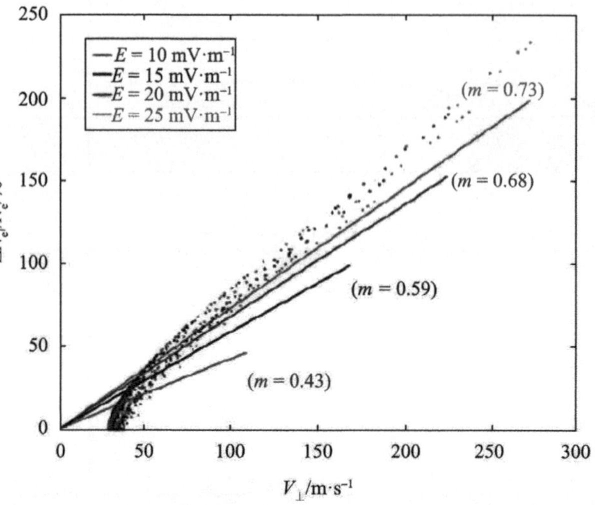

图 6.19　不同外加电场在震中纬度的垂直速度和密度变化之间的关系。点表示垂直速度和密度变化。线为最佳拟合线，m 是斜率（彩色图片请参阅电子版）

卫星数据仅提供了 670 km 高度的原位观测，而模拟能够提供沿高度范围的所有信息。图 6.20（a）显示了在震中附近 25.74°S，外加的子午剖面电场密度和速度分布 N_e（0）、N_e（E）、ΔN_e 和 $V_{\perp}$。图 6.20（b）显示了不同垂直高度密度变化与垂直速度的关系。在 670 km、400 km 和 200 km 处，密度变化的最大值分别达到 190%，80%和 124%，其显示出在 400 km 和 670 km 高度处的正相关。由于 EIA（赤道电离异常）的密度背景较大，因此在 670 km 的密度变化百分比是 400 km 的两倍。由于高电离层的碰撞频率较低，670 km 的速度是 400 km 的三倍，400 km 的斜度大于 670 km 的斜度，结果显示 200 km 高度的关联性不强。

对三个独立地震的观测显示斜率值随地磁纬度增加而增加。为更深入的理解观测数据，在纬度 10°～35°之间的各地磁纬度外加东向电场（$E = 20\ \mathrm{mV \cdot m^{-1}}$）开展模拟（图 6.21）。当速度达到最大值时选取模拟时间，在纬度 10°、15°、20°、25.54°、30°和 35°的情况下，显示了子午面剖面的电子密度、密度变化、平行和垂直速度。密度和速度变化的分布是场向的。图 6.22 所示为卫星海拔高度（670 km）处密度变化和垂直速度的关系。总体来说，除纬度 20°外，斜率随纬度上升而增加。纬度 20°处的电磁场线经过 EIA 地区。$\boldsymbol{E} \times \boldsymbol{B}$ 的速度抬升了处于 EIA 地区的等离子体，致使纬度 20°处的密度变化增大，至于纬度 10°和 15°的情况，经震源区的磁力线高度在纬度 10°处约为

200 km，在纬度 15°处约为 460 km。如图 6.21 所示，场向密度达不到卫星高度，这两种情况下，在海拔 670 km 处的密度变化和垂直速度变化不大。

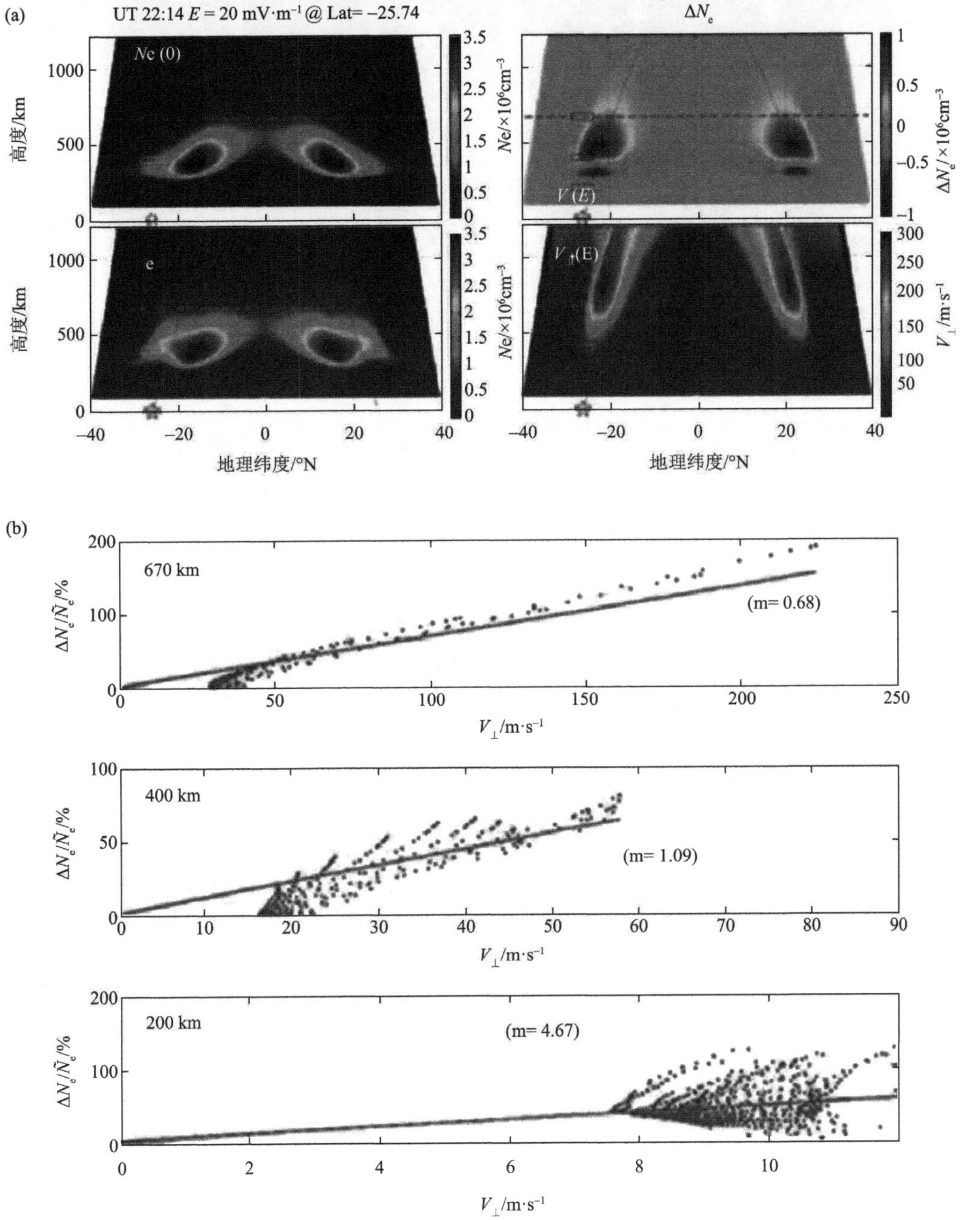

图 6.20 外加东向电场（20 mV·m^{-1}）引发的电离层密度和速度分布。（a）子午面的密度和速度分布；两个左侧图片分别是有电场和未有电场时的密度。两个右侧图分别是密度变化和垂直于地磁场的速度；（b）不同海拔高度的垂直速度和密度变化之间的关系。从上到下的三张图的数据分别代表 670 km、400 km 和 200 km（彩色图片请参阅电子版）

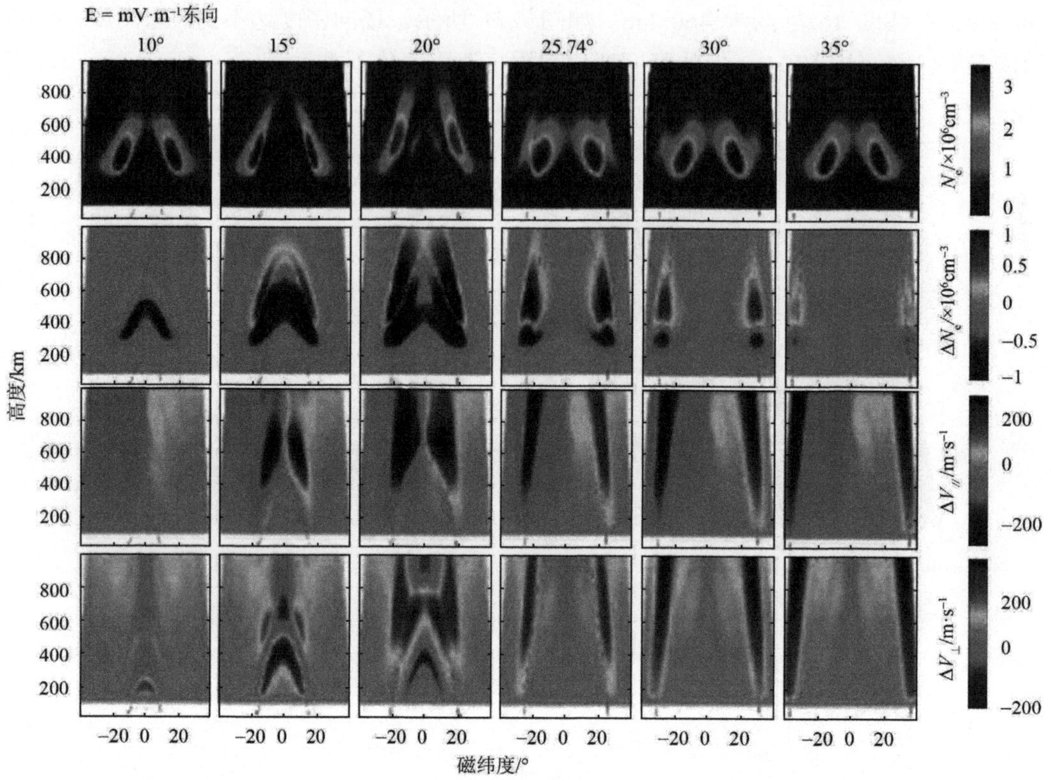

图 6.21 地磁纬度为 5°、10°、15°、20°、25°和 30°东向电场（E=20 mV m）的模拟结果。自下为上分别是电子密度、密度变化、平行速度和垂直速度（彩色图片请参阅电子版）

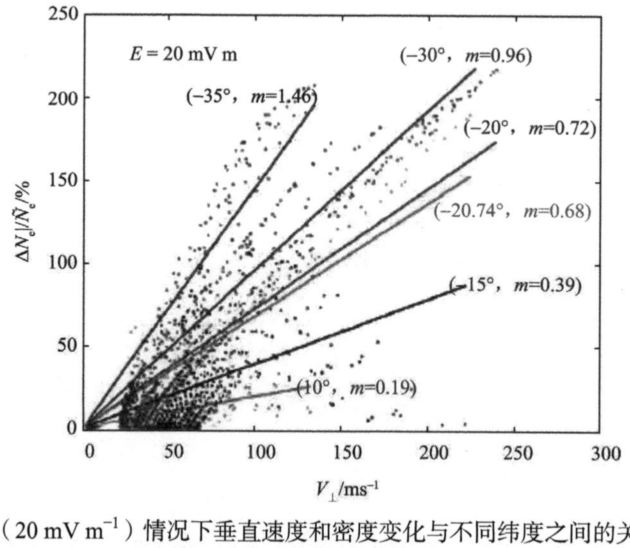

图 6.22 外加电场（20 mV m^{-1}）情况下垂直速度和密度变化与不同纬度之间的关联性。数据点对应垂直速度和密度变化。过原点最有拟合直线，m 是斜率（彩色图片请参阅电子版）

DEMETER 的观测结果既包括大地震前的电离层密度，也有垂直速度的变化：2010 年智利地震、2009 年克马德克群岛地震以及 2009 年萨摩亚群岛地震；在类似的地磁环境下对每次地震发生开展模拟。虽然斜率并不完全一致，但观测与模拟的密度变化和垂直速度都显示出了正相关性，而且观测和模拟结果表明当纬度升高时斜率也会上升，通过模拟结果可以推测等离子体的运动轨迹。在我们的分析中，可以将垂直速度视为施加在底部电离层的霍尔电场引发的结果。

6.6　讨论

6.6.1　声-重力波引起的 LAIC

另一个可能的 LAIC 机理与声-重力波有关，声重力波从海洋/陆地边界传播进入电离层，造成电离层等离子体扰动，这是被广泛接受的对震后现象的一种解释（Calais and Minster，1995；Davies and Archambeau，1998；Astafyeva and Afraimovich，2006；DasGupta et al.，2006；Astafyeva et al.，2011）。近期数值研究表明，与 GPS 获取的 TEC 变化相比，海洋/陆地活动产生的声-重力波会使电离层产生显著变化（Shinagawa et al.，2007，2013）。

然而在震前未有明显海洋/陆地运动的情况下，声-重力波可能无法解释所有电离层异常。模拟结果表明速度为 10 m s^{-1} 的海啸，TEC 下降的比例可达 20%，但无法解释未有明显的海洋/陆地运动情况下电离层中的前兆[主震前 40 min TEC 值增加 5%（Heki，2011）]。所以，可能需要另寻机理来解释观测到的电离层 TEC 上升，比如岩石圈、大气层和电离层之间的电耦合。与声-重力波相比，电耦合可以极快地影响到大气层和电离层。

6.6.2　地震光

其他的震前有趣现象与光电活动有关（Mizutani et al.，1976；Lockner et al.，1983；Derr，1986；Derr and Persinger，1990；St-Laurent et al.，2006；Derr et al.，2011；Heraud and Lira，2011）。强震（6 级以上）前有关于光的记录，比如 60 年代中期，1965 年 12 月 4 日日本长野松代一系列地震前均观测到了与地震相关的光现象；类似的情况也出现于 1973 年 7 月 1 日克罗斯海峡地震（6.7 级），和 2007 年 8 月秘鲁皮斯克地震（8 级）（参考网址，http://news.nationalgeographic.com/news/2014/01/140106-earthquake-lights-earthquake-prediction-geology-science/）。对于有关的电活动，Liu 等（2015）以统计学的方法对地震区域附近的闪电活动进行了研究。

6.6.3　大气电势（φ_{air}）与发电机电势（φ_{dynamo}）的降低

由于大气环境的高阻抗（低传导率），大气的集成电位 φ_{air} 可能会大幅降低，其中

$$\varphi_{air} = \int_0^{85\ km} E_z\, dz \tag{6.24}$$

把 φ_{dynamo} 作为发电机（电池）的电压。如果 φ_{air} 大于 φ_{dynamo}，发电机源通过大气流

向低电离层的电流会被大幅度减小。以下讨论了几种方法来解决该问题。

（1）带电氡离子从岩石圈进入低层大气层电流可以减小通过大气层的电势的降低（Sorokin and Hayakawa，2013；Kuo et al.，2014）。

（2）地表附近的感应电荷和大型电场能引起空气分子电离，降低大气电阻率，从而影响到φ_{air}（Kuo et al.，2011）。

（3）可以利用近地表电荷在大气层和低电离层建立的静电场，场中注入岩石圈发电机电流。由低电离层建立的静电场可以驱使电离层运动，导致电子密度和 TEC 的变化。

（4）低层大气电位的大幅下降或近地表电荷积累可能导致电击穿，形成丝状闪电以促使发电机电流向电离层传递。

（5）电场和丝状闪电可能会结合并致使 TEC 变化。

6.7 总结

现在普遍接受的一个说法是地震不太可能被预测，特别是对研究地震的科学家们来说。但正如表 6.1 所示，其实存在大量的地震前兆现象，包括：地面-空气边界层的空气电离、土壤电导率的变化、地电和地磁异常、电离层扰动、ULF、ELF 和射频辐射、孕震区红外异常、雾气/雾霾/云形成的异常以及动物的异常行为（Thériault et al.，2014）。

除了地表受岩石应力激活的电流外，受应力作用的地壳释放的氡也会引起大气层中的电离辐射，产生次级带电粒子（电子和电离粒子）。此外，伽马射线产生辐射过程也会引起大气层电离。但是，在没有电荷分离或者离子团簇、气溶胶、悬浮尘埃粒子附着于电离区的情况下，大气层中的带电粒子会很快被中和。

表 6.1 与地震活动有关的可能异常

与地震活动相关时间	地震前兆事件时间	观测的异常信息	提出的可能机制
地震前	几个月 几天	氡和地下水位地震光（Mizutani et al.，1976；Lockner et al.，1983；Derr，1986；Derr and Persinger，1990；St-Laurent et al.，2006；Derr et al.，2011；Heraud and Lira，2011）和闪电（Liu et al.，2015） VLF/ULF 异常（Hayakawa，2007；Hayakawa et al.，2010，2012） 热红外异常（Ouzounov and Freund，2004；Ouzounov et al.，2006；Pulinets et al.，2006） 电离层异常（参考本章参考文献）	受岩石应力激发的电流（Freund, 2010）；大气模型（Pasko，2013） 地表至大气界面大气离子化 受岩石应力激发的电流（Freund，2010） 氡衰变和电导率改变（Pulinets and Boyarchuk，2004）
	震前几十分钟	TEC 增量（Heki，2011）	大气-电离层耦合模型（Kuo et al.，2011，2014）
地震后	地震后瞬时	同震声-重力波（Calais and Minster，1995；Davies and Archambeau，1998；Astafyeva and Afraimovich，2006；DasGupta et al.，2006；Astafyeva et al.，2011）	地面垂直运动引起的 TEC 变化（Shinagawa et al.，2013）

现仍需要岩石受应力作用后产生电流的实验证据，其可以为非地震学的震前电磁活动与实际地震活动之间的不确定关系提供可信的解释。因此，提议建立一个直流电场的地面观测站或用甚低频地面接收站的噪音异常来检测大气层和岩石圈中的电活动。最后，要考虑流入大气层和电离层的发电机电流强度。在磁纬度为−30°的白天，当 $J_{max} \cong 200\ nA\cdot m^{-2}$ 时，电离层中有 $E = 8\ mV\cdot m^{-1}$，对应的 $V_{\perp} = 200\ m\cdot s^{-1}$，已被 DEMETER 观测到。

参考文献

Afraimovich, E. L., Perevalova, N. P., Plotnikov, A. V., and Uralov, A. M. (1999), The shock-acoustic waves generated by earthquakes, *Ann.Geophys.*, *19*(4), 395-409, doi:10.5194/ angeo-19-395-2001

Akhoondzadeh, M., Parrot, M., and Saradjian, M. R. (2010), Electron and ion density variations before strong earthquakes (*M*>6.0) using DEMETER and GPS data, *Nat. Hazards Earth Syst.Sci.*, *10*(1), 7-18, doi:10.5194/nhess-10-7-2010.

Astafyeva, E. I. and Afraimovich, E. L. (2006), Long-distance traveling ionospheric disturbances caused by the great Sumatra-Andaman earthquake on 26 December 2004, *Earth Planets Space*, *58*, 1025-1031.

Astafyeva, E. and Heki, K. (2009), Dependence of waveform of near-field coseismic ionospheric disturbances on focal mech- anisms, *Earth Planets Space*, *61*, 939-943.

Astafyeva, E., Lognonné, P., and Rolland, L. (2011), First ionospheric images of the seismic fault slip on the example of the Tohokuoki earthquake, *Geophys.Res.Lett.*, *38*(22), doi:10.1029/2011GL049623

Cahyadi, M. N. and K. Heki (2013), Ionospheric disturbances of the 2007 Bengkulu and the 2005 Nias earthquakes, Sumatra, observed with a regional GPS network, *J. Geophys. Res.Space Phys.*, *118*(4), 1777-1787, doi:10.1002/jgra.50208.

Calais, E. and Minster, J. B. (1995), GPS detection of ionospheric perturbations following the January 17, 1994, Northridge Earthquake, *Geophys.Res.Lett.*, *22*(9), 1045-1048, doi: 10.1029/95gl00168.

Chmyrev, V. M., Isaev, N. V., Bilichenko, S. V., and Stanev, G. (1989), Observation by space-borne detectors of electric fields and hydromagnetic waves in the ionosphere over an earth- quake centre, *Phys.Earth Planet.Inter.*, *57*(1-2), 110-114, doi:10.1016/0031-9201(89)90220-3

Chuo, Y. (2002), The ionospheric perturbations prior to the Chi-Chi and Chia-Yi earthquakes, *J. Geodyn.*, *33*, 509-517, doi:10.1016/S0264-3707(02)00011-X

DasGupta, A., Das, A., Hui, D., Bandyopadhyay, K. K., and Sivaraman, M. R. (2006), Ionospheric perturbations observed by the GPS following the December 26th, 2004 Sumatra-Andaman earthquake, *Earth Planets Space*, *58*, 167-172.

Davies, J. B. and Archambeau, C. B. (1998), Modeling of atmospheric and ionospheric disturbances from shallow seismic sources, *Phys.Earth Planet.Inter.*, *105*, 183-199.

Davies, K. and Baker, D. M. (1965), Ionospheric effects observed around the time of the Alaskan Earthquake of March 28, 1964, *J. Geophys.Res.*, *70*, 2251-2253, doi:10.1029/ JZ070i009p02251

Denisenko, V. V. (2015), Estimate for the strength of the electric field penetrating from the Earth's surface to the ionosphere, *Russ.J. Phys.Chem.B*, *9*: 789, doi:10.1134/ S199079311505019X.

Derr, J. S. (1986), Rock mechanics: Luminous phenomena and their relationship to rock fracture, *Nature*, *321*(6069), 470-471.Derr, J. S. and Persinger, M. A. (1990), Luminous phenomena and seismic energy in the Central United States, *J. Scient. Explor.*, *4*(1), 55-69.

Derr, J. S., St-Laurent, F., Freund, F. T., and Thériault, R. (2011), Earthquake lights, in *Encyclopedia of Earth*

Sciences Series, Encyclopedia of Solid Earth Geophysics, H. K. Gupta (ed.), pp. 165-167, Springer.

Foppiano, A. J., Ovalle, E. M. Bataille, K., and Stepanova, M. (2008), Ionospheric evidence of the May 1960 earthquake over Concepción?, *Geofís.Int.*, *47*(3), 179-183.

Freund, F. (2000), Time-resolved study of charge generation and propagation in igneous rocks, *J. Geophys.Res.*, *105*, 11001-11020, doi:10.1029/1999JB900423

Freund, F. (2002), Charge generation and propagation in igneous rocks, *J. Geodyn.*, *33*, 543-570, doi:10.1016/S0264- 3707(02)00015-7

Freund, F. (2010), Toward a unified solid state theory for pre-earthquake signals, *Acta Geophys.*, *58*(5), 719-766, doi:10.2478/s11600-009-0066-x

Freund, F. (2013), Earthquake forewarning—a multidisciplinary challenge from the ground up to space, *Acta Geophys.*, *61*(4), 775-807, doi:10.2478/s11600-013-0130-4

Freund, F. and Sornette, D. (2007), Electro-magnetic earthquake bursts and critical rupture of peroxy bond networks in rocks, *Tectonophysics*, *431*, 33-47.

Freund, F. T., Kulahci, I. G., Cyr, G., Ling, J., Winnick, M., Tregloan-Reed, J., and Freund, M. M. (2009), Air ionization at rock surfaces and pre-earthquake signals, *J. Atmos.Terr.Phys.*, *71*, 1824-1834.

Hayakawa, M. (2007), VLF/LF radio sounding of ionospheric perturbations associated with earthquakes, *Sensors*, *7*(7), 1141-1158, doi:10.3390/s7071141

Hayakawa, M., Kasahara, Y., Nakamura, T., Muto, F., Horie, T., Maekawa, S., Hobara, Y., Rozhnoi, A. A., Solovieva, M., and Molchanov, O. A. (2010), A statistical study on the correlation between lower ionospheric perturbations as seen by subionospheric VLF/LF propagation and earthquakes, *J. Geophys.Res.Space Phys.*, *115*(A9), A09305, doi:10.1029/2009ja015143

Hayakawa, M., Kasahara, Y., Endoh, T., Hobara, Y., and Asai, S. (2012), The observation of Doppler shifts of subiono- spheric LF signal in possible association with earthquakes, *J. Geophys.Res.Space Phys.*, *117*(A9), A09304, doi:10.1029/ 2012ja017752

He, Y., Yang, D., Zhu, R., Qian, J., and Parrot, M. (2010), Variations of electron density and temperature in ionosphere based on the DEMETER ISL data, *Earthquake Sci.*, *23*(4), 349-355, doi:10.1007/s11589-010-0732-8

Heki, K. (2011), Ionospheric electron enhancement preceding the 2011 Tohoku-Oki earthquake, *Geophys.Res.Lett.*, *38*(17), L17312, doi: 10.1029/2011gl047908

Heki, K. and Enomoto, Y. (2013), Preseismic ionospheric electron enhancements revisited, *J. Geophys. Res. Space Phys.*, *118*(10), 6618-6626, doi:10.1002/jgra.50578

Heraud, J. A. and Lira, J. A. (2011), Coseismic luminescence in Lima, 150 km from the epicenter of the Pisco, Peruearthquake of 15 August 2007, *Nat. Hazards Earth Syst.Sci.*, *11*, 1025-1036.

Ho, Y. Y., Jhuang, H. K., Su, Y. C., and Liu, J.-Y. (2013), Seismo-ionospheric anomalies in total electron content of the GIM and electrondensity of DEMETER before the 27 February 2010 M8.8 Chile earthquake, *Adv.Space Res.*, *51*(12), 2309-2315, doi:https://doi.org/10.1016/j.asr.2013.02.006

Kakinami, Y., Liu, J. Y., Tsai, L. C., and Oyama, K. I. (2010), Ionospheric electron content anomalies detected by a FORMOSAT-3/COSMIC empirical model before and after the Wenchuan Earthquake, *Int. J. Remote Sens.*, *31*(13), 3571-3578, doi:10.1080/01431161003727788

Klimenko, M. V., Klimenko, V. V., Zakharenkova, I. E., Pulinets, S. A., Zhao, B., and Tsidilina, M. N. (2011), Formation mechanism of great positive TEC disturbances prior to Wenchuan earthquake on May 12, 2008, *Adv.Space Res.*, *48*(3), 488- 499, doi:10.1016/j.asr.2011.03.040

Kuo, C. L. and Lee, L. C. (2015), Ionospheric plasma dynamics and instability caused by upward currents above thunderstorms, *J. Geophys.Res.Space Phys.*, *120*(4), 3240-3253, doi:10.1002/2014JA020767

Kuo, C. L. and Lee, L. C. (2017), Reply to comment by B. E. Prokhorov and O. V. Zolotov on "An improved coupling model for the lithosphere-atmosphere-ionosphere system", *J. Geophys.Res.Space Phys.*, *122*, doi:10.1002/2016JA023579

Kuo, C. L., Huba, J. D., Joyce, G., and Lee, L. C. (2011), Ionosphere plasma bubbles and density variations induced by pre-earthquake rock currents and associated surface charges, *J. Geophys.Res.Space Phys.*, *116*(A10), A10317, doi:10.1029/ 2011ja016628

Kuo, C. L., Lee, L. C., and Huba, J. D. (2014), An improved coupling model for the lithosphere-atmosphere-ionosphere system, *J. Geophys.Res.Space Phys.*, *119*(4), 3189-3205, doi:10.1002/2013JA019392

Kuo, C. L., Lee, L. C., and Heki, K. (2015), Preseismic TEC changes for Tohoku-Oki earthquake: Comparisons between simulations and observations, *Terr.Atmos.Ocean.Sci.*, *26*(1), 63-72, doi:10.3319/ TAO.2014.08.19.06

Li, M. and Parrot, M. (2013), Statistical analysis of an ionospheric parameter as a base for earthquake prediction, *J. Geophys.Res.Space Phys.*, *118*(6), 3731-3739, doi:10.1002/ jgra.50313

Liu, J. Y., Chen, Y. I., Chuo, Y. J., and Tsai, H. F. (2001), Variations of ionospheric total electron content during the Chi-Chi earthquake, *Geophys.Res.Lett.*, *28*, 1383-1386, doi:10.1029/2000GL012511

Liu, J. Y., Chuo, Y., Shan, S., Tsai, Y., Chen, Y., Pulinets, S., and Yu, S. (2004), Pre-earthquake ionospheric anomalies regis tered by continuous GPS TEC measurements, *Ann.Geophys.*, *22*(5), 1585-1593, doi:10.5194/angeo-22-1585-2004

Liu, J. Y., Chen, Y. I., Chen, C. H., Liu, C. Y., Chen, C. Y., Nishihashi, M., Li, J. Z., Xia, Y. Q., Oyama, K. I., Hattori, K., and Lin, C. H. (2009), Seismoionospheric GPS total elec tron content anomalies observed before the 12 May 2008 Mw7.9 Wenchuan earthquake, *J. Geophys.Res.*, *114*, 04320, doi:10.1029/2008JA013698

Liu, J. Y., Tsai, H. F., Lin, C. H., Kamogawa, M., Chen, Y. I., Huang, B. S., Yu, S. B., and Yeh, Y. H. (2010), Coseismic ionospheric disturbances triggered by the Chi-Chi earthquake, *J. Geophys.Res.*, *115*(A8), A08303, doi:10.1029/ 2009ja014943

Liu, J. Y., Le, H., Chen, Y. I., Chen, C. H., Liu, L., Wan, W., Su, Y. Z., Sun, Y. Y., Lin, C. H., and Chen, M. Q. (2011), Observations and simulations of seismoionospheric GPS total electron content anomalies before the 12 January 2010 M7 Haiti earthquake, *J. Geophys.Res.Space Phys.*, *116*(A4), doi:10.1029/ 2010JA015704.

Lockner, D. A., Johnston, M. J. S., and Byerlee, J. D. (1983), A mechanism to explain the generation of earthquake lights, *Nature*, *302*, 28-33.

Mizutani, H., Ishido, T., Yokokura, T., and Ohnishi, S. (1976), Electrokinetic phenomena associated with earthquakes, *Geophys.Res.Lett.*, *3*, 365-368.

Molchanov, O., Fedorov, E., Schekotov, A., Gordeev, E., Chebrov, V., Surkov, V., Rozhnoi, A., Andreevsky, S., Iudin, D., Yunga, S., Lutikov, A., Hayakawa, M., and Biagi, P. F. (2004), Lithosphere-atmosphere-ionosphere coupling as governing mechanism for preseismic short-term events in atmosphere and ionosphere, *Nat. Hazards Earth Syst. Sci.*, *4*(5/6), 757-767, doi:10.5194/nhess-4-757-2004

Moore, G. W. (1964), Magnetic disturbances preceding the 1964 Alaska Earthquake, *Nature*, *203*(4944), 508-509, doi:10.1038/203508b0

Namgaladze, A. A., Zolotov, O. V., Karpov, M. I., and Romanovskaya, Y. V. (2012), Manifestations of the earth- quake preparations in the ionosphere total electron content variations, *Natural Sci.*, *4*(11), 848-855, doi:10.4236/ns.2012. 411113.

Ouzounov, D. and Freund, F. (2004), Mid-infrared emission prior to strong earthquakes analyzed by remote sensing data, *Adv.Space Res.*, *33*(3), 268-273, doi:10.1016/S0273-1177(03)00486-1

Ouzounov, D., Bryant, N., Logan, T., Pulinets, S., and Taylor, P. (2006), Satellite thermal IR phenomena associated with some of the major earthquakes in 1999-2003, *Phys.Chem.Earth Parts A/B/C*, *31*(4-9),

154-163, doi:10.1016/j.pce.2006.02.036

Ouzounov, D., Pulinets, S. Tramutoli, V., Liu, T., Hattori, K., Parrot, M., Namgaladze, A., and Solomentsev, D. (2014), Validation of lithosphere-atmosphere-ionosphere coupling concept by geo space observation of natural and anthropo- genic processes, paper presented at the *XXXIth International Union of Radio Science General Assembly and Scientific Symposium (URSI GASS)*, 16-23 August.

Oyama, K. I., Kakinami, Y., Liu, J. Y., Abdu, M. A., and Cheng, C. Z. (2011), Latitudinal distribution of anomalous ion density as a precursor of a large earthquake, *J. Geophys.Res.Space Phys.*, *116*(A4), A04319, doi:10.1029/2010ja015948

Parrot, M. (1995), Use of satellites to detect seismo-electromag- netic effects, *Adv.Space Res.*, *15*(11), 27-35.

Parrot, M., Achache, J., Berthelier, J. J., Blanc, E., Deschamps, A., Lefeuvre, F., Menvielle, M., Plantet, J. L., Tarits, P., and Villain, J. P. (1993), High-frequency seismo-electromagnetic effects, *Phys.Earth Planet.Inter.*, *77*(1-2), 65-83.

Parrot, M., Berthelier, J. J., Lebreton, J. P., Sauvaud, J. A., Santolik, O., and Blecki,J.(2006), Examples of unusual iono spheric observations made by the DEMETER satellite over seismic regions, *Phys.Chem.Earth, Parts A/B/C*, *31*(4), 486- 495, doi:https://doi.org/10.1016/j.pce.2006.02.011

Pasko, V. P. (2013), *Time-dependent earth surface-ionosphere coupling model: application to earthquake lights and global electric circuit*, Frontiers in Earth System Dynamics Meeting, NCAR, Boulder, CO.

Pulinets, S. A. (2009), Physical mechanism of the vertical elec- tric field generation over active tectonic faults, *Adv. Space Res.*, *44*(6), 767-773.

Pulinets, S., and Boyarchuk, K. (2004), *Ionospheric Precursors of Earthquakes*, Springer, Berlin, 315 pp.

Pulinets, S. A. and Legen'ka, A. D. (2003), Spatial-temporal characteristics of large scale distributions of electron density observed in the ionospheric F-region before strong earth- quakes, *Cosmic Res.*, *41*(3), 221-229.

Pulinets, S., and Ouzounov, D. (2011), Lithosphere-atmosphere- ionosphere coupling (LAIC) model—an unified concept for earthquake precursors validation, *J. Southeast Asian Earth Sci.*, *41*(4-5), 371-382, doi:10.1016/j.jseaes.2010.03.005

Pulinets, S. A., Boyarchuk, K. A., Hegai, V. V., Kim, V. P., and Lomonosov, A. M. (2000), Quasielectrostatic model of atmosphere-thermosphere-ionosphere coupling, *Adv.Space Res.*, *26*(8), 1209-1218.

Pulinets, S. A., Legen'ka, A. D., Gaivoronskaya, T. V., and Depuev, V. K. (2003), Main phenomenological features of ionospheric precursors of strong earthquakes, *J. Atmos.Terr.Phys.*, *65*(16-18), 1337-1347, doi:10.1016/j.jastp.2003.07.011.

Pulinets, S. A., Ouzounov, D., Karelin, A. V., Boyarchuk, K. A., and Pokhmelnykh, L. A. (2006), The physical nature of ther mal anomalies observed before strong earthquakes, *Phys.Chem.Earth Parts A/B/C*, *31*(4-9), 143-153, doi:10.1016/j. pce.2006.02.042

Richmond, A. D. (1995), Ionospheric electrodynamics using magnetic apex coordinates, *J. Geomagnet.Geoelectri.*, *47*(2), 191-212, doi:10.5636/jgg.47.191

Schekotov, A. Y., Molchanov, O. A., Hayakawa, M., Fedorov, E. N., Chebrov, V. N., Sinitsin, V. I., Gordeev, E. E., Belyaev, G. G., and Yagova, N. V. (2007), ULF/ELF magnetic field variations from atmosphere induced by seismicity, *Radio Sci.*, *42*(6), RS6S90, doi:10.1029/2005RS003441

Shinagawa, H., Iyemori, T., Saito, S., and Maruyama, T. (2007), A numerical simulation of ionospheric and atmospheric vari ations associated with the Sumatra earthquake on December 26, 2004, *Earth Planets Space*, *59*, 1015-1026.

Shinagawa, H., Tsugawa, T., Matsumura, M., Iyemori, T., Saito, A., Maruyama, T., Jin, H., Nishioka, M., and Otsuka, Y. (2013), Two-dimensional simulation of ionospheric variations in the vicinity of the epicenter of the Tohokuoki earth quake on 11 March 2011, *Geophys.Res.Lett.*, *40*(19), 5009-5013, doi:10.1002/

2013GL057627

Smirnova, N. A. and Hayakawa, M. (2007), Fractal characteris- tics of the ground-observed ULF emissions in relation to geomagnetic and seismic activities, *J. Atmos.Terr.Phys.*, *69*, 1833-1841, doi:10.1016/j.jastp. 2007.08.001

Sorokin, V. and Hayakawa, M. (2013), Generation of seismic- related DC electric fields and lithosphere-atmosphere-iono- sphere coupling, *Modern Appl.Sci.*, *7*(6), 1-23, doi: 10.5539/ mas.v7n6p1

Sorokin, V., Chmyrev, V., and Hayakawa, M. (2015), *Electrodynamic Coupling of Lithosphere, Atmosphere, Ionosphere of the Earth*.Nova Science Publishers, 1-326.

St-Laurent, F., Derr, J. S., and Freund, F. T. (2006), Earthquake lights and the stress-activation of positive hole charge carri- ers in rocks, *Phys.Chem.Earth*, *31*, 305-312.

Surkov, V. V. and Hayakawa, M. (2007), ULF electromagnetic noise due to random variations of background atmospheric current and conductivity, *J. Geophys.Res.(Atmos.)*, *112*, D11116, doi:10.1029/2006JD007788.

Thériault, R., St-Laurent, F., Freund, F. T., and Derr, J. S. (2014), Prevalence of earthquake lights associated with rift environments, *Seismol.Res.Lett.*, *85*(1), 159-178, doi:10.1785/0220130059

Uyeda, S., Nagao, T., and Kamogawa, M. (2009), Short-term earthquake prediction: Current status of seismo-electromagnet- ics,*Tectonophysics*,*470*,205-213,doi:10.1016/j.tecto.2008.07.019 Varotsos, P. A. (2006), Recent seismic electric signals (SES) activities in Greece, *Acta Geophys.*, *54*, 158-164, doi:10.2478/ s11600-006-0019-6

Wilson, C. T. R. (1921), Investigations on lightning discharges and on the electric field of thunderstorms, *Philos. Trans. R. Soc. Lon.*, *221*, 73-115.

Zolotov, O. V., Prokhorov, B. E., Namgaladze, A. A., and Martynenko, O. V. (2011), Variations in the total electron con- tent of the ionosphere during preparation of earthquakes, *Russ. J. Phys. Chem. B*, *5*(3), 435-438, doi:10.1134/s1990793111030146

Zolotov, O. V., Namgaladze, A. A., Zakharenkova, I. E., Martynenko, O. V., and Shagimuratov, I. I. (2012), Physical interpretation and mathematical simulation of ionospheric precursors of earthquakes at midlatitudes, *Geomagn.Aeron.*, *52*(3), 390-397, doi:10.1134/S0016793212030152

第三部分　震前地震学现象

7　短期前震与地震预测

吉拉西莫斯·帕帕多普洛斯，乔治·米纳达基斯，
卡特里娜·奥尔法诺吉安纳基

希腊雅典国家天文台地球动力学研究所

摘要　识别主震之前所出现前震取决于多方面因素，比如地球物理学、地震目录完整性、前震的定义以及时空窗口。前震会随着地震活动的迫近向主震的震中方向移动，其数量会随剩余时间的缩短而增加，其 b 值会相应下降，然而只有很少一部分前震序列能够表现出这三种模式，如 2009 年拉奎拉（意大利）地震（6.3 级）以及 2010 年、2014 年和 2015 年智利俯冲带的大地震（8 级以上）。我们首次发现统计学意义上极为明显的前震三种模式是在两场中小型地震中，分别发生在希腊北部的阿索斯和 Polyphyto 的 2012 年 3 月 4 日（5.2 级）和 2013 年 7 月 3 日（4.8 级）。强震和大地震前明显的类似模式表明，在较大的震级范围内前震过程具有尺度不变性，至少对于倾向滑移断层而言，该过程不受断层类型的影响。同时主震震级的发生趋势与前震面积有关，从而暗示了前震活动可能具有普遍性的模式，也反映了形变过程的普遍性，为地震预测中前震模式的应用提供了新的方向。

7.1　引言

短期前震增加了未来强主震发生的可能性（Yamashina，1981；Jones，1985b；Agnew and Jones，1991；Console et al.，1993；Savage and DePolo，1993；Dodge et al.，1995；Michael，2012）。因此，前震活动被认为是在主震预测方面最有说服力的前兆现象（e.g. Wyss，1997；Vidale et al.，2001）。如中国对 1975 年 2 月 4 日海城 7.2 级大地震所做的短期预测就是基于几项前兆性现象，尤其是短期前震（Raleigh et al.，1977；Scholz，1977；Jones et al.，1982）。一般认为短期前震发生的时间跨度从主震前几分钟到几个月不等。

相比其他地震前兆，前震的优势十分明显表现为：①前震在主震前准确地发生在岩石应力极高的区域；②前震在空间、时间以及区域大小这三个维度上的分布可能遵循一定的模式。

尽管目前在前震的前兆价值上取得了一定进展，但仍存在一些重要问题不能确

定。首先是前震的发生模式：为什么有些主震之前会发生前震而有些则不会？与前震发生率相关的问题是，前震是否只与大型主震有关，亦或与中型甚至小型主震也有关联？第二个重要问题在于前震活动所遵循的三种模式：是否所有的前震序列都有类似的模式？前震模式是否会因主震的大小和断层的类型而有所不同？重要的是，有没有可能用前震的三种模式来区分前震和其他类型地震活动，比如震群和余震？前震模式能否有助于主震的预测？本章我们将使用世界范围内几个地震区域的地震活动数据来研究这些基本问题。

7.2 前震概率

关于主震发生前出现前震概率的一份早期报告是由 Imamura（1937，p. 78）所做的，报告认为主震之前出现前震的次数只勉强达到了总数的 20%，但现代高精密的地震仪器投入使用后这一比例会增大。在 1975 年 2 月 4 日海城（中国）地震之后，前震的预测价值引起了更广泛的关注，研究的重点变成了前震的发生是否普遍存在。在对于全球浅层大地震（7 级以上）的回顾中，Jones 和 Molnar（1976）发现在美国国家海洋和大气管理局地震目录中有 44%的地震存在至少一次前震。但是，他们认为这个比例评估得太低了，因为地震仪器的覆盖范围和地震目录都会极大地影响前震的认定。在另一个全球性的研究中，Seggern（1981）发现对于 5.8 级以上的主震，前震率不足 20%，但这很大程度上取决于监测水平和前震的定义。

此外，有几个地震区的研究结果也与此矛盾。 美国加利福尼亚州和科迪勒拉山脉西部，对前震概率的评估从 35%（Jones，1985a）到 50%（Agnew and Jones，1991），乃至 60%（Doser，1989）不等，取决于选取的时期和主震的震级阈值以及所选取的前震定义。在北太平洋地区板间地震存在前震序列的概率为 70%（Bouchon et al.，2013）。在中国大陆，Chen 等（1999）发现在 1966～1996 年间，159 次主震（1.5 级以上）中只有 5%出现了前震。但这个结果与论文作者对于先验前震定义有很大关联：他定义前震的发生为主震前 5 日、范围为 20 km 以内，发生 1.5 级地震的日频次达到 10 次以上。另一个是台湾岛的成功区域逆冲断层系统，自 1992 年至 2003 年发生的全部 6 次强震（5 级以上）的前震都在主震发生前几天内在与主震相距不足几公里的地方（Lin，2004）。

来自全球不同地区的几个研究表明前震概率也要取决于预定义的时空窗，包括日本（Yamashina，1981；Maeda，1999；Imoto，2005）、勘察加半岛（Sobolev，2000）、新西兰（Merrifield et al.，2004）、阿尔巴尼亚（Peçi et al.，1999）、意大利和希腊（Di Luccio et al.，1997；Console et al.，1993，Papadopoulos et al.，2000）。1999 年 11 月 12 日北安纳托利亚断层的迪兹杰地震（7.1 级）就是一个典型例子，表明前震识别取决于对前震所采用的定义。Wu 等（2014）研究了强震前约 65 h 内、范围在主震 20 km 以内的前震，结果没有发现前震活动。如若把前震作为主震短期预测的潜在工具，很重要的一点就是把前震和其他类型的地震活动加以区分，比如震群和主震的余震序列（Ogata et al.，1996），但仍需强调的是关于前震的定义。

同时前震概率还取决于地震目录的完整性（Yamaoka et al.，1999）；包括前震在内，小的地震活动通常都不包括在日常地震分析所得的标准目录中；据 Papadopoulos 等（2006）的记录，2005 年 10 月 20 日发生于爱琴海的强震（5.8 级）就是一个典型案例。希腊雅典国家天文台所作标准目录中没有识别的前震前兆，然而对当地靠近震中的站点的记录分析表明在主震发生前出现了至少 50 次小震级的前震。

前震的发生与否很可能取决于各种地球物理因素，比如断层类型、震源深度以及小规模地壳的异质性程度（Abercrombie and Mori，1996；Cheng and Wong，2016），可以从一定程度上解释为什么只有部分主震前有短期前震。另一方面，在找寻前震的过程中地震目录的不完整性和采用过于狭窄的时空范围会使得前震活动被忽视。所以，时间-空间-大小的域对前震模式研究过程中应该将上述问题考虑在内。

7.3 前震模式

前震序列遵循某种空间、时间和大小的域，可以追溯至 20 世纪 60 年代。Suyehiro 等发现在 1960 年 5 月 22 日的智利大地震（9.5 级）前出现了地震活动性的增加，以及 b 值的下降（Suyehiro，1966）。Mogi（1963a，b）和 Scholz（1968）基于材料断裂开创性的实验研究也证明了地壳断裂中前兆信号的增加。随后的验证表明前震现象随地震时间的追近遵循一种加速模式（Papazachos，1975；Ishida and Kanamori，1978；Kagan and Knopoff，1978；Jones and Molnar，1979；Maeda，1999；Yamaoka et al.，1999；Papadopoulos et al.，2000，2010）。几个前震序列的平均数据揭示了前震加速过程与幂率分布相吻合（Jones and Molnar，1979）；基于观测使用弹簧滑块的数值模拟（Hainzl et al.，1999）以及分析损伤力学建模也进一步支持了该说法（Main，2000；Yamashita and Knopoff，2007）。此外也发现前震倾向于向主震的震中迁移（Engdahl and Kisslinger，1978；Chen et al.，1999；Papadopoulos et al.，2010；Lippiello et al.，2012）。

临界参数为 b，即直线在震级-频率（或者叫 G-R，古登堡-里克特）关系中的斜率（Ishimoto and Iida，1939；Gutenberg and Richter，1944）。

$$\lg N = a - bM \tag{7.1}$$

其中，N 表示震级大于等于 M 的地震活动总数目，a 和 b 为数据所决定的变量。所以，b 是一个实验观测的宏观变量，用以衡量小型地震活动与强震活动的比例。从全球尺度来看地震活动，发现 b 值比较统一（Frohlich and Davis，1993；Schorlemmer et al.，2005）。然而从局部甚至地区的角度而言，该参数强烈依赖于应力载荷条件（Mogi，1963a；Scholz，1968）以及地壳异质性（Abercrombie and Mori，1996）。低 b 值代表着震级较高的地震活动、较高的应力环境及/或物质异质性的增加。与之相反，高 b 值可以理解为震级较低地震活动、低应力环境及/或物质异质性的减小，所以 b 可以看作一个应力计，是不同应力的反向表达（Schorlemmer et al.，2005）。通过 Olami-

Feder-Christensen 弹簧块模型模拟，Avlonitis 和 Papadopoulos（2014）表明实验观测到的前震序列低 *b* 值可以参照震源体物质软化过程来建模。如果前震活动提供了一个高应力环境信号，那么就地震活动背景和余震而言，*b* 值会下降。这也正是几位作者的发现，包括 Mogi（1963a，b，1985）、Suyehiro 和 Sekiya（1972）、Papazachos（1975）、Jones 和 Molnar（1979）、Main 等（1989）、Molchan 等（1999）、Chan 等（2012）、Kato 等（2012）以及 Nanjo 等（2012）。

在 2009 年 4 月 6 日发生于意大利中部的拉奎拉地震（6.3 级）前，尚未发现单次的地震序列同时包括前震模式的三个域的情况。在单次的前震序列中，此前仅发现有包含模式中的一个或两个域，使得该模式的普遍性受到质疑。此外，只对少数被确认为前震活动的前兆性地震活动案例进行了统计意义的检验，这些检验研究对于构建旨在探索三种前震模式的研究策略来说至关重要。为解决上述问题，有两种方法可供选择。一种方法是检验全球或者地区的地震目录，在截取一定震级范围并预先选定好时间和空间边界的情况下，在主震的强震之前寻找可能性的前震。但全球和地区的地震目录的数据质量参差不齐，尤其是在震级域方面，且在空间和时间域的完整性上也存在很大变化。此外如之前所言，前震概率取决于对前震的定义，而预先设定的时间和空间范围过小可能会在造成人为筛选漏掉前震。这些困难可解释为什么在世界不同地震区对于前震概率水平的研究结果如此矛盾。

另一方法是在足够完整的地震目录中使用低震级截取值以确定前震序列例子开展研究。完整的地震目录需要密集、连续监控覆盖研究区域，而且必须是基于标准地震分析步骤所编写。该方法被用于 2009 年拉奎拉地震，也是首个发现前震的三种模式同时存在的单个前震序列，并用意大利国家地球物理与火山学研究所（INGV）的国家地震目录对其进行了统计显著性检验（Papadopoulos et al.，2010；Daskalaki et al.，2016）（表 7.1）。

表 7.1　目前文章中检验的地震事件之前在空间、时间和震级域具有显著前震模式的地震序列参数 *E*

事件	日期	时刻	M_w	震源深度/km	纬度	经度	M_c	M_f	半径[d]/km	d_w/d	d_s/d
意大利拉奎拉地震[a]	2009 年 4 月 6 日	01:32:39	6.3	10	42.42°N	13.39°E	1.3	4.0	15	150	10
智利马乌莱地震[b]	2010 年 2 月 27 日	06:34:08	8.8	30	36.29°S	73.24°W	3.0	5.6	170	103	-
希腊阿索斯地震[c]	2012 年 3 月 4 日	03:31:07	5.2	23	40.13°N	24.05°E	1.4	5.1	10	53	18
希腊波利菲托地震[c]	2013 年 7 月 3 日	13:28:23	4.8	20	40.14°N	21.87°E	1.1	4.7	10	236	1.1
智利伊基克地震[b]	2014 年 4 月 1 日	23:46:45	8.1	39	19.57°S	70.91°W	2.6	6.7	65	53	17

续表

事件	日期	时刻	M_w	震源深度/km	纬度	经度	M_c	M_f	半径[d]/km	d_w/d	d_s/d
智利伊拉帕尔地震[b]	2015年9月16日	22:54:31	8.4	23	31.64°S	71.74°W	3.0	5.3	50	108	-

M_w，矩震级；h，震源深度；M_c，截取地震；M_f，最大前震震级；d_w，弱前震阶段持续天数；d_s，强前震阶段持续天数

a Papadopoulos 等（2010）

b Papadopoulos 和 Minadakis（2016）

c 本研究

d 强前震阶段考虑的圆形前震区半径；如果只检测到弱前震阶段需要考虑 d 值

另一个例子是 2014 年 4 月 1 日的智利伊基克大地震（8.1 级）。几项研究均表明前震活动很有可能通过板块边界的逐渐解锁控制了大地震的发生（Brodsky and Lay，2014；Kato and Nakagawa，2014；Lay et al.，2014；Ruiz et al.，2014；Schurr et al.，2014；Yagi et al.，2014；Bedford et al.，2015；Meng et al.，2015；Duputel et al.，2015）。但关于这次地震活动的起始时间与前震区域的延伸，出现了不同的孕震观点。比如 Schurr 等（2014）提出前震活动至少是在主震之前 500 天左右开始的，但 Ruiz 等（2014）发现前兆性前震活动是从 2014 年 1 月 4 日开始的。关于前震区域，Schurr 等（2014）提出其区域沿俯冲带方向从 19.00°S 延伸到 21.00°S（约 220 km），而 Ruiz 等（2014）认为前震区域沿俯冲带方向跨越约 150 km。其差异性可以通过关注前震如何对 2014 年伊基克（Iquique）大震前造成的压力积累，而不是关注三种前震模式和基于统计意义的随机性检验偏离。Schurr 等（2014）仅对活动率变化进行了统计学检验，发现主震发生前的 250 天内发生了显著变化。

对三维模式的系统研究揭示了 2014 年智利伊基克大地震的前震模式具有统计显著性，与 2009 年拉奎拉地震主震前相似（Papadopoulos and Minadakis，2016）（表 7.1）。尤为重要的一点是两次地震之间板块构造和震级的区别：2009 年拉奎拉地震是正断层，2014 年伊基克地震是存在俯冲的逆断层。2010 年 2 月 27 日智利莫尔大地震（8.8 级）和伊拉佩尔大地震（8.4 级）前也发现了类似的前震三种模式（Papadopoulos and Minadakis，2016）（表 7.1）。但可能是由于目录的不完整性，这些案例中都只探测到了弱前震活动。

本章随后研究了另外两个较好的例子，分别是于 2012 年和 2013 年发生在希腊的两次小到中型地震（5.2 级和 4.8 级）（表 7.1）。这些案例和 2009 年拉奎拉地震以及 2010、2014、2015 年发生在智利的地震，包含的范围较广的主震震级，代表了世界上多种不同地震构造区。

7.4 分析方法和计算说明

对于前兆性前震模式的后验识别地震分析用的是内部开发的 FORMA（前震-主震-余震）软件，相关文献已对此进行过解释（例如，Papadopoulos et al.，2010；

Papadopoulos and Minadakis，2016）。所以我们在此只简单地描述在分析中所用的方法以及计算细节。

前震模式的研究是从空间、时间、大小（震级）三个域入手的。在空间域，欧氏距离 D 为地震震中与主震震中的距离，其被用来作为地震空间变化的尺度。地震（活动）概率 r 以及 G-R 关系式中的 b 值分别是用于检测时间和大小域的尺度。在研究初期，我们选择了足够大的时空窗以避免遗漏掉可能的前震，然后逐渐缩小该时空窗的范围直至出现明显的空间-时间地震活动变化（如果有）并确定目标区域。一旦探测到有可能是前震的地震活动群，提出假设用于分析的整个时间间隔包括两个不同但连续的地震活动、地震活动背景时段和前震（测试）时段。D 和 r 变化的统计学意义由 z 检验确定。b 值的变化由 Utsu（1966，1992）提出方法检验，主要是测量两个震例间 b 值差异的统计显著性，根据 Utsu 的测试检验，两个震例样本可能同源的可能性 P 的计算公式如下

$$P \approx \exp[-(\mathrm{d}A/2)-2] \tag{7.2}$$

其中 $\mathrm{d}A$ 是两次震例中地震活动次数和 b 值的函数。P 值越小，其显著性越高。

我们的设想是当检测到 r 值的上升、D 和 b 的下降时，说明该样本是前震活动。分别依据三个前兆性地震参数的变化显著程度（90%以上为显著，95%以上为非常显著）判断前震活动是弱前震还是强前震（三个参数中只有两个出现显著变化则说明是弱前震活动）。

其中对 b 值的估计需投入更多精力，因为 b 值对计算技术的使用尤为敏感。我们采用 Aki（1965）的最大似然近似法计算 b 值，以下称为 b_{ML}。为进行比较，使用加权最小二乘法计算 G-R 震级分布的 b_{GR}。但该参数 b 取决于所截取的震级 M_c，所以要根据不同 M_c 水平开展计算。另一个值得关注的点是检测目标区域 b 值的时间演化，为此用到了一个条件后向窗口算法。b_{ML} 的初始值是由一个包含主震前最后 n 个事件的窗口开始计算的。在接下来的 n 个事件中重复该后向滑动并以 1 个事件为单位向后滑动直到整个过程达到最后 n 个事件，从整个时间间隔开始选择开展分析。当地震目录包含足够的地震事件时选取 n=100；反之则合理降低 n 值的选取。此过程中的另一条件为 $\Delta=M_{max}-M_{min}>1.4$，因为研究发现（Papazachos，1974）当 $M_{max}-M_{min}<1.4$ 时，b 的计算会变得不稳定（其中 M_{max} 和 M_{min} 是检验震例中插入的最大和最小震级）。如果向后窗口技术中不满足条件 $\Delta>1.4$，则通过每次增加一个事件的步骤来重复计算，直到条件得到满足。

另一种测试 b 值变化的方法是考虑平均震级的变化 $\langle M\rangle$，因为研究表明震例样本 $\langle M\rangle$ 是 b 值的反函数（Utsu，1965；Lomnitz，1966；Hamilton，1967）。因此 $\langle M\rangle$ 也采用后向窗口技术进行计算。

7.5 希腊中小型地震的前震

我们把地震学分析法用于希腊的两次地震序列中发生于 2012 年 3 月 4 日的 5.2 级地震和发生于 2013 年 7 月 3 日的 4.8 级地震。两次地震序列共同点在随着等地震的发

震高潮期迎来了主震。另一共性特征是其在地震目录中有相对较低的震级截取值，分别为 1.40 和 1.10，这部分会在之后进行解释，且两者都在地震活动性分析和统计显著性检验上有优势。

地震目录出自希腊雅典国家天文台地球动力学研究所，在国内负责国家地震仪器系统，在雅典国家天文台（NOA）所记录的数据通过 SeedLink 协议送到国家数据中心进行自动处理（SeisComp3 分析组件）并进行 24/7 全天候的操作员人工处理。我们使用人工处理后所汇编的地震目录，自 2011 年 2 月 1 日起建立人工处理的特定组件后，同源地震目录在震级确定方面发生了变化。因此，2011 年 2 月 1 日被认为是现代地震活动时期分析的开始。NOA 的员工按照下列标准流程计算了矩震级 M_w 和近震震级 M_L，相关细节可以在上述网站链接中找到。

7.5.1 2012 年 3 月 4 日希腊北部阿索斯 5.2 级地震

在 2012 年 3 月 4 日，一场 M_w5.2/M_L5.0 级的中型地震发生于希腊北部阿索斯半岛的近海地区（表 7.1）。这次地震前于 2012 年 2 月 14 日 01:34:38 UTC 发生了另一个 M_w 5.1/M_L 5.0 级中型地震，因为两次震中几乎在同一位置，此后将最强一次地震活动的震中认为是两次活动的共同震中，称为目标点。

对前兆性地震活动变化的调查时间确定为 2011 年 2 月 1 日至 2012 年 3 月 4 日期间，地震活动半径设为 50 km 的圆形区域。调查发现从 2011 年 12 月 22 日开始的地震活动集中发生在距目标点不足 20 km 的一小片区域内，2012 年 2 月 14 日的 5.1 级地震前，这些地震活动集中在目标点周围约 10 km 左右的区域。地震活动在经过一个短暂的从 10 km 到 20 km 距离的扩展后，离目标点的距离接近于 4 km 至 10 km（图 7.1 和 7.2）。该结果与用于震源到目标点之间欧式平均距离 *D* 的地震事件数无关。

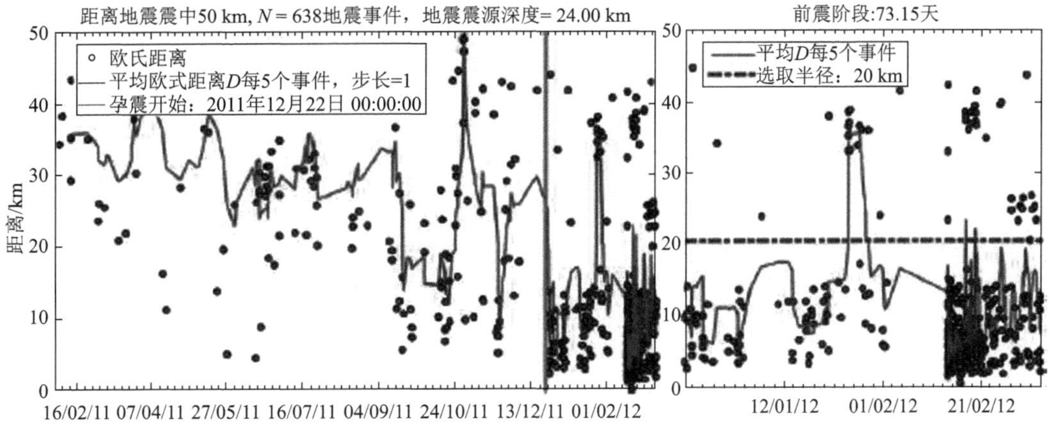

图 7.1 距离 2012 年 3 月 4 日主震（目标点）平均欧氏距离 *D* 随的时间变化，在每个时间点，*D* 的计算为五个地震事件的平均值

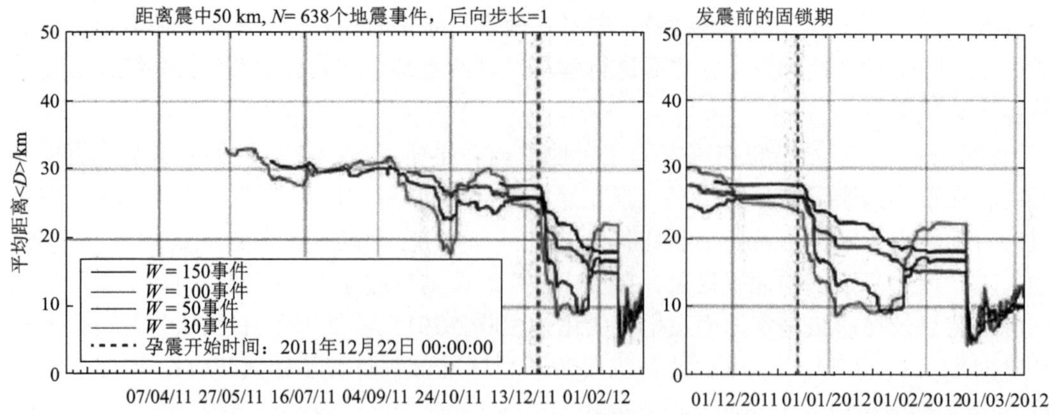

图 7.2　震中距离目标点平均欧氏距离 D 的时间变化。在每个时间点，使用后向算法计算 D，作为从 2012 年 3 月 4 日主震起始 30,50,100 或 150 个地震活动的平均值，步长为 1（彩色图片参阅电子版）

基于地震活动的空间聚类，对目标点周围半径 20 km 处的目标区域所发生的地震活动变化开展了时间和强度的研究。背景时期是从 2011 年 2 月 1 日至 2011 年 12 月 21 日，测试期是 2011 年 12 月 22 日至 2012 年 3 月 4 日主震发生期。基于 G-R 图对地震目录开展的完整性分析显示截取震级可以低到 M_c = 1.40（图 7.3）。当 M_c = 1.40 时地震活动率渐渐从背景活动期的 r_b = 0.17 次/d 增加到了前震时期的 r_f = 5.21 次/d（图 7.4），此类增长显著性水平达到了 100%不能忽略的一点是在 2011 年 2 月最初的 12 日内地震活动出现了一个暂停期（图 7.4）。我们检查了是否受站点对短时数据记录不足而造成的人为因素影响，但因为希腊北部的国家地震仪器系统站在该时段运行正常并在目标区域外记录到有震级范围内的其他地震发生，所以排除了这一可能。因此，我们总结认为暂停的地震活动是自然原因，可以称为前震平静。

G-R 图（图 7.3）明确显示了 b_{ML} 值在背景时期为 1.22，而在前震期降到了 0.77。区别非常显著，正如 Utsu 试验（公式 7.1）所发现的 P=0.008。值得注意的一点是 b_{ML} 的下降并不取决于震级截取（图 7.3 下图）。为进一步查验 b_{ML} 的时间变化，用到了反向检验技术（图 7.5）。为对比平均震级<M>的时间变化，我们也对其用同样的技术开

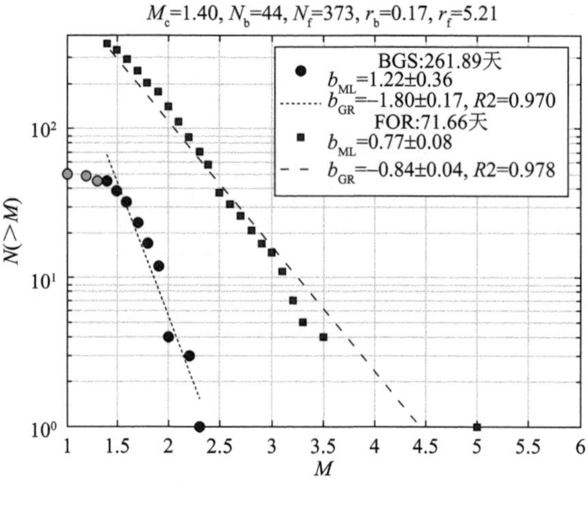

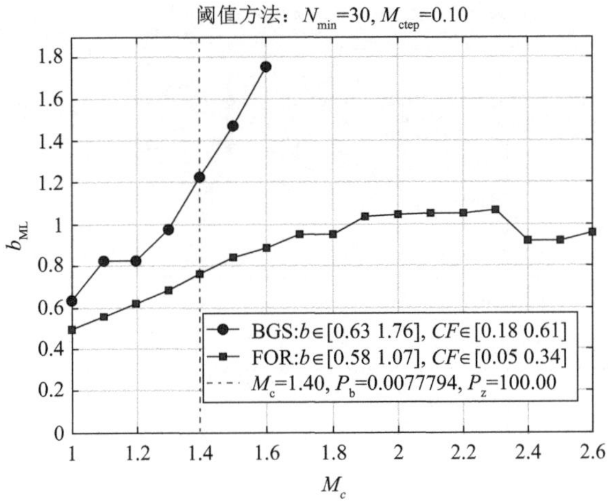

图 7.3 （上部）在 2012 年 3 月 4 日主震之前的背景地震活动时期（BGS）和前震期（FOR）地震震级-频率（G-R）分布：M_c，截取震级；N_b，BGS 的地震数量；N_f，FOR 的地震数量；r_b，BGS 的地震活动概率；r_f，前震期的地震活动概率；N_{min}，地震数量最小值；b_{ML} 和 b_{GR} 分别由最大似然法和加权最小二乘法计算所得。对不同的 M_c 水平，FOR 的 b_{ML} 始终低于 BGS 的 b_{ML}（底部）。计算 N_{min}=30，震级步长为 0.10：CF，置信区间；P_b，Utsu 概率测试；P_z, z 概率测试

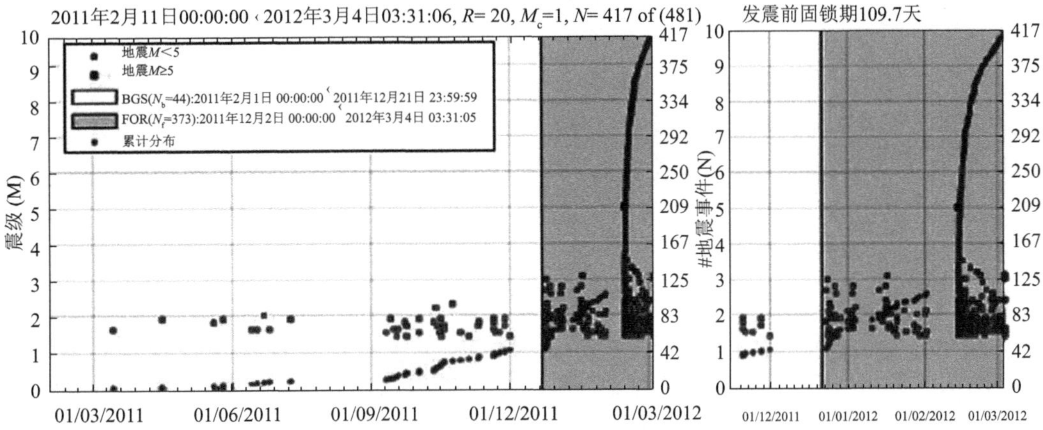

图 7.4 2012 年 3 月 4 日主震震中（目标点）周围目标区域（R=20 km）发生的 $M \geqslant M_c$=1.40 的地震活动的累积数量（彩色图片参阅电子版）

展了检验。果不其然，两个变化在某种意义上来说是一致的，即两者遵循反向的模式。从测试期的开始至 2012 年 2 月 14 日最强地震发生（前震时期），b_{ML} 的下降与其对应的<M>的上升是非常明显的。但在该次地震活动之后 b_{ML} 和<M>的模式均发生了暂时逆转。同时地震活动概率大幅度增长，呈现与 2012 年 3 月 4 日主震之后余震的时间分布相类似的类 Omori 分布（图 7.6）。这种类余震的特性和前面所提的地震活动在空间上拓展的概念一致。对此可以解释为在 2012 年 2 月 14 日之后地震震级减小、数量增多，地震数量暂时增加引起 b 值增加，几乎达到其背景地震活动期的水平。但不久之后，两种参数都再次表现出本应该出现在前震序列中的变化，即主震发生前约 2 周的时间里 b_{ML} 下降和<M>上升（图 7.5）。

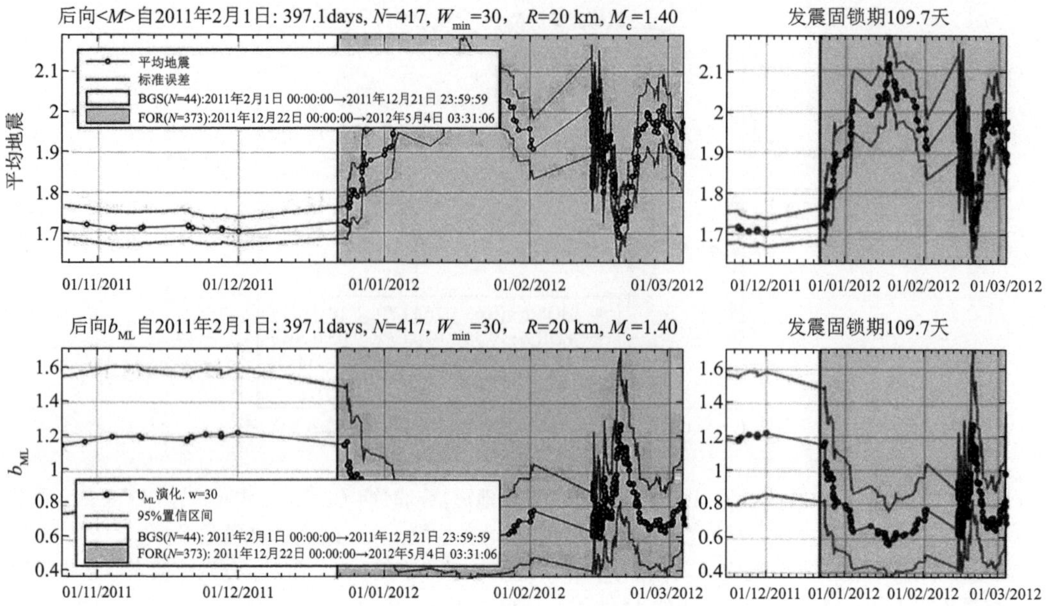

图 7.5　目标点周围的目标区域（R=20 km）内发生的 $M \geqslant M_c$ = 1.40 的地震活动的（上）平均震级 <M>；和（下）b_{ML} 的时间变化。从 2012 年 3 月 4 日主震起始时间开始，w=30 为地震窗，1 为步长，采用后向算法来计算两个参数

因为主震和最强前震间震级差异只有 0.1，处于误差范围内，因此也可以认为后者才是主震，而前者是一次强余震。因此从前震期开始即 2011 年 12 月 22 日至 2012 年 2 月 14 日地震活动发生期间的地震活动特性都值得进一步研究。我们发现在 2012 年 2 月 14 日地震（图 7.6）之前观测到的震群地震，与地震活动率从背景期的 r_b=0.17 次/d 增长至前震期的 r_b=1.59 次/d 相关（图 7.7）。其显著性水平为 99.99%。同时，b_{ML} 的值从 1.22 降低到 0.70，在 P=0.008 水平上有一个极大的改变（图 7.8 上），且随着 b_{ML} 的逐渐下降，<M>也出现逐渐下降（图 7.9）。再次强调 b_{ML} 的下降是与所选震级截取无关（图 7.8 下）。基于上述发现在 2012 年 2 月 14 日的地震活动之前存在有与 2012 年 3 月 4 日地震前类似的前震模式。值得一提的是前震序列同样也发生在 2012 年 2 月 14 日的地震活动之前。

2012 年 3 月 4 日地震前地震活动模式是一个很好的案例——主震前表现出明显三维前兆模式的前震序列。因为某些原因这一例子很重要，即虽然主震是中型地震，但其前震模式和观测到的大型主震比如 2009 年 4 月 6 日意大利拉奎拉 6.3 级地震和 2014 年 4 月 1 日智利伊基克 8.1 级地震都高度相似。另一个相似点是前震序列包含两个主要阶段的发展：一个弱前震阶段和一个强前震阶段。在阿索斯的震例中弱前震活动阶段从 2011 年 12 月 22 日开始延续到 2012 年 2 月 14 日 5.1 级强前震的发生，这一阶段也与三维前震模式类似，随着该次地震活动，前震序列进入强前震阶段，结束于 2012 年 3 月 4 日，这一天发生了地震序列中最强的一次地震活动。整个前震序列持续了约 2.3 个月，而强前震阶段持续时间约为 18 天，上述时间间隔与强震前的前震序列持续时间一致。

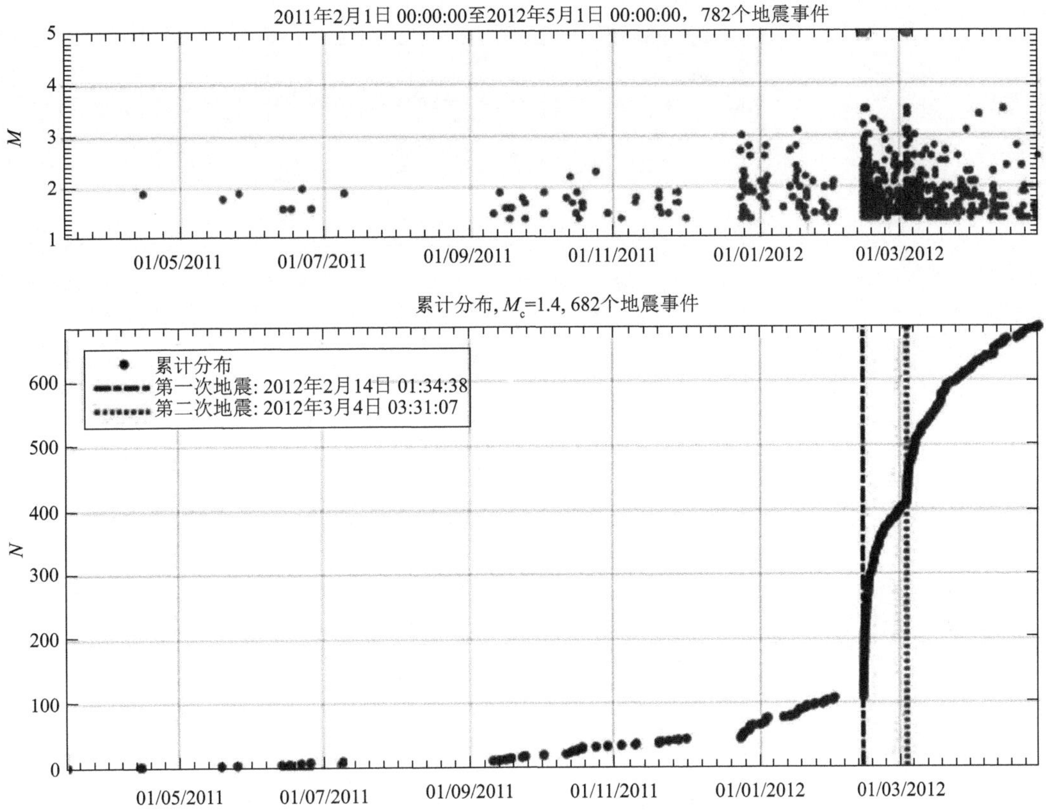

图 7.6　2012 年 4 月底在目标点周围的目标区域（$R = 20$ km）发生的 $M \geqslant M_c = 1.40$ 的地震活动的累积数 N。垂直的虚线条分别显示了 2012 年 2 月 14 日的强前震和 2012 年 3 月 4 日的主震的初始时间

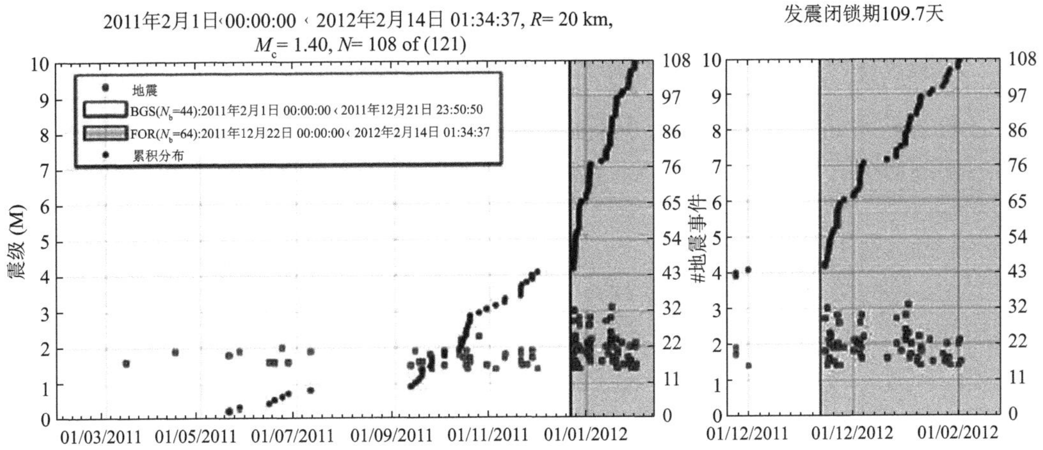

图 7.7　在 BGS 和 FOR 期间目标点周围目标区域（R=20 km）内发生 $M \geqslant M_c = 1.40$ 的地震活动的累积数量；2012 年 2 月 14 日的地震与右侧两版面的纵轴重合

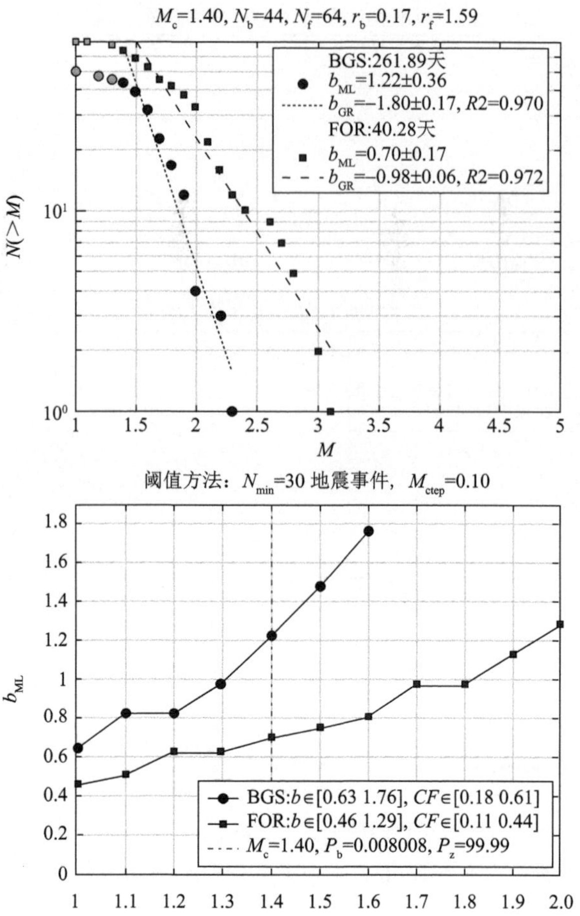

图 7.8 （上部）2012 年 2 月 14 日 5.1 级地震前 BGS 和 FOR 地震震级-频率（G-R）分布。对不同的 M_c 水平，FOR 的 b_{ML} 始终低于 BGS（底部）的 b_{ML}。对 N_{min}= 30 进行计算，幅度步长为 0.10

7.5.2 2013 年 7 月 3 日希腊北部波利菲托区域 4.8 地震

2013 年 7 月 2 日和 3 日，两场测量结果为 M_w4.7/M_L4.7 和 M_w4.8/M_L4.7 级的地震发生于希腊北部的波利菲托市（表 7.1）。该地区地震活动的特殊意义在于区域内地震活动性水平很低，但却在 1995 年 5 月 13 日发生了一场强震（6.6 级）。值得注意的是该区域的波利菲托周边存在人工湖。在 1995 年主震前约 30 min 在震源以南记录到了一些前震，这些前震的发生迫使居民来到户外，所以该地震除了造成大片房屋损毁之外没有导致人员伤亡（Pavlides et al.，1995），2013 年 7 月 2 日和 3 日的地震发生在人工湖的西南端。

在分析中我们再一次把 2013 年 7 月 3 日主震震中周围半径 50 km 内作为初始区域。我们发现从 2012 年 11 月 8 日起地震活动明显集中在离主震震中距离 25 km 以内的区域（图 7.10）。该结果与用于计算震中到主震震中平均距离 D 的地震活动数量无关（图 7.11）。

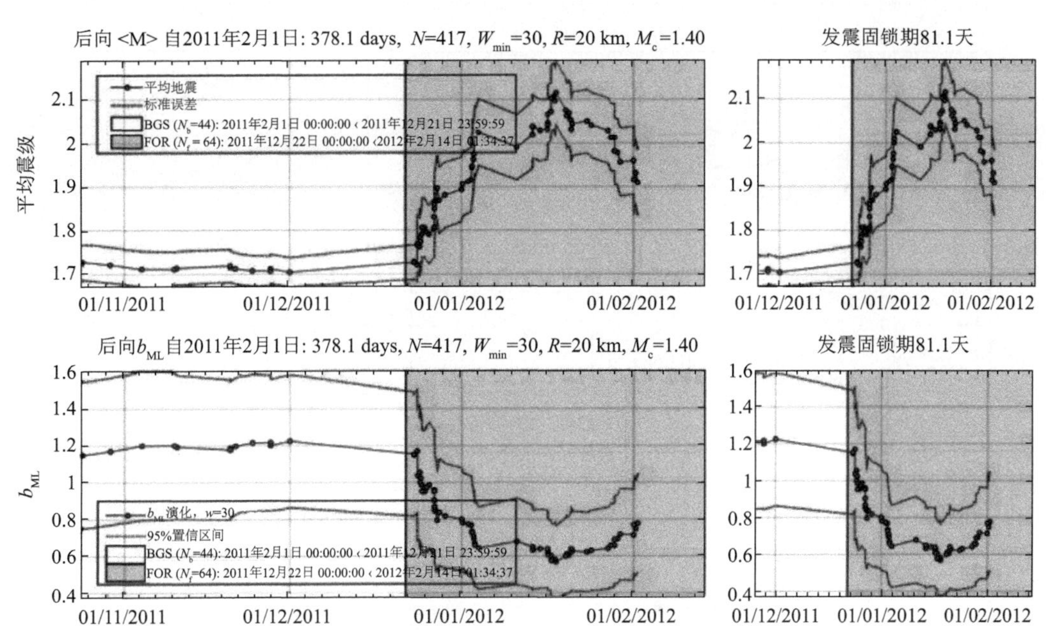

图 7.9 在目标点周围的目标区域（$R = 20$ km）发生的 $M \geqslant M_c = 1.40$ 的地震活动的（上部）平均幅度 $\langle M \rangle$ 和（底部）b_{ML} 的时间变化。2012 年 2 月 14 日 5.1 级地震的起始时间开始，$w = 30$ 为地震窗，1 为步长，采用后向算法计算两个参数

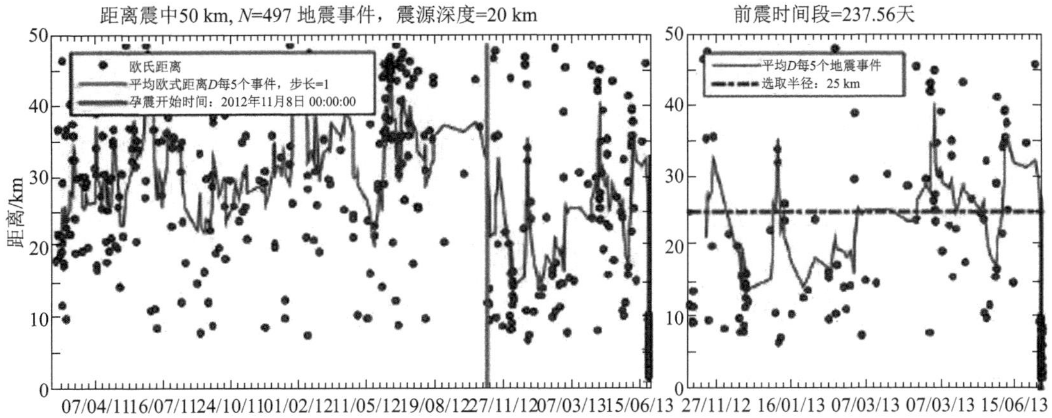

图 7.10 与 2013 年 7 月 3 日主震震中平均欧氏距离 D 随时间变化过程。在每个时间点，D 为 5 个地震事件计算的平均值

在主震发生前的最后几天，与 7 月 2 日 4.8 级地震活动有关的震群在震中附近发生。这里所采用的时间域和空间域与 2012 年 3 月 4 日阿索斯中型地震震例所采用的一样。背景期和检验期分别被认为是从 2011 年 2 月 1 日至 2012 年 11 月 7 日和 2012 年 11 月 8 日至 2013 年 7 月 3 日，该次地震活动序列也是地震序列中最大的一次。在主震震中半径 25 km 的目标区域内，对震级截取 $M_c = 1.10$（图 7.12 上部）的震例进行了地震活动性分析。

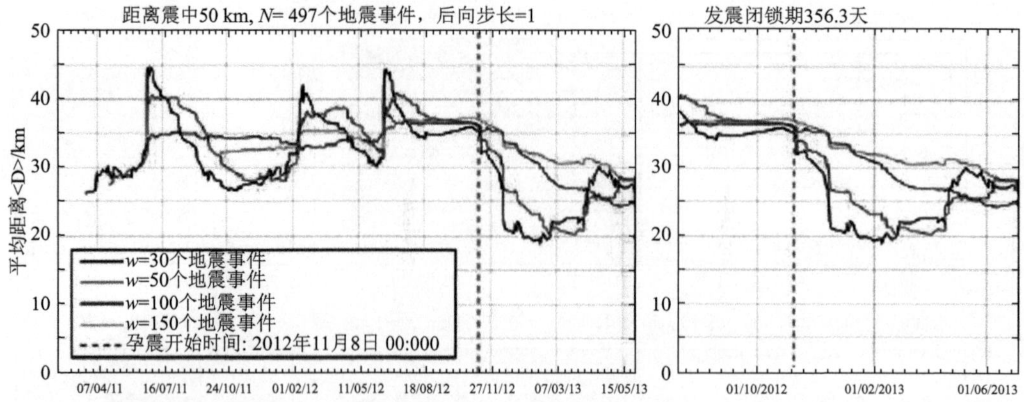

图 7.11 距离 2013 年 7 月 3 日主震震中平均欧氏距离 D 的时间变化。在每个时间点，采用后向算法计算 n 个活动的平均 D 值（n 等于 30、50、100 或 150），从 2013 年 7 月 3 日主震的起始时间算起，步长为 1 个地震事件（彩色图片参阅电子版）

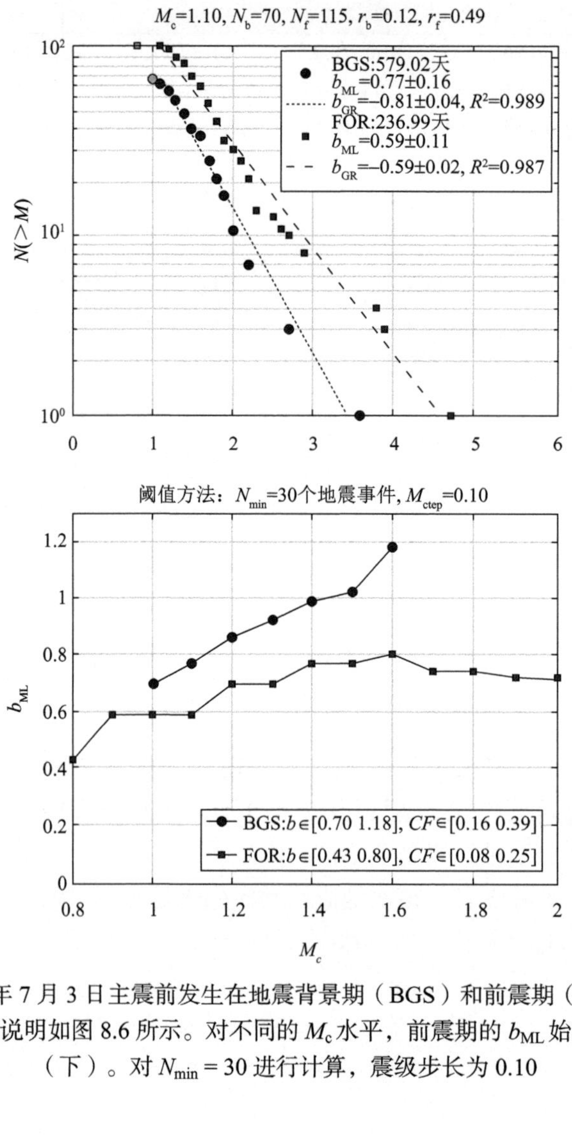

图 7.12 （上）2013 年 7 月 3 日主震前发生在地震背景期（BGS）和前震期（FOR）地震震级-频率（G-R）分布。标记说明如图 8.6 所示。对不同的 M_c 水平，前震期的 b_{ML} 始终低于背景期的 b_{ML}（下）。对 $N_{min} = 30$ 进行计算，震级步长为 0.10

地震活动概率出现了显著（显著性水平 98.54%）的增长，背景期和前震期分别为 r_b = 0.12 次/d 和 0.49 次/d（图 7.13）。同时 b_{ML} 从 0.77 下降至 0.59（图 7.12 上）而平均震级<*M*>上升了（图 7.14），Utsu 检验结果显示 *P*=0.09。*b* 值的下降并不明显，主要是因为两次震例中包含的地震活动数（N_b = 70，N_f = 115）相对较小（图 7.12 上）。

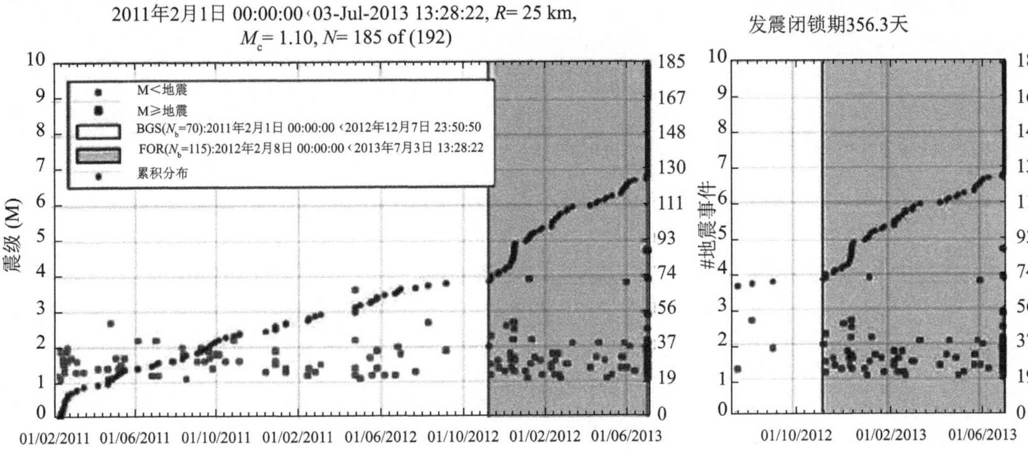

图 7.13 2012 年 3 月 4 日主震震中周围目标区域（R = 25 km）发生的 $M \geqslant M_c$ = 1.10 的地震活动的累积数量（彩色图片参阅电子版）

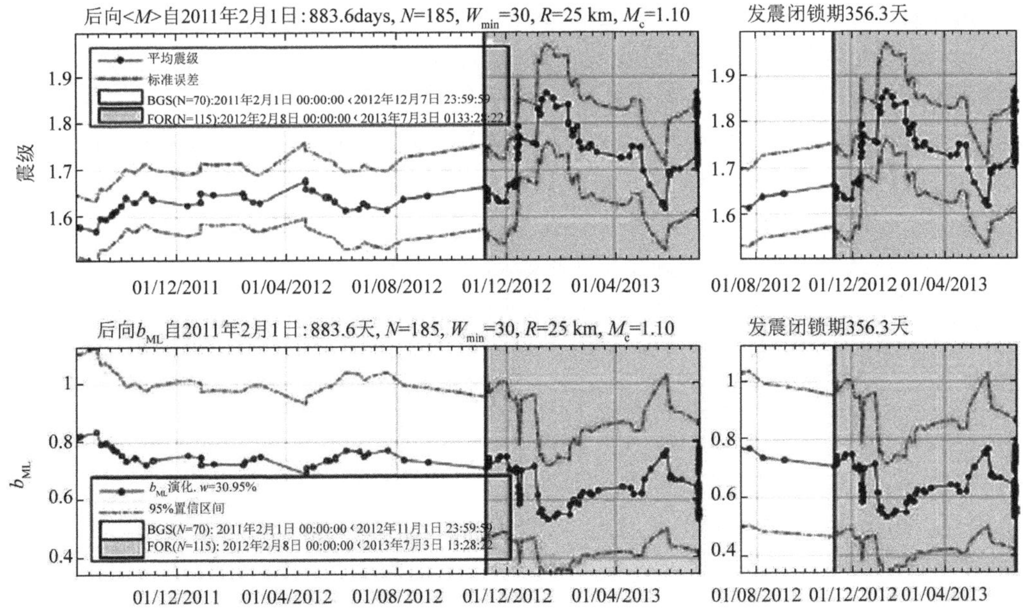

图 7.14 2013 年 7 月 3 日主震震中周围的目标区域（R = 25 km）内发生的震级 $M \geqslant M_c$ = 1.10 的地震活动平均震级<*M*>（顶图）和 b_{ML}（底图）的时间变化

同时我们注意到一个中小型的 4.8 级地震活动前出现的空间、时间和大小模式与大型主震的前震序列模式相似。波利菲托震例的一大特点是有着长达八个月的前震序列。考虑到 2012 年 7 月 2 日的地震活动（4.7 级）是最强前震，那么强前震阶段的持续时间仅为约 27 h，与 2013 年阿索斯的震例类似，在波利菲托地震序列的两次强震在震级上的差异非常小，因此我们再次检验确认了第一次地震事件（2012 年 7 月 2 日）是主震，而 2012 年 7 月 3 日的那次为强前震。我们发现 2012 年 7 月 2 日地震前的前震活动中活动概率从 0.13 增加到了 0.25，显著性水平达到了 91.47%，但 b_{ML} 从 0.77 降低到 0.66，显著性较低（P=0.195）。这些特征暗示着前震的八个月地震活动处于弱前震阶段。

7.6 讨论和总结

关于前震及其地震预测价值一直存在争议。在前震概率研究方面的回顾表明对不同地区不同时期开展的各种研究得出的结果存在矛盾。研究表明，前震概率不仅取决于地质属性，如异构性、震源深度和断层类型，也与所用地震目录的完整性以及所采用的前震定义有关。这教会了我们重要的一课，即研究所选取的空间、时间范围过小且/或地震目录的震级截取过大，有可能导致对前震识别的遗漏。同样存在争议性的一个问题是前震的震级大小与主震震级之间的联系。目前一般认为只有在强震和大地震前会发生前震，而很少有关于中小型地震前震活动的信息记录在案（如 Engdahl and Kisslinger，1978）。

就我们所知这是首次对于中小主震前的明显三种前震模式开展研究，比如本文所提到的两个希腊的震例。该调查显示在两次震例，即 2012 年 3 月 4 日阿索斯 5.2 级地震和 2013 年 7 月 3 日波利菲托 4.8 级地震前均出现了具有与强主震和大型主震震前类似的三种模式前震序列。对中小地震震前的前震活动研究对加深理解前震发生的机理及前兆三种模式带来新的可能性，有利于进一步探索前震过程的普遍性规律，即是否强地震大地震前发现的前震模式也能适用于中小主震。

表 7.1 总结了阿索斯和波利菲托两次震例、拉奎拉（2009 年）大地震以及 2010、2014、2015 年发生于智利的三次大地震中的前震参数。表中只包含经统计显著性检验具有三种模式的前震震例，尤为重要的一点是表 7.1 中考虑了与主震相关的地震断层类型。关于 2009 年拉奎拉主震的共识就是其与西北-东南走向的正断层有关（如 Chiarabba et al.，2009；Tinti et al.，2014）。NOA 所用的矩张量法表明希腊北部 2012 年阿索斯和 2013 年波利菲托的两场中小地震分别与阿索斯的西北-东南走向正断层和 Polyphyto 的东北-西南走向正断层有关。与此相反的是，与智利俯冲大地震即发生于 2010 年的莫尔地震（Madariaga et al.，2010）、2014 年的伊基克地震以及 2015 年的伊拉帕尔地震有关的则是逆冲断层。

六个震例中有四个震例的前震序列发展包括两个连续阶段：首先是一个弱前震阶段，然后是一个强前震阶段。但在智利 2010 年和 2015 年的震例中缺少强前震阶段，只检测到了弱前震阶段。这被归因于地震目录的截取震级偏大（Papadopoulos and Minadakis，2016）。四个地震序列的共同特点是强前震阶段持续时间小于 3 周，时间范围从 2012 年阿索斯（希腊）和 2014 年伊基克（智利）的约 18 天到 2013 年波利菲托

（希腊）的仅 1.1 天不等。6 次前震序列的总时长范围从阿索斯和伊基克地震的 2.3 个月到波利菲托地震的将近 8 个月不等。从低水平的地震活动背景来看，波利菲托前震阶段持续时间长的原因可能是该区域构造负荷率低，但我们不排除波利菲托地震序列的产生可能与附近大坝的水载荷变化有关，这也是我们有意探索的一个课题。

很明显的一点是前震序列的总持续时间和强前震阶段的持续时间与主震震级 M_o 和最大前震震级 M_f 没有关联性。此外，之前的其他研究显示未有证据表明 M_o 和 M_f 之间存在相关性。

另外，还值得探究的一点是主震的震级 M_o 是否与表 7.1 中半径 R 测量的前震区域地表面积存在关系。M_o 有随 R 变化的趋势，但 2015 年伊拉帕尔地震（智利，M_o 8.4）可能是个例外，这次地震的前震区域比 2014 年伊基克地震（智利，M_o 8.1）的要小，再次强调，这可能是因为对伊拉帕尔地震所用的截取震级相对伊基克地震更高。另一个问题在于震中测定的准确性，特别是对较低震级的地震活动比如希腊阿索斯和波利菲托地震，开展前震序列的重新定位可以有效改善对前震区域的评估。

结论：

（1）对前震概率的评估仍是一个有争议的话题，因为其不仅受地球物理因素如应力条件、物质异质性、震源深度和断层类型影响，同时还取决于地震目录完整性以及对前震的定义。

（2）前震序列可能遵循空间、时间、强度域的特定三维模式：前震震中向主震震中移动；地震活动数随时间接近主震，而 b 值下降；相比于背景地震活动性，平均震级 $\langle M \rangle$（～$1/b$）上升。然而已知的震例中，单个前震序列同时包含这三种模式的很少：2009 年拉奎拉（意大利中部）地震（强主震为 6.3 级），发生于智利的 2010 年莫尔大地震（震级 8.8 级）、2014 年伊基克大地震（震级 8.1 级）和 2015 年的伊拉帕尔大地震（震级 8.4 级）。但之前从未发现中小地震的前震序列。

（3）本文首次开展中小型地震前的前震序列研究。研究了希腊北部阿索斯（5.2 级）和波利菲托（4.8 级）的震例，两次地震分别发生于 2012 年 3 月 4 日和 2013 年 7 月 3 日。研究发现两次地震前都出现了与拉奎拉强主震和智利三次大地震前相类似的具有统计显著性的三种前震模式。

（4）三种前震模式似乎与地震断层类型无关，因为阿索斯、波利菲托以及拉奎拉这几次地震的主震与地壳正断层有关而智利的三次地震是典型的俯冲断层型。

（5）前震序列通常是从一个弱前震阶段发展到一个强前震阶段。但是在智利 2010 年和 2015 年的两次震例中只探测到了弱前震阶段，强震阶段的缺失可能与地震目录所用的截取地震震级偏大有关。这四个地震序列包含的强前震序列持续时间从 2012 年阿索斯地震（希腊）和 2014 年伊基克地震（智利）的 18 天至 2013 年波利菲托（希腊）的 1.1 天不等。六个前震序列的总持续时长从波利菲托地震的 8 个月至阿索斯和伊基克地震的 2.3 个月不等。Polyphyto 弱前震阶段的持续时间长的原因尚需开展进一步研究。

（6）前震序列总持续时间和强前震时间与主震震级 M_o、最大前震震级 M_f、震级 M_o 和 M_f 无关。

（7）但是 M_o 有与前震区域面积成比例的趋势，虽然 2015 年的伊拉帕尔（智利，

8.4 级）地震是个例外，其中原因可能是因为对伊拉帕尔地区的地震目录所选截地震相对比较高。

我们的主要发现是在空间、时间以及强度域的前震模式可能遵循某种统一尺度的普适性并有着非常宽的震级范围，至少对走滑断层是这样。如果这一结果有效，则说明前震的发生可能是主震孕震形变过程的固有特性。因此，基于以上研究需要进一步验证这种对前震三种模式统一普适性的猜想。出于这个目的，对不同震级不同断层类型的震例研究震前所出现的具统计学意义的模式将成为前震研究的重点。

鸣谢

感谢欧盟 DG-ECHO（合同号：ECHO/SER/2015/722144）资助的“自然灾害早期预警系统预研究：亚里士多德”项目的支持。

参考文献

Abercrombie, R. E. and Mori, J. (1996), Occurrence patterns of foreshocks to large earthquakes in the western United States, *Nature*, *381*, 303-307.

Agnew, D. C. and Jones, L. (1991), Prediction probabilities from foreshocks. *J. Geophys. Res.*, *96*(B7), 11959-11971.

Aki, K. (1965), Maximum likelihood estimates of *b* in the for mula log$N$=a–bM and its confidence limits, *Bull. Earth.Res.Inst.Univ.Tokyo*, *43*, 237-239.

Avlonitis, M. and Papadopoulos, G. A. (2014), Foreshocks and *b* value: bridging macroscopic observations to source mechanical considerations, *Pure Appl. Geophys.*, *17S1*(10), 2569-2580, doi: 10.1007/s00024-014-0799-6

Bedford, J., Moreno, M., Schurr, B., Bartsch, M., and Oncken, O. (2015), Investigating the final seismic swarm before the Iquique-Pisagua 2014 *Mw* 8.1 by comparison of continuous GPS and seismic foreshock data.*Geophys.Res.Lett.*, *42*, doi:10.1002/2015GL063953.

Bouchon, M., Durand, V., Marsan, D., Karabulut, H., and Schmittbuhl, J., 2013, The long precursory phase of most large interplate earthquakes, *Nature Geosci.*, *6*(4), 299-302, doi 10.1038/ngeo1770.

Brodsky, E. and Lay, Th. (2014), Recognizing foreshocks from the 1 April 2014 Chile earthquake, *Science*, *344*, 700-702.

Chen, Y., Liu, J., and Ge, H., (1999), Pattern characteristics of foreshock sequences, *Pure Appl.Geophys.*, *155*, 2-4, 395-408.

Cheng, Y. and Wong, L. N. Y. (2016), Occurrence of foreshocks in large earthquakes with strike-slip rupturing, *Bull.Seism. Soc. Am.*, *106*, 213-224, doi:10.1785/0120140338.

Chiarabba, C., Amato, A., Anselmi, M., et al., (2009), The 2009 L' Aquila (central Italy) Mw6.3 earthquake: Main shock and aftershocks, *Geophys. Res. Lett.*, *36*, L18308, doi: 10.1029/2009GL039627

Console, R., Murru, M., and Alessandrini, B. (1993), Foreshock statistics and their possible relationship to earthquake prediction in the Italian region.*Bull.Seismol.Soc.Am.*, *83*, 1248-1263.

Daskalaki, E., Spiliotis, K., Siettos, C., Minadakis, G., and Papadopoulos, G. A. (2016), Foreshocks and short-term haz ard assessment to large earthquakes using complex networks: the case of the 2009L'Aquila earthquake, *Nonlin.Processes Geophys.*, *23*, 241-256, https://doi.org/10.5194/ npg-23-241-2016

Di Luccio, F., Console, R., Imoto, M., and Murru, M. (1997), Analysis of short time-space range seismicity patterns in Italy, *Ann. di Geofis.*, *XL*, 783-798.

Dodge, D. A., Beroza, G. C., and Ellsworth, W. L. (1995), Foreshock sequence of the 1992 Landers, California, earth quake and its implications for earthquake nucleation. *J. Geophys.Res.*, *100*(B6), 9865-9880.

Doser, D. (1989), Foreshocks and aftershocks of large ($M \geqslant 5.5$) earthquakes within the western Cordillera of the United States, *Bull.Seismol.Soc.Am.*, *80*, 110-128.

Drakatos, G., Papanastassiou, D., Papadopoulos, G., Skafida, H., and Stavrakakis, G., (1998), Relationship between the 13 May 1995 Kozani-Grevena (NW Greece) earthquake and the Polyphyto artificial lake.*Eng. Geol.*, *51*, 65-74.

Duputel, Z., Jiang, J., Jolivet, R. et al.(2015), The Iquique earthquake sequence of April 2014: Bayesian modeling accounting for prediction uncertainty, *Geophys. Res. Lett.*, *42*, 7949-7957, doi:10.1002/2015GL065402

Engdahl, E. R. and Kisslinger, C. (1978), Seismological precursors to a magnitude 5 earthquake in the Central Aleutian Islands, in C. Kisslinger and Z. Suzuki (eds), *Earthquake Precursors*, pp. 243-250, Center for Academic Publications, Tokyo.

Frohlich, C. and Davis, S. D. (1993), Teleseismic *b* values;or, much ado about 1.0.*J. Geophys.Res.*, *98*(B1), 631-644.

Gutenberg, B. and Richter, C. (1944), Frequency of earth- quakes in California, *Bull.Seismol.Soc.Am.*, *34*, 185-188.

Hainzl, S., Zoller, G., and Kurths, J. (1999), Similar power laws for foreshock and aftershock sequences in a spring-block model for earthquakes, *J. Geophys.Res.*, *104*, 7243-7253.

Hamilton, R. M. (1967), Mean magnitude of an earthquake sequence.*Bull.Seismol.Soc.Am.*, *57*, 1115-1116.

Imamura, A., (1937), *Theoretical and Applied Seismology*, Maruzen, Tokyo, 358pp.

Imoto, M. (2005), *Use of Potential Foreshocks to Estimate the Short-Term Probability of Large Earthquakes*, Tohoku, Japan.Ishida, M. and Kanamori, H. (1978), The foreshock activity of the 1971 San Fernando earthquake, California.*Bull.Seismol. Soc.Am.*, *68*, 1265-1279.

Ishimoto, M. and Iida, K. (1939), Observations of earthquakes registered with the microseismograph constructed recently, *Bull.Earthquake Res.Inst.Tokyo Univ.*, *17*, 443-478.

Jones, L. M. (1985a), Foreshocks and time-dependent earth quake hazard assessment in southern California, *Bull.Seismol.Soc.Am.*, *75*(6), 1669-1679.

Jones, L. M. (1985b), Foreshocks (1966-1980) in the San Andreas system California. *Bull. Seismol. Soc. Am.*, *74*, 1361-1380.

Jones, L. M. and Molnar, P. (1976), Frequency of foreshocks, *Nature*, *262*(5570), 677-679.

Jones, L. M. and Molnar, P. (1979), Some characteristics of foreshocks and their possible relationship to earthquake pre- diction and premonitory slip on faults, *J. Geophys.Res.*, *84*, 3596-3608.

Jones, L. M., Wang, B., Xu, S., and Fitch, Th. J., (1982), The foreshock sequence of the February 4, 1975, Haicheng earth quake (M=7.3). *J. Geophys. Res.*, *87*(B6), 4575-4584.

Kagan, Y. and Knopoff, L. (1978), Statistical study of the occurrence of shallow earthquakes, *Geophys.J. Roy. Astr.Soc.*, *55*, 67-86.

Kato, A. and Nakagawa, S. (2014), Multiple slow-slip events during a foreshock sequence of the 2014 Iquique, Chile M_w 8.1 earthquake, *Geophys.Res.Lett.*, *41*, 5420-5427, doi: 10.1002/2014GL061138

Kato, A., Obara, K., Igarashi, T., Tsuruoka, H., Nakagawa, S., and Hirata N. (2012), Propagation of slow slip leading up to the 2011 M_w 9.0 Tohoku-Oki earthquake, *Science*, *335*(6069), 705-708.

Lin, C. H., (2004), Repeated foreshock sequences in the thrust faulting environment of eastern Taiwan.*Geophys.Res.Lett.*, *31*, L13601, doi:10.1029/2004GL019883

Lippiello, E., Marzocchi, W., De Arcangelis, L., and Godano, C. (2012), Spatial organization of foreshocks as a tool to fore cast large earthquakes, *Sci.Rep.*, *2*, DOI:10.1038/srep00846.

Lomnitz, C. (1966), Magnitude stability in earthquake sequences. *Bull. Seismol. Soc. Am.*, *56*, 247-249.

Madariaga, R., Métois, M., Vigny, Ch., and Campos, J. (2010), Central Chile finally breaks, *Science*, *328*, 181-182, doi: 10.1126/science.1189197

Maeda, K.(1999), Timedistributionof immediateforeshocksobtained by a stacking method, *Pure Appl.Geophys.*, *155*(2-4), 381-394.

Main, I. (2000), Apparent breaks in scaling in the earthquake cumulative frequency-magnitude distribution: fact or artifact? *Bull. Seismol. Soc. Am.*, *90*(1), 86-97.

Main, I., Meredith, Ph.G., and Jones, C. (1989), A reinterpreta- tion of the precursory seismic b-value anomaly from fracture mechanics, *Geophys.J. Int.*, *96*, 131-138.

Meng, L., Huang, H., Bürgmann, R., Ampuero, J. P., and Strader, A. (2015), Dual megathrust slip behaviors of the 2014 Iquique earthquake sequence, *Earth Planet.Sci.Lett.*, *411*, 177-187.

Merrifield, A., Savage, M. K., and Vere-Jones, D., (2004), Geographical distributions of prospective foreshock proba- bilities in New Zealand, *N. Z. J. Geol. Geophys.*, *47*, 327-339.

MichaeL, A. (2012), Fundamental questions of earthquake sta tistics, source behavior, and the estimation of earthquake probabilities, *Bull.Seismol.Soc.Am.*, *102*, 2547-2562, doi: 10.1785/0120090184.

Mogi, K. (1963a), The fracture of a semi-infinite body caused by an inner stress origin and its relation to the earthquake phenomena (second paper), *Bull.Earthquake Res.Inst.Univ.Tokyo*, *41*, 595-614.

Mogi, K. (1963b), Some discussion on aftershocks, foreshocks and earthquake swarms-the fracture of a semi-infinite body caused by an inner stress origin and its relation to the earth quake phenomena (third paper), *Bull.Earthquake Res.Inst.Univ.Tokyo*, *41*, 615-658.

Mogi, K. (1985), *Earthquake Prediction*, Academic Press, Tokyo, 355pp.

Molchan, G. M., Kronrod, T. L., and Nekrasona, A. K. (1999), Immediate foreshocks: time variation of the *b*-value, *Phys.Earth Planet.Int.*, *111*, 229-240.

Nanjo, K. Z., Hirata, N., Obara, K., and Kasahara, K. (2012), Decade-scale decrease in *b* value prior to the *M* 9-class 2011 Tohoku and 2004 Sumatra quakes, *Geophys.Res.Lett.*, *39*, L20304, doi:10.1029/2012GL052997

Ogata, Y., Utsu, T., and Katsura, K. (1996), Statistical discrimi-nation of foreshocks from other earthquake clusters, *Geophys.J. Int.*, *127*, 17-30.

Papadopoulos, G. A., Drakatos, G., and Plessa, A. (2000), Foreshock activity as a precursor of strong earthquakes in Corinthos Gulf, Central Greece, *Phys. Chem. Earth*, *25*, 239-245.

Papadopoulos, G. A., Charalampakis, M., Fokaefs, A., and Minadakis, G. (2010), Strong foreshock signal preceding the L'Aquila (Italy) earthquake (M_w 6.3) of 6 April 2009. *Nat. Hazards Earth Syst. Sci.*, *10*, 19-24.

Papadopoulos, G. A., Latoussakis, I., Daskalaki, E., Diakogianni, G., Fokaefs, A., Kolligri, M., Liadopoulou, K., Orfanogiannaki, K., and Pirentis, A. (2006), The East Aegean Sea strong earthquake sequence of October-November 2005: lessons learned for earthquake prediction from foreshocks, *Nat. Hazards Earth Syst.Sci.*, *6*, 895-901.

Papadopoulos, G. A. and Minadakis, G. (2016), Foreshock patterns preceding great earthquakes in the subduction zone of Chile, *Pure Appl.Geophys.*, *173*(10-11), 3247-3271.

Papazachos, B. C. (1974), Dependence of the seismic parameter *b* on the magnitude range, *Pure Appl.Geophys.*, *112*, 1059-1065.

Papazachos, B. C. (1975), Foreshocks and earthquake prediction, *Tectonophysics*, *28*, 213-226.

Pavlides, S. B., Zouros, N. C., Chatzipetros, A. A., Kostopoulos, D. S., and Mountrakis, D. M., (1995), The 13 May 1995 western Macedonia, Greece (Kozani-Grevena) earthquake: pre- liminary results, *Terra Nova*, *7*, 544-549.

Peçi, V., Maeda, K., Matsumura, K., and Irikura, K. (1999).Foreshock activity and its probabilistic relation to earthquake occurrence in Albania and the surrounding area, *Ann. di Geofis.*, *42*, 809-819.

Raleigh, B., Benett, G., Craig, H. et al. (1977), Prediction of the Haicheng earthquake, *EOS (Trans. Am. Geophys. Union)*, *58*, 236-272.

Ruiz, S., Metois, M., Fuenzalida, A. et al. (2014), Intense fore- shocks and a slow slip event preceded the 2014 Iquique *Mw* 8.1 earthquake, *Science*, doi:10.1126/science.1256074

Savage, M. K. and DePolo, D. M., (1993), Foreshock probabilities in the western great-basin eastern Sierra Nevada, *Bull.Seismol.Soc.Am.*, *83* (6), 1910-1938.

Scholz, C. H. (1968), Microfractures, aftershocks, and seismicity, *Bull.Seismol.Soc.Am.*, *58*, 1117-1130.

Scholz, C. H. (1977), A physical interpretation of the Haicheng earthquake prediction, *Nature*, *267*, 121-124.

Schorlemmer, D., Wiemer, S., and Wyss, M. (2005), Variations in earthquake-size distribution across different stress regimes, *Nature*, *437*, 539-542.

Schurr, B., Asch, G., Hainzl, S. et al.(2014), Gradual unlocking of plate boundary controlled initiation of the 2014 Iquique earthquake, *Nature*, *512*, 299-302, doi: 10.1038/ nature13681

Seggern, D. (1981), Seismicity pattern preceding moderate to major earthquakes, *J. Geophys.Res.*, *86* (B10), 9325-9351.

Sobolev, G. A. (2000), Precursory phases of large Kamchatkan earthquakes, *Volcanol.Seismol.*, *21*, 497-509.

Suyehiro, S. (1966), Difference between aftershocks and fore shocks in the relationship of magnitude to frequency of occurrence for the great Chilean earthquake of 1960, *Bull.Seismol.Soc.Am.*, *56*, 185-200.

Suyehiro, S. and Sekiya, H. (1972), Foreshocks and earthquake prediction, *Tectonophysics*, *14*, 219-225.

Suyehiro, S., Asada, T., and Ohtake, M. (1964), Foreshocks and aftershocks accompanying a perceptible earthquake in central Japan, *Meteorol.Geophys.*, *15*, 71-88.

Tinti, E., Scognamiglio, L., Cirella, A., and Cocco, M. (2014), Up-dip directivity in near-source during the 2009L' Aquila main shock, *Geophys.J. Int.*, *198*, 1618-163, doi: 10.1093/gji/ ggu227

Utsu, T. (1965), A method for determining the value of *b* in a formula lg*N*=*a*−*bM* showing the magnitude-frequency relation for earthquakes, *Geophys.Bull.Hokkaido Univ.*, *13*, 99-103.(In Japanese.)

Utsu, T. (1966), A statistical test of the difference in *b*-value between two earthquake groups, *J. Phys.Earth*, *14*, 37-40.

Utsu, T. (1992), Representation and analysis of the earthquake size distribution: A historical review and some new approaches, *Pure Appl.Geophys.*, *155*, 509-535, 1992.

Vidale, J., Mori, J., and Houston, H., (2001), Something wicked this way comes: clues from foreshocks and earthquake nucleation, *EOS (Trans.Am. Geophys.Union)*, *82*, 68.

Wu, C., Meng, X., Peng, Z., and Ben-Zion, Y. (2014), Lack of spatiotemporal localization of foreshocks before the 1999 M_w 7.1 Düzce, Turkey, earthquake.*Bull.Seismol.Soc.Am.*, *104*, 560-566.

Wyss, M. (1997), Second round of evaluations of proposed earthquake precursors, *Pure Appl.Geophys.*, *149*, 3-16.

Yagi, Y., Okuwaki, R., Enescu, B. et al., (2014), Rupture process of the 2014 Iquique Chile earthquake in relation with the foreshock activity, *Geophys.Res.Lett.*, *41*, doi: 10.1002/2014GL060274

Yamaoka, K., Ooida T., and Ueda Y. (1999), Detailed distribu- tion of accelerating foreshocks before a M 5.1 earthquake in Japan, *Pure Appl.Geophys.*, *155*(2-4), 335-353.

Yamashina, K. (1981), A method of probability prediction for earthquakes in Japan, *J. Phys. Earth*, *29*, 9-22.

Yamashita, T. and Knopoff, L., (2007), A model of foreshock occurrence, *Geophys. J. Int.*, *96*(3), 389-399.

Ye, L., Lay, Th., Kanamori, H., and Koper, K. D., (2016), Rapidly estimated seismic source parameters for the 16 September 2015 Illapel, Chile *Mw* 8.3 Earthquake. *Pure Appl. Geophys.*, *173*, 321-332, doi: 10.1007/s00024-015-1202-y

8　意大利地区地震活动模式检测的近期发展

安东内拉·佩雷桑

意大利国家海洋和实验地球物理研究所

摘要　可靠的预报手段必须规范化并加以验证，首先是回顾性的，然后开展实时模式的实验性检验。本文讨论了基于地震活动模式的监测、验证和预报问题，回顾了意大利及周边地区 CN 地震预测算法（该算法初衷是为加利福尼亚-内华达地区制定的，因此得名）应用的进展。CN 算法是基于模式识别的概念，并使用可探测的反向级联地震过程以判断在特定区域内可能发生强地震活动的时间间隔。基于地震构造区划和区域地球动力学特征，对近 20 年来意大利地震活动性开展严格监测，对 CN 算法取得的成果进行检验。实时检验结果认为可以在主导地球动力学过程的均质孕震区中找到强震前兆，并确认了基于地震活动模式分析的中期地震预报的可行性。

8.1　引言

地震预测由于其社会相关性和固有的复杂性，被公认为是最具挑战性的科研难题。我们能否开展有效而准确的地震预测？地震预报/预测的信息是否足够可靠从而有可能规避或减小损失？这些以及其他类似问题都是长期以来讨论和争议的主题（Geller et al.，1997；Jordan et al.，2014；Wang and Rogers，2014；Kossobokov et al.，2015）。

截至 1980 年，我们已经能清楚地认识到地震活跃的地壳岩石圈是一个复杂的、层次分明的、非线性耗散的系统，在大地震时会出现临界相变。从数学层面来讲，这种“混沌”的系统是可以预测的，但大量数据平均得到的结果精确度有限。因此，对灾难性地震的成功预测是一种从全局到细节的整套方法。解决预测存在的问题可以被看作一个连续的、按部就班的过程，逐步缩小空间范围和时间区间，确定早期地震最有可能发生在何时何地。而除了少数震例中的巧合和“一矢中的”（即源于后天分析的模型过拟合）以外，想以一个“杀手锏”来精确指出未来某次地震的震级、震源和时间的尝试通常都以失败告终。

已有研究在地震的时空关联性、丛集和地震活动模式几方面取得了巨大的进展（Tiampo and Shcherbakov，2012）；相应地，很多强震前后观测到了地震动力学的共同特征，即可预测性和多样性。尤其是基于地震活动的强烈信息，采用整体分析方法理解地震发生的复杂现象，显示了可重复可检验的地震预报方面的潜力（Keilis-Borok and

Soloviev，2003）。然而，地震活动只是灾难性地震前地球复杂动力过程的一种可能表现而已。现在很多在全球尺度下收集的新的可利用数据和识别的地震模式，以及基于概率的地震发生模型都为系统的分析和建模检验提供了机遇。如本卷中各章节所述，多种物理观测，包括地面形变[用全球定位系统（GPS）、合成孔径雷达（SAR）等数据测得]和震前环境的改变（包括地球化学、电磁学以及热力学过程），都可能与强震前岩石圈的应力变化有关，并由此降低即将发生的地震的不确定性。

过去的几十年间，地震预测方法的建立得到足够重视，特别是可以参照可用的数据进行检验来评估其可行性和可信度，具有实使用价值的预测方法（Allen et al.，1976）。然而，一直到最近人们才把重心从寻找前兆现象并开发预测性统计模型（大多基于一种对少数完善震例记录的后验式分析）转向了对这些的泛化与检验。早期所做的研究旨在对有关前兆现象的猜想开展有意义的系统分析（Sadovsky，1986），最终促进世界范围内强震的实验性预测（Healy et al.，1992；Kossobokov et al.，1999，2012）。最近，在世界不同地区（包括意大利）建立了地震可预测性研究合作机构（CSEP；http://www. cseptesting.org），其目的是提供一个可以运行和评测很多关于地震预报/预测的科学实验的良好运控环境。但是 CSEP 的评估是基于对大量方法的比较分析，而且是基于一个时间很短的测试期内取得的最佳概率，使其具有一定的误导性。正如 Peresan 等（2012）所指出的，在比较分析中出现最多的纰漏是概率预测相关的时空评估不充分造成的（例如特定概率阈值下受影响区域的面积），以及基于预警和基于概率的模型标准制定的不充分或者有缺失（Molchan and Romashkova，2011；Molchan，2012）。

值得注意的是，到目前为止没有任何地震前兆信号是经国际地震学和地球内部物理学协会评估认可的（Wyss and Booth，1997），而且也没有基于概率的网格化预测模型能够通过严谨的 CSEP 检验（Jordan，2006；Schorlemmer and Gerstenberger，2014）。

在意大利，首次在地震预测方面的成功尝试是 Caputo（1983）基于对意大利南部大地震序列的分析开展的；预测结果被 1984 年 5 月发生于阿布鲁佐地区的 5.4 级中型地震所证实。自此，大量的地震预报模型在意大利得到开展和应用，从地震发生的长期非参数模型（Rotondi，2010）到基于多发性余震系统（ETAS）的短期模型（Console et al.，2010）。基于地震活动模式的不同中期预测算法也得到了应用，包括 CN，M8S 算法（Peresan et al.，2005，及其中的参考文献）以及图像信息学（PI）算法（Radan et al.，2013）。大量文献针对意大利地区提出了几种预测方案，其中包括了很多之前被 CSEP 意大利测试区（http://cseptesting.org/regions/italy.php）检验过的模型（Marzocchi et al.，2010）；据我所知，该前瞻性测试尚未发布取得成果的相关文件。

2009 年拉奎拉地震（6.3 级）前出现了明显的震群而且有人声称预测到了该地震，最终促成了国际地震预报委员会（ICEF）的建立，其任务是概述当前地震预报的研究现状并为地震预报的发展和使用提供建议。ICEF 委员会所作的报告（Jordan et al.，2011）成为了对不同预报/预测方法进行批判性讨论的起点。Peresan 等（2012）讨论并对 ICEF 的建议进行了补充，提供了关于意大利现在实际运行情况以及针对正式确定的地震预报/预测而采取的减灾行动的信息。作者特别强调了为确保业务性地震预报（OEF）的实用性，地震实况预报（OEF）信息必须可靠、经过检验、有证据支持，而且不是必须基于概率。

虽然已经提出了很多可能的预报方法，并且目前在国家和国际两个层面上都得到应用，但包括本研究中讨论的 CN 算法在内（Peresan et al.，2005），只有少数方法是以一种正式的可检验的方式定义的，并且能够经受严格的测试，成为在足够长的时间内，具有统计意义上的可靠性的地震预测算法。CN 算法属于基于模式识别开发的一种预测算法，可以识别未来地震活动最容易发生的时间与空间（Keilis-Borok and Soloviev，2003）。这些算法对全球范围内超过二十年以来的震例开展了严谨的实时测试，提供了有效且具有统计意义的结果（Kossobokov，2012，2014；Kossobokov and Soloviev，2015）。本章对近期的一些进展以及超过二十年以来意大利和周边地区用 CN 算法的严格前瞻性检验所取得的成果开展综述（Peresan et al.，2011，2015），并讨论了一些一般性问题，如基于地震构造模型的研究区域选取标准的检验问题，以及与用于地震活动实时监测的地震目录同源性相关的实际操作问题。

8.2 地震活动模式与地震构造信息

最近的科技进展，特别是卫星对地观测（EO）方面的进展，为很多物理现象提供了越来越多的系统数据，从与孕震过程有关的地面形变到地球化学、电磁学以及热力学特性 （Riguzzi et al.，2012；De Santis et al.，2015 及其中的参考文献）。与非线性动态系统理论（Keilis-Borok and Soloviev，2003；De Santis et al.，2010）相一致的是，在灾难性地震活动发生前（即临界点、奇点），我们可观测的现象会出现可检测的变化。但是，岩石圈动力学的长时间尺度和大地震的偶发性限制了进行系统分析和测试的可能性。目前，地震目录仍然是世界上最客观，时间跨度最长的地震活动记录，这也是为什么现在用于地震预报/预测的大部分方法都是基于对地震目录的分析。

分析前兆地震活动模式的一个关键步骤是确定需要寻找前兆的区域，即研究区域，这与要预测的地震规模密切相关。清晰的统计学论据意味着所选区域的大小需要囊括许多地震，以便对地震活动开展完整的描述并检测可能的异常变化，并与输入数据的不确定性相一致。而且，震源的空间扩展也要考虑在内，因为强震活动的发生是与有限维度上的断层有关，而不仅仅是一个点。所以，研究区域的大小很自然的应该随着地震断裂大小[$L=L$（M_0）]的增加而增加，其中 M_0 是目标地震震级的阈值。其实，强震的孕震可能与多个断层组成的断层系统相关而不仅是单一断层，因此包括地震迁移在内的非局部前兆以及长期相关性可能反映了一些潜在的大规模过程，这种相关性不能简单地用震后应力在弹性介质中的再分配来解释，而是自组织临界系统的典型特质，在独立观测（Bowman et al.，1998）的支持下，能观测到的地震活动加剧区的大小随震级变化，而且比简单的弹性动力学相互作用预测所得的结果要大。正如 Dobrovolsky 等（1979）所述，类似的考虑因素也适用于其他可观测的现象，进一步支持了震前过程中的研究区大小随地震震级而变化这一比例关系。

特别是对于本章研究细节中所讨论的方法论的应用，经验表明研究区域的线性维度必须大于或等于 $5L$～$10L$。这种情况尤与多尺度地震活动性（MS）模型观点一致（Molchan et al.，1997），也是对于古登堡-里克特（GR）公式的不同概括，比如由

Kossobokov 和 Mazhkenov（1994）、Bak 等（2002）独立提出的用于地震发生的统一标度定律。事实上，G-R 公式的提出考虑了全球范围内的地震活动，因此在聚焦于更小的区域时，无法解释频率-震级关系是如何改变的。而 MS 模型与 G-R 公式相对应的对数线性关系只描述了由断层产生的地震集，其面积比所分析区域的面积要小。与 MS 模型相一致的是：当对面积相对较小区域的地震活动进行分析时，频率-震级关系只在特定震级范围内呈线性，对于强震来说频率-震级关系通常表现为向上弯曲的曲线。具体来说，为进行预测而选定的研究区域内震级 $M > M_0$ 的地震数量（即震源大小与研究区域大小相当的目标地震）通常超过了 G-R 公式的外推结果，所以这些地震活动可以认为是在给定区域内异常偏大了。同时，MS 模型验证了用于分析先兆模式（$M < M_0$）的震级范围中频率-震级关系的对数线性，即中小型地震活动的自相似条件。正如 Peresan 等（2005）曾深入讨论的一样，通过这种方式在统计学上遵循 G-R 公式以及其泛化的（Kossobokov and Mazhkenov，1994；Bak et al.，2002；Nekrasova et al.，2011）中小型地震所带来的信息被用来预测不符合 G-R 公式的强地震。

所以，中强地震（如 $M > 5.5$）的地震前兆必须在具有线性维度的几百千米范围内的区域搜寻。虽然研究区域的形状和位置都具有客观的物理意义，但在划定边界的时候不可避免地会存在随意性。对研究区域的选取可以遵循以下规定，从对预设几何区域进行系统性的扫描[如 Kossobokov et al. 等（2002）所用的环形研究范围（CI）]，到基于可用数据的时空完整性对研究区域边界做出更明确的定义（Keilis-Borok et al.，1990），或者考虑研究区域的孕震构造和地质动力特征划定区域边界（Peresan et al.，1999）。

在本研究中考虑到了 CN 算法（Keilis-Borok and Rotwain，1990），该算法属于一种中期地震预测算法，基于对孕震过程形式化的定量分析。CN 算法基于多组前兆模式，其设计遵循模式识别的通用理念，意味着严格的定义以及可重复的预测结果。CN 算法可以对给定区域和时间窗内的震级大于固定阈值 M_0 的地震开展概率增长倍数（TIP）的诊断。对于地震活动模式的量化是通过一系列地震活动的经验函数获取的，每个模式都代表了一个可重复的前兆，可重复前兆的定义以复杂系统理论和实验室岩石破裂实验为指导（Keilis-Borok，1996；Rotwain et al.，1997）。具体来讲，基于对区域内发生的主震序列进行估算得到的方程考虑中型地震在时空维度的增长，以及地震活动的一些特定变化，包括异常的活跃期和平静期。所选的前兆模式中最具相关性的特点之一是相似性；在经过适当的平均后，能在强地震发生前 2～3 年的时间里被探测到的地震活动的变化，在不同的构造环境下似乎都是相同的 （Keilis-Borok and Soloviev，2003）。

实际上，表示研究区域内地震活动的矢量 $\mathbf{P}(t)=[p_1(t), \cdots, p_m(t)]$，对每一个时间 t，其中向量 $p_i(t)$ 表示 m 种不同函数值，在公共端为 t 的滑动时间窗范围内进行评估。然后根据模式识别的概念提出了用 TIP 诊断的问题如下：已知 $\mathbf{P}(t)$，判断时刻 t 是否属于 TIP（即预警期），即判断强地震（震级 $M \geqslant M_0$）在时段（$t, t+\tau$）发生的可能性是否高于一般情况。这种分析的总体方案是开放式的，能够容纳其他类型的不同数据，不一定是地震学的。

预警期的定义为“相比一般情况强地震发生概率更高的时段”，这一定义的建立是因为所有试图精确量化在 TIP 期间地震发生可能性上升的行为都需要先验假设（即泊松叠加、TIP 的独立性等），其中大部分先验假设都受各个特定区域内现有观测数据的限制。想要对这种概率进行量化需要数千年的观测。正如 Peresan 等（2015）所述，要获取 TIP 相关强地震发生概率上升的经验性总评估，可以通过长期的实验测试来完成。尽管如此，从实际操作角度看，对于强地震的发生概率给出具体数值也不一定是最优解；事实上，对偶发性大地震相关的概率估计值极低而且不确定性非常高，即使发生概率已经增长到极高，也可能误导人们。

自从早期建立了基于加利福尼亚-内华达地区（Keilis-Borok and Rotwain，1990）地震活动分析的 CN 算法以来，CN 算法就被广泛应用于世界上很多地区，其中就包括意大利（Peresan et al.，2005）和伊朗（Maybodian et al.，2014）。CN 的原型创立之初（Gabrielov et al.，1986），在加利福尼亚-内华达地区选择世界范围内地震前兆模式的应用标准，之后在全球范围内继续进行各种测试，通过这些测试可以对 CN 算法的预报能力进行统计性的评估。具体来讲，1983～1998 年期间在全球 22 个地区的预测结果显著性的初步评估提供了 95%左右置信水平（Rotwain and Novikova，1999）。该结论符合 1998 年以来在意大利境内对 CN 算法开展的严格前瞻性测试的显著性统计结果（Peresan et al.，2015），也可以拓展到和本章所述的近期在亚得里亚海地区所做的研究。

8.2.1 基于地震构造分区的 CN 区域化

与 CN 算法的发源地加利福尼亚-内华达地区相比，意大利半岛和整个地中海地区在构造方面有很大的异质性，这一点是由地震构造的巨大差异性和破碎性揭示的（Meletti et al.，2000，2008；Cuffaro et al.，2011）。目前地中海中部地区的地球动力学机制由非洲-欧洲板块的相互作用和亚得里亚板块西南缘沿亚平宁山脉的俯冲控制（Cuffaro et al.，2010；Brandmayr et al.，2011；Doglioni and Panza，2015；Raykova et al.，2015）。阿尔卑斯弧，也是北部地区的主要构造特征，总体呈现一种隆升趋势（D'Agostino et al.，2005；Cloentingh，2006），并伴有西向的走滑运动，因此大部分震源机制都呈现出收缩性或压扭性的特质（Vannucci and Gasperini，2004；Guidarelli and Panza，2006；Basili et al.，2008）。亚平宁山脉位于意大利半岛的中部，有一条张性地震构造带，且存在普遍的倾滑震源机制（正断层）。意大利半岛南部的地震构造受卡拉布里亚弧下方的爱奥尼克板块向第勒尼安海下沉的控制（Splendore et al.，2010；Brandmayr et al.，2011；Trua et al.，2014）。

CN 算法在意大利境内的早期应用实验表明通过地震学和构造学证据选取研究区域能够改善算法性能，在降低 TIP 和预测失败比例的同时也提高了算法的稳定性。最终，Peresan 等（1999）提出了基于地震构造模型的 CN 算法研究区域选取标准，该标准考虑了目标区域的构造复杂性，同时减少了定义研究区域过程中的主观性。考虑到 CN 算法应用的一般规则（Peresan et al.，2005），包括研究区域的规模，区域化定义需要对迄今为止意大利境内公认的发震区进行大量分组（Scandone et al.，1990；Meletti et al.，2000）。根据提出的规则，CN 算法应用定义的区域包括具有同类孕震特征的相邻区域（如仅收缩性或仅张性）和具有过渡性质的区域。如果一个地区处于两个同类区域之间或者位于两个不同类区域的过渡区，而余震的空间分布也表明这其中可能有一定关联性，则将过渡区纳入到研究区范围内。依据 CN 应用规则并考虑当地主要地球动力学特点，意大利境内大部分地区，包括如 Peresan 等（1999）确定的地震活动活跃区，用这种方法划定了三个区域，如图 8.1 所示，且这几个区域自 1998 年以来在意大利被用于对 CN 算法做前瞻性测试。迄今为止所取得的令人满意的成果（8.3 节中有详述），进一步支撑了猜想，即可以在受地球动力学过程控制的地震均质体内找到强震前兆。

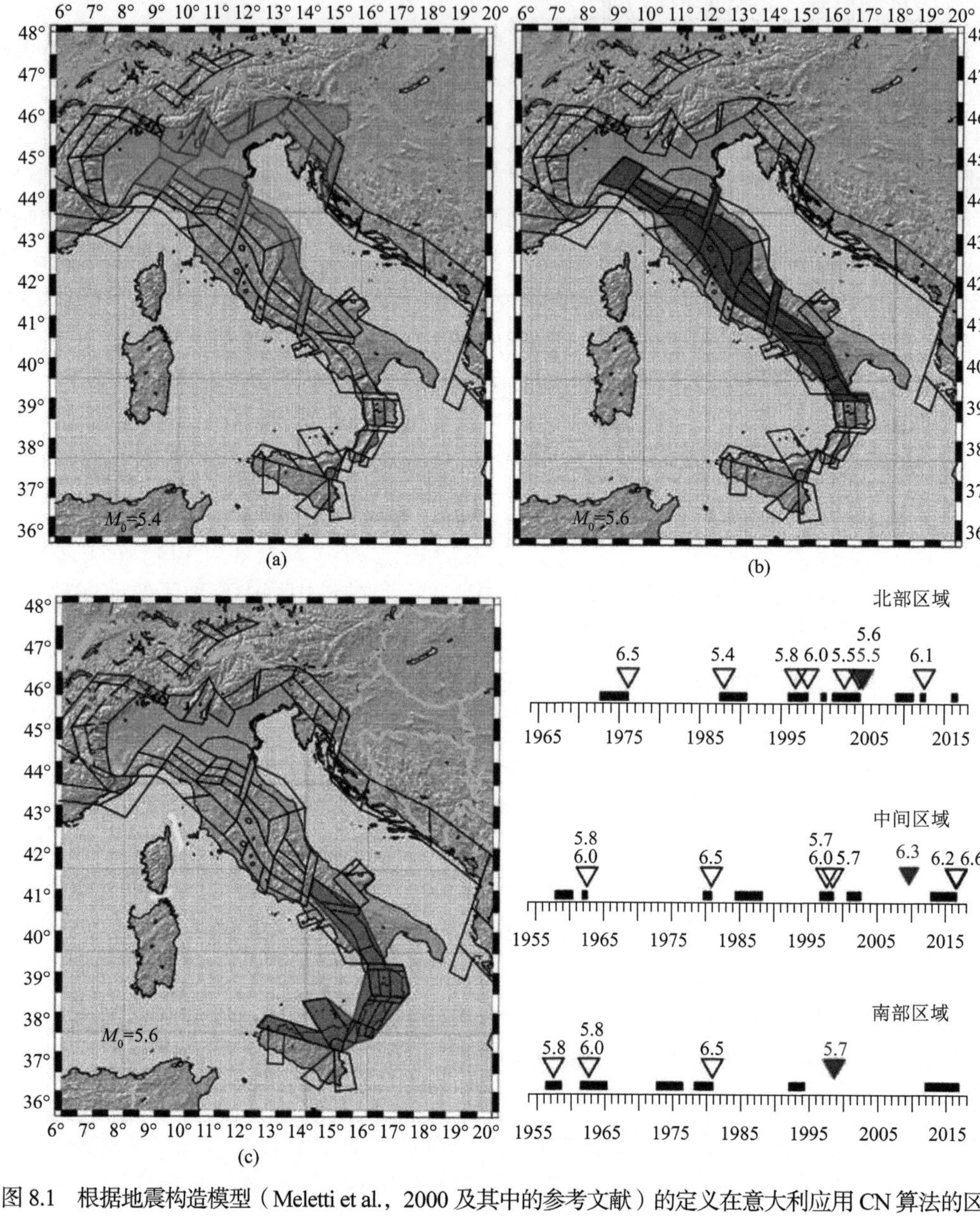

图 8.1 根据地震构造模型（Meletti et al.，2000 及其中的参考文献）的定义在意大利应用 CN 算法的区域划分。标示了每个区域的震级阈值 M_0。在 TIP 的图表中，黑框表示预警时期，而每个三角形表示强地震（$M \geqslant M_0$）的发生及其震级大小。三角形上方的两个数字表示在同一预测时间窗（2 个月）内发生的两次目标地震。全红的三角形表示预测失败（彩色图片请参阅电子版）

基于同类性质的地震区多组研究想法，旨在优化孕震过程涉及的断层因果系统的选取，成功地改进了 CN 算法在意大利地区早期的应用标准（Rotwain and Novikova，1999）。事实上，该方法允许地质学和地球动力学提供可用的独立信息，而不仅限于使用地震观测信息。

8.2.2 CN 算法监测拓展应用于亚得里亚海地区

目前基于地震构造模型区域化的 CN 算法应用已取得了一些成果，包括对实时预测数据的检验，确保了其在亚得里亚海和爱奥尼亚海前陆地震活动分析的应用。在亚德里亚海地区应用 CN 算法的目标有两方面：①实践方面，扩展其应用区域；②理论方面，在地震构造不同的地区探测地震孕震过程的相似性。按照相同的规则，意大利境内划分了三个区域，确定了一个适合 CN 算法应用的亚得里亚海地区（图 8.2）。

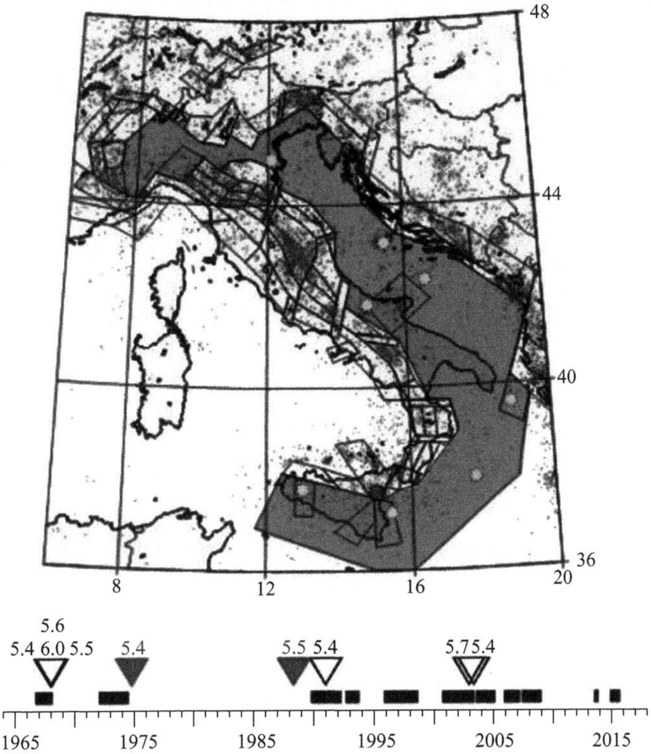

图 8.2 基于 Meletti 等（2000）提出的地震构造模型（细线）定义的 CN 算法应用于亚得里亚板块（蓝色多边形）的区域划分。红点标记了在 1900～2005 年这个时段内 UCI 目录中记录的 3 级及以上地震的主震震中。UCI 是指意大利境内地震活动模式的常规监测使用目录[UCI 2001 地震目录（Peresan and Panza，2002），统称为 UCI]黄色星号标记了目标地震的震中，即 1964 年以来 $M \geqslant M_0$= 5.4 的地震。该图表显示了从亚得里亚海地区得到的 TIP 的时间分布。符号的设定与图 8.1 中相同（彩色图片请参阅电子版）

由于函数的归一化，CN 算法的应用不再需要重复完整的模式识别步骤，只需确定对区域的定义和所要预测地震的阈值。基于对阈值设定期（TSP）时地震活动性的分析，相应地调整函数归一化的震级阈值和离散程度阈值，这一分析阶段通常被称为“学习”阶段，用来区分“选取”阶段（即对时间段的识别）。

对研究区域选取的标准考虑了同类地震特性的区域，是对 CN 算法应用区域定义的一般规则的补充，即：①区域的边界必须尽可能和地震活动中的最小值一致，兼顾该区域断层系统的几何特征；②其线性维度必须大于等于 $5L \sim 10L$，其中 L 是震源距离预测震源的长度（或线性尺度）；③平均每年至少有三次震级大于截止震级 M_c 的地震事件发生在区域内（Keilis-Borok，1996）。条件③表明，除了系统的物理复杂性之外，地震目录完整性水平控制了基于地震模式分析地震预测空间的不确定性。

按照上述标准（图 8.2），选定的亚得里亚海地区包括了从亚得里亚海经爱奥尼亚海到西西里南部。其西南边界地区和之前选定的北部区域相邻[图 8.1（a）]，而其东部边界则与沿第纳尔山脉方向收缩带的地震带边缘相重合。其北缘延伸到阿尔卑斯山脉西部的收缩带，穿越北部地区[图 8.1（a）]（Peresan et al.，1999）囊括了波河平原西部的一处前陆地区。该区域未界定发震区的南部边界对应的是震中空间分布的最小值，符合 CN 算法应用的通用规则（Keilis-Borok，1996）。区域轮廓有部分包括了先前意大利（Keilis-Borok et al.，1990）和克罗地亚（Herak et al.，1999）的区划区域，主要是依据当时可用地震目录的空间完整性来界定的。从地球物理的角度来讲，该区域包括了部分爱奥尼亚板块，穿过马耳他悬崖并覆盖了西西里岛大部分地区。为降低预测的空间不确定性，实验中考虑了研究区域的不同构造。把该区域分成两部分或者更多部分并没有带来令人满意的结果，可能说明了构成亚得里亚海前陆地区的各种地质要素内发生的地震之间存在联系；但不能排除是缺乏海底地震仪造成的地震目录不完整使得每个子区域所得结果不理想。

亚得里亚海地区用于 CN 算法分析的地震目录与意大利境内地震活动模式的常规监测使用的目录相同[UCI 2001 地震目录（Peresan and Panza，2002），以下统称为 UCI]。如 Romashkova 和 Peresan（2013）所言，该目录是对 1900 年至 1986 年期间意大利各局部地震目录的汇编，并自 1986 年之后基于 NEIC-USGS（美国地质调查局国家地震信息中心）和 ISC（国际地震中心）的全球数据进行更新。自 1960 年以来，UCI 地震目录在其所述区域内具有足够的完整性和一致性。由于地震模式的量化只考虑主震序列，因此余震采用了一种鲁棒去聚类窗口方法（Keilis-Borok et al.，1980）。目前正使用不同的去聚类方法开展研究以评估有关结果的稳健性（Zaliapin et al.，2008），目前 Peresan 等（2016）已经报道了一些不错的成果。

依据 CN 算法应用的一般规则，一旦确定了研究区边界，对要预测的地震活动选取阈值 M_0 就要根据分析区域内长期（几十年时间）震级 $M \geqslant M_0$ 地震的平均发生次数（非重现期）进行选取，时间尺度大约是 6 到 7 年左右（以保证对目标地震活动有充足的统计数据）。另外，阈值 M_0 的选取应该尽可能靠近地震活动数量-震级直方图中的最小值（Molchan，1990）；在这种条件下，除了上述与频率-震级分布的对数线性相关的物理因素外，也确保了如 Peresan 等（2002）所示的结果的稳定性。与邻近地区（图 8.2）相比，用于 CN 算法的亚得里亚海地区地震活动性似乎相对较低。但是，根据 1900 年以来该区域所发生地震的频率-震级分布（图 8.3）来看，选取阈值 $M_0 = 5.4$，与约 7 年间 $M \geqslant M_0$ 的地震的平均发生次数相对应（自 1900 年以来发生了 16 次主震震级大于等于 5.4 级的地震，1960 年以来共 9 次）。

与 UCI 地震目录的完整性一致的是，所选 TSP 周期对应时段为 1960～1998 年，对北部地区开展的 CN 算法分析采用了同样的 TSP 周期（Peresan et al.，2005）。因为计算 CN 算法函数至少需要 4 年，TIP 分析开始于 1964 年。在 1999 年至 2004 年间，该算法在应用中没有进行任何参数上的调整，但从 2005 年起其经历了严格的前瞻性测试，对亚得里亚海地区 TIP 分析的结果如图 8.2 所示，总结如下：1964～2016 年期间发生的 9 次目标地震中，有 7 次正好发生在 TIP 之前，预警期占比为 33.8%。值得注意的是，在 TSP 最后发生了两次地震，并被算法正确地识别出来了。

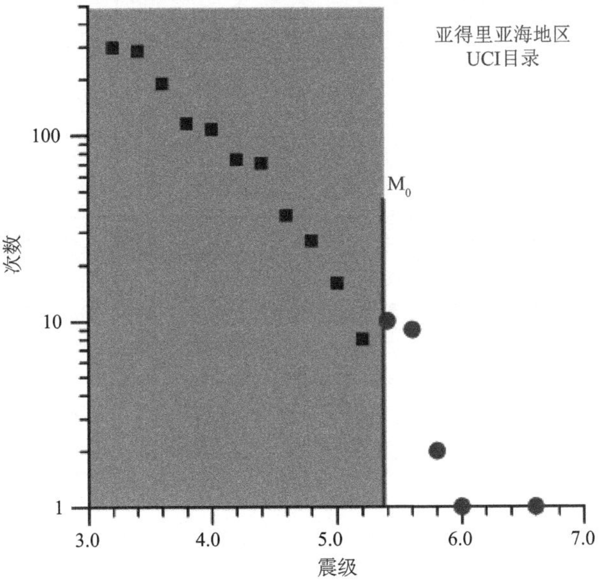

图 8.3 在亚得里亚海地区发生的地震活动数量与震级的分布，正如 UCI 目录中 1900～2005 年时间段所记录的一样。圆点对应 $M \geqslant M_0 = 5.4$ 的目标地震，而矩形对应于计算 CN 函数所选的震级范围内的地震活动

在从 2005 年以来的地震活动实时分析之前，亚得里亚海区域的构造和相关参数开展了一系列控制实验以评估其结果的鲁棒性（Peresan et al.，2006）。根据 Molchan（1990）所述，在一个特定区域内，预测结果表现出两种类型的误差。首先是对预测的失败率 η，$\eta = (1 - n/N)$，其中 n 是预测到的地震活动数，N 是目标地震活动总数。其二是预警的总时长比例 τ：$\tau = t/T$，其中 t 是预警总时长，T 是分析时间段的总时长。对预测结果质量的度量由量 ξ（$\xi = \eta + \tau$）给出，其可用来与随机猜想结果给出的 ξ = 100%进行比较。ξ 值低说明预测更准确，而 ξ 值提高至接近 100%则说明预测结果的质量下降了。另一个衡量预测质量的方法是对误报的统计：$\kappa = k/K$，其中 k 是误报的数量而 K 是总预警数。CN 算法在世界不同地区的应用结果表明 TIP 约占总时间的 30%，并先于约 80%的强震（Keilis-Borok and Rotwain，1990；Rotwain and Novikova，1999）；质量评估数据 ξ 值从 20%到 80%不等，κ 值可达到 70%。

控制实验表明亚得里亚海地区在阈值 M_0 在 5.3～5.6 范围内得到的预测结果十分稳

定、令人满意。如表 8.1 中所记录的，总预测误差 ξ 值从 28.4%到 57.3%不等，κ 值从 30%到 50%不等。震级大于等于 5.3 级和 5.6 级地震的平均发生时间分别是 4 年和 10 年左右。此外，命名为“地震历史”（Gelfand et al.，1976）的试验旨在评估 TSP 时间跨度如何影响预测结果。TSP 时间逐步缩短，函数的归一化和离散化阶段要对每一个所选的 TSP 重复，而 CN 算法的其他参数（如阈值 M_0）保持不变。取 M_0 = 5.4 时“地震历史”实验的结果似乎十分稳定并在表 8.2 中进行了总结：总预测误差 ξ 值的变化范围为 50.4%到 56.6%，且至 1998 年 TSP 所得预测结果未有失败案例。

表 8.1　CN 算法在亚得里亚海地区 1964～2004 年不同震级阈值 M_0 的回顾性应用结果

M_0	n/N	η/%	τ/%	$\eta+\tau$/%	κ/%
5.3	7/10	30.0	27.3	57.3	30
5.4	7/9	22.2	31.3	53.5	45
5.5	4/4	0.0	28.4	28.4	33
5.6	2/3	33.3	22.7	56.0	50

N，待预测地震次数；n，已预测的地震数量；τ，TIP 时长的百分比；η，预测失败的百分比；κ，误报率。

表 8.2　CN 算法应用于亚得里亚海地区的地震历史实验结果，所取震级阈值 M_0 = 5.4

End of TSP	n/N	η/%	τ/%	$\eta+\tau$/%	κ/%
2003.01.01	7/9	22.2	31.3	53.5	45.0
1999.01.01	7/9	22.2	31.3	53.5	45.0
1991.01.01	7/9	22.2	28.2	50.4	40.0
1988.01.01	7/9	22.2	34.4	56.6	45.0

N，待预测地震次数；n，已预测的地震数量；τ，TIP 时长的百分比；η，预测失败的百分比；κ，误报率。

8.3　在意大利和周边地区开展的 CN 算法前瞻性测试

自从 20 世纪 70 年代以来就认识到任何可靠的预报工具必须经过严谨的测试，首先是回溯性测试，然后是实时实验模式测试。美国国家研究委员会地震预测委员会专家组就地震得出了以下无可辩驳的结论：“只有通过仔细记录和分析地震预测的失败和成功，才能在长期的工作之后品评最终的成功，并指明未来的道路”（Allen et al.，1976）。对地震的长期预报实验，需要开展中期地震预报的严谨前瞻性检验，现在尚有较多实际问题有待解决。最常见的问题是几十年时间跨度内同源地震需要的持续性输入数据（如地震目录），这些数据是偶发强震统计预测模式和测试方法的必要条件。

意大利系统性的可测试的地震活动分析工作始于 1990 年，也是对 CN 算法的首次应用（Keilis-Borok et al.，1990）。在实验的起始阶段出现了紧急升级和输入数据质量（即地震目录的完整性和同源性）的基本问题，解决过程如下：当确定了意大利境内原始可用的地震目录存在系统性误差时（Peresan et al.，2000），及时汇编完成了对 UCI 目录的修改（Peresan and Panza，2002）。为了能够开展 CN 算法前瞻性测试，UCI 自

1998 年以来就一直基于 NEIC 提供的全球数据定期更新。但在 2009 年，意大利境内 NEIC 数据的完整性水平突然大大高出了应用 CN 算法所需的截取地震 M_c 范围（3.0～3.5）。为克服该问题，自 2009 年 1 月起，ISC 数据（ISC，2016）被纳入 UCI 目录的定期更新当中，与 NEIC 数据合并（Romashkova and Peresan，2013）。在 UCI 地震目录所列出的不同震级中，根据 Peresa 等（2005）所定义的优先级标准选择应用 CN 算法的应用震级 M_{prio}。基于 CN 算法在意大利境内开展地震活动日常监测的 UCI 地震目录详细描述（Peresan and Panza，2002）可参考：http://geologia.units.it/esperimento-di-previsione-dei-terremoti-mt/italian-earthquakes-catalogue。

此外，也探讨了使用意大利境内 CSEP 测试（CSEP-TRI）所建立的地震目录来测试 CN 算法预测的可能性，但该目录相当不均一且不连续，因此不适合 CN 算法的应用（Romashkova and Peresan，2013）。Gasperini 等（2013）表达了对基于震级不均一性（Romashkova et al.，2009）数据作为输入数据所得结果的严重担忧，尤其是从 CSEP-TRI 模型测试得来的部分输入数据。

有几项研究致力于评估输入数据不确定性方面的鲁棒方法（Peresan et al.，2000，2002）。鉴于所取得的喜人成果，2003 年 7 月启动了一项预测实验，旨在对意大利地区的 CN 算法开展严格的实时前瞻性测试。该实验的目标是积累地震预测成功和失败的例子（后者包括误报和/或漏报），从而评估所使用方法的预测能力。在该框架下，依照 Peresan 等（2005）所详述的意大利 CN 算法实时应用规则，对图 8.1 中所示的三个地区每两个月进行一次例行 CN 算法预测结果更新（即一月、三月、五月、七月、九月、十一月）。分析范围随后扩大到了亚得里亚海地区（图 8.2），该地区自 2005 年起就包括在前瞻性测试范围内。应用 CN 算法分析的任何地区都要有特定的研究区域和震级范围，以确定目标地震；相应地，对被认为是成功预测的目标地震，其震中必须在对应震级范围的预警区域内。当对比图 8.1 和图 8.2 中的四张地图时，很明显地可以看出意大利地区作为 CN 算法的监测区域部分互有重叠；因此，通常来说，如果一个目标地震发生在两个区域的重叠部分，那么只要有其中一个区域预警了对应的震级范围就算预测成功。

例行更新的结果和完整的预测档案均可在该网站获取：http://geologia.units.it/esperimento-di-previsione-dei-terremoti-mt/intermediate-term-middle-range-earthquake-prediction，这一程序允许对所用的算法进行严格检验和独立评估。表 8.3 提供了所用 CN 算法的完整目标地震列表，包括意大利和邻近地区回溯与实时的应用。

目前 CN 算法在意大利和周边地区的应用所得结果总结于表 8.4 中，包含以下时间段：①TSP 回溯性分析期（即 1954～1963 年，仅中部和南部地区；1964～1997 年，全部四个地区）；②前向分析期（1998～2016 年）；③仅实时的前向预测（包括 2005 年 1 月以来的亚得里亚海地区）；④总体时间分析期（1954～2016 年）。自 1954 年以来，26 次发生在监测区域内的目标地震中共有 22 次通过 CN 算法在震前发出了正确的预警。大约 31%的总体时空体积（STV）被预警，预测的置信度超过了 99%。拓展区划的正演预报实验也取得了令人满意的结果：通过 CN 算法实时预测了 9 次目标地震中的 7 次，STV 预警达到约 35%；通过随机猜测得到这种结果的可能性低于 2%。艾米利亚地震（2012 年 5 月 20 日，6.1 级）是使用 CN 算法成功预测的案例，因其发生于北部地区[图 8.1（a）]，在 2012 年 3 月 1 日就发出了会发生 5.4 级以上地震的预警。最近一次成功的实时预测是阿玛特里斯地震（6.2 级）和诺尔恰地震（6.6 级），分别于 2016 年 8 月 24 日和 2016 年 10 月 30 日发生在中部地区[图 8.1（a）]，自 2012 年 11 月 1 日起，CN 算法就预警该地区会发生 5.6 级以上地震。十分有趣的一点是，中部地区的预警在阿玛特里斯地震（2016 年 8 月 24 日）后并没有结束；事实上，在 CN 算法九月的预测更新阶段，基于对地震活动模式的分析，TIP 被延至 2016 年 11 月 1 日，并因此正确地预报了诺尔恰地震（2016 年 10 月 30 日）。

自实时预测实验以来，9 次地震中只有 2 次被 CN 算法漏报，分别是萨罗地震（2004 年 11 月 24 日，5.5 级）和拉奎拉地震（2009 年 4 月 6 日，6.3 级）。拉奎拉地震是一次失败的预测，因为其震中位于 CN 算法选取正确时间窗计算确定的预警区外约 10 km（Peresan et al.，2011）。而发生于北部地区的萨罗地震情形则完全不同。事实上，同一地区连续受到了三次地震的袭击，分别在 2003 年 9 月、2004 年 7 月和 2004 年 11 月（表 8.3）。CN 算法正确地预测了前两次地震，并从 2001 年 5 月开始预警；但根据 CN 算法的规则，该区域内地震能量释放已经足够高，在 2004 年 7 月地震后停止预警，从而导致之后萨罗地震的预测失败。

目前为止所得的预测结果令人鼓舞，尤其是在亚德里亚海区域开展的实验，亚得里亚海区域大部分被海水覆盖且跨越了几条政治边界，这些特征意味着亚得里亚海地区的地震目录与意大利境内的地震目录相比，完整性和均匀性不够。基于图 8.1 中所示归一化所得结果，可以评估 TIP 期间目标地震活动发生率相对长期平均发生率水平约有三倍的增幅（Peresan et al.，2015）。亚德里亚海地区所得结果与这些评估一致（图 8.4）。相应的，与意大利境内和临近地区的 CN 预测概率增益估计在 2 至 4 左右，与 ICEF 的独立计算结果相吻合（Jordan et al.，2011）。值得注意的，这些由几十年中期预测的前瞻性测试所支持的概率增益估算，与短期“小震级事件震中附近区域的名义概率增益因子”区别很大，因为后者很明显被认为是“具有高度不确定性而且大部分未经验证的”（Jordan et al.，2011）。事实上，因为概率增益积分的基本特性（Molchan，2003），其在预警的 STV 为 0 时达到最大值；通过偶尔随机发出预警而获得的单次成功可能会带来很高的概率增益。

表 8.4 中所示预警 STV 是按照 Kossobokov 等（1999）提供的程序计算的，且考虑了调查区域过往地震发生率（相对强度，RI）。基于地震活动分布的 STV 测量要比基于简单的预警区（km^2）的空间扩展所做测量严格得多，且相较于时间独立且非震群地震活动模型（如 RI）允许评估发布的地震预测的重要性，鉴于此，未来的强震更可能发生于过往地震活动频发的区域。Radan 等（2013）细致讨论了使用足够的预警量来合理评估预报模型性能的问题，其中特别提到了 PI 算法；该研究表明单纯考虑预警区域的空间范围可能会使人误以为该方法的准确率很高。尽管 CN 算法对于随机泊松模型的预测能力已经很明显了，但以后也许可以将 CN 算法预测和地震群模型进行比较。然而，目前为止，即使是包括 CSEP 的模型检验（如 2009 年 8 月；http://cseptesting.org/regions/italy.php），意大利境内尚未有经过严格验证的地震群模型可以用于此类分

析；事实上，目前尚未出版任何关于前瞻性实验成果的文件档案。

表 8.3　CN 算法在意大利及其邻近地区回溯（1954～1997 年）和预测（1998～2016 年）应用的目标地震列表。只有中部和南部地区被认为是到 1964 年，实时监测期间发生的地震（即 1998 年以来北部、中部和南部地区以及 2005 年以来亚得里亚海地区）用粗体表示

日期	纬度/°N	经度/°E	震源深度/km	M_{prio}	应用的 CN 算法	由 CN 算法划定的区域
1957 年 5 月 20 日	38.70	14.10	60	5.8	是	南部
1962 年 8 月 21 日	41.15	15.00	40	6.8	是	中心、南部
1962 年 8 月 21 日	41.15	15.00	40	6.0	是	中心、南部
1962 年 4 月 17 日	42.45	17.37	25	5.5	是	亚得里亚海
1967 年 12 月 30 日	45.00	12.10	35	5.4	是	亚得里亚海
1968 年 1 月 15 日	37.77	13.00	48	5.6	是	亚得里亚海
1968 年 1 月 15 日	37.77	12.98	44	6.0	是	亚得里亚海
1968 年 2 月 12 日	38.00	17.80	40	5.5	是	亚得里亚海
1974 年 10 月 20 日	39.60	18.90	60	5.4	否	亚得里亚海
1976 年 5 月 6 日	46.23	13.13	12	6.5	是	北部
1980 年 11 月 23 日	40.85	15.28	18	6.5	是	中心、南部
1988 年 2 月 1 日	46.31	13.13	8	5.4	是	北部
1988 年 4 月 26 日	42.37	16.60	14	5.4	否	亚得里亚海
1990 年 12 月 13 日	37.30	15.44	11	5.6	是	亚得里亚海
1996 年 10 月 15 日	44.79	10.78	10	5.8	是	北部
1997 年 9 月 26 日	43.08	12.81	10	5.7	是	中心
1997 年 9 月 26 日	43.08	12.81	10	6.0	是	中心
1998 年 4 月 12 日	46.24	13.65	10	6.0	是	北部
1998 年 9 月 9 日	40.03	15.98	10	5.7	是	中心、南部
2002 年 10 月 31 日	41.78	14.87	10	5.7	是	亚得里亚海
2003 年 3 月 29 日	43.26	15.49	33	5.4	是	亚得里亚海
2003 年 12 月 14 日	44.33	11.45	10	5.6	是	北部
2004 年 7 月 12 日	46.30	13.64	7	5.7	是	北部
2004 年 12 月 24 日	45.63	10.56	17	5.5	否	北部
2009 年 4 月 6 日	42.33	13.33	8	6.3	否	中心
2012 年 5 月 20 日	44.90	11.23	6	6.1	是	北部
2016 年 8 月 24 日	42.72	13.19	4	6.2	是	中心
2016 年 10 月 30 日	42.85	13.09	10	6.6	是	中心

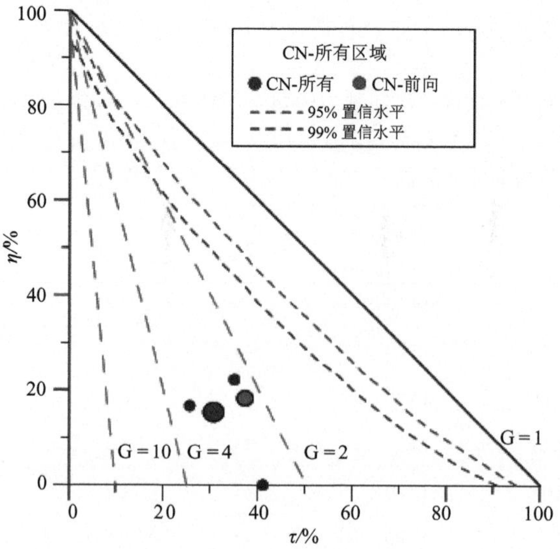

图 8.4 在意大利应用 CN 算法所得结果的误差图（Molchan，1990），详见表 8.4：η，预测失败的百分比；τ，预警占用的总时空体积。对角线对应的是随机猜测的结果（增益 $G=1$）。蓝点对应于表 8.4 中所考虑的三个实验时间段所得的结果。将所有回溯性和实时性测试结合在一起得到的预测结果用红色圆圈表示，并显示对应于 95%和 99%置信水平的曲线（CN 算法得分高于 99%，见下文）（彩色图片请参阅电子版）

表 8.4 意大利及其周边地区用 CN 算法得到的时空效率

实验时间间隔	预警的时空体积/%	n/N	置信水平
1954～1963 年 [a]	41	3/3	93
1964～1997 年	26	10/12	>99
1998～2016 年	37	9/11	>99
前向预测（1998～2016 年）[b]	35	7/9	98
所有结合在一起（1954～2016 年）	31	22/26	>99

N，目标地震的总数；n，预测地震总数

a 仅分析中部和南部区域

b 亚得里亚海区域从 2005 年开始

8.4 降低多学科数据集成预测的不确定性

意大利境内 CN 算法的应用结果表明，尽管精度有限，预警时期的时间从几个月到几年不等，且在数百千米的空间内具有线性不确定性，但地震预报仍具有实际可行性。想要降低对于地震将要发生的位置（何地）和时间（何时）的不确定性，需要用到其他信息，这些信息最后可能需要用到跨学科数据（比如大地测量学、地貌学和地球化学），和质量较好的当地地震目录中可用的低震级地震活动数据[如 Kossobokov（1999）等的 Msc 算法]。从实际角度来说，预测问题可以看作一个循序渐进的过程，不断缩小位置范围和时间段，寻找新地震最可能发生的地点和时间（Kossobokov and

Shebalin，2003）。这一多尺度手段在任何阶段都有可能从独立互补的地球物理观测中获益（Kanamori，2003；Bormann，2011；Panza et al.，2013）。

在本节中举例说明了利用不同数据对中期预测进行综合分析的可能性，从空间测量到地面震动建模，主要聚焦于物理上合理和可测试方法，这些方法已经开发并成功应用于意大利境内。

8.4.1　空间测量信息集成

由意大利航天局（ASI）出资，在试点项目 SISMA（https://www.asi.it/it/eventi/workshop/progetto-sisma）框架下开发的高度自动化的操作系统证明了地球观测（EO）数据与地球物理学和地震数据分析先进方法的有效融合的重要性（Crippa et al.，2008；Panza et al.，2013）。特别在国家尺度上，空间对地测量数据和地球物理正演模拟（GFM）形变图的协同使用弥补了 CN 算法中地震活动模式的实时分析的不足并由此降低了强临震空间定位的不确定性。

由 SISMA 系统所提供的诊断要素利用了不同时空尺度的数据和模型，从整个意大利半岛的区域尺度到单一发震区的局部尺度。除了验证的地震活动前兆模式外，在全球导航卫星系统（GNSS）和合成孔径雷达（SAR）数据以及模型应力场中，也有很好的震前瞬态现象。在部分震前阶段，观测到 EO 数据时间序列中构造应变率线性趋势异常。相应的，在区域尺度上，GNSS 和 GFM 观测数据的整合可以用来提供背景构造活动引起的应变率，可以在孕震区内找到大地测量学的异常。在区域尺度对瞬态区域形变指标进行了监控和建模（Marotta and Sabadini，2008；Splendore et al.，2010），时间步长为数月，与地震活动监测时间表一致。每当在全国范围内确定了一个预警区域，就可以集中关注预警区域内的断层，花上几天时间对 EO 数据进行重复分析，以便根据断层附近典型的地震期间线性平稳趋势，识别与应力变化相关的可能异常。从观测数据中获得的位移场为地球物理模型提供了输入数据，最终能揭示特定断层是否处于“临界状态”（Panza et al.，2013）。

在意大利全国范围内，SISMA 系统整合了地震活动正式分析的预警区域信息和 GNSS 数据分析结果。公式形式基于贝叶斯法，后验概率估算考虑到迄今为止可用的大地测量时间序列以及近 50 年来 CN 算法回溯性和实时应用的结果。事实上，正如 8.3 节中所讨论的，经 CN 算法诊断预警强震发生的概率大约是其长期独立估算结果（即不考虑预测结果）的三倍，约为无预警诊断概率的十倍至二十倍。同样，根据 GNSS 国家网络[图 8.5（a）]所勾勒出的大地测量多边形内，通过检查 6 个月移动窗口内形变率的变化，就可以根据平均应变场值找到大地测量异常；用贝叶斯定理得到后验概率。每两个月更新一次区域形变瞬态分析，与制定的地震活动监测时间表一致。通过结合预警区地震活动的信息[图 8.5（a）]和大地测量学异常信息[图 8.5（b）]，制定了联合预警图[图 8.5（c）]，图中对监测区的不同部分划分了以下预警等级：①大地测量学异常和地震预警；②只有地震预警；③只有大地测量学异常；④既无地震预警也无大地测量学异常。

图 8.5 所示地图结果是联合使用独立信息降低预测的不确定性的例子。虽然大地测量异常和地震活动预警是在线性尺度相当的区域上定义的，即几十到几百千米范围内，

但它们的交集导致了更小区域的定义，其特征是根据大地测量异常和地震预警组合开展不同级别的预警。一旦在国家层面上认定了预警区，就必须采取行动通过局部尺度模型和精确数据分析来进一步降低预测的时空不确定性。具体来讲，EO 数据处理是以几天为时间跨度开展的，主要聚焦于预警区内的断层分析，有助于识别断层附近应力变化有关的典型地震间期线性平稳趋势的可能异常。

SISMA 系统采用的综合预测方案非常通用，开放性地包含了不同的地震和大地测量数据分析方法，只要其经过正式定义且可测试即可。举例来讲，Riguzzi 等（2012）提出强震更倾向于发生在低应变率地区，即在断层固锁和弹性能量聚集的区域。因此，在构造活跃地区，高低应变率地图也许可以为识别下一次可能发生地震的区域提供有用信息。然而，想要基于应变率图制定一个可测试的预报方法就应该给出一个明确的划分来说明地震会发生于何时何地，这样才能用系统的回溯性和实时分析对方法的统计学显著性开展正式的评估（正如 8.3 节中所述）。考虑到目前可用的大地测量学 EO 数据时间跨度都较短（大约 20 年），可能会妨碍预警 STVs 的正式定义，也许与地震活动异常耦合（如使用 CN 算法）是一个切实可行的方法。

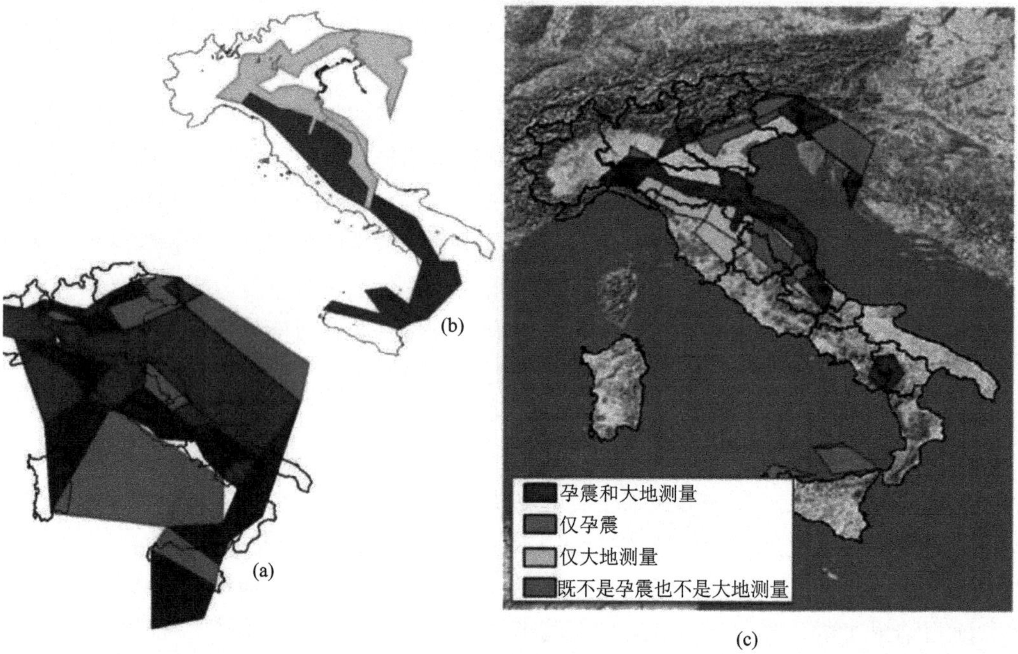

图 8.5　基于大地测量和地震活动数据获取的意大利境内综合预警地图示例：（a）给定时间的 GNSS 异常（绿色，与平均构造形变相比表现正常的多边形；红色，异常多边形；灰色，没有可用信息的区域。（b）根据地震活动模式分析，采用 CN 算法的监测区地图（灰色，黄色和蓝色区域）和预警图（黄色和蓝色区域）（如图 8.1 所示）。（c）地震异常和大地测量异常的联合结果地图。不同的颜色对应于地震异常和大地测量异常的不同组合（彩色图片请参阅电子版）

如果对大地测量异常给出足够通用的定义并假设全球不同区域内的震前过程具有相似性（正如本章所讨论的地震异常一样），那么大规模的测试可以显著加速 EO 数据异常的规范化和验证过程，而无需等待收集特定区域内完整假设地震周期的观测数据。

8.4.2 与时间有关的地震灾害场景：强震动的目标区域

考虑到地震数据的物理和统计学属性，典型的中期预测空间的不确定性实际上相当大。如 8.4.1 小节所示，要降低这种不确定性需要使用独立的、潜在的预测性观测数据。另一个选择是结合地震预报给出的与时间有关的信息和其他关于地震源和/或其潜在影响的与时间无关的信息[决定性灾害场景，Panza et al.，（2012）]。从操作的角度来说，尤其需要将重点放在与预警地区相关的高风险区域研究。在这个阶段可以利用如下最容易发生地震的区域（包括已发现的活动断层）和地面震动信息。

孕震节点的识别提供了一个无期限预期信息的例子。模式识别技术通过综合利用地质学、地形学和地震学数据，并且独立于任何瞬态地震，系统地识别能够产生强地震的位置。地震易发区的识别是基于强震与地貌结构节点相关的假设，地貌结构节点代表着在线性轮廓交叉区域周围形成的特定结构。线性轮廓是通过地貌结构分区（MSZ）法（Alekseevskaya et al.，1977）辨识的，该方法用构造和地质数据将研究区域描绘为一个分层块体结构，且格外注重地形。不同块体之间的边界区称为线性结构，节点定义为两条或两条以上线性结构的交点或汇点。在已定义的节点中，通过模式识别分析确定易发生特定（目标）震级以上的地震。用于识别的定量参数间接表征了新构造运动的强度和节点周围地壳的破裂程度（例如，山区和流域的抬升及其变化；线性地形特征的方向和密度；排水系统的类型和密度）。为此，通常对节点定义为半径为几十 km 的圆，围绕着每个线条的交点；但只要有足够精细的信息，就可以确定更精确的节点边界。该方法的可靠性和统计意义已经得到了之前研究区内所发生数个强震事件的验证：87%的事件发生在相关研究发表以后，部分具有一定震级的目标地震的地震活动能够提前在节点中被识别（Soloviev et al.，2014）。Gorshkov 等（2002，2004）对意大利和周边地区强震孕育的位置进行了确认，所选圆的半径 $R=25$ km，且设了两个震级阈值，分别为 $M_N \geqslant 6.0$ 和 $M_N \geqslant 6.5$。近期该分析已扩展到了对波河平原容易发生 $M_N \geqslant 5.0$ 的地震节点的识别（Peresan et al.，2015）。

将潜在地震区的空间信息和 CN 算法预测所得的时空信息相结合，就可以得到未来最容易发生地震的区域。由此产生的结果可以用于集中调查强震发生概率相对较高的几十 km 线性尺度区域内可能存在的局部前兆，以及通过地震危险性评估（NDSHA）的新确定性方法来绘制与时间相关的地面震动情景（Peresan et al.，2015）。因此，可以通过区域和局部尺度的全波形建模来定义一组基岩地面运动情景，即预警区域内可能发生强地震的时间间隔（Panza et al.，2012 及其中的参考文献）。

根据 Peresan 等（2011）描述的程序，为定义 NDSHA 与时间相关的情景，只考虑了预警区内的震源。然后，从有关震源和区域结构模型的可用信息开始，计算位于覆盖整个领土网格每个节点处的实际合成地震图，其步长为 0.2°×0.2°。从这组实际合成地震图中，可以生成描述基岩最大地面震动的不同地震危险性图，包括峰值地面位移（PGD）、峰值地面速度（PGV）或峰值地面加速度（DGA）。

意大利自 2006 年以来，每两个月更新一次预警区相关的 CN 算法预测以及与时间相关的新确定性地面运动情景。图 8.6 给出了 CN 算法监测（见图 8.1 和图 8.2）的四个区域所对应的 PGV 计算结果。该图只显示了基岩中地面震动值大于每秒 15 cm 的位置，对应于 IMCS ≥ IX（Indirli et al.，2011）。因为地面运动的速度与地震造成的破坏密切相关（Uang and Bertero，1990；Decanini and Mollaioli，1998），当应用 CN 算法发布预警时，这些图可以将注意力集中在风险较高的区域；值得注意的是，这些区域要比预警区小得多。

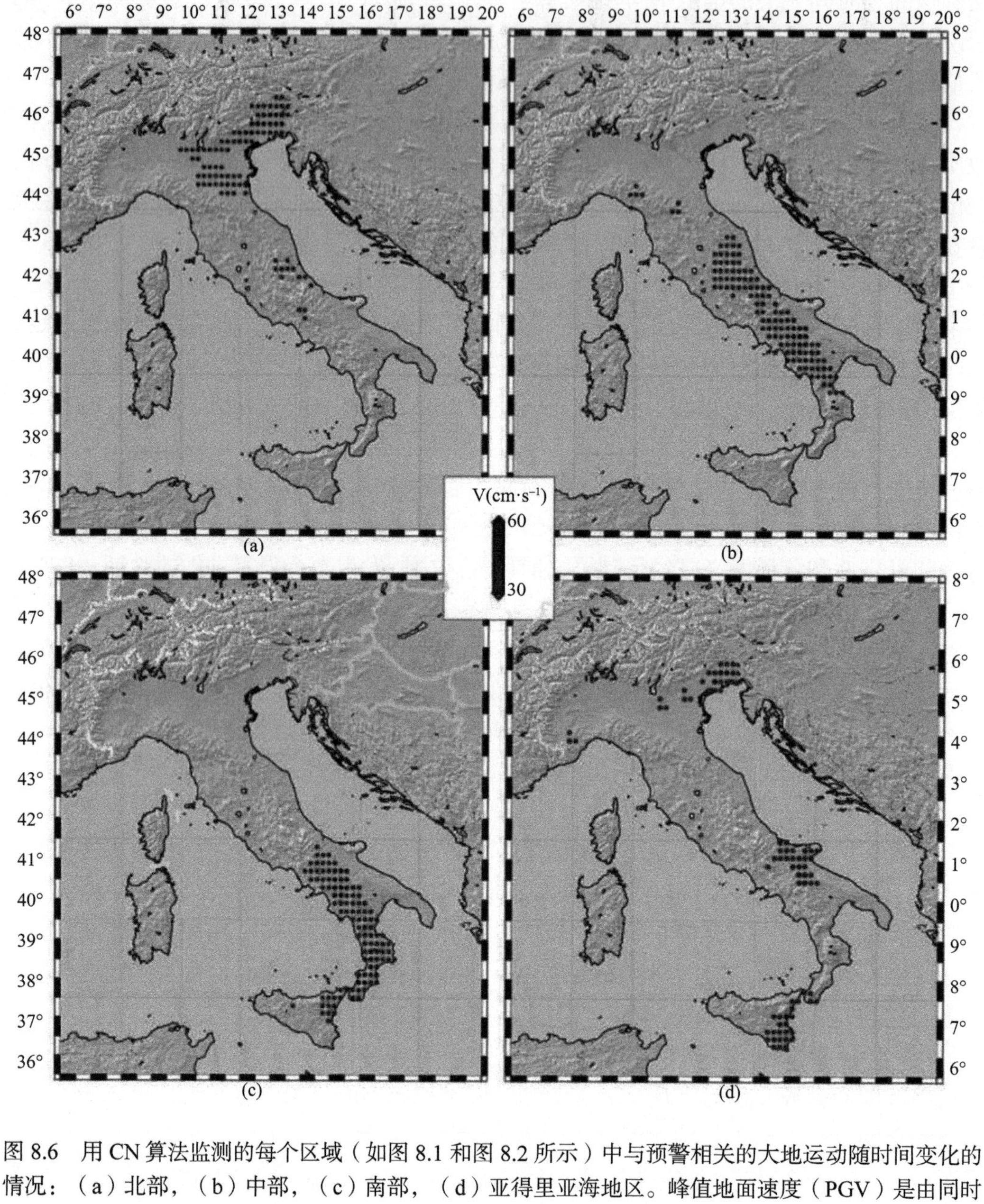

图 8.6 用 CN 算法监测的每个区域（如图 8.1 和图 8.2 所示）中与预警相关的大地运动随时间变化的情况：（a）北部，（b）中部，（c）南部，（d）亚得里亚海地区。峰值地面速度（PGV）是由同时使用预警区域内的所有可能震源和最高 10 Hz 的频率计算所得。在地图中仅提供 PGV ≥ 15 cm · s^{-1} 的值，其对应于 IMCS ≥ IX（Indirli et al.，2011）

8.5 讨论和总结

在世界上很多国家，几次破坏性地震最终成为致命的意外，如东日本地震（日本，2011 年 3 月 11 日，9 级）、海地地震（2010 年 1 月 12 日，7.3 级）以及发生于意大利的拉奎拉地震（2009 年 4 月 6 日，6.3 级）和艾米利亚地震（2012 年 5 月 2 日），正如这些震例所证明的一样，地震预报和地震危险性评估研究中实际操作问题是当务之急。关于可能发生的强震，任何可靠信息都可以采取有效的（低调的）减灾行动，从而降低与地震有关的风险，包括可能对环境产生的级联效应。相反，依靠未经检验的预测或地震灾害图则可能花费昂贵：对地震风险预测不足可能会造成人员伤亡和重大经济损失（Kossobokov and Nekrasova，2010，2012；Wyss et al.，2012），对风险预测过高会导致不必要的投资和昂贵的安全设备花费（Stein and Stein，2013）。

预测地震和相关的地面震动并不是一个简单的任务，需要对规模有限、精度水平不同的数据组谨慎地进行统计。观测数据和物理建模表明，地球岩石圈中的一些过程是可以预测的，但需要大量数据进行平均且精度有限。该问题可以通过多尺度手段来解决，地震预测可以看作一个循序渐进的过程，逐步缩小预计的震级范围、区域面积和时间，所有这些均受物理和数据不确定性所带来的不可避免的限制。

输入数据方面的不确定性控制了构建系统的能力，结果的准确性不可能优于输入数据的准确性，但这一显而易见的事实却时常被人忽略。有趣的一点是，Zechar 等（2016）表示“想要对欧洲地震活动进行模拟的研究者们必须想方设法来处理不完美的数据：欧洲的地震目录即使能有同质性也必然不会长久。”。事实上，使用存在缺陷的不完整数据进行可操作的地震预测（OEF）的方法已经存在，比如 CN 和 M8 算法，而且已经在全球范围内的应用了几十年。OEF 的方法必须有鲁棒性且其鲁棒性应与随机的残缺且不完整输入数据中的不确定性进行对比评测（Peresan et al.，2002）。但如果输入的数据提供了与系统不一致的现实图像，如同 Peresan 等（2000）所报道的案例，任何好的方法都会失败（或可预期其会失败）。正如 Zechar 等（2016）所强调的那样，考虑到地震目录数据的不完美性，对于即将发生的地震的 OEF 信息是应该给一个预警（即“预测”）或者给出发生概率（即“预报”），这不仅仅是一个语义的问题。这里的本质问题在于细致地评估地震发生的概率是否有意义、是否有用，尤其是可用于计算的数据都不可避免地存在不完美的情况。在该框架下，概率粗略地离散为几个相对值（如概率高/中/低或者简单的概率高/低，比如 TIP）似乎更可行，因其与数据的不确定性一致。特别是对大型偶发性地震来说，要细致地对概率进行量化可能会造成严重的误导，并给人一种已经被证明是错误的认知假象（Kossobokov，2005，2009）。更进一步来说，做决策并不一定意味着要给出具体的概率分配数值，而是需要从发生可能性增加的原生灾害上获取可靠的信息（Guidelines for Earthquake Predictors，1983）。

正如 Kossobokov 等（2015）明确指出的那样，任何关于临震的可靠预测信息都可能是①有效的，②对抗震设施设计与建设的补充，和③作为一个及时可靠的提醒和预警而受到民众夸赞。Peresan 等（2012）和一些更早的出版物与报告（Panza，2006）都强调了 OEF 的实践优势，包括不同时空尺度上预警相关的减灾措施。Kossobokov 等（2015）指出 Peresan 等（2012）从未对可靠 OEF 的可用性提出过 Jordan 等（2014）和 Field 等（2016）的“无效、给人误导而且危险” 的类似质疑。但是，为有效起见，任何预测工具都必须证明其具有预测大地震发生和相关地面震动的能力，而想要得到结果就必须通过严格的检验和验证，然后可以根据具体的不同等级减灾行动来判断方法的“有用性”。

毫无疑问，只有仔细记录实验的失败和成功才能最终评估预测方法的可靠性和有效性。令人遗憾的是，特定方法的高潜力和高效率通常基于值得质疑的统计数据的应用（例如名义概率增益，如 8.3 节所述），且基本不适合与决策者沟通。不言而喻，我们需要足够的手段来评估 OEF 的性能，如“误差图”（Molchan，1990）和“地震轮盘赌”无效假设（Kossobokov et al.，1992,1999）。这些手段还可以用于评估旨在预测未来地震地面震动的地震危险图的性能。这种验证过程必须在危险区域和/或时间之前开展。与相同次数的随机猜测试验相比，误差集，即失败率和预警的时空比，可以评估预测方法的有效性并确定由指定成本效益函数定义参数的最优选择。自 20 世纪 70 年代以来，已经有了可用于响应可靠预报/预测的备灾措施最佳选择的理论框架 （Kantorovich et al.，1974；Kantorovich and Keilis-Borok，1991）。当预测可靠但不一定精确时，可以采取谨慎的经济有效的安全措施。如第 8.4 节所示，可靠中期预报手段的准确性足以有效地开展备震措施（Davis et al.，2012），尤其是被用来开发综合地震情景时。此外，OEF 还可以成为多灾种风险评估手段的有效组成部分（Boni et al.，2015），其中考虑了地震引发的可能的链式反应（如山体滑坡、雪崩、水坝或核电站等关键设施的破坏）。显然，在长期预警的情况下，实际的初步准备方案的范围比短期预警范围要大。因此，决策者们应该采取范围更广的行动方式，根据预期的损失和震级-时间-空间预测的准确性，采取提高或降低安全措施对预测做出反应的一般策略。

本章基于对意大利前兆地震活动模式进行了大约 20 年的严格前瞻性测试，并通过应用 CN 算法进行确认，提出了关于 OEF 在中等时空尺度上可行性的实验证据。此外，监测区域扩展到了位于亚德里亚微板块的前陆区域，提供了与 OEF 不同方面的指标，即：①实用性方面，通过扩大受监测的领域实现；②理论性方面，基于不同构造区孕震过程的相似性，每个构造区均具有同质的孕震特性；③可操作性方面，在不同的时间跨度内，建立令人满意的关于输入目录质量的地震预测的稳定性（因为存在多个边界和海洋，使得该地区在这方面尤为突出）。

本章讨论了减少基于地震活动模式的中期地震预测所固有的巨大不确定性的可能。如第 8.4 节的结果所示，独立观测的耦合使用，包括空间大地测量和地貌结构分析的数据，可以有助于约束预警区域。地震易发区域的模式识别和异常变形区域的识别有助于集中研究强震可能性相对较高的区域中可能存在的局部尺度前兆，以及通过 NDSHA 方法推导出随时间变化的地面震动情景（Peresan et al.，2011）。基于模式识别技术和地面震动建模的时间相关的地震灾害情景定义程序已在意大利航天局 SISMA 项目的框架内实施（https://www.asi.it/it Agenzia Spaziale Italiana 的/ eventi / workshop / progetto-sisma），是用于实时联合处理地震学和大地测量学数据流的集成原型系统

（Crippa et al.，2008；Panza et al.，2013）。目前的TIP领域自2005年起以双月报告的形式定期提供给弗留利-威尼斯-朱利亚自治地区公民保护委员（PC FVG）（Panza et al.，2013，2014），附有预计最近将要发生的地面震动地图的双月报告，对业务规划和确定应急资源和准备程度非常有帮助。

应用前景表明，时间相关的NDSHA方法可以提供可靠的信息，有助于为及时地缓解行动分配公正的优先级。特别是，OEF 信息可以提高 TIP 预警区域人口的有效防备，在这些区域，应该警告人们这段时间地震发生概率的增加，并告知必须采取软缓解措施来提高其安全性。此外，在预计地面运动最强烈的地区，可以考虑对当地土壤条件进行进一步调查，以评估相关设施的脆弱性，包括学校（Panza et al.,2015）、关键设施和历史建筑（Vaccari et al.，2009）。

地震造成的危害与恐怖袭击事件有一些共同之处，即认为这些是生活中的一个显著因子。在这两种情况下，不能确定袭击（地震）发生的确切时间，虽然大多数敏感区域（发震区）都是已知的但也不是全部。正如本章所讨论的那样，对地震开展足够准确的预测以至于可以宣布红色警报并采取高度影响的行动（例如撤离）是可能的但不是现在。然而，中等时空尺度的预测是可行的，并且可以采取各种有效的软措施。因此，虽然恐怖主义的情况最终不太明确，但为免受恐怖袭击而制定的若干战略经过必要的修改后可用于减轻地震影响。

鸣谢

我想感谢 V. Kossobokov，L。Romashkova 和 I. Rotwain 为意大利建立和运行中期地震预测实验做出的重要贡献。还要感谢 G. F. Panza 在准备手稿期间所给予的宝贵支持和进行的讨论。同时也要感谢和 A. Magrin 之间的合作，计算与预警区域相关的随时间变化的地面震动情景。想要对 Angelo De Santis 和四位匿名审稿人的建设性意见表达特别的感谢。本章介绍的研究得益于以下各方面的出资：PCFVG-ICTP 协议，Protezione Civile della Regione Autonoma Friuli-Venezia Giulia（DGR 1459 dd.24.6.2009）；DPC-INGV 项目 S3-2012；ASI-试点项目“SISMA-监测和警报信息系统”。

参考文献

Alekseevskaya, M. A., Gabrielov, A. M., Gvishiani, A. D., Gelfand, I. M., and Ranzman, E. Ya.(1977), Formal morphostructural zoning of mountain territories, *J. Geophys.*, *43*, 227-233.

Allen, C.R., Edwards, W., Hall, W.J., Knopoff, L., Raleigh, C. B., Savit, C. H., Toksoz, M. N. Turner R. H. (1976), *Predicting Earthquakes: A Scientific and Technical Evaluation—with Implications for Society*, Panel on Earthquake Prediction of the Committee on Seismology, Assembly of Mathematical and Physical Sciences, National Research Council, US National Academy of Sciences, Washington, DC.

Bak, P., Christensen, K., Danon, L., and Scanlon, T. (2002), Unified scaling law for earthquakes, *Phys.Rev. Lett.*, *88*, 178501-178504.

Basili, R., Valensise, G., Vannoli, P., Burrato, P., Fracassi, U., Mariano, S., Tiberti, M. M., and Boschi, E. (2008), The Database of Individual Seismogenic Sources (DISS), Version 3: Summarizing 20 years of research on Italy's earthquake geology, *Tectonophysics*, doi:10.1016/j.tecto.2007.04.014

Boni, G., Mai, M. P., Parodi, A., Peresan, A., Tarolli, P., and Katz, O. (2015), *European Geosciences Union (EGU) Information Briefing: Continued risks of natural disasters in Nepal*, www.egu.eu

Bormann, P. (2011), From earthquake prediction research to time-variable seismic hazard assessment applications, *Pure Appl.Geophys.*, *168*, 329-366, doi:10.1007/s00024-010-0114-0

Bowman, D. D., Oullion, G., Sammis, C. G., Sornette, A., and Sornette, D. (1998), An observational test of the critical earthquake concept, *J. Geophys.Res.*, *103*, 24, 359-24, 372.

Brandmayr, E., Marson, I., Romanelli, F., and Panza, G. F. (2011), Lithosphere density model in Italy: No hint for slab pull, *Terra Nova*, *23*(5), 292-299.

Caputo, M. (1983), The occurence of large earthquakes in Southern Italy, *Tectonophysics*, *99*, 73-83.

Caputo, M. (1988), The forecast of the magnitude 5.8 May 7th 1984 earthquake in Central Italy, *Rev. Geofis.*, *28*, 101-121.

Cloentingh, S., Tornu, T., Ziedler, P. A., and Beekman, F. (2006), Neotectonics and intraplate topography of the northern Alpine Foreland, *Earth Sci.Rev.*, *74*, 127-196.

Console, R., Murru, M., and Falcone, G. (2010), Probability gains of an epidemic-type aftershock sequence model in retrospective forecasting of $M \geqslant 5$ earthquakes in Italy, *J. Seismol.*, *14*(1), 9-26.

Crippa, B., Sabadini, R., Chersich, M., Barzaghi, R., and Panza, G. (2008), Coupling geophysical modelling and geodesy to unravel the physics of active faults.Second Workshop on *Use of Remote Sensing Techniques for Monitoring Volcanoes and Seismogenic Areas*, USEReST.

Cuffaro, M., Riguzzi, F., Scrocca, D., Antonioli, F., Carminati, E., Livani, M., and Doglioni, C. (2010), On the geodynamics of the northern Adriatic plate, *Rend.Fis.Acc. Lincei*, doi: 10.1007/s12210-010-0098-9

Cuffaro, M., Riguzzi, F., Scrocca, D., and Doglioni, C. (2011), Coexisting tectonic settings: the example of the southern Tyrrhenian Sea, *Int. J. Earth Sci.Geol Rundsch*, doi: 10.1007/ s00531-010-0625-z

D'Agostino, N., Cheloni, D., Mantenuto, S., Selvaggi, G., Michelini, A., and Zuliani, D. (2005). Strain accumulation in the southern Alps (NE Italy) and deformation at the northeastern boundary of Adria observed by CGPS measurements, *Geophys.Res.Lett.*, *32*, L19306, doi:10.1029/ 2005GL024266.

Davis, C., Keilis-Borok, V., Kossobokov, V., and Soloviev, A. (2012), Advance prediction of the March 11, 2011 Great East Japan Earthquake: A missed opportunity for disaster prepar- edness, *Int. J. Disaster Risk Red.*, *1*, 17-32.

Decanini, L. D. and Mollaioli, F. (1998), Formulation of elastic earthquake input energy spectra, *Earthquake Eng. Struct.Dyn.*, *27*, 1503-1522.

De Santis, A., Cianchini, G., Qamili, E., and Frepoli, A. (2010), The 2009 L'Aquila (Central Italy) seismic sequence as a chaotic process, *Tectonophysics*, *496*, 44-52.

De Santis, A., De Franceschi, G., Spogli, L., Perrone, L., Alfonsi, L., Qamili, E., Cianchini, G., Di Giovambattista, R., Salvi, S., Filippi, E., Pav ó n-Carrasco, F. J., Monna, S., Piscini, A., Battiston, R., Vitale, V., Picozza, P. G., Conti, L., Parrot, M., Pinçon, J. L., Balasis, G., Tavani, M., Argan, A., Piano, G., Rainone, M. L., Liu, W., and Tao, D. (2015).Geospace perturbations induced by the Earth: the state of the art and future trends, *Phys.Chem.Earth*, *85-86*, 17-33.

Dobrovolsky, I. P., Zubkov, S. I., and Miachkin, V. I. (1979).Estimation of the size of earthquake preparation zones, *Pure Appl.Geophys.*, *117*, 1025, doi:10.1007/BF00876083

Doglioni, C. and Panza, G. (2015), Polarized plate tectonics, Adv.Geophys., 56, 1-167.

Field, E. H., Jordan, T. H., Jones, L. M., Michael, A. J., Blanpied, M. L., and Other Workshop Participants (2016), The potential uses of operational earthquake forecasting, *Sesimol.Res.Lett.*, doi:

10.1785/0220150174

Gabrielov, A. M., Dmitrieva, O. E., Keilis-Borok, V. I., Kossobokov, V. G., Kutznetsov, I. V., Levshina, T. A., Mirzoev, K. M., Molchan, G. M., Negmatullaev, S. Kh., Pisarenko, V. F., Prozorov, A. G., Rinheart, W., Rotwain, I. M., Shelbalin, P. N., Shnirman, M. G., and Schreider, S. Yu (1986), *Algorithms of Long-Term Earthquakes' Prediction*, International School for Research Oriented to Earthquake Prediction-algorithms, Software and Data Handling, Lima.

Gallipoli, M. R., Chiauzzi, L., Stabile, T. A., Mucciarelli, M., Masi, A., Lizza, C., and Vignola, L. (2014), The role of site effects in the comparison between code provisions and the near field strong motion of the Emilia 2012 earthquakes, *Bull.Earthquake Eng.*, *12*(5), 2211-2230.

Gasperini, P., Lolli, B., and Vannucci, G. (2013), Empirical calibration of local magnitude data sets versus moment magnitude in Italy, *Bull., Seism.Soc.Am.*, *103*, 2227-2246, doi: 10.1785/0120120356

Gelfand, I. M., Guberman, Sh.A., Keilis-Borok, V. I., Knopoff, L., Press, F., Ranzman, E. Ya., Rotwain, I. M., and Sadovsky, A. M. (1976), Pattern recognition applied to earthquakes epicenters in California, *Phys.Earth.Planet.Inter.*, *11*, 227-2-283.

Geller, R. J., Jackson, D. D., Kagan, Y. Y., and Mulargia, F. (1997), Earthquakes cannot be predicted, *Science*, *275*, 1616-1617.

Gorshkov, A. I., Panza, G. F., Soloviev, A. A., and Aoudia, A. (2002), Morphostructural zonation and preliminary recognition of seismogenic nodes around the Adria margin in peninsular Italy and Sicily, *J. of Seismol.Earthquake Eng.*, *4*(1), 1-24.

Gorshkov, A. I., Panza, G. F., Soloviev, A. A., and Aoudia, A. (2004), Identification of seismogenic nodes in the Alps and Dinarides, *Boll.Soc.Geol.Ital.*, *123*, 3-18.

Gorshkov, A., Panza, G. F., Soloviev, A., Aoudia, A., and Peresan, A. (2009), Delineation of the geometry of nodes in the Alps-Dinarides hinge zone and recognition of seismo- genic nodes ($M\geqslant 6$), *Terra Nova*, *21*(4), 257-264, doi 10.1111/j.1365-3121.2009.00879.x

Gruppo di Lavoro (2004), *Redazione della mappa di pericolosit à sismica prevista dall' Ordinanza PCM 3274 del 20 marzo 2003*, Rapporto conclusivo per il Dipartimento della Protezione Civile, INGV, Milano-Roma, aprile, 65 pp. + 5 allegati.

Guidarelli, M. and Panza, G. F. (2006), INPAR, CMT and RCMT seismic moment solutions compared for the strongest damaging events (M 4.8) occurred in the Italian region in the last decade, *Rend. Accad. Naz. Scienze, Mem. Scienze Fisiche Nat.*, *30*, 81-98.

Guidelines for Earthquake Predictors (1983), *Bull. Seismol.Soc.Am.*, *73*(6), 955-956.

Gutenberg, B. (1956), The energy of earthquakes.*Q. J. Geol.Soc.London*, *112*, 1-14.

Healy, J. H., Kossobokov, V. G., and Dewey, J. W. (1992), A test to evaluate the earthquake prediction algorithm, M8, *US Geol.Surv.Open-File Rep.*, 92-401, 23 pp. + six ppendices.

Herak, D., Herak, M., Panza, G. F., and Costa, G. (1999), Application of the CN intermediate term earthquake predic- tion algorithm to the area of the Southern External Dinarides, *Pure Appl.Geophys.*, *156*, 689-699.

Indirli, M., Razafindrakoto, H., Romanelli, F., Puglisi, C., Lanzoni, L., Milani, E., Munari, M., and Apablaza, S. (2011), Hazard evaluation in Valparaiso: the MAR VASTO Project, *Pure Appl.Geophys.*, *168*, 543-582.

ISC (2016), International Seismological Centre, Thatcham, United Kingdom, on-line bulletin, http://www.isc.ac.uk

Jordan, T. (2006), Earthquake predictability, brick by brick, *Seismol.Res.Lett.* *77*(1), 3-6.

Jordan, T., Chen, Y., Gasparini, P., Madariaga, R., Main, I., Marzocchi, W., Papadopoulos, G., Sobolev, G., Yamaoka, K., and Zschau, J. (2011), Operational earthquake forecasting.State of knowledge and guidelines for Utilization, *Ann.Geophys.*, *54*(4), doi:10.4401/ag-5350

Jordan, T.H., Marzocchi, W., Michael, A.J., and Gerstenberger, M.C.(2014).Operational earthquake forecasting can enhance earthquake preparedness, *Seismol. Res. Lett.*, *85*(5), 955-959.

Kanamori, H. (2003), Earthquake prediction: An overview, International Handbook of Earthquake and Engineering Seismology,Int.Assoc.Seismol.Phys.Earth' s Int., 81B, 1205-1216.

Kantorovich, L. V. and Keilis-Borok, V. I. (1991), Earthquake prediction and decision-making: social, economic and civil protection aspects, in *Proceedings of the International Conference on Earthquake Prediction: State-of-the-Art*, pp. 586-593, Scientific-Technical Contributions, CSEM-EMSC, Strasbourg, France.

Kantorovich, L. V., Keilis-Borok, V. I., and Molchan, G. M. (1974), Seismic risk and principles of seismic zoning, in *Seismic Design Decision Analysis*, Internal Study Report, Department of Civil Engineering, MIT, 43 pp.

Keilis-Borok, V. I. (1990), The lithosphere of the Earth as a non- linear system with implications for earthquake prediction, *Rev. Geophys.*, *28*, 19-34.

Keilis-Borok, V. I. (1996), Intermediate term earthquake prediction, *Proc.Natl.Acad Sci. USA*, *93*, 3748-3755.

Keilis-Borok, V. I. and Rotwain, I. M. (1990), Diagnosis of time of increased probability of strong earthquakes in different regions of the world: algorithm CN, *Phys. Earth Planet.Inter.*, *61*, 57-72.

Keilis-Borok, V. I. and Soloviev, A. A. (eds) (2003), *Non-linear Dynamics of the Lithosphere and Earthquake Prediction*, Springer, Heidelberg, 337 pp.

Keilis-Borok, V. I., Knopoff, L., and Rotwain, I. M. (1980), Bursts of aftershocks, long-term precursors of strong earth- quakes, *Nature*, *283* (5744), 259-263.

Keilis-Borok, V. I., Kuznetsov, I. V., Panza, G., Rotwain, I. M., and Costa, G. (1990), On intermediate-term earthquake prediction in Central Italy, *Pure Appl.Geophys.*, *134*(1), 79-92.

Kossobokov, V. (2005), Regional earthquake likelihood models: A realm on shaky grounds? *Eos (Trans.Am. Geophys. Union)*, *86*(52), Fall Meeting Supplement, Abstract S41D-08.

Kossobokov, V. (2009), Testing earthquake forecast/prediction methods: "Real-time forecasts of tomorrow's earthquakes in California, " in *Some Problems of Geodynamics*, pp. 321-337, KRASAND, Moscow.(In Russian.)

Kossobokov, V. G. (2012), Earthquake prediction: 20 years of global experiment, *Nat. Hazards*, doi 10.1007/s11069-012-0198-1

Kossobokov, V. G. (2014), Times of increased probabilities for occurrence of catastrophic earthquakes: 25 years of hypothesis testing in real time, in M. Wyss and J. Shroder (eds), *Earthquake Hazard, Risk, and Disasters*, pp. 477-504, Elsevier, Oxford.

Kossobokov, V. G. and Mazhkenov, S. A. (1994), On similarity in the spatial distribution of seismicity, in D. K. Chowdhury (ed.), *Computational Seismology and Geodynamics*, pp. 6-15, American Geophysical Union, Washington, DC.

Kossobokov, V. G. and Nekrasova, A. K. (2010), Global seismic hazard assessment program maps are misleading, *Eos (Trans.Am. Geophys. Union)*, *91*(52), Fall Meeting Supplement, Abstract U13A-0020.

Kossobokov, V. G. and Nekrasova, A. K. (2012), Global seismic hazard assessment program maps are erroneous, *Seismic Instr.*, *48*(2), 162-170, doi: 10.3103/S0747923912020065

Kossobokov, V. and Shebalin, P. (2003).Earthquake prediction, in V. I. Keilis-Borok and A. A. Soloviev (eds), *Non-Linear Dynamics of the Lithosphere and Earthquake Prediction*, pp. 141-207, Springer, Heidelberg.

Kossobokov, V. G. and Soloviev A. A. (2015), Evaluating the results of testing algorithms for prediction of earthquakes, *Dokl.Earth Sci.*, *460*(2), 192-194, doi: 10.1134/ S1028334X15020208

Kossobokov, V. G., Healy, J. H., Keilis-Borok, V. I., Dewey, J. W., and Khokhlov, A. V. (1992), The test of an intermediate-term earthquake prediction algorithm: the design of real-time monitoring and retroactive application, *Dokl.Acad.Nauka*, *325*(1), 46-48.(In Russian.)

Kossobokov, V. G., Romashkova, L. L., Keilis-Borok, V.I., and Healy, J. H. (1999), Testing earthquake prediction algorithms: statistically significant advance prediction of the largest earthquakes in the Circum-Pacific, 1992-1997, *Phys.Earth Planet.Inter.*, *111*.187-196.

Kossobokov, V. G., Romashkova, L.L., Panza, G. F., and Peresan, A. (2002), Stabilizing intermediate-term medium-range earthquake predictions, *J. Seismol.Earthquake Eng.*, *8*, 11-19.

Kossobokov, V. G., Peresan, A., and Panza, G. F. (2015), On operational earthquake forecast/prediction problems, *Seismol.Res.Lett*., *86*(2AA), doi: 10.1785/0220140202

Marotta, A. M. and Sabadini, R. (2008), Africa-Eurasia kine- matics control of long-wavelength tectonic deformation in the central Mediterranean, *Geophys.J. Int.*, *152*(2), 742-754, doi:10.1111/j.1365-246X.2008.03906.x

Marzocchi, W., Schorlemmer, D., and Wiemer, S. (2010), Preface to the special issue: An earthquake forecast experiment in Italy, *Ann.Geophys.*, *53*, 3, doi: 10.4401/ag-4851

Maybodian, M., Zare, M., Hamzehloo, H., Peresan, A., Ansari, A., and Panza, G. F. (2014), Analysis of precursory seismicity patterns in Zagros (Iran) by CN algorithm, *Turk. J. Earth Sci.*, *23*(1), 91-99.

Meletti, C., Patacca, E., and Scandone, P. (2000), Construction of a seismotectonic model: the case of Italy, *Pure Appl.Geophys*., *157*, 11-35.

Meletti, C., Galadini, F., Valensise, G., Stucchi, M., Basili, R., Barba, S., Vannucci, G., and Boschi, E. (2008), A seismic source zone model for the seismic hazard assessment of the Italian territory, *Tectonophysics*, *450*, 85-108, doi:10.1016/j. tecto.2008.01.003

Molchan, G. M. (1990), Strategies in strong earthquake predic- tion, *Phys.Earth Planet.Inter.*, *61*, 84-98.

Molchan, G. M. (2003), Earthquake prediction strategies: a theoretical analysis, in V. I, Keilis-Borok and A. A. Soloviev (eds), *Nonlinear Dynamics of the Lithosphere and Earthquake Prediction*, pp. 209-237, Springer, Heidelberg.

Molchan, G. (2012), On the testing of seismicity models, *Acta Geophys.*, *60*(3), 624-637, doi: 10.2478/s11600-011-0042-0

Molchan, G. and Romashkova, L. (2011), Gambling score in earthquake prediction analysis, *Geophys.J. Int.*, *184*, 1445- 1454, doi:10.1111/j.1365-246X.2011.04930.x

Molchan, G. M., Kronrod, T. L., and Panza, G. F. (1997), Multiscale seismicity model for seismic risk, *Bull. Seismol.Soc.Am.*, *87*(5), 1220-1229.

Nekrasova, A., Kossobokov, V., Peresan, A., Aoudia, A., and Panza, G. F. (2011), A Multiscale application of the unified scaling law for earthquakes in the central Mediterranean area and Alpine region.*Pure Appl.Geophys.*, *168*, 297-327, doi: 10.1007/s00024-010-0163-4.

Nekrasova, A., Peresan, A., Kossobokov, V. G., and Panza, G. F. (2015), A new probabilistic shift away from seismic hazard reality in Italy?, in M. Kouteva-Guentcheva and B. Aneva (eds), *Nonlinear Mathematical Physics and Natural Hazards*, pp. 83-104, Proceedings in Physics, Vol. *163*, Springer.

Panza, G. F. (2006), Integrated deterministic seismic hazard scenarios, International Framework for Development of Disaster Reduction Technology List on Implementation Strategies, "*Disaster Reduction Hyperbase*" *NIED*, 27-28 February, Tsukuba, Japan.

Panza, G. F., La Mura, C., Peresan, A., Romanelli F., and Vaccari, F. (2012), Seismic hazard scenarios as preventive tools for a disaster resilient society, in R. Dmowska (ed.), *Advances in Geophysics*, 93-165, Elsevier, Oxford.

Panza, G.FG.F., A. Peresan, A., Magrin, A., Vaccari, F., Sabadini, R., Crippa, B., Marotta, A. M., Splendore, R., Barzaghi, R., Borghi, A., Cannizzaro, L., Amodio, A., and Zoffoli, S. (2013), The SISMA prototype system: integrating geophysical modeling and earth observation for time-dependent seismic hazard assessment, *Nat. Hazards*, *69*, 1179-1198, doi: 10.1007/s11069-011-9981-7

Panza, G. F., Peresan, A., and Magrin, A. (2014), *Scenari neo- deterministici di pericolosit à sismica per il Friuli Venezia Giulia e le aree circostanti*, Memorie descrittive della Carta Geologica d' Italia, Vol. 94/2014, ISPRA and Italian Geological Service, 104 pp. (In Italian.)

Panza, G. F., Romanelli, F., Vaccari, F., and Altin, G. (2015), *Vademecum for the seismic verification of existing buildings*, http://www.studioaltin.com/wp-content/uploads/2016/04/studioAltin_verifica_sismica_edifici_ProvTS.pdf (accessed August 2015).

Peresan, A. and Gentili, S. (2016), Caratterizzazione statistica di sequenze e sciami sismici nell' Italia Nord Orientale, *35th Assembly of Gruppo Nazionale di Geofisica della Terra Solida*, 22-24 November, Lecce, Italy).(In Italian.)

Peresan, A. and Panza, G. F. (2002), *UCI2001: The Updated Catalogue of Italy*, Internal Report IC/IR/2002/3, The Abdus Salam International Centre for Theoretical Physics, Trieste, Italy.

Peresan, A., Costa, G., and Panza, G. F. (1999), Seismotectonic model and CN earthquake prediction in Italy, *Pure Appl.Geophys.*, *154*, 281-306.

Peresan, A., Panza, G. F., and Costa, G. (2000), CN algorithm and long lasting changes in reported magnitudes: the case of Italy, *Geophys.J. Int.*, *141*, 425-437.

Peresan, A., Rotwain, I., Zaliapin, I., and Panza, G. F., (2002), Stability of intermediate-term earthquake predictions with respect to random errors in magnitude: the case of central Italy, *Phys.Earth Planet.Inter.*, *130*, 117-127.

Peresan, A., Kossobokov, V., Romashkova, L., and Panza, G. F. (2005), Intermediate-term middle-range earthquake predictions in Italy: a review, *Earth Sci. Rev.*, *69*, (1-2), 97-132.

Peresan, A., Zuccolo, E., Vaccari, F., Gorshkov, A., and Panza, G. F. (2011), Neo-deterministic seismic hazard and pattern recognition techniques: time dependent scenarios for north- eastern Italy, *Pure Appl. Geophys.*, *168* (3-4), 583-607, doi 10.1007/s00024-010-0166-1.

Peresan, A., Kossobokov, V. G., and Panza, G. F. (2012), Operational earthquake forecast/prediction, *Rend. Lincei.*, *23*, 131-138, doi 10.1007/s12210-012-0171-7

Peresan, A., Gorshkov, A., Soloviev, A., and Panza, G. F. (2015), The contribution of pattern recognition of seismic and morphostructural data to seismic hazard assessment, *Boll.Geofis.Teor.Appl.*, *56*, 295-328, doi 10.4430/bgta0141

Peresan, A., Kossobokov, V., Romashkova, L., Magrin, A., Soloviev, A., and Panza, G. F. (2016), Time-dependent neodeterministic seismic hazard scenarios: preliminary report on the *M*6.2 central Italy earthquake, 24th August 2016, Special issue on "The August 2016 Central Italy earthquake, " *New Concepts.Global Tect., J.*, *4*(3), 487-493.

Radan, M. Y., Hamzehloo, H., Peresan, A., Zare, M., and Zafarani, H. (2013), Assessing performances of pattern informatics method: a retrospective analysis for Iran and Italy, *Nat Hazards*, *68* (2), 855-881, doi 10.1007/s11069-013-0660-8

Raykova, R. B., Panza, G. F., and Doglioni, C. (2015), Lithosphere-asthenosphere system in the mediterranean region in the framework of polarized plate tectonics, *8th Congress of the Balkan Geophysical Society*.

Riguzzi, F., Crespi, M., Devoti, R., Doglioni, C., Pietrantonio, G., and Pisani, A. R. (2012), Geodetic strain rate and earthquake size: New clues for seismic hazard studies, *Phys.Earth Planet.Inter.*, *206-207*, 67-75.

Romashkova, L. and Peresan, A. (2013), Analysis of Italian earthquake catalogs in the context of intermediate-term prediction problem, *Acta Geophys.*, *61* (3), 583-610, doi: 10.2478/ s11600-012-0085-x

Romashkova, L., Peresan, A., and Nekrasova, A. (2009), *Analysis of Earthquake Catalogs for CSEP Testing Region Italy*, Internal Report IC/IR/2009/006, ICTP.

Rotondi, R. (2010), Bayesian nonparametric inference for earthquake recurrence time distributions in different tectonic regimes, *J.Geophys.Res.*, *115*, B01302, doi:10.1029/2008JB006272 Rotwain, I. M. and Novikova,

O. (1999), Performance of the earthquake prediction algorithm CN in 22 regions of the world, *Phys.Earth Planet.Inter.*, *111*, 207-213.

Rotwain, I. M., Keilis-Borok, V. I., and Botwina, L. (1997), Premonitory transformation of steel fracturing and seismic- ity, *Phys.Earth Planet.Inter.*, *101*, 61-71.

Sadovsky, M. A. (ed.) (1986), *Long-Term Earthquake Prediction: Methodological Recommendations*, Academy of Science USSR and Institute of Physics of the Earth, Moscow, 127 pp. (In Russian.)

Scandone, P., Patacca, E., Meletti, C., Bellatalla, M., Perilli, N., and Santini, U. (1990), Struttura geologica, evoluzione cinematica e schema sismotettonico della penisola italiana, *Atti del Convegno GNDT*, Vol. *1*, pp. 119-135. (In Italian.)

Schorlemmer, D. and Gerstenberger, M. C. (2014).Quantifying improvements in earthquake-rupture fore- casts through testable models, in J. F. Wyss and M. Shroder (eds), *Earthquake Hazard, Risk and Disasters*, pp. 405-429, Academic Press, doi: http://doi.org/10.1016/B978-0-12-394848-9.00015-8

Soloviev, A. A., Gvishiani, A. D., Gorshkov, A. I., Dobrovolsky, M. N., and Novikova, O. V. (2014), Recognition of earthquake-prone areas: methodology and analysis of the results, *Izv.Phys.Solid Earth*, *50* (2), 151-168, doi: 10.1134/ S1069351314020116

Splendore, R., Marotta, A. M., Barzaghi, R., Borghi, A., and Cannizzaro, L. (2010), Block model versus thermo mechanical model: new insights on the present-day regional deformation in the surroundings of the Calabrian Arc, *Geol.Soc.London Spec.Publ.*, *332*, 129-147, doi:10.1144/SP332.9.

Stein, S. and Stein, J. (2013), How good do natural hazard assessments need to be? *GSA Today*, *23*(4/5), 60-61, doi: 10.1130/GSATG167GW.1

Tiampo, K. F. and Shcherbakov, R. (2012), Seismicity-based earthquake forecasting techniques: Ten years of progress, *Tectonophysics*, *522-523*, 89-121.

Trua, T., Marani, M., and Barca, D. (2014), Lower crustal differentiation processes beneath a back-arc spreading ridge (Marsili seamount, Southern Tyrrhenian Sea), *Lithos*, *190-191*, 349-362.

Uang, C. M. and Bertero, V. V. (1990), Evaluation of seismic energy in structures, *Earthquake Eng. Struct.Dyn.*, *19*(1), 77-90.

Vaccari, F., Romanelli, F., and Panza, G. F. (2005), Detailed modelling of strong ground motion in Trieste, *Geol.Tecn.Ambient*, *2*, 7-40.

Vaccari, F., Peresan, A., Zuccolo, E., Romanelli, F., Marson, C., Fiorotto, V., and Panza, G. F. (2009), Neo-deterministic seismic hazard scenarios: application to the engineering analysis of historical buildings, in F. M. Mazzolani (ed.), *Proceedings of PROHITECH 2009—Protection of Historical Buildings*, pp. 1559-1564, Taylor & Francis, London.

Vannucci, G. and Gasperini, P. (2004), The new release of the database of Earthquake Mechanisms of the Mediterranean Area (EMMA Version 2), *Ann.Geophys.*, *47* (Suppl. 1), 307-334.

Wang, K. and Rogers, G. C. (2014), Earthquake preparedness should not fluctuate on a daily or weekly basis, *Seismol.Res.Lett.*, *85*, 569-571.

Wyss, M. and Booth, D. C. (1997), The IASPEI Procedure for the evaluation of earthquake precursors, *Geophys. J. Int.*, *131*, 423-424.

Wyss, M., Nekrasova, A., and Kossobokov, V. (2012) Errors in expected human losses due to incorrect seismic hazard estimates, *Nat. Hazards*, *62*(3), 927-935, doi 10.1007/ s11069-012-0125-5

Zaliapin, I., Gabrielov, A., Wong, H., and Keilis-Borok, V. (2008), Clustering analysis of seismicity and aftershock identification, *Phys.Rev. Lett.*, *101*.

Zechar, J. D., Marzocchi, W., and Wiemer, S. (2016), Operational earthquake forecasting in Europe: progress, despite challenges, *Bull.Earthquake Eng*, doi 10.1007/s10518-016-9930-7

9　概率地震活动模型与前兆信息的结合

彼得·舍巴林

国际地震预测理论与数学地球物理研究所，俄罗斯科学院，俄罗斯莫斯科

摘要　概率地震活动模型对强震提供了非常低的局部预期率，致使在地震预报中，难以采取预防措施。不同的地球物理场中检测到的前兆现象可能代表了地震概率显著上升的时期，但通常无法用概率表示。然而，在震例史中却表达出了前兆现象的概率特征。差分概率增益法提供了一种方法，可以将前兆现象转换为概率形式并将其与地震活动模型相结合。这里以几个示例对该方法进行了描述，显示出其从所得模型中得到高概率预期地震的可能性。该方法不仅适用于此处所考虑的地震活动模式，还适用于任何其他前兆现象。

9.1　引言

在过去的几十年里，越来越多可靠的数值地震活动预测模型面世了（Jordan，2006；Gerstenberger et al.，2007；Rhoades and Gerstenberger，2009；Zechar and Jordan，2010；Zechar et al.，2010a,b；Eberhard et al.，2012；Tsuruoka et al.，2012；Taroni et al.，2014）。这类模型可以计算特定时空范围内给定大小的地震的估计概率。21 世纪初期，因为地震可预测性合作研究（CSEP）的活动，在前瞻性试验中评估大量地震活动预测模型的有效性和可靠性已经成为可能（Jordan，2006）。CSEP 测试中心创立前，自 20 世纪 80 年代末，对预测算法的严格测试开始应用于全球和地区尺度上的几种基于预警的地震预测算法：M8 和 M8S（Keilis-Borok and Kossobokov，1990；Romashkova et al.，1998；Romashkova and Kossobokov，2004），MSc（Kossobokov et al.，1990）；CN（Keilis-Borok and Rotwain，1990；Peresan et al.，1999），以及 NSE（Vorobieva，1999）。一些方法的检验已经展现出了相对于随机预测的统计显著性（Kossobokov et al.，1990；Peresan et al.，2005；Kossobokov，2013；Kossobokov and Soloviev，2015）。

地震预报/预测的一个重要进展是通过科学家和决策者之间的交流来促进可操作地震预报的发展（Jordan and Jones，2010；Peresan et al.，2012），目标是减少地震危害。然而，使用概率地震活动模型进行可操作地震预测仍然是一项艰巨的挑战，因为从中得出的概率仍然很小（Jordan and Jones，2010）。唯一的例外是在大地震断裂带中会

有几小时（偶尔会有数天）的余震期。显而易见有效的可操作地震预报需要在预期地震发生之前被确认为高概率事件，以便作出实质性决定（例如，疏散或其他紧急行动）。部分问题源于模型中使用了较小的时空域，即使选取较大的区域也很难得到足够高的概率用来做出有信服力的决定。

基于地震活动的模型，在时空上的高聚集性有可能造成对即将到来地震的预期率发生倍数增长。现在已知地震群的出现和前震的爆发可能是大地震的前兆（Keilis-Borok et al.，1980；Evison，1982；Gupta and Singh，1989；Yamashita and Knopoff，1992）。根据地震目录，这些前兆数据可以通过余震序列（ETAS）等分支模型纳入地震活动预测模型（Ogata，1988）。在各种地球物理场中观测到的其他类型前兆和地震活动模式也可能标志着地震概率的增加（Cicerone et al.，2009；Uyeda et al.，2009；Pulinets et al.，2015）。然而，将前兆信息转换成适合用于概率地震活动模型的形式的研究尚未完成。

研究人员提出了一些组合模型和/或地震前兆的方法。对于一组基于概率的模型，很自然会想到加权平均值法 （Rhoades and Gerstenberger，2009；Marzocchi et al.，2012；Rhoades，2013）。在这些方法的当前实现中，权重不取决于空间，而是根据测试期间观察到的模型相对性能来确定。然而，在区域—时间—长度（region—time—length，RTL）预测算法中使用了描述前兆行为函数的直接乘积（Sobolev et al.，1996）。在这种情况下，即使初始函数是概率性的，输出数据也是基于非概率预警模型。近期，Rhoades 等（2015）提出了一种不同的组合手段，可以将模型组合成似然预测模型。另一种组合模型的方法是使用贝叶斯条件概率公式（Sobolev et al.，1991）。但采用这种方法时，很难考虑组合元素之间存在的相互依赖性，并且所得到的估值也很难是概率性的。

从 20 世纪 70 年代开始，两位著名的俄罗斯科学家就一直在研究如何使用模式识别方法将几个前兆组合在一起，他们就是 Gelfand 和 V. Keilis-Borok。两人合作完成了一套地震预测算法（earthquake prediction algonthm，EPA）（Gelfand et al.，1972；Gvishiani and Soloviev，1984）：包括 M8 和 M8-MSc（Kossobokov et al.，1990），CN（Keilis-Borok and Rotwain，1990），NSE（Vorobieva，1999），SR（Shebalin and Keilis-Borok，1999），ROC 和 ACCORD（Keilis-Borok et al.，2002）和 RTP（Shebalin et al.，2004，2006），其中 CN 指加利福尼亚州内华达州（其发源地），NSE 指的是下一次强震，ROC 是指相关范围，ACCORD 指的是和弦（如音乐），而 RTP 指的是前兆的反向追踪。预测的标准表述是：在给定的时空域中，发生特定大小地震的概率增加。然而，这些算法提供不了对地震的期望率或概率的估值。因此，这类方法一般称为“基于预警的预测”或确定性预测。与基于预警的方法不同，地震活动预测模型提供地震期望率或概率的估计，为它们产生“基于比例”、“基于概率”或仅“概率”规范。

基于概率模型的一个显著优势是其适用性更广。基于概率的模型，通过引入一个阈值，用于检测地震周期和地震可能性增加的区域（阈值以上）的速率或概率，可以轻易将基于概率的模型转换为基于预警模型。但是，基于预警的模型可能无法直接转换为基于概率的模型。

Shebalin 等（2012）提出了一种将基于预警的模型转换为基于概率的模型的方法。确定性预测具有概率性，表现在统计学方法的应用上。一些预测被证明是错的（误报），也有一些的目标地震发生在预警区外（预测失败或者漏报）。对于每种方法，这两种误差的概率都可以从过往预测中总结估计出来，可以通过误差图对两类误差进行联合分析（Molchan，1991；Molchan and Keilis-Borok，2008）。通常基于预警的模型具有一个或多个控制参数。为简单起见，先考虑一个控制参数，或一个“预警函数”（Zechar and Jordan，2008），通过预警函数的改变，可以观察到误报和漏报之间的权衡。联合误差率在误差图上形成了一条轨迹。误差图轨迹的切线称为差分概率增益（Shebalin et al.，2012），只取决于预警函数。在解释将确定性预测模型转换为基于概率模型的方法之前，让我们更详细地解释这些误差图。

误差图能够反映基于当前地震过程认知的与地震活动模型有关的预测方法的有效性，称之为“参考模型”。最初，误差图是用来评估具有固定预测区域的模型（Molchan，1990，1991），并且只用于检测到大地震概率增加的情况（Kossobokov and Shebalin，2003），因此，使用了统一的参考模型，并将误报误差计算为 TIP 占用的时间的分数，通常用 τ 表示。误差图的另一个轴表示对目标地震预测失败的比例，即在 TIP 之外发生的目标地震，通常用 v 表示。用此方法对以往预测的统计数据在误差图上绘制了一个点，该点离（0，1：1，0）对角线（对应随机的、不熟练的预测方法）的距离越远，预测方法越有效。到对角线的距离由各种函数测量，通常称为“损失函数”，包括 $v+\tau$ 和 min[max（v，τ）]（Molchan，1991）。

随着地震预测算法的发展，对大地震发生的预测区域开始成为 20 世纪 90 年代地震预测的一部分。最初，误差图的空间参考模型也是统一的，误报率被算作预警所占时间和空间的一部分（Zechar and Jordan，2008）。统一参考模型有一个明显缺点：有可能人为地将考虑的面积增加到了地震带，从而减少了预警占用的时空比例。为避免这种情况，A.Prozorov 建议以所记录中等地震的频率为单位测量参数 τ 的空间（Kossobokov and Shebalin，2003；Molchan and Keilis - Borok，2008）。在更普遍的情况下，时间和空间的非均匀分布都可以看作是参考模型。如果参考模型指定了所考虑的（空间 × 时间）量体积中每个单元特定震级的地震预期率，则参数 τ 等于处于预警状态的单元中的总预期地震发生率与所选整体时空总发生率之比（Shebalin et al.，2012，2014）。

回到差分概率增益，让我们看一下误差示意图（图 9.1）。图上的轨迹对应于预警函数 A 的变化阈值 A_0，该阈值规定了预警的时间和空间（高预警函数值对应更高的地震概率）。左上角的轨迹由最高阈值 A_0 构成：预警的时空量 τ 为零，但所有目标地震都被漏报，$v=1$。与之相反，右下角的轨迹取阈值 A_0 为最低，则预警占据整个时空，$\tau=1$，但没有漏报，$v=0$。

Aki（1981）引入的概率增益可以用来衡量地震预测方法的有效性。在这种情况下，可以根据参考模型计算在每个预警内的预期率对应的成功预测率。预警条件设定为 $A \geqslant A_0$，且其中总预期率等于目标地震的实际次数，概率增益 G 为

$$G = \frac{1 - v}{\tau} \tag{9.1}$$

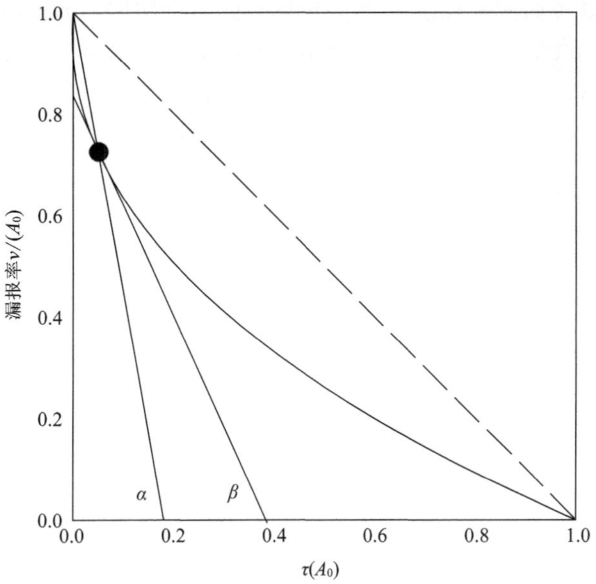

图 9.1 预测方法的误差示意图。轨迹（粗线）由对预警函数不同值的点构成。对角线（虚线）对应随机预测

在图 9.1 中，概率增益由斜率 α 得出：$G = tg(\alpha)$。Shebalin 等（2012，2014）提出要考虑预警函数值的区间并相应地引入差分概率增益，在此表示为 g（A）。对于指定的区间（A_1，A_2），其差分概率增益计算了预警内满足条件（$A_1 \leqslant A < A_2$）并成功预测到的目标地震与参考模型预警内目标地震数的比值。在总预期率等于目标地震的实际数量的情况下，差分概率增益 g 为

$$g = \frac{-v(A_2) + v(A_1)}{\tau(A_1) - \tau(A_2)}. \tag{9.2}$$

在无限小区间的连续情况下，差分概率增益等于轨迹切线的斜率，如图 9.1 所示，$g = tg(\beta)$。

如果两个预测模型中至少一个是基于概率的，差分概率增益可用于组合两个预测模型，基于概率的模型用作参考模型。第二模型也是基于概率的情况下，模型给出的概率可以直接用作预警函数（Shebalin et al.，2014）。将两种模型相结合的方法采用了局部差分概率增益值作为参考模型概率的乘数。如果该值大于 1（误差图轨迹斜率高），则初始比率增加；反之则减少。一个简单的随机预警模型[轨迹接近对角线（0，1；1，0）]，在一般情况下，差分概率增益值在任何地方都等于 1，并且输出结果与参考模型等效。

差分概率增益结合法引入了各种可能的组合。将一个时空相关的预警模型与简单的时间无关地震活动模型相结合，实际上可以把基于预警的模型转换为基于概率的模型（Shebalin et al.，2012）。将具有相同时间尺度的两个模型组合也许可以显著改良模型

（Shebalin et al.，2014），但该方法可以将不同时间尺度的模型组合起来。例如，时间跨度为 1 个月的基于概率的模型与时间跨度为 1 天的基于概率的模型相结合，可以产生时间跨度为 1 天的基于概率的模型结果，甚至可以通过使用与时间无关的第二模型来改进。该方法可以将一些地质信息纳入时间相关的地震活动模型。瞬态地震前兆不能固定于特定区域，也可以使用差分概率增益法改进预测模型。

在本章中，引入了一些例子来阐述差分概率增益组合法的工作原理，并着重阐述了将地震前兆纳入地震预测模型的方法。

9.2 方法

9.2.1 预测模型评估

预测是根据预定义的网格和给定的时间步长开展空间和时间上离散预报。在前瞻性测试中，所有预测给出了下一个时间步长和限定的震级范围，这些猜想与 CSEP 所用标准一致。在 CSEP 测试中心，所有基于概率的模型都用似然检验法进行评估。与之相反，基于预警的模型仅在加州测试中心使用误差图（“Molchan 测试”）和相关的 ROC 和区域技能评分（ASS）测试进行了检验（Zechar and Jordan，2008；Zechar，2010）。遗憾的是，基于预警和概率的两类模型仍然是独立测试的。其主要原因是似然性检验不能应用于非概率性预警模型。为解决该问题，Shebalin 等（2012）提出了将基于预警模型转换为基于概率模型预测的方法。此外，可以使用误差图比较两种基于概率的模型。在实践中，完整的基于概率的模型可以简化为单个概率值，在给定的震级范围求和来确定单个概率值的大小。简化后的模型可以看作基于概率的模型和/或基于预警的模型。其预警功能仅由每个空间单元中的单个概率值组成。

似然检验和误差图是互补的，两者都可用于评估预测模型的性能，然而，似然检验不适用于基于非概率性的预警模型。

9.2.1.1 误差图

误差图用于将基于预警的模型与在相同空间网格上定义的地震活动参考模型进行比较（Molchan，1990）。对于任何时空区域（x，t），参考模型提供的目标地震概率为 λ（x，t）。基于预警的模型完全由其预警函数 A（x，t）定义。在预警函数超过了给定阈值 A_0 的情况下，就发出预警并预期会发生目标地震。通常要把 A 值根据目标地震发生的概率从小到大排序。几乎在所有情况下，数值预测模型都可以轻松转换为基于预警的预测，因为给定时空网格上的数值赋值所提供的信息可用于预警函数。

误差图比较了变化阈值 A_0 的 Ⅰ 型和 Ⅱ 型误差的比率（即预警水平）。随不同 A_0 变化的 Ⅰ 型误差为

$$\tau(A_0)=\frac{\Sigma_{A(x,t)\geqslant A_0}\lambda(x,t)}{\Sigma\lambda(x,t)} \tag{9.3}$$

其中求和符号指的是满足下标条件的时空域，τ 值一般理解为预警所占据的时空域（Kossobokov and Shebalin，2003；Molchan，2010）。事实上，根据参考模型，在特定条件下，该值代表了目标地震将发生在预警区域内的概率。需要强调的是参考模型可能与时间有关，并且式（9.3）中的总和是在空间和时间上计算的。Ⅱ型误差率是预警之外的漏报率 $\nu(A_0)$，即在 $A < A_0$ 的时空单元中发生的目标地震的比例。

在误差图中，(τ, ν) 曲线为所有 A_0 值形成了一条轨迹（Molchan，1990；Zechar and Jordan，2008）。在这里，使用术语“误差图”来表示该轨迹。这条轨迹从点（0，1）指向点（1，0），随 A_0 值减小。连接这两点的对角线与直接预测一致。在对角线之下，相对于给定的显著性水平 α[Zechar and Jordan，2008，式（9.2）和式（9.3）]，预警功能可能带来额外的预测能力（Shebalin et al.，2006）。

误差图越接近 y 轴，表示预测技巧越高，通常需要用一个标量值来描述，即所谓的损失函数，例如最小和最大汇总误差 $\max(1-\tau-\nu)$（Molchan，1990）、极小极大损失函数 $\inf[\max(\nu, \tau)]$（Molchan，1990）、误差图上方的区域（Zechar and Jordan，2008，2010）、以及最大概率增益 $\max[(1-\nu)/\tau]$（Aki，1996）。其中，有许多在 $\tau=0$ 处具有奇异性，该奇异点对应于100%的漏报率，因此对于实际使用，可以适当引入最大误报率。此外，选择阈值 A_0 的一般情况是在误报率和漏报率之间的权衡，所以其最佳值可能要取决于预测的目标（Molchan，1990）。在所有情况下，二维误差图可以更好地矢量数据进行可视化处理，而非标量损失函数。

9.2.1.2 似然检验

似然检验通常用于评估基于概率的地震活动模型。其预测要针对每个时空单元内观测到的目标地震的数量进行检验（Schorlemmer et al.，2007）。为了简单起见，先假设各个概率都遵循独立的泊松过程。对所有震级分类，完全似然计算给定预测 $\lambda(x, t)$ 情况下的观测数 $\omega(x, t)$ 的泊松联合对数似然

$$L(t) = \Sigma\left\{-\lambda(x,t) + \omega(x,t)\lg[\lambda(x,t)] - \lg\omega(x,t)!\right\} \tag{9.4}$$

联合对数似然越接近零，则预测结果越好。

空间似然是对用于预测的整体似然的简化，其概率经归一化处理以匹配观测到的目标地震总数（Zechar et al.，2010a）。在每个空间单位内，通过对整个震级范围内的预期地震概率求和来获得单个概率值。至于实验的总持续时间，可以计算所有时间步长的对数似然总和，并除以观测到的地震总数，以估计每个地震的对数似然。

由于潜在的地震相互作用，应用于高密度空间网格上的预测似然检验经常受批判（Molchan，2012），但单元的独立性问题不容易解决，普遍认为这种依赖关系是以地震发生为条件。例如，预计在大地震发生后会有很多余震发生，但是在知道这一大地震前，前瞻性的预测实验需要能提前提供所有单元之间的依赖关系（Zechar，2010）。

9.2.2 使用差分概率增益组合模型

差分概率增益法使用概率性预测或确定性预测的概率属性来表达统计数据中的成功与失败情况。通过在每个步骤中插入附加信息，可以多次进行该过程。在本节中，我将用一个参考模型（基于初始概率的预测模型）和一个输入模型（任何类型的数值预测模型）来描述组合过程的一次迭代，以得到一个新的基于概率的预测模型。在之后的迭代中，新的基于概率的模型输出后可以用作参考模型；第 9.4.4 节描述了在一个例子中多次使用该方法的情况。

整个过程基于一个回溯性地评估输入模型相对于参考模型性能的误差图。为此，输入模型必须能用预警函数 A 来表达。例如，基于标准 CSEP 概率模型的预警函数可以简单地用震级范围内概率之和进行计算（Kossobokov，2006）。

在误差图中，我们可以将概率增益（Aki，1981）定义为

$$G(A_0)=\frac{\Sigma_{A_0\leqslant A(x,t)}\omega(x,t)}{\Sigma_{A_0\leqslant A(x,t)}\lambda(x,t)}=\frac{1-\nu}{\tau}\times\frac{\Sigma\omega(x,t)}{\Sigma\lambda(x,t)} \tag{9.5}$$

其中 A_0 是预警函数的阈值，而求和符号指的是满足下标条件的时空域。这个 G 值是一个因子，综合了当前模型在 $A>A_0$ 时空域中概率的增量（Aki，1981；Molchan，1991；Zechar and Jordan，2008）。为了分离与不同范围的预警函数有关的较小区域和特定行为，我们使用差分概率增益函数，该函数可以定义为连续误差图轨迹的导数

$$g=\frac{\partial \nu}{\partial \tau} \tag{9.6}$$

对于每个段和对应预警函数值的范围（A_0；$A_0+\delta A_0$），我们将差分概率增益定义为

$$g(A_0)=\frac{\Sigma_{A_0\leqslant A(x,t)<A_0+\delta A_0}\omega(x,t)}{\Sigma_{A_0\leqslant A(x,t)<A_0+\delta A_0}\lambda(x,t)}=\frac{\Delta\nu}{\Delta\tau}\times\frac{\Sigma\omega(x,t)}{\Sigma\lambda(x,t)} \tag{9.7}$$

其中总和对应满足下标条件的时空区域。考虑所有段的情况下，可以为输入的任何 A 值赋予一个特定的 g（A_0）值。完成后，可以生成输入模型差分概率增益的时空图，并将它们与基于概率的参考模型相结合。然后，基于概率模型的输出被定义为

$$\lambda_{\text{new}}(x,t)=g[A(x,t)\lambda_{\text{ref}}(x,t)] \tag{9.8}$$

也就是说，参考模型初始概率的增加或者减少取决于局部 $g[A(x,t)]$值。$g(A)$ 值的估计要追溯相当长的时间以便在未来应用。这种模型组合方法类似于对参考模型和输入模型做卷积。为此，下面我们用下面的步骤来表示

新模型 = 参考模型 × 输入模型

9.2.2.1 二元案例

为了说明差分概率增益方法，考虑一个二元输入模型。通常，前兆可以仅以“存在”或“不存在”的形式表达，或者以数字 1 或 0 的形式表示。在这种情况下，与参考模型相关的差分概率增益函数仅包含两个值：$g(1)$ 和 $g(0)$。为了解这些前兆存在与否的重要性，使用误差图研究了输入信息和参考模型的联合历史[图 9.2（a）]。根据输入信息，整个时空被细分为预警区域和无预警区域。误差图由两个具有不同斜率的段组成。τ 值对应于上半段的末端，测量预警区域内预期地震的总概率（根据参照模型），除以总预期概率。该段的斜率等于在预警区域内发生目标地震的概率除以 τ 值。根据式（9.7）斜率等于 $g(1)$，用于描述由输入定义的预警相对于参考模型的概率增益：预警区域内实际目标地震次数高于参考模型预期的次数。类似地，误差图中下段的斜率等于 $g(0)$。如果该值小于 1，表示预警的缺乏会降低目标地震发生的概率[乘数 $g(0)<1$]。差分概率增益法在这种二元案例的应用非常简单明了：预警区域内参考模型的预期概率应乘以因子 $g(1)$，并乘以预警区外的因子 $g(0)$，由输入数据决定。如果误差图由三四个甚至更多段组成[图 9.2（b）]，与二元情况没有本质区别。预警可能用数字表示为 0、1、2 等等，而学习阶段的误差图会包括几个斜率为 $g(0)$、$g(1)$、$g(2)$ 等的段，然后将其作为参考模型的乘数应用于实时预测。

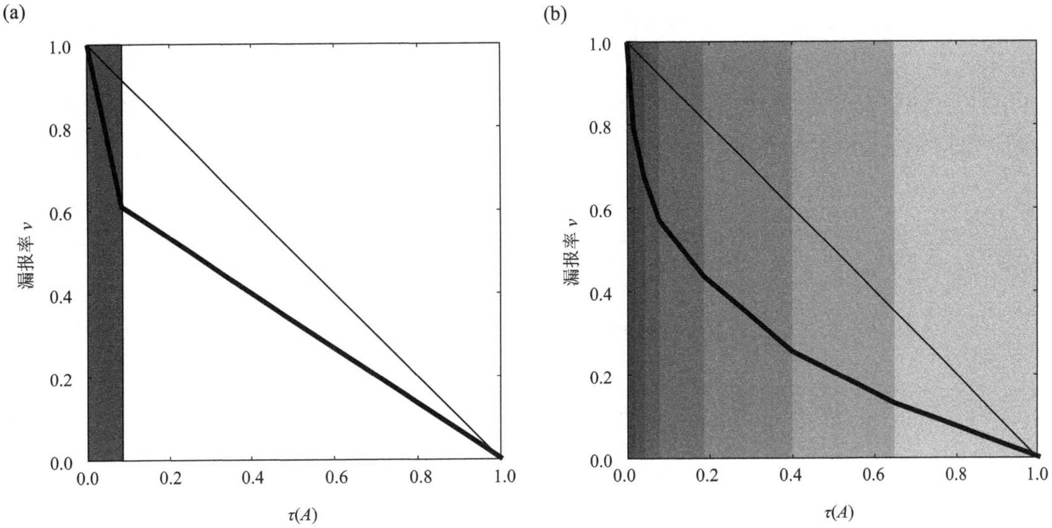

图 9.2 二元和离散预警函数的误差图。二元案例（a）预警函数仅具有两个值（“是”/“否”）且轨迹具有两个斜率。离散案例（b）具有特定斜率的若干个段对应于若干个预警函数值。预警函数每个离散值的差分概率增益 $g(A)$ 等于相应段的斜率。可以使用一组阈值对连续预警函数进行离散化处理

9.2.2.2 平滑误差图轨迹

给定有限数目 N 次目标地震和空间离散化程度，误差图轨迹是阶跃函数。9.4 节中的示例表明误差图的阶梯状形状实际经常是很不规则的。部分轨迹可能会非常陡峭，说明差分概率增益的局部值（等于误差图的局部斜率）非常高。为了避免过度拟合并使差

分概率增益估计更可靠，使用有限数量的段来对误差图进行平滑处理。这里我们使用自动化程序将误差图轨迹平滑成 N_{seg} 分段，其中 N_{seg} 分段是算法参数。如果 $N \leqslant N_{seg}$，对误差图轨迹逐步逐段进行考虑，各分段的垂直坐标是 i/N，其中 $I \in \{0,1,\cdots, N\}$。如果 $N > N_{seg}$，则我们只考虑 N_{seg} 段，且各分段的垂直坐标 $\left\lfloor \left(N_{seg} - i\right) / N_{seg} \right\rfloor / N$，其中 $i \in (0, N)$，$\lfloor x \rfloor$为小于等于 x 的最大整数。在每一个有垂直限制分段的步骤中，分段的水平坐标为 τ，τ 值对应于该步骤预警函数值分布的中位数。我们在这项研究中都取 $N_{seg}=20$，但检验了 $10 < N_{seg} < 30$ 时结果的稳定性。根据我们的经验，我们也可以推断只要 $N_{seg} > 10$，则平滑处理方法对结果没有太大的影响。此过程的应用示例如 9.4 节中图 9.5 所示。针对具体情况，可能会开发不同的平滑化程序。

9.2.2.3 差分概率增益组合法的守恒性

差分概率增益方法的一个重要特性有助于保持其一致性。在用于估计差分概率增益值的学习阶段，地震的总预期概率等于参考模型中的总预期概率。为了证明这一点，用 N_{seg} 表示平滑处理后误差图的分段数（参见上一节）、以及（τ_i，v_i）和 A_i，$i \in \{0, 1,\cdots, N_{seg}\}$，分别代表输入模型的分段端点坐标和对应的预警函数值。这些分段的斜率为差分概率增益 g_i，$i \in \{1, 2,\cdots, N_{seg}\}$。根据定义，有

$$g_i = \frac{v_i - v_{i-1}}{\tau_i - \tau_{i-1}} \tag{9.9}$$

对于参考模型和新模型，可以根据与误差图不同分段的输入模型预警函数的范围对预期地震概率进行分组：

$$\lambda_{\text{ref}}^i = \sum_{A_i < A(x,t) < A_{i+1}} \lambda_{\text{ref}}(x,t), \quad \lambda_{\text{new}}^i = \sum_{A_i < A(x,t) < A_{i+1}} \lambda_{\text{new}}(x,t) \tag{9.10}$$

其中求和符号指的是满足下标条件的时空域。将参考模型和新模型的总概率定义为

$$\Delta_{\text{ref}} = \sum_{i=1}^{N_{seg}} \lambda_{\text{ref}}^i, \quad \Lambda_{\text{new}} = \sum_{i=1}^{N_{seg}} \lambda_{\text{new}}^i \tag{9.11}$$

至于估计差分概率增益函数的时段

$$\lambda_{\text{ref}}^i = \Lambda_{\text{ref}}\left(\tau_i - \tau_{i-1}\right). \tag{9.12}$$

在这种情况下，我们连续使用方程（9.9）、（9.12）和（9.10）得到

$$\Lambda_{\text{new}} = \sum\nolimits_{i=1}^{N_{seg}} g_i \lambda_{\text{ref}}^i = \Lambda_{\text{ref}} \sum\nolimits_{i=1}^{N_{seg}} g_i \left(\tau_i - \tau_{i-1}\right) = \Lambda_{\text{ref}} \sum\nolimits_{i=1}^{N_{seg}} \left(v_i - v_{i-1}\right) = \Lambda_{\text{ref}} \tag{9.13}$$

对于实时测试或准预期测试来说，总预期概率是近似守恒的。

9.3 数据

在这项研究中，所有地震活动模型都基于地震目录中的数据。将该研究应用于SCEP 加州测试区，数据搜索自美国国家现代地震监测系统（the advanced national seismic system，ANSS）。

9.4 差分概率增益模型应用实例

9.4.1 将基于预警的预测模型转换为基于概率的形式

差分概率增益法的首次应用（Shebalin et al.，2012）旨在把基于预警的预测模型 EAST（早期余震统计）转换为基于概率的形式。其基于的假设是：服从幂律关系的余震发生前的时间延迟随着应力水平的增加而减小，EAST 模型是一个基于预警的预测模型，利用早期余震统计来确定时间延迟异常高的时空区域（Shebalin et al.，2011）。该模型基于的假设是：随着应力水平和孕震潜力的增加，幂律余震发生衰减前的时间延迟减小（Narteau et al.，2002，2005，2008，2009）。与当前流行的预测模型相比，EAST 模型仅关注小震级主震（$2.5 \leqslant M_A \leqslant 4.5$），的大震余震（$1.8 \leqslant M_A$）的时间特性来推断测试区域的孕震潜力。EAST 模型正在加州 CSEP 测试中心进行测试，测试开始于 2009 年 7 月 1 日，时间步长为 3 个月，而目标地震震级为 4.0。该模型的预测能力优于相对强度（RI）参考模型（Tiampo et al.，2002），显著性水平为 1%。RI 参考模型得到了广泛的应用，因为其只需要简单地平滑以往地震的位置即可（Kossobokov and Shebalin，2003；Helmstetter et al.，2006；Molchan and Keilis-Borok，2008；Zechar and Jordan，2008）。

为了区分相对高应力水平的时空域，EAST 预测模型使用了 E_A 值，即$\langle t_g \rangle$长期和短期估值之间的比例，$\langle t_g \rangle$为固定时间窗内主震和早期余震之间历时的几何平均值（Shebalin et al.，2011）。然而，主震-余震序列不是均匀分布的，预警函数不能用于所有时间的步长。在这些情况下，预警函数值取 λ_{RI}，即参考模型所给出的归一化地震概率（Shebalin et al.，2011）。最后，EAST 预测模型的预警函数是

$$A_{\mathrm{EAST}} = \begin{cases} \dfrac{\langle t_g \rangle_{\mathrm{long}}}{\langle t_g \rangle_{\mathrm{short}} \lambda_g}, & \text{如果 } \langle t_g \rangle_{\mathrm{long}} \text{ 和 } \langle t_g \rangle_{\mathrm{short}} \text{ 被定义} \\ \lambda_{\mathrm{RI}} \end{cases} \tag{9.14}$$

其中$\langle t_g \rangle_{short}$和$\langle t_g \rangle_{long}$是相对于当前时间 5 年和 25 年内主震和余震之间历时的几何平均数；λ_g是类似于 λ_{RI} 经空间平滑处理的地震概率。λ_{RI}是在半径 12 km 的圆内经由均匀平滑处理得出的，而 λ_g是从标准偏差为 10 km 的二维高斯函数得出的（Shebalin et al.，2011）。选择高斯滤波是可以将非零值分配给所有时空域的。针对目标地震的五个震级间隔，分别使用式（9.8）将 EAST 模型转换为基于概率的形式的 $EAST_R$。时间无关的

RI 模型已被用作参考模型，$\lambda_{ref}(x, t) = \lambda_{RI}(x)$。5 个地震震级间隔：4～4.5，4.5～5，5～5.5，5.5～6 和≥6 的差分概率增益值 $g_{EAST}^{RI}(A_{EAST})$，已使用 1984～2008 年 ANSS 地震目录进行过评估（ANSS；http://quake.geo.berkeley.edu/cnss/catalog-search.html）。经平滑处理后，用值 $g_{EAST}^{RI}(A_{EAST})$ 建立 5 个震级间隔表格，较大值达到了 10。特此说明表中的值与时间和空间无关。如若将 EAST 模型转换为基于概率的 $EAST_R$ 形式，需要在 $g_{EAST}^{RI}(A_{EAST})$ 表（考虑震级）中每个时间步长找到每个空间单元的相应元素，并将空间单元 λ_{RI} 值乘以表中的 $g_{EAST}^{RI}(A_{EAST})$ 值。

EAST 模型的参数在 2009 年 7 月测试开始之前就固定了（Shebalin et al.，2011），并且在 2010 年底用值 $g_{EAST}^{RI}(A_{EAST})$ 将模型转换为基于概率的形式（Shebalin et al.，2012）。自此，两版的测试完全可以从 2011 年开始。Shebalin 等（2012）表明从 2009 年 7 月到 2010 年 12 月期间，两个模型在误差图方面的表现与 RI 模型结果非常类似，并在似然检验方面 $EAST_R$ 模型明显优于 RI 模型，证明了两者在 2011 年 1 月至 2016 年 3 月之间都是有效的。测试区域如图 9.3 所示。测试中所选的面积比 CSEP 加州测试中心的要小一些。其与 EAST 模型参数和 $EAST_R$ 转换因子 $g_{EAST}^{RI}(A_{EAST})$ 的评估区域是一致的。如图 9.4 所示为 EAST 和 $EAST_R$ 模型在 2011 年 1 月 1 日至 2016 年 3 月 21 日期间相对 RI 模型的误差图。这些图非常相似，从而证实了差分概率增益法将基于预警的模型转换为基于概率形式的有效性。图的陡峭部分对应于等式（9.12）中预警函数的上部，而倾斜部分对应于实际重复 RI 模型预警函数的一部分。表 9.1 列出了 $EAST_R$ 模型和在相同时空域下 RI 模型的似然检验结果。在为期三个月的时间间隔，大部分时间 $EAST_R$

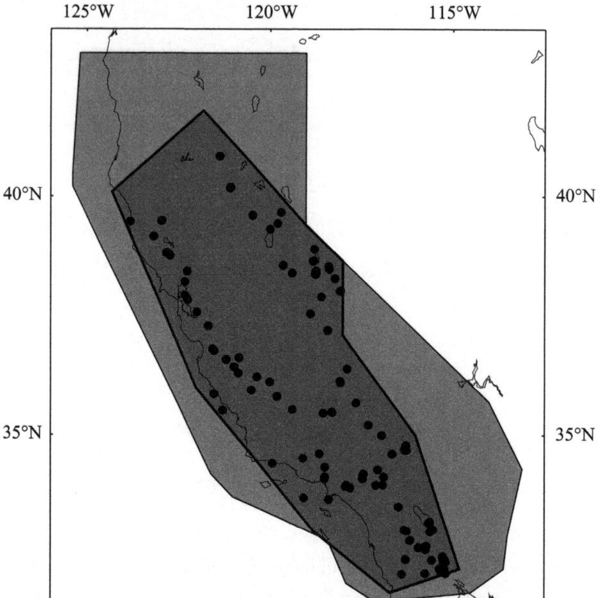

图 9.3　EAST 模型的测试区域。CSEP 加利福尼亚测试区由浅色阴影区画出，粗线所绘的阴影区域用于调整 EAST 模型的参数。点标记了在 2011 年 1 月至 2016 年 3 月期间 4 级以上地震的震中

预测表现要优于 RI 模型，只在三个时间段内 RI 模型的似然性检验得分略占优势。平均而言，相比起 RI 模型，每次地震 $EAST_R$ 模型的对数似然增益值为 0.49。

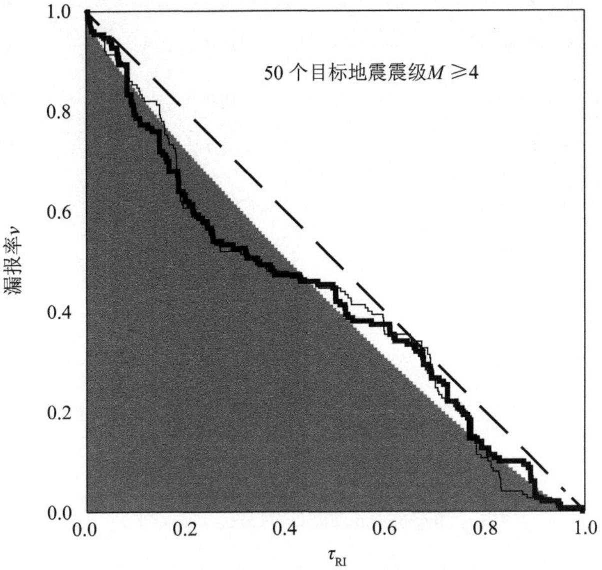

图 9.4 2011 年 1 月至 2016 年 3 月期间 EAST 和 $EAST_R$ 预测相对于 RI 模型的误差图。EAST 预报（细线）和 $EAST_R$ 预报（粗线）图接近。虚线对角线对应的是直接预测。阴影区域表示在显著性水平 $\alpha = 1\%$的情况下，被测试模型的预测优于参考模型的预测的区域

表 9.1 $EAST_R$ 和 RI 参考模型预测的似然检验结果

时间段	$EAST_R$	RI	N_{target}
2011 年 1 月～3 月	**–88.1**	–99.9	11
2011 年 4 月～6 月	**–139.9**	–148.8	14
2011 年 7 月～9 月	**–79.5**	–81.8	9
2011 年 10 月～12 月	**–67.9**	–69.6	7
2012 年 1 月～3 月	**–41.2**	–42.0	5
2012 年 4 月～6 月	**–79.3**	–92.4	10
2012 年 7 月～9 月	**–158.5**	–171.3	19
2012 年 10 月～12 月	**–43.0**	–45.1	5
2013 年 1 月～3 月	**–76.1**	–78.4	8
2013 年 4 月～6 月	**–96.6**	–98.4	9
2013 年 7 月～9 月	–40.6	**–39.6**	4
2013 年 10 月～12 月	**–49.8**	–50.5	5
2014 年 1 月～3 月	**–73.2**	–74.3	8

续表

时间段	$EAST_R$	RI	N_{target}
2014 年 4 月～6 月	–40.0	**–39.4**	4
2014 年 7 月～9 月	–41.7	**–41.3**	4
2014 年 10 月～12 月	**–18.0**	–18.8	2
2015 年 1 月～3 月	**–39.7**	–39.8	4
2015 年 4 月～6 月	**–35.8**	–37.1	4
2015 年 7 月～9 月	**–43.4**	–44.0	5
2015 年 10 月～12 月	**–32.0**	–33.1	3
2016 年 1 月～3 月	**–96.6**	–107.9	10
2011 年 1 月～2016 年 3 月	–1380.7	–1453.5	150

注：粗体表示相对于 RI，$EAST_R$ 的 AIC 值较小

9.4.2 结合基于预警和基于概率的预测模型

考虑使用差分概率增益法将加利福尼亚 EEPAS（按震级每个地震对应一个前兆）和 EAST 预测模型两种类型的模型结合起来开展案例研究。

EEPAS 和 EAST 模型是运行于加利福尼亚州 CSEP 测试中心的预测模型。基于使用误差图检验的联合评估（不属于 CSEP 官方测试过程）结果，研究发现这两个模型的预测结果比通常所用的与时间无关的 RI 参考模型在统计学显著性上表现得更好（Kossobokov and Shebalin，2003；Helmstetter et al.，2006；Molchan and Keilis-Borok，2008；Zechar and Jordan，2008）。

中期 EEPAS 预测模型（Rhoades and Evison，2004，2007）是基于前兆现象尺度的增长和相关的预测尺度关系（Evison and Rhoades，2004）的预测模型。在该模型中，每个地震按震级大小都是前兆，此处的震级大小一词是指接下来在中长期内发生的较大地震。因此，较小的地震是发震过程的“观众”，而非广为流传的 ETAS 分支模型中的“演员”（Ogata，1989）。目前已经使用了数个版本的 EEPAS 模型来生成为期 3 个月的地震活动预测。在此次预测模型的五个版本中，因为 EEPAS-0F 模型相比 RI 参考模型性能更好，我们选择了 EEPAS-0F 模型（以下简称为 EEPAS 模型）。

EAST 模型是一种基于预警的地震预测模型，采用了之前章节中讨论过的早期余震统计（Shebalin et al.，2011）。与 EEPAS 模型相比，EAST 模型不是一个地震活动率的概率模型。相反，如式（9.12）定义的一样，EAST 模型具有非概率性预警功能，用于检测有高应力水平的地震易发区域。地震易发区域是通过主震和早期余震之间历时的几何平均值来确认的。为期三个月的 EAST 和 EEPAS 模型分别于 2009 年 7 月和 2008 年 1 月在加州 CSEP 中心存档。

EAST 和 EEPAS 模型是互补的，两个模型专注于有关地震活动的不同方面，都能提供更多的预测信息。两种独立的地震活动模型的这种互补性质很难用似然检验来检

测。但需要强调的是二者可能是地震预报的一个重要特性，并且肯定是将两个独立模型结合起来的最佳情况。组合的方法必须保留每个模型提供的信息增益。使用差异概率增益方法，用于检测基于概率的 EAST 模型相对于 EEPAS 参考模型提供的额外独立信息，同时保留 EEPAS 模型提供的信息。

如 Shebalin 等（2012）所言及上一节中所述，EAST 和 EASTR 模型的预测能力没有明显差异。因此，为避免 RI 参考模型或转换方法可能引入的噪声，可以直接选择结合 EAST 和 EEPAS 模型。为了构建差分概率增益函数 $g_{\mathrm{EAST}}^{\mathrm{EEPAS}}$，我们研究了 1984 年 1 月至 2009 年 6 月的回溯期和 3.95～5.45，5.45～5.95 和 5.95～∞三个震级范围。在每个区间内，组合模型沿用了 EEPAS 模型的震级分布，各个区间内不受古登堡-里克特关系的约束。图 9.5 显示了每个时间间隔的误差图、分段近似值，以及 EAST 模型相对于 EEPAS 模型的差分概率增益函数。我们观察到，EAST 预测模型的预警函数在几乎两个数量级间都有 $g_{\mathrm{EAST}}^{\mathrm{EEPAS}}$ 值> 1 [图 9.5（d），（e），（f）]。

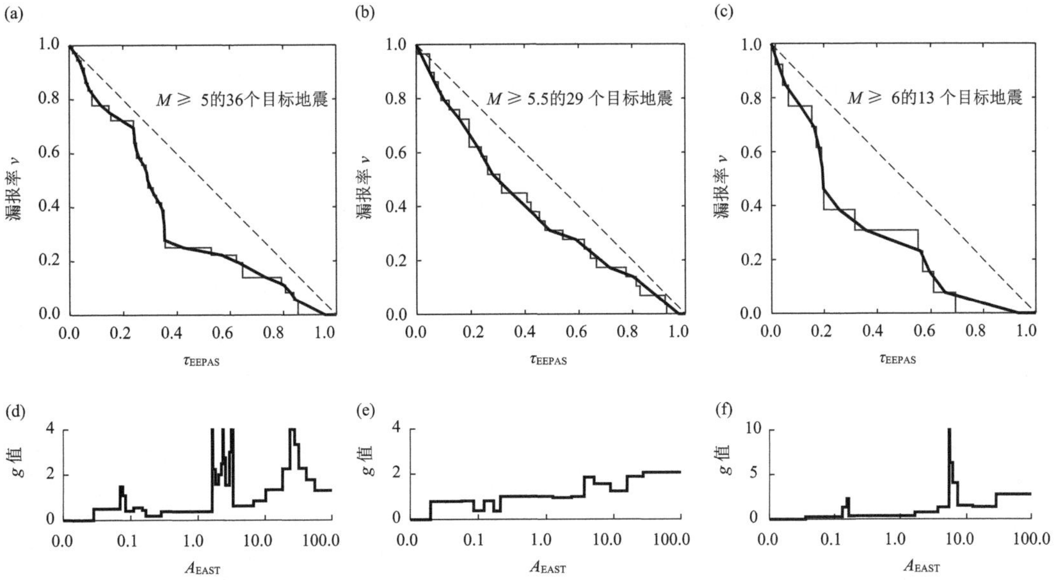

图 9.5 EAST 模型相对于 EEPAS 模型的差分概率增益函数，显示了 EAST 预测模型相对于 EEPAS 模型在 1984 年 1 月至 2009 年 6 月加利福尼亚的差分概率增益函数 $g_{\mathrm{EAST}}^{\mathrm{EEPAS}}$ 的评估结果。（a）～（c）为误差图，使用一组区间（粗线；见 9.2.2.2 节）来平滑轨迹（细线）。$g_{\mathrm{EAST}}^{\mathrm{EEPAS}}$ 值是这些时间区段的局部斜率。（d）～（f）差分概率增益 $g_{\mathrm{EAST}}^{\mathrm{EEPAS}}$ 作为 EAST 模型预警函数 A_{EAST}

对于三个震级间隔，利用式（9.8）EEPAS 模型的对应函数 $g_{\mathrm{EAST}}^{\mathrm{EEPAS}}$ 和概率 λ_{EEPAS} 得到新的基于概率的模型 EAST × EEPAS。图 9.6 所示为在准预测期（2009 年 7 月至 2011 年 12 月）用于评估 EAST、EEPAS 和 EAST × EEPAS 模型相对于 RI 参考模型的预测误差图。图上轨迹的对比表明，组合模型较两个初始模型效果更好。对于最小 RI 值尤其如此，对该值来说两个初始模型在显著水平低于 $\alpha = 1\%$的情况下比 RI 参考模型效果更好。似然检验的结果（表 9.2）也表征了 EAST × EEPAS 模型相对于 EEPAS 模型的增益。从量化的角度看，每次地震的对数似然增益为 0.30，至于 EASTR 模型，其增益为 0.34。

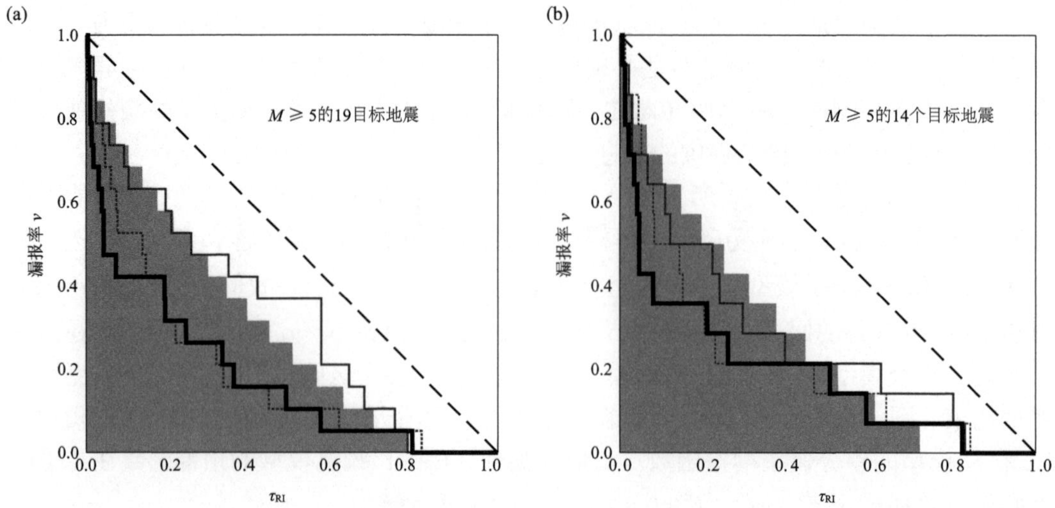

图 9.6　EAST × EEPAS、$EAST_R$ 和 EEPAS 模型的准前瞻性评估。测试在（a）加利福尼亚 CSEP 测试区和（b）图 9.3 中所示的简化区域进行。将 EAST × EEPAS（粗线），$EAST_R$（细线）和 EEPAS（细虚线）模型的预测与 RI 参考模型进行比较。虚线对角线对应直接的预测。有关阴影区域的说明，请参见图 9.4。对于所有模型，我们考虑通过对 $M \geqslant 4.95$ 级目标地震的预期概率求和从而获得单一概率值

图 9.7 说明了差分概率增益组合法如何使用 EAST、EASTR、EEPAS 和 EAST × EEPAS 模型输出 2010 年 4 月至 6 月沿着美国-墨西哥边界的预测结果。这个时空域囊括了 2010 年 4 月 4 日的下加利福尼亚州的 7.2 级地震。图 9.7（a）所示为 EAST 预警函数值。对于基于概率的模型[图 9.7（b～d）]，通过相应震级单元中所有模型概率的总和，可以计算震级 $M \geqslant 4.95$ 的地震的概率。所有模型在下加利福尼亚州地震的震中

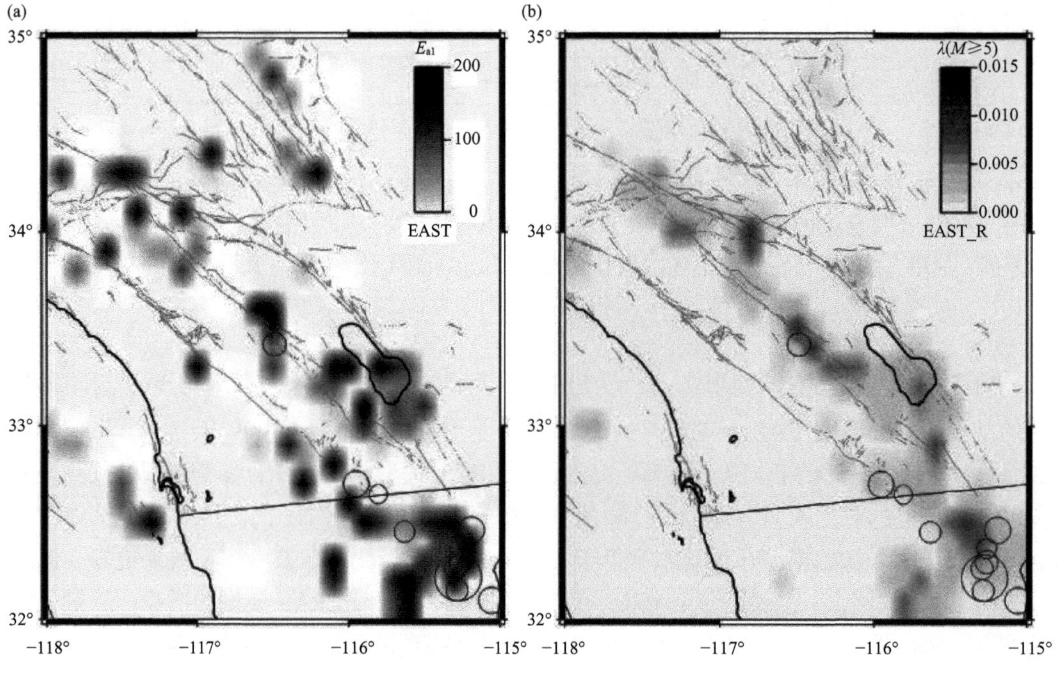

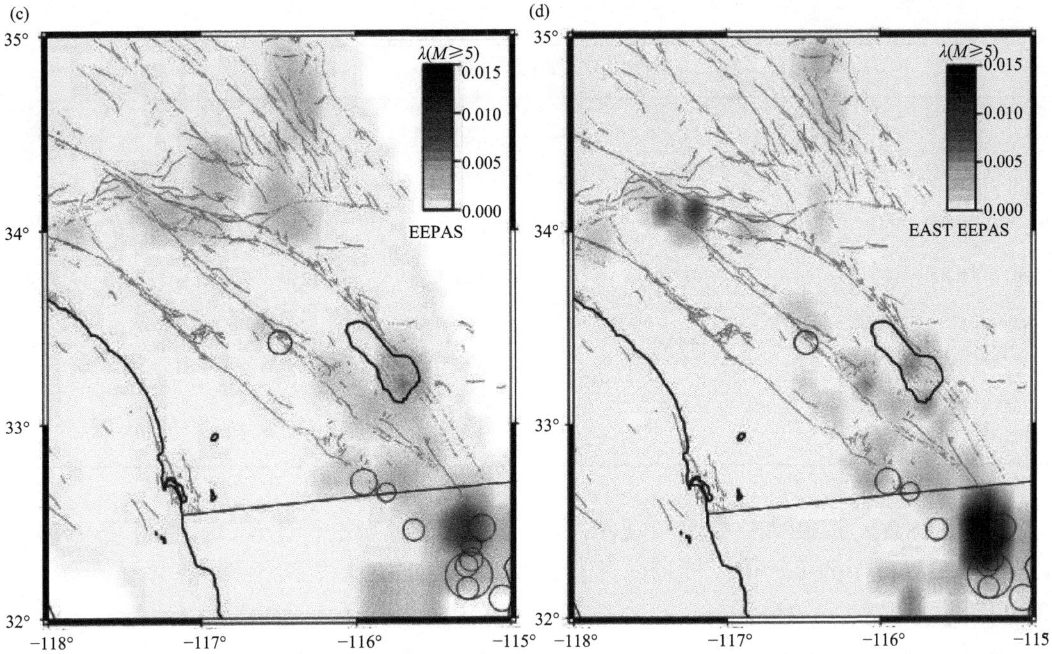

图 9.7 加利福尼亚州巴哈北部，美国和墨西哥边境地区自 2010 年 4 月至 6 月 $M \geqslant 4.95$ 级地震的（a）EAST，（b）$EAST_R$，（c）EEPAS 和（d）EAST × EEPAS 模型为期三个月的预测。圆圈对应于这期间在该区域发生的 $M \geqslant 4.95$ 的地震。对 EAST 模型，彩图表示了预警函数 A_{EAST} 的变化从 0 到最大值的变化（公式 9.14）。对于其他模型，相同的色标用于表示 $M \geqslant 4.95$ 地震的预测概率。请注意，EAST × EEPAS 预测的对比度明显较高，在 $EAST_R$ 和 EEPAS 模型的高地震概率区域中，EAST × EEPAS 的预测概率值增加。直线是美国-墨西哥边境（彩色图片请参阅电子版）

附近均表现出明显的最大值。然而，在震中向北延伸的区域里，EAST × EEPAS 模型给出的概率几乎比两个单独模型的比率大一个数量级。这个例子表明，这种组合方法可以很好地改良独立预测模型，在更小的区域内提供更高的预期地震概率。这些局部地震预测发生率的增加可以通过其他区域的减少得到平衡，从而使整个地区的总地震发生率不会发生显著变化。

表 9.2 四种模型预测的似然检验结果

时期	N_{target}	EAST × EEPAS	EAST + EEPAS	$EAST_R$	EEPAS	RI
2009 年 7 月～9 月	2	−13.62	−15.71	−15.96	−15.58	−18.64
2009 年 10 月～12 月	2	−17.65	−18.82	−19.42	−18.44	−20.93
2010 年 1 月～3 月	2	−24.97	−24.56	−26.76	−23.57	−25.17
2010 年 4 月～6 月	8	−74.79	−76.13	−77.82	−77.35	−81.69
2010 年 7 月～9 月	2	−14.87	−14.25	−17.47	−16.71	−19.65
2010 年 10 月～12 月	0	−2.18	−1.88	−1.36	−2.40	−1.78

续表

时期	N_{target}	EAST × EEPAS	EAST + EEPAS	$EAST_R$	EEPAS	RI
2011 年 1 月～3 月	1	−8.22	−7.94	−11.62	−7.70	−11.07
2011 年 4 月～6 月	1	−12.50	−12.23	−12.12	−12.40	−11.55
2011 年 7 月～9 月	0	−1.75	−1.74	−1.36	−2.12	−1.78
2011 年 10 月～12 月	1	−13.48	−12.81	−12.29	−13.41	−11.66
2009 年 7 月～2011 年 3 月（CSEP 区域）	19	−184.04	−186.07	−196.17	−189.66	−203.91
2009 年 9 月～2011 年 3 月(EAST 区域)	14	−137.68	−140.08	−138.63	−146.48	−151.46

将 EAST × EEPPAS 模型与 $EAST_R$ + EEPAS 模型进行比较，后者是 EAST 和 EEPAS 预测模型的平均值。使用两种基于概率的模型的加权平均值是非常直观的，是最常用的组合方法（Rhoades and Gerstenberger，2009；Marzocchi et al.，2012）。此外，加权平均值的使用可以通过在局部尺度上对每个模型极高和极低概率值权重的提高来提高所得模型的总预测能力。但无论如何，其仍然是一种平均方法。为避免不必要的变数，为 EAST 和 EEPAS 模型分配相等的权重。

通过使用误差图，我们将两个组合模型与 RI 参考模型进行比较。图 9.8 显示 EAST × EEPAS 模型的预测结果优于 $EAST_R$ + EEPAS 模型的预测，尤其是在最小 τ_{RI} 值方面，EAST 和 EEPAS 模型都表现极佳。

似然检验的结果则与误差图的结果完全不同。如果线性组合模型的误差图轨迹倾向于初始模型的轨迹之间，表 9.2 会显示线性组合模型的对数似然性比初始模型更接近 0。然而，EAST × EEPAS 模型再次表现出优于 $EAST_R$ + EEPAS 模型的性能。每次地震的对数似然增益总似然为 0.11，空间似然为 0.15。简化区内，EAST × EEPPAS 的效果优于线性组合模型，线性组合模型的评分介于 EEPAS 和 $EAST_R$ 之间。

图 9.8（a）显示了 EAST × EEPPAS 和 $EAST_R$ + EEPPAS 模型预测概率的累积分布函数。表明 EAST * EEPAS 模型比起 $EAST_R$ + EEPAS 模型有更大的探索价值。此外，我们观察到超过 50%的目标地震发生在最高概率仅为 2%的情况下，并且对这些地震活动，EAST × EEPAS 模型的概率大约是 $EAST_R$ + EEPAS 模型的两倍。该差异表明在高概率值区域内提高预测地震概率方面，基于差分概率增益的组合比线性组合占据明显优势。显然，限制在低概率值的情况则恰恰相反。然而在这种情况下两种模型均无法预测目标地震，尝试将二者结合起来的增益值得讨论。同时这些结果证实了良好组合的唯一约束条件是需要使用两个互补的预测模型，即两个模型之间要确保互相的误差图满足等式（9.6）中的 $g[A(x,t)] > 1$。

图 9.8（b）和（c）比较了发生目标地震的时空域范围的 EAST × EEPAS 和 $EAST_R$ + EEPAS 模型的单一概率值。在高概率的限制下，EAST × EEPAS 模型的概率值是 $EAST_R$ + EEPAS 模型的两倍[图 9.6（b）]。这表明基于差分概率增益的预测模型的组合

可以增加基于概率预测模型中的地震概率。

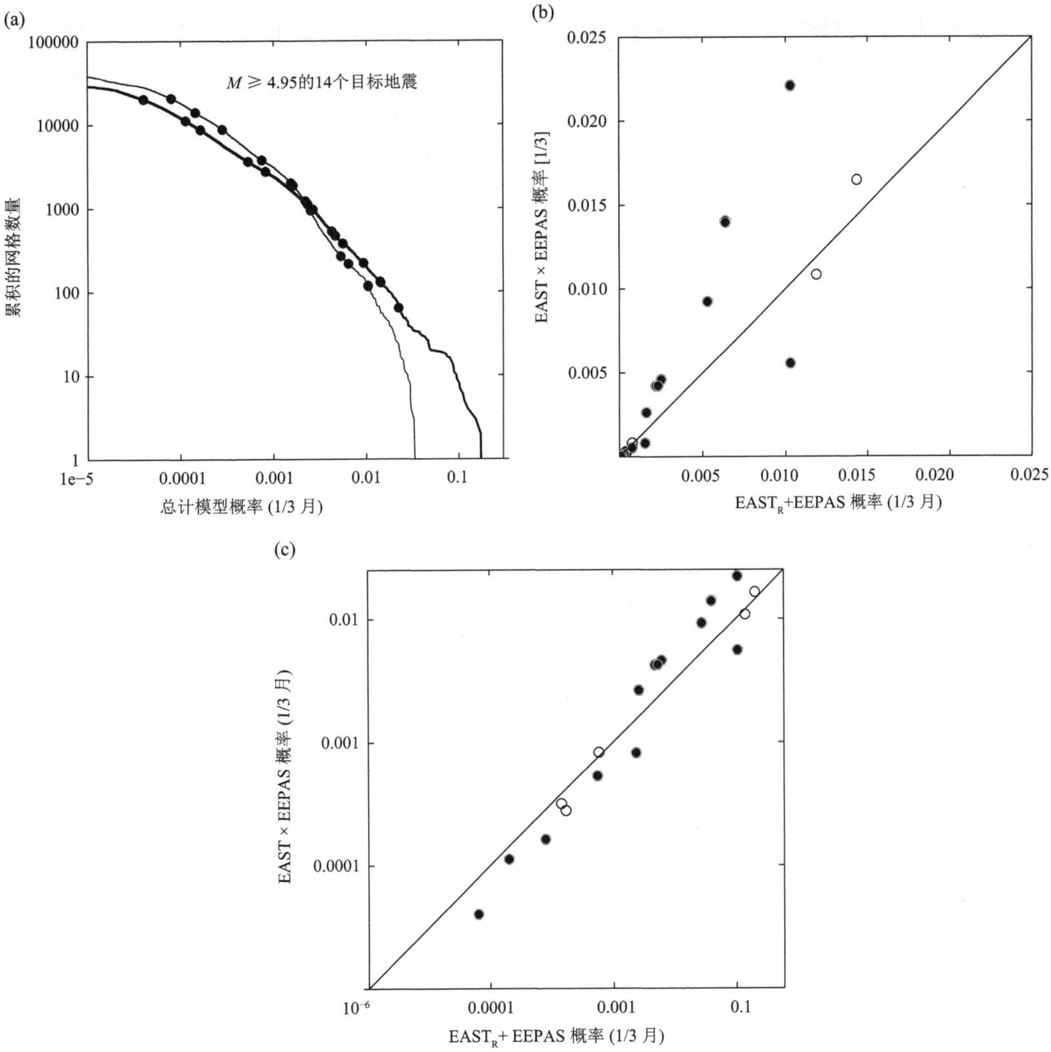

图 9.8 EAST × EEPAS 和 EAST$_R$ + EEPAS 模型的预期概率分布。（a）概率值的累积分布函数（EAST × EEPAS 为粗线，EAST$_R$ + EEPAS 为细线）。点显示了在 2009 年 7 月至 2011 年 12 月的准前瞻性测试期间发生目标地震概率的时空区域。（b）EAST × EEPAS 模型线性概率和（c）EAST × EEPAS 模型相对于 EAST$_R$ + EEPAS 模型的对数概率。空心圆对应整个 CSEP 测试区域；黑点对应简化区（图 9.3）。$x = y$ 线用于直接比较。在高概率的限定条件下，EAST × EEPAS 模型具有明显高的地震概率值（b）。在小概率的限定下这些高概率被模型补偿

9.4.3 前兆模式中的噪声对所得预测结果影响的测试

差分概率增益法可以连续地应用于一组前兆模式。每一步都将上一步得到的模型结果用作参考模型。然而，由各种前兆模式得到的有用信息可能会被模式中的噪声影响降低其价值。此外，也要预计每一步的预测会有损耗。

将 EAST × EEPAS 模型作为初始预测模型，研究了一组没有实际预测信息的基于预警模型对下一步迭代预测的影响[图 9.9（a）]。与之前一样，我们选取了 1984 年 1 月至 2009 年 6 月时段作为学习阶段，以及 2009 年 7 月至 2011 年 12 月作为测试阶段。设定目标地震的单个震级区间为 $M \geqslant 4.95$。通过从 0 和 1 的均匀分布中抽取随机数，模拟了十个“基于预警的模型”，实际上仅由噪声组成。然后，经过迭代产生了下一代预测。如前所述，学习阶段估算 $g[A(x,t)]$值[图 9.9（a）]，然后在两个时段注入当前生成的预测。在学习阶段，图 9.9（b）显示了第九次迭代前后预测的误差图，该迭代表现出了与对角线的最大偏差。在测试期间，图 9.9（c）显示了评估初始和最终预测模型相对于 RI 参考模型的预测能力误差图。即使在非常嘈杂的模拟下进行十次迭代，结果仍然与原始模型非常相似。该结果与所有连续的误差图一致，这些连续误差图系统地显示两个连续的预测相互之间没有特定的预测能力。尽管无法避免噪声的增加，这一分析仍表明在组合过程中不会对模型的预测能力造成系统性的削弱。

(a)

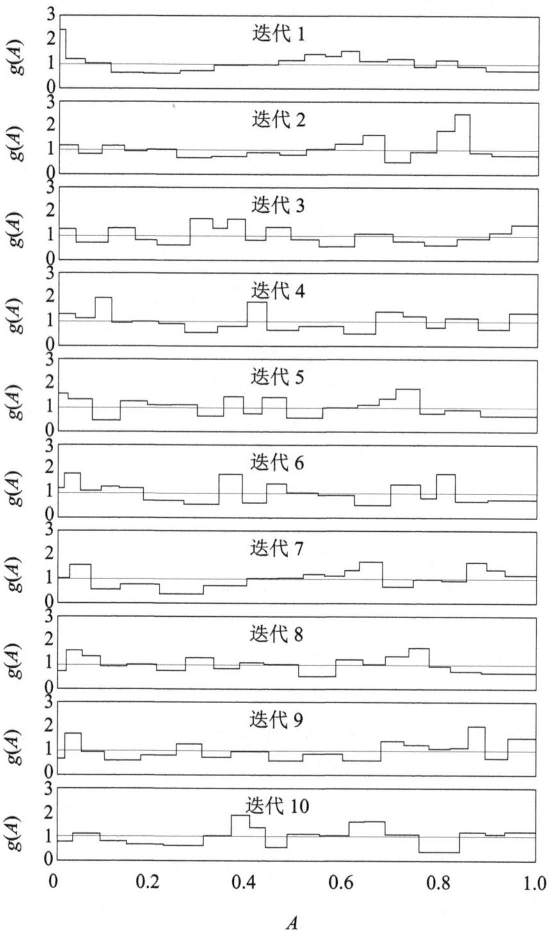

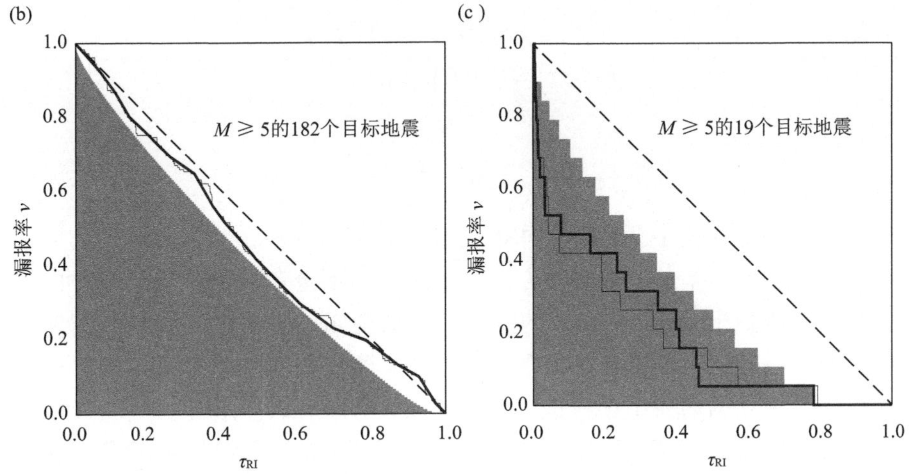

图 9.9 使用差分概率增益法的组合预测模型中的噪声水平。EAST × EEPAS 模型连续组合 10 个基于随机概率模型，用于 $M > 4.95$ 的目标地震（见文字）。（a）在 1984 年 1 月至 2009 年 6 月学习阶段估算的差异概率增益 $g(A)$。（b）同期使用误差图比较第七次迭代前后产生的两个连续预测结果，该迭代表现出了与对角线的最大偏差。（c）评估初始（细线）和最终（粗线）生成的预测结果。在这些图中，虚线对角线对应直接预测。有关阴影区域的说明，请参见图 9.4

9.4.4 基于概率参考模型的多重组合前兆

同时考虑几种地震前兆或前兆模式显然可以提高预报质量。用基于概率的模型加入一组前兆，也许可以寄希望于由此产生的地震概率在当地能达到有效决策所需的高值。目前，大多数模式识别方法已被用于组合成各种地震前兆模式（Gelfand et al.，1972；Gvishiani and Soloviev，1984；Keilis Borok and Kossobokov，1990；Keilis Borok and Rotwain，1990；Kossobokov et al.，1990；Peresan et al.，1999；Shebalin and Keilis Borok，1999；Vorobieva，1999；Keilis Borok et al.，2002；Romashkova and Kossobokov，2004；Shebalin et al.，2004；Shebalin，2006）。这些方法没有提供预期地震概率的估值。差分概率增益组合方法引入了基于概率模型方法且包括各种前兆信息的模型。

先考虑怎样把由预警函数 $Ai(x,t)$，I =1, 2,⋯, n，定义的 n 个前兆和基于概率的参考模型 $\lambda_{\mathrm{ref}}(x,t)$相结合。在一个简单的例子中，所有前兆或模式都是独立时的，产生的模型可用以下等式获得

$$\lambda_{\mathrm{new}}\left(x,t\right)=\prod_{i=1}^{n} g_i(A_i)\lambda_{\mathrm{ref}}(x,t) \tag{9.15}$$

发现 $gi[Ai(x,t)]$与基于概率的参考模型的 $\lambda_{\mathrm{ref}}(x,t)$相关。

如果前兆的独立性不明显，则应该使用迭代差分概率增益法。在每次迭代中，获得中间结果模型，并成为下一次迭代的参考模型：

$$
\begin{aligned}
&\lambda_1(x,t)=g_{\text{ref}}^1(A_i)\lambda_{\text{ref}}(x,t),\\
&\lambda_2(x,t)=g_1^2(A_2)\lambda_1(x,t),\\
&\cdots\\
&\lambda_{\text{new}}(x,t)=g_{n-1}^n(A_n)\lambda_{n-1}(x,t),
\end{aligned} \tag{9.16}
$$

其中 $g_{i-1}^i(A_1)$与前一次迭代中获得的中间模型有关。

如 9.4.3 节所示，差分概率增益方法的多次应用不会在结果模型中产生明显噪声。然而，结果可能依赖于等式（9.16）的阶次，特别是如果用于估计差分概率增益的学习阶段的数据是有限的。为了减少这种模糊性，在此建议将前兆分成独立的组。在包含两个或更多非明显独立的前兆组中应该能够找到式（9.16）最佳组合顺序：从而为这样的前兆组找到聚合的差分概率增益因子。通过使用式（9.15），组与组之间的结合成为了可能。下一节中的具体实例介绍了这种复合方法。

9.4.5 基于中期地震前兆的加利福尼亚州区域的复合地震预期概率模型

这里考虑的模型基于先前在 RTP 地震预测算法中使用的四种前兆模式（Keilis Borok et al.，2002，2004; Shebalin et al.，2004，2006）。正如第 9.4.1 节中所述，为简单起见，采用与时间无关的 RI 模型作为参考模型。该模型的测试涵盖了 CSEP 加州测试区域，时间步长为 3 个月，空间网格为 0.1°×0.1°。预测目标是 5 级及以上地震（超出阈值的震级没有区分）。最初在“地震链”（Shebalin et al.，2006，附录 A.3）中提到的中期前兆模式在这里以圆圈的形式进行研究。我使用 1960～1984 年这一时期来对模式进行优化并估计差分概率增益（学习阶段）。其后所得的模型对 1985 年 1 月至 2016 年 3 月（测试阶段）时期进行了回溯性检验。请注意，学习阶段和测试阶段不相交。

9.4.5.1 定义

表 9.3 列出了用于定义预警函数（关于模式和参数值）的公式和参数。在所有函数中，求和是以半径 r 为圆心的圆，该圆圆心位于空间单元的中心（表示为 x），时间间隔为 $t-T\leqslant\tau<t$（t 是三个月预测时段的开始时间），且震级 $M_i\geqslant M_1$。$N(x,t;\ R,T,\ M_1)$ 表示在空间-时间-震级体积内发生的主震数目，主震经由 Gardner 和 Knopoff（1974）的算法来进行筛选。

表 9.3　复合预测模型的中期前兆模式

前兆模式和预警函数名称	R/km	T/a	M_1
“活度” $A_a(x,t)=N(x,t;\ R,\ T,\ M_1)$	75	5	4
“伽马” $A_g(x,t)=\dfrac{\sum M_i}{N(x,t;R,T,M_1)}$	25	5	4

续表

前兆模式和预警函数名称	R/km	T/a	M_1
“加速”	25	2	2
$A_c(x,t)=\dfrac{N(x,t;R,T,M_1)}{N(x,t-T;R,T,M_1)}$			
“迷你 b”	25	0.5	3
$A_b(x,t)=\sum S_i$，其中			
$S_i=\sum_i \sum_{l:t_{-}-t_i \leqslant \delta t; M_{li} \geqslant M_2} 10^{M_{li}}$，$M_{li}$ 是第 i 个主震后第 l 个余震的震级			
$\delta t=2$ 天, $M_2=2.0$			

下一步是评估预警函数的相关性，最简单的方法是估计成对函数的皮尔森相关系数。CSEP 加州测试区域包括 7682 个 $0.1°\times0.1°$网格。学习阶段包括 100 个为期三月的时间段。表 9.4 显示了所用的四个预警函数对的相关系数，计算使用了 768200 对值。

表 9.4 预警函数对的相关系数

预警函数	相关系数 ρ
A_u 和 A_g	0.520
A_u 和 A_c	0.238
A_u 和 A_b	0.262
A_g 和 A_c	0.211
A_g 和 A_b	0.296
A_c 和 A_b	0.268

只有 A_u 和 A_g 有一定相关性，$\rho=0.52$。主观选择阈值为 $\rho=0.3$，认为这两种模式是相关的。对于其他各对 $\rho<0.3$ 则认为它们是不相关的。根据前一节，使用这四种模式构建复合预测模型可能包含了三个独立的组。其中“加速”和“迷你 b”两组每个都有一个模式。对于包含具有一定相关性的模式“活动”和“伽马”组，我采用方程（9.14），使用用相对于 RI 参考模型的“伽马”模式的误差图（经 9.2.2.2 节中所述方法自动进行平滑处理）对 $g_{\text{RI}}^{g}(A_g)$[图 9.10（a）]进行估算。接下来构建一个中间模型

$$\lambda_{g\times\text{RI}}(x,t)=g_{\text{RI}}^{g}(A_g)\lambda_{\text{RI}}(x,t) \tag{9.17}$$

下一步，对于“伽马”模式，平滑处理后的误差图是根据该中间模型构建的，并确定其差分概率增益因子 $g_{g\times\text{RI}}^{g}(A_u)$[图 9.10（b）]。对于剩下的两种模式“加速”和“迷你 b”，根据式（9.17）分别评估相对于 RI 模型、$g_{\text{RI}}^{c}(A_c)$和 $g_{\text{RI}}^{b}(A_b)$的差分概率增益[图 9.10（c）和（d）]。最后，输出复合模型由以下公式定义：

$$\lambda_{g\times u\times c\times b\times \mathrm{RI}}(x,t)=g_{\mathrm{RI}}^{g}(A_g)g_{g\times \mathrm{RI}}^{g}(A_u)g_{\mathrm{RI}}^{c}(A_c)g_{\mathrm{RI}}^{b}(A_b)\lambda_{\mathrm{RI}}(x,t) \tag{9.18}$$

9.4.5.2 回溯性检验

在学习阶段（1960～1984）[图 9.11（a）]和测试阶段（1985～2016）[图 9.11（b）]计算了误差图（第 9.2.1.1 节）和似然检验（第 9.2.1.2 节）。请注意，测试期间的数据尚未用于构建模型。使用公式（9.4）开展的似然检验总结于表 9.5。

从图 9.11 和似然检验分析中我们可以看出，测试期的预测表现甚至优于学习期的预测。

复合模型为预期的地震概率提供了更集中的时空域。图 9.12 显示了概率的分布情况。两个子图显示了 2010 年 4 月 1 日至 2010 年 6 月 30 日预测区间对应的预测结果：左侧为复合模型，右侧为 RI 模型。有色单元格是发生率最高的单元格，在预期时间段中 50%的地震会发生在该网格中。对于复合模型，50%的目标地震预计发生在仅 35 个空间分辨率为 0.1°×0.1°的单元格中，而 RI 模型预计 50%的目标地震会发生在 624 个单元格中。对于复合模型，中值概率等于 0.0132（在 0.1°×0.1°的单元格中，每 3 个月会发生 M ≥ 5 次地震）。对于 RI 模型，中值概率等于 0.00067。因此，复合模型中地震概率的有效上升约为 RI 模型的 20 倍。

9.4.5.3 应用差分概率增益方法的顺序对结果的依赖性

差分概率增益方法的一个假设缺点是，如果模式不是独立的，理论上的结果可能取决于将前兆模式添加到模型中的顺序。在所考虑的应用中，仅发现“活度”和“伽马”模式有一定程度的相关。首先，构建了中间模型[式（9.17）]，然后找到和中间模型有关的模式“活度”的差分概率增益 $g_{g\times \mathrm{RI}}^{u}(A_u)$，不同顺序也是可以的：首先构建中间模型 $\lambda_{u\times \mathrm{RI}}(x,t)$，然后找到因子 $g_{u\times \mathrm{RI}}^{g}(A_g)$。直接比较这两种不同顺序所得概率可以看出差别很小。在 1985 年至 2016 年预测的相关系数为 0.997。两个版本之间概率的最大差异是 18%。对数似然的差异小到每次地震只有 0.04。

9.5 结论

在大地震之前能观察到不同类型的前兆现象。这种信息可能有助于改进预测模型。通过将这些信息整合到地震活动模型中，可以实现较高的预期地震概率，而已知的地震活动模型对大震的预测概率极低。此方法的一个重要优点是可以将不同类别的统计模型和在不同时空尺度构建的模型结合起来。

无论输入的前兆信息是概率性的还是确定性的，该方法的应用输出数据始终是模型预测的地震概率。用统计方法表示的前兆概率特性是差分概率增益方法的基础，差分概率增益方法使地震活动模型与任何类型的前兆相结合成为可能。

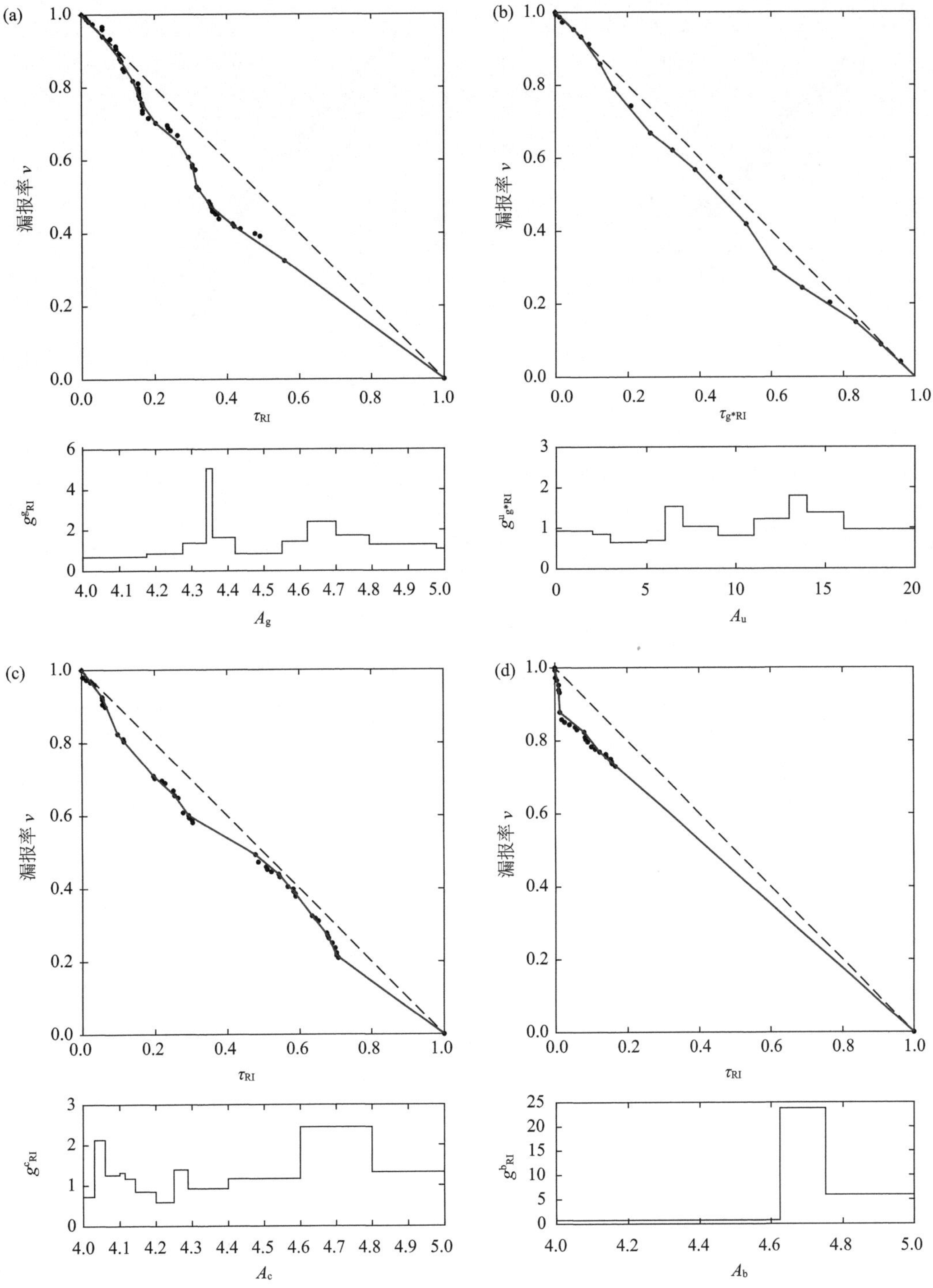

图 9.10 评估四种地震活动前兆模式的差分概率增益。（a）与 RI 模型相关的“伽马”模式；（b）与中间模型相关的“活度”模式，$g\times RI$，在第一步获得；（c）与 RI 模型相关的“加速”模式；（d）与 RI 模型相关的“迷你 b”模式。顶部图显示了有关参考模型（RI 或 $g\times RI$）的模式误差图。底部图显示了差异概率增益值作为相应预警函数。使用 1960～1984 年 ANSS 地震目录的 CSEP 加州测试区域开展计算

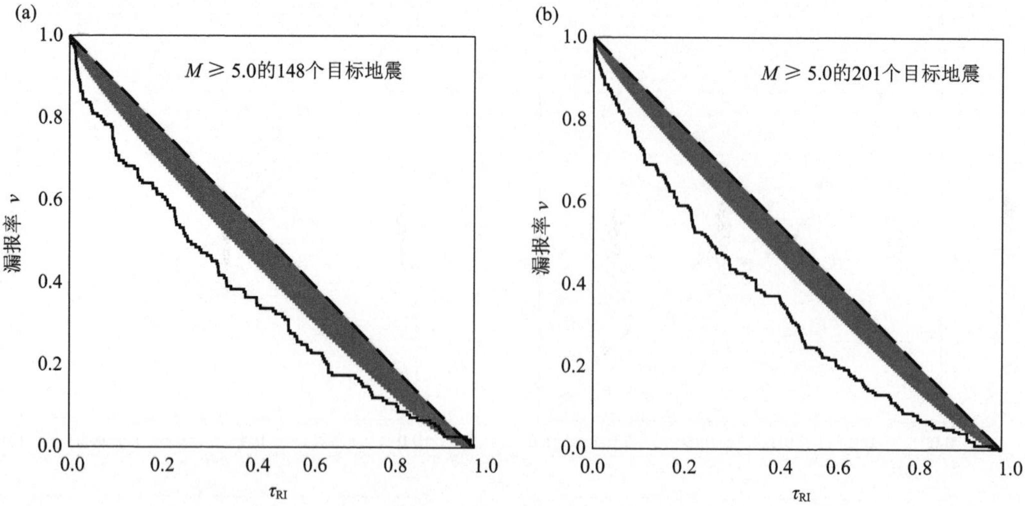

图 9.11　基于四个中期前兆的地震预期概率复合模型的误差图。复合模型相对于 RI 模型的误差图：（a）学习阶段 1960～1984；（b）检验阶段 1985～2016。阴影区表示在显著性水平 $\alpha = 1\%$下，被测试模型的预测结果与参考模型的预测结果的差值区域，不具有统计学显著性；该区域内的成功预测应视为随机的

表 9.5　复合模型和 RI 模型的似然检验[式（9.4）]结果的比较

	学习阶段，1960～1984 年	检验阶段，1985～2016 年
复合模型	−842.97	−1103.05
RI 模型	−1229.82	−1663.07
目标地震数量	148	201
每个目标地震的对数似然增益	2.55	2.79

该方法可以描述为识别和组合与地震现象有关的独立信息源的可操控方法。组合模型的质量不必依赖于组合内不同模型间的因果关系。实际上，该程序适用于任何具有额外预测能力的预测模型。然而，由于我们必须基于一般性的情况下根据传统的分类问题来建立模型，因此组合预测模型的整体性能只能建立在纯粹的经验性基础之上。

与线性方法相比，差分概率增益过程不是开展不同模型的局部预期概率的平均处理。相反，而是根据输入模型所包含的额外信息在空间上重新分配参考模型的概率。然后如图 9.7 所示，对于 EAST × EEPPAS 模型来说，组合模型可能覆盖更大范围的概率值，特别是在对地震预测业务至关重要的高概率的限制方面。重新分配过程的一个基本属性是保持与基于参考模型预期总概率一致。然而，如果在确定差分概率函数的回溯阶段期间验证了这种守恒性，则它可能仅在准预测和实时测试适用。

对于具有四种前兆模式的复合模型，预期概率高度集中的再分配效果更为明显。例如图 9.12 所示，在 2010 年 4 月 1 日至 6 月 30 日期间，50%的预期地震概率集中在 0.46%的测试区域内（包括 2010 年 4 月 4 日 El Mayor Cucapah 7.3 级地震的震中），而

根据参考 RI 模型，50%的地震总概率集中在 8.2%的发生率最高的单元格内。因此，在这个案例中，地震概率的有效性上升约为 20 倍。

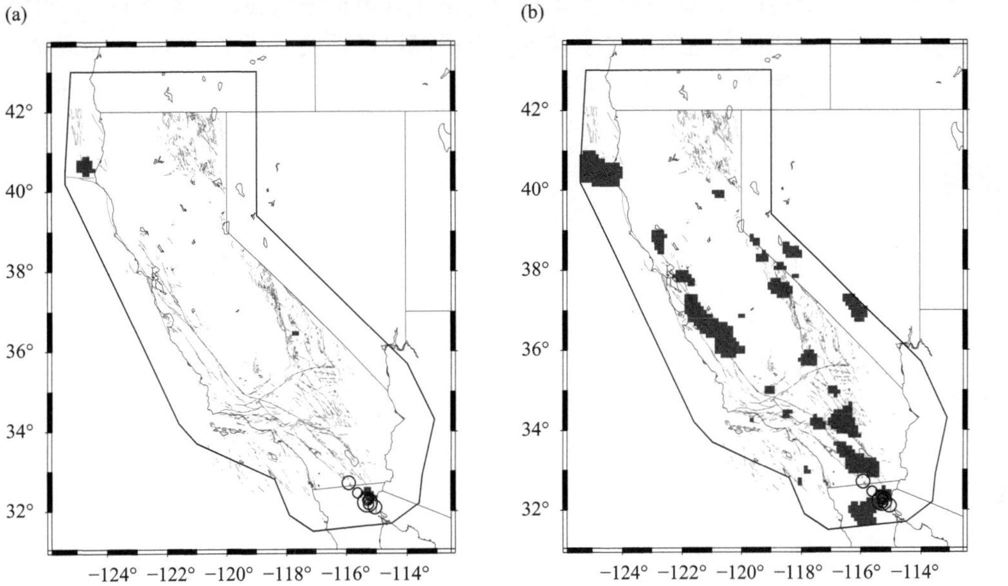

图 9.12 2010 年 4 月 1 日至 2010 年 6 月 30 日期间的复合模型和 RI 模型的预测。，三个月的时间段内预期有 50%的概率在红色表示的最高概率单元内发生地震。（a）复合模型预测有 50%的目标地震发生在 35 个单元格中（一共 7682 个单元格），（b）RI 模型预测 50%的目标地震会发生在 624 个单元格中。实线显示的是 SCEP 加州测试区。圆圈表示在预测时段内发生的震级 $M \geqslant 5$ 目标地震的震中。最大的圆圈对应 2010 年 4 月 4 日 El Mayor-Cucapah 7.3 级地震（彩色图片请参阅电子版）

差分概率增益法可用于连续组合不同的预测模型。但是，被组合的每种模型不仅会引入额外的信息，还会带来一些噪声。因此，当许多模型组合在一起时，必须估算噪声水平。在实时测试中，实际上不可能量化单个模型中的噪声水平，因为可用的案例非常短。因此，对整体噪声进行理论估算暂时尚不可能。相反，开展的数值模拟测试实验表明，即使带有高噪声模拟模型进行 10 次迭代，结果仍然与初始模型非常相似。

差分概率增益的组合方法是不可交换的。为此，分析了两个版本的复合模型，在不同的输入模式和顺序下得到四个前兆模式。虽然两个复合模型的版本不同，但也非常相似。1985～2016 年测试期预测结果的相关系数为 0.997，地震发生概率的最大差值为 18%，每次地震的对数似然差值为 0.04。

误差图和似然检验之间的主要区别在于概率变量的权重方式。误差图基于预期地震概率的总和，而似然检验基于概率对数的总和。图 9.8（b）和（c）的比较说明了这两个测试之间的差异。在误差图中，两个模型的相关性可以通过概率增益来测量。对于两个基于概率的模型，概率增益可以通过概率分布的最佳拟合线的斜率来估算（即一个模型概率与发生目标地震的另一模型概率的相关关系图）。在图 9.8（b）中，该斜率接近 2。另外，在确定这个斜率时可以用图形的方法验证高概率地震的权重是否比低概率地震更高。

与单个地震预测模型和其他线性组合技术相比，基于差分概率增益组合方法的成果更具有前景。总体而言，该程序通过大幅提高地震预测概率，为地震预测业务开辟了新的机会。同时还可以考虑将迭代方法应用于基于差分概率增益法开展不同类型若干预测模型的组合，使用四种地震前兆模式的复合模型已经证明了成果喜人。如果输入模型和模式是由不同的概念、数据或地震前兆构成的，那么模式组合预测将是最好的选择。

致谢

这项工作得到了俄罗斯基础研究基金会的支持，项目编号为 13-05-00541。同时我也很感谢两位匿名审稿人的宝贵意见。

参考文献

Aki, K. (1981), A probabilistic synthesis of precursory phenomena, in D. Simpson and P. Richards (eds), *Earthquake Prediction:An International Review*, pp. 566-574, American Geophysical Union, Washington, DC.

Aki, K. (1996), Scale dependence in earthquake phenomena and its relevance to earthquake prediction, *Proc.Natl.Acad.Sci.USA*, *93*, 3740-3747.

Cicerone, R. D., Ebel, J. E., and Britton, J. (2009), A systematic compilation of earthquake precursors, *Tectonophysics*, *476*(3-4), 371-396.

Eberhard, D. A., Zechar, J. D., and Wiemer, S. (2012), A prospective earthquake forecast experiment in the western Pacific, *Geophys.J. Int.*, *190*(3), 1579-1592.

Evison, F. F. (1982), Generalised precursory swarm hypothesis, *J. Phys.Earth*, *3*, 155-170.

Evison, F. F. and Rhoades, D. A. (2004), Demarcation and scaling of long-term seismogenesis.*Pure Appl.Geophys.*, *161*, 21-45, doi:10.1007/s00024-003-2435-8.

Gardner, J. and Knopoff, L. (1974), Is the sequence of earthquakes in S. California with aftershocks removed Poissonian?*Bull.Seismol.Soc.Am.*, *64*(5), 1363-1367.

Gelfand, I. M., Guberman, Sh., Izvekova, M. L., Keilis-Borok,V. I., and Ranzman, E. Ya.(1972), Criteria of high seismicity determined by pattern recognition, *Tectonophysics*, *13*(1-4), 415-422.

Gerstenberger, M. C., Jones, L. M., and Wiemer, S. (2007), Short-term aftershock probabilities: case studies in California, *Seismol.Res.Lett.*, *78*, 66-77.

Gupta, H. K. and Singh, H. N. (1989), Earthquake swarms precursory to moderate to great earthquakes in the northeast India region, *Tectonophysics*, *167*(2-4), 285-298.

Gvishiani, A. D. and Soloviev, A. A. (1984), Recognition of places on the Pacific coast of the South America where strong earthquakes may occur, *Earthquake Predict.Res.*, *2*, 237-243.

Helmstetter, A., Kagan, Y. Y., and Jackson, D. D. (2006), Comparison of short-term and time-independent earthquake forecast models for southern California, *Bull.Seismol.Soc.Am.*, *96*, 90-106.

Jordan, T.H.(2006), Earthquake predictability, brick by brick, *Seismol.Res.Lett.*, *77*, 3-6.

Jordan, T. H. and Jones, L. M. (2010), Operational earthquake forecasting: some thoughts on why and how, *Seismol.Res.Lett.*, *81*, 571-574.

Keilis-Borok, V. I. and Kossobokov, V. G. (1990), Premonitory activation of earthquake flow: algorithm M8, *Phys.Earth Planet.Inter.*, *61*, 73-83.

Keilis-Borok, V. I. and Rotwain, I. M. (1990), Diagnosis of time of increased probability of strong earthquakes in different regions of the world: algorithm CN, *Phys. Earth Planet.Inter.*, *61*, 57-72.

Keilis-Borok, V. I., Knopoff, L., and Rotvain, I. M. (1980), Bursts of aftershocks, long-term precursors of strong earthquakes, *Nature*, *283* (5744), 259-263, DOI:10.1038/ 283259a0.

Keilis-Borok, V. I., Shebalin, P. N., and Zaliapin, I. V. (2002), Premonitory patterns of seismicity months before a large earthquake: five case histories in Southern California, *Proc.Natl.Acad.Sci.*, *99*, 16562-16567.

Kossobokov, V. (2006), Testing earthquake prediction methods: the west Pacific short-term forecast of earthquakes with mag- nitude $M_w \geqslant 5.8$, *Tectonophysics*, *413*, 25-31.

Kossobokov, V. (2013), Earthquake prediction: 20 years of global experiment, *Nat. Hazards*, *69*(2), 1155-1177.Kossobokov, V. and Shebalin, P. (2003), Earthquake prediction, in V. I. Keilis-Borok and A. A. Soloviev (eds), *Nonlinear Dynamics of the Lithosphere and Earthquake Prediction*, pp. 141-205, Springer, Berlin-Heidelberg.

Kossobokov, V. and Soloviev, A. (2015), Evaluating the results of testing algorithms for prediction of earthquakes, *Dokl.Earth Sci.*, *460*(2), 192-194.

Kossobokov, V. G., Keilis-Borok, V. I., and Smith S. W. (1990), Reduction of territorial uncertainty of earthquake forecasting, *Phys.Earth Planet.Inter.*, *61*(1-2), R1-R4, doi:10.1016/0 031-9201(90)90101-3.

Marzocchi, W., Zechar, J. D., and Jordan, T. H. (2012), Bayesian forecast evaluation and ensemble earthquake forecasting, *Bull.Seismol.Soc.Am.*, *102*, 2574-2584, doi:10.1785/ 0120110327.

Molchan, G. (1990), Strategies in strong earthquake prediction, *Phys.Earth Planet.Inter.*, *61*, 84-98.

Molchan, G. (1991), Structure of optimal strategies in earthquake prediction, *Tectonophysics*, *193*, 267-276.

Molchan, G. (2010), Spacetime earthquake prediction: the error diagrams, *Pure Appl.Geophys.167*(8-9), 907-917.

Molchan, G. (2012), On the testing of seismicity models, *Acta Geophysica*, *60*(3), 624-637, doi:10.2478/s11600-011-0042-0 Molchan, G. and Keilis-Borok, V. (2008), Earthquake prediction: probabilistic aspect, *Geophys.J. Int.*, *173*, 1012-1017.

Narteau, C., Shebalin, P., and Holschneider, M. (2002), Temporal limits of the power law aftershock decay rate, *J. Geophys.Res.*, *107*, doi:10.1029/2002JB001868.

Narteau, C., Shebalin, P., and Holschneider, M. (2005), Onset of power law aftershock decay rates in Southern California, *Geophys.Res.Lett.*, *32*, doi:10.1029/2005GL023951.

Narteau, C., Shebalin, P., and Holschneider, M. (2008), Loading rates in California inferred from aftershocks, *Nonlin.Proc.Geophys.*, *15*, 245-263.

Narteau, C., Byrdina, S., Shebalin, P., and Schorlemmer, D. (2009), Common dependence on stress for the two fundamental laws of statistical seismology, *Nature*, *462*, 642-645, doi:10.1038/nature08553.

Ogata, Y. (1988), Statistical models for earthquake occurrences and residual analysis for point processes, *J. Am. Stat.Assoc.*, *83*, 9-27.

Ogata, Y. (1989), Statistical models for standard seismicity and detection of anomalies by residual analysis, *Tectonophysics*, *169*, 159-174.

Peresan, A., Costa, G., and Panza, G. (1999), Seismotectonic model and CN earthquake prediction in Italy, *Pure Appl.Geophys.*, *154*, 281-306.

Peresan, A., Kossobokov, V. G., Romashkova, L., and Panza, G. F. (2005), Intermediate-term middle-range earthquake predictions in Italy: a review, *Earth Sci. Rev.*, *69*(1-2), 97-132.

Peresan, A., Kossobokov, V. G., and Panza, G. F. (2012), Operational earthquake forecast/prediction, *Rend.Lin. Sci.Fis.Nat.*, *23*(2), 131-138.

Pulinets, S. A., Ouzounov, D. P., Karelin, A. V., and Davidenko,D. V. (2015), Physical bases of the generation of short-term earthquake precursors: A complex model of ionization- induced geophysical processes in the lithosphere-atmosphere-ionosphere-magnetosphere system, *Geomag.Aeron.*, *55*(4), 521-538. doi:10.1134/S0016793215040131.

Rhoades, D. A. (2013), Mixture models for improved earthquake forecasting with short-to-medium time horizons, *Bull.Seimol.Soc.Am.*, *103*, 2203-2215, doi:10.1785/0120120233.

Rhoades, D. A. and Evison, F. F. (2004), Long-range earthquake forecasting with every earthquake a precursor according to scale, *Pure Appl.Geophys.*, *161*, 47-72, doi:10.1007/ s00024-003-2434-9.

Rhoades, D. A. and Evison, F. F. (2007), Application of the EEPAS model to forecasting earthquakes of moderate magnitude in southern California, *Seismol.Res.Lett.*, *78*, 110- 115, doi:10.1785/gssrl.78.1.110.

Rhoades, D. A. and Gerstenberger, M. C. (2009), Mixture models for improved short-term earthquake forecasting, *Bull.Seismol.Soc.Am.*, *99*, 636-646, doi:10.1785/0120080063.

Rhoades, D. A., Christophersen, A., and Gerstenberger, M. C. (2015), Multiplicative earthquake likelihood models based on fault and earthquake data, *Bull.Seismol.Soc.Am.*,*105* (6), 2955-2968, doi: 10.1785/0120150080.

Romashkova, L. L. and Kossobokov, V. G. (2004), Intermediate- term earthquake prediction based on spatially stable clusters of alarms, *Dokl, Earth.Sci.*, *398*, 947-949.

Romashkova, L. L., Kossobokov, V. G., Panza, G. F., and Costa, G. (1998), Intermediate-term predictions of earthquakes in Italy:Algorithm M8, *Pure Appl.Geophys.*, *152*(1), 37-55.

Schorlemmer, D., Gerstenberger, M., Wiemer, S., Jackson, D. D., and Rhoades, D. A. (2007), Earthquake likelihood model testing, *Seismol.Res.Lett.*, *78*, 17-29.

Shebalin, P. (2006), Increased correlation range of seismicity before large events manifested by earthquake chains, *Tectonophysics*, *424*, 335-349.

Shebalin, P. N. and Keilis-Borok, V. I. (1999), Phenomenon of local "seismic reversal" before strong earthquakes, *Phys.Earth Planet.Inter.*, *111*(3), 215-227.

Shebalin, P., Keilis-Borok, V., Zaliapin, I., Uyeda, S., Nagao, T., and Tsybin, N. (2004), Advance short-term prediction of the large Tokachi-oki earthquake, September 25, 2003, *M*=8.1—A Case History, *Earth Planets Space*, *56*, 715-724.

Shebalin, P., Kellis-Borok, V., Gabrielov, A., Zaliapin, I., and Turcotte, D. (2006), Short-term earthquake prediction by reverse analysis of lithosphere dynamics, *Tectonophysics*, *413*, 63-75.

Shebalin, P., Narteau, C., Holschneider, M., and Schorlemmer, D. (2011), Short-term earthquake forecasting using early aftershock statistics, *Bull.Seimol.Soc.Am.*, *101*, 297-312, doi:10.1785/0120100119.

Shebalin, P., Narteau, C., and Holschneider, M. (2012), From alarm-based to rate-based earthquake forecast models, *Bull.Seismol.Soc.Am*, *102*(1), 64-72, doi:10.1785/0120110126.

Shebalin, P., Narteau, C., Zechar, J. D., and Holschneider, M. (2014), Combining earthquake forecasts using differential probability gains, *Earth Planets Space*, *66*, 37, doi:10.1186/1880-5981-66-37.

Sobolev, G. A., Chelidze, T. L., Zavyalov, A. D., Slavina, L. B., and Nikoladze, V. E. (1991), Maps of expected earthquakes based on a combination of parameters, *Tectonophysics*, *193*, 255-265, doi:10.1016/0040-1951(91)90335-P.

Sobolev, G. A., Tyupkin, Y. S., and Smirnov, V. B. (1996), Method of intermediate term earthquake prediction, *Dokl.Akad. Nauk*, *347*, 405-407.

Taroni, M., Zechar, J., and Marzocchi, W. (2014), Assessing annual global *M*6+ seismicity forecasts, *Geophys.J. Int.*, *196*(1), 422-431.

Tiampo, K. F., Rundle, J. B., McGinnis, S., Gross, S. J., and Klein, W. (2002), Mean-field threshold systems and phase dynamics: an application to earthquake fault systems, *Europhys.Lett.*, *60*(3), 481-488.

Tsuruoka, H., Hirata, N., Schorlemmer, D., Euchner, F., Nanjo, K. Z., and Jordan, T. H. (2012), CSEP testing center and the first results of the earthquake forecast testing experiment in Japan, *Earth Planets Space*, *64*(8), 661-671.

Uyeda, S., Nagao, T., and Kamogawa, M. (2009), Short-term earthquake prediction: Current status of seismo-electromagnetics, *Tectonophysics*, *470*(3-4), 205-213.

Vorobieva, I. A. (1999), Prediction of a subsequent large earthquake, *Phys.Earth Planet.Inter.*, *111*, 197-206.

Yamashita, T. and Knopoff, L. (1992), Model for intermediate-term precursory clustering of earthquakes, *J. Geophys.Res.*, *97*(B13), 19873-19879, doi:10.1029/92JB01216.

Zechar, J. D. (2010), Evaluating earthquake predictions and earthquake forecasts: a guide for students and new researchers, *Community Online Resource for Statistical Seismicity Analysis*, 1-26, doi:10.5078/corssa-77337879.

Zechar, J. and Jordan, T. (2008), Testing alarm-based earthquake predictions, *Geophys. J. Int. 172*, 715-724, doi 10.1111/j.1365-246X.2007.03676.x.

Zechar, J. D. and Jordan, T. H. (2010), The area skill score statistic for evaluating earthquake predictability experiments, *Pure Appl.Geophys.*, *167*, 893-906.

Zechar, J. D., Gerstenberger, M. C., and Rhoades, D. A. (2010a), Likelihood-based tests for evaluating space-rate-magnitude earthquake forecasts, *Bull.Seism.Soc.Am.*, *100*(3), 1184- 1195, doi:10.1785/0120090192.

Zechar, J. D., Schorlemmer, D., Liukis, M., Yu, J., Euchner, F., Maechling, P. J., and Jordan, T. H. (2010b), The collaboratory for the study of earthquake predictability perspective on computational earthquake science, *Concurr.Comput.Pract. Exp.*, *22*, 1836-1847.

第四部分　主要地震活动的地表地球化学观测及电磁观测

10　地球化学及流体地震前兆：前人研究及现行研究的研究趋势

乔瓦尼·马丁内利[1]和安德烈·达多莫[2]

1 艾米利亚-罗马涅大区环境能源局，雷焦艾米利亚，意大利
2 GEOINVEST 有限责任公司，皮亚琴察，意大利

摘要　为了推进地震预测研究，开展了地下水的水文地质分析和气态物质释放的地球化学分析。目前主要实验测试点是在日本、中国和中国台湾。经过多年来的努力，列出了推测的前兆事件目录也提供了关于选址技术的初步的结论。控制实验选址数据为更好的调查研究记录的震前异常物理机制提供了良机。本章讨论了水文地质及地球化学参数的主要特征及其局限性，文中深度评述了最相关的试验场区所获取的结果，指出了未来的研究方向和地震台网的展望，包括地球物理参数及面向减灾政策制定的遥感技术。

10.1　引言

在过去 60 年间水文地质和地球化学参数已被纳入地震预测研究中，特别是在 1950 年至 2000 年时期，氡被广泛研究，而近年来研究者和政府更多关注和考虑水位和氦气两个参量，并结合光学卫星技术探测如 CO_2 气体异常浓度。在不同的地质背景下开展了大量的人工搜集数据工作，而在像日本、美国、苏联、中国、土耳其和冰岛这样的实验区有自动化数据搜集。被列入考虑范围的参数有油流量、水位、水温、水中溶解的阴离子、二氧化碳、甲烷、氦气和汞。在众多的非敏感站点中的“敏感”监测站点在强震前的几个月至几小时内观测到了许多可能的地球化学及水文地质前兆（Thomas，1988；King and Igarashi，2002）。敏感的监测站点多靠近活动的断层处，热泉或深度到达承压水的深井（能够天然感应应力变化）（Bodvarsson，1970；Wang and Manga，2010；Arieh and Merzer，1974；Sugisaki，1981）（图 10.1 及图 10.2）。前人的研究已经回溯评述了世界范围内数据的搜集（Hauksson，1981；Friedmann，1985；Roeloffs，1988；Kissin and Grinevsky，1990；Toutain and Baubron，1999；Hartmann and Levy，2005；Cicerone et al.，2009；Wang and Manga，2010；Matsumoto and Koizumi，2011；Woith，2015），试图找出震前

深部流体运动的一般规律，以更好地锁定即将发生地震可能的时间和地点。此章节综述了这一课题的最新进展，以辨识非火山地区的重要研究发现及其在实验中可能的应用，从而凸显过去及近期的研究趋势。

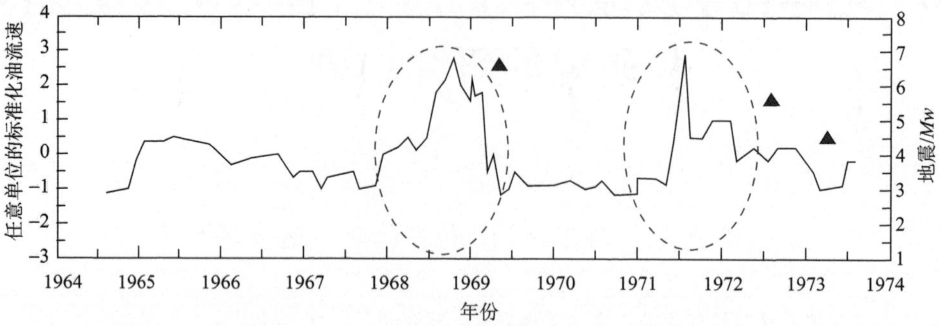

图 10.1 Sinai 地区 3 km 深井周围 150 km 半径范围内发生的两次 $M_w > 5.5$ 地震前，井内油流速的 10 年变化。震前地壳形变已经诱发了油气深井里油液量的增加。相似的现象可能还会影响地下水体和地热水。承压含水层可用作天然的应变仪

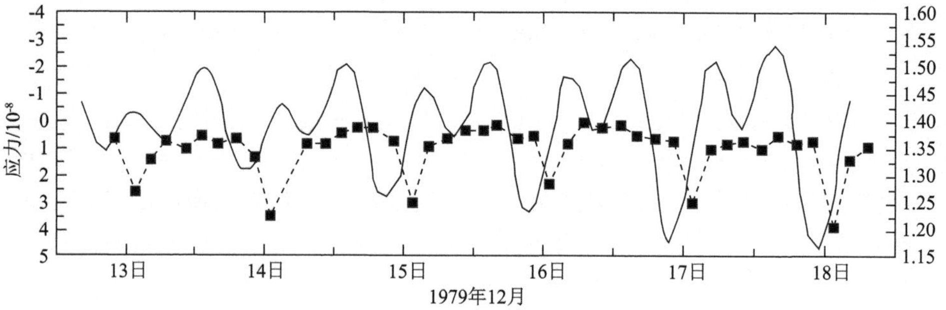

图 10.2 地球潮汐引起的地壳形变后日本热泉氡/氩的浓度。地壳形变可能会引起深部流体流量变化和排放。研究人员利用此现象监测在地震前兆研究中出现的相关活动

10.2 流体相关前兆的起源

地下水、油气和气体均是深部地质层位的主要流体，在深部地质层位，孔隙度控制流体的循环与堆积（Fyfe et al.，1978）。通常情况下，烃类赋存于多孔沉积背斜处而地下水的来源可能是大气或也可能是海洋。

海源水（地层水）常位于与烃类相关的沉积地层，而大气源的地下水常在各种岩石中出现。地层水年代久远且其年代长短不同是主要特征而大气降水的年份从 1 到 100 000 年不等。地层水与地层水联系紧密的烃类物质的主要特征类似。年代较近的地下水（1～100 年历史）常位于潜水层并与现在的水文循环息息相关，承压含水层和地热回路的地下水相对年代较久远（有 100～100000 年的历史），其特点是低循环速度且储存量少，或与现行的水文循环无任何联系。地热系统受断层控制，会产生热泉并排放以二氧化碳为主体的气体。二氧化碳的产生主要是由地壳中的热变质反应（Frezzotti et al.，2009）或火山系统中的地幔脱气引起。其他气体的排放，特别是甲烷为代表的气体可能会影响断

层控制的烃类物质累积。

地震前观测的地球气体异常现象包括水中稳定的同位素（Skelton et al.，2014），水溶离子、溶解气和土壤气（Thomas，1988；Segovia et al.，1989；King and Igarashi，2002）。甲烷（CH_4）和二氧化碳（CO_2）是地球脱气活动的主体，两者也是水-气-岩石之间的相互作用过程并引起地下水化学成分变化的原因之一。大多数时候，地下水化学组分的地球化学变化都是由含水层混合过程引起的（Thomas，1988），特别是该过程中还伴随着流体温度的变化。土壤气中氡、氦、氢的前兆性变化往往伴随着载体气体二氧化碳或甲烷的流量变化。Roeloffs（1988）、Thomas（1988）、King 和 Igarashi（2002），以及 Matsumoto 和 Koizumi（2011）已经回溯了地球化学和水文前兆，并且由地壳形变引起的深层流体压力变化直接或间接地几乎导致了所有震前地球化学异常现象，因为流体压力与应力和体应变是成比例的。众多学者开展了各向同性、线性弹性孔隙介质与应变应力关系的研究，其中就有 Rice 和 Cleary（1976）以及 Roeloffs（1996）。特别是应力张量 $\boldsymbol{\sigma}_{kk}$，体应变 ε_{kk} 和非流动条件下的流体压力 p，它们之间的关系如下所示：

$$p = -B\boldsymbol{\sigma}_{kk}, /3 \tag{10.1}$$

$$p = -2GB(1+v_u)\varepsilon_{kk} / 3(1+v_u) \tag{10.2}$$

等式中 G 代表剪切模量，B 则是 Skempton 系数，v_u 是非流动情况下的泊松系数。此关系显示流体压力与应力和体应变是成比例的，又因水是不可压缩的，所以原则上地下水可充当天然应变仪来监测大范围的网络。大范围网络监测的异常信号能最终指定多个可能的地震位置，为了更好地缩小其范围，学者试图确定受水位最大幅度信号影响的区域（Popov and Vartanyan，1990；Vartanyan et al.，1992；Chelidze et al.，2010；Chen et al.，2015）。

10.3 世界范围内开展的实验

在前人的研究中，地球化学勘查和水文研究被广泛应用以定位断层及描绘构造活动地区的特征。在一定程度上，一个或多个站点会利用一个或多个参数对研究区域进行长时间的监测。人工或地震台网进行长达 5 年以上监测井或热泉能获取最相关信息，特别是对于苏联、中国、美国和日本这几个国家来说。

1970 年至 1990 年期间，塔吉克斯坦、乌兹别克斯坦、哈萨克斯坦、高加索和堪察加半岛利用监测井（深度范围 0.2～2.9 km）或温泉观测网，其中包括约 100 个采样点（每 10000 km^2 有 1 个采样点，但在所谓的实验“多边形”中密度更高）。Sidorenko 等（1984），Asimov 等（1984）以及 Sidorin（2003）在研究中提到在一些地方强地震事件之前的几小时或几天出现前兆性水位变化，尽管他们的结论是偏向于震中范围 100 km 的案例。在中国也建立了地下水监测网，对超过 600 个热泉和井进行了水位和气体含量的分析（井的深度范围为 0.1～2 km，每 3000 km^2 有一个取样点，在实验 “多边形” 中采样点分布的更密集）。在一些强震前观测到了水位上出现的前兆性变化（Huang et al.，2004；Shi et al.，2013），而构造相关的地球化学变化则需要更广泛的研究调查，才能更好理解可能出现的与地球动力学过程相关的流体现象（Zheng et al.，2013；Zhou et al.，2015）。苏联和中国的研究结果大多是以其母语发表出版且极少发表有完整时序的水文记录。Thomas（1988），Roeloffs（1988）以及 King 和 Igarashi（2002）从观测到的异常中获得了可靠的前兆特征。

在 1984 年至 1989 年期间，土耳其记录了六个监测站点的地下水位，5 个站点的氡含量和其他的地球化学参数（Zschau and Ergunay，1989）。在此期间强地震的缺乏阻碍了确定性结论的形成，但在地下水监测技术和数据理解分析方面取得了极大的方法论进展（Woith et al.，2013）。在加利福尼亚州建立了由 12 个井组成的监测网，记录了相关水位数据并与其他地球化学参数进行对比（Bakun，1988）。1985 年探测到了一次地下水位的前兆性变化（Roeloffs et al.，1997），但在接下来的几年里，由于连续错过地震前的异常，该流体监测网络被部分拆除了。

在日本，许多研究团体都记录了单一热泉或小型监测井网的水文和地球化学的数据（Matsumoto and Koizumi，2011），尽管并无可靠的信号，仍然探测到了一些前兆性异常现象（King et al.，2000）。近期，鉴于预测在当地可能会出现一次强震，由 14 个深井组成的监测网开始监测南海，东南海和东海地区的活动。在法国、意大利、西班牙、希腊、印度、德国、冰岛、保加利亚、阿富汗伊朗、以色列、墨西哥和中国台湾开展了短期跨度的观测（低于 5 年），这些观测的所有数据记录在 Hauksson（1981），Friedmann（1985），Kissin and Grinevsky（1990），Toutain 和 Baubron（1999），Hartmann 和 Levy（2005），Cicerone et al.（2009），Ghosh et al.（2009），Wang 和 Manga（2010），Petraki et al.（2015）以及 Woith（2015）的文献里。

10.4 流体异常现象的机制：地壳形变

本节考虑了九份关于地球化学和流体参数的综述文献（表 10.1）。所有的综述文献直接或间接地认为是地壳形变引起了观测的流体异常。大多数经审查过的研究均与后验的前兆信号有关，尽管 1975 年 7.3 级海城地震（Wang et al.，2006）和 1978 年 7.2 级帕米尔地震（Asimov et al.，1984）之前成功发出地震警报，但两起地震的具体时间和地点并没有得到有效的确定。Roeloffs（2006）回顾了震前形变过程数据，发现至少 10 次有数据可查的地震事件中，发生了以 10 min 至 15 年的持续时间特征的地壳形变变化。不是每次地震前都会出现可探测的震中地壳应变变化，也进一步解释了许多情况下缺乏流体相关的前兆。尽管如此，因为水是不可压缩的，所以水位可充当天然敏感的应变仪（10^{-7}～10^{-8}）来记录可能发生地震的地区的形变过程。此外，对于一次即将发生的异常现象，预计的信号特征是可以被提前计算出来，就像在东海地区建立的地下水监测网一样（Matsumoto et al.，2007）。

表 10.1　过去 25 年间发表的与可能的前兆性地球流体最相关的综述文献

Hauksson（1981）	综述了 1971 年至 1981 年期间全球范围内发生的所有可用氡前兆异常，并认为异常的持续时间随着震级的增加而增加。观察到氡异常反映了局部应力强度因子的微小变化，而局部应力密度因子控制着裂纹的生长速度
Friedmann（1985）	综述了 1969 年至 1982 年期间发表的所有可用氡前兆异常，得出的结论是，尖峰状异常在震中附近更频繁，而海湾状异常在远离震中的地方更频繁
Toutain 和 Baubron（1999）	综述了 1980-1995 年期间发表的气体异常（主要是氡），观察到异常的振幅与相关地震的震级和震中距离无关，而异常的时间和持续时间随着震级和震中距的增加而增加
Hartmann 和 Levy（2005）	综述了 1978 年至 1997 年期间发表的气体和地下水相关异常（等级和地球化学），得出信号持续时间与地震事件的震级成正比的结论
Kissin and Grinevsky（1990）	综述了 1948 年至 1980 年期间发生的水位数据中的可用异常，发现前兆时间和信号振幅与震级成正比，特别是大多数地下水变化发生在距离震中 50 km 以内形变强烈的地区
Cicerone 等（2009）	综述了 1948 年至 2001 年期间发生的地球化学、水文和地球物理异常，发现信号振幅与地震震级成正比，并且在各地区发现的所有观测到的前兆异常均位于地壳形变最大的区域
Ghosh 等（2009）	综述了 1983 年至 2002 年期间世界许多地方记录的氡数据，并讨论了氡异常、震级和地震事件发生时间之间的关联性
Wang 和 Manga（2010）	综述了 1975 年至 2003 年期间发生的 9 次有充分记录的地震，地震前发生了地下水的地球化学或水位变化，发现结合形变和水位测量有助于了解水文地质变化和地壳形变
Petraki 等（2015）	综述了 1966 年至 2014 年期间全球记录的氡数据，并讨论了当时关于氡异常物理意义的争论，认识到应力和应变可能是观测到的地球化学异常的原因
Woith（2015）	综述了 1967 年至 2014 年期间全球记录的氡和进一步的地球化学数据，注意数据质量和时间序列的长度。讨论了氡和其他地球化学异常与变形过程的可能联系，发现已公布的震前异常数量与时间序列长度的倒数成正比，并得出结论，非地球化学信号可能强烈影响地球化学时间序列

在气体中缺乏类似水的不可压缩性，因此，尽管在时序分析方面已取得进展（Finkelstein et al.，1998），但氡气的数据与应变仪数据相比，不能产生明确的结果（Roeloffs，1999）。现在还无法解决根据氡的数据计算一次应变张量的问题，但是将来还是可以利用氡或氦的数据来监测断层地区构造改变的半定量信号。特别是氡来源于上地壳，可能会因为载体气体（例如：二氧化碳或甲烷）的流速变化而最终增加岩石的渗透率。虽然氦气主要源于地壳，但其同位素之一的 ^{3}He 一定是源于地幔，^{3}He 能提供极深部地球物理过程的信息。为实现该目的，Barry 等（2009）使用高采样的新设备开展了实验并记录了 ^{3}He 的长时间序列。国际地震学和地球物理协会回顾总结了已有的前兆性异常并在此基础上把水位和氡加入了可能的重要前兆之列（Wiss，1991；Wiss and Booth，1997）。

10.5 可能的实验应用

地震的震中通常会朝着一个特定方向迁移，但这却并不是一次大型地壳形变的结果（Kasahara，1979）。Vartanyan 等（1992），Silver 等（1993），Facchini 等（1993），Albarello 和 Martinelli（1994），Buntebarth 和 Chelidze（2005），以及 Chen 等（2015）搜集了直接或间接的实验来确认区域应变对可能的前兆性流体异常的影响。形变范围的扩展可能会触发地震，其速度范围为 10～100 km/a。此类现象与岩石圈的流变分异有关（Rice，1980），并且很可能在对地震的中长期预测中发挥至关重要的作用（Mantovani et al.，2010）。利用地下水井网的监测能够更好地理解这些过程对地震预报的重要意义。

包括中国，中国台湾，土耳其，日本，俄罗斯和美国境内均有与水位或流体相关的地下水监测网络，但在欧洲没有开展此类系统性的研究。过去在意大利、法国、德国、捷克共和国、希腊、斯洛文尼亚，和巴尔干半岛的地震活跃区曾开展过短期的实验性监测研究，但因为监测时间跨度太短，监测区域太狭小，无法达到地震周期的监测要求，并未取得任何结论性的结果。而在苏联的不同区域（Vartanyan et al.，1992；Chelidze et al.，2010）和意大利（Albarello and Martinelli，1994）已经对水文地质形变范围进行监测。在强震频发的希腊、西班牙、阿尔巴尼亚和南斯拉夫有着数量可观的热泉、气体排放点和井（Martinelli and Albarello，1997），为在不久的将来设立监测网提供了可能。监测网中最适用的技术有：感应水位、温度、电导率、气体成分的传感器，以监测研究区热泉和井内的情况。

使用倾斜仪及应变仪对构造活动持续精确的测量却很难实现。Agnew（1986）和 Kumpel（1992）综述了 Roeloffs（1988）以及 Kissin 和 Grinevsky（1990）总结的数据并强调指出传统的井充当应力传感器有一系列的缺点，主要是在流体流动过程缺少储层潜在的非均匀性和流体循环模式的有效控制。为了更好地控制实验条件，减少由天然地质层带来的问题，Swolfs 和 Walsh（1990）使用了“人工承压含水层”进行试验，实验包括在岩石凿出的洞里放置一个充满液体的压力单元。在此次实验中，监测到了一次地震前兆，这也证明了需要建立先进的监测网以持续监测地壳形变过程。如果能够进行正确筛选，天然水层较人工设施具备更高的灵敏度，而灵敏度是取决于水层大小和规模。

监测技术的最新进展也促进了与其相对应的电子学和信息学的进步。Woith 等（2006）年进行了自动化的监测，观测了土耳其承压含水层与地壳形变相关可能的非偶然现象，他们的监测活动表明了瞬变现象发生或持续的时间可能较短（几小时或几天）。Roeloffs 等（1997）提到了监测帕克菲尔德时期可能存在短期瞬变现象，在其他不同地质环境也有此类现象（Sidorenko et al.，1984）。

地下水或气体排放中潜在短期前兆只有自动检测设备才能探测到。正如 Contadakis 和 Asteriadis（2001），Lapenna 等（2004），Colangelo 等（2005），Riggio 和 Sancin（2005），Colangelo 等（2007），Cioni 等（2007），Richon 等（2007），Perez 等（2008），Heinicke 等（2010），Torkar 等（2010），Yuce 等（2010），Steinitz 等（2003）所记载的，在过去

的 15 年中，在南欧（希腊、意大利、西班牙和斯洛文尼亚）、土耳其和以色列，自动化监测站点观测到潜在短期流体前兆信号，Heinicke 等（1995）和 Stejskal 等（2009）则在中欧记录了该现象。在中国台湾（Walia et al.，2013；Chen et al.，2015）、堪察加半岛（Firstov et al.，2007）和墨西哥（Taran et al.，2005）也进行了自动化监测研究。因为实际运用中误报或漏报的情况相对较多，所以尽管采样率较高，数据也很乐观，但仍无法得出绝对确定的结果。误报或漏报情况可能与监测网阵列密度不够大，站点选择不当，或者实验本身就无法完成这一任务。例如：在孕震深度< 0.1 MPa 时，孔压才会发生改变（Johnston and Linde，2002）。

因为缺乏实验数据，目前尚不清楚地震前兆性地壳形变过程是否总是伴随着地震。然而，地震位错后的应力场横向迁移被认为能够进一步触发更多地震。用该理论可以轻易解释构造破裂引起的气体和地下水异常现象。本节引用的文献综述中提到了地球化学和水文异常，其中很多都是在塔吉克斯坦、乌兹别克斯坦、哈萨克斯坦、高加索、堪察加半岛、中国云南省、中国河北省，冰岛和日本探测到的。这些地区均出现了异常热流值（> 60 mW m^{-2}）（IHFC，2011），该特征显示有水热回路的存在，水热回路存在的区域可能会发生火山地震事件。从这个角度来考虑，观测到的短期前兆性异常有可能源于流体动力学相关的过程，该过程在火山地区很常见。在火山区，流体动力驱动地震的发生，而各种流体在板块构造地震的生成中只起次要作用。在地热区，脆-韧性转化可能会转而发生在地壳的更浅层（Zencher et al.，2006），温度高于 300℃能够引起韧性岩层更高的可形变性，加强地壳形变效应（Ranalli，1995）。所以在火山地区发生的地震一般很少用膨胀扩容过程来解释其触发原因。在火山地区，常观测到前兆性地球化学和水文现象，目前流体监测也是常规民防监测的一部分，用以降低火山喷发的风险。因此观测到地球化学及水文短期地震前兆也可能发生在热液区，其地震活动性原则上可能与火山区观测的地震活动相似，足以解释在中亚、中国和日本得出的极度乐观的结果和在低热流值地震活跃区得到的不理想结果。从这个意义上说，火山流体监测处于科学成熟阶段，而地震流体前兆监测还处于起步阶段。

Zhang 等（2013）近期报道了在北京地区获得的可喜结果，特别是，在十多次局部地震发生之前，明显存在 1～2 年与地球物理和地球化学参数有关的异常信号。此次所用的监测系统共考虑了 19 种不同的参数。研究人员们采用多参量的研究方法且每三个月通过综合性的超级指数来开展中期地震的预报。虽然此项研究尚未能达成真正的预警系统，但是研究人员们相信至少对中期地震预测而言，采用多参数的研究方法比考虑单一参数更合适。短期地震前兆监测没有取得明确的结果，因为并非所有地震都能检测到可能得前兆，而且报道了相对多的漏报。原则上短期前兆信号是有存在的可能，水文及地球化学监测可以辅助其他方法预测地震，进一步限定地震发生的时间和地点（Peresan et al.，2005；Mantovani et al.，2010）。如前人文献综述里的实验所证实的，短期前兆信号很有可能出现在由深层地热系统供水的含水层，如果该前提成立，应将热泉及深井看作最佳观测站点。目前为止，所获得的数据虽然不完整，但对未来面向减灾更深入的研究来说是极有意义的。

10.6 运用卫星科技间接监测地球化学信息

在过去 30 年间发表的关于地震前兆研究运用了卫星遥感技术（例如：Gorny et al.，1988；Tronin，1996；Qiang et al.，1997；Pulinets and Ouzounov，2011）。一些研究集中在热红外（TIR）辐射的时空瞬态异常监测，可能是孕震阶段地壳形变引起地下气体的排出导致。Pulinets 等（2006）提到了氡从地表释出而产生的电离过程可能引起异常。Surkov（2015）和 Martinelli 等（2015）认为氡对于最终异常的影响是微不足道的，而 Tramutoli 等（2013）认为如二氧化碳和甲烷此类温室气体的排出可能对异常的产生是有效的。Ouzounov 和 Freund（2004）认为增强的红外辐射也有可能是岩石在应力下导致的电子运动的结果。地壳形变伴随着流体运动，所以才萌生了流体监测新研究领域，联合基于地基和卫星技术能更好地解释观测的现象。

10.7 加强提升地震和地壳形变监测的需求

在最初几十年中，地球化学和流体监测通常采用经验法，更多研究遵循的方法是寻找与流体相关异常和临震之间的直接联系。相关经验、新的技术和更加精确的数据处理过程都表明很大的难点在于缩小即将发生地震的时间和位置的范围方面。迄今为止在流体监测方面所获取的数据均无法清晰的指证观察到的异常是由即将发生地震的震源引起的。监测到的地壳形变是区域性大规模运动过程的结果。所以，在一般情况下，最终的地球化学或流体相关的异常是归因于一次强地震或多个低震级的地震大规模作用过程。近期的数据显示，可以将流体相关的异常看作是应力场随时间推移演化的标志而不是一次未来地震的震源引起的信号。大部分的 CO_2、CH_4 和含水层位于上地壳 2～3 km，然而，大多数的地震事件发生在 10～30 km。如果大型的形变过程可以影响到地球表层，则有可能影响到含水层，但是单一孕震信息很难被认为是积极有效的预测手段。流体储层和震源之间通常没有直接的联系，进一步开展地球化学参数的数据分析，可以更好地约束构造活动的信息。分析小震活动、GPS 站点和包括干涉传感器在内的基于卫星技术的发展，有助于加快未来陆地流体监测的研究趋势。

10.8 总结

与地壳形变范围相关联的迁移过程的存在需要监测受地壳应力应变影响的地壳地形和地壳体积。位于承压含水层的温泉和深井可以作为高分辨天然应变仪，在世界上大多数地震活跃区可以通过全自动设备监测水位、温度以及电导率，可以有效地用于中短期地震预报实验。在选定的较高热流值的排气区域，可以同时联合开展载气及惰性气体组分监测。仪器阵列应根据以往经验加以改进，并在每 500 km^2 内至少设置一个观测站（压强计或热泉或气体排放），与监测网密集的日本、中国及中国台湾地区保持一致。地球流体监测网络应最终嵌入 GPS、倾斜仪和应变仪，并根植于卫星遥感监测活动，应以更全面的方式来解读数据并将所有地球化学及地球物理的监测参量均纳入考虑范畴中。

参考文献

Agnew, D. C. (1986), Strainmeters and tiltmeters, *Rev. Geophys.*, *24*, 579-624, doi: 10.1029/RG024i003p00579.

Albarello, D. and Martinelli, G. (1994), Piezometric levels as possible geodynamic indicators: analysis of the data from a regional deep waters monitoring network in Northern Italy, *Geophys. Res. Lett.*, *21*, 1955-1958, doi: 10.1029/94GL01598.

Arieh, E. and Merzer, A. M. (1974), Fluctuations in oil flow before and after earthquakes, *Nature*, *247*, 534-535, doi:10.1038/247534a0.

Asimov, M. S., Mavlyanov, F. A., Erzhanov, J. S., Kalmurzaev, K. E., Kurbanov, M. K., Kashin, L. N., Negmatulaev, S. H., and Nersesov, I. L. (1984), On the state of research concern ing earthquake prediction in the Soviet republics of central Asia, in *Proceedings of the International Symposium on Eartquake Prediction*, pp. 565-573. Terra Scientific Publishing Company, Paris.

Bakun, W. H. (1988), Parkfield: The prediction and the prom ise, *Earthquakes Volcan.*, *20*(2), 40-91.

Barry, P. H., Hilton, D. R., Tryon, M. D., Brown, K. M., and Juologonski, J. T. (2009), A new syringe pump apparatus for the retrivial and temporal analysis of helium in groundwaters and geothermal fluids, *Geochem. Geophys. Geosyst.*, *10*(5), doi: 10.1029/2009GC002422.

Bodvarsson, G. (1970), Confined fluids as strain meters, *J. Geophys. Res.*, *75*(14), 2711-2718, doi: 10.1029/JB075i014p02711.

Buntebarth, G. and Chelidze, T. (eds) (2005), *Time-Dependent Microtemperature and Hydraulic Signals Associated with Tectonic/Seismic Activity*, Nodia Institute of Geophysics, Georgian Academy of Sciences, Tbilisi, 244 pp.

Chelidze, T., Matcharashvili, T., and Melikadze, G. (2010), Earthquakes' signatures in dynamics of water level variations in boreholes, in V., de Rubeis, Z. Czechowski and R. Teysseyre (eds), *Synchronization and Triggering: from Fracture to Earthquake Processes*, Springer-Verlag, Berlin-Heidelberg, pp. 287-303, doi: 10.1007/978-3-642-12300-9_17.

Cicerone, R. D., Ebel, J. E., and Britton, J. (2009), A systematic compilation of earthquake precursors, *Tectonophysics*, *476*(3-4), 371-396, doi: 10.1016/j.tecto.2009.06.008.

Cioni, R., Guidi, M., Pierotti, L., and Scozzari, A. (2007), An automatic monitoring network installed in Tuscany (Italy) for studying possible geochemical precursory phenomena, *Nat. Hazards Earth Syst. Sci.*, *7*(3), 405-416, doi: 10.5194/ nhess-7-405-2007.

Colangelo, G., Heinicke, J., Koch, U., Lapenna, V., Martinelli, G., and Telesca, L. (2005), Results of gas flux records in the seismically active area of Val d'Agri (Southern Italy), *Ann. Geophys.*, *48*(1), 55-63, doi: 10.4401/ag-3179.

Colangelo, G., Heinicke, J., Lapenna, V., Martinelli, G., Mucciarelli, M., and Telesca, L. (2007), Investigating correla tions of local seismicity with anomalous geoelectrical, hydro geological and geochemical signals jointly recorded in Basilicata Region (Southern Italy), *Ann. Geophys.*, *50*(4), 527-538, doi: 10.4401/ag-3066.

Contadakis, M. E. and Asteriadis, G. (2001), Recent results of the research for preseismic phenomena on the underground water and temperature in Pieria, northern Greece, *Nat. Hazards Earth Syst. Sci.*, *1*, 165-170, doi:10.5194/ nhess-1-165-2001.

Facchini, U., Garavaglia, M., Magnoni, S., Rinaldi, F., Sordelli, C., and Delcourt-Honorez, M. (1993), Radon levels in a deep geothermal well in the Po plain, in V. Spagna and E. Schiavon (eds), *Proceedings of the Scientific Meeting on the Seismic Protection "Migration of Fluids in the Subsoil and Seismic Events: Compared Experiences"*, pp. 220-226, Venice.

Finkelstein, M., Brenner, S., Eppelbaum, L., and Ne'eman, E. (1998), Identification of anomalous radon concentrations due to geodynamic processes by elimination of Rn variations caused by other factors, *Geophys. J. Int.*, *133*(2), 407-412, doi: 10.1046/j.1365-246X.1998.00502.x.

Firstov, P. P., Yakovleva, V., Shirokov, V. A., Rulenko, O. P., Filippov, Y. A., and Malysheva, O. P. (2007), The nexus of soil radon and hydrogen dynamics and seismicity of the northern flank of the Kuril-Kamchatka subduction zone, *Ann. Geophys.*, *50*(4), 547-556, doi: 10.4401/ag-3068.

Frezzotti, M. L., Peccerillo, A., and Panza, G. (2009), Carbonate metasomatism and CO_2 lithosphere-astenosphere degassing beneath the Western Mediterranean: An integrated model arising from petrological and geophysical data, *Chem. Geol.*, *262*(1-2), 108-120, doi: 10.1016/j.chemgeo.2009.02.015.

Friedmann, H. (1985), Anomalies in the Radon Content of Spring Water as Earthquake Precursor Phenomena, *Earthquake Prediction Research*, *1*, 179-189.

Fyfe, W. S., Price, N. J., and Thompson, A. B. (1978), *Fluids in the Earth's Crust*, Elsevier Scientific Publishing Company, Amsterdam, 383 pp.

Ghosh, D., Deb, A., and Sengupta, R. (2009), Anomalous radon emission as precursor of earthquake, *J. Appl. Geophys.*, *69*(2), 67-81, doi: 10.1016/j.jappgeo.2009.06.001.

Gorny, V. I., Salman, A. G., Tronin, A. A., and Shilin, B. B. (1988), The Earth outgoing IR radiation as an indicator of seismic activity, *Proc. Acad. Sci. USSR*, *301*, 67-69.

Hartmann, J. and Levy, J. K. (2005), Hydrogeological and gas geochemical earthquake precursors—a review for applica tions, *Nat. Hazards*, *34*(3), 279-304, doi: 10.1007/ s11069-004-2072-2.

Hauksson, E. (1981), Radon content of groundwater as an earthquake precursor: Evaluation of worldwide data and physical basis. *J. Geophys. Res. Solid Earth*, *86*(B10), 9397-9410, doi: 10.1029/JB086iB10p09397.

Heinicke, J., Koch, U., and Martinelli, G. (1995), CO_2 and radon measurements in the Vogtland Area (Germany). A contribution to earthquake prediction research, *Geophys. Res. Lett.*, *22*(7), 771-774, doi: 10.1029/94GL03074.

Heinicke, J., Italiano, F., Koch, U., Martinelli, G., and Telesca, L. (2010), Anomalous fluid emission of a deep borehole in a seismically active area of Northern Apennines (Italy), *Appl. Geochem.*, *25*(4), 555-571, doi:10.1016/j.apgeochem. 2010.01.012.

Huang, F., Jian, C., Tang, Y., Xu, G., Deng, Z., Chi, G-C., and Ferrar, C. D. (2004), Response changes of some wells in the mainland subsurface fluid monitoring network of China, due to the September 21, 1999, M_s 7.6 Chi-Chi earthquake, *Tectonophysics*, *390*, 217-234.

IHFC (2011), *International Heat Flow Commission* http://www. heatflow.und.edu/index2.html (last update January 12, 2011).

Johnston, M. J. S. and Linde, A. T. (2002), Implications of crus tal strain during conventional, slow, and silent earthquakes, *Int. Handb. Earthquake Eng. Seismol.*, *81A*, 589-605.

Kasahara, K. (1979), Migration of crustal deformation, *Tectonophysics*, *52*(1-4), 329-341, doi:10.1016/0040-1951(79) 90240-3.

King, C. Y. and Igarashi, G. (2002), Earthquake-related hydro logic and geochemical changes, *Int. Handb. Earthquake Eng. Seismol.*, *81A*, 637-645.

King, C.-Y., Azuma, S., Ohno, M., Asai, Y., He, P., Kitagawa, Y., Igarashi, G., and Wakita, H. (2000), In search of earthquake precursors in the water-level data of 16 closely clustered wells at Tono, Japan, *Geophys. J. Int.*, *143*(2), 469-477, doi: 10.1046/j.1365-246X.2000.01272.x.

Kissin, I. G. and Grinevsky, A. O. (1990), Main features of hydrogeodynamic earthquake precursors,

Tectonophysics, *178*(2-4), 277-286, doi:10.1016/0040-1951(90)90154-Z.

Kumpel, H. J. (1992), About the potential of wells to reflect stress variations within inhomogeneous crust. *Tectonophysics*, *211*(1-4), 317-336, doi:10.1016/0040-1951(92)90068-H.

Lapenna, V., Martinelli, G., and Telesca, L. (2004), Long-range correlation analysis of earthquake-related geochemical varia tions recorded in Central Italy, *Chaos, Solitons Fractals*, *21*(2), 491-500, doi:10.1016/j.chaos.2003.12.008.

Mantovani, E., Viti, M., Babbucci, D., Albarello, D., Cenni, N., and Vannucchi, A. (2010), Long-term earthquake triggering in the Southern and Northern Apennines, *J. Seismol.*, *14*, 53-65, doi: 10.1007/s10950-008-9141-z.

Martinelli, G. and Albarello, D. (1997), Main constraints for siting monitoring networks devoted to the study of earth quake related hydrogeochemical phenomena in Italy, *Ann. Geophys.*, *40*(6), 1505-1525, doi: 10.4401/ag-3827.

Martinelli, G., Solecki, A. T., Tchorz-Trzeciakiewicz, D. E., Piekarz, M., and Grudzinska, K. K. (2015), Laboratory measurements on radon exposure effects on local environ mental temperature: Implications for satellite TIR measure ments, *Phys. Chem. Earth*, *85-86*, 114-118, doi:10.1016/j. pce.2015.03.007.

Matsumoto, N. and Koizumi, N. (2011), Recent hydrological and geochemical research for earthquake prediction in Japan, *Nat. Hazards*, *69*(2), 1247-1260, doi: 10.1007/s11069-011-9980-8.

Matsumoto, N., Kitagawa, Y., and Koizumi, N. (2007), Groundwater-level anomalies associated with a hypothetical preslip prior to the anticipated Tokai earthquake: Detectability using the groundwater observation network of the Geological Survey of Japan, *AIST, Pure Appl. Geophys.*, *164*, 2377-2396, doi: 10.1007/978-3-7643-8720-4_2.

Ouzounov, D. and Freund, F. (2004), Mid-infrared emission prior to strong earthquakes analyzed by remote sensing data, *Adv. Space Res.*, *33*(3), 268-273, doi: 10.1016/ S0273-1177(03)00486-1.

Peresan, A., Kossobokov, V., Romashkova, L., and Panza, G. (2005), Intermediate-term middle-range earthquake predic tions in Italy: a review. *Earth Sci. Rev.*, *69*(1-2), 97-132, doi:10.1016/j.earscirev.2004. 07.005.

Perez, N., Hernandez, P. A., Igarashi, G., Trujillo, I., Nakai, S., Sumino, H., and Wakita, H. (2008), Searching and detecting earthquake geochemical precursors in CO_2-rich groundwa ters from Galicia, Spain, *Geochem. J.*, *42*, 75-83, doi: 10.2343/ geochemj.42.75.

Petraki, E., Nikolopoulos, D., Panagiotaras, D., Cantzos, D., Yannakopoulos, P., Nomicos, C., and Stonham, J. (2015), Radon-222: a potential short-term earthquake precursor, *J. Earth Sci. Clim. Change*, *6*, 282, doi: 10.4172/2157-7617.100 0282.

Popov, E. and Vartanyan, G. S. (1990), Investigation of geodynamic processes in connection with strong earthquakes prediction, *Proceedings of the ECE/UN Seminar on Prediction of Earthquakes*, pp. 73-85, Lisbon.

Pulinets, S. A. and Ouzounov, D. (2011), Lithosphere-atmos phere-ionosphere coupling (LAIC) model—a unified con cept for earthquake precursors validation, *J. Asian Earth Sci.*, *41*(4-5), 371-382, doi:10.1016/ j.jseaes.2010.03.005.

Pulinets, S. A.,Ouzounov,D.,Karelin,A.V.,Boyarchuk,K.A., and Pokhmelnykh, L. A. (2006), The physical nature of ther mal anomalies observed before strong earthquakes, *Phys. Chem. Earth*, *31* (4-9), 143-153, doi:10.1016/j.pce.2006.02.042.

Qiang, Z. J., Xu, X. D., and Dian, C. D. (1997), Thermal infra red anomaly precursor of impending earthquakes, *Pure Appl. Geophys.*, *149*(1), 159-171, doi: 10.1007/BF00945166.

Ranalli, G. (1995), *Rheology of the Earth*, Chapman and Hall, Padstow, 413 pp.

Rice, J. R. (1980), The mechanics of earthquake rupture, in A. Dziewonski and E. Boschi (eds), *Physics of the*

Earth's Interiors, pp. 555-644, North Holland, Amsterdam.

Rice, J. R. and Cleary, M. P. (1976), Some basic stress diffusion solutions for fluid-saturated elastic porous media with com pressible constituents, *Rev. Geophys. Space Phys.*, *14*(2), 227-241, doi: 10.1029/RG014i002p00227.

Richon, P., Bernard, P., Labed, V., Sabroux, J.-C., Beneito, A., Lucius, D., Abbad, S., and Robe, M.-C. (2007), Results of monitoring ^{222}Rn in soil gas of the Gulf of Corinth region, Greece, *Radiat. Meas.*, *42*(1), 87-93, doi:10.1016/j.radmeas. 2006.06.013.

Riggio, A. and Sancin, S. (2005), Radon measurements in Friuli (N.E. Italy) and earthquakes: first results, *Boll. Geofis. Teor. Appl.*, *46*(1), 47-58.

Roeloffs, E. (1988), Hydrologic precursors to earthquakes: A review, *Pure Appl. Geophys.*, *126*(2), 177-209, doi: 10.1007/ BF00878996.

Roeloffs,E.(1996),Poroelastictechiquesinthestudyofearth quake related-related hydrologic phenomena, *Adv. Geophys.*, *37*, 135-195, doi: 10.1016/S0065-2687(08)60270-8.

Roeloffs, E. (1999), Radon and rock deformation, *Nature*, *399*, 104-105, doi:10.1038/20072.

Roeloffs, E. (2006), Evidence for aseismic deformation rate changes prior to earthquakes, *Ann. Rev. Earth Planet. Sci.*, *34*, 591-627, doi: 10.1146/annurev.earth.34.031405.124947.

Roeloffs, E., Quilty, E., and Scholtz, C. H. (1997), Water level and strain changes preceding and following the August 4, 1985 Kettleman Hills, California, earthquake, *Pure Appl. Geophys.*, *149*(1), 21-60, doi: 10.1007/BF00945160.

Segovia, N., De La Cruz-Reyna, S., Mena, M., Ramos, E., Monnin, M., and Seidel, J. L. (1989), Radon in soil anomaly observed at Los Azufres geothermal field, Michoacan: A pos sible precursor of the 1985 Mexico earthquake (M_s=8.1), *Nat. Hazards*, *1*(4), 319-329, doi: 10.1007/BF00134830.

Shi, Z., Wang, G., and Liu, C. (2013), Advances in research on earthquake fluids hydrogeology in China: a review, *Earthquake Sci.*, *26*(6), 415-425, doi: 10.1007/s11589-014-0060-5.

Sidorenko, A. V., Sadovsky, M. A., Nersesov, I. L., Popov, E. A., and Soloviev, S. L. (1984), Soviet experience in earth quake prediction in the USSR and the propspects for its development, *Proceedings of the Interantional Symposium on Eartquake Prediction*, pp. 565-573, Terra Scientific Publishing Company, Paris.

Sidorin, A. Ya. (2003), Search for earthquake precursors in multidisciplinary data monitoring of geophysical and biological parameters, *Nat. Haz. Earth Syst. Sci.*, *3*, 153-158.

Silver, P. G., Valette-Silver, N. G., and Kolbek, O. (1993), Detection of hydrothermal precursors to large Northern California earthquakes, in M.J.S. Johnston (ed.), *The Loma Prieta, California, Earthquake of October 17, 1989: Earthquake Occurrence. Preseismic Observations, US Geol. Surv. Prof. Pap., 1550-C*, c73-c80.

Skelton, A., Andrén, M., Kristmannsdòttir, H., Stockmann, G., Morth, C.-M., Sveinbjornsdottir, A., Jonsson, S., Sturkell, E., Gudrunardottir, H. R., Hjartarson, H., Siegmund, H., and Kockum, I. (2014), Changes in groundwater chemistry before two consecutive earthquakes in Iceland, *Nature Geosci.*, *7*, 752-756, doi:10.1038/ngeo2250.

Steinitz, G., Begin, Z. B., and Gazit-Yaari, N. (2003), Statistically significant relation between radon flux and weak earthquakes in the Dead Sea rift valley, *Geology*, *31*(6), 505-508, doi: 10.1130/0091-7613(2003)031< 0505:SSRBRF> 2.0.CO;2.

Stejskal, V., Kasparek, L., Kopilova, G. N., Lyubushin, A. A., and Skalsky, L. (2009), Precursory groundwater level changes in the period of activation of the weak intraplate seismic activity on the NE margin of the Bohemian Massif (central Europe) in 2005, *Stud. Geophys. Geod.*, *53*(2), 215-238, doi: 10.1007/s11200-009-0014-x.

Sugisaki, R. (1981), Deep-seated gas emission induced by the Earth tide: A basic observation for geochemical earthquake prediction, *Science*, *212*, 1264-1266, doi: 10.1126/ science.212.4500.1264.

Surkov, V. V. (2015), Pre-seismic variation of atmospheric radon activity as a possible reason for abnormal atmospheric effects. *Ann. Geophys.*, *58*(5), doi: 10.4401/ag-6808.

Swolfs, H. S. and Walsh, J. B. (1990), The theory and prototype development of a stress-monitoring system, *Bull. Seismol. Soc. Am.*, *80* (1), 197-208.

Taran, Y. A., Ramirez-Guzman, A., Bernard, R., Cienfuegos, E., and Morales, P. (2005), Seismic-related variations in the chemical and isotopic composition of thermal springs near Acapulco, Guerrero, Mexico. *Geophys. Res. Lett.*, *32*(14), L14317, doi: 10:1029/2005GL022726.

Thomas, D. (1988), Geochemical precursors to seismic activity, *Pure Appl. Geophys.*, *126*(2), 241-266, doi: 10.1007/BF00878998.

Torkar, D., Zmazek, B., Vaupotic, J., and Kobal, I. (2010), Application of artificial neural networks in simulating radon levels in soil gas, *Chem. Geol.*, *270*(1-4), 1-8, doi:10.1016/j. chemgeo.2009.09.017.

Toutain, J.-P. and Baubron, J.-C. (1999), Gas geochemistry and seismotectonics: a review, *Tectonophysics*, *304*(1-2), 1-27, doi:10.1016/S0040-1951(98)00295-9.

Tramutoli, V., Aliano, C., Corrado, R., Filizzola, C., Genoano, N., Lisi, M., Martinelli, G., and Pergola, N. (2013), On the possibile origin of thermal infrared radiation (TIR) anomalies in earthquake-prone areas observed using robust satellite techniques (RST), *Chem. Geol.*, *339*, 157-168, doi:10.1016/j. chemgeo.2012.10.042.

Tronin, A. A. (1996), Satellite thermal survey-a new tool for the study of seismoactive regions, *Int. J. Remote Sens.*, *17*(8), 1439-1455, doi: 10.1080/01431169608948716.

Vartanyan, G. S. (2014), Fast deformation cycles in the litho sphere and catastrophic earthquakes: was it possible to pre vent the Fukushima tragedy? *Izvest. Atmos. Ocean. Phys.*, *50*(8), 805-823, doi: 10.1134/S0001433814080088.

Vartanyan, G. S., Bredehoeft, J. D., and Roeloffs, E. (1992), Hydrogeological methods for studying tectonic stress, *Sovetsk. Geol.*, *9*, 3-12. (In Russian.)

Wang, C.-Y. and Manga, M. (2010), *Earthquakes and Water*, Springer-Verlag, Berlin-Heidelberg, 225 pp, doi: 10.1007/ 978-3-642-00810-8.

Wang, K., Chen, Q.-F., Sun, S., and Wang, A. (2006), Predicting the 1975 Haicheng earthquake, *Bull. Seismol. Soc. Am.*, *96*(3), 757-795, doi: 10.1785/0120050191.

Wiss, M. (1991), *Evaluation of Proposed Earthquake Precursors*. American Geophysical Union, Washington, DC, 94 pp, doi: 10.1029/90EO10300.

Wiss, M. and Booth, D. C. (1997), The IASPEI procedure for the evaluation of earthquake precursors, *Geophys. J. Int.*, *131* (3), 423-424, doi: 10.1111/j.1365-246X.1997.tb06587.x.

Woith, H. (2015), Radon earthquake precursor: A short review, *Eur. Phys. J. Spec. Topics*, *224*(4), 611-627, doi: 10.1140/epjst/ e2015-02395-9.

Woith, H., Venedikov, A. P., Milkereit, C., Parlaktuna, M., and Pekdeger, A. (2006), Observation of crustal deformation by means of wellhead pressure monitoring, *Bull. Inform. Mar. Terres.*, *141*, 11277-11285.

Woith, H., Wang, R., Maiwald, U., Pekdeger, A., and Zschau, J. (2013), On the origin of geochemical anomalies in groundwa ters induced by the Adana 1998 earthquake, *Chem. Geol.*, *339*, 177-186, doi:10.1016/j.chemgeo.2012.10.012.

Yuce, G., Ugurluoglu, D. Y., Adar, N., Yalcin, T., Yaltirak, C., Streil, T., and Oeser, V. (2010), Monitoring of earthquake precursors by multi-parameter stations in Eskisehir region (Turkey). *Appl. Geochem.*, *25*(4), 572-579, doi: 10.1016/j. apgeochem.2010.01.013.

Zencher, F., Bonafede, M., and Stefansson, R. (2006), Near- lithostatic pore pressure at seismogenic depths: a ther moporoelastic model, *Geophys. J. Int.*, *166*(3), 1318-1334, doi: 10.1111/j.1365-246X.2006.03069.x.

Zhang, Y., Gao, F., Ping, J., and Zhang, X. (2013), A synthetic method for earthquake prediction by multidisciplinary data, *Nat. Hazards*, *69*(2), 1199-1209, doi: 10.1007/ s11069-011-9961-y.

Zheng, G., Xu, S., Liang, S., Shi, P., and Zhao, J. (2013), Gas emission from the Qingzhu River after the 2008 Wenchuan Earthquake, Southwest China, *Chem. Geol.*, *339*,187-193, doi:10.1016/j.chemgeo.2012.10.032.

Zhou, X., Chen, Z., and Cui, Y. (2015), Environmental impact of CO_2, Rn, Hg, degassing from the rupture zones produced by Wenchuan M_s 8.0 earthquake in western Sichuan, China, *Environ. Geochem. Health*, *38*(5), 1067-1082, doi: 10.1007/ s10653-015-9773-1.

Zschau, J. and Ergunay, O. (eds) (1989), *Turkish-German Earthquake Research Project*, Ankara, 211 pp., doi:10.1029/ 2007GL029222.

11　对日本超低频磁信号作为潜在地震前兆的统计分析与评估

服部克巳[1]和韩　鹏[2]

1 理学部，千叶大学，千叶，日本
2 南方科技大学，深圳，中国

摘要　在过去的几十年间，从天基到地基的电磁测量发现并记录了大量与大地震相关的信号。尽管就地震电磁现象这一问题现在仍存在激烈辩论，大量的统计调查已经显示了电磁异常与强震之间的关联性。在此章中，首先简要地回顾了前人研究的结果，然后讨论了地震电磁数据中包含的潜在地震前兆信息。使用 Molchan 误差图法来衡量日本关东地区在 2000 年至 2010 年期间记录的超低频电磁数据中潜在的地震前兆信息。结果显示，比起随机的预测而言，基于磁异常的地震检测效果要好得多，表明电磁数据可能包含对地震预报有用的信息。

11.1　引言

在断层破裂前的电磁扰动探测可以作为监测地壳活动的有效方法。到目前为止，许多人提到了与地震相关的电磁场在极大的频率范围内（从 MHz 到准直流）的变化（例如：Hayakawa and Fujinawa，1994；Hayakawa，1999；Hayakawa and Molchanov，2002；Uyeda et al.，2009a）。过去几十年间，在世界范围内已经着重对这些地震电磁现象开展了研究（例如，Park，1996；Johnston，1997；Pulinets et al.，2003；Pulinets and Boyarchuk，2004；Hattori，2004；Sarkar et al.，2007；Huang，2011a）。总体而言，地震电磁现象分为两类：①岩石圈的电变化和磁性变化以及②大气层和电离层的扰动。

对电场和/或磁场的被动地面观测常常记录了岩石圈的地震电磁现象（Hayakawa and Molchanov，2002）。其中超低频（ULF）电磁现象是最有希望的一项地震前兆信息，因为超低频具有更深的趋肤深度（例如，Park，1996；Johnston，1997；Hattori，2004）。大量与地震相关的超低频电磁现象被报道（Varotsos and Lazaridou，1991；Hayakawa et al.，1996；Ismaguilov et al.，2001；Nagao et al.，2002；Uyeda et al.，2002，2009b；Hattori et al.，2004a,b，

2013a；Serita et al.，2005；Zhuang et al.，2005；Telesca and Hattori，2007；Telesca et al.，2008；Bleier et al.，2009；Han et al.，2009，2015，2016；Chavez et al.，2010；Chen et al.，2010，2013；Dunson et al.，2011；Hirano and Hattori，2011；Huang，2011a,b，2015；Prattes et al.，2011；Wen et al.，2012；Xu et al.，2013；Schekotov and Hayakawa，2015）。

尽管人们提出了许多不同的电磁异常，不是所有强震前都监测到电磁异常，大地震发生前也不总是会观测到此类异常现象。电磁异常看起来既不是大地震的充分条件也不是其必要条件。这些观测实验已经引起了关于地震电磁在地震预测研究的可行性的激烈讨论（Kappler et al.，2010；Varotsos et al.，2013）。为了解答该问题，基于长期连续的观测数据开展了统计学研究（例如，Zhuang et al.，2005；Schekotov et al.，2007；Hattori et al.，2013a；Han et al.，2014）。统计结果表明，大地震前电磁异常的可能性已有显著的提升，表明异常的出现与地震的发生之间有一定的关联性。然而我们尚不能确定这些异常现象是否包含前兆信息或它们如何才能加强对强震的预测。在此项研究中，我们向读者呈现了对日本关东地区地震电磁现象的统计学研究，并评估了地震潜在的前兆信息。

11.2 日本超低频地磁观测网

据 Hattori 等（2004a）的研究，在 6 级或以上地震的震源地区大约 60 km 的范围内能观测到超低频的发射，若是 7 级地震，范围将扩大到大约 100 km。基于该测试结果，在日本关东地区建立了一个扭矩磁力计的灵敏地磁网，其磁力计间距大约是 100 km。在此项研究中，我们侧重关注地震频发的伊豆半岛及房总半岛观测到的与地震相关的超低频地磁信号。

图 11.1 展示了伊豆半岛（清越、持越、加茂）和房总半岛（清澄、二子、内浦）和神冈站 ULF 地磁站的分布，这些站的详细介绍参考 Hattori 等（2004a）的研究。

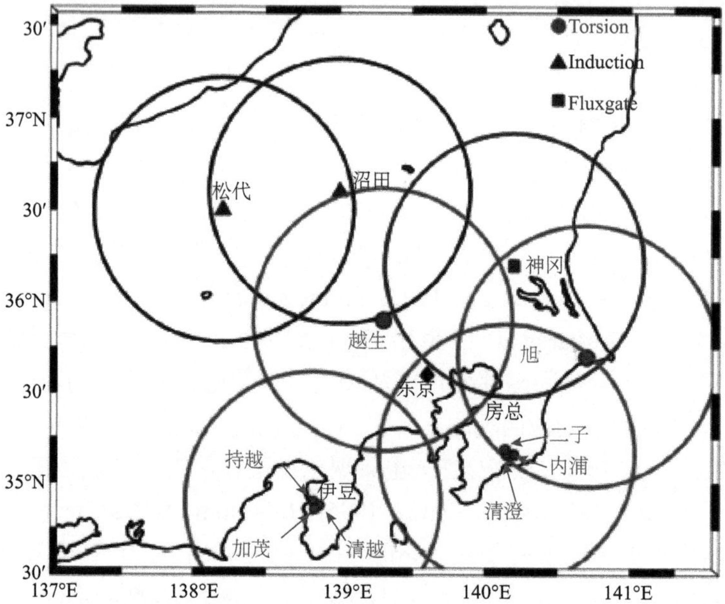

图 11.1 日本关东-东海地区的超低频地磁观测网。圈的半径是 80 km

初始采样率是 50 Hz，重采样率降至 1 Hz（Hattori et al.，2004a），并每天通过互联网及公用电话线路将数据传到千叶大学的数据库服务器。因停电、雷暴或设备故障，观测系统有时会停止记录数据或记下错误的数据。因为清越（SKS）站和鸭川（KYS）站分别有伊豆和房总最完整的数据（Hattori et al.，2013a），主要集中关注这两个站点搜集的数据，我们后面也将会集中关注日本气象厅（JMA）运作的石冈（KAK）站的高质量数据。

11.3 数据处理

一般来说，地基 ULF 地磁数据是几种信号的叠加：全球磁扰动，人工噪音以及可能由地下活动引起的磁信号。因此，地磁研究的关键是将地震相关的信号与其他的信号区分开来。图 11.2 显示了 2001 年 2 月 3 日 KYS 站地磁数据 Z 分量典型的频谱图，频谱展示的时间段是当地时间半夜至清晨，因此时间段地铁停运，所以背景噪音更低。因此，为了最小化人工噪音的干扰，在 KYS 站我们只使用凌晨 1:00 至 4:00 时间段的数据。

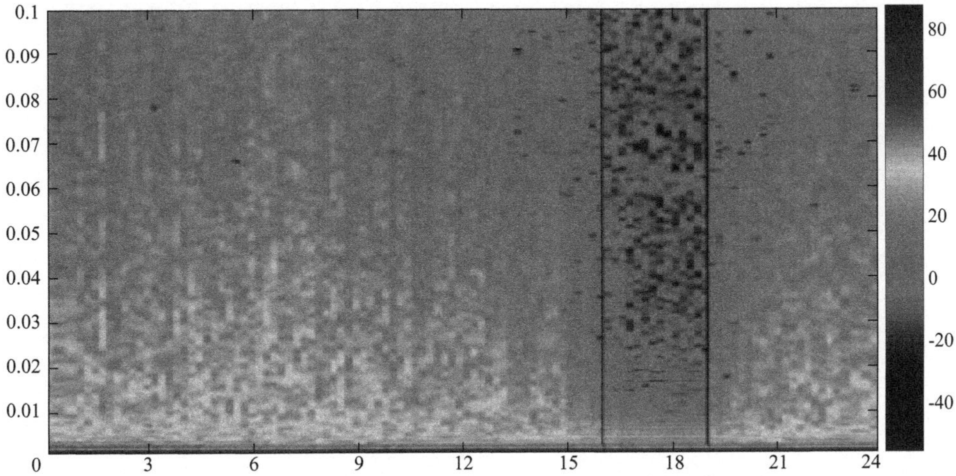

图 11.2　2001 年 2 月 3 日在 KYS 站观测到的磁场（Z 分量）的典型频谱（彩色图片请参阅电子版）

我们也研究调查了 SKS（清越）站和 KAK 站的磁信号频谱。发现 SKS 站在 1:00 至 4:00 背景噪音较低，而 KAK 站则是在 02:30 至 04:00 背景噪音较低。我们利用每个站点相关时间段的观测数据。

之前的研究中，最常报道的地震电磁现象的周期大约是 100 s（Fraser - Smith et al.，1990；Hayakawa et al.，1996；Uyeda et al.，2002；Hattori，2004；Hattori et al.，2004a,b，2013a,b；Han et al.，2011）。在此项研究中，对 1 Hz 的地磁信号应用小波变换，提取出在 0.01 Hz 左右的频率信号。与 Jach 等（2006）的研究相同，在对比了几种不同的小波之后，我们选定了 Daubechies 5（db5）作为母小波。Han 等（2011）和 Hattori 等（2013a,b）的研究中有对类似小波分析的细节阐述。

早期的研究表明在大地震之前超低频地磁信号的 Z 分量有潜在的能量增强（Hattori，2004；Hattori et al.，2004a，2013a；Han et al.，2011）。因此，我们重点关注 Z 分量的地磁能量变化并侧重讨论能量增强现象与地震活动的关联性。首先，我们以 db5 母小波开展六阶离散小波变换来处理每天的夜测 1 Hz 地磁数据，随后，在中心频率为 0.01 Hz 提取第六阶信号，最后，用计算机计算获取 0.01 Hz 信号的每日平均能量[更多相关细节参见 Hattori et al.（2013a）]。

11.4　统计分析

尽管在世界范围内已经有不少关于 ULF 地震电磁现象的观测，但观测结果背后的物理学原理尚未明了。地震过程是相当复杂的，由于地下活动所引起的一些地磁异常并不指向大地震，一些大地震也可能并不会产生地磁异常。因此，我们不应期待异常现象和地震之间会有一一对应的完美关系。这也使得地震电磁现象的研究变得既复杂又充满困难，需要统计研究来核实地磁异常与区域地震之间的关联性。在 2000 年至 2010 年间，KYS 站和 SKS 站开展了基于时序迭加分析的统计研究，KAK 站在 2001 年至 2010 年也开展了此项研究。

11.4.1　伊豆和房总半岛区域的时序叠加分析

为了开展统计学研究，很重要的一点是我们要考虑如何筛选地震。据 Hattori 等（2004a）称，可探测的 ULF 地震磁信号有阈值限制。本研究使用 Es 参数，同时考虑了地震的强度和距离以及选择统计样本。E_s 指数是使用下列等式（Hattori et al.，2006；Hirano and Hattori，2011）得出的区域地震每日的能量总和

$$E_s = \sum_{1\text{day}} \frac{10^{4.8+1.5M}}{r^2} \tag{11.1}$$

等式中 M 和 r 分别代表地震的震级和地磁站离震中的距离。当 E_s 参数超过 10^8 时，将其确认为一个地震事件天。为了在伊豆区域进行统计分析，我们选取了距 SKS 站 100 km 以内的地震。房总的研究则选取了距 KYS 站 150 km 以内的地震。结果，在伊豆一共有 60 个地震事件天数，而房总是 92 个，分别满足相应的标准。

统计研究的另一重要参数是地磁异常定义的标准。据 Hattori 等（2013a）研究中的案例分析，在剧烈地下活动发生前 Z 分量的能量会增加。因此，认为在 Z 分量超过中值 + 1.5IQR 时（IQR 代表四分位距），则发生了一次异常。考虑到电离层的扰动也会造成 Z 分量的能量增强，所以当参考台站 H 分量超过中值+ 3IQR 时，则排除该次异常。

SEA 是一种将微弱信号从噪声数据中区别出来的统计学方法。能揭示一次特殊事件的典型特征、周期性及其结果（Adams et al.，2003；Hocke，2008），并引入了与地震活动相关的 ULF 地磁异常（Hattori et al.，2013a）和 GPS–TEC 异常研究（TEC：总电子含

量）（Kon et al.，2011）。在此项研究中，我们使用 SEA 模型来检测日本关东地区的 ULF 地震磁现象。首先，为每一次地震事件都创建了地震发生前后 45 天的地磁参数的数据集。每个数据集的时长跨度都是以地震事件为中心的 91 天。随后，调查研究预先定义的异常值。如果的确有异常现象的存在，则将对应的那天计数为 1，然后对选中的伊豆 60 个和房总 92 个地震事件不断重复该过程，然后我们将所有数据集叠加起来，最终获得了关于地震磁异常的 SEA 的结果。为了评估统计意义，与之前确定发生地震事件不同，随机从 SKS 和 KYS 站分别选取了在整个分析阶段里的 60（92）天，然后对他们进行了和上述一样的流程，得到了 ULF 异常的随机 SEA 结果。我们重复了 100,000 次随机 SEA 检测，用计算机算出随机平均值（以下为随机平均值）以及其对应的标准差（σ）。

图 11.3 总结了使用 SEA 方法得出的 2000 至 2010 年伊豆和房总的 ULF 磁异常统计计算结果[对 Hattori 等（2013a）的版本有所改动]。为了进行对比，使用相应的随机均值 + 2σ 将 5 天的计数归一化，然后通过 1 万次的随机 SEA 测试进行计算。因此，如果 5 天计数大于其对应的随机均值+ 2σ，归一化的值将会大于 1（> 1），反之则会小于 1（< 1）。从统计上来说，若磁异常的随机分布时间与地震事件是不相关的，那么异常现象的计数可能不会超过随机均值+ 2σ。反之，如果计数超过了随机均值+ 2σ，也许磁异常发生的时间与地震事件之间有着一些联系。在图 11.3 中，震前的几次区间/期间计数明显在随机均值+ 2σ 之上，表示磁异常与地震事件之间可能有一定的关联性。

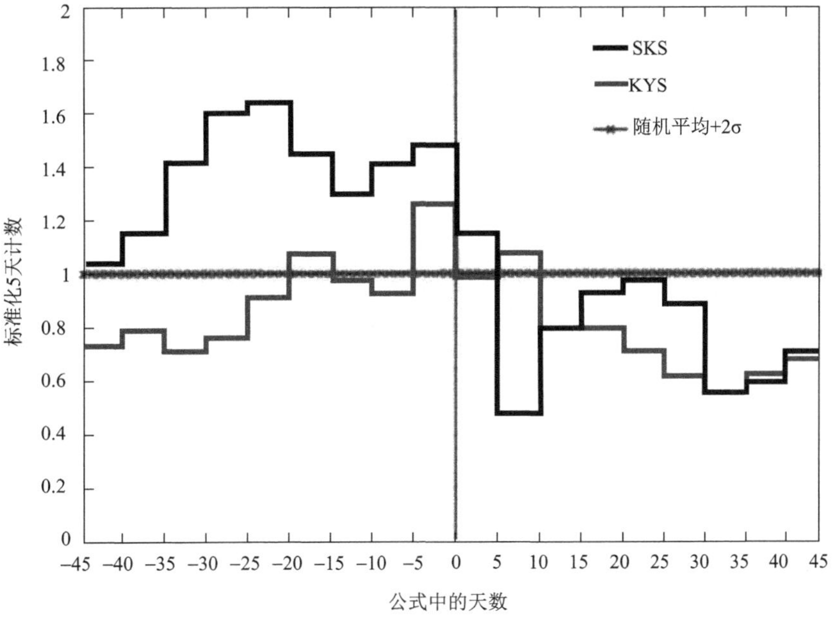

图 11.3　2000～2010 年在清越（SKS）站和房总（KYS）站采用时序叠加分析法获取的 ULF 磁异常统计结果

11.4.2　KAK 站的 SEA 测试

我们在伊豆和房总采用了同样的标准：当天 E_s 值超过 10^8 就表明有地震事件发生。

在 KAK 站 100 km 范围内的区域我们定为区域 A，有 50 次地震事件。此外，为了研究地震磁异常是否会受到距离的影响，在环绕 A 区距离站点更远的 B 区（图 11.4）另外选择了 50 个样本。图 11.4 展示了 A 区和 B 区的地震事件，更具体的细节参见 Han 等(2014)。最终选择了 216 km 作为 B 区的外围边界，这样的话，A 区和 B 区在 2001 年至 2010 年的地震数目就相等了。

我们将注意力集中在 Z 分量上是因为它可能纪录了大地震前天然增强的能量信号。我们利用 KNY 站 10 年的每日能量的高相关性，对鹿屋市一个参照点（KNY 站）的数据采用线性最小二乘法来估算 KAK 站的全球扰动。最后我们定义了一个新参数：κ 值，它是观测到的每日能量数据 Z_{KAK} 以及其模型计算的 Z^*_{KAK} 之间的比值

$$\kappa = \frac{Z_{\mathrm{KAK}}}{Z^*_{\mathrm{KAK}}} \tag{11.2}$$

这一过程的细节在 Han 等（2014）的研究中有详述。κ 值能有效反应 KAK 站当地的能量增强，因此包含了可以用来预测区域强震的前兆信息（Han et al.，2014）。定义当 κ 值超过中值+ 1.5IQR 时，则为一次异常。

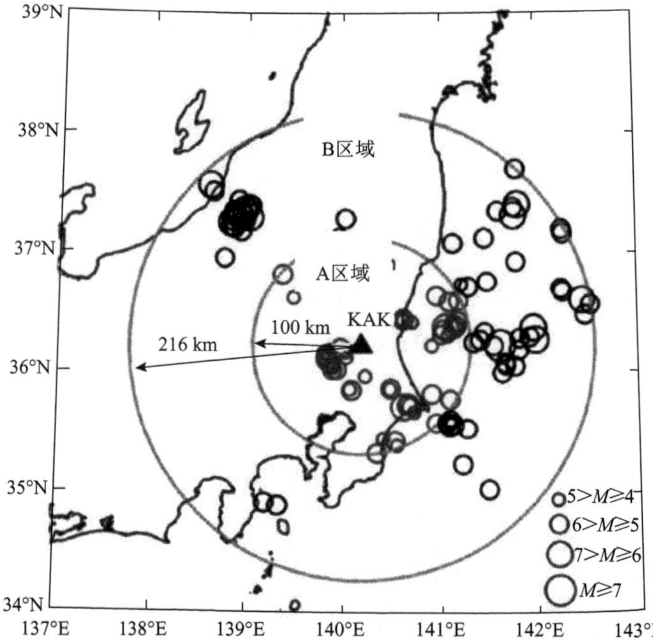

图 11.4　2001～2010 年期间在 KAK 站附近 $E_s > 10^8$ 主震空间分布。蓝色三角形表示 KAK 站的位置，红色和黑色圆圈表示区域 A 和 B 中的地震（彩色图片请参阅电子版）

我们使用 SEA 方法来检测 KAK 站定义的地磁异常与 A 区地震事件之间的关联。此外，为了弄清地震磁异常的出现是否与观测点与震中的距离相关，同样在 B 区使用了相似的 SEA 方法。B 区的地震事件数目也是 50，地磁异常的数目是 324，这一数据与 A

区也是一致的。考虑到 5 天计数的数据更稳定也能反映数据的一般性特征，所以接下来我们主要讨论的是 5 天计数的结果。

为了进行对比，在图 11.5 中同时列出了 A 区与 B 区的 5 天计数。带有叉号的黑线与灰线分别表示随机均值与随机均值+ 2σ。这两个数值在 A 区和 B 区的结果是完全一致的，因为两个地区有完全相同的地震事件数和地磁异常数。在图 11.5 中，A 区地震事件发生前 6～15 天是发生了明显的大量异常，而 B 区则没有明显的异常现象。结果表明，在 KAK 站观测到的 ULF 地磁异常更有可能与 A 区较近的地震事件相关而不是与 B 区较远的地震有关。也就是说，ULF 地震磁异常对较近的地震更敏感，且取决于距震中的距离。

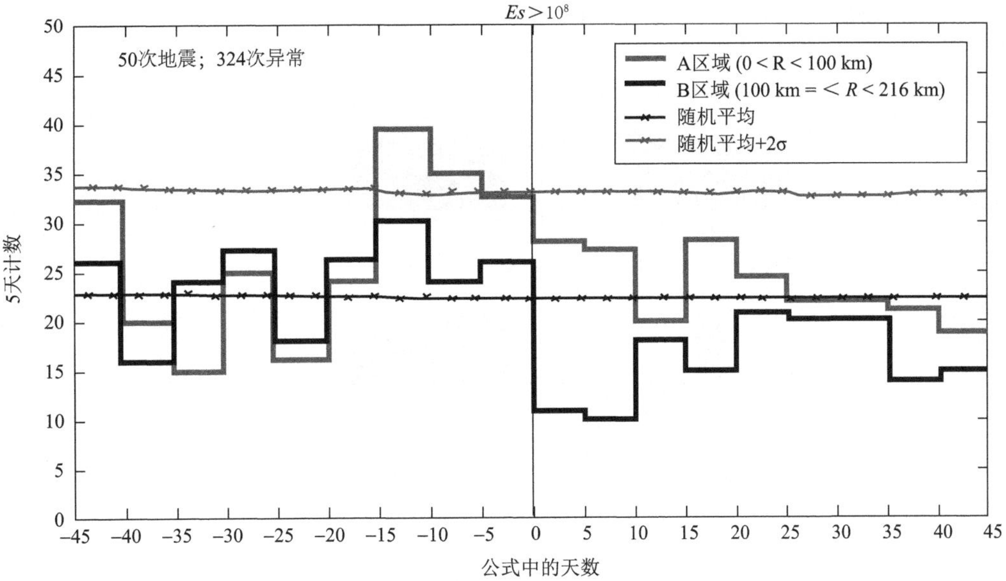

图 11.5　通过对 KAK 站 2001～2010 年 ULF 磁异常的时序叠加分析（SEA）得出的统计学结果。黑色粗线和灰色粗线分别展示了 A 区和 B 区 5 天计数的结果。带有叉号标识的黑线和灰线分别表示随机均值和随机均值+ 2σ

11.5　评估前兆信息

在下文中，作者将用 Molchan 误差图法来调查地磁异常中是否包含地震前兆信息。

11.5.1　Molchan 误差图法

假设前兆异常的发生与地震事件之间存在时间滞后性，我们引入前置时间（$\varDelta$）与预警窗口（L）来详细说明预警功能，$\varDelta$ 是指检测到的异常和发布警报之间的时间长度，L 则是所发布预警持续的天数。$\varDelta$ 和 L 的时间单位均是天。首先，选定阈值 P 来定义磁异常。随后，正如图 11.6 所示，当 E_s 值大于 10^8 时，在 $I+\varDelta$ 天与 $I+\varDelta+L-1$ 天之间的预警间期发生的“地震事件”发布一次预警。基于预警的算法，预警序列的每一天均是

由 $\Delta+L-1$ 天前与 Δ 天前之间一段 L 天长的时间内的异常信息决定的。在异常序列中我们纳入缺失的数据。正如图 11.6 显示的那样，如果在第 j 天有数据遗漏，在 $j+\Delta$ 天至 $j+\Delta+L-1$ 天之间的数据会受到影响，因为我们无法确定第 j 天是否出现了异常的一天。如果遇到这样的情况，为了确保每天都能有等量的信息，会假设在预警系统中被影响的那天为预警信息缺失，在事件序列里相应的那天也别标示为预测信息缺失。在进一步的分析中我们排除了这些信息缺失的天数。

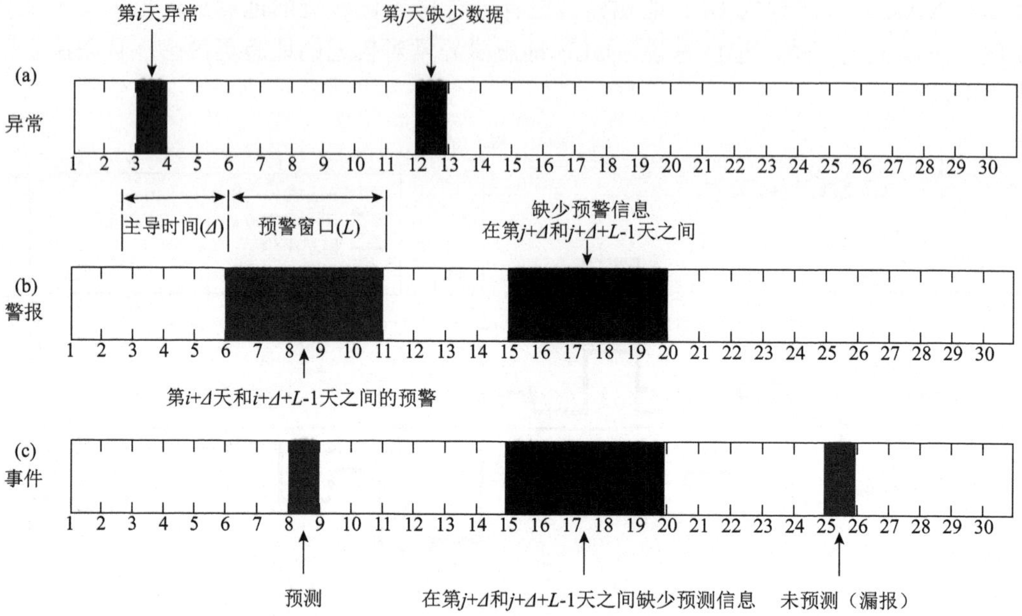

图 11.6　地震预警实施方案示意图。从上到下的图（图 a～c）分别显示了一系列的异常、预警和地震事件。水平方向横轴的单位是天

为了评估预测算法，将检出率（ν）和预警率（τ）设为预警阈值 P 的函数。首先，如果一个“事件日”在预警期间出现，我们就把它计为“已预测的”，如果不在预警期间出现，那我们就把它标为“缺失”。其次，我们将整个分析周期内涵盖的总天数设为 N，周期内“事件日”（发生地震事件）的天数设为 n，周期内预警的天数设为 N_1，最后，周期内所预测的“事件日”的天数设为 n_1。所谓“检出率”是指预测到的地震事件的比例，可通过 $\nu(P)=n_1/n$ 算出。而“预警率”是预警天数所占的比例，可通过 $\tau(P)=N_1/N$ 算出（Molchan，1991；Wang et al.，2013）。为了实际应用，将 P 设置在能量数据最大值到最小值之间。相应的，τ 和 ν 的值也在 0～1 的范围内变化。

Molchan 误差图法是检出率预预警率的函数图，在原版的基础上做出了调整，原版是未预测率与预警率的函数图（Molchan，1991）。总体而言，检出率随着预警率的上升而增加。泊松模型中如果预警是随机发出的，检出率与预警率几乎相同（Molchan，1991；Zechar and Jordan，2008）。因此，对角斜线则表示了随机预报作出的预测结果（在泊松模型中）。任何位于这条对角线上方有 τ–ν 曲线的预测都表示了预测出的地震比例高于预警的天数，也就是说：这个预测优于随机预报的结果。如果预测的曲线出现在对角线下

方则说明此次预测劣于随机预报的结果。需要注意的是，如果有给定的预警率 τ，n_1“检出”概率的随机符合二项分布

$$B(n_1 \mid n,\ \ \tau)=\binom{n}{n_1}(\tau)^{n_1}(1-\tau)^{n-n_1} \tag{11.3}$$

因此，每个给定的预警率都有95%置信区间。如果预测曲线高于置信区间上限阈值，则这次预测明显比随机预报效果要好。换句话说，此处的异常现象的确包含了前兆信息，并能帮助提升对地震事件的预测。

11.5.2 地震预报磁异常效应

图 11.7 中在 SKS 和 KYS 站的–5 天和–1 天窗口均具有统计学意义。在此研究中，前置时间（Δ）设为 1 天，而预警窗口（L）设为 5 天。若在震前 1 至 5 天出现了异常，则可以认为地震预警。图 11.7（a）和 11.7（b）展示了修正的 Molchan 误差图法提取的磁异常，分别作为 SKS 站（清越）和 KYS 站（房总）的前兆。红色的实线是使用观测到的磁数据做出的预测曲线。黑线展示了随机预测结果，蓝线表示了 95%置信区间。SKS 和 KYS 两站的预测曲线显示预测结果明显优于随机预报，两站的预测曲线大多都超过了 95%的置信区间，这表明了短期地震预测中磁数据的有效性。

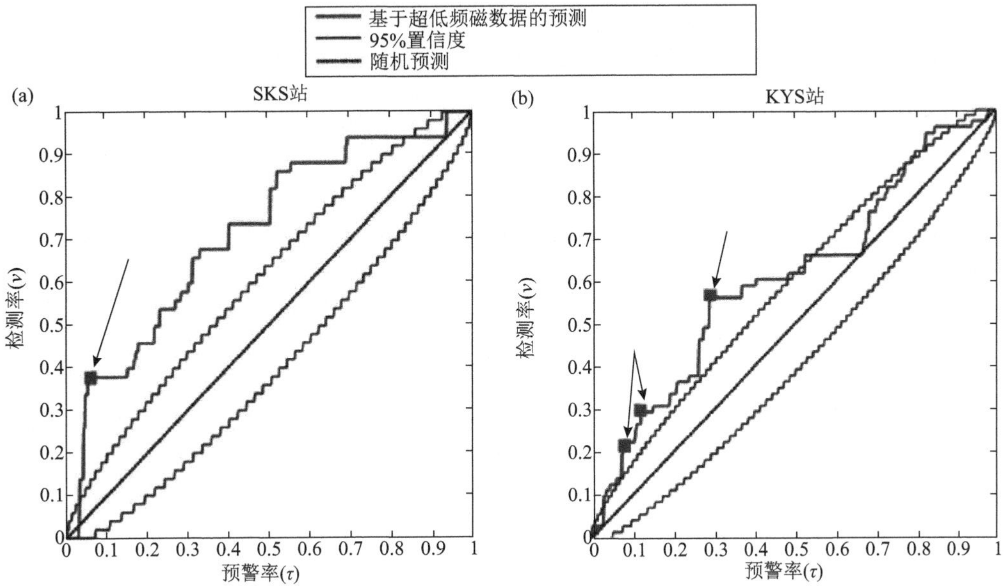

图 11.7　基于 Molchan 误差图法开展 SKS 站（a）和 KYS 站（b）磁异常的预测。Δ 设为 1 天且 L 设为 5 天。SKS 站的 $R = 100$ km 且 $E_s = 108$，而 KYS 站的 $R = 150$ km 且 $E_s = 10^8$。箭头分别标明了最大 PG 值和最大 D 值的位置（彩色图片请参阅电子版）

为了在短期地震预测中开展实际的应用，需要为 P 阈值明确一个具体数值以决定何时发布预警。最后，实际的预测结果应该只是曲线上的一点。总体上，更高的检出率会导致更多的误报情况，而低预警率则会导致很多地震的漏报。因此，为了得到更好的预测结果，

我们不可能只选择单一的参数（v 或 τ）来预测地震。P 阈值的具体数值必须根据实验人的侧重点来决定是增益（v）更好还是牺牲预警率（τ）以减少误报。概率增益（PG）是一个有用的指数，它是检出率（v）与预警率（τ）之比（Molchan，1991）。另一有效的指数是检出率（v）与报警率（τ）之间的差值（D）。图 11.7 显示了最优阈值 P 的最大值 PG 和 D。

图 11.5 中最重要的结果是 KAK 站强震前 11～15 天内的数据。基于得出的结果，前置时间（Δ）一开始先是设为 11 天，预警窗口（L）设为 5 天。图 11.8 中的红色实线指代基于磁数据得出的预测曲线。浅蓝和深蓝线分别代表随机预测的 90%和 95%置信区间，红线代表的预测结果明显优于随机预测，且当 τ 值在 0.25～0.45 之间时，红线结果超过了 95%置信区间。

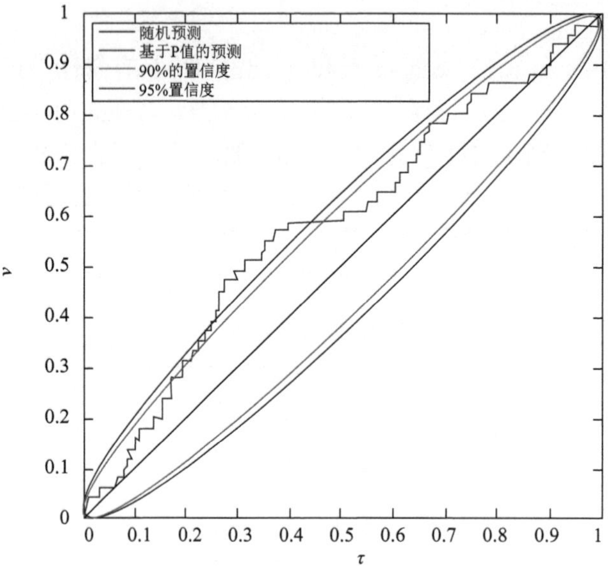

图 11.8 基于 Molchan 误差图表法开展 KAK 站磁异常的预测。Δ 设为 11 天且 L 设为 5 天。$R = 100$ km 且 $E_s = 10^8$（彩色图片请参阅电子版）

11.5.3 预测表现对 Δ 和 L 的依赖性

如果 Δ 和 L 值不同，预测曲线也会随之有很大的变化。接下来，就 KAK 站的数据来讨论预测对 Δ 和 L 的依赖性。为了找到最有效的 Δ 和 L 值，需要将每一条预测曲线的前兆信息量化。迄今为止，已经提出了数个有效的预测参数，包括极大极小策略和误差总和（Molchan，1997；Molchan and Keilis-Borok，2008）。而现行的研究则采用了经过调整的区域技能评分（Zechar and Jordan，2008）。

改进的区域技能评分 S（Δ，L）测量实际的预测曲线和随机预测曲线之间的区域面积使用该方法得出的区域如果落在随机预测对角线之上，结果是乐观的，反之，结果则不理想。区域技能评分 S（Δ，L）是所有区域的代数和，评分的范围是（−0.5，0.5）。得到 0.5 的分数代表完美的预测，而−0.5 的分数则代表完全没有预测能力。随机预测的分数是 0。图 11.7 展示了 90%和 95% 置信区间的上边界的分数分别是 0.09 和 0.11。

$$S_{(\Delta,L)} = \int_0^1 [v(p) - \tau(p)] d\tau(p) \tag{11.4}$$

图 11.9（a）基于设定不同 $\varDelta$ 和 L 值，用从蓝色（低分）到红色（高分）的色阶展示了预测的区域能力评分情况。主要有两个高分区（高于 0.11）：其中一个是前置时间（$\varDelta$）大约设为 1 周，预报窗口（L）设置小于 4 天；另一个高分区前置时间（$\varDelta$）是 13～14 天，预警窗口（L）设置小于一周。当 $\varDelta = 8$ 且 $L = 1$ 时，S（区域能力评分）的最大值（0.13）指示了最优预报策略。

图 11.9（b）展示了当 $\varDelta = 8$ 天且 $L = 1$ 时出现的最优预测策略的 Molchan 误差图。当 τ 值是 0.10～0.57 时，预测曲线已经明显超过了 95%置信区间，此时达到了最佳的预测，包含了最多的 KAK 站强震的前兆信息。

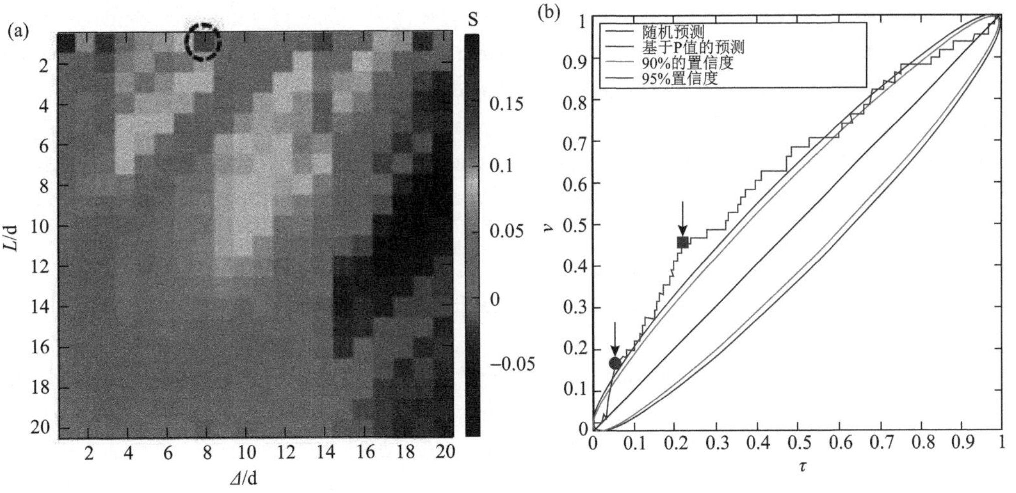

图 11.9　（a）不同 $\varDelta$ 和 L 值下的预测区域能力评分。（b）最优预报策略的 Molchan 误差图（$\varDelta = 8$ 天且 $L = 1$ d）。箭头分别指代了出现 PG 和 D 最大值的位置（色彩请参见电子版）

11.6　总结和结论

为了弄清 ULF 地震磁现象，在日本关东地区建立了一个敏感的地磁监测网。在此研究中，分析了过去 10 年在伊豆、房总半岛和日本气象厅运作的石冈（KAK）站观测的地磁数据。使用小波变换分析调查处理了频率大约在 0.01 HZ 的 ULF 地磁信号能量。SEA 统计研究表明在强震前发生 ULF 异常的概率比地震后高得多。同时，我们也使用了 Molchan 误差图法来评估 2000 年至 2010 年期间日本关东地区记录的 ULF 磁数据中可能含有的地震前兆信息。结果显示基于磁异常的地震探测明显优于随机预报，表明磁数据中包含可能对地震预测有用的信息。也展示了 $\varDelta$ 和 L 对短期地震预报的影响。为了找出最佳的预测参数，引入改善的区域能力评分 S（$\varDelta$，L）来评估不同预测策略的有效性。结果表明，在两种情况下，KAK 站的 ULF 磁数据包含了更多的前兆信息。①$\varDelta$ 大约设为一周且 $L < 4$ d，②$\varDelta$ 设为 13～14 天且 $L < 1$ 周。

致谢

作者致谢日本气象厅提供的地磁数据和地震目录。这项研究得到了日本科学促进会科学研究经费（19403002，26249060 和 26240004）以及国家信息通信技术研究所（国际联合研究推动研发基金）的部分资助。

参考文献

Adams, J. B., Mann, M. E., and Ammann, C. M. (2003), Proxy evidence for an El Niño-like response to volcanic forcing, *Nature*, *426*, 274-278.

Bleier, T., Dunson, C., Maniscalco, M., Bryant, N., Bambery, R., and Freund, F. (2009), Investigation of ULF magnetic pulsations, air conductivity changes, and infrared signatures associated with the 30 October 2007 Alum Rock *M*5.4 earthquake, *Nat. Hazards Earth Syst. Sci.*, *9*, 585-603.

Chavez, O., Millan-Almaraz, J. P., Pérez-Enríquez, R., Arzate- Flores, J. A., Kotsarenko, A., Cruz-Abeyro, J. A., and Rojas, E. (2010), Detection of ULF geomagnetic signals associated with seismic events in Central Mexico using discrete wavelet transform, *Nat. Hazards Earth Syst. Sci.*, *10*, 2557-2564 doi:10.5194/nhess-10-2557-2010.

Chen, C. H., Liu, J. Y., Lin, P. Y., Yen, H. Y., Hattori, K., Liang, W. T., Chen, Y. I., Yeh, Y. H., and Zeng, X. (2010), Pre-seismic geomagnetic anomaly and earthquake location, *Tectonophysics*, *489*, 240-247, doi:10.1016/j.tecto.2010.04.018.

Dunson, J. C., Bleier, T. E., Roth, S., Heraud, J., Alvarez, C. H., and Lira, A. (2011). The pulse azimuth effect as seen in induction coil magnetometers located in California and Peru 2007-2010, and its possible association with earthquakes. *Nat. Haz. Earth Syst. Sci.*, *11*(7), 2085.

Fraser-Smith, A. C., Bernardi, A., McGill, P. R., Ladd, M., Helliwell, R. A., and Villard, O. G. (1990). Low-frequency magnetic field measurements near the epicenter of the M_s 7.1 Loma Prieta earthquake, *Geophys. Res. Lett.*, *17*(9), 1465-1468.

Han, P., Huang, Q. H., and Xiu, J. G. (2009), Principle compo- nent analysis of geomagnetic diurnal variation associated with earthquakes: Case study of the *M*6.1 Iwateken Nairiku Hokubu earthquake, *Chin. J Geophys.*, *52* (6), 1556-1563, doi: 10.3969/j.issn.0001-5733.2009.06.017.

Han, P., Hattori, K., Huang, Q., Hirano, T., Ishiguro, Y., Yoshino, C., and Febriani, F. (2011), Evaluation of ULF electromagnetic phenomena associated with the 2000 Izu Islands earthquake swarm by wavelet transform analysis, *Nat. Hazards Earth Syst. Sci.*, *11*, 965-970, doi:10.5194/nhess-11-965-2011.

Han, P., Hattori, K., Hirokawa, M., Zhuang, J., Chen, C., Febriani, F., Yamaguchi, H., Yoshino, C., Liu, J., and Yoshida, S. (2014), Statistical analysis of ULF seismo- magnetic phenomena at Kakioka, Japan, during 2001-2010, *J. Geophys. Res., Space Phys.*, *119*, doi: 10.1002/2014JA019789.

Han, P., Hattori, K., Xu, G., Ashida, R., Chen, C.-H., Febriani, F., and Yamaguchi, H. (2015), Further investigations of geomagnetic diurnal variations associated with the 2011 off the Pacific coast of Tohoku earthquake (*Mw*9.0), *J. Asian Earth Sci.*, doi:10.1016/j.jseaes.2015.02.022.

Han, P., Hattori, K., Huang, Q., Hirooka, S., and Yoshino, C. (2016), Spatiotemporal characteristics of the geomagnetic diurnal variation anomalies prior to the 2011 Tohoku earth- quake (*Mw* 9.0) and the possible coupling of multiple pre- earthquake phenomena. *J. Asian Earth Sci.*, *129*, 13-21.

Hattori, K. (2004), ULF geomagnetic changes associated with large earthquakes, *Terr. Atmos. Ocean Sci.*, *15*, 329-360.

Hattori, K., Takahashi, I., Yoshino, C., Isezaki, N., Iwasaki, H., Harada, M., Kawabata, K., Kopytenko, E., Kopytenko, Y., Maltsev, P., Korepanov, V., Molchanov, O., Hayakawa, M., Noda, Y., Nagao, T., and Uyeda, S. (2004a) ULF geomagnetic field measurements in Japan and some recent results associ- ated with Iwateken Nairiku Hokubu earthquakes in 1998, *Phys. Chem. Earth*, *29*, 481-494, doi:10.1016/j.pce. 2003.09.019.

Hattori, K., Serita, A., Gotoh, K., Yoshino, C., Harada, M., Isezaki, N., and Hayakawa, M. (2004b) ULF geomagnetic anomaly associated with 2000 Izu islands earthquake swarm, Japan, *Phys. Chem. Earth*, *29*, 425-436, doi:10.1016/j. pce.2003.11.014.

Hattori, K., Serita, A., Yoshino, C., Hayakawa, M., and Isezaki, N. (2006), Singular spectral analysis and principal component analysis for signal discrimination of ULF geomagnetic data associated with 2000 Izu Island Earthquake Swarm. *Phys. Chem. Earth*, *31*, 281-291, doi:10.1016/j.pce.2006.02.034

Hattori, K., Han, P., Yoshino, C., Febriani, F., Yamaguchi, H., and Chen, C. (2013a), Investigation of ULF seismo-magnetic phenomena in Kanto, Japan during 2000-2010: Case studies and statistical studies, *Surv. Geophys.*, *34*,293-316.

Hattori, K., Han, P., and Huang, Q. (2013b), Global variation of ULF geomagnetic fields and detection of anomalous changes at a certain observatory using reference data, *Elec. Eng. Jpn*, *182*, 9-18, doi: 10.1002/eej.22299.

Hayakawa, M. (ed.) (1999), *Atmospheric and Ionospheric Electromagnetic Phenomena Associated with Earthquakes*, Terra Scientific, Tokyo.

Hayakawa, M. and Fujinawa, Y. (eds) (1994) *Electromagnetic Phenomena Related to Earthquake Prediction*, Terra Scientific, Tokyo, 677 pp.

Hayakawa, M. and Molchanov, O. A. (eds) (2002), *Seismo Electromagnetics Lithosphere-Atmosphere-Ionosphere Coupling*, Terra Scientific, Tokyo.

Hayakawa, M., Kawate, R., Molchanov, O. A., and Yumoto, K. (1996), Results of ultra-low-frequency magnetic field measurements during the Guam earthquake of 8 August 1993, *Geophys. Res. Lett.*, *23*, 241-244.

Hirano, T. and Hattori, K. (2011), ULF geomagnetic changes possibly associated with the 2008 Iwate-Miyagi Nairiku earthquake, *J. Asian Earth Sci. 41*, 442-449, doi:10.1016/j. jseaes.2010.04.038.

Hocke, K. (2008), Oscillations of global mean TEC, *J. Geophys. Res.*, *113*, A04302, doi:10.1029/2007JA012798.

Huang, Q. H. (2011a) Rethinking earthquake-related DC-ULF electromagnetic phenomena: towards a physics-based approach, *Nat. Hazards Earth Syst. Sci.*, *11*, 2941-2949, doi:10.5194/nhess-11-2941-2011.

Huang, Q. H. (2011b) Retrospective investigation of geophysical data possibly associated with the M_s8.0 Wenchuan earthquake in Sichuan, China, *J. Asian Earth Sci. 41*, 421-427, doi:10.1016/ j.jseaes.2010.05.014.

Huang, Q. H. (2015), Forecasting the epicenter of a future major earthquake. *Proc. Nat. Acad. USA*, *112*(4), 944-945, doi: 10.1073/pnas.1423684112.

Ismaguilov, V. S., Kopytenko, Y. A., Hattori, K., Voronov, P. M., Molchanov, O. A., and Hayakawa, M. (2001), ULF magnetic emissions connected with under sea bottom earthquakes, *Nat. Haz. Earth Syst. Sci.*, *1*(1/2), 23-31.

Jach, A., Kokoszka, P., Sojka, J., and Zhu, L. (2006), Wavelet- based index of magnetic storm activity, *J. Geophys. Res. Space Phys.*, *111*, doi:10.1029/2006JA011635.

Johnston, M. (1997), Review of electric and magnetic fields accompanying seismic and volcanic activity, *Surv. Geophys.*, *18*, 441-476, doi:10.1023/A:1006500408086.

Kappler, K. N., Morrison, H. F., and Egbert, G. D. (2010), Long-term monitoring of ULF electromagnetic fields at Parkfield, California, *J. Geophys. Res.*, *115*, B04406, doi:10.1029/ 2009JB006421.

Kon, S., Nishihashi, M., and Hattori, K. (2011), Ionospheric anomalies possibly associated with *MP* 6.0

earthquakes in the Japan area during 1998-2010: Case studies and statistical study, *J. Asian Earth Sci. 41*, 410-420, doi:10.1016/j. jseaes.2010.10.005.

Molchan, G. M. (1991), Structure of optimal strategies of earthquake prediction, *Tectonophysics*, *193*, 267-276.

Molchan, G. M. (1997), Earthquake prediction as a decision making problem, *Pure Appl. Geophys.*, *149*, 233-247.

Molchan, G. M. and Keilis-Borok, V. (2008), Earthquake pre- diction: Probabilistic aspect, *Geophys. J. Int.*, *173*, 1012-1017.

Nagao, T., Enomoto, Y., Fujinawa, Y., Hata, M., Hayakawa, M., Huang, Q., Izutsu, J., Kushida, Y., Maeda, K., Oike, K., Uyeda, S., and Yoshino, T. (2002), Electromagnetic anoma- lies associated with 1995 Kobe earthquake, *J. Geodyn.*, *33*, 401-411.

Park, S. K. (1996), Precursors to earthquakes: seismoelectro- magnetic signals, *Surv. Geophys.*, *17*(4), 493-516.

Prattes, G., Schwingenschuh, K., Eichelberger, H. U., Magnes, W., Boudjada, M., Stachel, M., Vellante, M., Villante, U., Wesztergom, V., and Nenovski, P. (2011), Ultra low frequency (ULF) European multi station magnetic field analysis before and during the 2009 earthquake at L'Aquila regarding regional geotechnical information, *Nat. Haz. Earth Syst. Sci.*, *11*, 1959-1968, doi:10.5194/nhess-11-1959-2011.

Pulinets, S. and Boyarchuk, K. (2004), *Ionospheric Precursors of Earthquakes*, Springer Science and Business Media.

Pulinets, S. A., Legen'Ka, A. D., Gaivoronskaya, T. V., and Depuev, V. K. (2003), Main phenomenological features of ionospheric precursors of strong earthquakes, *J. Atmos. Solar Terr. Phys.*, *65*(16), 1337-1347.

Sarkar, S., Gwal, A. K., and Parrot, M. (2007). Ionospheric variations observed by the DEMETER satellite in the mid-latitude region during strong earthquakes. *J. Atmos. Solar Terr. Phys.*, *69*(13), 1524-1540.

Schekotov, A. and Hayakawa, M. (2015). Seismo-meteo-elec- tromagnetic phenomena observed during a 5-year interval around the 2011 Tohoku earthquake, *Phys. Chem. Earth, Parts A/B/C*, *85-86*, 167-173.

Schekotov, A. Y., Molchanov, O. A., Hayakawa, M., Fedorov, E. N., Chebrov, V. N., Sinitsin, V. I., and Yagova, N. V. (2007), ULF/ELF magnetic field variations from atmosphere induced by seismicity, *Radio Sci.*, *42*(6).

Serita, A., Hattori, K., Yoshino, C., Hayakawa, M., and Isezaki, N. (2005), Principal component analysis and singular spectrum analysis of ULF geomagnetic data associated with earthquakes, *Nat. Haz. Earth Syst. Sci.*, *5*(5), 685-689.

Telesca, L. and Hattori, K. (2007), Non-uniform scaling behav- ior in ultra low frequency (ULF) earthquake-related geomag-netic signals, *Physica A*, *384*, 522-528.

Telesca, L., Lapenna, V., Macchiato, M., and Hattori, K. (2008), Investigating non-uniform scaling behavior in ultra low frequency (ULF) earthquake-related geomagnetic sig- nals, *Earth Planet. Sci. Lett.*, *268*, 219-224, doi:10.1016/j. epsl.2008.01.033.

Uyeda, S., Hayakawa, M., Nagao, T., Molchanov, O., Hattori, K., Orihara, Y., Gotoh, K., Akinaga, Y., and Tanaka, H. (2002), Electric and magnetic phenomena observed before the volcano-seismic activity in 2000 in the Izu Island Region, Japan, *Proc. Nat. Acad. Sci. USA*, *99*(11), 7352-7355.

Uyeda, S., Nagao, T., and Kamogawa, M. (2009a) Short-term earthquake prediction: Current status of seismo-electromagnetics. *Tectonophysics*, *470*(3), 205-213.

Uyeda, S., Kamogawa, M., and Tanaka, H. (2009b) Analysis of electrical activity and seismicity in the natural time domain for the volcanic-seismic swarm activity in 2000 in the Izu Island region, Japan, *J. Geophys. Res.*, *114*, B02310.

Varotsos, P. and Lazaridou, M. (1991), Latest aspects of earth- quake prediction in Greece based on seismic electric signals, *Tectonophysics*, *188*, 321-347.

Varotsos, P., Sarlis, N., Skordas, E., and Lazaridou, M. (2013), Seismic electric signals: an additional fact showing their physical interconnection with seismicity. *Tectonophysics*, *589*, 116-125.

Wang, T., Zhuang, J., Kato, T., and Bebbington, M. (2013), Assessing the potential improvement in short-term earthquake forecasts from incorporation of GPS data, *Geophys. Res. Lett.*, *40*, doi:10.1002/grl.50554.

Xu, G., Han, P., Huang, Q., Hattori, K., Febriani, F., and Yamaguchi, H. (2013), Anomalous behaviors of geomagnetic diurnal variations prior to 2011 off the Pacific coast of Tohoku earthquake (*Mw*9.0), *J. Asian Earth Sci.*, *77*, 59-65, doi: 10.1016/j.jseaes.2013.08.011.

Zechar, J. D. and Jordan, T. H. (2008), Testing alarm-based earthquake predictions, *Geophys. J. Int.*, *172*, 715-724.

Zhuang, J., Vere-Jones, D., Guan, H., Ogata, Y., and Ma, L. (2005), Preliminary analysis of observations on the ultra-low frequency electric field in a region around Beijing, *Pure Appl. Geophys.*, *162*, 1367-1396, doi:10.1007/s00024- 004-2674-3.

第五部分　与主震相关的大气/热信号

12 探测震前热异常的鲁棒卫星技术

瓦列里奥·特拉穆托里[1]，卡罗利娜·菲利佐拉[2]，尼古拉·詹扎诺[1]，
马里亚诺·利斯[1]

1 巴西利卡塔大学工程学院，波坦察，意大利
2 国家研究理事会环境分析方法研究所，铁托斯卡洛，意大利

摘要 近十年来提出了几种用于检测可能与地震相关的地球物理现象的卫星技术。部分研究结果表明地球热辐射的时空异常（也叫做“TIR 异常”）与地震的发生存在一定关联性。近期提出了适用于识别 TIR 信号中的时空异常的鲁棒卫星技术，不受地表和大气影响（例：因气象因素引起的）或因具体观测情况而引起的易变因素影响。此章呈现了此技术并实现了以时变地震危险性评估（t-DASH）为目的的多参数系统框架实施模式。

12.1 研究现状

热红外（TIR）光谱范围内（8～14 μm）的卫星平台传感器能测量地球热辐射，测量结果以 K（开尔文）为单位的亮度温度（*BT*）表示。在过去 30 年间采用了热红外卫星图像探索地震活动与 TIR 异常的关联性，结果表明二者之间存在一定的关联性。更详细更全面的相关内容请见 Tramutoli 等（2015a）及本章中的文献引用。

从 Gorny 等（1988）以及 Wang 和 Zhu（1984）的研究创举开始，人们使用不同方法来分析卫星图像以辨识可能与地震有关的热异常，在接下来的小节以及表 12.1 中，进一步叙述相关概况。

12.1.1 单一热红外图像的分析

本节讲述热红外异常识别方法，该方法是通过地震年热红外信号与假定的无地震干扰背景场相比，局部热红外信号扰动较大的提取。譬如 Qiang 等（1991，1992，1997）以及 Qiang 和 Dian（1992）就使用了 METEOSAT 和 AVHRR（NOAA 卫星上的超高分辨率辐射计）卫星热红外数据研究发生在中国境内的地震。以发生于 1989 年 10 月 18 日的 6.1 级大同地震为例，研究人员认为，与远离震中的华北平原的信号相比，地震发生三天前震中区域出现红外异常（2～6 K）。据 Qiang 等（1991）的研究，在地震前一天，大气中二氧化碳以及其他温室气体（例如氢气和水蒸气）浓度明显

增加（达到正常值的三到四倍），同时热红外信息在地震前一天发生骤降。

表 12.1 基于卫星的用于识别与地震发生相关的热异常的最新技术
[更新于（Tramutoli et al.，2015a）]

	方法参考	热红外卫星传感器	热异常定义/指数	异常强度	与震中及发生时间的关系			
					受影响区域/km^2	时间间隔	地震震级区间	验证/驳斥
M1	Qiang 等，1991，1992，1997；Qiang and Dian，1992	MFG/MVIRI	$\Delta T(x, y, t) = T(x, y, t) - \mu_T(t, H)$	2~10 K	100～50000	3 天之前	5.1 ÷ 7	V
M2	Huang 和 Luo，1992	NOAA/AVHRR	$\Delta T(x, y, t) = T(x, y, t) - \mu_T(t, A)$	–	–	–	–	C
M3	Tronin，1996，2000；Tronin 等，2002，2004	NOAA/AVHRR	$\Delta T(x, y, t) = T(x, y, t) - \mu_T(t, H)$	$\Delta T(x, y, t) > 2 \cdot \sigma_T(t, H)$	35000	6～24 天之前 7 天之后	4.7 ÷ 7.3	V
M4	Xu 等，2000	GMS	$\Delta T(x, y, t) = T(x, y, t) - \mu_T(t, H)$	>2 K	600000	10 天之前	M_s= 7.6	V
M5	Lü 等，2000	NOAA/AVHRR	$\Delta T(x, y, t) = T(x, y, t) - T(x, y, t')$，其中 $t' < t$	8 K	40000	1～2 天之前	M_s = 6.2	V
M6	Tramutoli 等，2001；Di Bello 等，2004 Filizzola 等，2004； Corrado 等，2005； Tramutoli 等，2005，2014b，2015b；Aliano 等，2007，2008a，b； Genzano 等，2007，2009a，b，2015；Lisi 等，2010，2015； Pergola 等，2010； Eleftheriou 等，2016	NOAA/AVHRR NOAA/AVHRR MFG/MVIRI GOES/IMAGER MSG/SEVIRI EOS/MODIS GMS/VISSR	$\otimes_{\Delta V}(x, y, m) = \mu\otimes(x, y)$ $V(x, y, t) = T(x, y, t)$ $V(x, y, t) = LST(x, y, t)$ $\otimes_{\Delta V}(x, y, t) = [\Delta V(x, y, t) - \mu_{\Delta V}(x, y)] / \sigma_{\Delta V}(x, y)$，其中 $\Delta V(x, y, t) = V(x, y, t) - \mu_V(t)$ $V(x, y, t) = T(x, y, t)$ 或 $V(x, y, t) = LST(x, y, t)$	$\otimes_{\Delta V}(x, y, m) > 0.6$ $\otimes_{\Delta V}(x, y, m) > 1$ $\otimes(x, y, t) > 1.5 \div 4$（时空持续性要求）	100000 100～500000	3 天 1～25 天之前 1～5 天之后	M_s = 6.9 M_s 4 ÷ 7.9	V 和 C V 和 C
M7	Ouzounov 和 Freund，2004 Ouzounov 等，2006	EOS/MODIS EOS/MODIS	$\Delta LST(t) = LST_{2002}(d) - LST_{2001}(d)$ $\Delta LST(t_i) = LST_{RMS}(t_i) - LST_{RMS}$	4 K 4 K	30000 30000	1～10 天之前 1～10 天之前	M_s = 7.9 M_s =6.8 ÷ 7.9	V V

续表

方法参考		热红外卫星传感器	热异常定义/指数	异常强度	与震中及发生时间的关系			
					受影响区域/km^2	时间间隔	地震震级区间	验证/驳斥
M8	Saraf 和 Choudhury，2004，2005a，b，c；Choudhury 等，2006；Rawat 等，2011；Saraf 等，2008，2009，2012	NOAA/AVHRR	目视判读	5～7 K	50000～250000	1～10 天之前 2～3 天之后	M_w 5.8 ÷ 7.7	V 和 C
M9	Yoshioka 等，2005	NOAA/AVHRR	$\Delta T(x, y, t) = T(x, y, t) - \mu_T(t, D)$	4～8 K	50000	2～3 天之后	$M_w = 6.8$	V 和 C
M10	Lixin 等，2006；Liu 等，2007	NOAA/AVHRR	目视判读	4～5 K	80000～920000	1～25 天之前 2～3 天之后	$M_s = 5.9$	V
M11	Panda 等，2007	EOS/MODIS	$\Delta T(x, y, t) = T(x, y, t) - \mu_T(x, y, t)$	5～10 K	111000	7 天之前	$M_w = 7.6$	V
M12	Halle 等，2008	NOAA/AVHRR	M6 表达式 $V(x, y, t) = LST(x, y, t)$	$\otimes(x, y, t) > 2$–3	2.600～5000	2～10 天之前 4～7 天之后	6.4÷7.8	V 和 C
M13	Eneva 等，2008	EOS/MODIS	M6 的表达式为 $V(x, y, t) = LST(x, y, t)$，而 $\mu_{\Delta V}((x, y)$ 和 $\sigma_{\Delta V}(x, y)$ 在 t 之前 31 天内计算得到的平均值和标准偏差	$\otimes(x, y, t) >$ 2.5÷3.5	–	20 天之前 20 天之后	4.5÷6.6	V 和 C
M14	Huang 等，2008	EOS/MODIS	目视判读	3～5 K	–	1 天之后	M_s=8	V
M15	Ouzounov 等，2006；Bleier 等，2009	EOS/MODIS GOES/IMAGER	$T(x, y, t_i) = T_0 + at_i$（$6\ pm < t_i < 6\ am$）	a>0	–	1～13 天之前	M_w =7.7 M=5.4	V
M16	Piroddi 2011；Piroddi 和 Ranieri，2012；Piroddi 等，2014	MSG/SEVIRI	$<T(x, y, t_i)> = T_0 + at_i$（$6\ pm < t_i < 4\ am$）	a>0	10000	7 天之前	M_w =6.3	V 和 C
M17	Chen 等，2010；Ma 等，2010；Saradjian 和 Akhoondzadeh，2011	NOAA/AVHRR EOS/MODIS	小波变换	4～5 K	–	15 天之后	$M > 7$	V

续表

方法参考		热红外卫星传感器	热异常定义/指数	异常强度	与震中及发生时间的关系			
					受影响区域/km^2	时间间隔	地震震级区间	验证/驳斥
M18	Yang 和 Guo，2010	MTSAT	ΔT_{year}（x，y，d）$=[T_{year}$（x，y，d）$-T_{year\text{-}n}$（x，y，d）$]-T_{year}$（x，y，$d-1$）	4～5 K	30000	1～14 天之前	M_s=6.2	V
M19	Zhang 等，2010，2011；Xie 等，2013	FY-2C FY-2E	小波变换	4～10 K	10000～600000	几天到2个月之前	M_s 7.2÷9	V
M20	Saradjian 和 Akhoondzadeh，2011	EOS/MODIS	四分位、小波变换和卡尔曼滤波法	1～4 K	–	1～20 天之前	M_w 6.1÷6.6	V
M21	Zoran，2012；Zoran 等，2016	EOS/MODIS	ΔLST（x，y，t）$=[LST$（x，y，t）$-\langle LST\rangle$（t）$]/LST$（x，y，t）	10 K	30000	15 天之前	M_w =9	V
M22	Xiong 等，2013，2015a，b	AATSR	M6 表达式 $\otimes_{\Delta V}$（x，y，t）$=[\Delta V$（x，y，t）$-\mu_{\Delta V}$（x，y）$]/\sigma_{\Delta V}$（x，y）	$\otimes$（x，y，t）>4	130000	33 天之前 1 天之后	M_w=6.3	V 和 C

T（x，y，t）$=T$ 时刻地理坐标（x，y）对应的 TIR 信号；LST（x，y，t）$=t$ 时刻地理坐标（x，y）对应的 LST 产品；μ_T（t，D）= 同一图像上地震无扰动区域（D）上的空间平均值；μ_T（t，A）= 同一区域（A）的准实时气温数据的空间平均值（来自气象站和其他来源）。μ_T（t，H）= 同一图像上限定区域（H）的空间平均值（无云，未受地震干扰）；$\otimes_{\Delta V}$（x，y，m）$=\mu\otimes$（x，y）= 月平均日 RETIRA 指数 $\otimes_{\Delta V}$（x，y，t）；$\langle T$（x，y，t_i）$\rangle$=10 天前 T（x，y，t_i）的平均值；LSTRMS（t_i）= 在以震中为中心的 M×N km^2（在考虑的情况下为 100 km^2 × 100 km^2）范围内计算的 LST^2（x，y，t_i）均值的平方根；LST_{RMS}=在过去 60 或 90 天计算的 LST_{RMS}（t_i）的平均值；T（x，y，t）$=T_0$（x，y）$+a$（x，y）$\cdot t$ 是基于 41 MSG-SEVIRI TIR 值（41，下午 6 点至上午 4 时 15 分钟时间间隔）T（x，y，t_i）对应的线性回归函数前 9 天的平均值，其中 a（x，y）为线性回归系数，$\langle T$（x，y，t）$\rangle$ 为每次计算的 T（x，y，t_i）平均值；LSTy（d）= 在以震中为中心的 M×N km^2（在考虑的情况下为 100 km^2 × 100 km^2）范围内，y 年 d 日夜间收集的 LST（x，y，t）图像的空间平均值。d，儒略日；V，验证热红外异常与地震时空关系的存在；C，在没有地震的情况下，进行驳斥以验证没有热红外异常一年的面积和时间；$a>0$ 为异常强度，作者在工作中考虑所有异常的正值 T（x，y，t_i）$=T_0+at_i$，$\langle T$（x，y，t_i）$\rangle=T_0+at_i$；MFG/MVIRI，第一代气象卫星/气象卫星可见光和红外成像仪；NOAA/AVHRR，美国国家海洋和大气管理局/先进甚高分辨率辐射计；GMS，地球同步气象卫星；GOES，地球静止环境卫星/成像仪；MSG/SEVIRI，气象卫星第二代/旋转增强可见光和红外成像仪；EOS/MODIS，地球观测系统/中分辨率成像光谱仪；MTSAT，多功能运输卫星；FY-2C，风云 2C

Tronin（1996，2000）和 Tronin 等（2002，2004）使用类似方法，定义了与日本（例如 1995 年 1 月 16 日发生的 6.9 级神户地震）和中亚（例如 1984 年 3 月 19 日发生的 7.3 级加兹利地震）地壳中大型线性结构和断层系统相对应的震前热红外正异常。上述作者记录了在大于 4.7 级的地震发生前 6～24 天以及地震发生后一周，距震中 200～1000 km 的范围内出现了宽 50 km 的热红外正异常（3～6 K）。

Saraf 和 Choudhury（2004，2005a，2005b，2005c）、Choudhury 等（2006）、

Rawat 等（2011）和 Saraf 等（2008，2009，2012）通过对 NOAA 及 AVHRR 卫星热红外数据目视解译，发现了靠近震中地区的热红外信号异常（5～7 K），异常发生在地震前 1～10 天以及地震后几天内。

基于日本地球静止气象卫星（GMS）也开展了上述相似研究。Xu 等（2000）指出自 1988 年来在中国东部发生的 66%的 M_S 6 级左右的地震震前均出现了红外异常。Yoshioka 等（2005）在日本使用标准 AVHRR-LST（地表温度）进行观测，也得出了与之相似的结果，发现热红外信号在震前出现了大约 2～10K 的升高。Lixin 等（2006）和 Liu 等（2007）开展了 NOAA/AVHRR 热红外图像的目视解译；Huang 等（2008）基于 MODIS 的热红外数据（中分辨率成像光谱仪），记录了 2008 年 5 月 12 日中国四川 M_S 8 级地震前一天出现高达 5 K 的增量。

12.1.2 基于多时相的方法论

Lü等（2000）对 AVHRR（高分辨辐射仪）图像数据，使用差值法分析地震前热红外与背景场（研究区内未发生地震或地震活动低的时期，且未出现气象干扰等）的差值结果，辨别潜在的震前热红外异常。且对 1998 年 1 月 10 日中国张北地震（震级约 6.2 级）也使用上述差值法开展研究，记录了在地震发生几天前亮温差高达 8 K 的热红外异常。Yang 和 Guo（2010）用相同的方法对日本对地同步卫星 MTSAT-1R（多功能传输卫星）数据开展张北地震活动研究。基于两张热红外图像（一张图为震前图，另一张地震前几年同一时期的成像图）的差值，辨别地震异常。此外，参考了全中国 700 个气象站搜集的气温数据以排除因气象因素引起骤暖或骤冷。此外在张北地震主震前两周监测到震中 250 km 范围内出现的热红外异常。Ouzounov 和 Freund（2004）也使用了相同的方法。通过比较不同年份同一天的亮温图像来辨别地震活动过程中的热红外异常。

目前像 AVHRR 和 MODIS 这样的传感器具有第二个 12 μm 左右的 TIR 窗口，可以使用 LST 产品可以代替 11 μm 左右的单一热红外信号。单一热红外辐射值取决于地表发射率（极易受到植被覆盖率、土壤湿度、大气水气量和气溶胶含量的影响），LST 针对大气水蒸气含量和地表发射率的影响提供校正的陆地表面温度的估计值（但会有高达 3 K 的误差）。

Ouzounov 等（2006）基于 MODIS 数据计算出地表温度（LST）的日均方根与地表温度（LST）多时段均方根之间差值 ΔLST（t_i）。LST 的日均方根 LST_{RMS}（t_i）是在以震中为中心的 M × N km^2 的区域内（如：100 km^2 × 100 km^2），计算 LST（x，y，t_i）的中值平方根。LST_{RMS} 多时段平均一般是计算前 60 或 90 天的平均值。为了辨识潜在的震前异常，将现有 ΔLST（t_i）的量与前一年相同日期计算的量（t_i，i = 1⋯60）进行日时间尺度的比较，即 $\Delta LST(t_i) = LST_{RMS}(t_i) - LST_{RMS}$。结果在地震前 5～6 天，记录了高达 4 K 的 ΔLST（t_i）值。Ouzounov 等（2006）和 Panda 等（2007）也使用了 MODIS 的 LST 图像，但他们是通过计算前五年同一时期地表温度图像的平均值来确定与地震活动的异常情况。提取地震热异常方法，通常是把地震前几天收集的地表温度图像与对应的地表温度背景场图相减得出 ΔLST 值（震前图像减对照图）。通过使用该方法，在克什米尔地震之前发现了影响范围大约为 111000 km^2 的震前异常（M_w 约 7.6 级的克什米尔地震发生于 2005 年 10 月 8 日）。

Zoran（2012）使用了相似的方法计算 LST 增量：（LST − <LST>）/LST，其中，LST 为研究区范围内空间域的平均；<LST>是多年平均结果，监测到日本仙台地震（M_w 约 9.0）震中地区的热异常（使用 AVHRR 测量 LST − <LST>高达 5 K，MODIS 观测 LST − <LST>高达 10 K）。Zoran 等人（2016）使用相同的方法来研究罗马尼亚地区的地震（2004 年 19 月 27 日，M_w 5.9），在震前 4～7 天或更早的时间记录了震中附近 MODIS 地表温度变化（地表温度上升 5～10 ℃）。

Qu 等（2006）在预先选定的 130 $km^2 \times 10$ km^2 的范围内（位于中国云南省大姚的断层带区域）基于无云夜间的 NOAA/ AVHRR 数据，计算出了热红外数据的空间平均值。该区域发生了两次地震，一次地震是发生在 2003 年 7 月 21 日的 6.2 级地震，另一次是发生在 10 月 16 日的 6.1 级地震。以两次地震为主要研究对象，Qu 等（2006）在选定研究区域内，比较了未发生强地震事件（强地震指震级大于 6 级）的年份和两次发生强地震事件年份的均值波动，记录了断层附近的持续高温条带，以及在地震发生当年沿高温条带出现了更高的热红外平均值。

Huang 和 Luo（1992）使用了相似的方法来辨认 AVHRR 图像中的热红外异常。通过 10 天插值的温度数据（使用气象站获得的数据）计算其 10 年温度平均图，开展其与 TIR 图像的比较。

通过使用搭载在国防气象卫星计划（DMSP）的微波辐射/成像计（SSMI）测量的微波信号，Saraf 和 Choudhury（2005c）计算出了微波信号的周平均值。开展周平均值与之前 14 年同期的周气候温度平均值比较，从而得出异常值。采用这种方法，在伊兹米特地震（M_s 7.8 级，1999 年 8 月 17 日）及兴都库什地震（M_w 6.1 级，2002 年 3 月 25 日）前均监测到震前热异常（超过 2～10 K 的差值）。在卡拉特地震（M_w 6.1 级，1990 年 3 月 4 日）发生的前一周也监测了相关的震前热异常。

Chen 等（2006）、Ma 等（2010）、Zhang 等（2010，2011）、Saradjian 和 Akhoondzadeh（2011）以及 Xie 等（2013）通过小波分析提取地球热发射场震前异常，从日或年周期以及其他气象因素（降水云和冷热气流）的常规变化中分离出地震异常信号。且结合了不同卫星传感器的时序热红外和/或 LST 图像（包括例如 AVHRR 和 MODIS 极轨卫星以及 FY-2C 和 FY-2E 静止卫星）得出以下结论：

（1）AVHRR 卫星 LST 数据的低频段（时间＞1 年）异常为判断地震构造活动提供确切信号指示（Chen et al.，2006）；

（2）MODIS-LST 长期残差波动与构造活动之间存在某种关联（Ma et al.，2010）；

（3）2008 年三次强震前 FY-2C 卫星监测到面积超 10000 km^2 的大范围区域内出现的热红外异常，且异常的时间跨度长（三次强震前高达 35 天）（Zhang et al.，2010）。在 2011 年 3 月 24 日发生在缅甸的 7.2 级地震监测到的热红外异常高达 6 个月（Zhang et al.，2011）；

（4）中国静止气象卫星 FY-2E 的日红外数据，可以监测到明显的频域和时域异常（Xie et al.，2013）。

自从 N. Bryant 提出了强震引起的“夜间加热”这一想法（personal communication，2007）后，大量工作利用静止卫星热红外传感器的高时间分辨率来研究强震前可能存在的“夜间加热”现象（Ouzounov et al.，2006；Bleier et al.，2009；Piroddi and Ranieri，2012；Piroddi et al.，2014）。Bleier 等（2009）使用了对地静止环境业务卫星 GOSE-W 三年的红外数据，而 Piroddi 和 Ranieri（2012）以及后期 Piroddi 等（2014）则选用了震前 9 天同一时段的 MSG-SEVIRI（第二代气象卫星旋转增强可见光和红外成像仪）LST 产品获取在正常情况下夜间降温活动，Bleier 等（2009）在 M5.4 Alumni Rock 地震（2007 年 10 月 31 日）前三天发现了夜间热红外信号出现异常（正斜率）。Ouzounov 等（2006）则是在 M_w 7.7 级古吉拉特邦地震（2001 年 1 月 26 日）发生的前夜记录了地表温度异常。Piroddi 和 Ranieri（2012）以及 Piroddi 等（2014）在 M_w 6.3 级的阿布鲁佐地震（2009 年 4 月 6 日）前 8 天监测到了地表温度异常。

12.2 鲁棒卫星分析技术和热红外异常评估指数

Tramutoli 等（2001，2005）从对上述方法的批判性审查着手，开始了自己的研究。这些研究方法的诸多局限性证明科学界对其研究结果保持审慎的态度。

特别是参考表 12.1（以下由第一栏的参考文献提及）中提到的各种研究方法，除 M6 外，其研究方法的类似变换形式 M12、M13 和 M22 研究中应用，并未对震前的热异常赋予相应的统计学意义。在这些研究中，被测热红外信号 $T(x, y, t)$ 的波动变化 $\Delta T(x, y, t)$ 在几度的空间范围被认为是热红外异常，仅仅因为它们的数值高于参考值 $\mu_T(t, D)$ [参考值可为：被测热红外信号 $T(x, y, t)$ 的时间或空间平均值]，这些异常并未与地震事件无关的“正常”变化对比，“正常”变化是指过去在相似观测条件下得到的信号值，参考值 $\mu_T(t, D)$ 通常是在无地震干扰条件下计算出的：

（1）相同场景下的 D 值（如：M1、M2、M3、M4、M8、M9、M10、M14）；

（2）之前一段时间间隔的 D 值（如：M5、M7、M11、M15、M16、M17、M18、M19、M20、M21）。

表 12.2 引起热红外信号波动的主要原因

影响热红外信号变化的主要因素	描述
表面光谱发射率	在海洋上相当稳定（约 0.98）。在陆地上变化很大，取值范围在 0.90 和 0.98 之间，主要取决于土壤和植被的比例
大气光谱透光率	主要取决于大气温度和湿度的垂直剖面
地表温度（时态变化）	与规律的日和年太阳周期有关，但对气象（和气候）因素也很敏感
地表温度（空间变化）	取决于当地的地理（海拔高度，太阳照射，地理纬度）因素
观测条件（空间变化）	同一场景中卫星天顶角的变化会引入与实际近地表热辐射波动无关的记录信号的空间变化。

续表

影响热红外信号变化的主要因素	描述
观测条件（卫星视角的时间变化）[a]	在每次重访时，观察到的是同一位置，但卫星天顶角不同：这仅由于观测条件（如大气质量）的变化而引入了信号的伪时间变化。
观测条件（地面分辨率单元的时间变化）[a]	卫星视角的变化也会导致地面分辨率单元大小的显著变化。因此，由于地面分辨率单元大小的变化，可能会出现测量信号的伪时间变化。
观测条件（卫星通过时间的变化）[a]	卫星每天在不同的时间过境并落在一个大约小时的理论过境时间段中

a 仅适用于极轨卫星载荷（不适用于地球静止平台）。

此外，仅有非常少量的研究（Saraf and Choudhury，2004，2005a，c；Yoshioka et al.，2005；Ouzounov et al.，2006；Piroddi，2011；Piroddi and Ranieri，2012；Piroddi et al.，2014）反思并开展证实在未发生地震时没有相似的热红外异常现象。在其他所有的研究中，并未排除与孕震无关的而是有其他原因导致的信号波动（如：大气原因导致的信号变化）。

鲁棒卫星技术（RST）的应用（Tramutoli，1998，2005，2007），对相关研究的发展意义深远。此章就集中讨论 RST 研究方法。之前由美国、德国以及意大利的国家航空航天局（NASA，DLR 和 ASI）资助的独立研究对此方法开展过相关评估。

Tramutoli 等（2001，2005）提出的鲁棒卫星技术（RST）是以强大高分辨辐射仪（AVHRR）技术（RAT）（Tramutoli，1998）为基础的。此方法只基于手头的卫星数据而不需要任何的辅助信息，所以该方法：①能实现实时监测的全自动化；②在本质上可应用于任何地理区域；③能实现各种卫星设备间的快速传输，这也是为什么 RAT 技术升级为 RST 技术的原因（Tramutoli，2005，2007）。

Tramutoli 等（2001，2005）使用了 RST 方法，从通常与已知（见表 12.2）或未知的天然/观测因素相关的所有信号变化中定义和区分潜在的震前 TIR 异常，这些因素可能导致误报的增加。为了能完成对热红外异常的鲁棒估计，引入了能用下列等式计算的 TIR（RETIRA）异常指数⊗（r，t'）（Filizzola et al.，2004；Tramutoli et al.，2005）

$$\otimes(r,t') \equiv \frac{[\Delta T(r,t') - \mu_{\Delta T}(r)]}{\sigma_{\Delta T}(r)} \tag{12.1}$$

TIR 辐射的地面分辨单元为 T（r，t'），其中心的地理坐标用 $r \equiv$（x，y）表示。当 $t' \in \{I\}$时，被测 TIR 辐射的获取时间为 t'。$\{I\}$定义了一天或一年中同一时段（例如：同一小时或月份）搜集的卫星图像的同源域值。

TIR 信号很大程度上取决于地表温度（T_S）和光谱辐射率 ε_{TIR}。而地表温度很大程度上是取决于太阳相关的年或日变化。一年中海洋表面的光谱辐射率 ε_{TIR} 相对恒定（约为0.98），而陆地的 ε_{TIR} 则在一年中缓慢变化（与卫星遥感分辨率单元内植被覆盖比例有关）。被测 TIR 信号存在明显的时间变化可能与辐射率变化有关，例如辐射率会因植被覆盖的季节性变化而变化[当 $\Delta\varepsilon_{TIR} \approx 0.01$ 时，辐射率会从 1 K 升至 3 K，Tramutoli

等（2001）及其中的参考文献]。从裸地到全植被覆盖的土壤，光谱辐射率 ε_{TIR} 的数值会从大约 0.90 一直上升到大约 0.98。选择只搜集一天内同一时段的图像则减少了日地表温度（T_S）周期对被测热红外信号的影响。用同一月内的图像则减少了季节性 T_s 周期和因植被覆盖变化而引起的辐射率变化的影响，此类辐射率的变化周期不会超过数周。也有更保守的选择[例如：Eneva 等（2008）采用了从 t'_{-31}天至 t'_{-1}天为期 31 天的移动窗口]，或者使用从 t'_{-15} 天至 t'_{+15} 时间窗作为一种更好的替代，为了能够减少观测到的噪声（Tramutoli，1998，2005，2007；Tramutoli et al.，2001，2005），尽管这会导致更大的计算量，要计算 365 个而不是常规的 12 个参考场。

回到等式 12.1，其中 $\Delta T(r, t')=T(r, t')-T(t')$，此等式表示的是当 $t=t'$时在测量点 r 测量的 TIR 信号 $T(r, t')$ 与其空间平均值 $T(t')$ 的差值。空间平均值是由已有图像中显示的地点计算出的。取决于 r 的具体位置是在海洋还是在陆地，计算时排除有云区域。$\mu_{\Delta T}(r)$ 和 $\sigma_{\Delta T}(r)$ 是在测量点 r 的 $\Delta T(r, t')$ 的时间平均值和标准偏差值，由选定的同源数据集（$t'\in\{I\}$）中的无云记录计算出来的。将 $\Delta T(r, t')$ 而不是 $T(r, t')$ 选作差分变量会减少因每日或年际气候变化或季节性时间迁移而导致的影响。

$\otimes(r, t')$ 给出了 *llocal* 的概念[两个 *l* 由 Tramutoli（1998）引入，是同时对特定时间 t'和特定地点 r 的强调]，给出了当前 $\Delta T(r, t')$ 信号与历史均值的超额并考虑测量点位置的历史数据变化权重，通过处理在相似观测条件下（$t'\in\{I\}$）长达数年的历史卫星记录，计算出了测量点 r 的 $\mu_{\Delta T}(r)$ 和 $\sigma_{\Delta T}(r)$ 值。$\Delta T(r, t')-\mu_{\Delta T}(r)$ 的超出值代表了信号（S），信号（S）标识与地震发生地点、时间之间潜在的关联。通过把信号（S）与自然或观测噪音（N）相对比，对信号进行评估。自然或观测噪音（N）是用 $\sigma_{\Delta T}(r)$ 表示的，它表述了信号 S 的总 *llocal* 变化，包括不同来源（自然或观测条件引起的已知或未知的来源）在相似观测条件下同一观测点观测到的历史变化情况。可以通过 RETIRA 指数$\otimes(r, t')$揭示的 S/N 的比率来评估异常 TIR 瞬时异变强度。因为 RETIRA 指数是根据相似观测条件下得到测量值进行计算的，所以所有已知（见表 12.2）和未知的自然及观测来源的噪音对它的影响应该较小（Tramutoli et al.，2001，2005）。相似观测条件是指在同样的观测地点，以及在一天或一年中相同的时段开展观测的情况。

RST 方法的第一次实际应用是对 1980 年 11 月 23 日的伊比尼亚-巴西利卡地震进行分析（约 6.9 级）。自第一次使用 RST 方法来分析地震开始，人们就了解到使用 RETIRA 指数可以减少对观测场地条件（比如观测点的地形地貌和植被覆盖情况）的依赖。Di Bello 等（2004）通过使用基于 AVHRR 的地表温度产品（考虑了大气水汽变化），而不是像 Tramutoli 等（2001）只使用简单的热红外辐射数据，从而实现了 S/N 比率的翻倍。Filizzola 等（2004）以雅典 M_s 5.9 级地震为例（1999 年 9 月 7 日），研究过程中使用每日（而不是月平均值）RETIRA 指数[$\otimes\Delta LST(r, t')$]使得 S/N 比率达到 1.5。

在此章中，为了区分显著热异常（STA）和由简单异常值、地理位置误差或夜间暖云阴影引起的残余杂散效应（Aliano et al. 2008a），进一步介绍了 TIR 异常（TA）的时空持续性。此外，Filizzola 等（2004）第一次证实了使用静止卫星搭载 TIR 传感器与极轨卫星平台相较有明显优势。与之前美国国家海洋和大气管理局（NOAA）极轨卫星上AVHRR（高分辨率辐射计）更为精确地表温度产品进行比较，针对同一地震事件（雅典，1999 年 9 月 7 日），Filizzola 等（2004）通过与之前实验相比，MFG（第一代气象卫星）静止卫星观测到的 TIR 异常 *S/N* 比值（$\otimes_{\Delta T}(r, t') > 3$）达到之前的两倍。在使用 RST 方法来检测活动地震区的研究领域，不建议使用极轨卫星而倾向于使用静止卫星开展 RST 方法监测孕震区。然而就像在 Tramutoli（2013）的文章中提到的那样，Blackett 等（2011a，2011b）因忽视了这个条件使用通过极轨卫星数据开展的对相同地震监测获取的 RST 结果反驳否定 Genzano 等（2007）基于静止卫星数据得到的结果。*S/N* 比值如此大幅度的增加只能是因为观测噪声剧减的缘故。在 RETIRA 指数的定义中是以分母 $\sigma_{\Delta T}$ 来表示观测噪声。这主要是因为表 12.2 中列出的引起 TIR 信号变化的倒数三个因素不适用于静止卫星搭载的传感器。实际上，与极轨卫星相反的是，静止卫星平台总是在相同的卫星天顶角测量与特定位置（x，y）相对应信号，信号也总是从固定大小的同一地面分辨单元产生。此外，静止卫星的高时效性使得可以精准地获取每天同一时段搜集的图像，组成一个极均质的数据集。

表 12.3　使用 RST 方法识别的地震前热异常研究案例

事件（日期和震级）	RST 技术	参考数据集（传感器，月，年，时间）	K
伊尔皮尼亚-巴西利卡塔地震，意大利 1980 年 10 月 23 日 M_s 6.9	$\otimes_{\Delta T}(x, y, m)$ 月均值（Tramutoli 等，2001） $\otimes_{\Delta LST}(x, y, m)$ 月度均值（Di Bello 等，2004）	NOAA-AVHRR 11 月（1994～1998） 17:00 19:00	0.6
			1
雅典地震，希腊 1999 年 9 月 7 日 M_s 5.9	$\otimes_{\Delta LST}(x, y, t)$ 日分析（Filizzola 等，2004）	NOAA-AVHRR 8 月和 9 月（1995～1998） 01:00 04:00	1.5
		METEOSAT 8 月和 9 月（1995～1998） 24:00 GMT	3
张北地震，中国 1998 年 1 月 10 日 M_s 6.2	$\otimes_{\Delta LST}(x, y, t)$ 日分析（Li 等，2007）	NOAA-AVHRR 12 月到 1 月（1996～1999）19:00	0
科贾埃利-伊兹密特地震，土耳其 1999 年 8 月 17 日 M_s 7.8	$\otimes_{\Delta T}(x, y, t)$ 日分析（Tramutoli 等，2005）	METEOSAT 8 月（1992～1998，2000）24:00 GMT	3.5
	$\otimes_{T}(x, y, t)$ 日分析（Aliano 等，2008a）	METEOSAT 8 月（1995～2000）24:00 GMT	2
	$\otimes_{\Delta SST}(x, y, t)$ 日分析（Halle 等，2008）	AVHRR 1997～2004 白天	2～3
	$\otimes_{\Delta LST}(x, y, t)$ 日分析（Halle 等，2008）	AVHRR 1998～2004 白天-夜晚	–

续表

事件（日期和震级）	RST 技术	参考数据集（传感器，月，年，时间）	K
帕特雷地震，希腊 1995 年 5 月 28 日 M_b 5.3	$\otimes_{\Delta T}(x, y, t)$ 日分析 （Corrado 等，2005）	METEOSAT 5 月和 6 月（1992～1999） 24:00 GMT	3
塞浦路斯地震 1995 年 5 月 29 日 M_b 5.3			3
克里特岛地震，希腊 1995 年 6 月 3 日 M_b 4.2			3
克里特岛地震，希腊 1995 年 6 月 18 日 M_b 4.3			3
埃尔祖鲁姆地震，土耳其 1996 年 5 月 4 日 M_b 4.3			3
爱奥尼亚海地震，希腊 1996 年 6 月 13 日 M_b 4.2			3
帕特雷地震，希腊 1996 年 6 月 16 日 M_b 4.3			3
克里特岛地震，希腊 1996 年 6 月 17 日 M_b 4.0			3
伊斯帕尔塔地震，土耳其 1996 年 6 月 29 日 M_b 5.1			3
布迈尔代斯地震，阿尔及利亚 2003 年 5 月 21 日 M_s 6.9	$\otimes_{\Delta T}(x, y, t)$ 日分析 （Aliano 等，2007，2009）	METEOSAT 4 月和 5 月（1992～1999） 24:00 GMT	3
古吉拉特邦地震，印度 2001 年 1 月 26 日 M_s 7.9	$\otimes_{\Delta T}(x, y, t)$ 日分析 （Genzano 等，2007）	METEOSAT 1 月和 2 月（1999～2004） 24:00 GMT	3
翁布里亚-马尔凯地震，意大利 1997 年 9 月 26 日 M_s 5.9～6.4	$\otimes_{\Delta T}(x, y, t)$ 日分析 （Aliano 等，2008b）	METEOSAT 9 月（1992～2000） 24:00 GMT	2
赫克托矿地震，加利福尼亚 1999 年 10 月 16 日 M_s 7.4	$\otimes_{\Delta T}(x, y, t)$ 日分析 （Aliano 等，2008a）	GOES（7-9-10） 10 月（1996～1999） 24:00 LT	2.5

续表

事件（日期和震级）	RST 技术	参考数据集（传感器，月，年，时间）	K
梅斯蒂亚-蒂亚内幕地震，佐治亚州 1992 年 10 月 23 日 M 6.3	$\otimes_{\Delta T}$（x，y，t）日分析 （Genzano 等，2009a）	METEOSAT7 10 月（1992～1999） 24:00 GMT	3
83 Eq 美国西南部 2000 年 2 月和 2006 年 11 月 M 4.5 ÷ 6，6	$\otimes_{\Delta LST}$（x，y，t）统计相关分析（Eneva 等，2008）	EOS-MODIS 2000 年 2 月到 2006 年 12 月 2442 个白天图像	2.5
		EOS-MODIS 2002 年 7 月到 2006 年 12 月 1625 个夜间图像	2.5
阿布鲁佐地震，意大利 2009 年 4 月 6 日 M_w 6.3	$\otimes_{\Delta T}$（x，y，t）日分析 （Genzano 等，2009b）	MSG-SEVIRI 3 月和 4 月（2005～2009） 24:00 GMT	4
	$\otimes_{\Delta T}$（x，y，t）日分析 （Pergola 等，2010）	EOS-MODIS 3 月和 4 月（2000～2009） 24:00 GMT	3.5
	$\otimes_{\Delta T}$（x，y，t）日分析 （Lisi 等，2010）	NOAA-AVHRR 3 月和 4 月 1995～2009） 24:00 GMT	3.5
	$\otimes_{\Delta LST}$（x，y，t）日分析 （Lisi 等，2015）	来自 MSG-SEVIRI 的 LST 产品 3 月和 4 月（2005～2009） 24:00 GMT	3.5

在 M_s 7.8 级的土耳其伊兹密特地震（1999 年 8 月 17 日）前后，Tramutoli 等（2005）记录了较高的热红外异常值[$\otimes_{\Delta T}$（r，t'）>3.5]。这与 Scholz 等（1973）提出的膨胀模型相吻合。对四个大洲和不同震情场景应用 RST 分析方法，即使是强度低至四级的地震也被证实了热异常和地震之间的时空关联性（Corrado et al.，2005）。

表 12.3 总结了应用 RST 方法进行分析且发表的所有地震事件，其中 M_w 6.3 级拉奎拉地震（2009 年 4 月 6 日）采用 RST 方法研究，这些研究采用了来自不同卫星系统的数据（即 MSG/SEVIRI，NOAA/AVHRR 以及 EOS/MODIS）。针对拉奎拉地震这次地震，Genzano 等（2009b）、Lisi 等（2010）以及 Pergola 等（2010）在其主震发生前一周及其最强前震（M_L 约为 4 级，2009 年 3 月 30 日，13:38 UTC 时间）发生前几个小时，记录了震中区域明显且同步的 TIR 异常。

之前引用的研究案例均考虑了受地震影响的不同年份同一时期的异常分析。在异常分析阶段很少能观测到相似强度 TIR 异常在时间和空间的呈现持续性，即使偶尔出现也总是与小型的地震事件有关（地震震级 M> 4 级）。

表 12.4 SSTAs 与地震发生的长期相关分析

测试地区	研究时间	处理的热红外图像数量	SSTAs 的数量	SSTAs 可能与地震的联系 $M>4$		伪相关/正相关/%	
				数量/%		数量/%	
意大利[a]（Tramutoli 等，2015c）	2004 年 6 月到 2014 年 12 月（01:00 LT）	2861	28	17	61	11	39
希腊（Eleftheriou 等，2016）	2004 年 5 月到 2013 年 12 月（02:00 LT）	3151	62	58	93	4	7
美国西南部（Tramutoli 等，2014b）	2006 年到 2011 年 6 月到 8 月（00:00 LT）	402	17	11	65	6	35
中国台湾（Genzano 等，2015）	1995 年到 2002 年九月（21:00 LT）	240	18	18	100	0	0
土耳其[b]（Lisi 等，2016）	2004 年 5 月到 2015 年 10 月（02:00 LT）	3831	155	115	74	40	26
日本[c]（Genzano 等，2016）	2005 年 6 月到 2015 年 12 月（00:30 LT）	3447	60	37	62	23	38
总计	57 年	13932	340	256	75	84	25

SSTAs，显著的 TIR 异常序列

a 在 3 × 3 全分辨率像素的像元内平均 TIR 信号，舍弃少于 5 个全分辨率像素的无云像元，将 RST 应用于空间图像筛选

b 对于意大利

c 对于意大利。对于日本，仅考虑了 $M \geqslant 5$ 级地震

为了证明这种关系的合理性，已经提出了关于地震过程的几种物理模型。其中有一些模型需要特别提出讨论：①在 Tramutoli 等（2013）的研究中提到在地震孕震阶段增多的排气（主要是二氧化碳和甲烷这样的光活性气体）活动会引起当地的温室效应（Qiang et al.，1991；Tronin，1996；Tramutoli et al.，2001，2005，2013；Singh et al.，2010；Zhang et al.，2010，以及这些文章中的引用的参考文献），同时他们也将热异常归因于深水水位上升、近地表的对流热传递（Tronin et al.，2002；Surkov et al.，2006）、土壤湿度和地表发射率的增加用例（如 Qin et al.，2013）；②在应力下岩石中的正空穴电子对的激活（Ouzounov and Freund，2004；Freund et al.，2006，2007；Freund，2007a，b）；③潜热的释放是水蒸气分子在离子化的空气分子周围突然聚合，构造活断层和构造板块边界中增加的氡（Rn）排放量使大气分子电离（Yasuoka et al.，2006；Pulinets，2009；Pulinets and Ouzounov，2011；Pulinets et al.，2015）造成的。需要特别注意的是，我们认为地震（包括前震，主震和余震）大多会增加流体的排放[如 Scholz 等（1973）提出的模型]，形变过程在产生这种变化中所起到的作用主要取决于当地的构造活动[实例参见 Doglioni et al.（2014）以及此文章中包含的参考文献]和当地的地球化学背景，这一事实也就使得推广这一理论变得极为困难。

12.3 RST 方法识别震前潜在的 TIR 异常的长期分析

Tramutoli 等人近期对通过 RST 方法确定的 TIR 异常开展多参数系统性的地震灾害时变评估（t-DASH，Tramutoli et al. 2014a）的潜在贡献进行了评估。Tramutoli 等（2014c，2015c）针对意大利境内，Genzano 等（2015）针对中国台湾，Eleftheriou 等（2016）针对希腊境内，Lisi 等（2016）针对土耳其地区，Genzano 等（2016）针对日本地区分别开展了地震灾害时变评估。上述研究给出了基于 RETIRA 指数值（见等式 12.1）的热红外异常正式定义，将场景中$\otimes$（r，t'）> K 的像素也考虑在内，K 值（一般大于 2）赋予了异常的相对强度。此外，这之后 Filizzola 等（2004）和 Tramutoli 等（2005）的研究集中于去除与特定自然条件（Aliano et al.，2008a；Genzano et al.，2009b）或观测情况（Filizzola et al.，2004；Aliano et al.，2008b）相关的异常信号值（时间及空间域上呈现瞬时突变），只保留了在时间和空间上持续存在的热红外异常并做进一步分析。

伪热异常情况（即使在时空上具有持续性的）也被认为是伪异常，通常出现图像中非对称云层分布或与图像中存在阴天云区（Filizzola et al.，2004；Aliano et al.，2008a；Genzano et al.，2009a）。Aliano 等（2008a）和 Genzano 等（2009b）记录了上述伪异常引起的冷空气平均效应。在上述研究中通过进一步分析而被排除在外的其他伪热异常如下：①因夜间云层经过而在云下的地球表面产生局部的变暖；②因图像导航或图像定位过程中的错误而产生的热异常（Filizzola et al.，2004）；③极端事件（比如：短时间域考虑在内的{I}）导致地表温度（例如：大型森林野火）及地表辐射（例如：大型洪灾）具有时空持续性的升高。

在此基础上，考虑具体位置在特定时间受到热异常序列（STA）的影响，可以得出关于热异常序列（STA）的实用性定义，应满足以下条件：①达到相对强度— $\otimes_{\Delta T}$（x，y，t'）≥ K（当 K ≥ 3）；②控制伪效应—没有已知来源的伪热异常（见上文）；③空间的持续性—不能是一次孤立的异常现象，而应该是覆盖范围为 1° × 1°（经度和纬度）内至少 150 km^2 区域的一组热异常的组成部分；④时间的持续性—满足 1～3 的条件下，在此次热异常出现的前 7 天或者后 t 天时间内至少再出现 1 次热异常（例：又出现一组热异常，这些异常在坐标 x，y 周围的 1° × 1°方块内至少覆盖 150 km^2 大的区域）。

上述的规则用于确认意大利（Tramutoli et al.，2014c，2015c）、加利福尼亚（Genzano et al.，2015）、中国台湾（Genzano et al.，2015）、希腊（Eleftheriou et al.，2016）、土耳其（Lisi et al.，2016）和日本（Genzano et al.，2016）57 年来卫星观测到的热红外异常显著序列（SSTAs）。

图 12.1 中列出了 SSTAs 的一个具体例子：2008 年 7 月 9 日至 23 日在伯罗奔尼撒半岛地区构造带迹附近出现的几个热异常序列（STA）。进行了相关分析以确定热异常序列的出现与大于 4 级地震的强度、地点和时间之间的关联性。表 12.4 记录了相关分析的结果。

以建立特定的验证法则 SSTAs 为目标，确立了具体的验证规则以推动回溯相关分析过程。主要基于在四大洲不同构造环境对强度 4.0 至 7.9 级（表 12.3）的数百地震采用 RST 方法获取长期结果。根据这些验证规则，在时间 t 地点（x，y）观测到的单次热异常序列，如能满足以下条件，则认为其可能与一次地震事件有关：

（1）它隶属之前已确认的 SSTA；

（2）发生了符合以下条件震级大于 4 级的地震：

①地震发生在该次热异常序列出现的 30 天后或前 15 天内（时间窗口）—在震后立即出现的相似异常的模型（Scholz et al.，1973），关于 TIR 异常参见 Tramutoli 等（2005，2013）的研究；②此次热异常序列发生在距离为 D 的范围内，且 $150\,\text{km} \leqslant D \leqslant R_D$，$R_D = 10^{0.43M}$，由 Dobrovolsky 建立的公式（Dobrovolsky et al.，1979），单位为 km。

表 12.4 记录了可靠性分析的结果。为了得到相关结果共处理了总共长达 57 年的日（多于 13000）时间尺度的 TIR 图像，其中包括意大利、希腊和土耳其 33 年的 MSG/SEVIRI 数据、美国西南部 6 年的 GOES/IMAGER 数据，针对中国台湾地区气象静止卫星（GMS-5）上搭载的可见光和红外自旋扫描辐射仪（VISSR）的 8 年数据以及时长 10.5 年 MTSAT 观测到的日本数据。

分析表明，已辨识出的 340 项重要热红外异常序列中平均有超过 78%的序列发生在预先设定的时间及空间窗口内（这一比率在中国台湾地区是 100%，在意大利则是 61%；但值得注意的是在中国台湾 8 个不同年份中每年只考虑了一个月的数据，总共是 256 张处理后的图像），窗口是根据强度 4 级及以上地震发生的时间和地点预设的，且平均误报率小于 22%（误报率区间范围是从中国台湾的 0%到意大利的 39%）。值得注意的是误差图验证（Molchan，1990，1991，1997；Molchan and Kagan，1992），针对意大利（Tramutoli et al.，2014c）、希腊（Eleftheriou et al.，2016）、土耳其（Lisi et al.，2016）和日本（Genzano et al.，2016）重点进行了误差检测（Molchan，1990，1991，1997；Molchan and Kagan，1992），证实所得结果并非偶然，具有一定的实际意义（与随机预报相比）。

其他独立研究（表 12.3）的结果也被考虑在内，SSTAs（使用 RST 方法和 RETIRA 指数）能够被观测到，RETIRA 指数辨识出并记录下重要热红外异常序列。如 Scholz 等（1973）报道的那样，不仅在地震前（几天/几周），甚至在同震期及震后期（震后期指地震发生后几天至几周的时间）均能观测到热红外异常序列，通常情况下，特别是在地震平静期，热红外异常序列鲜有发生。

上述研究中并未揭示热红外异常信号强度与地震强度之间的存在依赖性关系[但 Li 等（2007）的研究中曾试图建立两者间的关系]，有人提出热红外异常所影响的区域，其空间范围与即将发生的地震强度之间可能有联系[如 Pulinets et al.（2007）以及其中引用的文献]。

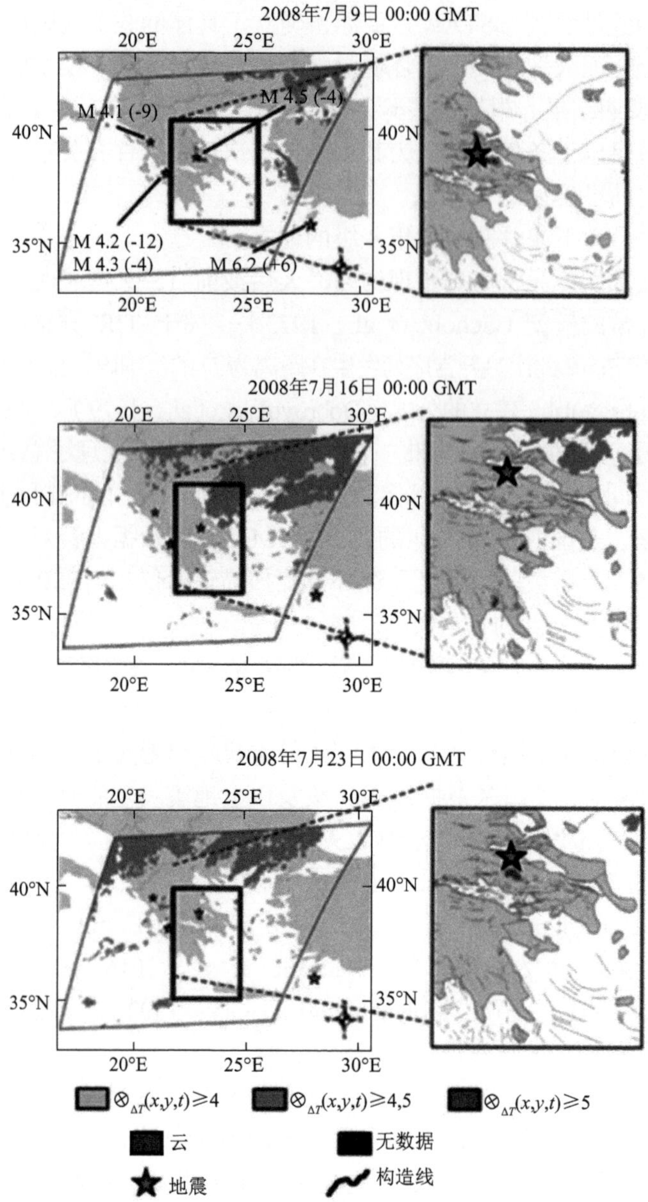

图 12.1　2008 年 7 月 9 日至 23 日期间识别的 SSTAs 示例。当$\otimes_{\Delta T}$（r，t'）≥4 时明显的热异常（SSTAs）（根据对应的 RETIRA 数值用不同颜色在图中标示出）在 4 级及以上地震事件发生前后出现在伯罗奔尼撒地区。除了地震强度外，也采用了圆括号内的数值（N）来表示自第一次明显的热异常出现与地震事件之间的时间间隔（+/− N 代表在首次明显热异常出现 N 天后或 N 天前发生地震）。红色矩形边框表示研究所分析 SEVIRI 热红外场景的限制/边界（热异常地图区域）（彩色图片请参阅电子版）

致谢

此项研究能得出以上结果是得到了意大利国家地球物理与火山学研究所-意大利民防部（INGV-DPC S3）发起的项目“短期地震预测预报”的大力支持。欧盟委员会通过第七框架计划的“震前”项目“处理俄罗斯和欧洲地震前兆研究的对地观测”给予了资助（拨款编号：263502）。欧洲社会基金会在巴斯利卡塔[FSE Basilicata（2007/2013）]的 SESAMO 项目（发展研究及测试为地震灾害监测服务的先进组合技术项目）也为我们提供了支持。本文的作者还想要感谢来自国际空间研究所（ISSI）“多仪器星载观测验证岩石圈大气电离层磁层耦合物理模型”项目的支持。本文作者为此文章的所有内容负全责，本文的内容并不代表 INGV-DPC、ISSI 和欧洲委员会的意见，他们对此处任何信息的使用概不负责。

参考文献

Aliano, C., Corrado, R., Filizzola, C., Pergola, N., and Tramutoli, V. (2007), Robust satellite techniques (RST) for seismically active areas monitoring: the case of 21st May, 2003 Boumerdes/Thenia (Algeria) earthquake, *International Workshop on the Analysis of Multi-temporal Remote Sensing Images*, pp. 1-6, IEEE.

Aliano, C., Corrado, R., Filizzola, C., Genzano, N., Pergola, N., and Tramutoli, V. (2008a), Robust TIR satellite techniques for monitoring earthquake active regions: limits, main achievements and perspectives, *Ann. Geophys.*, *51*, 303-317.

Aliano, C., Corrado, R., Filizzola, C., Pergola, N., and Tramutoli, V. (2008b), Robust satellite techniques (RST) for the thermal monitoring of earthquake prone areas: the case of Umbria-Marche October, 1997 seismic events, *Ann. Geophys.*, *51*, 451-459.

Aliano, C., Corrado, R., Filizzola, C., Genzano, N., Lanorte, V., Mazzeo, G., Pergola, N., and Tramutoli, V. (2009), Robust satellite techniques (RST) for monitoring thermal anomalies in seismically active areas, in *IEEE International Geoscience and Remote Sensing Symposium*, pp. III-65-III-68, IEEE.

Blackett, M., Wooster, M., and Malamud, B. D. (2011a), Exploring land surface temperature earthquake precursors: A focus on the Gujarat (India) earthquake of 2001, *Geophys. Res. Lett.*, *38*. L15303.

Blackett, M., Wooster, M., and Malamud, B. D. (2011b), Correction to “Exploring land surface temperature earthquake precursors: A focus on the Gujarat (India) earthquake of 2001,” *Geophys. Res. Lett.*, *38*, L18307, doi:10.1029/ 2011GL049428.

Bleier, T., Dunson, C., Maniscalco, M., Bryant, N., Bambery, R., and Freund, F. (2009), Investigation of ULF magnetic pulsations, air conductivity changes, and infra red signatures associated with the 30 October Alum Rock *M*5.4 earthquake, *Nat. Hazards Earth Syst. Sci.*, *9*, 585-603.

Chen, S. Y., Liu, P. X., and Liu, L. Q. (2006), Wavelet analysis of thermal infrared radiation of land surface and its implication in the study of current tectonic activities, *Chin. J. Geophys.*, *49*, 824-830.

Chen, Y., Shen, X., Jing, F., and Xiong, P. (2010), Application of outgoing longwave radiation data for earthquake research, in *Proceedings—2010 IEEE International Conference on Intelligent Computing and Intelligent Systems*, Vol. *2*, pp. 46-48, Xiamen.

Choudhury, S., Dasgupta, S., Saraf, A. K., and Panda, S. (2006), Remote sensing observations of pre-earthquake thermal anomalies in Iran, *Int. J. Remote Sens. 27*, 4381-4396.

Corrado, R., Caputo, R., Filizzola, C., Pergola, N., Pietrapertosa, C., and Tramutoli, V. (2005), Seismically active area monitoring by robust TIR satellite techniques: a sensitivity analysis on low magnitude earthquakes in Greece and Turkey, *Nat. Haz. Earth Syst. Sci.*, *5*, 101-108.

Di Bello, G., Filizzola, C., Lacava, T., Marchese, F., Pergola, N., Pietrapertosa, C., Piscitelli, S., Scaffidi, I., and Tramutoli, V. (2004), Robust satellite techniques for volcanic and seismic hazards monitoring, *Ann.*

Geophys., *47*, 49-64.

Dobrovolsky, I. P., Zubkov S. I., and Miachkin V. I. (1979), Estimation of the size of earthquake preparation zones, *Pure Appl. Geophys*., *117*, 1025-1044, doi:10.1007/ BF00876083.

Doglioni, C., Barba, S., Carminati, E., and Riguzzi, F. (2014), Fault on-off versus coseismic fluids reaction, *Geosci. Front.*, *5*, 767-780.

Eleftheriou, A., Filizzola, C., Genzano, N., Lacava, T., Lisi, M., Paciello, R., Pergola, N., Vallianatos, F., and Tramutoli, V. (2016), Long term (2004-2013) RST analysis of anomalous TIR sequences in relation with earthquake occurrence in Greece, *Pure Appl. Geophys.*, *1*(173), 285-303, doi: 10.1007/ s00024-015-1116-8.

Eneva, M. D., Adams, N., Wechsler, Y., Ben-Zion, Y., and Dor, O. (2008), *Thermal Properties of Faults in Southern California from Remote Sensing Data*, Report sponsored by NASA under contract to SAIC No. NNH05CC13C, 70 pp.

Filizzola, C., Pergola, N., Pietrapertosa, C., and Tramutoli, V. (2004), Robust satellite techniques for seismically active areas monitoring: a sensitivity analysis on September 7, 1999 Athens's earthquake, *Phys. Chem. Earth*, *29*, 517-527.

Freund, F. T. (2007a), Pre-earthquake signals—Part I: Deviatoric stresses turn rocks into a source of electric currents, *Nat. Hazards Earth Syst. Sci.*, *7*, 535-541.

Freund, F. T. (2007b), Pre-earthquake signals—Part II: Flow of battery currents in the crust, *Nat. Hazards Earth Syst. Sci.*, *7*, 1-6.

Freund, F. T., Takeuchi, A., and Lau, B. W. S. (2006), Electric currents streaming out of stressed igneous rocks—a step towards understanding pre-earthquake low frequency EM emissions, *Phys. Chem. Earth, Parts A/B/C*, *31*, 389-396.

Freund, F. T., Takeuchi, A., Lau, B. W. S., Al-Manaseer, A., Fu, C. C., Bryant, N., and Ouzounov, D. (2007), Stimulated infra red emission from rocks: assessing a stress indicator, *eEarth Disc.*, *1*(2), 97-121.

Genzano, N., Aliano, C., Filizzola, C., Pergola, N., and Tramutoli, V. (2007), Robust satellite technique for monitoring seismically active areas: The case of Bhuj-Gujarat earthquake, *Tectonophysics*, *431*, 197-210.

Genzano, N., Aliano, C., Corrado, R., Filizzola, C., Lisi, M., Paciello, R., Pergola, N., Tsamalashvili, T., and Tramutoli, V. (2009a), Assessing of the robust satellite techniques (RST) in areas with moderate seismicity, *Proceedings of Multitemp 2009*, pp. 307-314, Mistic, Connecticut, USA, 28-30 July 2009.

Genzano, N., Aliano, C., Corrado, R., Filizzola, C., Lisi, M., Mazzeo, G., Paciello, R., Pergola, N., and Tramutoli, V. (2009b), RST analysis of MSG-SEVIRI TIR radiances at the time of the Abruzzo 6 April 2009 earthquake, *Nat. Haz. Earth Syst. Sci.*, *9*, 2073-2084.

Genzano, N., Filizzola, C., Hattori, K., Lisi, M., Paciello, R., Pergola, N., and Tramutoli, V. (2016), Robust satellite techniques for monitoring earth emitted radiation in the Japanese seismic area by using MTSAT observations in the TIR spectral range, *European Geosciences Union (EGU)*, 17-22 April, Vienna.

Gorny, V. I., Salman, A. G., Tronin, A. and Shilin, B. B. (1988), The Earth outgoing IR radiation as an indicator of seismic activity, *Proc. Acad. Sci. USSR*, *301*, 67-69.

Halle, W., Oertel, D., Schlotzhauer, G., and Zhukov, B. (2008), *Early Warning Of Earthquakes By Space-Borne Infrared Sensors* [Erdbebenfrüherkennung mit InfraRot Sensoren aus dem Weltraum], pp. 1-106.

Huang, G. and Luo, Z. L. (1992), Monitoring and predicting strong earthquakes using N.O.A.A data, *ISPRS'92 Congress X.V.I.I part B*, pp. 499-503, Washington, DC, 2-14 August.

Huang, J., Mao, F., Zhou, W., and Zhu, X. (2008), Satellite thermal IR associated with Wenchuan earthquake in China using MODIS data, *Proceeding of the 14th World Conference on Earthquake Engineering*, pp. 12-17.

Li, J., Wu, L., Dong, Y., Liu, S., and Yang, X. (2007), An quantitative model for tectonic activity analysis and earthquake maginitude predication based on thermal infrared anomaly, *International Geoscience and*

Remote Sensing Symposium (IGARSS), pp. 3039-3042, Barcelona.

Lisi, M., Filizzola, C., Genzano, N., Grimaldi, C. S. L., Lacava, T., Marchese, F., Mazzeo, G., Pergola, N., and Tramutoli, V. (2010), A study on the Abruzzo 6 April 2009 earthquake by applying the RST approach to 15 years of AVHRR TIR observations, *Nat. Haz. Earth Syst. Sci.*, *10*, 395-406.

Lisi, M., Filizzola, C., Genzano, N., Paciello, R., Pergola, N., and Tramutoli, V. (2015), Reducing atmospheric noise in RST analysis of TIR satellite radiances for earthquakes prone areas satellite monitoring, *Phys. Chem. Earth Sci. 85-86*, 87-97, doi: 10.1016/j.pce.2015.07.013.

Lisi, M., Corrado, A., Filizzola, C., Genzano, N., Paciello, R., Pergola, N., and Tramutoli, V. (2016), Long-term RST analysis of anomalous TIR sequences in relation with earthquakes occurred in Turkey in the period 2004-2015, *EGU General Assembly, Vienna*, *18*, EGU2016-4660.

Lixin, W., Shanjun, L., and Yuhua, W. (2006), The experiment evidences for tectonic earthquake forecasting based on anomaly analysis on satellite infrared image, *International Geoscience and Remote Sensing Symposium (IGARSS)*, pp. 2158-2162, IEEE Conference.

Lü, Q. Q., Ding, J. H., and Cui, C. Y. (2000), Probable satellite thermal infrared anomaly before the Zhangbei M_S 6.2 earthquake on January 10, 1998, *Acta Seismologica Sinica*, *13*, 203-209.

Ma, J., Chen, S., Hu, X., Liu, P., and Liu, L. (2010), Spatial- temporal variation of the land surface temperature field and present-day tectonic activity, *Geosci. Front.*, *1*, 57-67.

Molchan, G. M. (1990), Strategies in strong earthquake prediction, *Phys Earth Planet Inter*, *61*, 84-98.

Molchan, G. M. (1991), Structure of optimal strategies in earthquake prediction. *Tectonophysics 193*:267-276, doi: 10.1016/0040-1951(91)90336-Q.

Molchan, G. M. (1997), Earthquake prediction as a decision- making problem, *Pure Appl. Geophys.*, *149*, 233-247, doi: 10.1007/BF00945169.

Molchan, G. M. and Kagan, Y. Y. (1992), Earthquake prediction and its optimization. *J. Geophys. Res.*, *97*, 4823, doi: 10.1029/91JB03095.

Ouzounov, D. and Freund, F. (2004), Mid-infrared emission prior to strong earthquakes analyzed by remote sensing data, *Adv. Space Res. 33*, 268-273.

Ouzounov, D., Bryant, N., Logan, T., Pulinets, S. A., and Taylor, P. (2006), Satellite thermal IR phenomena associated with some of the major earthquakes in 1999-2003, *Phys. Chem. Earth, Parts A/B/C*, *31*, 154-163.

Panda, S. K., Choudhury, S., Saraf, A. K., and Das, J. D. (2007), MODIS land surface temperature data detects thermal anomaly preceding 8 October 2005 Kashmir earthquake, *Int. J. Remote Sens.*, *28*, 4587-4596.

Peck, L. (1996), Temporal and spatial fluctuations in ground cover surface temperature at a Northern New England site, *Atmospheric Research 41*, 131-160.

Pergola, N., Aliano, C., Coviello, I., Filizzola, C., Genzano, N., Lacava, T., Lisi, M., Mazzeo, G., and Tramutoli, V. (2010), Using RST approach and EOS-MODIS radiances for monitoring seismically active regions: a study on the 6 April 2009 Abruzzo earthquake, *Nat. Haz. Earth Syst. Sci.*, *10*, 239-249.

Piroddi, L. (2011), *Sistemi Di Telerilevamento Termico per il Monitoraggio e la Prevenzione dei Rischi Naturali: il Caso Sismico,* PhD Thesis, University of Cagliari.

Piroddi, L. and Ranieri, G. (2012), Night thermal gradient: A new potential tool for earthquake precursors studies. An application to the seismic area of L'Aquila (Central Italy), *IEEE J. Select. Topics Appl. Earth Observ. Remote Sens.*, *5*(1), 307-312.

Piroddi, L., Ranieri, G., Freund, F., and Trogu, A. (2014), Geology, tectonics and topography underlined by L'Aquila earthquake TIR precursors, *Geophys. J. Int.*, *197*, 1532-1536.

Pulinets, S. A. (2009), Lithosphere-atmosphere-ionosphere coupling (LAIC) model, in M. Hayakawa (ed.), *Electromagnetic Phenomena Associated with Earthquakes*, pp. 235-254, Transworld Research Network,

Kerala.

Pulinets, S. and Ouzounov, D. (2011), Lithosphere-atmosphere- ionosphere coupling (LAIC) model—a unified concept for earthquake precursors validation, *J. Asian Earth Sci.*, *41*(4-5), 371-382.

Pulinets, S. A., Biagi, P., Tramutoli, V., Legenka, A. D., and Depuev, V. K. H. (2007), Irpinia Earthquake 23 November 1980—Lesson from Nature reviled by joint data analysis, *Ann. Geophys.*, *50*, 61-78.

Pulinets, S., Ouzounov, D., Karelin, A. V. and Davidenko, D. V. (2015), Physical bases of the generation of short-term earthquake precursors: A complex model of ionization-induced geophysical processes in the lithosphere-atmosphere-ionosphere- magnetosphere system, *Geomag. Aeron.* *55*(4), 521-538.

Qiang, Z. J. and Dian, C. G. (1992), Satellite thermal infrared impending temperature increase precursor of Gonghe earthquake of magnitude 7.0, Qinghai Province, *Geoscience*, *6*, 297-300.

Qiang, Z. J., Xu, X. D., and Dian, C. G. (1991), Thermal infrared anomaly precursor of impending earthquakes, *Chin. Sci. Bull.*, *36*, 319-323.

Qiang, Z. J., Dian, C. G., Wang, X. J., and Hu, S. Y. (1992), Satellite thermal infrared anomalous tempeature increase and impending earthquake precursor, *Chin. Sci. Bull.*, *37*(19), 1642-1646.

Qiang, Z. J., Xu, X., and Dian, C. (1997), Thermal infrared anomaly precursor of impending earthquakes, *Pure Appl. Geophys*, *149*, 159-171.

Qin, K., Wu, L., and Zheng, S. (2013), A deviation-time- space-thermal (DTS-T) method for global Earth observation system of systems (GEOSS)-based earthquake anomaly recognition: criterions and quantify indices, *Remote Sens.*, *5*, 5143-5151, doi:10.3390/rs5105143.

Qu, C. Y., Ma, J., and Shan, X.-J. (2006), Counterevidence for an earthquake precursor of satellite thermal infrared anomalies, *Chin. J. Geophys. (Acta Geophys. Sin.)*, *49*, 490-495.

Rawat, V., Saraf, A. K., Das, J., Sharma, K., and Shujat, Y. (2011), Anomalous land surface temperature and outgoing long-wave radiation observations prior to earthquakes in India and Romania, *Nat. Hazards*, *59*, 33-46.

Saradjian, M. R. and Akhoondzadeh, M. (2011), Thermal anomalies detection before strong earthquakes (M>6.0) using interquartile, wavelet and Kalman filter methods, *Nat. Haz. Earth Syst. Sci.*, *11*, 1099-1108.

Saraf, A. K. and Choudhury, S. (2004), Satellite detects pre- earthquake thermal anomalies associated with past major earthquakes, *Proceedings of Map Asia Conference*, p. 40.

Saraf, A. K. and Choudhury, S. (2005a), Satellite detects surface thermal anomalies associated with the Algerian earthquakes of May 2003, *Int. J. Remote Sens.*, *26*, 2705-2713.

Saraf, A. K. and Choudhury, S. (2005b), Cover: NOAA- AVHRR detects thermal anomaly associated with the 26 January 2001 Bhuj earthquake, Gujarat, India, *Int. J. Remote Sens.* *26*, 1065-1073.

Saraf, A. K. and Choudhury, S. (2005c), Thermal remote sensing technique in the study of pre-earthquake thermal anomalies, *J. Ind. Geophys. Union*, *9*, 197-207.

Saraf, A. K., Rawat, V., Banerjee, P., Choudhury, S., Panda, S., Dasgupta, S., and Das, J. (2008), Satellite detection of earthquake thermal infrared precursors in Iran, *Nat. Hazards*, *47*, 119-135.

Saraf, A. K., Rawat, V., Choudhury, S., Dasgupta, S., and Das, J. (2009), Advances in understanding of the mechanism for generation of earthquake thermal precursors detected by satellites, *Int. J. Appl. Earth Observ. Geoinform.*, *11*, 373-379.

Saraf, A. K., Rawat, V., Das, J., Zia, M., and Sharma, K. (2012), Satellite detection of thermal precursors of Yamnotri, Ravar and Dalbandin earthquakes, *Nat. Hazards*, *61*, 861-872.

Scholz, C. H., Sykes, L. R., and Aggarwal, Y. P. (1973), Earthquake prediction: A physical basis, *Science*, *181*, 803-810.

Singh, R. P., Kumar, S., Zlotnicki, J., and Kafatos, M. (2010), Satellite detection of carbon monoxide emission prior to the Gujarat earthquake of 26 January 2001, *Appl. Geochem.*, *25*(4), 580-585, doi:10.1016/

j.apgeochem.2010.01.014.

Surkov, V. V., Pokhotelov, O. A., Parrot, M., and Hayakawa, M. (2006), On the origin of stable IR anomalies detected by satellites above seismo-active regions, *Phys. Chem. Earth*, *31*, 164-171.

Tramutoli, V. (1998), Robust AVHRR techniques (RAT) for environmental monitoring: theory and applications, In G. Cecchi and E. Zilioli (eds), *Earth Surface Remote Sensing II*, pp. 101-113, SPIE, Proceedings Vol. 3496.

Tramutoli, V. (2005), Robust satellite techniques (RST) for natural and environmental hazards monitoring and mitigation: ten years of successful applications, *Proceeding of the 9th International Symposium on Physical Measurements and Signatures*, pp. 792-795, Remote Sensing Vol. XXXVI,7/W.

Tramutoli, V. (2007), Robust satellite techniques (RST) for natural and environmental hazards monitoring and mitigation: theory and applications, *Proceeding of 2007 International Workshop on the Analysis of Multi-Temporal Remote Sensing Images* pp. 1-6, Vol.1, doi: 10.1109/Multitemp.2007.4293057.

Tramutoli, V. (2013), *Comments on: "Exploring land surface temperature earthquake precursors: A focus on the Gujarat earthquake of 2001" paper by Blackett et al., 2011*, Technical Report, doi: 10.13140/2.1.1684.3041

Tramutoli, V., Di Bello, G., Pergola, N., and Piscitelli, S. (2001), Robust satellite techniques for remote sensing of seismically active areas, *Ann. Geofis.*, *44*, 295-312.

Tramutoli, V., Cuomo, V., Filizzola, C., Pergola, N., and Pietrapertosa, C. (2005), Assessing the potential of thermal infrared satellite surveys for monitoring seismically active areas. The case of Kocaeli (Izmit) earthquake, August 17th, 1999, *Remote Sens. Environ.*, *96*(3-4), 409-426.

Tramutoli, V., Aliano, C., Corrado, R., Filizzola, C., Genzano, N., Lisi, M., Martinelli, G. and Pergola, N. (2013), On the possible origin of thermal infrared radiation (TIR) anomalies in earthquake-prone areas observed using robust satellite techniques (RST), *Chem. Geol.*, *339*, 157-168, doi: 10.1016/j.chemgeo.2012.10.042.

Tramutoli, V., Jakowski, N., Pulinets, S., Romanov, A., Filizzola, C., Shagimuratov, I., Pergola, N., Ouzounov, D., Papadopulos, G., Genzano, N., Lisi, M., Alparslan, E., Wilken, V., Romanov, A., Zakharenkova, I., Paciello, R., Coviello, R., Romano, G., Tsybulia, K., Inan, S., and Parrot, M. (2014a), From PRE-EARTHQUAKES to EQUOS: how to exploit multi-parametric observations within a novel system for time-dependent assessment of seismic hazard (T-DASH) in a pre-operational civil protection context, *Second European Conference on Earthquake Engineering and Seismology (2ECEES)*, Turkey, 24-29 August.

Tramutoli, V., Armandi, B., Filizzola, C., Genzano, N., Lisi, M., Paciello, R., and Pergola, N. (2014b), RST (robust satellite techniques) analysis for monitoring earth emitted radiation in seismically active area of California (US): a long term (2006-2011) analysis of GOES-W/IMAGER thermal data, *American Geophysical Union (AGU) Fall Meeting*, 15-19 December, San Francisco.

Tramutoli, V., Armandi, B., Coviello, I., Eleftheriou, A., Filizzola, C., Genzano, N., Lacava, T., Lisi, M., Paciello, R., Pergola, N., Satriano, V., and Vallianatos, F. (2014c). Long term RST analyses of TIR satellite radiances in different geotectonic contexts: results and implications for a time dependent assessment of seismic hazard (t-DASH), *American Geophysical Union (AGU) Fall Meeting*, 15-19 December, San Francisco.

Tramutoli, V., Corrado, R., Filizzola, C., Genzano, N., Lisi, M., and Pergola, N. (2015a), From visual comparison to robust satellite techniques: 30 years of thermal infrared satellite data analyses for the study of earthquake preparation phases, *Boll. Geof. Teor. Appl.*, *56*(2), 167-202.

Tramutoli, V., Corrado, R., Filizzola, C., Genzano, N., Lisi, M., Paciello, R., and Pergola, N. (2015b), One year of RST based satellite thermal monitoring over two Italian seismic areas, *Boll. Geof. Teor. Appl.*,

56(2), 275-294.

Tramutoli, V., Filizzola, C., Genzano, N., Lisi, M., Paciello, R., and Pergola, N. (2015c), A retropective long-term (2004- 2014) correlation analysis of TIR anomalies and earthquakes (M>4) Occurrence Over Italy, In *34° Convegno Nazionale, Gruppo nazionale di Geofisica della Terra Solida (GNGTS)*, 17-19 Novembre, Trieste.

Tronin, A. A. (1996), Satellite thermal survey—a new tool for the study of seismoactive regions, *Int. J. Remote Sens.*, *17*, 1439-1455. Tronin, A. A. (2000), Thermal IR satellite sensor data application for earthquake research in China, *Int. J. Remote Sens.*, *21*, 3169-3177.

Tronin, A. A., Hayakawa, M., and Molchanov, O. A. (2002), Thermal IR satellite data application for earthquake research in Japan and China, *J. Geodyn.*, *33*, 519-534.

Tronin, A. A., Biagi, P. F., Molchanov, O. A., Khatkevich, Y. M., and Gordeev, E. I. (2004), Temperature variations related to earthquakes from simultaneous observation at the ground stations and by satellites in Kamchatka area, *Phys. Chem. Earth, Parts A/B/C*, *29*, 501-506.

Wang, L. and Zhu, C. (1984), Anomalous variations of ground temperature before the Tangsan and Haiheng earthquakes, *J. Seismol. Res.*, *7*, 649-656.

Xie, T., Kang, C. L., and Ma, W. Y. (2013), Thermal infrared brightness temperature anomalies associated with the Yushu (China) M_s = 7.1 earthquake on 14 April 2010, *Nat. Hazards Earth Syst. Sci.*, *13*, 1105-1111.

Xiong, P., Gu, X. F., Bi, Y. X., Shen, X. H., Meng, Q. Y., Zhao, L. M., Kang, C. L., Chen, L. Z., Jing, F., Yao, N., Zhao, Y. H., Li, X. M., Li, Y., and Dong, J. T. (2013), Detecting seismic IR anomalies in bi-angular Advanced Along-Track Scanning Radiometer data, *Nat. Hazards Earth Syst. Sci.*, *13*, 2065-2074.

Xiong, P., Shen, X., Gu, X., Meng, Q., Zhao, L., Zhao, Y., Li, Y., and Dong, J. (2015a), Seismic infrared anomalies detection in the case of the Wenchuan earthquake using bi-angular advanced along-track scanning radiometer data, *Ann. Geophys.*, *58*(2), S0217, doi:10.4401/ag-6706.

Xiong, P., Shen, X., Gu, X., Meng, Q., Bi, Y., Zhao, L., Zhao, Y., Li, Y., and Dong, J. (2015b), Satellite detection of IR precursors using bi-angular advanced along-track scanning radiometer data: a case study of Yushu earthquake, *Earthquake Sci.*, *28*(1), 25-36, doi: 10.1007/s11589-015-0111-6

Xu, X. D., Xu, X. M., and Wang, Y. (2000), Satellite infrared anomaly before the Nantou M_s = 7.6 earthquake in Taiwan, China, *Acta Seismol. Sin.*, *13*, 710-713.

Yang, Y. and Guo, G. (2010), Studying the thermal anomaly before the Zhangbei earthquake with MTSAT and meteorological data, *J. Remote Sens.*, *31*, 2783-2791, doi:10.1080/01431160903095478.

Yasuoka, Y., Igarashi, G., Ishikawa, T., Tokonami, S., and Shinogi, M. (2006), Evidence of precursor phenomena in the Kobe earthquake obtained from atmospheric radon concentration, *Appl. Geochem.*, *21*, 1064-1072.

Yoshioka, R., Yamano, Y., Tanaka, Y., and Gotoh, K. (2005), Analysis of ground surface temperature before occurrence of earthquake by satellite thermal infrared data, *International Geoscience and Remote Sensing Symposium (IGARSS)*, Vol. *3*, pp. 1822-1825, Seoul.

Zhang, Y. S., Guo, X., Zhong, M. J., Shen, W. R., Li, W., and He, B. (2010), Wenchuan earthquake: Brightness temperature changes from satellite infrared information, *Chin. Sci. Bull.*, *55*, 1917-1924.

Zhang, Y.-S., Guo, X., Wei, C. X., Shen, W. R., and Hui, S. X. (2011), The characteristics of seismic thermal radiation of Japan Ms9.0 and Myanmar Ms7.2 earthquake, *Chin. J. Geophys. (Acta Geophys. Sin.)*, *54*, 2575-2580.

Zoran, M. (2012), MODIS and NOAA-AVHRR l and surface temperature data detect a thermal anomaly preceding the 11 March 2011 Tohoku earthquake, *Int. J. Remote Sens.*, *33*(21), 6805-6817, doi:10. 1080/01431161.2012.692833.

Zoran, M., Savastru, D., and Mateciuc, D. (2016), Earthquake precursors assessment in Vrancea Region through satellite and in situ monitoring data, in R. Vacareanu and C. Ionescu (eds), *Proceedings of the Symposium Commemorating 75 Years from November 10, 1940 Vrancea Earthquake*, pp. 305-314, Springer Natural Hazards.

13　与大地震相关的热辐射异常

迪米塔·乌佐诺夫[1]，谢尔盖·普林涅茨[2]，梅纳斯·卡法托斯[1]，帕特里克·泰勒[3]

1 地球系统卓越中心，模型与研究　(CEESMO)，查普曼大学，加利福尼亚，美国
2 俄罗斯科学院空间研究所，莫斯科，俄罗斯
3 美国宇航局哥达德空间飞行中心，绿带城，马里兰州，美国

摘要　针对卫星数据分析的遥感方法的近期发展有助于更好理解地震相关的热异常。孕震区热通量是由空气被氡及其他气体电离化以及水汽在新形成的离子表面凝结所致。且此过程伴随潜热（LH）的释放也进一步引起局部热辐射异常（TRA），局部热辐射异常也被称为由地表向外的长波辐射。本研究综合比较了特定地区特定时间的不同地表潜热通量而得到的潜热能与地震释放能量的关联性。利用新近发生的大地震数据对热辐射异常进行更为广泛的研究调查从而确立其主要形态特征。本研究也将热辐射异常作为更复杂的短期震前活动链的其中一环，在岩石圈大气耦合过程中具体被解释。

13.1　引言

多年来研究人员一直在寻找基于物理的震前信号（Martinelli，1998）。此前已有许多关于观测地震前兆信号的研究被发表（Hayakawa，1999；Hayakawa and Molchanov，2002；Pulinets and Boyarchuk，2004）。近期开展对星载多谱仪器和地面观测数据的分析为震前大气前兆信息提供了证据（Liu et al.，2000，2010；Kon et al.，2010；Ouzounov et al.，2011b；Hayakawa，2012；Han et al.，2014，2016；Pulinets and Davidenko，2014；Tramutoli et al.，2015a，2015b）。这些研究有助我们进一步理解地震物理机制和地震能量释放前异常的现象。近期在地球空间观测技术上取得的进展有助我们更好地从科学角度去理解震前大气层异常现象的本质。我们一直在寻找能作为强震潜在强震预警的震前观测。我们的调查研究主要寻找卫星观测[最新国家极轨运行环境卫星系统（NPOESS）]和 NASA 对地观测（EOS）的异常大气热瞬态信号与随后大地震之间的潜在的关联性。

图 13.1 中地球能量收支（https：//earthobservatory.nasa.gov/）表明超过 70%的太阳辐射都被反射到了大气层，尽管地表吸收了太阳的入射短波（SW）能量，但将近三分之一能量反射回至太空。因地表导热率低，其吸收的热量并不会传导到地球深处。夜间，地表吸收的能量以长波辐射（LWR）的形式重新释放出来，直接释放并进入大气

层的能量被称为显热（SH），它以辐射热能或辐射热量的形式进行传递。潜热（LH）是相变过程中一种物质吸收或释放的能量。在进入大气的太阳能和地球表面反射的太阳能之间必须达到一种平衡，否则地球温度就会持续不断地上升。辐射交换过程极为复杂，一般来说，地球发射到大气的 LWR 会被吸收并保持大气的热量平衡。当天气晴朗无云时，因为大气对于光谱波长在 8.0 ～ 12.0 μm 的辐射是“透明”的，长波辐射会逃逸到太空。有时上述大气窗口能在一定程度上被云层或大气污染所阻挡，这时向外发射的 LWR 就会被大气层再次吸收并随后向各个方向发射。

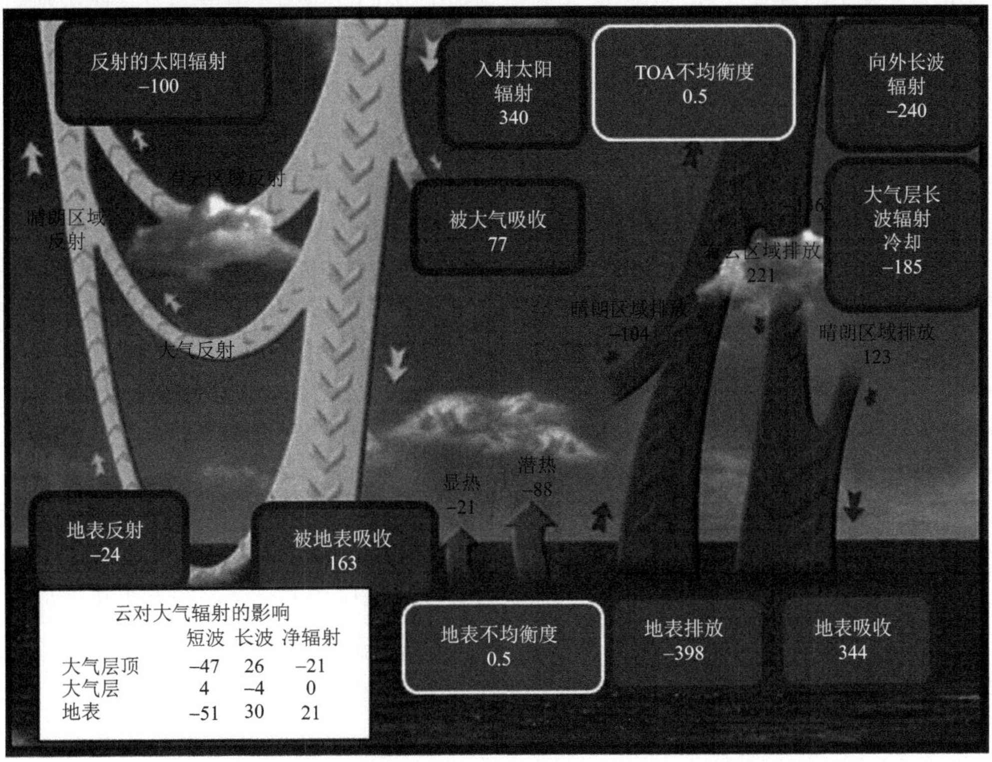

图 13.1　地球大气能量（https：//earthobservatory.nasa.gov/）

卫星传感器记录的大气层顶（TOA）向外发射的 LWR 被称为射出长波辐射（OLR）。最终结果是大气层辐射的损失通过地球表面重新释放的热能来平衡。此后，主要是通过云层的形成、水蒸气凝结和 LH 途径被释放到大气中[国家环境预测中心（NCEP）根据地表潜热通量（SLHF）给出的评估]。这也就导致了从地表到大气的热传递，这也是大气环流的主要诱因之一（Goosse et al.，2016）。

13.2　热辐射异常的识别方法

2000 多年来科学家们一直在寻找震前信号。古希腊哲学家亚里士多德曾说，“pneuma”（风/气）会参与震前过程中，产生奇特的大气效应（MacArthur，1980）。“pneuma”的基本含义是指运动中的空气或空气中的电流。从亚里士多德和皮里纽（罗马皇帝）的时代开始，人们就把云和雾视为与强震活动具有关联性的观察性证据，这与古代中国许多学者的观点一致（Tributsch，1978）。英国约翰·米尔恩（John Milne），发明了第一台现代地震仪，发表了第一份与地震相关的大气信号的定量分析研究。对发生在日本北部的387起地震进行总结，他发现震前月平均气温峰值升高预示了地震的到来（Milne，1913）。

近期，一份基于公元前550年至公元2000年1500多次地震的历史和仪器记录的大气震前信号综合目录已经出版（Tronin，2011）。大概700次地震（大概占所有地震事件的50%）在震前发现了一些大气参数（大气热力、干旱、降温、云层、气压变化、风、雾等）的异常波动。10%的案例观测到了温度的升高，温度一直是地震观测很好的物理量，而直到16世纪温度计才问世。除了大气现象，人们也记载报道了不同的水文变化，水文变化常常伴随着气体释放（恶臭气味）和大雾天气（Tronin，2011）。

近年来在遥感仪器上的进步帮助人们更好地从科学的角度解读大气中的地震信号。卫星热图像数据揭示了与地壳大型断层系统和线性构造相关联的静止热异常（长期持久出现）（Carreno et al.，2001），同时展现了强震前的瞬态异常（只在短期内出现）（Quing et al.，1991；Salman et al.，1992）。异常的时空分布变化主要取决于当地的构造、地质环境、震源机制的性质、大气条件和其他的因素。在从单一仪器和多仪器获取的卫星热红外数据与地震前兆之间关系的研究方面，Gorny等（1988）、Tronin等（2002，2004）、Dey等（2004）以及Saraf和Choudhury（2005）基于超高分辨辐射计（AVHRR）记录的图像，通过震中周围震前及震后的图像对比，建立了识别热辐射异常的不同方法。有人提出用更新的技术，即使用极轨和地球静止卫星[美国国家海洋和大气局NOAA的地球静止环境卫星、欧洲气象卫星、超高分辨辐射计（AVHRR），和美国陆地资源卫星]经过亚像素级别配准和校正的数据（Bryant et al.，2003；Di Bello et al.，2004）来开展研究。探测热红外异常的困难之一是从常态基线中定义出热红外异常波动，主要通过基于地震易发区TIR数据的时间序列研究来解决这个难题。从像素级热辐射变化中确立的基准线，识别出热红外异常信号（Tramutoli et al.，2001；Filizzola et al.，2004；Cervone et al.，2006；Ouzounov et al.，2007）。在EOS卫星发射后（1999年的Terra卫星和2002年的Aqua卫星），新的方法被用来探测震前异常，数据源是基于11 μm波长数据反演得到的地表温度（LST）数据（Ouzounov and Freund，2004）。国家极轨运行环境卫星系统（NPOESS）和Aqua大气层红外线探测仪（AIRS）对大气层环境参数的观测揭示了震前辐射值的增加和8～12 μm波段范围的OLR的变化。有人提出孕震活跃区OLR瞬态变化由TOA记录，与孕震过程地壳的热力学过程有关（Ouzounov et al.，2011a；Pulinets and Ouzounov，2011）。

13.2.1 鲁棒卫星技术

不同研究人员将震前数周至数月从卫星数据中测量的TIR光谱范围内的地表辐射时空异常认定为震前信号（Gorny et al.，1988；Quing et al.，1991；Tronin，1996，2006；Tramutoli et al.，2005）。

长久以来，人们一直将前人提出的TIR辐射和地震活动之间的联系纳入考虑范围，但科学界一直对其持保留态度，主要是因为验证的数据集存在问题和不足，且除了地震活动外也观测到其他可能导致被测 TIR 信号波动的现象，如气象和地磁相关活动[详细综述参见 Tramutoli 等（2015a，2015b）以及文内参考引用的文献]。鲁棒卫星技术（RST）是基于对数年卫星热红外记录历史数据的初步多时相分析，致力于解析卫星观测到每个像素包含的热红外信号。采用特定的指数 RETIRA（TIR 异常异常鲁棒评估）来定义热红外的异常模式（Filizzola et al.，2004；Tramutoli et al.，2005）。

近年来 TIR 数据分析和数据验证过程的质量有所提升，数据验证主要是为了审视热红外异常与地震活动之间潜在的联系（Tramutoli et al.，2015b），为将热红外异常纳入可观测现象提供有力的支持，为多参数系统发展做出积极贡献的，该系统主要对地震灾害开展时序评估（Tramutoli et al.，2014a，b；Eleftheriou et al.，2015）。特别是 Tramutoli 在 1998 年提出的在多变（卫星视角、地形以和观测覆盖范围等）以及正常（例：气象的）观测条件下的 RST 方法[同时参见 Genzano 等（2007）]被成功地应用于震前 TIR 时空异常的识别。随后在不同地震活跃区应用 RST 方法，确定了热异常和地震之间的时空关联性。例如，对发生于 2009 年 4 月 6 日 M_w 6.3 级的拉奎拉地震（图 13.2）同时使用极轨[NOAA/AVHRR 和 EOS/MODIS，分别参见 Lisi 等（2010）以及 Pergola 等（2010）的研究]和静止卫星传感器[MSG/SEVIRI；参见 Genzano 等（2009）]。

13.2.2 射出长波辐射分析

表 13.1 地震列表

地名	日期	地理位置	时间	M	深度
凡城，土耳其	2011.10.25	38.62°N/43.48°E	16:41:00	7.2	7.1
爱琴海，希腊	2014.5.24	40.3°N/25.45°E	09:25:00	6.9	10
纳帕谷，美国加利福尼亚州	2014.8.24	38.21°N/122.31°W	10:24:44	6.0	11.11

资料来源：美国地质调查局

用于描述地球辐射环境特征的主要参数之一是来自地球的 OLR（Liebmann and Smith，1996）。人们将在大气层顶测量的 OLR 与来自地面、低层大气和云层的混合辐射联系起来（Ohring and Gruber，1982），主要用于气候研究中的地球辐射收支（Gruber and Krueger，1984；Mehta and Susskind，1999）。人们利用 OLR 日数据来研究其与地震活动变化的关系（Liu and Kang，1999；Ouzounov et al.，2007，2011；Xiong et al.，2010）。有人提出辐射的增加和 OLR 的瞬态变化与地震活跃区大气层热力学过程有关，并将这两者称作热辐射异常（TRA）。因为目前 OLR 的算法各有不同，例如：RBUD-NOAA/CLASS，CERES LWR-TOA 通量，NOAA/AVHRR-OLR 和 EOS Aqua-CLROLR 通量，我们引入 TRA 作为应用不同数据计算瞬态 LWR 异常的统一名称。Ouzounov 等（2007）提出了 TRA（热辐射）的特征：特定的空间位置和预定义的时间范围内 OLR 变化率统计学最大变化，且是基于相对应的异常热场构建的（Tramutoli et al.，1999，2013）。异常代表了特定空间位置和预先选定时间的不同幅度异常

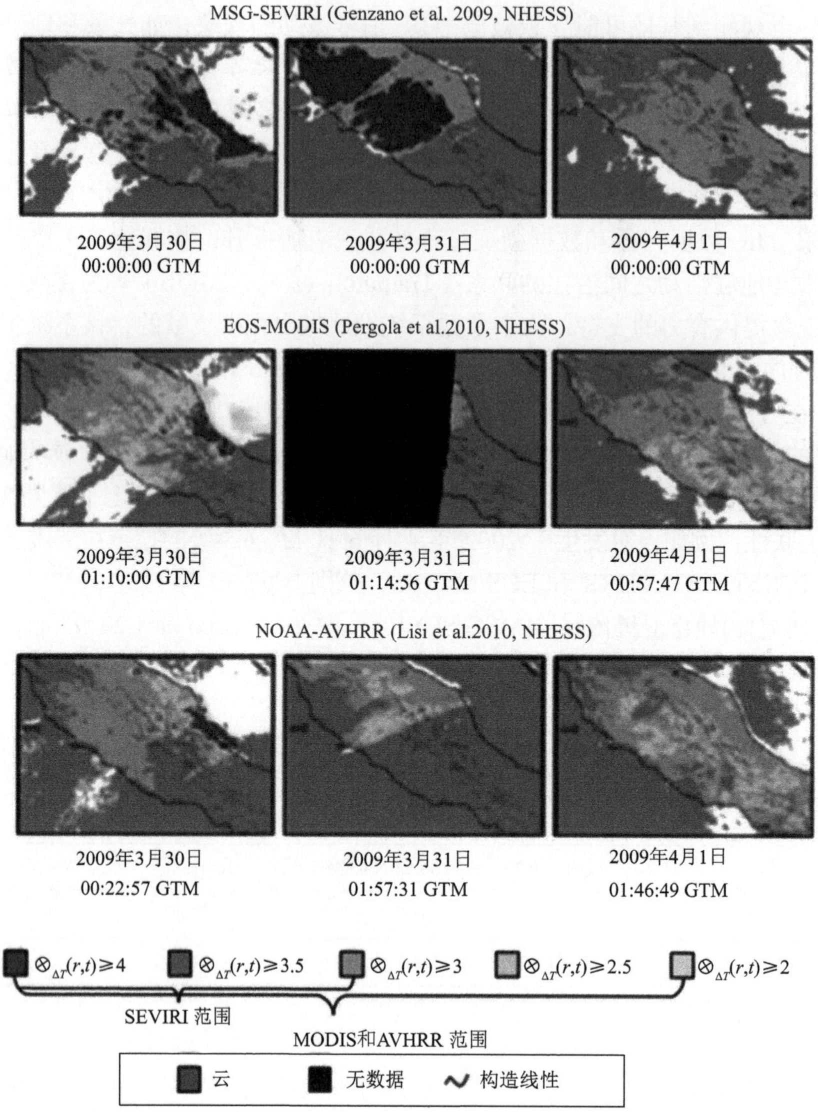

图 13.2 在地震活跃区应用 RST 方法展示了热异常和地震之间的时空关联性。以发生于 2009 年 4 月 6 日 M_w 6.3 级的拉奎拉地震为例，同时使用极轨[NOAA/AVHRR 和 EOS/MODIS，分别参见 Lisi 等（2010）以及 Pergola 等（2010）的研究]和静止卫星传感器[MSG/SEVIRI，参见 Genzano 等（2009）]（彩色图片请参阅电子版）

$$\text{anomaly}(x, y, t) = \frac{S(x, y, t) - \overline{S}(x, y, t)}{\tau(x, y, t)} \qquad (13.1)$$

$$\overline{S}(x,y,t) = \frac{1}{N}\sum_{i-1}^{N} \mathrm{S}(x_i, y_i, t_i) \qquad (13.2)$$

$$\tau(x,y,t) = \sqrt{\frac{\sum[S(x, y,t) - \overline{S}(x, y,t)]^2}{N}} \qquad (13.3)$$

$S(x, y, t)$ 代表了当前 OLR 值，$\overline{S}(x,y,t)$ 是计算出的背景场平均值，背景场平均值是指 N 年份的第 t 天在 x 经度和 y 纬度的区域内 OLR $S(x_i, y_i, t_j)$ 的日平均值 y。$\tau(x, y, z)$ 则是同样时间地点的 OLR 值标准差。辐射的快速增强可以用其余构造活动的增强引起的异常潜热通量值来解释。以（2.5° × 2.5°）的分辨率对输入数据进行处理，对输出的地图开展包括两个步骤的处理：①（1°×1°）网格分辨率的增强，同时为了避免短波混叠进行了额外的处理；②以标准计算软件包采用的“最小曲率算法”为基础对网格点开展空间滤波和网格重新生成（Fisher et al.，2008）。

在此项研究中，我们采用了 NCEP/NOAA 卫星搭载的 AVHRR 传感器记录的 OLR 数据。我们采用了一个空间分辨率为 2.5° × 2.5°的日均全球数据库来研究 OLR 活动和最近发生的三次强震的地区 OLR 值的变化：①2011 年 10 月 24 日土耳其凡省 7.1 级地震；②2014 年 5 月 24 日希腊爱琴海 6.9 级地震；③2014 年 8 月 24 日加利福尼亚纳帕市 6.0 级地震（参见表 13.1）。

除了在地震发生前几天记录 TOA 的 OLR 值，我们还采用了在震前建立的基准线评估描述大气层状态的研究方法。来自 NOAA NPOESS 的大气层顶 OLR 数据用来研究地球辐射收支，因为 OLR 代表了地球表面、低层大气和云层的辐射能量，因此对云层气温和近地地温很敏感。NOAA NPOESS 的观测结果是基于 Ellingson 等（1989）对长波通量的评估。使用基于式 13.1～式 13.3 的算法并根据每个地区的具体情况作相应调整，从这些原始数据中计算出了 OLR 日均值。NOAA 气候预报中心（http：//www.cdc. noaa.gov/）提供了 OLR 日和月数据以及用于分析 AVHRR 数据的 OLR 算法，日平均值分析数据覆盖地球（90°N～90°S，0°E～357.5°E）重要区域且空间分辨率为 2.5°×2.5°。

Ouzounov 等（2007）和 Xiong 等（2010）最初引入了与震前 OLR 信号相关的“日数值”、“正常态”和“TRA 异常”等概念，“TRA 异常”被计算为日值与正常状态的偏差，并通过相同像素的多年标准差（式 13.1）进行归一化，如图 13.3～图 13.5 所示，用红色表示。极轨卫星于同一时间地点同一像素观测到的 OLR 原始数据被称作“日数值”（图 13.3～图 13.5；灰色曲线）。OLR 的“正常态”是根据每个像素（式 13.2）的多年平均值（从 2004 年至今）估算的（图 13.3～图 13.5；黑色实线）。而 OLR“异常”则代表了与“正常态”相比 OLR 每日变化波动的最大值。

在 2011 年 9 月中至 10 月期间，卫星对土耳其 OLR 数据连续的监测显示地表辐射量在 2011 年 9 月中旬至 10 月迅速增加（图 13.3）。2011 年 10 月 19 日当地时间 19:00，在震中地区东南部探测到了大气层顶的异常，此次异常在时间上持续了 8 小时并在空间上持续扩张，也是当时整个欧洲大陆上最大规模的热辐射异常（Ouzounov et al.，2014）。

NOAA NPOESS 对希腊 OLR 数据持续的卫星监测显示在 2015 年 4 月中出现了 OLR 的迅速增长，且这意味着在爱琴海地区当时可能正进行着大地震的孕震过程（图 13.4）。2015 年 5 月 14 日当地时间 19：00 观测到了大气中的一次明显热异常现象，在对 25 年的数据进行分析之后，发现其显著性达 2.5σ（Ouzounov et al.，2015b），2015 年 5 月 24 日，在此次大气异常区域发生了 6.9 级地震。

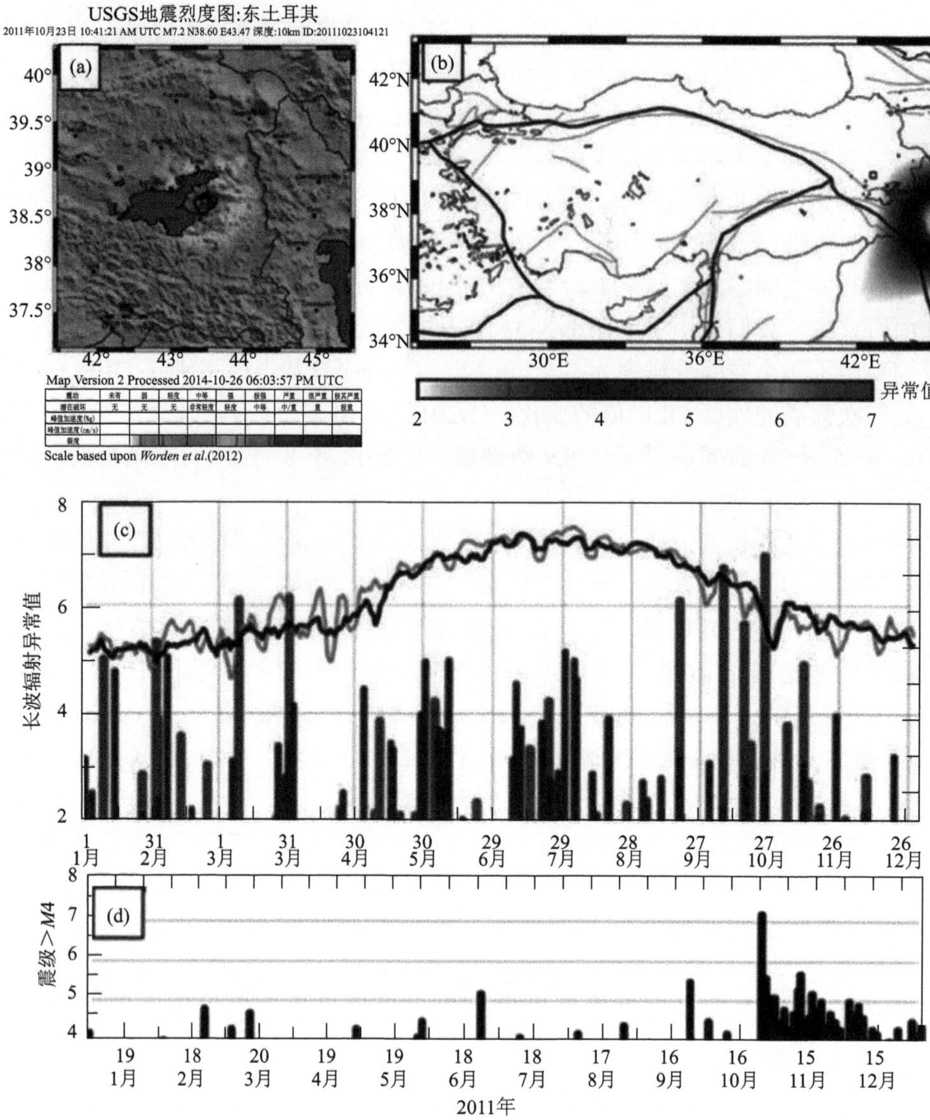

图 13.3　2011 年 10 月 23 日土耳其凡省 7.3 级地震相关的热辐射异常（TRA）。（a）美国地质调查局地震震动图。（b）2011 年 10 月 19 日，提前了四天观测的夜间热辐射异常值地图。红星标出了震中所在，加粗红线则指代构造板块边界，最后棕线标出了主要的断层。（c）震中夜间 OLR 的年度时间序列：异常值（红色标出）；（灰色代表）2011 年 OLR 平均值；（黑色代表）2006 年至 2011 年的平均值；（蓝色代表）2010 年无强震做对比的异常趋势。（d）震中附近 2011 年发生的强度大于四级的地震（欧洲-地中海地震中心目录）（彩色图片请参阅电子版）

2014 年 7 月底 8 月初，我们在加利福尼亚北部探测到一个大规模热辐射异常瞬态场（图 13.5），其位置从 8 月 24 日发生的地震震中地区向西北方向偏移了大概 100 km。对于这一特殊情况，我们使用了介于 NOAA 的 AVHHR 和 EOS 的 AIRS 的混合 OLR 产品，以此来满足对旧金山地区的时间分辨率，加利福尼亚纳帕谷南部地震，与 2004 年 8 月的 OLR 值相比较，2014 年 8 月 23 日 7:00 AM 太平洋夏季时间异常热通量率发生了快速的变化，捕捉的异常模式是当时加利福尼亚州最大的异常能量通量（Ouzounov et al.，2014）。

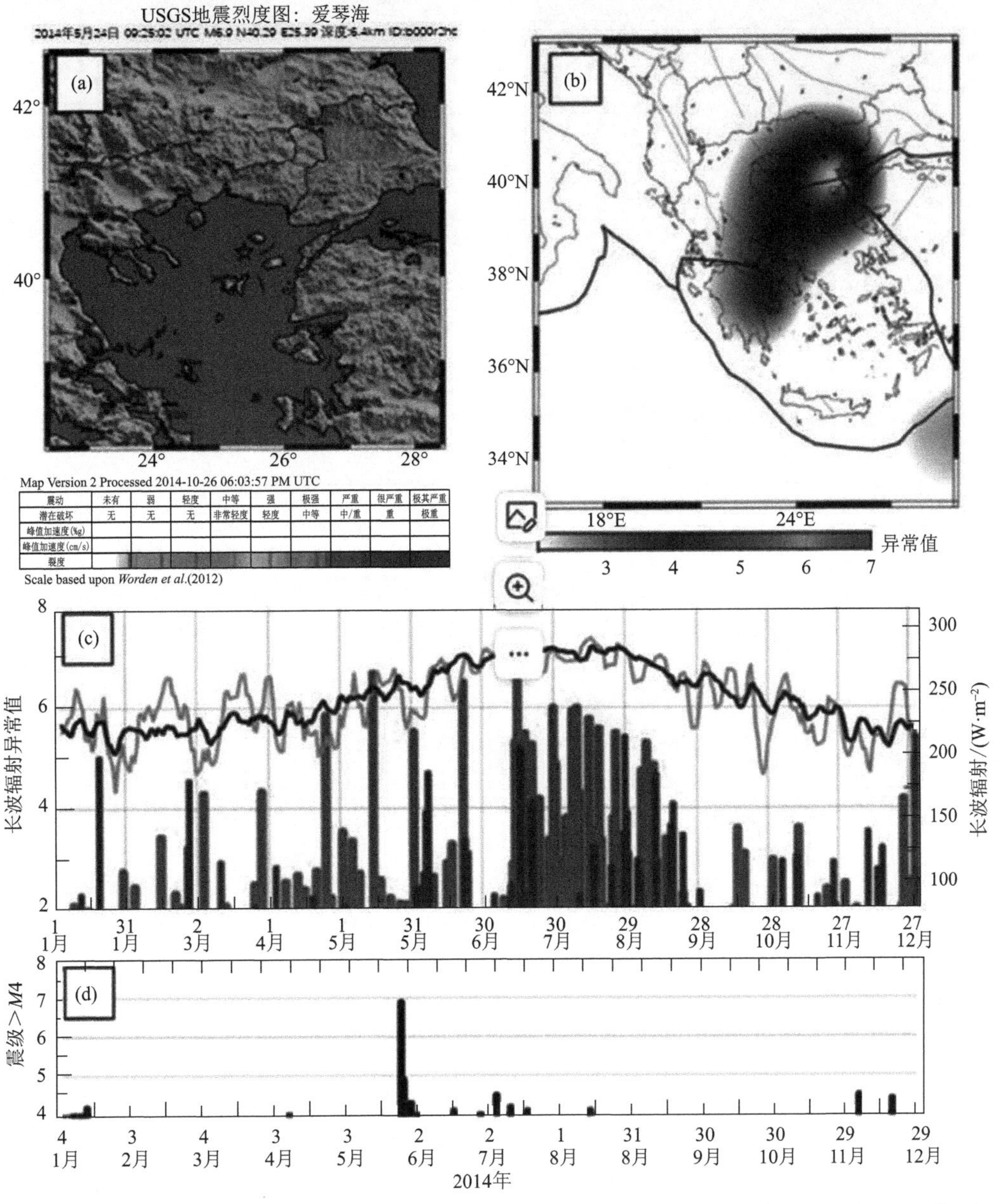

图 13.4 2014 年 5 月 24 日希腊爱琴海 6.9 级地震相关的热辐射异常（TRA）。（a）美国地质调查局地震震动图。（b）2015 年 5 月 14 日，提前 10 天观测的夜间热辐射异常值地图。红星标出了震中所在，加粗红线是构造板块边界，最后棕线标出了主要的断层。（c）震中夜间 OLR 的年度时间序列：异常值（红色标出）；（灰色代表）2014 年 OLR 平均值；（黑色代表）2006 年至 2014 年的平均值；（蓝色代表）2013 年无强震做对比的异常趋势。（d）震中附近 2014 年发生的强度大于四级的地震（欧洲-地中海地震中心目录）（彩色图片请参阅电子版）

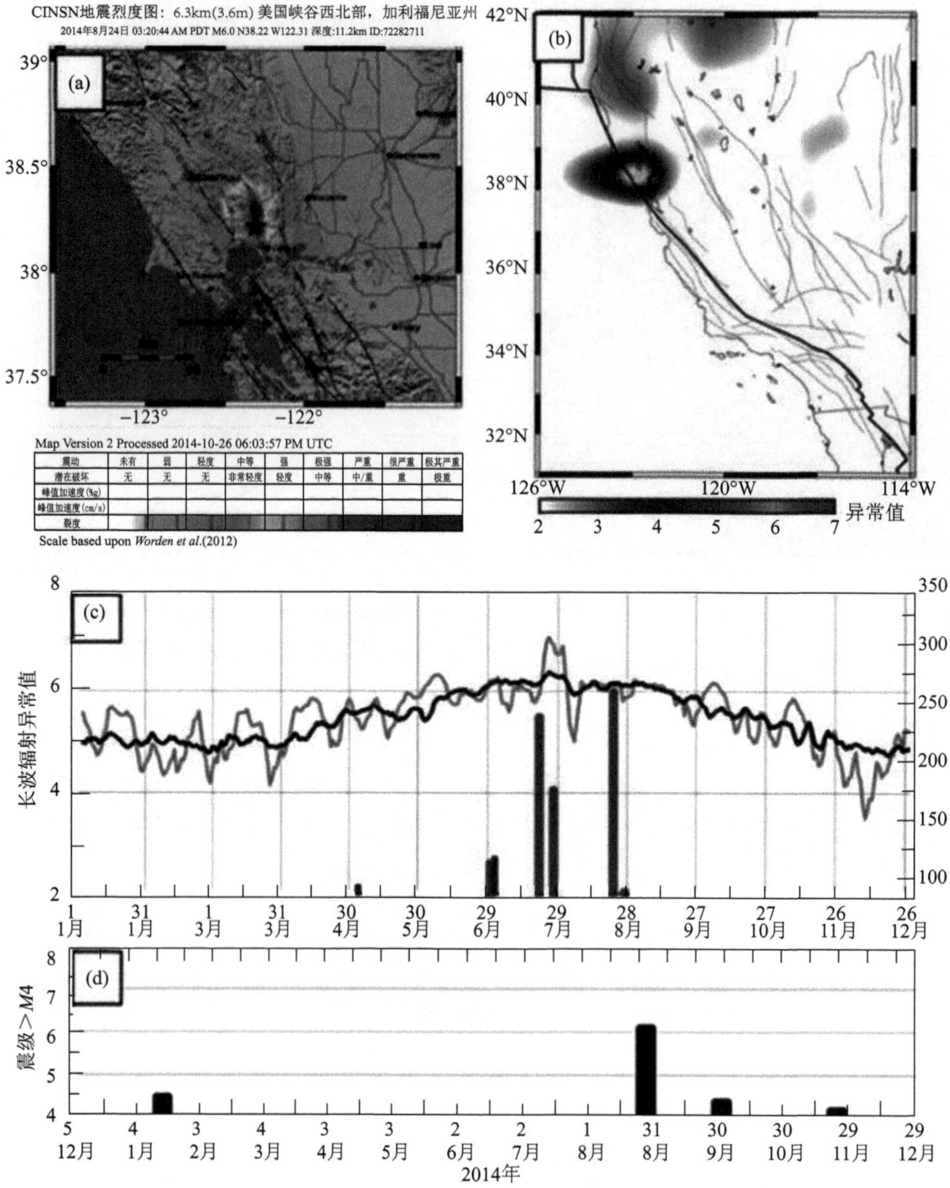

图 13.5　2014 年 8 月 24 日加利福尼亚纳帕谷 6 级地震相关的热辐射异常（TRA）。（a）美国地质调查局地震震动图。（b）2014 年 8 月 22 日，提前了 2 天观测的夜间热辐射异常值地图。红星标出了震中所在，加粗红线是构造板块边界，最后棕线标出了主要的断层。（c）震中夜间 OLR 的年度时间序列：异常值（红色标出）；（灰色代表）2014 年 OLR 平均值；（黑色代表）2006 年至 2014 年的平均值；（蓝色代表）2013 年无强震做对比的异常趋势。（d）震中附近 2014 年发生的强度大于四级的地震（欧洲-地中海地震中心目录）（彩色图片请参阅电子版）

OLR 日变化（OLR 异常值≤2）是由大气中层垂直大气环流的每日环境变化所引起的。土耳其凡省的 OLR 自 9 月 15 日起出现了对正常态极大的偏差，并于 10 月 22 日到达最高值（OLR，7），最后在 2011 年 12 月恢复到了正常值（图 13.3）。对于 2014 年爱琴海地震事件而言，异常值从二月初开始集中出现，并在 5 月 14 日前后达到最大值，最后在 2014 年 10 月 15 日恢复正常（图 13.4）。纳帕南地震则是 7 月 20 日开始爆发的，OLR 则在此日后呈现系统性的上升趋势，并在 8 月 22 日达到了 OLR 加速的最高水平（OLR，约为 7），最后在 2014 年九月中旬恢复正常值（图 13.5）。

此次地震事件末期的异常模式与上述所有地震主要余震活动快结束时的异常模式完全一致。为了测试驳斥检验结果的意义，例：无强震发生时也没有异常 OLR 信号的出现（Tramutoli et al.，2005），我们计算了相同地点地震前一整年的 OLR 异常。这一年 OLR 的时间分布显示其信号水平极低，且是随机分布的（图 13.3～图 13.5 中的蓝色柱体）。因此其与地震发生当年的 OLR 异常信号强度以及其随时间变化模式（图 13.3～图 13.5 红色柱体）并不同。凡省 7.0 级地震（图 13.3）和希腊 6.9 级地震（见图 13.4），从时间分析角度而言，研究区 OLR 值的季节变化规律是：北半球 6 月至 8 月期间 OLR 数值一般会高些，而震前 OLR 异常并未与 OLR 季节性变化的极大值重合（图 13.3 及 13.4 中的黑色曲线），代表了与天气无关的 OLR 异常值的出现以及其与地球动力活动的关联性。*M* 6.0 级南纳帕地震发生于 2014 年 8 月 24 日，正值盛夏，背景辐射场在自然条件下（夏季）得到了加强，但我们使用的计算法仍可以找到异常模式。最近在日本（2011 年，日本东北部，*M* 9 级）、中国（2008 年，汶川，*M* 7.9 级）、意大利（2009 年，拉奎拉，*M* 6.3 级）、海地（2010 年，*M* 7 级）、萨摩亚（2009 年，*M* 7 级）和智利（2015 年，*M* 8.8 级）地震发生的前几天都观测到了与异常模式相符的观测结果（Ouzounov et al.，2015a，b；Pulinets et al.，2015）。

13.3 与一些强震相关的热能量

我们使用不同的理论和观测手段审视了近期发生的强震（强度大于 8 级，$M > 8$）及其不同的能量组成。其目标是探索相关热现象的物理学机理，例如：比较地震的能量，同时还有震前释放的潜热能。我们使用了不同观测方法，借助相关理论，审视了苏门答腊岛三次巨震的地震能量收支并且评估了其机械能和热能。也就是说，我们评估了与地震活动相关的能量收支所需要的热能（Pulinets et al.，2006a，2006b；Kafatos et al.，2010）。基于空间的观测和模型输出。我们的预期是：我们的分析能解释与一些强震相关的潜在物理学机理（例如：我们提出的震前岩石圈与大气层相互作用的物理机理），并有助于为未来地震事件进行预警。强震能提供总能量相关的信息，对潜在物理学机理相关内容非常有用。

对于地震矩 M_0，能利用破裂长度、破裂宽度和滑动来获取三次地震的能量数值：8.9×10^{22} J、1×10^{22} J 和 3.2×10^{22} J，分别对应 2004 年 12 月 26 日、2005 年 3 月 28 日和 2011 年 3 月 11 日的地震事件。我们计算了在 2004 年 12 月 26 日苏门答腊岛地震中 2000 km^3 的陆块体积发生位移，而在日本地震中位移的陆块体积达 1300 km^3。我们可以将地震矩视为震前应力构造的总能量，地震矩实际是对可用总能量收支的预估。它与潜在重力能 mgh 也很接近，m 是板块质量，g 是重力加速度，h 是板块位移的垂直距离。地震矩的初意是靠近震中地区所造成的局部破坏，但其实际的有效能要远远高于造成表面大破坏的能量。我们能够预估 M_0、LH 和陆块的移动。所以 *M* 9 级地震甚至能影响整个地球也不是什么令人惊奇的事了。我们能预估因强震而产生的地球转动能量变化，例如：因苏门答腊岛主震，地球自转周期减少了 2.68 ms，扁率减少了 1/1010（Cook-Anderson and Beasley，2005）。

我们对发震时震区的 SLHF 进行整合从而得到潜热能量，考虑作为整体热能和机械能，所使用的 SLHF 数值来自 NCEP/NCAR 数据集，由国际气候研究所（IRI）所有（http：//iri. columbia.edu），也包括了热红外 OLR 数据。

也比较了与 9.3 级、8.7 级和 9.0 级地震事件以及他们的伴生现象相关的能量强度，通常使用震级与表面波相关能量的转换（Båth，1966），分别是：$E_Q\sim 4.5\times10^{18}$ J、$E_Q\sim5.5\times10^{17}$ J 和 $E_Q\sim1.5\times10^{18}$ J 。整个系列地震的总释放能量，包括多次余震主要是由上述三次事件主导。LH 能量在震前被释放，即 E_{LH}，能通过下列等式预估：

$$\Delta SLHF(\mathbf{r})=\sum_{i=1}^{N-1}\frac{SLHF(\mathbf{r})}{N-1} \tag{13.4}$$

r 是通过综合随时间变化的要素总和得来的，其结果具有不敏感性，因为在 2004 年 12 月 7 日前后（是 2004 年 12 月 26 日苏门答腊地震前 19 天）出现峰值信号（Cervone et al.，2004）；在 3 月 3 日至 10 日也出现了与日本东北地震有关的相似情况（Ouzounov et al.，2011b），与三次主要事件性有关的总潜热能分别是 $E_{LH}\sim8.0\times10^{18}$J、$E_{LH}\sim3.1\times10^{19}$ J 和 $E_{LH}\sim1.9\times10^{19}$ J ，分别对应 2005 年 3 月 28 日、2004 年 12 月 26 日和 2011 年 3 月 11 日的三次地震（表 13.2）。

表 13.2 大地震能量释放的对比：苏门答腊 2004 年和 2005 年的地震以及 2011 日本东北地震

位置	日期	矩震级	里氏震级	地震断裂长度	能量	地表潜通热量	潜通热量持续时间
苏门答腊	2004.12.26	9.1～9.3	420	约 1500	约 310	100	10
苏门答腊	2005.03.28	8.7	5.7	约 300	约 8	80	5
日本	2011.11.3	9.0	150	约 500	约 190	90	8

上述能量值为我们提供了地震的主要能量通道。研究调查其能量与机械过程之间的相互联系是很重要的，这也包括了潜热与伴生热能（详细见下文），研究人员有可能将其作为地震中参与的总能量的指标。因为我们正在观测海洋释放的潜热，而机械能/动能要小一个数量级，所以在预估全球能量释放过程，潜热能有可能成为最重要的一项指标（约 3×10^{19} J）。

研究分析表明，在地震发生的几天前探测到了潜热。2004 年 12 月 15 日，在苏门答腊 9.3 级地震 11 天前，沿着破裂带在未来的震中北部观测到了一次强异常值 > 4 σ[图 13.6（a）]。2005 年 3 月 6 日 *M*8.6 级地震发生前 20 天观测到了 SLHF 强度较低，覆盖范围较小的相似现象[图 13.6（b）]。2011 年日本东北地震也发生了相似的异常模式，3 月 5 日仅在主震 6 天前，在震中北部沿破裂带出观测到了强 SLHF 异常信号[图 13.6（c）]。如上所示，地震现象在整体上会引起潜热释放，在蒸发过程中，地球内部能量参与了反应。地球内部能量在短时间内发生变化，以 2004 年 12 月的 *M* 9.3 级地震、2005 年 3 月苏门答腊 *M* 8.6 级地震以及 2011 年 3 月的日本东北 *M* 9.0 级地震为例，我们发现地震矩的比率以及机械能到潜热的转化，它们也是破裂大小的函数，这表明潜热是所有相关地球物理能量的一个直接指标。

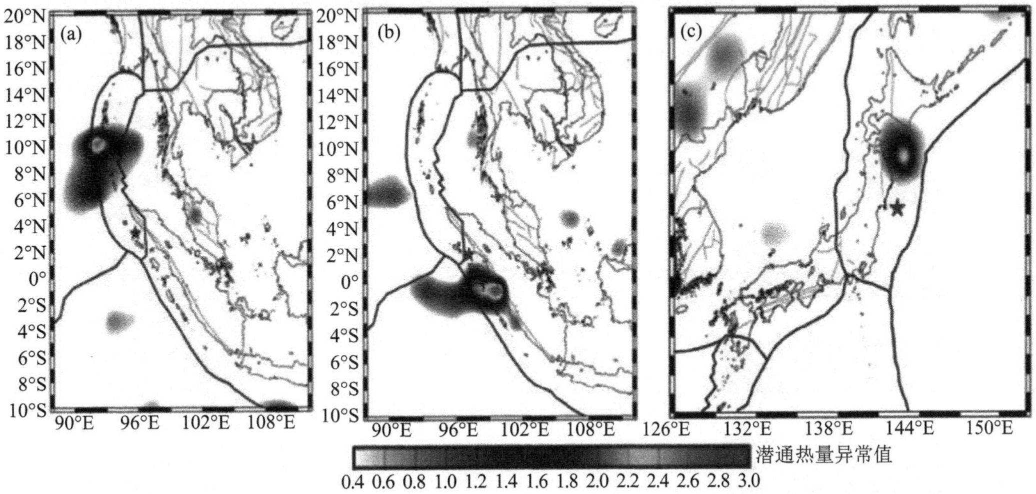

图 13.6 每日地表潜热通量异常地图（a）2004 年 12 月 15 日，2004 年 12 月 26 日苏门答腊 9.3 级地震发生 11 天前。（b）2005 年 3 月 6 日，2005 年 3 月 28 日苏门答腊 8.7 级地震发生 20 天前。（c）2011 年 3 月 5 日，在 2011 年 11 月 3 日日本东北 9 级地震发生 6 天前。震中用红星标出，加粗红线标示了构造板块的边界，棕色线标出了主要断层（彩色图片请参阅电子版）

13.4 热异常与岩石圈-大气层耦合

瞬态短期“热异常”的可能成因：①流体不断上升引起温室气体的排放（Gorny et al.，1988；Salman et al.，1992）；②井水水位上升及二氧化碳的释放最后形成了“局部温室效应”；③在岩石形变过程中激活的正电子空穴对；④活动断层附近的摩擦热（Tagami et al.，2008）和⑤因空气湿度变化引起的氡及潜热变化，并最终导致了空气电离。

卫星观测到与地震过程相关的 TIR 异常极不可能是以下成因：①地壳热流（因短期现象引起的）；②与断层活动相关的摩擦过程产生的对流输送（由于快速积累）；或③气象成因（因同地区长期存在的热红外异常引起）。热异常产生的物理学机制最可能原因是热辐射的形态和释放，最重要的是在陆地和海洋均能观测到热异常。如同 Khilyuk 等（2000）所描述的强气体放电（包括水下气体放电）有可能是潜在的原理。

尽管其具体原理仍有待确定（Freund，2011；Pulinets and Ouzounov，2011），“地下源”产生了 TRA 异常，同时造成在靠近地表处生成的电场渗入电离层，影响大气层和电离层的地震过程（Kuo et al.，2011）。地震周期的最终阶段（Dobrovolsky et al.，1979），伴随着地球化学和地磁异常的地壳机械形变，这一点已经通过相关仪器记录了下来（Scholz et al.，1973；Kasahara，1981）。已开展了加载负荷作用下的地壳形变与断层凹凸体之间联系的相关研究。凹凸体的形成和地壳孔隙的增加导致了气体运移的变化，引起大气边界层的气体增加。

在地震孕震期的最后阶段，孕震区观测到了断层的激活，这也导致了类似二氧化碳、甲烷、氢气、氦气和氡气等气体排放量的增加（图 13.7，第 1 步）。人们已经确定，上述过程与地壳变形过程一起，会导致氡通过载体气体（通常是甲烷和二氧化碳）被释放到大气中。人们已经建立了地壳形变和氡的释放之间的联系（Aumento，2002）。因氡具有放射性，会导致气体电离化（Harrison et al.，2010）（图 13.7，第 2 步）。

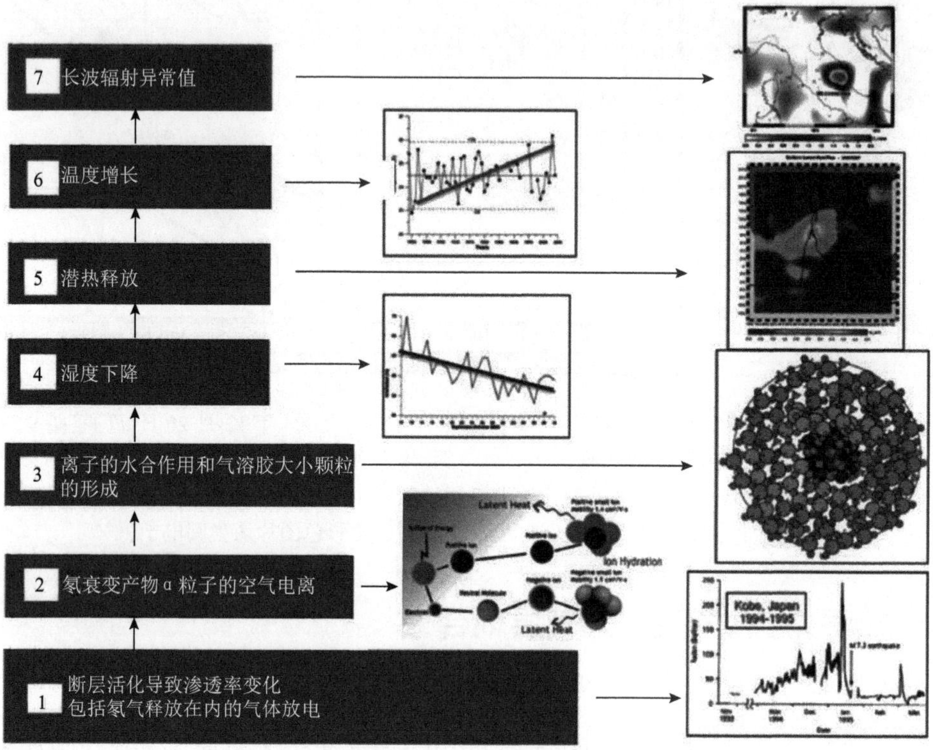

图 13.7 据岩石圈大气耦合原理绘制的震前热辐射异常产生原理图[Pulinets and Ouzounov（2011），更多细节请参见第六部分]（彩色图片请参阅电子版）

（1）1995 年日本 *M*7.2 级地震数日及数周前，日本神户附近监测到氡的异常波动（Igarashi et al.，1995）。（2）正负离子产生的原理简图，离子的水合及潜热释放。（3）水合离子团形成的示例。（4）2005 年 10 月 8 日克什米尔 *M* 7.6 级地震数天前，伊斯兰堡（巴基斯坦）相对湿度日最小异常波动。2004 年 12 月 7 日地表潜热通量异常，同时也发生在 2004 年 12 月 28 日苏门答腊 9.0 级地震的数天前（Sing et al.，2007）。（以 50 年的数据为基础）在 2003 年 1 月 22 日墨西哥科利马 7.6 级地震前，一月的大气温度月平均值出现的异常。（7）2009 年 4 月 2 日意大利拉奎拉 *M* 6.3 级地震数天前，在意大利阿布鲁佐出现的 TRA 异常

空气电离化急剧加速，因新形成的离子水合而生成了团簇离子。这一过程被称为离子诱导成核（IIN）（Laakso et al.，2002）（图 13.7，第 3 步）。这一过程导致了大型带电团簇离子的形成，团簇离子由带电的核心电子以及像信封一样包围着它的水分子

构成（Sekimoto and Takayama，2007）。INN 过程本质上是非线性的，因为它是当两种聚合状态下的水（凝结水和水蒸气）同时存在时的催化放热过程。

进一步讨论大气中 TRA 产生和震前过程之间联系的关键性问题：有哪些诱因导致了大气的强烈变化？催化过程和能量释放之间存在悖论，根源在于能量的来源不同。热辐射异常的能量来源是空气中水蒸气的潜热。以下是一些研究预估。

LH 常数为 $Q = 40.683\ \text{kJ mol}^{-1}$，即每个分子释放的热量为 $U_0 = Q/N_A = 0.422\ \text{eV}$，其中 $N_A = 6.022 \times 10^{23}\ \text{L mol}^{-1}$（阿伏伽德罗常数）。电离效率取决于附着在离子上水分子的数量。如果粒子增长到某一临界值 m_{max}，则释放的能量估计为 $w = m_{max}\ U_0$。如果离子生成速率为 dN / dt，则大气中释放的热量可以表示为 $Pa = w \cdot dN/dt$。我们在实验中发现了 1000 nm 级的团簇（Pulinets 和 Ouzounov，2011 年）。要电离任何空气分子，我们都需要 10^{-15} eV 的能量。一个 1000 纳米大小的粒子含有 0.4×10^{12} 水分子，释放的热量为 $0.422\ \text{eV} \times 0.4 \times 10^{12} = 1.7 \times 10^{11}\ \text{eV}$。因此我们可以看出，由于潜热的释放，能量增益为 $1.7 \times 10^{11}/15 = \sim 10^{10}$。这是氡和电离的基本值，不产生任何能量，而是由于水蒸气对离子的作用而释放能量，从而释放出空气中水蒸气里所含的潜热。

我们现在可以解释图 13.7 中的矩形框：第 4 步，由于离子上的水蒸气冷凝而导致空气的相对湿度下降；第 5 步，潜热释放；第 6 步，空气温度升高。从气象学上讲，湿度的急剧下降伴随着气温的升高。因为一般大气环流额外的热通量释放由于潜热的释放可记录在卫星观测到的大气透明度窗口 8～12 μm 内的红外发射长波部分（OLR；第 7 步，图 13.7）。如图 13.1 所示，在 TOA 处，我们期望输出的能量通量是多少？^{222}Rn 发射的平均能量为 $E\alpha = 5.46$ Mega eV，每个 α 粒子可产生约 3×10^5 个电子-离子对。根据氡活动的实际观测，地震前的氡水平可达到～ 2000 $\text{Bq} \cdot \text{m}^{-3}$（Inan et al.，2008）。氡的离子生成率为～ $6 \times 10^8\ \text{s}^{-1}$。根据我们的上述估计，我们知道 1000 纳米大小的颗粒含有 0.4×10^{12} 个水分子。在水蒸气冷凝过程中，潜热释放量为 $U_0 \sim 40.68 \times 10^3\ \text{J mol}^{-1}$（$1\ \text{mol} = 6.022 \times 10^{23}$）。这意味着，给定的氡活度与形成的 1000 纳米大小的粒子产生的热能输出为 16 $\text{W} \cdot \text{m}^{-2}$。这正是我们通过使用 NOAA/AVHRR 数据在 TOA 观测到的 TRA 异常范围～ 20 $\text{W} \cdot \text{m}^{-2}$（Ouzounov et al.，2007）。

IIN 过程对大气和电离层电磁耦合有两个主要影响：①水蒸气凝结在离子上产生的潜热释放；②空气电导率的变化导致全球电路局部变化。这些物理过程链被认为是岩石圈-大气-电离层-磁层耦合概念的重要组成部分（Pulinets and Ouzounov，2011；Pulinets et al.，2015）。使用多参量方法（Ouzounov et al.，2011）可以在不同的高度（地面、对流层、对流层顶）和空间等离子体异常区域[包括 GPS/TEC（总电子含量）]发现 TIR 异常。

13.5 总结和讨论

我们的结果表明，在一些大地震（图 13.3～图 13.5）发生的前几天，NOAA NPOES 卫星在震中附近观测到了与地震过程相关的红外信号，我们将其作为 OLR 热点。OLR 热点快速出现，在同一地区停留数小时至数天，然后迅速消失。土耳其凡城发生 *M*7.3 级地震的时间持续为 4 天；希腊爱琴海发生 *M*6.9 级地震的时间持续为 10 天，加利福尼亚发生 *M*6.0 级地震的时间持续为 2 天。OLR 增强可以解释为水蒸气在离子上凝结的结果，并释放大量的潜热。由于活跃构造断层释放的气体（包括氡）浓度增加，初始过程导致近地表的电离作用（Pulinets and Ouzounov，2011），大地震前辐射的瞬态现象遵循普遍的时空演化规律，与全球其他大地震相似（Kuo et al.，2011；Ouzounov et al.，2016）。瞬态 OLR 异常数值通常在 16～21 W m^{-2}之间变化，通过日平均 OLR 与背景场的比较得出的差值。背景场源于当地时间对同一地点的多年观测结果，并通过标准偏差进行归一化（Ouzounov et al.，2007，2011b）。通过对大气条件的星载观测，我们发现在与大地震相关和震前的最大应力区域，TOA 处的 TRA 始终存在。由于其持续时间相对较长，这些异常似乎不是气象异常。我们评估了三次大地震的机械能和热能，以探索相关热现象的物理性质。我们的估算结果表明，地震前释放的潜热比地震期间释放的地震能量大。这表明，在大地震中，相关的现象可能会显著高于其他物理过程的方差。由于我们对这些大事件有更大的能量估算，可以用来建立一个更普遍的地震能量现象学。我们对最近几次大地震的温度场连续变化（土耳其凡城，*M* 7.3 级地震，2011 年；希腊爱琴海，*M* 6.9 级地震 2014 年；加利福尼亚纳帕谷，*M* 6.0 级地震，2014 年）的分析表明，大气中存在相关的 TRA 变化，这意味着它们与孕震过程存在一定关联性。研究结果表明，岩石圈和大气层之间的耦合过程触发了大气响应。

致谢

作者想要感谢 NOAA 的气候预报中心以及美国宇航局戈达德地球科学中心（GES DAAC）提供的 OLR 数据，还有国际气候与社会研究所提供的 SLHF（地表潜热通量）数据。特别感谢美国地质调查局和欧洲-地中海地震中心提供的地震信息服务以及相关数据。Dimitar Ouzounov 想要感谢所有戈达德宇航中心和查普曼大学致力美国国家航空航天局发展国家计划的研究生，感谢他们帮助处理卫星数据。迪米塔·马佐诺夫和谢尔盖·普林涅茨想感谢国际空间科学研究所（伯尔尼及北京）对“利用星载多仪器观测将岩石圈大气电离层磁层耦合（LAIMC）确立为的地球多圈层相互作用上的概念”团队的支持。梅纳斯·卡法托斯感谢肯特·伍德在参与能量估算的投入。

参考文献

Aumento, F. (2002), Radon tides on an active volcanic island: Terceira, Azores, *Geofis. Int.*, *41*(4), 499-505.

Båth, M. (1966), Body wave energy from seismograms, in L. H. Ahrens, F. Press, and S. K. Runcorn (eds), *Physics and Chemistry of the Earth: Progress Series*, Vol. *7*, pp. 133-137, Pergamon Press, London.

Bryant, N., Zobrist, A., and Logan, T. (2003), Automatic co- registration of space-based sensors for precision change detection and analysis, *IGARSS 2003 Transactions*, Vol. *7*, pp. 21-26, France.

Carreno, E., Capote, R., and Yague, A. (2001), Observations of thermal anomaly associated to seismic activity from remote sensing, *General Assembly of European Seismology Commission*, pp. 265-269, Portugal, 10-15 September.

Cervone, G., Kafatos, M., Napoletani, D., and Singh, R. P. (2004), Wavelet maxima curves of surface latent heat flux associated with two recent Greek earthquakes, *Nat. Haz. Earth Syst. Sci.*, *4*(3), 359-374.

Cervone, G., Maekawa, S., Singh, R. P., Hayakawa, M., Kafatos, M., and Shvets, A. (2006), Surface latent heat flux and nighttime LF anomalies prior to the M_W=8.3 Tokachi- Oki earthquake, *Nat. Hazards Earth Syst. Sci.*, *6*, 109-114.

Cook-Anderson, G. and Beasley, D. (2005), *NASA Details Earthquake Effects on the Earth*, Press Release, 10 January, NASA.

Dey, S., Sarkar, S., and Singh, R. P. (2004), Anomalous changes in column water vapor after Gujarat earthquake, *Adv. Space Res.*, *33*(3), 274-278.

Di Bello, G., Filizzola, C., Lacava, T., Marchese, F., Pergola, N., Pietrapertosa, C., Piscitelli, S., Scaffidi, I., and Tramutoli, V. (2004), Robust satellite techniques for volcanic and seismic hazards monitoring, *Ann. Geophys.*, *47*(1), 49-64.

Dobrovolsky, I. R., Zubkov, S. I., and Myachkin, V. I. (1979), Estimation of the size of earthquake preparation zones, *Pure Appl. Geophys*., *117*, 1025 -1044.

Eleftheriou, A., Filizzola, C., Genzano, N., Lacava, T., Lisi, M., Paciello, R., Pergola, N., Vallianatos, F., and Tramutoli, V. (2015), Long-Term RST Analysis of Anomalous TIR Sequences in Relation with Earthquakes Occurred in Greece in the Period 2004-2013, *Pure Appl. Geophys*., *173*, 285-303.

Ellingson, R. G., Yanuk D. J., Lee, H.-T., and Gruber, A. (1989), A technique for estimating outgoing longwave radiation from HIRS radiance observations, *J. Atmos. Ocean. Tech.*, *6*, 706-711.

Filizzola, C., Pergola, N., Pietrapertosa, C., and Tramutoli, V. (2004), Robust satellite techniques for seismically active areas monitoring: a sensitivity analysis on September 7th 1999 Athens's earthquake, *Phys. Chem. Earth*, *29*, 517-527.

Fisher, S., Sulia, K., Ouzounov, D., Policelli, F., and Ferrucci, M. (2008), Data exploration of atmospheric thermal signals over regions of tectonic faulting and earthquake processes, *AGU Fall Meeting Abstracts*, 13 December.

Freund, F. (2002), Charge generation and propagation in rocks, *J. Geodyn.*, *33*, 545-572.

Freund, F. (2011), Pre-earthquake signals: Underlying physical processes, *J. Asian Earth Sci.*, *41*, 383-400.

Genzano, N., Aliano, C., Filizzola, C., Pergola, N., and Tramutoli, V. (2007), A robust satellite technique for moni- toring seismically active areas: the case of Bhuj - Gujarat earthquake, *Tectonophysics*, *431*, 197-210.

Genzano, N., Aliano, C., Corrado, R., Filizzola, C., Lisi, M., Mazzeo, G., Paciello, R., Pergola, N., and Tramutoli, V. (2009), RST analysis of MSG-SEVIRI TIR radiances at the time of the Abruzzo April 6th 2009 earthquake, *Nat. Haz. Earth Syst. Sci. 9*, 2073-2084.

Goosse, H., Barriat, P. Y., Lefebvre, W., Loutre, M. F., and Zunz, V. (2016), *Introduction to Climate Dynamics and Climate Modeling*, Online textbook available at http://www. elic.ucl.ac.be/textbook.

Gorny, V. I., Salman, A. G., Tronin, A. A., and Shilin, B. B. (1988), The Earth outgoing IR radiation as an indicator of seismic activity, *Proc. Acad. Sci. USSR*, *301*, 67.

Gruber, A. and Krueger, A. (1984), The status of the NOAA outgoing longwave radiation dataset. *Bull. Am. Meteorol. Soc.*, *65*, 958-962.

Han, P., Hattori, K., Hirokawa, M., Zhuang, J., Chen, C.-H., Febriani, F., Yamaguchi, H., Yoshino, C., Liu, J. Y., and Yoshida, S. (2014), Statistical analysis of ULF seismomag- netic phenomena at Kakioka, Japan, during 2001-2010, *J. Geophys. Res. Space Phys.*, *119*, 4998-5011.

Han, P., Hattori, K., Huang, Q., Hirooka, S., and Yoshino, C. (2016), Spatiotemporal characteristics of the geomagnetic diurnal variation anomalies prior to the 2011 Tohoku earth- quake (*Mw* 9.0) and the possible coupling of multiple pre- earthquake phenomena, *J. Asian Earth Sci. 129*, 13-21.

Harrison, R. G., Aplin, K. L., and Rycroft, M. J. (2010), Atmospheric electricity coupling between earthquake regions and the ion- osphere, *J. Atmos. Solar Terr. Phys.*, *72*, 376-381, 2010.

Hayakawa, M. (1999), *Atmospheric and Ionospheric Electromagnetic Phenomena with Earthquakes*, Terra Scientific Publishing, Tokyo.

Hayakawa, M. (ed.) (2012), *Frontier of Earthquake Short-Term Prediction Study*, Nihon-Senmontosho, Japan, 794 pp.

Hayakawa, M. and Molchanov, O. A. (2002), *Seismo Electromagnetics, Lithospheric-Atmospheric-Ionospheric coupling*, Terra Scientific Publishing, Tokyo.

Inan, S., Akgu, T., Seyis, C., Saatc, R., Baykut, S., Ergintav, S., and Bas, M. (2008). Geochemical monitoring in the Marmara region (NW Turkey): A search for precursors of seismic activ- ity, *J. Geophys. Res.*, *113*, B03401, doi:10.1029/2007JB005206.

Kafatos, M., Ouzounov, D., Pulinets, S., Hattori, K., Liu, J., Parrot, M., and Taylor, P. (2010), Multi sensor approach of validating atmospheric signals associated with major earthquakes, *EGU General Assembly Conference Abstracts*, Vol. *12*, p. 1418.

Kasahara, K. (1981), *Earthquake Mechanics*, Cambridge University Press, Cambridge, pp. 1-248.

Khilyuk, L. F., Chillingar, G. V., Robertson, J. O. Jr., and Endres, B. (2000), *Gas Migration. Events Preceding Earthquakes*, Gulf Publishing Company, Houston, TX, 390 pp.

Kon, S., Nishihashi, M., and Hattori, K. (2010), Ionospheric anomalies possibly associated with M ≥ 6 earthquakes in Japan during 1998-2010: Case studies and statistical study, *J. Asian Earth Sci.*, *41*(4), 410-420, doi: 10.1016/j.jseaes.2010.10.005.

Kuo, C. L., Huba, J. D., Joyce, G., and Lee, L. C. (2011), Ionosphere plasma bubbles and density variations induced by pre-earthquake rock currents and associated surface charges, *J. Geophys. Res.*, *116*, 1029-1039.

Laakso, L., Mäkelä, J. M., Pirjola, L., and Kulmala, M. (2002), Model studies on ion-induced nucleation in the atmosphere. *J. Geophys. Res.*, *107*(D20), 4427, doi:10.1029/2002JD002140.

Liebmann, B. and Smith, C. A. (1996), Description of a com- plete (interpolated) outgoing longwave radiation dataset, *Bull. Am. Meteorol. Soc.*, *77*, 1275-1277.

Lisi, M., Filizzola, C., Genzano, N., Grimaldi, C. S. L., Lacava, T., Marchese, F., Mazzeo, G., Pergola, N., and Tramutoli, V. (2010), A study on the Abruzzo 6 April 2009 earthquake by applying the RST approach to 15 years of AVHRR TIR observations, *Nat. Haz. Earth Syst. Sci.*s, *10*, 395-406.

Liu, D. and Kang, C. (1999), Thermal omens before earth- quakes, *Acta Seismol. Sin.*, *12*(6), 710-715.

Liu, J. Y., Chen, Y. I., Chen, C. H., and Hattori, K. (2010), Temporal and spatial precursors in the ionospheric global positioning system (GNSS GPS) total electron content observed before the 26 December 2004 M9.3 Sumatra- Andaman Earthquake, *J. Geophys. Res.*, *115*, A09312, doi:10.1029/2010JA015313.

MacArthur, S. D. (1980), *Human spirit in Pauline usage*, PhD thesis, University of Glasgow.

Martinelli, G. (1998), History of earthquake prediction researches, *Il NuovoCimento C*, *22*(3).

Mehta, A. and Susskind, J. (1999), Outgoing longwavelength radiation from the TOVS Pathfinder Path A Data Set, *J. Geophys. Res.*, *104*, NO.d10,12193-12212.

Milne, J. (1913), *Earthquakes and Other Movements*, 2nd edn, London, 210 pp.

Ohring, G. and Gruber, A. (1982), Satellite radiation observa- tions and climate theory, *Adv. Geophys.*, *25*, 237-304.

Ouzounov, D. and Freund, F. (2004), Mid-infrared emission prior to strong earthquakes analyzed by remote sensing data, *Adv. Space Res.*, *33*(3), 268-273.

Ouzounov, D., Liu, D., Kang, C., Cervone, G., Kafatos, M., and Taylor, P. (2007), Outgoing long wave radiation variabil- ity from IR satellite data prior to major earthquakes, *Tectonophysics*, *431*, 211-220.

Ouzounov, D., Pulinets, S., Hattori, K., Kafatos, M., and Taylor, P. (2011a), Atmospheric signals associated with major earthquakes. A multi-sensor approach, in M Hayakawa, (Ed), *Frontier of Earthquake Short-Term Prediction Study*, pp. 510-531, Nihon-Senmontosho, Japan.

Ouzounov, D., Pulinets, S., Liu, J. Y., Hattori, K., Kalenda, P., Shen, W., Bobrovskiy, V. S., Windsor, C., Kafatos, M., and Taylor, P. (2011b), Utilizing new methodologies to study major earthquakes: Multi-parameter observation of pre- earthquake signals from ground and space, *AGU Meeting Abstracts*.

Ouzounov, D., Kafatos, M., Petrov, L., Pulinets, S. A., Liu, J. Y., Su, Y. C., and Chen, S. (2014), Space and ground observa- tions of pre-earthquake anomalies. prospective/retrospective testing for *M* 6.0 August 24, 2014 South Napa, CA, *AGU Fall Meeting Abstracts*, 4942.

Ouzounov, D., Pulinets, S., and Davidenko, D. (2015a), Revealing pre-earthquake signatures in atmosphere and ion- osphere associated with 2015 *M* 7.8 and *M* 7.3 events in Nepal. Preliminary results, https://arxiv.org/pdf/1508.01805.

Ouzounov, D., Pulinets, S., Hattori, K., Lee, L., Liu, J. Y., and Kafatos, M. C. (2015b), Prospective validation of pre-earth- quake atmospheric signals and their potential for short-term earthquake forecasting, *Geophysical Research Abstracts* Vol. *17*, EGU2015-7840-1, EGU General Assembly.

Ouzounov, D., Pulinets, S., Davidenko, D., Hernández- Pajares, M., García-Rigo, A., Petrrov, L., Hatzopoulos, N., and Kafatos, M. (2016), Pre-earthquake signatures in atmosphere/ionosphere and their potential for short-term earthquake forecasting. Case studies for 2015, *Geophysical Research Abstracts*, Vol. 18, EGU2016-3496, EGU Assembly.

Pergola, N., Aliano, C., Coviello, I., Filizzola, C., Genzano, N., Lacava, T., Lisi, M., Mazzeo, G. and Tramutoli, V. (2010), Using RST approach and EOS-MODIS radiances for monitoring seismically active regions: a study on the 6 April 2009 Abruzzo earthquake, *Nat. Haz. Earth Syst. Sci.*, *10*, 239-249.

Pulinets, S. and Boyarchuk, K. (2004), *Ionospheric Precursors of Earthquakes*, Springer.

Pulinets, S. and Davidenko, D. (2014), Ionospheric precursors of earthquakes and global electric circuit, *Adv. Space Res.*, *53*(5), 709-723.

Pulinets, S. and Ouzounov, D. (2011), Lithosphere-atmosphere- ionosphere coupling (LAIC) model—a unified concept for earth- quake precursors validation, *J. Asian Earth Sci. 41*(4), 371-382.

Pulinets, S., Ouzounov, D., Ciraolo, L., Singh, R., Cervone, G., Leyva, A., Dunajecka, M., Karelin, A. V., Boyarchuk, K. A., and Kotsarenko, A. (2006a), Thermal, atmospheric and iono- spheric anomalies around the time of the Colima *M*7.8 earth- quake of 21 January 2003, *Ann. Geophys.*, *24*, 835-849.

Pulinets, S., Ouzounov, D., Karelin, A., Boyarchuk, K., and Pokhmelnykh, L. (2006b), The physical nature of thermal anomalies observed before strong earthquakes, *Phys. Chem. Earth*, *31*(4-9), 143-153.

Pulinets, S., Ouzounov, D., Karelin, A., and Davidenko, D. (2015), Physical bases of the generation of short-term earth- quake precursors: a complex model of ionization-induced geophysical processes in the lithosphere-atmosphere- ionosphere-magnetosphere system, *Geomag. Aeron.*, *55*(4), 540-558.

Quing, Z., Xiu-Deng, X., and Chang-Gong, D. (1991), Thermal infrared anomaly—precursor of impending earthquakes, *Chin. Sci. Bull.*, *36*, 319.

Salman, A., Egan, W. G., and Tronin, A. A. (1992), Infrared remote sensing of seismic disturbances, in *Polarization and Remote Sensing, SPIE*, pp. 208-218, San Diego, CA.

Saraf, A. and Choudhury, S. (2005), NOAA-AVHRR detects thermal anomaly associated with 26 January, 2001 Bhuj Earthquake, Gujarat, India, *Int. J. Remote Sens.*, *26*, 1065-1073.

Scholz, C. H., Sykes, L. R., and Aggarwal, Y. P. (1973), Earthquake prediction: A physical basis, *Science*, *181*,

803-809.

Schorlemmer, D., Wiemer, S., and Wyss, M. (2004), Earthquake statistics at Parkfield: 1. Stationarity of *b*-values, *J. Geophys. Res.*, *109*, B12307, doi:10.1029/2004JB003234.

Sekimoto, K. and Takayama, M. (2007), Influence of needle voltage on the formation of negative core ions using atmos- pheric pressure corona discharge in air, *Int. J. Mass Spectrom.*, *261*. 38-44.

Tagami, T., Hasebe, N., Kamohara, H., and Takemura, K. (2008), Thermal anomaly around the Nojima Fault as detected by fission-track analysis of Ogura 500 m borehole samples, *Island Arc*, *10*, 457.

Tramutoli, V. (1998), Robust AVHRR techniques (RAT) for environmental monitoring: theory and applications, *SPIE Proceedings*, *Earth Surface Remote Sensing II*, Vol. *3496*, Barcelona.

Tramutoli, V., Cuomo, V., Filizzola, C., Pergola, N., and Pietrapertosa, C. (1999), Assessing the potential of thermal infrared satellite surveys for monitoring seismically active areas. The case of Kocaeli (İzmit) earthquake, August 17th, 1999, *Remote Sens. Environ.*, *96*(3-4), 409-426.

Tramutoli, V., Di Bello, G., Pergola, N., and Piscitelli, S. (2001), Robust satellite techniques for remote sensing of seismically active areas, *Ann. Geophys.*, *44*(2), 295-312.

Tramutoli, V., Cuomo, V., Filizzola, C., Pergola, N., and Pietrapertosa, C. (2005), Assessing the potential of thermal infrared satellite surveys for monitoring seismically active areas. The case of Kocaeli (İzmit) earthquake, August 17, 1999, *Remote Sens. Environ.*, *96*, 409-426.

Tramutoli, V., Aliano, C., Corrado, R., Filizzola, C., Genzano, N., Lisi, M., Martinelli, G., and Pergola, N. (2013), On the possible origin of thermal infrared radiation (TIR) anomalies in earthquake-prone areas observed using robust satellite techniques (RST), *Chem. Geol.*, *339*, 157-168.

Tramutoli, V., Armandi, B., Corrado, R., Filizzola, C., Genzano, N., Lisi, M., Paciello, R., and Pergola, N. (2014a), Long term TIR satellite monitoring over Europe, US and Asian regions: results and possible implications for an integrated system for a time-dependent assessment of seis- mic hazard (t-DASH), in *URSI GASS 2014 XXXIth URSI General Assembly and Scientific Symposium*, 16-23 August, Beijing, doi: 10.1109/URSI GASS.2014.6929870.

Tramutoli, V., Armandi, B., Coviello, I., Eleftheriou, A., Filizzola, C., Genzano, N., Lacava, T., Lisi, M., Paciello, R., Pergola, N., Satriano, V., and Vallianatos, F. (2014b), Long term RST analyses of TIR satellite radiances in different geo-tectonic contexts: results and implications for a time dependent assessment of seismic hazard (t-DASH), *American Geophysical Union Fall Meeting*, 15-19 December, San Francisco.

Tramutoli, V., Corrado, R., Filizzola, C., Genzano, N., Lisi, M.. and Pergola, N. (2015a), From visual comparison to robust satellite techniques: 30 years of thermal infrared satellite data analyses for the study of earthquake preparation phases, *Boll. Geof. Teor. Appl.*, *56*(2), 167-202.

Tramutoli, V., Corrado, R., Filizzola, C., Genzano, N., Lisi, M., Paciello, R., and Pergola, N. (2015b). One year of RST based satellite thermal monitoring over two Italian seismic areas, *Boll. Geof. Teor. Appl.*, *56*(2), 275-294.

Tributsch, H. (1978), Do aerosols anomalies precede earth- quakes? *Nature*, *276*(1978), 606-607.

Tronin, A. A. (1996), Satellite thermal survey—a new tool for the studies of seismoactive regions, *Int. J. Remote Sens.*, *17*, 1439-1455.

Tronin, A. A. (2006), Remote sensing and earthquakes: a review, *Phys. Chem. Earth*, *31*, 138-142.

Tronin, A. A. (2011), *Catalog of Thermal And Atmospheric Phenomena Associated With Earthquakes*, Saint Petersburg, Russia, 260 pp. (In Russian).

Tronin, A. A., Hayakawa, M., and Molchanov, O. A. (2002), Thermal IR satellite data application for earthquake research in Japan and China, *J. Geodyn.*, *33*, 519-534.

Tronin, A. A., Biagi, P. F., Molchanov, O. A., Khatkevich, Y. M., and Gordeeev, E. I. (2004), Temperature variations related to earthquakes from simultaneous observation at the ground stations and by satellites in Kamchatka area, *Phys. Chem. Earth*, *29*, 501-506.

Xiong, P., Shen, X. H., Bi, Y. X., Kang, C. L., Chen, L. Z., Jing, F., and Chen, Y. (2010) Study of outgoing long wave radiation anomalies associated with Haiti earthquake, *Nat. Hazards Earth Syst. Sci.*, *10*, 2169-2178.

第六部分　与大地震相关的电离层过程

14 甚低频至低频探测电离层扰动及其与地震之间的潜在关联

早川正士[1,2]，浅野智和[1]，亚历山大·罗兹诺伊[3]，玛丽亚·索洛维耶娃[3]

1 早川地震电磁学研究所有限公司，电气通信大学 （UEC），育成中心，长府，东京，日本
2 电气通信大学 （UEC），长府，东京，日本
3 地球物理研究所，俄罗斯国家科学院，莫斯科，俄罗斯

摘要 此章节回顾使用低频以及甚低频（VLF–LF）来探测底部电离层信号可能与地震有关的电离层扰动。首先描述 VLF–LF 方法的细节，接着基于远东 VLF–LF 监测网（由在日本及俄罗斯的站点组成）站点数据展示相关观测结果。本章的主要目的是探测震前电离层扰动，但是我们必须得了解 VLF–LF 信号的背景和由其上下界面带来的干扰，这些都是地震过程的干扰因素。起初我们研究的是传统意义上的日地效应，例如地磁暴和包括台风在内的大气层扰动。然后，我们将注意力转回我们的主题：震前电离层扰动。本章首先从 1995 年日本神户地震相关的地震电离层扰动的明显迹象入手，接着是关于 2011 东北大地震的结果。本章呈现了上述提到的 VLF–LF 扰动与地震之间的统计学关联。最后，我们还探讨了电离层出现扰动原因和震前电离层扰动的原理。

14.1 引言

最近一系列在世界范围内发生的破坏性极大的地震，包括最近的 2011 年日本东北大地震，都提升了人们对地震的认识和重视程度，同时人们也意识到，地震学作为一门学科，在强震事件发生前几天至数周的时间内为人们提供与愈发严重地震灾害相关的信息的能力是有限的。

为了减轻地震灾害的影响，特别是在人员伤亡方面的负面影响，强震在小时、天和周的时间范围内的预报极富意义（这也被称为地震短期预测）（Hayakawa，2015）。自从 1995 年神户地震以来，日本对于地震短期预测的要求在过去的 20 年里发生了极大的变化。基于地壳运动测量的传统地震预测（也就是所谓的中期地震预测）对短期地震预测意义不大。在那期间我们对电磁效应进行了新一波测量，也积累了关于震前发生电磁现象的实质性证据（Hayakawa，1999，2009a，2012，2013；Hayakawa and

Molchanov，2002；Pulinets and Boyarchuk，2004；Molchanov and Hayakawa，2008）。就此，许多科学家都将电磁效应作为短期地震预测的强有力预选证据。

在原则上可将使用电磁方法的地震预测分为两大类：①探测从震中发射的电磁波，和②通过已有电波发射器（也称为电波探测）探测地震对大气和电离层的间接影响。

此章将阐述采用的甚低频（VLF；3～30 kHz）至低频（LF；30～300 kHz）方法，以此来探测上述分类②的地震电离扰动。因为低电离层对于不同物理参量敏感[不管是来自其上方（太空）还是下方的参量]，故我们首先回顾影响电离层扰动的物理因素，其次讨论与地震有关的可能扰动。此研究涉及了一些具体的地震案例，包括 1995 年神户地震和 2011 年日本东北大地震。基于我们的长期观测建立了电离层干扰和地震之间的统计联系，最后呈现了震前电离层被扰动的机制。

14.2 针对低电离层扰动的甚低频至低频探测

许多国家现在正在运行大型甚低频至低频（VLF-LF）发射装置，主要用于导航、无线电值班以及军用潜艇通信。为了能够有效地发射低频电磁波，需要天线的尺寸约为辐射波长，这意味着 VLF-LF 发射机天线必须足够大，通常高达数百米（Watt，1967；Hayakawa，2015）。

针对甚低频至低频探测，我们采用的方法是著名的射电物理技术（Hayakawa，2007，2009b；Rozhnoi et al.，2013），此种方法监测由导航发射器发射的在地球与电离层波导内传播的无线电信号的幅度及相位。如果发射器的频率和接收器的距离都是固定的，那么观测到的信号参数主要由反射高度的位置决定，而反射高度的位置又取决于靠近大气层与电离层边界的电子密度数值及电子密度梯度，在日间通常数值为 80～85 km 而在夜间约为 90 km。这样的海拔高度对于气球来说太高了而对于卫星来说又太低了，从而使得原位测量的可能性极少。探索低电离层 D 区及 E 区的唯一可能方法是监测 VLF–LF 底部电离层信号。D 区及 E 区对任何干扰媒介（来自地面的或是来自上方的）都很敏感。与上层 F 区相比，D 区与 E 区低电离层密度变化的动态范围非常大，对 VLF–LF 方法上具有重大优势。

来自上方（太空）的干扰形成了著名的日地效应，VLF 法已成为记录低电离层和上层大气短期电子密度波动的标准（Belrose and Thomas，1968；Potemra and Rosenberg，1973；Kikuchi，1981；Sauer et al.，1987）。短期电子密度波动与太阳耀斑（如伦琴耀斑）、宇宙线（福布什效应）、磁暴（Belrose and Thomas，1968；Potemra and Rosenberg，1973；Kikuchi，1981；Sauer et al.，1987）和由（哨声）波和磁圈离子交互而引起的高能粒子沉降有关（Inan et al.，1985；Dowden and Adams，1988）。我们认为在低电离层持续时间至少数天的地磁活动对于探测和辨别地震电离层扰动来说是最大的挑战。

来自下方对流层的影响与①核武器试验和②闪电引起的电离化（或/以及升温）有

关（Nickolaenko and Hayakawa，1995；Craig and McCormik，2006）。因闪电放电而引起的电离层扰动持续时间非常短，与太阳耀斑相关的磁层高能粒子沉降效应也是如此。这些持续时间极短的现象在探测与识别地震电离扰动上并不重要，因此我们在此章中就没有讨论这些现象。本章主要呈现了气象因素（例如台风）持续源对电离层扰动的最新研究成果。

14.3　因日地效应和气象因素引起的 VLF–LF 扰动

14.3.1　与日地效应相关的 VLF–LF 异常

我们为读者呈现了与日地效应相关的 VLF–LF 异常，如需了解详情请参见 Rozhnoi 等（2012a，2013）。

根据日俄 ISTC 项目框架（图 14.1），我们于 2000 年 6 月在俄罗斯堪察加彼得罗巴甫洛夫斯克（Petropavlovsk-Kamchatsky: PTK）（地理坐标：158.55°E，53.09°N）安装了 OmniPAL 接收机。在堪察加的接收机是远东监测网的一部分。远东监测网是在日本的 7 个站点落成后才建立的，所有站点接受来自四个人工源信号幅度以及信号相位，四个人工源发射器分别是日本的 JJY（40 kHz，福岛）、JJI（22.2 kHz，宫崎）、澳大利亚的 NWC（19.8 kHz）及夏威夷的 NPM（21.4 kHz）。来自 JJY 人工源信号对于我们的研究分析贡献最大，因为 PTK 接收站恰巧位于适宜接受范围。我们可以看到，包括菲涅耳带的第三区在内的波链路沿途的敏感区域几乎完全覆盖了地震活跃的伊豆群岛及千岛堪察加半岛地区。JJY–PTK 波链路大约是 2300 km，采样频率是 20 s，菲涅耳带第一区的半波宽 $y \approx [\lambda^2/4 + \lambda x\,(1 - x/D)\,]0.5$，$\lambda$ 是波长，x 是沿着路径的坐标，而 D 则是人工源至接收机的距离，半短轴是 b，约为 70 km。

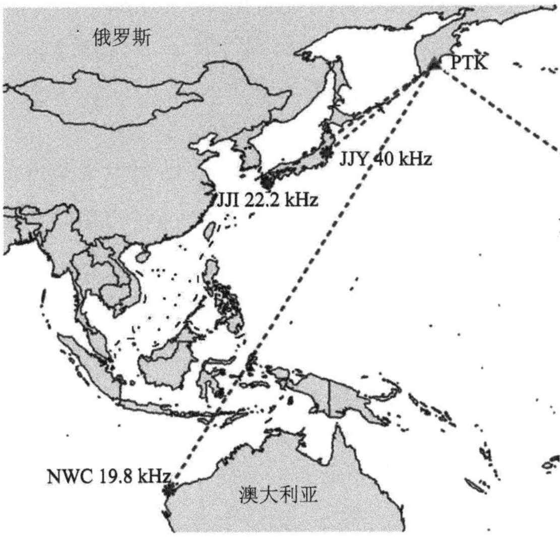

图 14.1　澳大利亚的 NWC 、夏威夷的 NPM（21.4 kHz）、日本的 JJY 和 JJI 人工源和俄罗斯堪察加彼得罗巴甫洛夫斯克（Petropavlovsk- Kamchatsky：PTK）VLF 接收机的位置

VLF–LF 信号的主要特征是每日（白天）的变化波动，这取决于频率、波长、链路沿途的光照条件，还有与地球磁场相关的信号传播方向。每条迹线都有其独特的日变化，任何 VLF–LF 信号幅度和相位日变化在每月都有显著变化。因此，我们的分析采用了相位 d*P* 或幅度 d*A* 的残余信号，定义为被测信号[*A*（*t*），*P*（*t*）]与平静无异常几天（<*A*>，<*P*>）的平均值之间的差值：d*A*（*t*）= *A*（*t*）− <*A*>，d*P*（*t*）= *P*（*t*）− <*P* >（Rozhnoi et al.，2004；Hayakawa et al.，2010）。我们将异常信号定义为 d*P* 或 d*A* 超过其对应的 2σ 值（σ 为标准差）。

VLF–LF 波是从电离层最低区域（白天的 D 区，夜间的 E 区）反射，除日出和日落这两个时段外，振幅和相位都表现了稳定的传播特性。因此，选择了日间和夜晚搜集数据而排除了日出和日落这两个时段。因为 VLF–LF 信号日间变化比夜间变化大，并且 VLF–LF 信号受到地球白天一侧太阳发射的 X 射线引起的电离层扰动（SID）的强烈影响，因此最终选择了“夜间观测条件”。

使用 VLF–LF 信号方法来寻找地震前兆，我们必须知道行星波、太阳活动（质子和 X 射线太阳耀斑和电子通量）、磁暴和大气环流引起的信号背景变动（Rozhnoi et al.，2003，2006；Kleimenova et al.，2004）。我们考虑了以下参数：K_p 和 D_{st} 磁场活动的指标；X 射线和静止卫星 GOES 观测到的高能粒子流；数据源自中纬度的日本茂尻（Moshiri）（MSR，地磁纬度 = 37.4°）和俄罗斯马加丹（MGD，53.6°）（和电磁波路径几乎位于同一磁子午线）；地震震级数据来自美国地质调查局目录所记载的地震强度、信号的幅度、相位以及其残差信号。

首先，我们研究了 VLF–LF 信号幅度和相位对电离层扰动的敏感度，这里与磁活动及太阳活动变化相关的电离层扰动是基于 9 年的观测得出的。为了分析，使用了夜间幅度和相位的平均残差信号（夜间时段的平均值）、D_{st} 指数的数据序列以及静止卫星 GOES-10 记录的高投掷角粒子通量（电子和质子）。针对质子分析，我们选择 P1 信号通道（0.6～4.2 MeV），电子分析则选用 E1 信号通道（>2 MeV）。所有被分析的参量（D_{st}、电子和质子通量）都分解为特定的区间，我们计算了所选参量在特定区间包含的天数（*N*）。在所有选中天数的区间中我们再区分出平均 d*P* 或 d*A* 或大于 2σ（N_i）的天数。N_i/N 的比值被视为 LF 信号幅度或相位对分析参数的敏感度。

地磁和太阳因素的分析结果见图 14.2。JJY 的 LF 信号相位及幅度的变化与 D_{st} 指数、质子和电子通量之间存在明显关联。特别重要的是，在各观测站点这种联系的性质都保持了一致[PTK，MSR，和高知县（KCH）]。已经证实 LF 信号的幅度较相位有更高的稳定性，LF 信号振幅和相位的色散也得出了相似的结果。

VLF–LF 相位异常是磁爆主相和恢复相期间典型的现象。人们还发现夜间 Pi3 地磁脉动爆发时能观测到“湾状”的相位和幅度异常（有时会有几十分钟的延迟）（Rozhnoi et al.，2003；Kleimenova et al.，2004）。同时 LF 信号强度变化并非线性，主要取决于磁爆或地磁亚爆的强度。例如：2001 年 3 月 31 日发生了强磁爆（D_{st} = 360 nT），同时伴随着一次小型的正相位异常，但 2001 年 1 月 21 日出现的中等强度的地磁扰动（D_{st} = 40 nT）引起了较大的负相位异常。

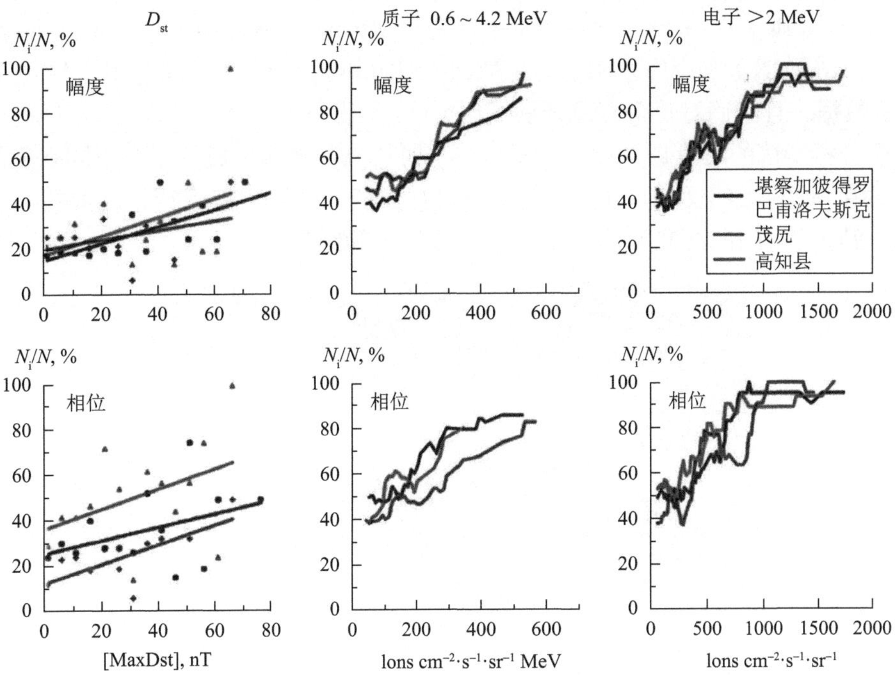

图 14.2　对三个接收站点的统计分析结果（高知县，茂尻和堪察加彼得罗巴甫洛夫斯克）。N 是 D_{st} 电子和质子通量的选定参数的天数。N_i 是在同一区间内数据超过其对应 2σ 标准的天数

我们的主要目标是将与地震活动有关的 VLF–LF 扰动从磁暴、太阳活动以及大气环流相关的大型或全球异常中区分开来。从我们积累的经验来看，区分地震异常与包含其他扰动的背景数据（特别是当两种情况同时发生时）非常困难，因为不同种类异常扰动的形态极其相似，其影响和表现也基本相当。唯一能区分不同种类异常的希望寄托于与任意因素的精确关联。只有当所有其他已知原因均被排除后才能将一次 LF 信号的异常当作地震前兆来考量。利用台网的数据能提升确定被测异常性质的可靠性。

14.3.2　与气象条件（台风）相关的 VLF–LF 异常

电离层的气象效应研究时间较长。自 Bauer（1958）的研究以来，人们对电离层 F 区（*fo*F2）热带台风通过时总电子含量（TEC）的响应开展了大量研究（Bishop and Straus，2006；Liu et al.，2006；Xu et al.，2008；Polyakova and Perevalova，2011；Vanina-Dart et al.，2011；Lin，2012；Zakharov and Kunitsyn，2012）。高频多普勒频移数据（Huang et al.，1985；Xiao et al.，2007）以及卫星观测数据（Mikhailova et al.，2001；Isaev et al.，2002；Sorokin et al.，2015）被用于进一步研究气象现象对顶部电离层的影响。

相比之下，关于热带台风对低电离层影响的文章却很少。Hayakawa 等（2008）在分析与 2007 年新泻中越地震有关的电离层扰动时记录到了底部电离层 VLF–LF 信号异常可能与强热带台风有关的异常现象。

该分析用到了在 PTK，南萨哈林斯克（Yuzhno-Sakhalinsk，YSH；地理坐标 142.75°E，46.95°N）和南库里尔斯克（Yuzhno-Kurilsk，YUK；145.86°E，44.03°N）的 VLF–LF 数据，且我们对几个台风开展了研究。

我们分析所选的时段是 2012 年 8 月，当时在南亚地区形成了四个不同强度的热带气旋，并在所选链路上移动。PTK 的接收机在此期间暂时不能运行，因此我们分析了其他两个站（YSH 和 YUK）的信号。图 14.3 所示为结果。

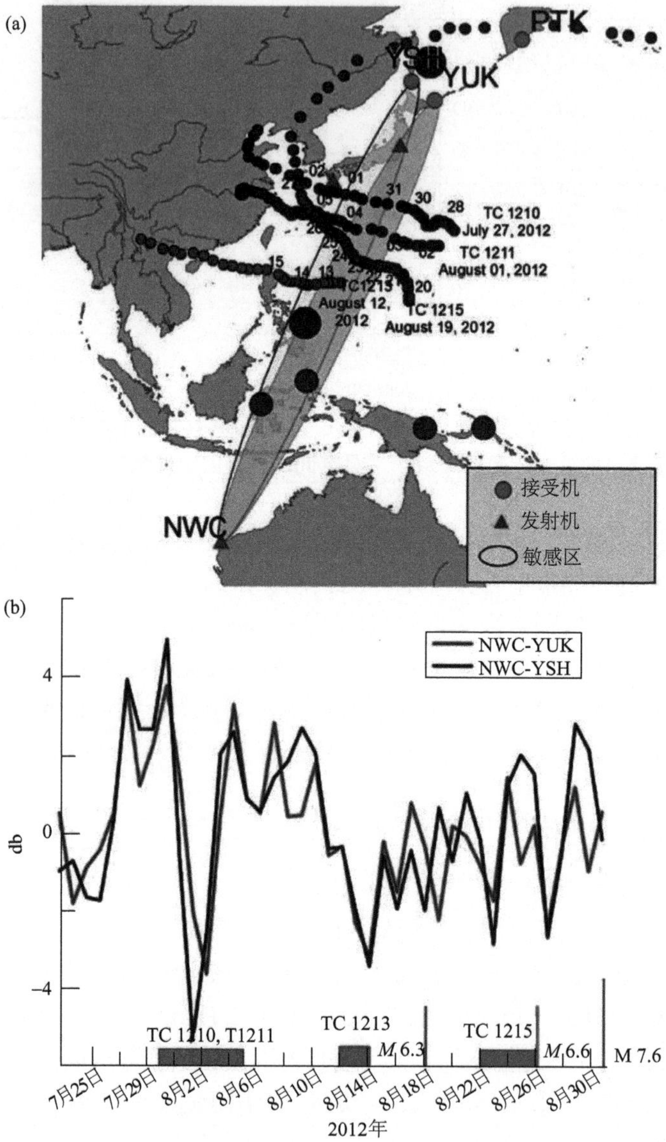

图 14.3 2012 年 8 月几个热带气旋通过期间，YSH 和 YUK 台站记录的 NWC 信号异常。在图（b）中，横坐标上的水平灰色条表示热带气旋穿过所链路敏感区域的时段，蓝色竖条表示地震发生的时间。分析期间在太平洋地区发生 $M>6$ 级地震在图（a）中由大的实心棕色圆圈示出（彩色图片请参阅电子版）

在分析时间段的 7 月 23 日至 8 月 31 日期间发生了三次强震，震中位于我们所选链路的敏感区内，三次地震分别发生于 8 月 18 日（M 6.3），8 月 26 日（M 6.6）和 8

月 31 日（M 7.6）。分析时间段的第一个热带气旋达维（1210）于 2012 年 7 月 27 日在南鸟岛以西形成热带低压，次日升级为热带风暴（TS）强度。达维于 7 月 30 日升级为强烈热带风暴（STS）强度，并于次日在黄海升到台风（TY）强度；此时达到强度峰值，最大持续风速为 70 kt（36 ms^{-1}），中心压力为 965 hPa。该热带气旋于 7 月 30 日进入 NWC-YUK 链路的敏感区，并在所选链路中移动直至 8 月 1 日。在达维之后，另一个热带气旋海葵（1211）形成于 8 月 1 日，于 8 月 3 日升级为 TS 强度，8 月 5 日于冲绳岛西北部升为 STS 强度，随后在 8 月 7 日升级为 TY 强度，达到峰值，最大持续风速为 65 kt（33 ms^{-1}），中心压力为 965 hPa。海葵于 8 月 3 日至 5 日经过 NWC–YUK 和 NWC–YSH 敏感链路。热带气旋达维（1210）导致 2012 年 8 月 1 日观测到的 NWC–YSH 链路上信号明显减少。2012 年 8 月 2 日 NWC–YUK 路径上信号的减少最有可能是因为受到热带气旋海葵（1211）的影响。

热带气旋启德（1213）于 2012 年 8 月 13 日在菲律宾以东产生热带低气压，该区域位于分析链路的敏感区内，于 8 月 13 日升级为 TS 强度，并于 8 月 14 日离开敏感区，然后达到强度峰值。8 月 14 日两条传播链路上信号的减少可能是由于热带气旋的影响，也可能是 8 月 18 日地震前的震前效应。2012 年 8 月 19 日强烈热带气旋布拉万（1215）在马里亚纳群岛西部造成了热带低气压，并在 24 小时后升为 TS 强度，然后于 8 月 21 日升至 TY 强度，在 8 月 25 日布拉万达到峰值强度，最大持续风速为 100 kt（51 ms^{-1}），中心压力为 910 hPa。该次台风升级到 TY 强度的第二天经过冲绳岛。台风于 8 月 22 日至 26 日间以其最高强度穿过我们的链路敏感区。但是，似乎这一热带气旋对 VLF 信号影响不显著。可以看到在 8 月 22 日和 26 日，两条链路上的信号有所减少，但 8 月 26 日和 31 日发生了两次地震，我们无法确定这种减少是否与该热带气旋相关。

总之，结果证明了 VLF–LF 信号对大气压力、湿度、风速和温度变化的敏感性，也发现了 YUK 站的 VLF–LF 信号对这些大气参量的变化最为敏感。此次研究区的特点是中纬度地区冬季气旋活动频繁，低纬度夏季和秋季台风活动强度高。此次研究了八个不同强度的热带气旋期间的 VLF–LF 信号变化。六个热带气旋活动期间发现了信号幅度方面夜间负异常，其很可能是由热带气旋活动引起的。当热带气旋在底部电离层路径的敏感区内移动时，有 1～2 天的时间可以观察到这些异常现象。在两个热带气旋期间观测到的 VLF 信号扰动可能是由热带气旋影响和地震活动两种因素引起，但未发现热带气旋强度和信号异常的大小之间存在的关联性。

在这里，简单评价一下与气旋有关的电离层扰动机制，因为这个主题与地震前电离层为何被扰动的问题密切相关，在后面进行进一步讨论。目前已经对此提出了一些假设，但最可能的机理是由台风激发的内部重力波向上传播。大气层–电离层耦合的另一种理论是基于热带台风所引起的电场的影响。

14.4 与地震有关的 VLF–LF 异常

20 年前，俄罗斯科学家首次提出了在地震研究中使用这种 VLF–LF 法（Gokhberg et al.，1989；Gufeld et al.，1992。在长波路径的菲涅耳区的第三区域所发生的许多强震之前，都检测到了来自“Omega”的 VLF 信号在夜间发生了相位和幅度的“湾状”异常。另一种数据处理方法[所谓的截止时间（TT）法]是在对著名的日本 1995 年 1 月 17 日的神户 7.1 级地震的分析中开发的（Hayakawa et al.，1996；Molchanov and Hayakawa，1998；Hayakawa，2007），对此将在下一节中详述。这种 VLF–LF 方法用于地震预测领域研究变得非常流行（Hayakawa，2007，2011；Chakrabarti，2010；Hayakawa and Hobara，2010；Rozhnoi et al.，2013）。

14.4.1 1995 年神户大地震的 VLF 电离层扰动

Hayakawa 等（1996）对 1995 年 1 月 17 日神户大地震研究中找到了用 VLF 探测到的地震-电离层扰动的最佳证据。该研究中发现的一些重要特性总结如下：①相比之前俄罗斯研究中所用的 5～9 Mm，从对马岛 Omega（34.37°N，129.27°E）到铫子岛天文台（35.42°N，140.52°E）的传播路径相对较短[VLF 约为 1 Mm（1000 km）]（Gokhberg et al.，1989；Gufeld et al.，1992）；和②研究发现之前所用的夜间波动法对于短传播路径并非很有效，故开发了 TT 法。所谓 TT 定义为日出和日落[我们称为早晨（t_m）和晚上（t_e）之间的截止时间 TTs]之间昼夜相位（或振幅）变化呈现最小值的时间。我们发现地震前存在 TT 的显著变化，即 t_m 提前到更早的时间而 t_e 出现更晚的时间；对神户地震分析的具体结果参见 Hayakawa 等（1996）、Molchanov 等（1998）和 Hayakawa（2007，2009b）。

Molchanov 和 Hayakawa（1998）所开展的另一项深入研究是基于超过 13 年时间里更多的地震活动（11 次 $M > 6.0$ 级的地震且在菲涅耳区的第一区内），同样选取了从 VLF Omega、对马岛到铫子岛的链路，并得出以下结论。

（1）对于浅源（深度 < 30 km）地震，五次中有四次表现出与神户地震相同的 TT 异常，具有相同的 2σ 标准差且前置时间小于 1 周。

（2）对于中源地震（30～100 km），观察到两次，一个表现出相同的 TT 异常，而另一个表示出不同类型的异常。

（3）深源（深度 > 100 km）地震（四次）没有发生任何异常；其中两次震级极大（> 7.0），但没有产生传播异常。

总之，这可能表明，对位置相对靠近大圆路径（如菲涅耳区的第一区）且震级较大（M > 6.0）的浅源地震，传播异常（以 TT 异常形式）的概率相对较高，约为 70% ～ 80%。

另一个重要的发现是，当我们发现 TT 传播异常（电离层扰动）时，对 TT 数据的谐波分析，得出的是一种调制增强的结果，周期为 5 天或 9～11 天（指行星波周期）。这意味着周期性的大气振荡可能在岩石圈与电离层的耦合中起重要作用。最近我们提出了大气重力波（AGWs）（内部重力波）可能作为载体，因为它们在岩石圈-电离层耦合中具有更强的向上传播趋势，行星波作为调制信号（Hayakawa，2009b）。基于对观测数据（幅度和相位）波动谱的研究，我们发现在 AGW 的频率范围（10 min 到 2 h）内波动功率的增加可能与地震有关（Molchanov et al.，2001）。这些发现可为岩石圈–大气层–电离层耦合（LAIC）的研究提供基础，后面将对此进行讨论。

Hayakawa 等（1996）和 Molchanov 等（1998）通过短距离（～ 1 Mm）底部电离

层 VLF 传播的全波解理论提出了对低电离层变化的解释，其中存在几种传播模式（即，TT 是地面波和天空电波干扰的结果）。在理论估计与实验数据比较的基础上，我们得出结论，低电离层可能已经降低了几千米。在这里，我们提出了一个综合观点，即 TT 位移在底部电离层 VLF–LF 日变化中的重要性及其在推断与地震相关的低电离层变化中的应用。与上述基于全波解计算的研究（Hayakawa et al.，1996）不同，Yoshida 等（2008）充分利用波跳法（理论）来解释地面波与天空电波之间波动干扰的 TT 变化，并指出如何通过观测到的 TT 变化来估算电离层高度的变化（通常是减小）。

14.4.2 2011 年日本东北大地震的 VLF 电离层扰动

最近已经发表了关于 2011 年日本东北大地震 VLF 电离层扰动的细节（Hayakawa et al.，2012a，2013a，2013b），因此在本节中我们仅提及了一些重要发现。

2011 年 3 月 11 日 14:46:18（当地时间）在日本东北部的太平洋海底发生了巨大的地震（9.0 级），震中地理坐标为 36°6.2′N，142°51.6′E，如图 14.4 中标有日期的红星所示，其深度约 20 km。该地震是日本周边典型的海洋型地震，与开展广泛研究的断层型地震[如神户地震（Hayakawa et al.，1996）和新泻地震（Hayakawa et al.，2006；Yamauchi et al.，2007）]不同。

在 1995 年神户地震后，日本国家空间发展局（NASDA）前沿项目框架在日本和太平洋建立了底部电离层 VLF–LF 监测网（Hayakawa et al.，2004），此观测网一直持续运行至今。日本的主要观测站点是北海道的 MSR、东京的调布（CHF）、名古屋附近的春日井（KSG）和四国岛的 KCH，如图 14.4 中的黑点所示。在每个接收站，我们通常同时检测 JJY 的两个日本发射机（福岛，40 kHz）的信号图 14.4 中蓝色菱形和 JJI（宫崎，Kyusyu，22.2 kHz；图 14.4 中未标识），以及少数国外发射机[如 NWC（澳大利亚）、NPM（夏威夷）（这两个未在图中示出）和 NLK（吉姆克里克，美国）]。在 Hayakawa 等（2004，2010）和 Hayakawa（2009b）的文章中可以找到电子通信大学（UEC）网络和相应 VLF 接收系统的详细情况。

底部电离层 VLF–LF 监测网已经扩展并覆盖了更广泛的太平洋海域，还包括了一个在俄罗斯境内的站点，彼得罗甫洛夫斯克（Petropavlovsk-Kamchatsky，PTK），即图 14.5 中所示绿点（Uyeda et al.，2002；Molchanov and Hayakawa，2008）。对 PTK 进行了定期观察，得到了重要的科学输出结果（Rozhnoi et al.，2004，2006，2007，2012a，2012b）。最近又建立南萨哈林斯克（Yuzhno-Sakhalinsk，YSH，图 14.5 中所示绿点）接收站。这两个站点配备了和日本其他站点相同类型的 VLF–LF 接收系统。

图 14.4 示意了一条从 JJY 到 MSR 链路[及其相应的菲涅耳区域第五区作为波感区域（细黑椭圆）]和从 NLK（Jim Creek，美国）到日本 VLF–LF 观测站（CHF、KSG 和 KCH）的三条链路。此外，作为从 NLK 到 CHF、KSG 和 KCH 的传播路径的菲涅耳区域第五区（细黑椭圆）是波敏区域，因为 NLK 至 CHF 链路的距离更大，远大于从 JJY 到 MSR 的链路。

关于分析方法方面，最初为神户地震开发的 TT 法（Hayakawa et al.，1996）并未被一直使用，而是如前所述用了另一种“夜间起伏法”（Rozhnoi et al.，2004；

Maekawa et al.，2006；Kasahara et al.，2008；Hayakawa et al.，2010）。首先读取某日当地夜间时幅度 $A(t)$ 随时间 t 的演变，而 $\langle A(t)\rangle$ 取值为平均幅度，t 为当天之前 1～30 天内。然后，我们可以得到残差 $A(t)=A(t)-\langle A(t)\rangle$。通过这个残差，我们可以对最重要的参数进行估值，把残差 $A(t)$ 趋势作为夜间平均幅度[当地时间平均值 $dA(t)$]。第二个参数是离散度，表征幅度在平均值附近波动的多少。这两个参数均是独立变量。所有这些参数在地震发生当天前的 1～30 天内通过对应的标准差（σ）进行归一化。这种夜间起伏法的更多细节可以在 Rozhnoi 等（2004）、Kasahara 等（2008）和 Hayakawa 等（2010）的文献中找到。

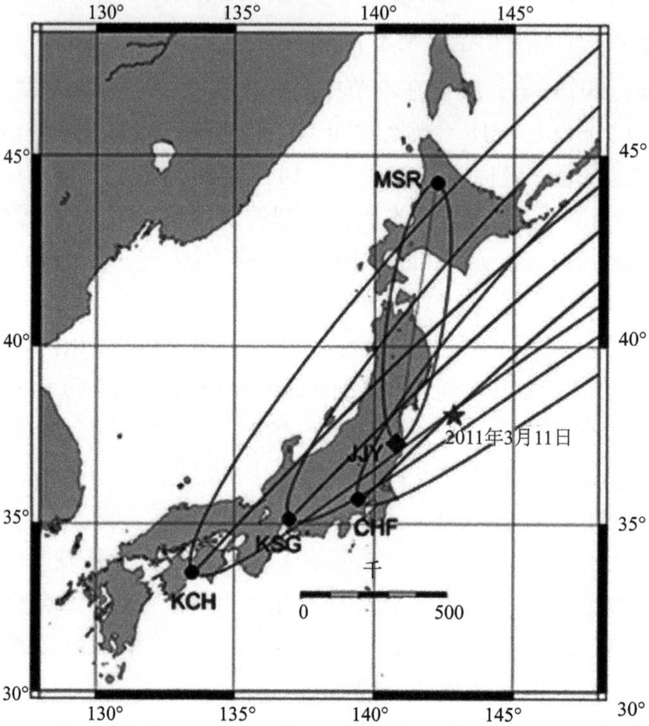

图 14.4 两个日本 VLF–LF 发射机的相对位置[带有 JJY（福岛）的标示]由蓝色菱形和 JJI（宫崎）（未标识）以及 VLF–LF 接收站[茂尻（MSR），调布（CHF）]标示，春日井（KSG）和高知（KCH）用黑点表示。由菲涅耳区定义的 JJY–MSR 链路的波敏区域以及 NLK（吉姆克里克，美国）到 CHF 链路的波敏区域在此绘出（细黑椭圆）。此外，路径 NLK–KSG 和 NLK–KCH 表示大圆路径（细红线）和相应的波敏区域（细黑线）。主震的震中是由红星表示的（彩色图片请参阅电子版）

至于夜间周期的定义，因日本的地方时间为 UT＋9 h，将从 JJY 到 MSR 链路所选的 UT 时段为 11～19 h，而对于从 NLK 到日本站点（如 CHF）的东西向长距离传播（距离为 7～8 Mm）的夜间定义则非常复杂。出于对发射机和接收观测站日出和日落[即截止时间（Hayakawa et al.，1996）]，以及查验相关 NLK–CHF 链路真实日变化的考虑，我们采用 UT＝10～12h 为 NLK–CHF 链路夜间时间（即，仅在此期间该链路完全处于夜间）。

图 14.5 示意了日本 VLF–LF 人工源（福岛的 JJY 和宫崎的 JJI）与两个俄罗斯观测站 PTK 和 YSH 的相对位置，并标出了用于人工源-接收机所有组合的波敏区域（即，

JJY–YSH，JJY–PTK，JJI–YSH 和 JJI–PTK）及主震和余震的位置。

对俄罗斯站点也采用了夜间起伏法，因此接下来需要确定俄罗斯数据的夜间时段。2 月的夜间是 UT = 10:30～18:40 和 UT = 11:00～16:30。相应地，3 月和 4 月的夜间在此时段内；UT = 10:30～11:00 为日落，16:30～18:40 为日出。俄罗斯站点数据的分析与上面详述的日本境内站点数据分析完全相同。分析期为 2011 年 1 月 1 日至 5 月 22 日，包括 3 月 11 日发生的日本东北大地震。

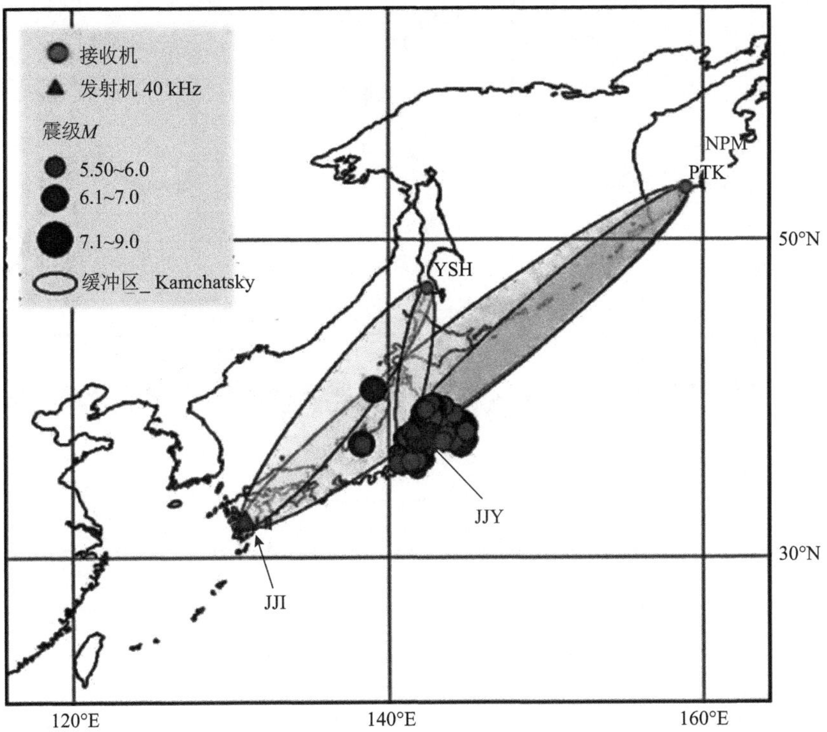

图 14.5 两个日本 VLF–LF 人工源（JJY 和 JJI，红色三角形）和两个观测站[彼得罗甫洛夫斯克（PTK）和南萨哈林斯克（YSH），绿点]的位置。标示了 JJY–YSH，JJY–PTK，JJI–YSH 和 JJI–PTK 链路的波敏区域（椭圆区域）。此外，还标示了地震的主震和余震，其大小与震级成比例（彩色图片请参阅电子版）

与 2005 年的宫城海域地震不同（Muto et al.，2009a），3 月 11 日这次地震的震中距离 JJY–MSR 链路的波敏区域相对较远，因为这次地震距东北地区的海岸线约 150 km（Hayakawa et al.，2012a）。虽然在本章没有以图的形式列出，但我们在之前基于初步分析的研究（Hayakawa et al.，2012a）中发现，像大多数陆地地震案例，在图 14.4 的 JJY–MSR 链路上，绝对没有在地震前 3 月 1 日至 9 日这段时间间隔中出现趋势显著下降和离散度的增加。

我们接下来分析了 JJY–YSH 和 JJI–YSH 的传播链路。因为 JJY–YSH 链路可能只是 JJY–MSR 链路的延伸，如图 14.4 所示，JJY–YSH 链路与 JJY–MSR 链路相对接近。虽然这里没有给出图示，但我们已经分析了 JJY–YSH 和 JJI–YSH 链路，并没有发现明显影响（没有传播异常）。

图 14.6 表明，就这次海洋地震的震中而言，从日本接收站（CHF、KSG 和 KCH）

到美国发射机 NLK（美国吉姆克里克）的链路位置对此次地震分析是有利的，主要是因为 NLK–CHF 链路正好经过地震震中；该 NLK–CHF 链路的相应波敏区域在图 14.4 中

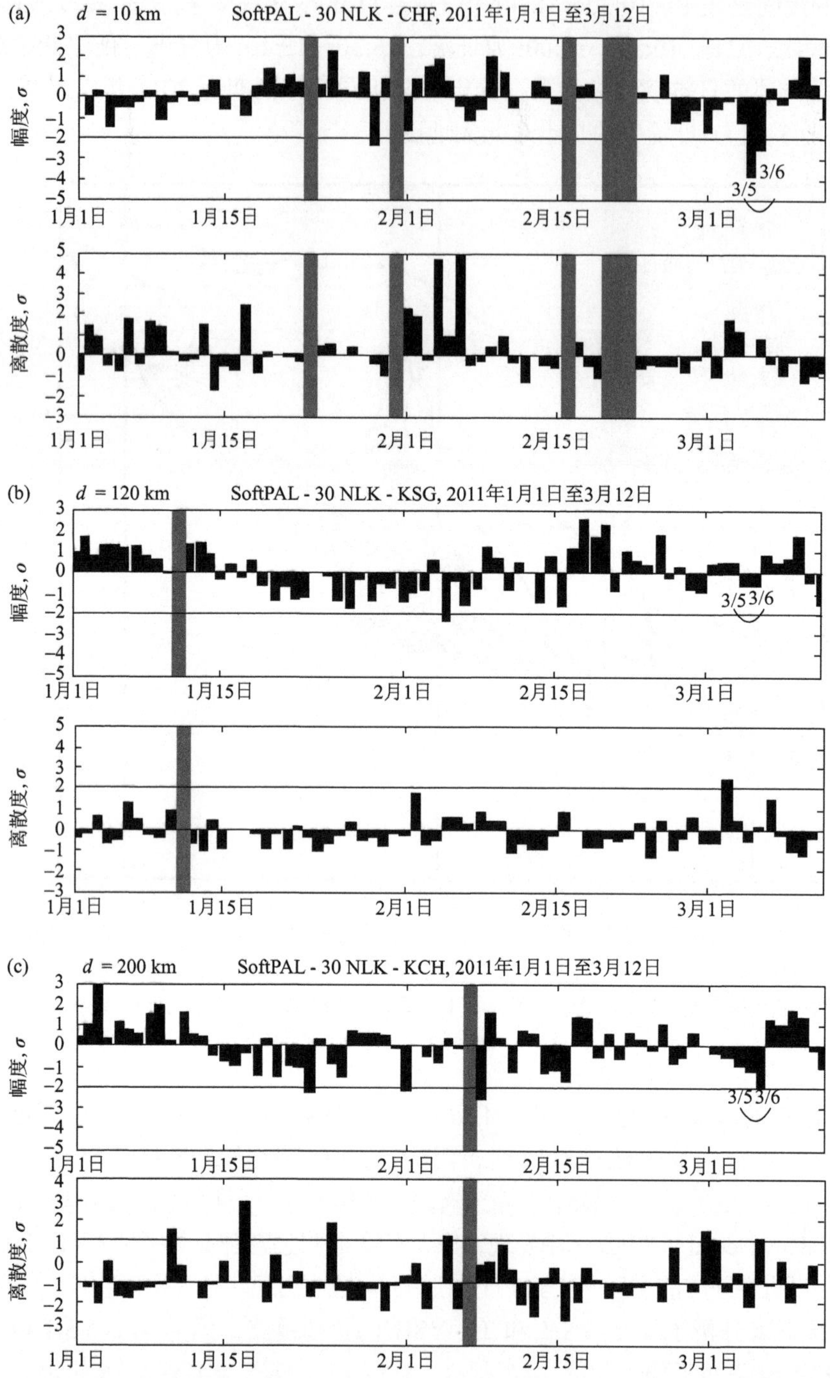

图 14.6 三个传播链路其传播特性随时间的演变：（a）NLK–CHF、（b）NLK–KSG 和（c）NLK–KCH。每个图中，顶部图是平均夜间幅度，而底部图是离散度。所有这些值都通过相应的标准偏差（σ）进行归一化。3 月 5 日和 6 日出现了明显的异常现象。地震震中距每个传播链路的距离（d）显示在每个图的左上角

用细线表示。从 NLK 到 KSG 以及从 NLK 到 KCH 的另外两条传播链路也有利于我们检测对应的电离层扰动。对应这些理论预期，图 14.6 示意了相关链路传播特性的实际时间演变：图 14.6（a）表示 NLK–CHF 链路，图 14.6（b）表示 NLK–KSG 链路，图 14.6（c）表示 NLK–KCH 链路。在图 14.6 中从上到下所示为幅度变化和离散度，相关参量均通过相应的标准偏差（σ）进行了归一化。图 14.6（a）的顶部图片（趋势）是从 1 月 1 日开始从 NLK 到 CHF 的最重要的链路路径。我们发现在整个时期幅度没有降至 -2σ 水平，但在 1 月 29 日和 3 月 5 日与 3 月 6 日，表现出极其明显的传播异常。3 月 5 日的传播异常的特征是幅度显著下降（超过-3σ 甚至接近-4σ），且几乎同时增加了离散度（接近$+2\sigma$）。在图 14.6（c）中从 NLK 到 KCH 的链路传播也出现了相应明显的异常，其最重要的幅度参量表现出显著的下降，达到-2σ 水平。相比之下，图 14.6（b）中 NLK 到 KSG 链路的异常在 3 月 5 日和 6 日增强较少，但其对这次地震的反应仍然非常明显。

进一步讨论图 14.6 中看到的其他传播异常。在 Hayakawa 等（2010）的研究中，我们暂时选择了 M 6 级作为地震震级阈值（仅强震），并且我们已经得到了超过 2σ 的非常显著的相关性。然而，即使我们将震级阈值降低到 M 5.5，我们也可以看到 VLF–LF 异常（2σ 左右）与地震之间的关联性仍然较大（Rozhnoi et al.，2004；Maekawa et al.，2006）。因此，我们试图将图 14.6 中在其他时间的幅度减小与相关区域的地震联系起来。首先，关于图 14.6（a）中 1 月 29 日的异常，在岩手县（2 月 3 日）和福岛（2 月 10 日，M 5.3）附近发生了两次地震，可能与该异常情况有关。图 14.6（c）中在其他时间的幅度减小需要进一步的讨论。1 月 23 日的减小可能与 1 月 25 日千叶沿岸地震（M 5.1）有关，2 月 1 日和 8 日（超过-2σ）可能与千叶县的其他地震有关——分别为 2 月 5 日千叶海域地震（M 5.2）和 2 月 15 日宫城海域地震（M 5.5）。最后，图 14.6（b）中 2 月 5 日的减少可能是福岛县地震（M5.3）前兆。

在俄罗斯的三条传播链路中，我们只在从 JJI（宫崎，九州）到 PTK（堪察加半岛）的链路上发现了明显扰动效应。图 14.7 示意了夜间平均振幅随时间的演变（顶图）。中图为正常情况下的离散度，底图表示 $M > 5.5$ 级地震的时序演变。在顶部面板中，水平虚线表示-2σ。在中间的离散度面板中，水平虚线为$+2\sigma$ 线。图 14.7 表明，从 JJI 到 PTK 链路，2 月 28 日到 3 月 6 日相当长的这一段时间内，夜间振幅明显且持续性下降，3 月 3 日和 4 日下降达到最大值。在相同的振幅异常期内观察到对应的离散度增加，最大值出现在 3 月 3 日和 4 日。与图 14.6 中的 NLK–CHF 链路相比，俄罗斯链路上 VLF–LF 异常时间有所偏移，但因为我们知道电离层扰动在时间和空间上存在异质性，所以该传播链路上的异常与 NLK–CHF 链路的异常是相同的（Yamauchi et al.，2007）。

最后，关于俄罗斯的 JJY–PTK 链路。从图 14.5 可以看出，该传播链路的波敏区域完全位于上述 JJI–PTK 链路异常明显的区域内。尽管没有给出，但我们发现在 3 月 4 日幅度显著减少，约为-1.5σ（未超过-2σ）。最后，3 月 4 日在传播链路上观测到了异常，而其性质表明了电离层扰动的高度异质性。

通过充分利用日俄亚海域的底部电离层 VLF-LF 监测网，得到可能与 2011 年 3 月 11 日日本地震有关的观测结果如下。

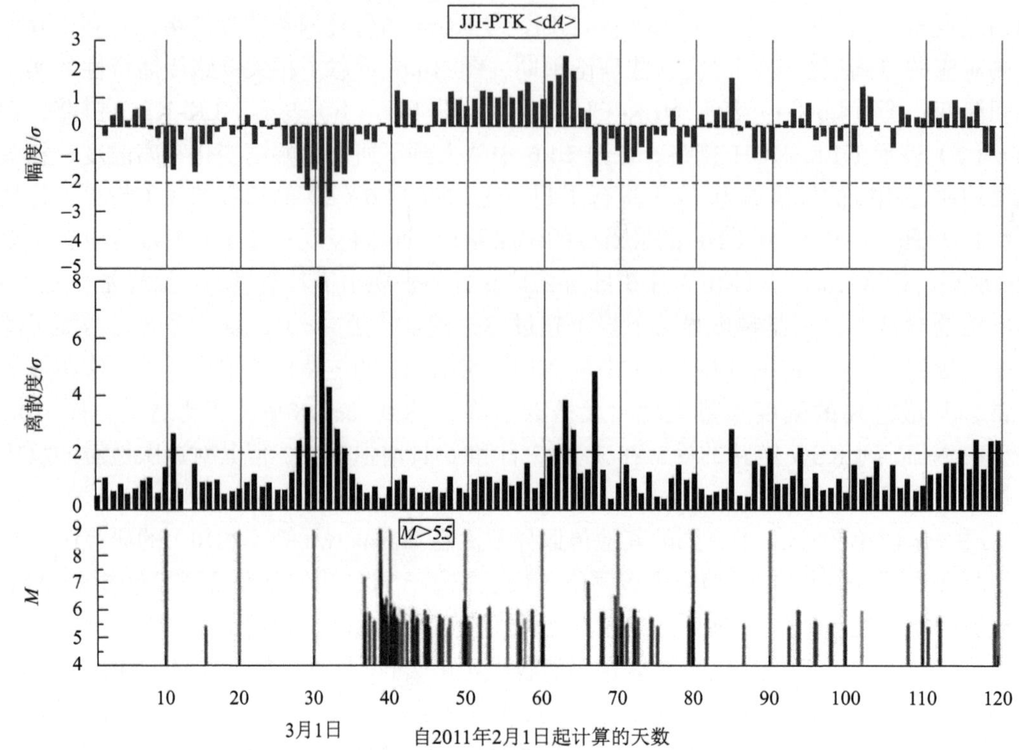

图 14.7 JJI–PTK 链路传播特性的时序演变。顶部图为平均夜间幅度（水平虚线表示-2σ）；中间图为离散度（水平虚线为$+2\sigma$）。幅度和离散度均由其标准偏差（σ）进行归一化。下图显示了地震活动的时间演变

（1）三个传播链路 JJY–MSR、JJY–YSH 和 JJI–YSH 均未检测到明显的异常。

（2）另一方面来说，对 NLK 到日本站（CHF、KSG 和 KCH）和 JJI–PTK 这两个传播链路，观测到了明确而显著的传播异常。路径 NLK–CHF 的传播异常发生在 3 月 5 日和 6 日，其特征在于幅度（夜间平均振幅）显著下降且远远超过-3σ 水平，同时伴有离散度的增加。虽然 2 月 28 日至 3 月 6 日期间 JJI–PTK 链路的异常大幅下降，且 3 月 3 日和 4 日下降幅度达到最大，其特征也主要是幅度的显著下降和离散度的增加。因此，显著电离层扰动可能是持久的，至少为期 4 天（3 月 3 日至 6 日）。最后，如 14.3.1 所示，由于 3 月 1 日发生了小规模的地磁暴，不应忽视地磁活动可能对电离层扰动造成的影响；Hayakawa 等（2013b）讨论了这场磁暴的影响。

14.4.3 VLF 电离层扰动与地震的统计相关性

Hayakawa 等（2010）基于对日本和勘察加半岛的长期观察开展了关于 VLF 电离层扰动与地震相关性的统计研究。使用了从 2001 年 1 月 1 日至 2007 年 12 月 31 日共计 7 年的数据。基于前人的统计研究（Rozhnoi et al.，2004；Maekawa et al.，2006；Kasahara et al.，2008），发现了当震级极限值为 5.5 时才能使得 VLF–LF 传播异常和地震之间的显著相关性达到 2σ，因此选取震级 M 为 6.0 作为筛选地震的一个相当严格的标准。如表 14.1 所示，加入这一条件后，我们发现在由不同传播链路的大圆路径的菲

涅耳区第三区定义的波敏区域内发生了 37 次地震，为开展进一步分析，我们将地震震源深度划分为两个区域，分别为小于和大于 40 km，以便找到对地震震源深度的非独立性。根据图 14.5 传播链路的分布，少数传播链路发生多次地震是很常见的。在浅层地震（深度< 40 km）的情况下，三条链路发生了 3 次地震，两条链路发生了 13 次地震。类似地，对于深源地震（深度≥ 40 km），在三条链路发生了 4 次地震，在两条链路上发生了 16 次地震。因此，包括深度< 40 km 的地震的传播链路总数为 35，而深度≥ 40 km 的相应数量为 38。我们将每个传播链路的数据视为独立事件，则事件总数为 73。我们之前的工作似乎也验证了这种独立处理的方法。Yamauchi 等（2007）用 TT 法对 2004 年新泻中越地震的一些传播链路进行了检验，发现 TT 的异常并不总在同一天发生。这可能表明，地震-电离层扰动在空间和时间上是非一致性，导致即使对于同一地震也会在不同的传播链路上产生显著的差异性变化。在这里，我们使用夜间起伏法，对这两个物理量进行估算（Rozhnoi et al.，2004；Maekawa et al.，2006）：①幅度（作为夜间幅度的平均值）（以 dB 为单位），②离散度（D）（在下文中我们使用其平方根，即标准差，但我们使用离散度这一术语以避免过于频繁地使用标准差造成混淆）。Maekawa 等（2006）和 Kasahara 等（2008）研究表明，所有孕震效应都表现为几乎同时出现的显著幅度减少和离散度增加。

表 14.1 沿每个波路径震源深度在 40 km 以上和以下的地震数量

链路	d < 40/km	d ≥ 40/km
JJY–MSR	6	4
JJY–KCK	15	15
JJI–TYM	1	1
JJI–MSR	1	3
JJI–KCK	10	15
JJY–KCH	2	0
Total	35	38

有必要提及如何处理不同传播链路上的数据，因为 VLF–LF 幅度数据的变化在不同链路之间存在较大差异。因此，当我们分析不同传播路径时，需要一致地处理 VLF–LF 数据。我们以下列方式提出了所谓的“标准化”。

即，对某一特定路径分析时，我们处理两个物理量的幅度和离散度（D）并计算归一化后的振幅和归一化后的离散度（D*）。当选用特定日期的地震时，我们计算当天的幅度，然后计算该日期前后 15 天的<平均幅度>然后“幅度*”被定义为（幅度- <平均幅度>）/σ_T（σ_T是当日前后 15 天的标准差）。同样的原则用于离散度以获得 D*。

通过对辐度*和 D*的使用，我们得以充分利用一种叠加周期分析法（Rozhnoi et al.，2004；Maekawa et al.，2006），其至关重要的一点在于通过将地震发生当日临近数据作为参考日进行堆叠来提高信噪比。虽然我们选择地震的标准是震级在 M6 级以上，但我们同时也注意地震震源深度的影响，虽然 Maekawa 等（2006）曾定性地提出了这一点，但目前仍缺乏研究。

图 14.8（a）和图 14.8（b）是基于叠加周期分析法所得辐度*和 D*的最终结果，这些可以总结如下：

（1）浅源地震[深度小于 40 km；图 14.8（a）中的黑线]前，辐度*出现了一个明显的下降（超过 $2\sigma_T$）。这一异常于地震之前 5 天出现了明显的峰值。当震源深度超过 40 km 时，也能观测到类似的趋势（图 14.8 中的灰线），在地震前 12 天幅度*接近（但没有超过）$2\sigma_T$。

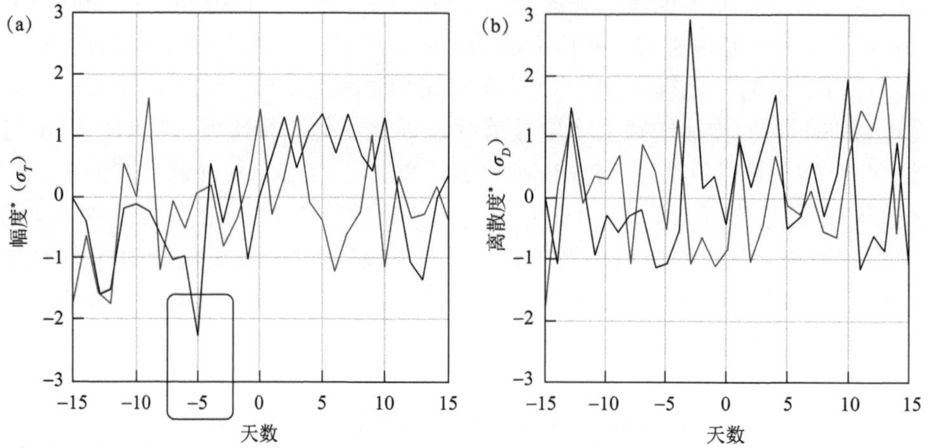

图 14.8　叠加周期分析法（a）归一化后的幅度（幅度*），（b）归一化后的离散度（D）（离散度*）。黑线表示浅源地震（深度小于 40 km）而灰线表示深度在 40 km 以上的地震。横坐标表示天数（0 为地震当天，负值表示震前，正值表示震后。）

2. 对深度小于 40 km 的地震（图 14.8 中黑线），其 D*在地震前 3 天出现了明显上升（超过 $2\sigma_D$ 甚至接近 $3\sigma_D$）。当深度大于 40 km 时（图 14.8 中的灰线），没有明显的前兆信号。

正如 14.3.1 中所提，关于 VLF–LF 扰动的其他可能干扰效应，其最容易令人混淆的就是地磁暴。构建图 14.8 并未考虑电磁活动。Kleimenova 等（2004）给出了地磁暴对底部电离层 VLF 传播产生影响的例子，因此进一步讨论地磁暴对电离层扰动的影响。如图 14.8 所示，地震前发生了地震–电离层扰动（顺序为从地震当天到地震前 10 天左右），因此进一步检查之前分析的所有地震地磁活动和地磁暴发生率。关于地磁活动方面，开展对每个震例前 10 天的平均 3 h K_p指数进行估值。32%的地震在这十天里平均 3 h K_p指数要小于 2.0，46%在 2.0～3.0 之间，19%在 3.0～4.0 之间，3%在 4.0～5.0 之间，表明所有地震的地磁活动均不明显。

对地磁暴的分析更有意义，地磁暴通常是不固定且带有随机性的，会影响低电离层。我们查看了在所有地震之前 10 天时间内发生的所有地磁暴。研究发现有一次地震伴随着两次相对较大的地磁暴（$|D_{st}|$=359 和 460 nT），还有几次地震出现了较小的地磁暴$|D_{st}|$（< 200 nT）。所以有可能只有一个特定的地震受到地磁活动的扰动，合理的说明了所有的电离层扰动均是地震活动的结果（即图 14.8 中的结果）。

14.5 探讨地震-电离层扰动的形成机制

正如统计研究、案例研究和对调制效应的研究等所证实的那样，似乎可以认为在地震发生前电离层扰动与地震活动有一定关联性；但电离层如何受到岩石圈地震活动影响而被扰动的研究不足。Hayakawa 等（2004）对岩石圈活动和电离层耦合的机制提出了一些可能的猜想：①化学通道；②大气震荡（或声学）通道；③电磁通道：图 14.9 所示为这三种耦合通道（Hayakawa et al.，2004）的示意图。根据化学通道机制，氡析出诱发大气层电导率扰动，造成大气层电场的变化，并通过大气层电场造成电离层改变（Pulinets and Boyarchuk，2004；Sorokin et al.，2006）。声学大气震荡通道机制认为，声波（AW）或大气重力波（AGW；或内部重力波）在电离层 LAIC 中起到了重要作用，而地震活跃区的地表扰动（比如温度、压力）会促使大气震荡向上到达电离层，从而诱发电离层密度扰动（Molchanov et al.，2001；Miyaki et al.，2002；Shvets et al.，2004；Korepanov et al.，2009）。电磁通道机制认为，岩石圈产生的电磁辐射（任何频段）向上传播到达电离层，在电离层通过加热或电离致使电离层扰动。但这一机制的不足之处在于岩石圈的电磁辐射强度较弱（Molcchanov et al.，1993）。所以目前化学通道和声学通道机制对这种耦合的解释更令人信服（Molchanov and Hayakawa，2008）。

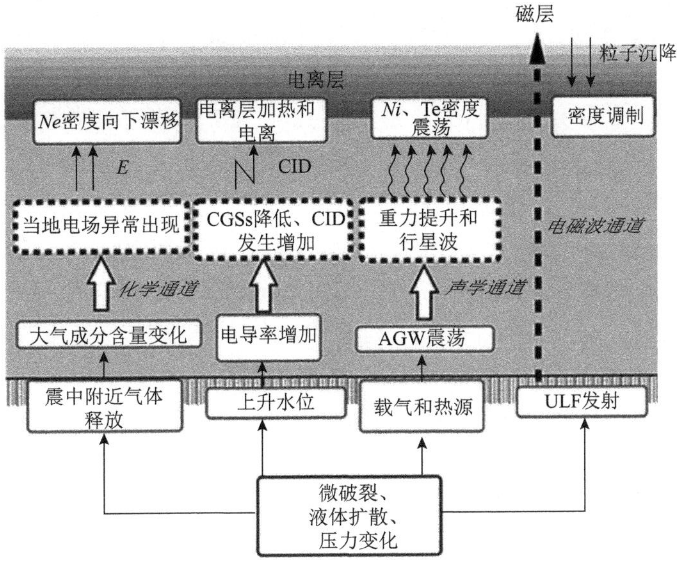

图 14.9 岩石圈–大气层–电离层耦合以及三个通道的示意图：化学（+电场）、声学以及电磁学[参考自 Hayakawa et al.（2004）和 Hayakawa（2009b，2011）]

Pulinets 和 Boyarchuk（2004）坚信化学通道在解决地震相关的电离层扰动方面最有前景。也就是说，在地震–电离层扰动中氡析出是主因（Pulinets and Ouzounov，2011），但此类猜想似乎没有实验性（观测性）证据的支持。当然，震前氡析出也被认为（Molchanov and Hayakawa，2008）是一种地震前兆，但目前并不能证明氡的衰变会引起电离层扰动。假设氡的释放会引起电离层扰动，目前其实现过程尚不清楚。从

VLF-LF 底部电离层扰动可以看出，目前关于地表观测结果（如地表潜热通量）与电离层扰动之间关联性的研究极少。

上述关于化学通道作为电离层扰动的溯源的理论近期受到了 Hayakawa（2013）和 Sorokin 等（2015）的批判，他们基于带电气溶胶从地面发射到大气层中产生电动势进一步提出了另一个机制。这种新猜想可以解释两种地震前观测到的实验性结果：①地表上方的大气层电场没有明显变化，以及②电离层电场有明显增强。

虽然图 14.9 中没有展示，但 Freund（2009）基于地壳岩石中电子和空穴正电荷载体的发现提出了一种新的静电通道猜想。通常来说，这些电荷载体在矿物成分的晶体结构中呈休眠状态。当施加偏应力时，它们就会“苏醒”，使得受压岩石成为电池，允许电流流出。当空穴正电荷到达地表时，会造成多种效应，包括大气-地面界面的大气电离、电离层扰动等。

相比起化学通道的研究，很多证据都表明了声学通道（由大气震荡产生的）的重要性，主要是通过分析 VLF–LF 底部电离层数据得来的。下面我们展示了几个可以支持声学通道的观测数据[详见 Hayakawa 等（2011）]。

（1）底部电离层 VLF–LF 数据 AGW 调制观测。Molchanov 等（2001）和 Miyaki 等（2002）对地震期间（或震前）从底部电离层 VLF–LF 数据中识别 AGW 调制，迈出了第一步，并发现 AGW 调制在震前会有明显提高。自此越来越多的证据证明了 VLF 数据中的 AGW 调制现象（Rozhnoi et al.，2004，2007；Shvets et al.，2004；Muto et al.，2009b；Kasahara et al.，2010）。

Horie 等（2007）研究了著名的 2004 年 12 月 26 日苏门答腊地震，该地震发生在澳大利亚人工源 NWC 到日本几个站点的传播链路上。日本站点的 VLF 振幅表明，此次地震前夜间振幅下降，且振幅变化增强可以作为地震前兆现象。另一个要点是夜间浮动是由波状结构组成的，而通过小波和交叉验证分析，发现在 20～30 分钟至大约 100 分钟期间会出现频谱的明显增强。两个传播链路的交叉验证表明这种波状结构倾向于从 NWC–KCH 链路向 NWC–Chiba 链路水平传播，延迟约 2 小时，对应传播速度约 20 $m\ s^{-1}$。

（2）对 AGW 调制的统计研究。Kasahara 等（2010）用叠加周期法开展了针对 AGW 调制和 6 级以上地震关联性的统计分析。得出的结论是两者之间存在显著的相关性。

（3）通过行星波 VLF–LF 调制数据。如前所述，对 TT 的谐波分析已表明以行星波为周期（大约 2、5、1011 天）的底部电离层 VLF–LF 数据（振幅、相位）中存在调制（Molchanov and Hayakawa，1998）。

（4）VLF–LF 的多普勒频移观测。我们启用了新的设备观测 JJY（日本福岛）LF 人工源信号的多普勒频移（Asai et al.，2011）。Hayakawa 等（2012b）发现当地震前出现电离层扰动时，在 AGW 和 AW 频段可以很容易地观测到多普勒频移，这是 AGW（或 AW）和地震-电离层扰动相关的直接证据。进一步来讲，观测到的多普勒频移让我们可以对 AGW 的垂直速度进行估值，约为 10 $m{\cdot}s^{-1}$，这与理论估值相吻合。

（5）星地协同。Korepanov 等（2009）用卫星观测研究了地面效应的相关性，特别参考了气象扰动方面，得出结论认为 AGW 是 LAIC 中的主要途径。在这项工作之后，Nakamura 等（2013）尝试建立震前效应和 VLF–LF 数据检测的电离层扰动之间的相关性，其方案如下。震前效应发生在地表，致使大气压的变化以及大气震荡的激化。大气波动上行传播并改变发电机区域（电离层扰动）。发电机区域的改变可能导致地面 ULF 磁场的变化。通过用小波分析，对三个物理参数开展大量比较。这项研究极具挑战性，但结果却不是很明确。对某一特定地震来说，VLF–LF 变动和大气压变动之间看起来存在几个小时的延迟，而 VLF 变化和 ULF 磁场变化之间则几乎没有延迟。

上述研究基于发生在地表的震前效应会对大气层产生扰动的假设之上。由于针对震前地表变化的研究较少，长期以来该假设一直处于被批判的地位。幸运的是，近期通过复杂的 GPS 数据信号处理技术发现了震前地表形变（Chen et al.，2011；Kamiyama et al.，2014），表征了短期前兆的存在。同时，Kamiyama 等（2013）对 2011 年日本东北大地震的地面形变和电磁前兆进行了大量比较，并认为两者之间存在紧密的关联性。

Sun 等（2011）尝试理解地震-电离层扰动时 F 区与地表之间的关联性。通过使用 TIMED 卫星上搭载的 SABER（多通道大气红外辐射计）收集的 T_n（中性粒子温度）信息，Sun 等（2011）总结了孕震过程激发电场区域重力波的重要性，支持了声学通道在 LAIC 中所起到的作用。

目前有待开展更多研究（观测性与理论性）来确定地震电离层扰动通道。此处，对一些 LAIC 的数值模拟结果进行一个简评。Kuo 等（2011）基于震源在岩石圈中这一假设开展了一次理论模拟。Klimenko 等（2012）模拟了 AGWs 效应以及垂直电场的穿透能力，并发现根据 AGW 理论模拟结果与实际 GPS 的 TEC 数据相吻合，支持了声学通道学说。虽然目前来看声学通道学说有明显优势，但在下定结论之前也需要对其他通道开展进一步的研究。

14.6 日本新 VLF–LF 监测网的结果

以上所述的研究结果均是基于 NASDA 前沿项目框架内所设立的 UEC VLF–LF 网络所获数据，且本书作者之一（MH）就是 UEC 的一位教授（Hayakawa et al.，2004）。遗憾的是该监测网建立的初衷主要是服务于科学研究，其数据会存在较长时间的间隔，不适合用于日常地震预报。举例来说，有时候某站点的接收机出现故障而又无法马上完成修复工作，就会导致几天时间内接收不到数据。于是我们在 2010 年创立了名为“地震分析实验室”的公司，旨在运行维护连续性的 VLF–LF 观测数据并以智能手机为平台给公众发布地震预测信息。

这家私企最初的目标是秉承与以前的 VLF–LF 系统完全一样的原则，在日本设立一个新的 VLF–LF 监测网。图 14.10（a）所示为包含 8 个观测站的新 VLF–LF 监测网：从北起为千叶县的 NSB（中标津）、STU（寿都）、AKT（秋田）、KTU（胜浦）、神奈川县的 KMK（镰仓），富山县的 IMZ（射水）、爱知县的 TYH（丰桥）和德岛县的 ANA（阿南）。所有这些站点都装有一样的接收机用于同时记录 MSK（最小频移键控）和 ASK（振幅移位键控）窄带调制信号的振幅和相位，人工源频率范围为

10～50 kHz。如图 14.10（a）所示，在每个站点，我们接收两个来自日本的人工源信号，分别是 JJY（40 kHz）（ASK）和 JJI（22.2 kHz）。此外，每个站点也接收三个来自美国的人工源信号[NWC（19.8 kHz）、NPM（21.4 kHz）和 NLK（24.8 kHz），都在 MSK]，见图 14.10（b）。每个站点的数据接收都是通过电极天线来完成的，然后进一步测量信号的垂直电场。接收机记录信号的时间分辨率为 50 ms ～ 60 s，采样频率设为 1 s。2013 年 10 月开始安装新的 VLF 接收机，于 2014 年 2 月完成了监测网的搭建，自此有了连续记录，如果某个站点发生了故障，最长的数据间隔也在一天以内。

这里我们给出该监测网的部分重要结果，以便阐明新产出的 VLF-LF 数据是如何在日本的地震预测中得到有效利用的。图 14.11 所示为 2014 年日本及周边地区的地震分布，不用的颜色代表地震震级，红圈对应震级 6.3 级以上的地震。在这些 6.3 级以上的地震中，格外值得注意的是 2014 年 11 月 22 日的一次 6.7 级大地震（长野县西部），震源深度 5 km，震中位于 137.53° E，36.41° N。该地震是内陆断层型地震，与 1995 年神户地震相似，不同传播链路的信息也许会对地震的前兆检测有所帮助，参见图 14.12。如图 14.13 所示，已经处理了 4 个传播链路（JJY-IMZ、JJY-TYH、JJI-AKT 和 JJI-STU），每个传播链路分为两个子图，分别表示夜间平均幅度[与地震前 30 天幅值（TR）平均对比，以标准差（σ）为单位]，和幅值在均值附近的波动（单位也是 σ）。图 14.13 所示的时间段仅包含地震发生前后一个月，地震发生时刻由图中顶部的下向箭头所示。传播异常表征为振幅的下降（如超过-2σ 水平）和离散度的增强

图 14.10 （a）由 8 台 VLF - LF 人工源组成的新监测网。从北起为千叶县的 NSB（中标津）、STU（寿都）、AKT（秋田）、KTU（胜浦）、神奈川县的 KMK（镰仓），富山县的 IMZ（射水）、爱知县的 TYH（丰桥）和德岛县的 ANA（阿南），两个日本人工源信号，分别是 JJY（40 kHz，福岛）和 JJI（22.2 kHz，宫崎）（b）每个电台接收来自五个发射机[JJY 和 JJI，以及 NWC 19.8 kHz，澳大利亚、NPM（21.4 kHz，夏威夷）和 NLK（24.8 kHz，美国吉姆克里克）]的信号，响应的链路传播被标示

(b)

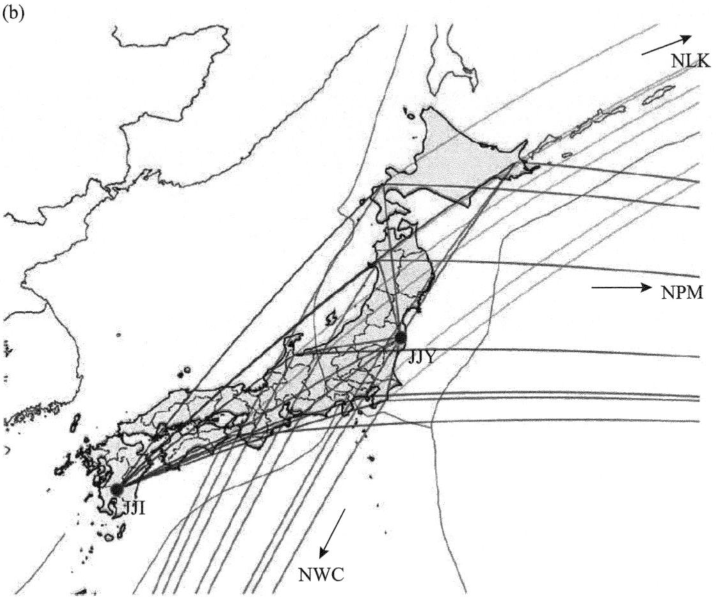

图 14.10 （续）

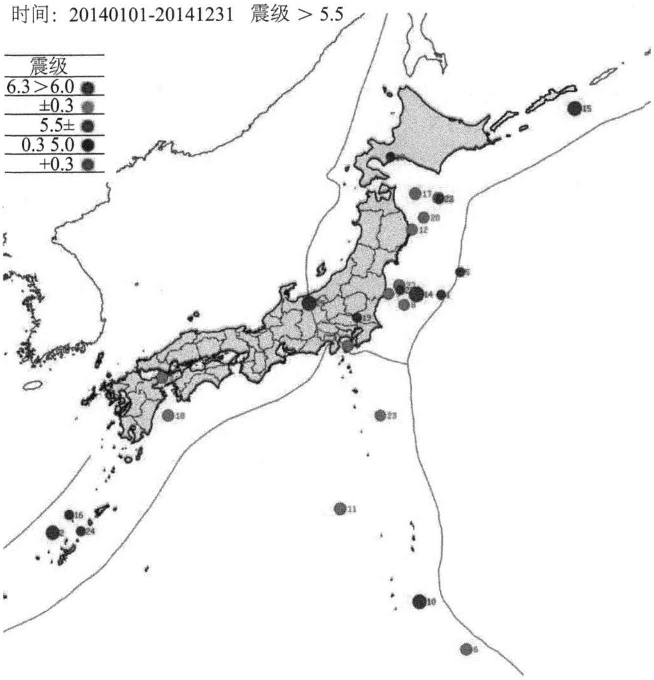

图 14.11 2014 年日本及周边地区地震分布。不同颜色代表地震震级，其中红色表示 6.3 级以上地震（彩色图片请参阅电子版）

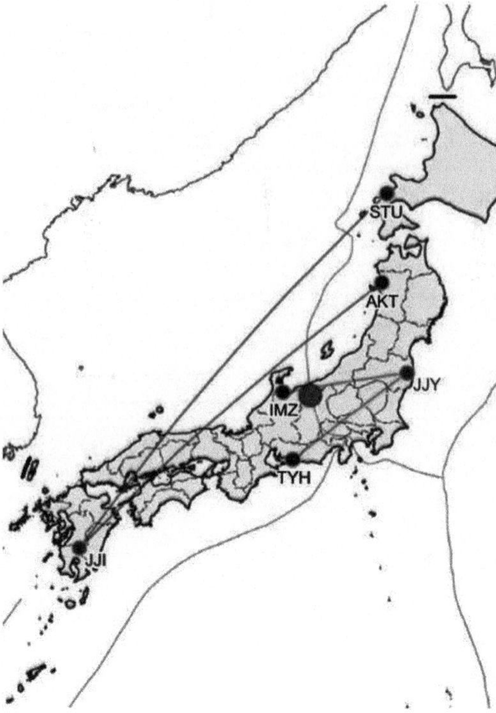

图 14.12 长野县北部 6.7 级地震（红圈标示位置）：JJY 两条链路（JJY-TYH 和 JJY-IMZ）以及 JJI 两条链路（JJI-ATK 和 JJI-STU）（彩色图片请参阅电子版）

（Hayakawa et al.，2010）。在 11 月 12 日和 13 日监测到所有传播链路上的幅度发生明显下降，如每个 TR 中的圆圈所示，最小值超过了–3 σ（甚至有时候超过–4 σ），确定是 11 月 22 日当天的地震前兆，发生于地震前 10 天。图 14.13 是基于当地夜间的均值，而图 14.14 为传播链路 JJY-IMZ 上 d*P*（相位）和 d*A*（振幅）（月均值的残差）日（日间）变化（时间为 UT）（夜间为两条绿色竖直线之间的区间，图 14.13 中用到了夜间平均值）的序列图：左图为相位，右图为振幅，时间段为 11 月 9 日至 22 日。自 11 月 11 日起，清晰的夜间振幅异常变得尤为明显，并于 11 月 12 日和 14 日到达最大，参见图 14.13。相比之下，左图的相位（d*P*）异常持续时间似乎更长（从 11 月 11 日一直持续至 11 月 18 日），但异常表现较振幅信息弱。

地震预测业务通常能够对即将到来的地震给出可能发生的区域。在过去 4 年的地震预报业务中，成功率为 65%～70%，日期约有前后 2 至 3 天的偏差，位置大概有最大 50 km 的偏离，震级约有上下 0.5 级的浮动。

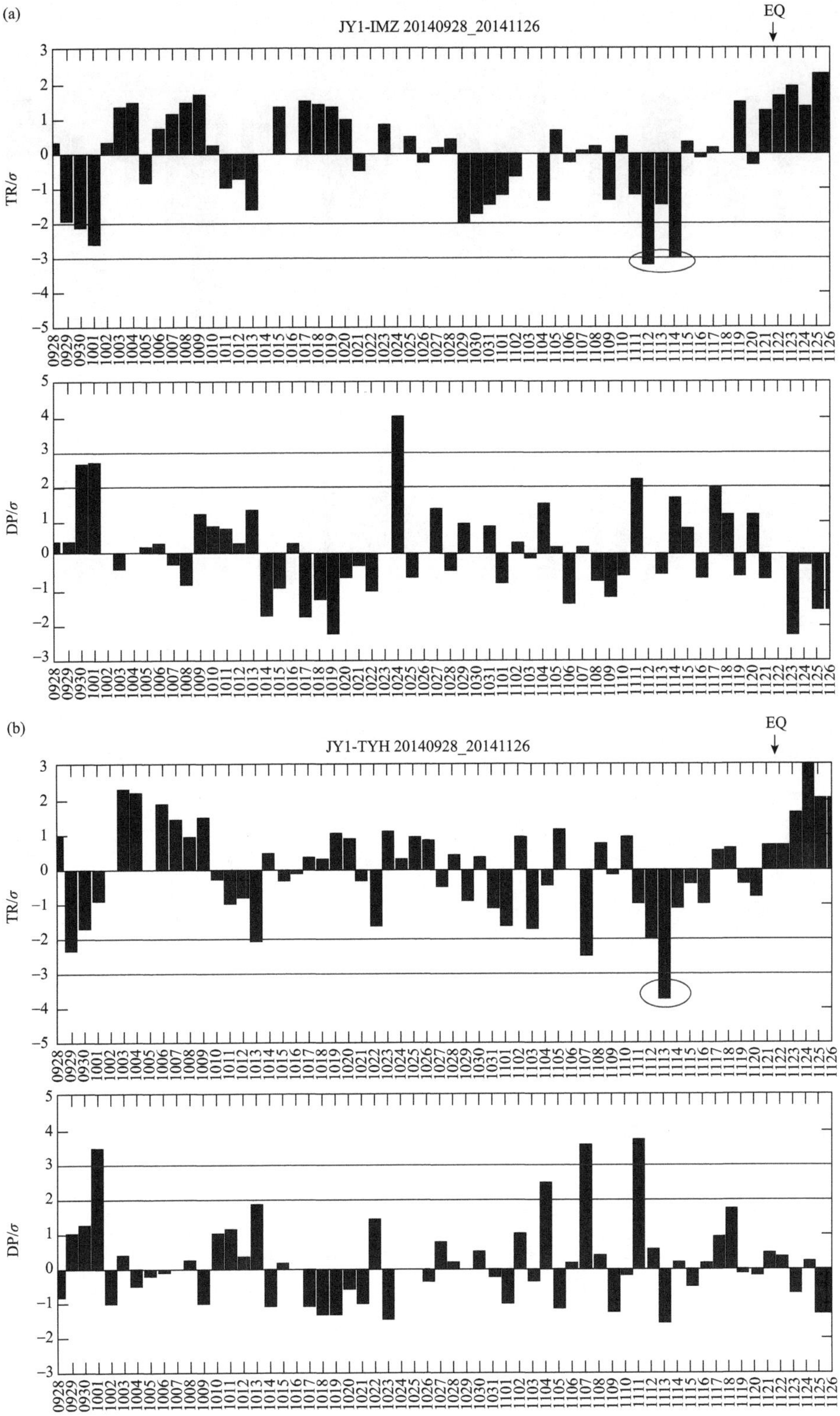

图 14.13　2014 年 12 月 22 日地震夜间（上图）幅值（TR）和（下图）离散度（DP）日变化，对于四条链路（a）JJY–IMZ、（b）JJY–TYH、（c）JJI–AKT 和（d）JJI–STU，单位均是标准差（σ）

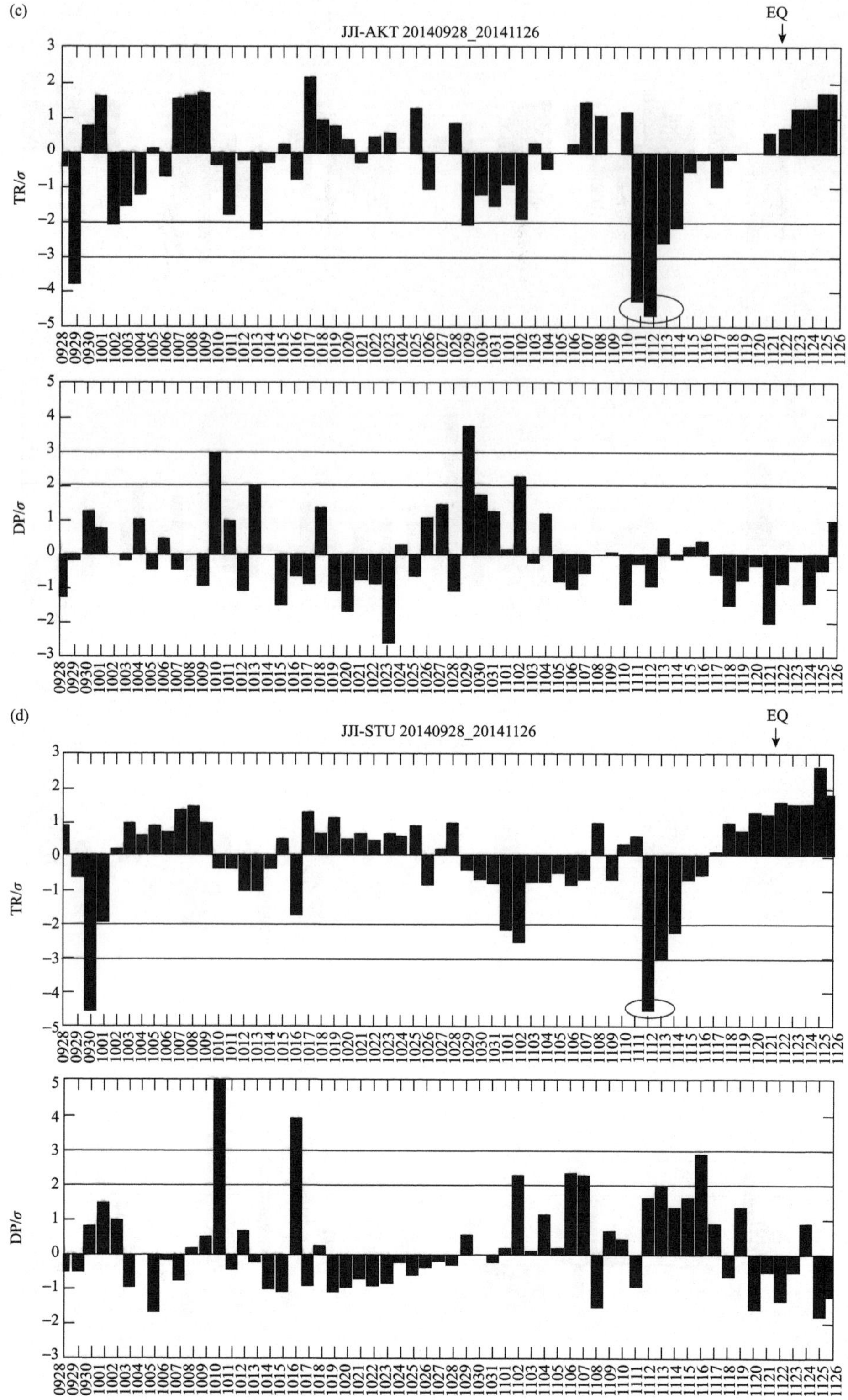
(c)
JJI-AKT 20140928_20141126
EQ
TR/σ
DP/σ
(d)
JJI-STU 20140928_20141126
EQ
TR/σ
DP/σ

图 14.13 （续）

14.7 对 VLF-LF 方法的展望

本章的主要目的是从与大气循环、磁场和太阳活动有关的大规模或全球性异常信号中区分出与地震活动有关的局部 VLF-LF 扰动。因此我们研究了 VLF-LF 人工源信号中振幅和相位对于磁暴、耀斑等活动造成的背景变化的敏感性。建立了 VLF-LF 传播异常和 D_{st} 指数之间的相关性，且发现在夜间发生的磁暴对 VLF-LF 异常的影响具有典型性。另一个对地震电磁效应产生的干扰主要源自气象，如气旋或台风，热带气旋能够引起信号振幅存在负异常。因此当对 VLF-LF 数据进行分析来检索地震效应时，应该对与地磁和气象学相关的异常持谨慎态度，这也是地震研究中的一大挑战。

在与地震相关的 VLF-LF 异常方面，我们首先给出了一个极具说服力的例证，即基于新的 TT 分析法分析 1995 年神户地震时底部电离层传播异常信号。TT 分析法得到了 Sasmal 和 Chakrabarti（2009）、Sasmal 等（2010）和 Ray 等（2010）的优化，利用统计验证法进一步研究 TT 异常与地震之间的关联性。基于对日本和周边地区的长期观测，我们得到了在 VLF-LF 传播异常（夜间平均幅度）和浅层（深度小于 40 km）地震之间的显著统计相关性。也就是说地震前约一周左右出现的异常，其特征主要为夜间幅度下降且起伏增强。最后，我们描述了日本新设立的监测网，并以 2014 年 11 月 22 日长野 *M* 6.7 级地震为例开展了案例分析。

在 VLF-LF 监测网方面，作者们很荣幸地看到这种用于监测底部电离层中人工源 VLF-LF 信号的监测网正成为世界上短临地震预测的世界标准，包括欧洲（Biagi et al.，2004）、印度（Singh et al.，2004；Chakrabarti et al.，2009）、俄罗斯（Rozhnoi et al.，2007）和巴西（Raulin et al.，2009）在内的世界范围内建立的 VLF 监测网证明了这一点。

VLF-LF 无线电波可以监测底部电离层，但电离层上层的情况呢，比如 F 层？正如本章所述，在底部电离层 VLF-LF 异常和地震之间的相关性方面已经开展了大量的研究，而上层 F 层也存在相似的情况。除了各种案例研究之外，Liu（2009）和 Liu 等（2013）已经用底部探测仪（*fo*F2 测量）和 TEC 测量法清晰地表明了 F 层密度异常和地震之间的关联性。从某种意义上来说，虽然目前尚不能明确这种震前电离层扰动为何会发生且如何发生，但目前正在形成一种共识：不仅是在低电离层，上层 F 层在地震前约一周也会受到扰动。

我们已阐明为进一步了解震前电离层扰动的成因及过程中所需要做的工作（Pulinets and Boyarchuk，2004；Molchanov and Hayakawa，2008；Sorokin et al.，2015）。在对底部电离层 VLF-LF 数据的分析中，我们主要致力于夜间平均振幅和相位的分析。有时候我们也会分析振幅和相位的起伏情况，这也使得我们有了另一个重要发现，即震前几十分钟至几小时时间内 AGW 在频谱中所起到的作用。接下来需要做的是通过在日本的新 VLF-LF 监测网数据（包括振幅和相位）对“地震-电离层扰动的时空演化”开展详尽的研究。监测网的多站点可以定位电离层扰动，同时评估电离层扰动的规模和强度，并且可以通过监测网进一步追踪电离层异常位移，在这个处理过程中我们也希望可以有效地利用相位信息，上层 F 层的模拟信息对了解低电离层扰动效应是否

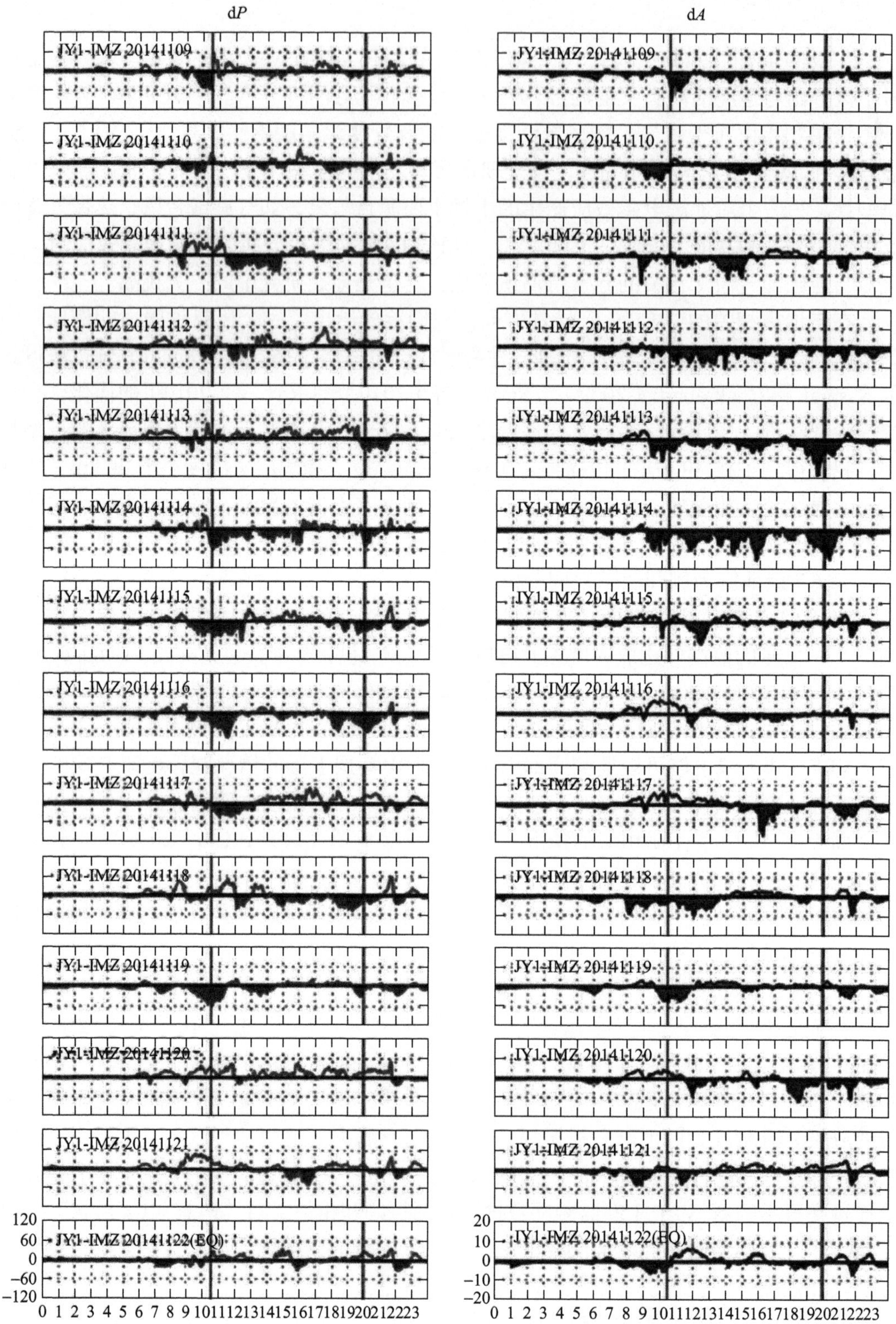

图 14.14 2014 年 12 月 9 日至 22 日，JJY-IMZ 链路传播（左）d*P*（相位）和（右）d*A*（振幅）时序图

会上行传播到 F 区至关重要。我们计划用日本人工源 VHF 的电离层探测数据和斜反射数据，解读观测所得地震-电离层扰动的时空演化，开展对理论建模和不同数值方法如 FDTD（时域有限差分法）、波跳法等的比较工作。

在进一步探究 LAIC 的机制的过程中，跨学科协作至关重要。电离层信息（D/E 层和上层 F 层）可以通过多种观测方法获取，Sun 等（2011）开展了从地表到 D/E 层的大气层可用信息研究，但此类研究仍非常匮乏。所以对大气层和地表运动的协同观测是当务之急（Chen et al.，2011；Kamiyama et al.，2014），此外还应包括氡、离子等化学数据的应用。

鸣谢

本章中的部分工作在 NASDA 前沿项目框架下才得以进行，对此我们表示感谢。

参考文献

Asai, S., Yamamoto, S., Kasahara, Y., Hobara, Y., Inaba, T., and Hayakawa, M. (2011), Measurement of Doppler shifts of short-distance subionospheric LF transmitter signals and seismic effects, *J. Geophys.Res*., doi:10.1029/2010JA016055.

Belrose, J. S. and Thomas, L. (1968), Ionization in the middle latitude D-region associated with geomagnetic storms, *J. Atmos.Terr.Phys.*, *30*, 1397-1413.

Biagi, P. F., Piccolo, R., Castellana, L., Maggipinto, T., Ermini, A., Martellucci, S., Bellecci, C., Perna, G., Capozzi, V., Molchanov, O. A., Hayakawa, M., and Ohta, K. (2004), VLF/LF radio signals collected at Bari (South Italy): a preliminary analysis on signal anomalies associated with earthquakes, *Nat. Hazards Earth Syst.Sci.*, *4*, 685-689.

Bishop, R. L. and Straus, P. R. (2006), Characterizing ionospheric variations in the vicinity of hurricanes and typhoons using GPS occultation measurements, *AGU Fall Meeting*, San Francisco, 11-15 December, *Eos (Trans.Am. Geophys.Union)*, *87*(Suppl.), SA33B-0276.

Cervone, G., Maekawa, S., Singh, R. P., Hayakawa, M., Kafatos, M., and Shvets, A. (2006), Surface latent heat flux and nighttime LF anomalies prior to the *Mw*=8.3 Tokachi- Oki earthquake, *Nat. Hazards Earth Syst.Sci*., *6*, 109-114.

Chakrabarti, S. K. (Ed.)(2010), *Propagation Effects of Very Low Frequency Radio Waves, Conference Proceedings*, Vol. 1286, 362 pp, American Institute of Physics.

Chakrabarti, S. K., Sasmal, S., and Chakrabarti, S. (2009), Ionospheric anomaly due to seismic activities—Part 2:Evidence from D-layer preparation and disappearance times, *Nat. Hazards Earth Syst.Sci.*, *10*, 1751-1757.

Chen, C. H., Yeh, T. K., Liu, J. Y., Wang, C. H., Wen, S., Yen, G. Y., and Chang, S. H. (2011), Surface deformation and seis- mic rebound: implications and applications, *Surv.Geophys.*, *32*(3), 291-313, doi:10.1007/s10712-011-9117-3.

Craig, J. R. and McCormick, R. J. (2006), Remote sensing of the upper atmosphere by VLF, in, M. Fullkrung, E. A. Mareev, and M. J. Rycroft (eds), *Elves and Intense Lightning Discharges*, pp. 167-190, NATO Science Series.

Dowden, R. L. and Adams, C. D. D. (1988), Phase and ampli- tude echoes from lightning-induced electron precipitation, *J. Geophys.Res.*, *93*(11), 543-550.

Freund, F. T. (2009), Stress-activated positive hole charge carri- ers in rocks and the generation of pre-earthquake signals, in M. Hayakawa (ed.), *Electromagnetic Phenomena Associated with Earthquakes*, pp. 41-96, Transworld Research Network, Trivandrum, India.

Gokhberg, M. B., Gufeld, I. L., Rozhnoi, A. A., Marenko, V. F., Yampolsky, V. S., and Ponomarev, E. A. (1989), Study of seismic influence on the ionosphere by super long wave probing of the Earth-ionosphere waveguide, *Phys.Earth Planet.Inter.*, *57*, 64-67.

Gufeld, I. L., Rozhnoi, A. A., Tyumensev, S. N., Sherstuk, S. V., and Yampolsky, V. S. (1992), Radiowave disturbances in period to Rudber and Rachinsk earthquakes, *Phys. Solid Earth*, *28*(3), 267-270.

Hayakawa, M. (ed.) (1999), *Atmospheric and Ionospheric Electromagnetic Phenomena Associated with Earthquakes*, Terra Scientific Publishing, Tokyo, 996 pp.

Hayakawa, M. (2007), VLF/LF radio sounding of ionospheric perturbations associated with earthquakes, *Sensors*, *7*, 1141-1158.Hayakawa, M. (ed.) (2009a), *Electromagnetic Phenomena Associated with Earthquakes*, Transworld Research Network, Trivandrum, India, 279 pp.

Hayakawa, M. (2009b), Lower ionospheric perturbations associated with earthquakes, as detected by subionospheric VLF/LF radio waves, in M. Hayakawa (ed.), *Electromagnetic Phenomena Associated with Earthquakes*, pp. 137-185, Transworld Research Network, Trivandrum, India.

Hayakawa, M. (2011), Probing the lower ionospheric perturba- tions associated with earthquakes by means of subionospheric VLF/LF propagation, *Earthquake Sci.*, *24*(6), 609-637.

Hayakawa, M. (ed.) (2012), *The Frontier of Earthquake Prediction Studies*, Nihon- senmontosho-Shuppan, Tokyo, 794 pp.

Hayakawa, M. (ed.) (2013), *Earthquake Prediction Studies: Seismo Electromagnetics*, Terra Scientific Publishing, Tokyo, 168 pp.

Hayakawa, M. (2015), *Earthquake Prediction with Radio Techniques*, John Wiley & Sons, Singapore, 294 pp.

Hayakawa, M. and Hobara, Y. (2010), Current status of seismo- electromagnetics for short-term earthquake prediction, *Geomatics Nat. Hazards Risk*, *1*(2), 115-155.

Hayakawa, M. and Molchanov, O. A. (eds) (2002), *Seismo-Electromagnetics: Lithosphere-Atmosphere-Ionosphere Coupling*, Terra Scientific Publishing, Tokyo, 477 pp.

Hayakawa, M., Molchanov, O. A., Ondoh, T., and Kawai, E. (1996), The precursory signature effect of the Kobe earthquake on VLF subionospheric signals, *J. Comm.Res.Lab., Tokyo*, *43*, 169-180.

Hayakawa, M., Molchanov, O. A., and NASDA/UEC team (2004), Summary report of NASDA's earthquake remote sensing frontier project, *Phys.Chem.Earth*, *29*, 617-625.

Hayakawa, M., Ohta, K., Maekawa, S., Yamauchi, T., Ida, Y., Gotoh, T., Yonaiguchi, N., Sasaki, H., and Nakamura, T. (2006), Electromagnetic precursors to the 2004 Mid Niigata Prefecture earthquake, *Phys.Chem.Earth*, *31*, 356-364.

Hayakawa, M., Horie, T., Yoshida, M., Kasahara, Y., Muto, F., Ohta, K., and Nakamura, T. (2008), On the ionospheric perturbation associated with the 2007 Niigata Chuetsu-oki earthquake, as seen from subionospheric VLF/LF network observations, *Nat. Hazards Earth Syst. Sci.*, *8*, 573-576, doi:10.5194/nhess-8-573-2008.

Hayakawa, M., Kasahara, Y., Nakamura, T., Muto, F., Horie, T., Maekawa, S., Hobara, Y., Rozhnoi, A. A., Solovieva, M., and Molchanov, O. A. (2010), A statistical study on the cor-relation between lower ionospheric perturbations as seen by subionospheric VLF/LF propagation and earthquakes, *J. Geophys.Res.*, *115*, A09305, doi:10.1029/2009JA015143.

Hayakawa, M., Kasahara, Y., Nakamura, T., Hobara, Y., Rozhnoi, A., Solovieva, M., Molchanov, O. A., and

Korepanov, V. (2011), Atmospheric gravity waves as a possi- ble candidate for seismo-ionospheric perturbations, *J. Atmos.Electr.*, *31*(2), 129-140.

Hayakawa, M., Hobara, Y., Yasuda, Y., Yamaguchi, H., Ohta, K., Izutsu, J., and Nakamura, T. (2012a), Possible pre-cursor to the March 11, 2011, Japan earthquake: ionospheric perturbations as seen by subionospheric very low frequency/ low frequency propagation, *Ann. Geophys.*, *55*(1), 95-99, doi:10.4401/ag-5357.

Hayakawa, M., Kasahara, Y., Endoh, T., Hobara, Y., and Asai, S. (2012b), The observation of Doppler shifts of subionospheric LF signal in possible association with earthquakes, *J. Geophys. Res.*, *117*, A09304, doi:10.1029/2012JA017752.

Hayakawa, M., Rozhnoi, A., Solovieva, M., Hobara, Y., Ohta, K., Schekotov, A., and Fedorov, E. (2013a), The lower ionospheric perturbation as a precursor to the 11 March 2011 Japan earthquake, *Geomatics Nat. Hazards Risk*, *4*(3), 275-287, doi: org/10.1080/19475705.2012.751938

Hayakawa, M., Hobara, Y., Rozhnoi, A., Solovieva, M., Ohta, K., Izutsu, J., Nakamura, T., and Kasahara, Y. (2013b), The ionospheric precursor to the 2011 March 11 earthquake based upon observations obtained from the Japan-Pacific subionospheric VLF/LF network, *Terr.Atmos.Ocean.Sci.*, *24*(3), 393-408, doi: 10.3319/TAO.2012.12.14.01(AA).

Horie, T., Yamauchi, T., Yoshida, M., and Hayakawa, M. (2007), The wave-like structures of ionospheric perturbation associated with Sumatra earthquake of 26 December 2004, as revealed from VLF observation in Japan of NWC signals, *J. Atmos.Solar Terr. Phys.*, *69*, 1021-1028.

Huang, Y. N., Cheng, K., and Chen, S. W. (1985), On the detec- tion of acoustic-gravity waves generated by typhoon by use of real time HF Doppler frequency shift sounding system, *Radio Sci.*, *20*, 897-906, doi:10.1029/RS020i004p00897.

Inan, U. S., Carpenter, D. L., Helliwell, R. A., and Katsufrakis, J. P. (1985), Subionospheric VLF/LF phase perturbations produced by lightning whistler induced particle precipitation, *J. Geophys.Res.*, *90*, 7457-7469.

Isaev, N. V., Sorokin, V. M., Chmyrev, V. M., and Serebryakova, O. N. (2002), Ionospheric electric fields related to sea storms and typhoons, *Geomagn.Aeron.*, *42*, 638-643.

Kamiyama, M., Sugito, M., Kuse, M., Schekotov, A., and Hayakawa, M. (2014), On the precursors to the 2011 Tohoku earthquake: crustal movements and electromagnetic signatures, *GeomaticsNat.HazardsRisk*, doi:10.1080/19475705.2014.937773.

Kasahara, Y., Muto, F., Horie, T., Yoshida, M., Hayakawa, M., Ohta, K., Rozhnoi, A., Solovieva, M., and Molchanov, O. A. (2008), On the statistical correlation between the ionospheric perturbations as detected by subionospheric VLF/LF propa-gation anomalies and earthquakes, *Nat. Hazards Earth Syst. Sci.*, *8*, 653-656.

Kasahara, Y., Nakamura, T., Hobara, Y., Hayakawa, M., Rozhnoi, A., Solovieva, M., and Molchanov, O. A. (2010), A statistical study on the AGW modulation in subionospheric VLF/LF propagation data and consideration of the generation mechanism of seismo-ionospheric perturbations, *J. Atmos.Electr.*, *30*(2), 103-112.

Kikuchi, T. (1981), VLF phase anomalies associated with substorm, Mem.*Nat. Inst.Polar Res., Tokyo, Spec. Iss.*, *18*, 3-23.

Kleimenova, N. G., Kozyreva, O. V., Rozhnoi, A. A., and Solovieva, M. S. (2004), Variations in the VLF signal param-eters on the Australia-Kamchatka radio path during mag- netic storms, *Geomagn.Aeron.*, *44*, 385-393.

Klimenko, M. V., Klimenko, V. V., Zakharenkova, I. E., and Karpov, I. V. (2012), Modeling of local disturbance forma- tion in the ionosphere electron concentration before strong earthquakes, *Earth Planets Space*, *64*, 441-450.

Korepanov, V., Hayakawa, M., Yampolski, Y., and Lizunov, G. (2009), AGW as a seismo-ionospheric coupling respon- sible agent, *Phys.Chem.Earth, Parts A/B/C*, *34*(6-7), 485-495.

Kuo, C. L., Huba, J. D., Joyce, G., and Lee, L. C. (2011), Ionosphere plasma bubbles and density variations induced by pre-earthquake rock currents and associated surface charges, *J. Geophys.Res.*, *116*, doi:10.1029/2011JA016628.

Lin, J. W. (2012), Study of ionospheric anomalies due to impact of typhoon using principal component analysis and image processing, *J. Earth Syst.Sci.*, *121*, 1001-1010.

Liu, J. Y. (2009), Earthquake precursors observed in the iono- spheric F-region, in M. Hayakawa (ed.), *Electromagnetic Phenomena Associated with Earthquakes*, pp. 187-204, Transworld Research Network, Trivandrum, India.

Liu, J. Y., Chen, C. H., and Tsai, H. F. (2013), A statistical study on seismo-ionospheric precursors of the total electron content associated with 146 $M \geqslant 6.0$ earthquakes in Japan during 1998-2011, in M. Hayakawa (ed.), *Earthquake Prediction Studies:Seismo Electromagnetics*, pp. 17-30, Terra Scientific Publishing, Tokyo.

Liu, Y. M, Wang, J. S., and Suo, Y. C. (2006), Effects of typhoon on the ionosphere, *Adv. Geosci.*, *29*, 351-360, http://www. adv-geosci.net/29/351/2006/.

Maekawa, S., Horie, T., Yamauchi, T., Sawaya, T., Ishikawa, M., Hayakawa, M., and Sasaki, H. (2006), A statistical study on the effect of earthquakes on the ionosphere, based on the subionospheric LF propagation data in Japan, *Ann.Geophys.*, *24*, 2219-2225.

Mikhailova, G. A., Mikhailov, Y. M., and Kapustina, O. V. (2000), ULF/VLF electric fields in the external ionosphere over powerful typhoons in Pacific Ocean, *Geomagn.Aeron.*, *2*, 153-158.

Miyaki, K., Hayakawa, M., and Molchanov, O. A. (2002), The role of gravity waves in the lithosphere-ionosphere coupling, as revealed from the subionospheric LF propagation data, in M. Hayakawa and O. A. Molchanov (eds), *Seismo-Electromagnetics (Lithosphere-Atmosphere-Ionosphere Coupling)*, pp. 229-232.Terra Scientific Publishing, Tokyo.

Molchanov, O. A. and Hayakawa, M. (1998), Subionospheric VLF signal perturbations possibly related to earthquakes, *J. Geophys.Res.*, *103*, 17489-17504.

Molchanov, O. A. and Hayakawa, M. (2008), *Seismo Electromagnetics and Related Phenomena: History and Latest Results*, Terra Scientific Publishing, Tokyo, 189 pp.

Molchanov, O. A., Mazhaeva, O. A., Goliavin, A. N., and Hayakawa, M. (1993), Observations by the intercosmos-24 satellite of ELF-VLF electromagnetic emissions associated with earthquakes, *Ann.Geophys.*, *11*, 431-440.

Molchanov, O. A., Hayakawa, M., Ondoh, T., and Kawai, E. (1998), Precursory effects in the subionospheric VLF signals for the Kobe earthquake, *Phys.Earth Planet.Inter.*, *105*, 239-248.

Molchanov, O. A., Hayakawa, M., and Miyaki, K. (2001), VLF/LF sounding of the lower ionosphere to study the role of atmospheric oscillations in the lithosphere-ionosphere coupling, *Adv.Polar Upper Atmos. Res., Tokyo*, *15*, 146-158.

Muto, F., Horie, T., Yoshida, M., Hayakawa, M., Rozhnoi, A., Solovieva, M., and Molchanov, O. A. (2009a), Ionospheric perturbations related to the Miyagi-oki earthquake on 16 August 2005, as seen from Japanese VLF/LF subionospheric propagation network, *Phys.Chem.Earth, Parts A/B/C*, *34*(6-7), 449-455.

Muto, F., Kasahara, Y., Hobara, Y., Hayakawa, M., Rozhnoi, A., Solovieva, M., and Molchanov, O. A. (2009b), Further study on the role of atmospheric gravity waves on the seismo- ionospheric perturbations as detected by subionospheric VLF/LF propagation.*Nat. Hazards Earth Syst.Sci.*, *9*, 1111-1118, doi:10.5194/nhess-9-1111-2009.

Nakamura, T., Korepanov, V., Kasahara, Y., Hobara, Y., and Hayakawa, M. (2013), An evidence on the lithosphere-iono- sphere coupling in terms of atmospheric gravity waves on the basis of a combined analysis of surface pressure, ionospheric perturbations and ground-based ULF variations, *J. Atmos. Electr.*, *33*(1), 53-68.

Nickolaenko, A. P. and Hayakawa, M. (1995), Heating of the lower ionosphere electrons by electromagnetic radiation of lightning discharges, *Geophys.Res.Lett.*, *22*, 3015-3018.

Polyakova, A. S. and Perevalova, N. P. (2011), Investigation into impact of tropical cyclones on the ionosphere using GPS sounding and NCEP/NCAR Reanalysis data, *Adv. Space Res.*, *48*, 1196-1210.

Potemra, T. A. and Rosenberg, T. J. (1973), VLF propagation disturbances and electron precipitation at mid-latitudes, *J. Geophys.Res.*, *78*, 1572-1580.

Pulinets, S. A. and Boyarchuk, K. (2004), *Ionospheric Precursors of Earthquakes*, Springer, Berlin, 315 pp.

Pulinets, S. A. and Ouzounov, D. (2011), Lithosphere- atmosphere-ionosphere coupling (LAIC) model—a unified concept for earthquake precursors validation, *J. Asian Earth Sci.*, *41*, 371-382.

Raulin, J. P., David, P., Hadano, R., Saraiva, A. C. V., Correia, E., and Kaufman, P. (2009), The South America VLF NETwork (SAVNET), *Earth, Moon Planets*, *104*, 247-261.

Ray, S., Chakrabarti, S. K., Sasmal, S., and Choudhury, A. K. (2010), Correlations between the anomalous behavior of the ionosphere and the seismic events for VTX-MALDA VLF propagation, in S. Chakrabarti (ed.), *Propagation Effects of Very Low Frequency Radio Waves*, Conference Proceedings Vol. *1286*, 29308, American Institute of Physics.

Rozhnoi, A. A., Kleimenova, N. G., Kozyreva, O. V., Molchanov, O. A., and Solovieva, M. S. (2003), Nighttime midlatitude variations in the LF (40 kHz) signal parameters and Pi3 geomagnetic pulsations, *Geomagn.Aeron.*, *43*(4), 518-525.

Rozhnoi, A., Solovieva, M. S., Molchanov, O. A., and Hayakawa, M. (2004), Middle latitude LF (40 kHz) phase variations associated with earthquakes for quiet and disturbed geomagnetic conditions. *Phys.Chem.Earth*, *29*, 589-598, doi:10.1016/j.pce.2003.08.061.

Rozhnoi, A. A., Solovieva, M. S., Molchanov, O. A., Hayakawa, M., Maekawa, S., and Biagi, P. F. (2006), Sensitivity of LF signal to global ionosphere and atmosphere perturbations in the network of stations, *Phys.Chem.Earth*, *31*, 409-415.

Rozhnoi, A., Solovieva, M., Molchanov, O., Biagi, P. F., and Hayakawa, M. (2007), Observation evidences of atmospheric gravity waves induced by seismic activity from analysis of subionospheric LF signal spectra, *Nat. Hazards Earth Syst. Sci.*, *7*, 625-628, doi:10.5194/nhess-7-625-2007.

Rozhnoi, A., Solovieva, M., and Hayakawa, M. (2012a), Search for electromagnetic earthquake precursors by means of sounding of upper atmosphere-lower ionosphere boundary by VLF/LF signals, in M. Hayakawa (ed.), *The Frontier of Earthquake Prediction Studies*, pp. 652-677, Nihon-senmon- tosho-Shuppan, Tokyo.

Rozhnoi, A., Solovieva, M., Parrot, M., Hayakawa, M., Biagi, P.F., and Schwingenschuh, K. (2012b), Ionospheric turbu-lence from ground-based and satellite VLF/LF transmitter signal observations for the Simushir earthquake (November 15, 2006), *Ann.Geophys.*, *55*, 187-192, doi: 10.4401/ag-5190.

Rozhnoi, A., Solovieva, M., and Hayakawa, M. (2013), VLF/LF signals method for searching of electromagnetic earthquake precursors, in M. Hayakawa (ed.), *Earthquake Prediction Studies:Seismo Electromagnetics*, pp. 31-48, Terra Scientific Publishing, Tokyo.

Rozhnoi, A., Solovieva, M., Levin, B., Hayakawa, M., and Fedun, V. (2014), Meteorological effects in the lower ionosphere as based on VLF/LF signal observations, *Nat. Hazards Earth Syst.Sci.*, *14*, 2671-2679, doi:10.5194/nhess-14-2671-2014.

Sasmal, S. and Chakrabarti, S. K. (2009), Ionospheric anomaly due to seismic activities, Part 1:Calibration of the VLF sig- nal of VTX 18.2 kHz station from Kolkata and deviation during seismic events, *Nat. Hazards Earth Syst.Sci.*, *9*, 1403-1408.

Sasmal, S., Chakrabarti, S. K., and Chakrabarti, S. (2010), Studies of the correlation between ionospheric anomalies and seismic activities in the Indian subcontinent, in S. Chakrabarti (ed.), *Propagation Effects of Very Low Frequency Radio Waves*, Conference Proceedings Vol. *1286*, pp. 270-290, American Institute of Physics.

Sauer, H. H., Spjeldvik, W. N., and Steel, F. K. (1987), Relationship between longterm phase advances in high-latitude VLF wave propagation and solar energetic fluxes, *Radio Sci.*, *22*, 405-424.

Shvets, A. V., Hayakawa, M., Molchanov, O. A., and Ando, Y. (2004), A study of ionospheric response to regional seismic activity by VLF radio sounding, *Phys.Chem.Earth*, *29*, 627-637.

Singh, V., Singh, B., Hayakawa, M., Kumar, M., Kushwah, V., and Singh, O. P. (2004), Nighttime amplitude decrease in 19.8 kHz NWC signals observed at Agra possibly caused by moderate seismic activities along the propagation path, *J. Atmos.Electr.*, *24*, 1-15.

Sorokin, V. and Hayakawa, M. (2013), Generation of seismic-related DC electric fields and lithosphere-atmosphere-ionosphere coupling, *Modern Appl. Sci.*, *7*(6), 1-25, doi:10.5539/mas.v7n6p1.

Sorokin, V. M., Yaschenko, A. K., Chmyrev, V. M., and Hayakawa, M. (2006), DC electric field amplification in the mid-latitude ionosphere over seismically active faults, *Phys.Chem.Earth*, *31*, 447-453.

Sorokin, V., Chemyrev, V., and Hayakawa, M. (2015), *Electrodynamic Coupling of Lithosphere-Atmosphere-Ionosphere of the Earth*, Nova Science Publishing.326 pp.

Sun, Y. Y., Oyama, K. I., Liu, J. Y., Jhuang, H. K., and Cheng, C. Z. (2011), The neutral temperature in the ionospheric dynamo region and the ionospheric F region density during Wenchuan and Pingtung Double earthquakes, *Nat. Hazards Earth Syst.Sci.*, *11*, 1759-1768, doi:10.5194/nhess- 11-1759-2011.

Uyeda, S., Nagao, T., Hattori, K., Noda, Y., Hayakawa, M., Miyaki, K., Molchanov, O., Gladychev, V., Baransky, L., Schekotov, A., Belyaev, G., Fedorov, E., Pokhotelov, O., Andreevsky, S., Rozhnoi, A., Khabazin, Y., Gorbatikov, A., Gordeev, E., Chebrov, V., Lutikov, A., Yunga, S., Kosarev, G., and Surkov, V. (2002), Russian-Japanese complex geophysical observatory in Kamchatka for monitoring of phenomena connected with seismic activity, in M. Hayakawa and O. A. Molchanov (eds), *Seismo Electromagnetics (Litho- sphere - Atmosphere - Ionosphere Coupling)*, pp. 413-419, Terra Scientific Publishing, Tokyo.

Vanina-Dart, L. B., Romanov, A. A., and Sharkov, E. A. (2011), Influence of a tropical cyclone on the upper ionosphere according to tomography sounding data over Sakhalin Island in November 2007, *Geomagn.Aeron.*, *51*, 774-782.

Watt, A. D. (1967), *VLF Radio Engineering*, Pergamon Press, Oxford, 703 pp.

Xiao, Z., Xiao, S. G., Hao, Y. Q., and Zhang, D. H. (2007), Morphological features of ionospheric response to typhoon, *J. Geophys.Res.Space Phys.*, *112*, A04304, doi:10.1029/2006JA011671.

Xu, G., Wan, W., She, C., and Du, L. (2008), The relationship between ionospheric total electron content (TEC) over East Asia and the tropospheric circulation around the Qinghai-Tibet Plateau obtained with a partial correlation method, *Adv.Space Res.*, *42*, 219-223.

Yamauchi, T., Maekawa, S., Horie, T., Hayakawa, M., and Soloviev, O. (2007), Subionospheric VLF/LF monitoring of ionospheric perturbations for the 2004 Mid-Niigata earthquake and their structure and dynamics, *J. Atmos.Solar Terr. Phys.*, *69*, 793-802.

Yoshida, M., Yamauchi, T., Horie, T., and Hayakawa, M. (2008), On the generation mechanism of terminator times in subionospheric VLF/LF propagation and its possible application to seismogenic effects, *Nat. Hazards Earth Syst.Sci.*, *8*, 129-134.

Zakharov, V. I. and Kunitsyn, V. E. (2012), Regional features of atmospheric manifestations of tropical cyclones according to groundbased GPS network data, *Geomagn.Aeron.*, *52*, 533-545, doi:10.1134/S0016793212040160.

15 GNSS 总电子含量在地震前兆探测中的应用

刘正彦[1]，服部克巳[2]，陈玉英[3]

1“中央大学”空间科学研究所，中国台湾桃园
2 日本千叶大学理学院
3“中央大学”统计研究所，中国台湾桃园

摘要 由地基全球导航卫星系统（GNSS）接收机的局域网络或从全球电离层图（GIM）中提取的某一位置总电子含量（TEC）的时间序列可用于探测区域的地震电离层异常。当探测到的异常与同一区域大地震前反复出现的异常相似时，这也许是一种暂时性的地震-电离层前兆（SIP）。为了从全球效应（如太阳扰动、磁暴等）中区分可能的 SIP，使用 GIM TEC 数据开展全球异常搜索是一个理想的方法。空间分析同时检测与每个格点上的时间 SIP 相似的异常，并指示所检测异常的全局分布或模式。当检测到的异常在监测区域内特定性且连续性出现时，可以观测到 GIM TEC 的空间 SIP。为了进一步研究观测到的 SIP 的精细结构和动力学，需要一个基于地面 GNSS 接收机的密集网络。将残差最小化训练神经网络（RMTNN）层析成像方法应用于 GNSS 卫星与网络接收机之间的 TEC，可以得到电离层电子密度的三维精细结构。

15.1 引言

目前对大地震前电离层中电子密度和/或电磁辐射的异常变化已开展了深入研究（Hayakawa and Fujinawa，1994；Hayakawa，1999，2000；Liu et al.，2000；Hayakawa and Molchanov，2002；Pulinets and Boyarchuk，2004）。Liu 等（2001）率先应用中国台湾 13 个地面全球定位系统（GPS）接收机的局域网络测量总电子含量（TEC）来探测 1999 年 9 月 21 日集集 M_w 7.6 地震异常的时空变化与分布。TEC 被定义为地面接收机与其相关 GPS 卫星之间的电子密度的集成。通常，对于整个星座而言，一个地面接收机可以同时接收超过十个全球定位系统卫星的记录信号（Liu et al.，1996）。因此，刘等（2001 年）在每 30 秒约 130 个 TEC 点构建的网络区域上生成了一幅图像。1999 年 9 月 17 日、18 日和 20 日下午，即地震前 4、3 和 1 天，中国台湾中部监测点（24°N，121°E）的垂直上空 TEC（空间上是零维），其 GPS TEC 值显著下降。

许多统计分析（Chen et al.，2004；Liu et al.，2004a,b，2006）研究表明，在中国台湾地区 $M \geqslant 5.0$ 级地震发生前 1～6 天，电离层 GPS TEC 在下午/傍晚时段会有异常的 TEC 显著下降。因此，在中国台湾，下午出现的明显且持续的 GPS TEC 下降可被视为暂时性地震-电离层前兆（SIPs）。请注意，SIPs 的极性特征（即减少或增加，负或正）、局部出现时间、提前天数、持续时间等可能因地点而异。因此，我们要在某一地点检测与 TEC 相关的 SIPs，首先需要进行统计分析来确定其相关特征。由于 SIPs 通常在纬向上广泛扩展，沿着监测点构建 TEC 图 [即纬度-时间-总电子含量（LTT），一维空间] 以确定 SIPs 检测时间。刘正彦等（2001 年）在 LTT 图中观察到，在集集地震前第 4、3、1 天，北半球赤道电离异常（EIA）峰值显著下降。最后，LLT 瞬时二维图像显示，在观测到 SIPs 异常的 3 天时间内，GPS TEC 异常空间位置的确出现在震中附近，具有显著降低的趋势。除此之外，许多全球现象例如太阳耀斑、磁暴、太阳/月球潮汐等，也可能影响电离层电子密度和/或 TEC （Liu et al.，1996，1999，2004b，2013；Lin et al.，2003）。因此，即使检测到的异常非常符合 SIPs 特征（Chen et al.，2015），其仍然可能是全球现象之一的巧合性结果。

为了区分 SIP 与全球特征效应，最好使用全球导航卫星系统（GNSS、GPS、格林纳斯、伽利略或北斗系统）衍生的全球电离层地图（GIM）中的 TEC。目前，GIM 通常以 1 小时或 2 小时间隔定期发布，延迟 1～2 天。GIM 在纬度为±87.5°N 和经度为±180°E，纬向和经向空间范围内的分辨率分别为 2.5°和 5°。因此，每张地图由 5183（=71×73）个网格点（格）组成。在 Liu 等（2001）后，又相继研究了与 2004 年 12 月 26 日苏门答腊－安达曼 9.3 级地震（Liu et al.，2010）、2008 年 5 月 12 日汶川 8.0 级地震（Liu et al.，2009）和 2010 年 1 月 12 日海地 7.0 级地震（Liu et al.，2011）相关的全球电离层地图（GIM）中 TEC 的时间与空间 SIPs。研究方法是在监测区域内选取网格来检测异常。如果在某一特定点（零维）检测到的异常符合该区域统计研究得出的特征，则可检测到 SIPs 时间。时间异常确定后，沿着监测点绘制 LTT 图（一维），并对分布、发生频率以及与检测到的 SIPs 时间类似的异常持续性进行全球二维搜索。值得注意的是，任何全球效应都会同时影响 5183 个格点，与此相反，SIPs 应该只在特定的小区域持续存在。因此，如果监测区域内的 SIPs 异常持续存在特定空间，这可能表明我们检测到了特定的 SIPs。

2011 年 3 月 11 日星期五，日本大陆东北部太平洋沿岸（东北地区）发生了 9.0 级大地震，造成毁灭性破坏（以下简称“2011 年东日本大地震”）。在这里，我们以 2011 年东日本大地震为例，展示如何通过 GIM 中 TEC 探测 SIP 时间（零维）以及一维和二维空间 SIP。利用日本密集的地面 GNSS 接收机监测的 TEC，能够获取电离层电子密度具有高分辨率的三维结构（Hirooka et al.，2011）。

15.2 根据 GIM TEC 数据确定地震-电离层前兆

2011 年东日本大地震发生在日本夏令时 14:46（世界时 05 时 46 分），东经 142°51.6′、北纬 38°6.2′、震源深度 24 km。除 3 月 1 日发生最大值为–88 NT 的中等强度地磁暴（http://wdc）外，地磁环境在地震发生前的 1～10 天总体平静，行星磁场（Kp）指数< 2，扰动地磁暴时间（D_{st}）指数约为−20 nT。然而，10.7 cm 太阳辐射通量，即 F10.7 指数，从 3 月 1 日的 105 sfu（太阳辐射通量单位，1 sfu = 10 22 wm−2hz−1）持续增加，并在 3 月 7 日达到最大值 160 sfu。图 15.1 显示的是 2011 年 3 月 11 日东北部 9.0 级地震当天美国东部时间 04:00 至 06:00 时 TEC 的 GIM 图像。

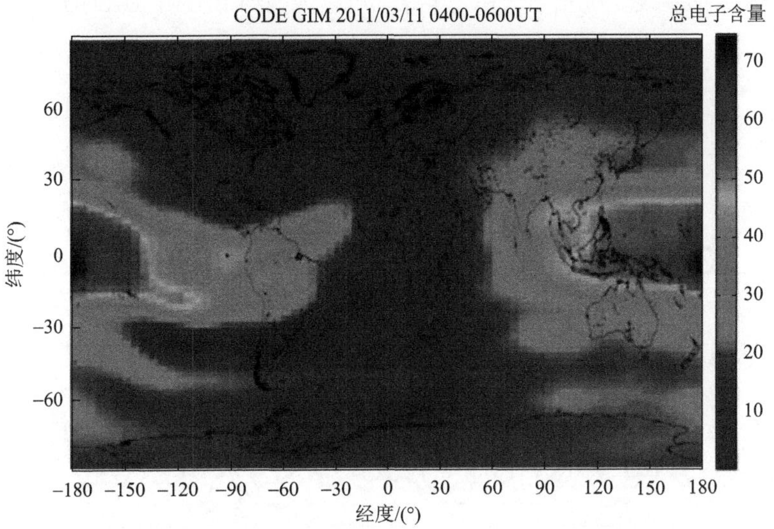

图 15.1 2011 年 3 月 11 日东日本大地震当天美国东部时间 04:00 ~ 06:00 全球电离层图中电子总含量图像：红色星星表示震中（来源：经伯尔尼大学许可转载）（颜色表示见电子版）

为观察 SIPs 时间序列，从 2011 年 2 月和 3 月的 GIM 图像序列中提取了 142°E、38°N 位置的 TEC。为了检测 GIM TEC 变化的异常信号，进行了四分位数的处理。在每个时间点上，我们计算每连续 15 天 TEC 的中值 M，并找出第 16 天观测到的值与 M 值之间的偏差。为了提供关于偏差的信息，计算了第一（或低）和第三（或高）四分位数，分别用 LQ 和 UQ 表示。注意，假设平均值 M 和标准偏差 σ 为正态分布 TEC 统计参量，则 LQ 和 UQ 的预期值分别为 m−1.34σ 和 m+1.34σ（Klotz and Johnson，1983）。为了使标准更加严格，将下限设置为 LB = M−1.5（M − LQ），上限设置为 UB = M +1.5（UQ −M）。

因此，在区间（LB，UB）内 TEC 出现的概率约为 68%，而中值连同相关的 LB 和 UB 为第 16 天的 TEC 变化作为参考。当第 16 天观察到的 TEC 不在相关的（LB，UB）范围时，一个上（升高）或下（降低）的异常 TEC 信号被筛选出。由于 GIM TEC 的时间分辨率为 2 小时，所以每天有 12 个数据点。如果在一天内相继出现超过三分之一（4/12）的上或下异常信号，且观测到的 TEC 大于或小于相关的 UB 或 LB，则认为检测到了上或下异常（正或负异常）。通过观测 4 个或更多的信号（负或正），每天出现异常的概率约为 0.22，而连续出现异常的概率则更小。

图 15.2 显示了地震（2011 年 2 月 25 日至 3 月 26 日）前后 15 天在监测点（142°E，38°N）去除 GIM 数据基线得到的 GNSS TEC。可能是由于太阳辐射增强（即 F10.7），在 2016 年 3 月 1 日至 13 日期间，GIM-TEC 出现正异常。Kon 等（2011）和刘等（2013）对 1998～2011 年 $M \geqslant 6.0$ 级地震相关的 TEC 异常统计分析，发现日本地震前 1～5 天出现的

TEC 正异常具有重要意义。根据这些统计结果，3 月 1～5 日和 3 月 6～10 日出现的正异常可能与 2011 年东日本大地震相关。但是，3 月 7 日太阳辐射通量 F10.7 指数达到最大值 160 sfu，这也可能导致在地震前 1～5 天出现正 TEC 异常。图 15.3 描绘了沿着监测点 140°E、±60°N 范围内的 LTT 图，同样在地震前 30 天和地震后 1 天（2011 年 2 月 9 日至 3 月 13 日）去除 GIM 数据基线。从北半球和南半球都可以观测到 EIA 在 2011 年 3 月 8 日达到了峰值。

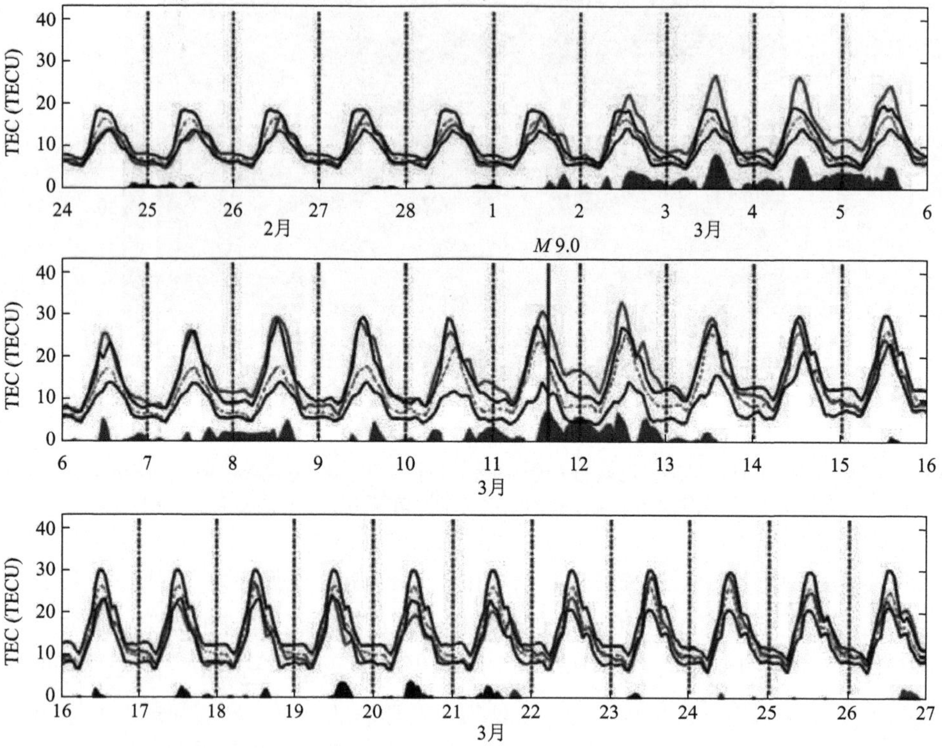

图 15.2 描述了从 2011 年 2 月 25 日至 3 月 26 日的全球电离层图（GIM）中提取的东北震中周围总电子含量（TEC）的时间序列。红色、灰色虚线和两条黑色曲线分别表示 GIM TEC、相关中值和上下限（UB/LB）。LB 和 UB 是由前 1～15 天的移动中位数（M）、下四分位数（LQ）和上四分位数（UQ）构建的。这里 LB = *M*–1.5（*M*–LQ），UB = *M*+1.5（UQ –*M*）。红色和黑色阴影区域分别表示 O-UB 和 LB-O 的差异，其中 O 是观测到的 TEC（颜色表示见电子版）

为了确定 3 月 6～10 日的 5 天期间的 GIM TEC 正异常是否主要出现在震中区域，或者仅仅出于巧合与 3 月 7 日全球范围内的太阳辐射增强同时发生，我们开展了二维空间分析。图 15.4 显示，在这 5 天期间，各格点正异常分布在不同时间点（1 个点= 2h）反复出现。为了快速获取空间分布，构建每个格点 1～30 天的滑动窗口，具有 4、8、12 和更多重复时间点（次数）的最大值格点出现在整个世界范围内，而具有 16、20、24 和更多重复时间的最大值格点主要出现在北半球。可以看出，最大值格点重复 7～8 次甚至更多，主要发生在震中和共轭点附近。在震中及其共轭点相对较大的纬向带上，出现了具有 28、32、36 和更多重复的极大值格点。最后，极大值特定出现在震中附近的一个小区域，重复多达 40 次，甚至出现在距震中东北约 2000 km 的唯一一个纬度区（即 42 次，占 5 天周期的

70%=42/60）。由于全球 5183 个格点被同时检测，所以持续性（即重复次数）可以用来区分由局部（地震）效应和全球（太阳辐射、磁暴等）效应引起的异常。这一空间分析结果表明，正异常极有可能与 2011 年东日本大地震有关。

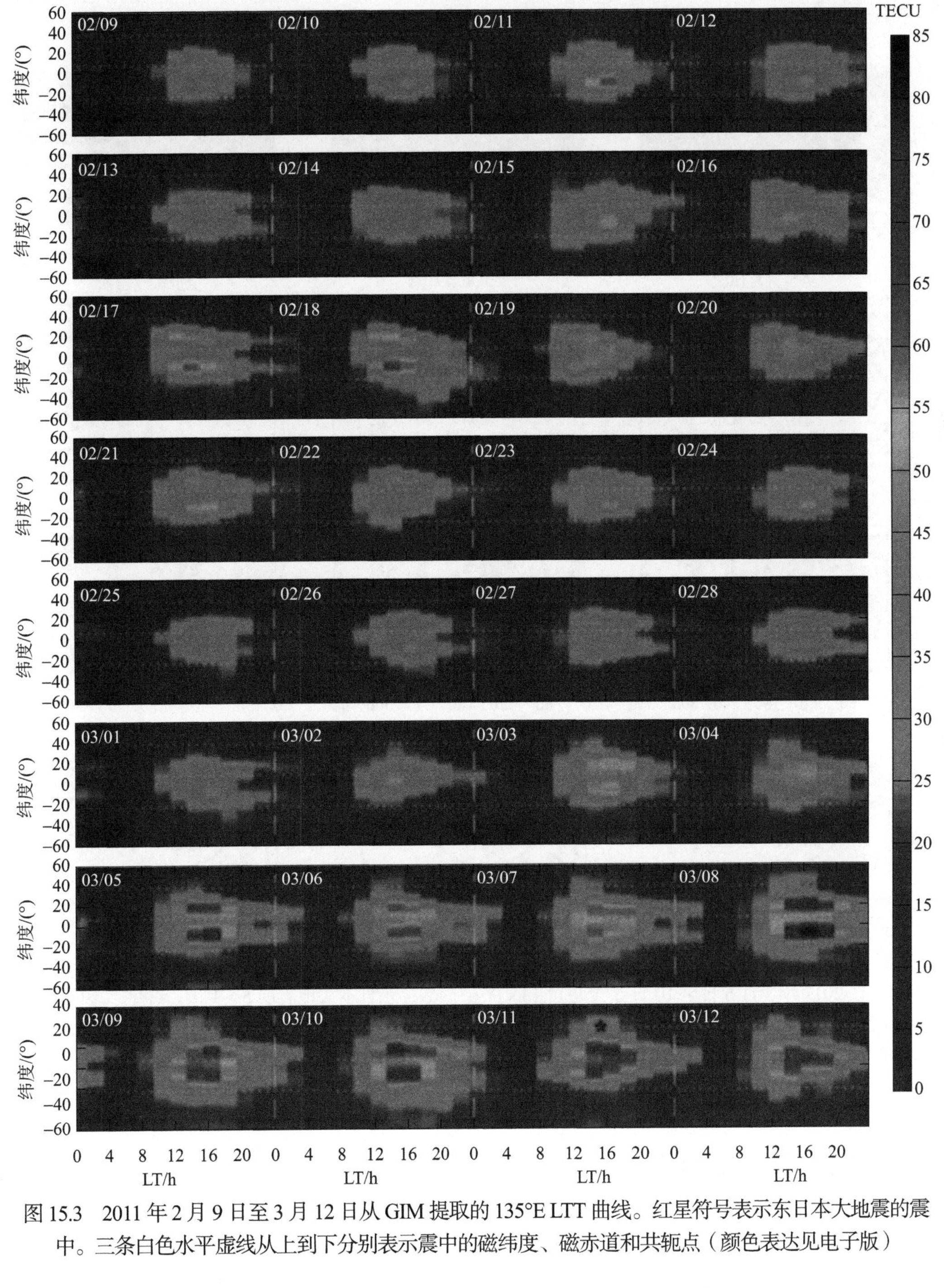

图 15.3　2011 年 2 月 9 日至 3 月 12 日从 GIM 提取的 135°E LTT 曲线。红星符号表示东日本大地震的震中。三条白色水平虚线从上到下分别表示震中的磁纬度、磁赤道和共轭点（颜色表达见电子版）

在某一格点上连续（或持续）出现异常的概率应小于 3.3%（=1 天/30 天）。图 15.4 显示了 30 天极大值的全球分布，其中在某些时段连续出现（即持续时间）。可以看出，2011 年 DOY 077-067（3 月 7～8 日）期间，极大值在震中东北约 800km 处的三个格点持续了 28 小时。图 15.3 和图 15.4 表明，在震中周围出现的 GIM TEC 的正异常极有可能与 2011 年东日本大地震有关。

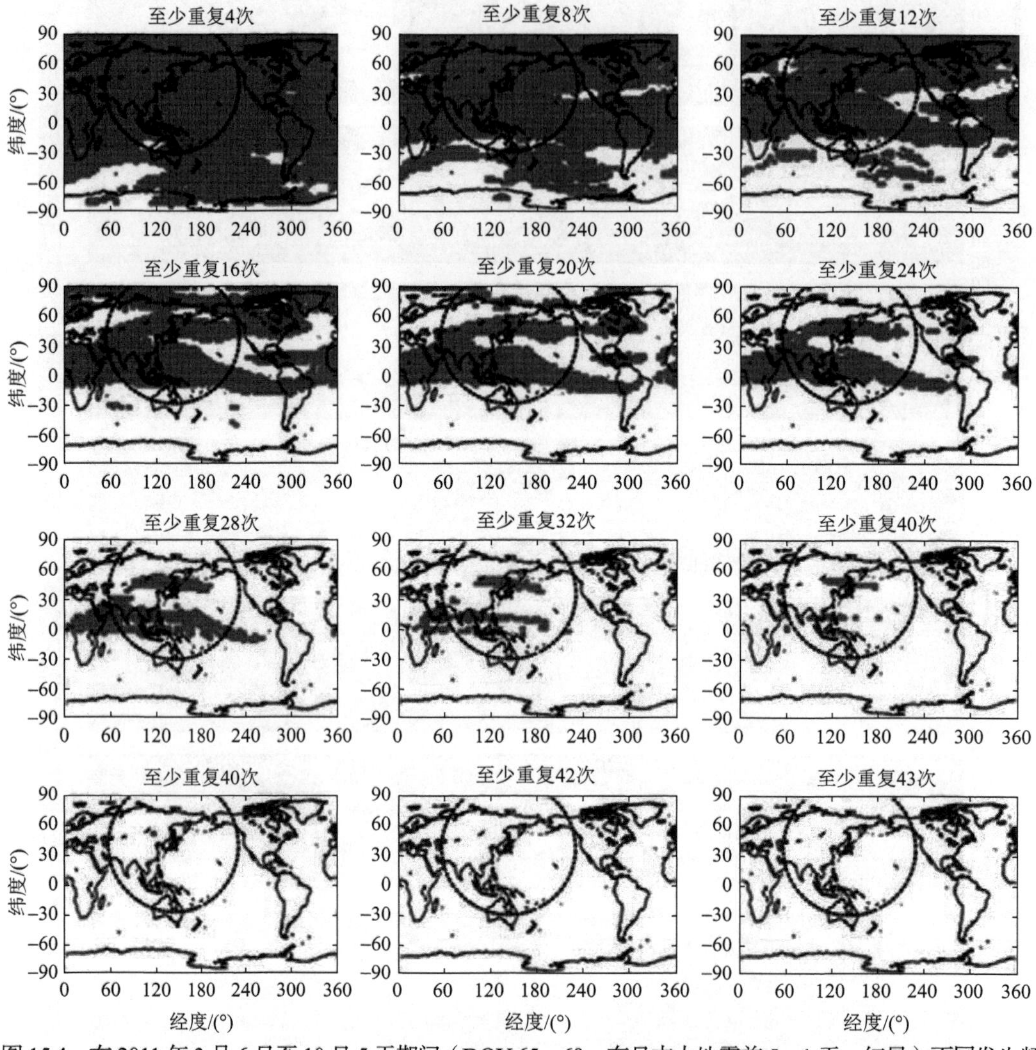

图 15.4 在 2011 年 3 月 6 日至 10 日 5 天期间（DOY 65～69；东日本大地震前 5～1 天，红星）不同发生频率的各格点 30 天最大值（正异常）的分布。红色五角星和无填充五角星分别表示东日本大地震的震中和对应的共轭点。半径 R = 100.43 M = 7413 km 的虚线圈表示岩石圈的地震孕震区（Dobrovolsky et al.，1979）（资料来源：经施普林格许可转载）（颜色表示见电子版）

15.3 三维层析成像分析

近年来关注电离层电子密度的行为已成为重要的学术目的和实际应用。三维电离层层析成像对于电离层现象的动力学研究非常有效。地面接收机观测到的 TEC 是卫星和接收机之间沿射线路径的电离层电子密度的综合值。电子密度分布可以根据大量数量的 TEC 数据点重新构建。由于数据点数量少，且缺乏水平射线路径，要精确的重建相当困难。特别是水平射线路径的缺乏，使得垂直电子密度分布的重建极为困难。以往的研究提出了电离层层析成像的多种算法（Austen et al.，1988；Raymund et al.，1990；Garcia Fernandez et al.，2003；Kunitsyn and Tereshchenko，2003；Lee et al.，2008；Yao et al.，2013）。

在本章节介绍了残差最小化训练神经网络（RMTNN）层析方法（Ma et al.，2005a；Takeda and Ma，2007），我们利用地面 GNSS 接收机和电离层探空仪获取的包括位置和高度在内的 TEC 数据。我们将在以下章节中阐述原理及其应用。

15.3.1 原理

斜 TEC（STEC）（Mannucci et al.，1998）是沿着 GNSS 卫星和地面接收机之间的射线路径，为电离层和等离子体层电子密度的综合值，包括仪器偏差，如下所示

$$I_j^i = \int_{r_i}^{r^j} N(\bar{r})\, ds + B_i + B^j \tag{15.1}$$

其中，I_j^i 为 STEC，$N(r)$ 为电子密度，r_i和 r^j为第 i 个地面接收机和第 j 颗卫星的位置，B_i和 B^j为第 i 个地面接收机和第 j 颗卫星的仪器偏差。为了确定 $N(r)$，神经网络被构建；r 是神经网络的输入参数，$N(r)$ 是神经网络的输出。在神经网络系统中，r 由地理纬度、经度和海拔给出。为了计算残差，将方程分解为电离层 和等离子体层，将其分解为：

$$I_j^i = \sum_{q=1}^{Q} \alpha_q^{N(\bar{r})} + B_i + B^j + P_i^j \tag{15.2}$$

其中，q 和 α 分别表示一个采样点和对应的权重数值，Q 为电离层中沿射线路径的采样点总数，P 为等离子体层电子密度对 STEC 的贡献。我们定义电离层高度为 100～700 km，等离子体层高度为 700 km 以上，由简单扩散平衡模型（Angerami and Thomas，1964）建模。在此模型的基础上，用 $P_i{}^j$ 表示等离子体对沿射线路径的 STEC 值的贡献。在该模型中，我们假设电离层顶部的高度为 700 km，等离子体层密度衰减尺度的高度为 480 km。为了估算电子密度 $N(r)$，我们将积分式（15.2）残差的平方作为神经网络的目标函数。目标函数 $E1$ 表示为：

$$E1 = (\sum_{q=1}^{Q} \alpha_q^{N(\bar{r})} + B_i + B^j + P_i^j - I_i^j)^2 \tag{15.3}$$

为了估算 $N(r)$，将神经网络学习过程中的目标函数 $E1$ 最小化。虽然仪器偏差 B_i和 B^j 可以通过使用额外单个神经元的 RMTNN 方法，在重建过程中进行估测（Ma et al.，2005b），但假设这些偏差在处理前已消除。

使用地面 GNSS 接收机进行电离层层析成像的缺点是，由于缺乏水平射线路径，难以获得足够的垂直分辨率。我们可以利用电离层探测站观测到的峰值电子密度（NmF2）和相应高度（HmF2）来解决该问题。神经网络通过对数据采用传统的监督后向传播算法

（Rumelhart et al.，1986）进行训练。电离层探测数据的目标函数 $E2$ 表示为：

$$E2=\sum_{s=1}^{S}\left(N_s(r_s)-N_s^{\text{ion}}\right)^2 \tag{15.4}$$

其中 S 是电离层探测器的数量，N_S 是 HmF2 相应位置的神经网络输出，N_S^{ion} 是观察到的 Nmf2 值。目标函数 $E2$ 是从电离层探测器位置之上的 HmF2 高度利用相同的神经网络对电子密度进行评估。因此，总体目标函数 E 为：

$$E=\mathrm{g}E1+E2 \tag{15.5}$$

其中，g 为 GNSS 与电离层数据之间的平衡参数。在本章中，如果目标函数 E 的值低于 10^{-3}，我们认为神经网络是收敛的。E（10^{-3}）的标准是由数值模拟经验确定的。因此，本研究采用 g = 1.0 作为平衡参数（Hirooka et al.，2011）。

图 15.5 为运用 RMTNN 进行电离层层析成像的数据流示意图。只有在获得沿射线路径所有采样点的密度值后才能使用目标函数 $E1$。因此，不能使用传统的在线更新（在每次计算后更新权值）。由目标函数 $E1$ 推导了神经网络的权重更新过程。$E2$ 的权重更新是在更新所有 GNSS 射线路径的过程 $E1$ 之后执行的。在接下来的研究中，我们使用 15 分钟内获得的数据进行重建。假设这期间电子密度分布是恒定的。此外，空间分辨率为纬度 0.5° × 经度 0.5° × 海拔 30 km （Hirooka et al.，2011）。

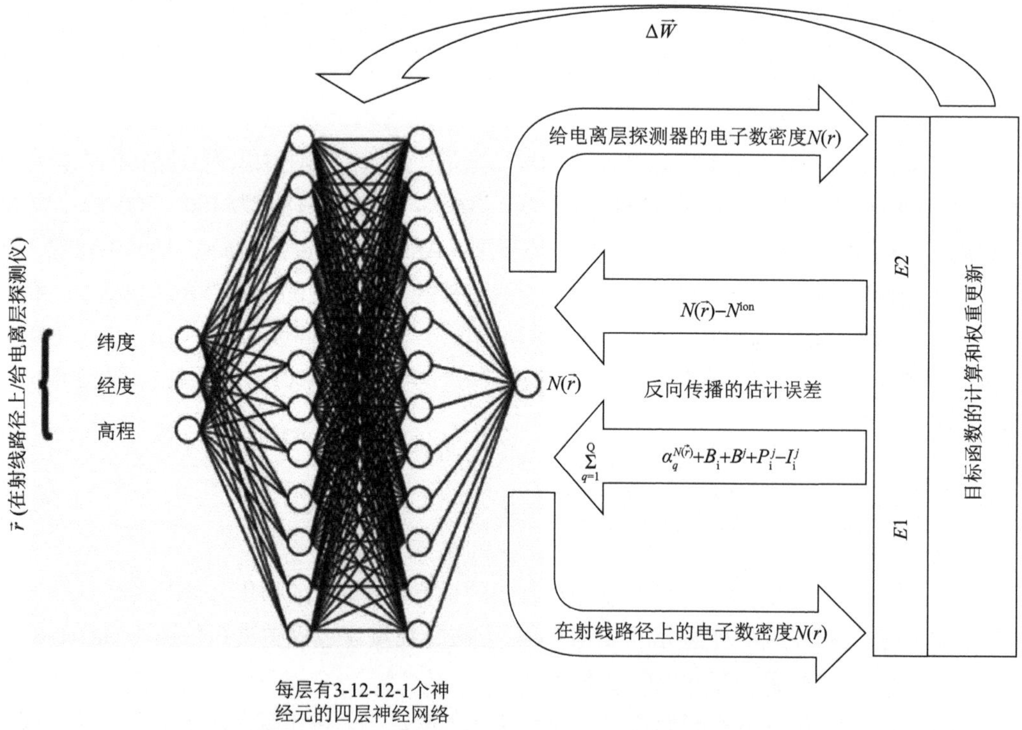

图 15.5　使用残差最小化训练神经网络（RMTNN）的电离层层析成像数据流示意图，其中 r 为三维坐标，N（r）为神经网络的输出值，W 为更新后的权值

图 15.6 显示了震中地图、所选 GNSS 接收机位置和电离层探测仪位置。在应用上述 RMTNN 方法之前，我们检查了地震前可能存在的 TEC 异常。图 15.7 显示了 DOY66-67（3 月 4～5 日）期间使用本地 GNSS 接收机（GEONET）的 TEC*二维地图，而零维、一维和二维空间中 GIM TEC 的显著增强分别记录在图 15.2、图 15.3 和图 15.4。这里，TEC*表示使用平均 15 天后向传播归一化 TEC 和其标准偏差，其单位为 σ（Nishihashi et al.，2009；Ichikawa et al.，2011；Kon et al.，2011；Hirooka et al.，2013）。GIM TEC 视图较宽，分辨率较低（图 15.4）。在北海道附 近的 DOY66 上，正异常开始于东部时间 01:00 出现，在东部时间 07:00 异常区域覆盖整个日本，这一异常区的峰值并不在震中，但确实在日本停留了一天以上。图 15.4 为 DOY066 ～ DOY067 正异常区域的连续性（地震前 3～4 天）。

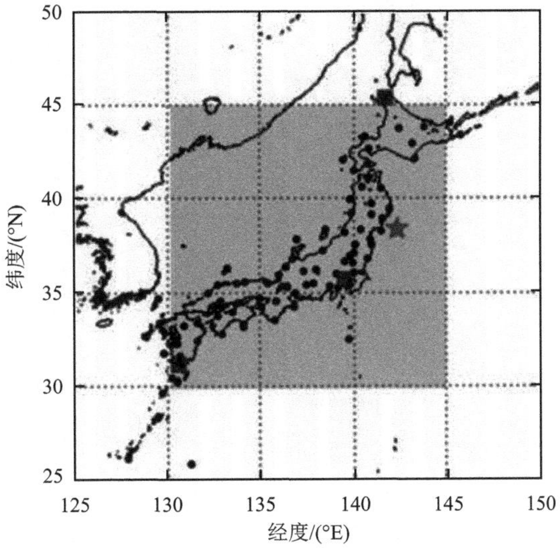

图 15.6 2011 年东日本大地震震中地图、GNSS 地面接收机和 Wakkanai、Kokubunji 和 Yamakawa 电离层探测站。红星代表震中，黑色圆圈代表 GNSS 地面接收机位置，蓝色方块代表电离层探测站位置（颜色表示见电子版）

15.3.2 基于 RMTNN 层析的电子密度分布

从 GEONET（GNSS 地球观测网络系统）中选取 80 个 GNSS 接收机与三个电离层探测站（Wakkanai、Kokubunji 和 Yamakawa），所示区域如图 15.6，覆盖的范围包括 26°N～24°N，128°E～142°E 以及 100～700km 高度，为进一步理解三维电子密度分布异常变化，开展了 DOY67（3 月 8 日；东北地震前 3 天）UT 04:00 的重建数据与使用 15 天后向传播计算的中值构建的模型数据之间的差值计算（Hirooka et al.，2013），结果如图 15.7～15.9 所示。图 15.8 显示了作为经向平面图的层析成像结果的差值图。暖色表示电子密度随 15 天反向传播中值模型的增加而增加，冷色表示电子密度随 15 天反向传播中值模型的增加而减少。

在 F2 层附近以正异常为主（色标表示见电子版），与图 15.4 和图 15.7 所示的二维 TEC 异常基本一致。然而，在震中上方，F2 层（200～250km 高度）下方存在一个负异常区域。图 15.9 电子密度高度图更清晰地显示了上述特征。图 15.10 仅显示差异量为< 0 或>

5×10^{11}（$e\cdot m^{-3}$）的像元。超过-6×10^{11}（$e\cdot m^{-3}$）的局部等离子体密度在震中上空约 250km 处减小，而在 400km 左右等离子体密度在 10×10^{11}（$e\cdot m^{-3}$）处增大，在这个高度的增长趋势扩散到整个日本地区。电子密度随着背景密度的减小波动约为−60%，随背景密度的增大波动约为 200%。图 15.11 为平静天层析结果的差值图，可以看到相对于 15 天的反向传播中值没有明显变化。这些结果说明了电离层中与地震有关的电子密度异常，在 F2 层附近存在一个正异常区域，在震中 F2 层（200～250 km 高）以下存在一个负异常区域。

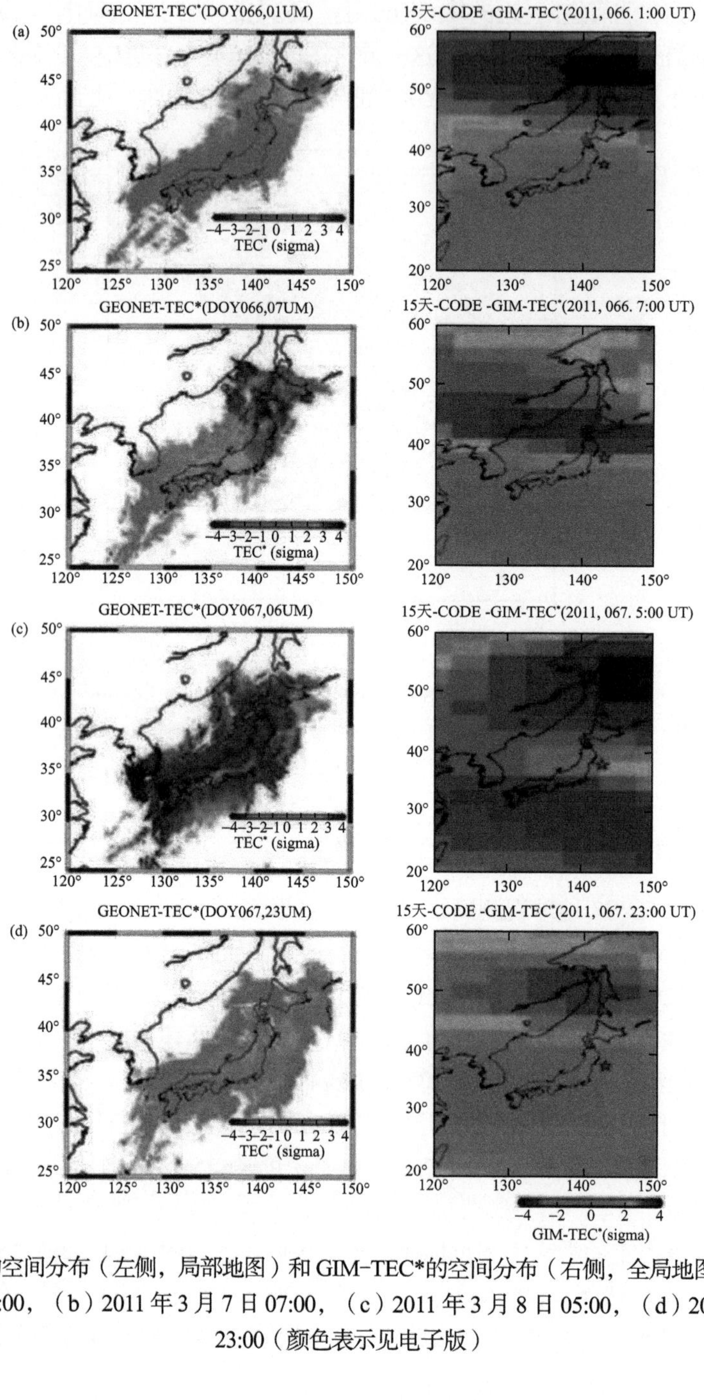

图 15.7 TEC*的空间分布（左侧，局部地图）和 GIM-TEC*的空间分布（右侧，全局地图）。（a）2011 年 3 月 7 日 01:00，（b）2011 年 3 月 7 日 07:00，（c）2011 年 3 月 8 日 05:00，（d）2011 年 3 月 8 日 23:00（颜色表示见电子版）

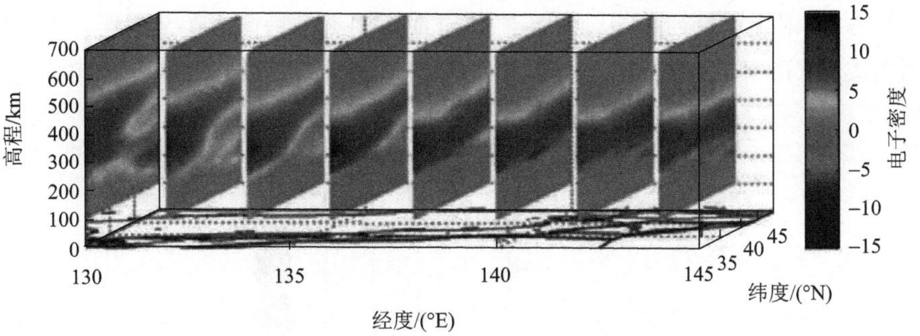

图 15.8 2011 年 3 月 8 日异常数据层析结果差异图（DOY67）。暖色表示电子密度随 15 天反向传播中值模型的增加而增加，冷色表示电子密度随 15 天反向传播中值模型的增加而减少。日本地图底部的红星表示地震震中（颜色表示见电子版）

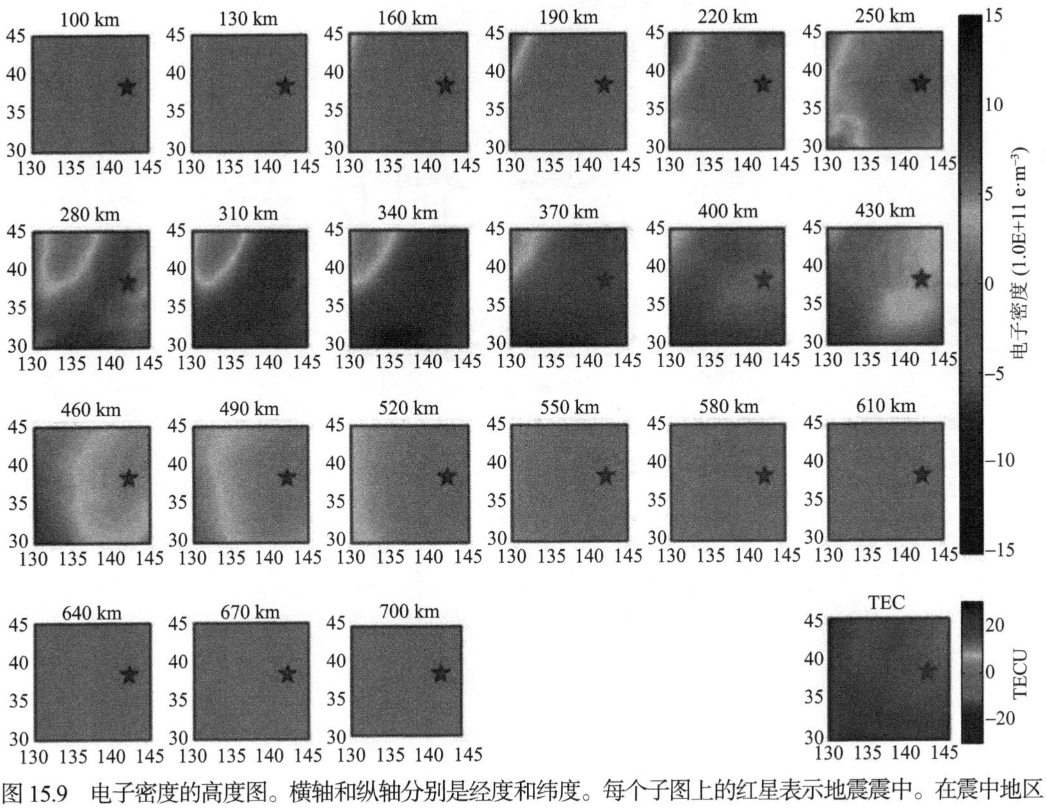

图 15.9 电子密度的高度图。横轴和纵轴分别是经度和纬度。每个子图上的红星表示地震震中。在震中地区海拔 200～250km 处，电子密度下降了 60%（颜色表示见电子版）

15.4 结语

利用 GNSS TEC 数据的时间序列可以检测到特定位置的时序异常，但需要进行统计验证检测/识别的异常。考虑到同一地区以往地震的极性（正或负）、当地时间、持续时间、提前天数等因素，当检测到的异常在统计上被证明是 SIPs 的特征，我们认为这是可靠的 SIPs 时序。当检测到可靠的 SIPs 时序时，我们需要考虑全局 GNSS TEC 进行空间分析，以区分异常的频率和持续性分布，从而确定 SIPs 时序是否与地震有关。最后，在本研究中，我们利用密集的 GNSS 接收机监测网构建了三维电离层层析成像，以了解 SIPs 的结构和动力学特性。

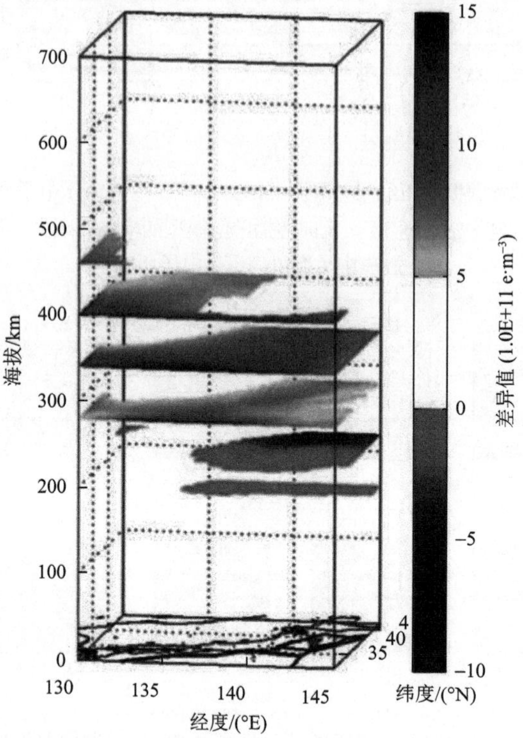

图 15.10　2011 年 3 月 8 日美国东部时间 04：00 观测数据与 15 天后向传播中值之间的三维差异图像（颜色表示见电子版）

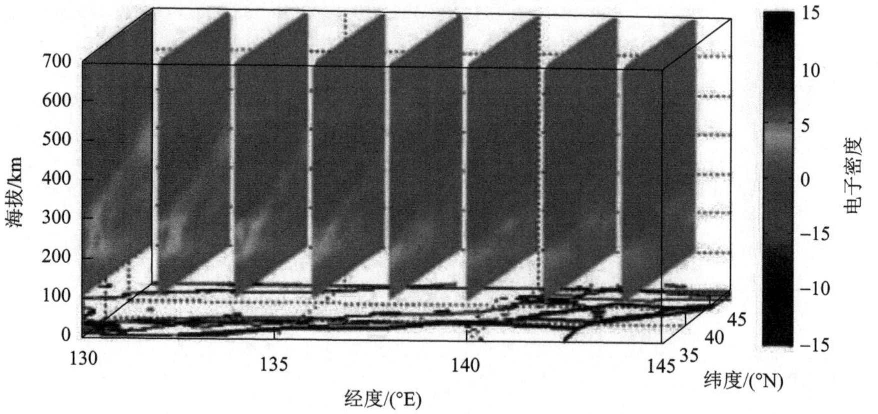

图 15.11　平静天层析成像结果差异图。暖色表示电子密度随 15 天反向传播中值模型的增加而增加，冷色表示电子密度随 15 天反向传播中值模型的增加而减少（颜色表示见电子版）

致谢

作者对日本地理空间信息局提供的 GNSS 数据（GEONET）、欧洲轨道确定中心（CODE）提供的 GNSS 数据（GIM）以及日本国家信息通信技术研究所提供的电离层探测仪数据深表感谢。D_{st} 指数和 K_p 指数由世界数据中心（WDC）为京都地球磁学提供。F10.7 太阳辐射通量数据由美国国家研究委员会和加拿大航天局联合运作的太阳无线电监测项目提供。同时，我们也对美国地质调查局提供的地震数据表示感谢。此外，本研究还得到了科技部（104-2628-M-008-001 项目），日本科学研究促进会（19403002、26249060 和 26240004）、国家信息和通信技术研究所（R&D 促进资助国际联合研究），以及 2015 年由 ISSI-BJ 选定负责验证岩石圈-大气-电离层-磁层耦合（LAIMC）国际团队的支持。

参考文献

Angerami, J. J. and Thomas, J. O. (1964), Studies of planetary atmospheres: The distribution of electrons and ions in the Earth's exosphere, *J. Geophys. Res.*, *69*, 4537-4560.

Austen, J. R., Franke, S. J., and Liu, C. H. (1988), Ionospheric image using computerized tomography, *Radio Sci.*, *23*, 299-307.

Chen, Y. I., Huang, C. S., and Liu, J. Y. (2015), Statistical evidences of seismo-ionospheric precursors applying receiver operating characteristic (ROC) curve on the GPS total electron content in China, *J. Asian Earth Sci.*, *114*, 393-402.

Dobrovolsky, I. P., Zubkov, S. I., and Miachkin, V. I. (1979), Estimation of the size of earthquake preparation zones, *Pure Appl. Geophys.*, *117*, 1025-1044.

Garcia-Fernandez, M., Hernandez-Pajares, M., Juan, M., Sanz, J., Orus, R., Coisson, P., Nava, B., and Radicella, S. M. (2003), Combining ionosonde with ground GNSS GPS data for electron density estimation, *J. Atmos. Solar Terr. Phys.*, *65*, 683-691.

Hayakawa, M. (1999), *Atmospheric and Ionospheric Electromagnetic Phenomena with Earthquakes*, Terra Scientific Publishing, Tokyo.

Hayakawa, M. (2000), *Seismo Electromagnetics, Monograph ofInternational Workshop on Seismo Electromagnetics*, Terra Scientific Publishing, Tokyo.

Hayakawa, M. and Fujinawa, Y. (1994), *ElectromagneticPhenomena Relater to Earthquake Predication*, TerraScientific Publishing, Tokyo.

Hayakawa, M. and Molchanov, O. A. (2002), *Seismo Electromagnetics* (*Lithospheric-Atmospheric-Ionospheric Coupling*), Terra Scientific Publishing, Tokyo M_w7.9 Wenchuan earthquake, *J. Geophys.Res.*, *114*, A04320, doi:10.1029/2008JA013698

Hirooka, S., Hattori, K., and Takeda, T. (2011), Numerical validations of neural network based ionospheric tomography for disturbed ionospheric conditions and sparse data, *Radio Sci.*, *46*, RS0F05.

Hirooka, S., Hattori, K., Ichikawa, T., and Han, P. (2013), Ionospheric anomalies associated with large earthquakes: tomographic approach, *AGU Fall Meeting*, 318-1614.

Ichikawa, T., Hattori, K., Kon, S., Hirooka, S., and Liu, J. Y. (2011), Ionospheric anomalies possibly associated with M> 6.0 earthquakes in the Japan area during 1998-2010 and the 2011 off the Pacific Coast of Tohoku Earthquake(M_w 9.0), *AGU Fall Meeting*, NH22A-08.

Klotz, S. and Johnson, N. L. (1983), *Encyclopedia of Statistical Sciences*, John Wiley & Sons, Inc., Hoboken, NJ.

Kon, S., Nishihashi, M., and Hattori, K. (2011), Ionospheric anomalies possibly associated with M≥6 earthquakes in Japan during 1998-2010: Case studies and statistical study, *J. Asian Earth Sci.*, *41*(4): 410-420, doi: 10.1016/j.jseaes.2010.10.005.

Kunitsyn, V. E. and Tereshchenko, E. D. (2003), *Ionospheric Tomography*, Springer. Berlin, 260 pp.

Lee, J. K., Kamalabadi, F., and Makela, J. J. (2008), Three-dimensional tomography of ionospheric variability using a dense GNSS GPS receiver array, *Radio Sci.*, *43*, RS3001.

Liu, J. Y., H. F. Tsai, and T. K. Jung (1996), Total electron content obtained by using the global positioning system, *Terr.Atmos. Oceanic Sci.*, *7*, 107-117.

Liu, J. Y., Tsai, H. F., Wu, C. -C., Tseng, C. L., Tsai, L. -C., Tasi,W. H., Liou, K., and Chao, J. K. (1999), The effect of geomagnetic storm on ionospheric total electron content at the equatorial anomaly region, *Adv. Space Res.*, *24*, 1491-1494.

Liu, J. Y., Chen, Y. I., Pulinets, S. A., Tsai, Y. B., and Chuo, Y. J. (2000), Seismo-ionospheric signatures prior to M> 6.0 Taiwan earthquakes, *Geophys. Res. Lett.*, *27*, 3113-3116.

Liu, J. Y., Chen, Y. I., Chuo, Y. J., and Tsai, H. F. (2001), Variations of ionospheric total electron content during the Chi-Chi earthquake, *Geophys. Res. Lett.*, *28*, 1383-1386.

Liu, J. Y., Chuo, Y. J., Shan, S. J., Tsai, Y. B., Chen, Y. I., Pulinets, S. A., and Yu, S. B. (2004a), Pre-earthquake ionospheric anomalies registered by continuous GNSS GPS TEC measurement, *Ann. Geophy.*, *22*, 1585-1593.

Liu, J. Y., Lin, C. H., Tsai, H. F., and Liou, Y. A. (2004b), Ionospheric solar flare effects monitored by the ground-based GNSS GPS receivers: Theory and observation, *J. Geophys. Res.*, *109*, doi: 10.1029/2003JA009931

Liu, J. Y., Chen, Y. I., Chuo, Y. J., and Chen, C. S. 2006. A statistical investigation of pre-earthquake ionospheric anomaly, *J. Geophys. Res.*, *111*, A05304, doi:10.1029/2005JA011333.

Liu, J. Y., Chen, Y. I., Chen, C. H., Liu, C. Y., Chen, C. Y., Nishihashi, M., Li, J. Z., Xia, Y. Q., Oyama, K. I., Hattori, K., and Lin, C. H. (2009), Seismo-ionospheric GNSS GPS totalelectron content anomalies observed before the 12 May 2008 M_w7.9 Wenchuan earthquake, *J. Geophys. Res.*, *114*, A04320, doi: 10.1029/2008JA013698

Liu, J. Y., Chen, Y. I., Chen, C. H., and Hattori, K. (2010), Temporal and spatial precursors in the ionospheric global positioning system (GNSS GPS) total electron content observed before the 26 December 2004 *M*9.3 Sumatra-Andaman Earthquake, *J. Geophys. Res.*, *115*, A09312, doi: 10.1029/2010JA015313

Liu, J. Y., Le, H., Chen, Y. I., Chen, C. H., Liu, L., Wan, W., Su, Y. Z., Sun, Y. Y., Lin, C., and Chen, M. Q. (2011), Observations and simulations of seismo-ionospheric GNSS GPS total electron content anomalies before the 12 January 2010 *M*7 Haiti earthquake, *J. Geophys. Res.*, *116*, A04302, doi:10.1029/2010JA015704.

Ma, X. F., Maruyama, T., Ma, G., and Takeda, T. (2005a), Three dimensional ionospheric tomography using observation data of GPS ground receivers and ionosonde by neural network, *J. Geophys.Res.*, *110*, A05308.

Ma, X. F., Maruyama, T., Ma, G., and Takeda, T. (2005b), Determination of GPS receiver differential biases by neural network parameter estimation method, *Radio Sci.*, *40*, RS1002.

Mannucci, A. J., Wilson, B. D., Yuan, D. N., Ho, C. H., Lindqwister, U. J., and Runge, T. F. (1998), A global mapping technique for GPS derived ionospheric electron content measurements, *Radio Sci.*, *33*, 565-582.

Pulinets, S. and Boyarchuk, K. (2004), *Ionospheric Precursors of Earthquakes*, Springer, New York.

Raymund, T. D., Austen, J. R., Franke, S. J., Liu, C. H., Klobuchar, J. A., and Stalker, J. (1990), Application of computerized tomography to the investigation of ionospheric structures, *Radio Sci.*, *25*, 771-789.

Rumelhart, D. E., Hinton, G. E., and Williams, R. J. (1986), Learning internal representations by error propagation, in D. Rumelhart and J. Mclelland (eds), *Parallel Distributed Processing*, Vol. *1*, pp. 318-362, MIT Press, Cambridge,MA.

Takeda, T. and Ma, X. F. 2007.Ionospheric tomography by neural network collocation method, *Plasma Fusion Res.*, *2*, S1015, doi:10.1585/pfr.2.S1015

Yao, Y., Tang, J., Kong, J., Zhang, L., and Zhang, S. (2013), Application of hybrid regularization method for tomographic reconstruction of midlatitude ionospheric electron density, *Adv.Space Res.*, *52*(12), 2215-2225.

16　DEMETER 卫星在地震活动时期所记录电离层密度的统计分析

米歇尔·帕罗特[1]，李　美[2]

1 法国国家研究中心环境化学实验室
2 中国地震台网中心

摘要　数十年来，与地震有关的电离层现象在地面电离层探测仪的帮助下得到了分析。这些电离层扰动可以被认为是地震的短期前兆。然而，电离层是高度变化的，想要证明特定前兆特征就必须分析处理大量的震例。DEMETER（detection of electro-magnetic emissions transmitted from earthquake regions，地震区发射电磁辐射探测）卫星专门用于研究地震活动。本章介绍了对异常电离层扰动的统计分析。分析表明，地震前几天震中上方电离层被扰动，时间主要在夜间。虽然只在卫星高度（660 km）开展了电离层密度的局部测量，但对哨声波传播的研究表明，地震前几小时内电离层底部（90 km）也有过量的电离。本章继续对电离层数据开展统计分析，以表明观察到地震共振区域扰动是可能的。尝试对 2009 年萨摩亚 8.1 级地震前兆的鉴定表明，虽然很难做出准确的预测，但发出预警还是有可能的。

16.1　引言

在过去的 20 年中发现了大量可能与地震有关的大气层和电离层影响。目前对与地震活动相关的电离层和高层大气现象开展了许多实验和理论研究（Hayakawa et al.，2018；Liu et al.，2018）。地震电磁效应涉及电磁扰动，包括：大量频率范围的电磁辐射、电离层扰动、甚低频（VLF）发射机信号记录中的异常以及夜间气辉观测等（Pulinets et al.，2018）。这种现象引起了研究人员极大的兴趣，因为这些异常通常会出现在主震之前的几个小时，可以被视为短期前兆。

本章仅涉及 DEMETER 卫星观测震前电离层密度的研究。波的发射和电子密度扰动可以通过电离层中的各种机制联系起来。例如，密度的波动通常与静电湍流有关。因此，对于前兆产生机制所提出的相同假设也可有效用于解释密度波动或静电湍流的变化。这些假设主要涉及：岩石受压产生的波，震中区域的水扩散，地球表面和地球大气系统电荷的再分布、氡的释放以及会激发声重力波的热和气体释放。Pulinets 等（2015，2018）、De

Santis 等（2015）和 Kuo 等（2018）很好地描述和探讨了与岩石圈-大气-电离层耦合（LAIC）模型有关的机理。

然而必须记住的是，因为中纬度和赤道电离层受到许多其他扰动源的影响，主要是受太阳活动影响，电离层参量在没有地震活动的情况下也会发生变化（Liu et al.，2007）。在这些情况下，只有囊括了很多地震活动的统计研究才会显示有关电离层扰动的一般性，并有助于确认震前电离层扰动特征。与地面实验相比，卫星实验覆盖了地球的大多数震区，由于大量的地震活动数量，统计研究变得更有意义。

16.2 DEMETER 卫星

DEMETER 是一颗低纬度（710 km）近极轨道微型卫星（130 kg）。该卫星于 2004 年 6 月由法国国家空间研究所（法国国家航天局）发射，其科学任务结束于 2010 年 12 月，其轨道几乎与太阳同步（10.30～22.30 LT）。DEMETER 实验的主要科学目标是研究地震-电磁效应和人类活动（电力线谐波辐射，VLF 发射机和高频广播站等）引起的电离层扰动。为实现这些目标，该卫星的有效载荷测量了从超低到中等不同频率范围的电磁波，以及一些重要的等离子体参量（离子成分、电子密度和温度和高能粒子），可以在 Parrot（2006）中找到不同实验和原始数据处理的描述。

16.3 观测

16.3.1 地震案例

在 DEMETER 任务期间中，观察到了许多和地震有关的电离层扰动现象，迄今已发布了超过 140 篇文章。

所记录电离层扰动的一个例子如图 16.1 所示。该案例与 2010 年 1 月 5 日 12:15:33UT 发生的 6.8 级地震有关，震中位于东经 157.59°、北纬 9.06°，深度 18.7 km。图 16.1 的顶部图片与中部图片分别代表电子和 O^+离子密度沿着靠近该震中心的轨道所绘制的时间函数图。震中不远处，在主震前不到 40 分钟的时间内可以观察到电子密度的大幅增加（O^+离子密度增加超过 100%）。两台设备一方面要测量电子密度，另一方面测量离子密度，设备之间的对比校正比较困难（特别是夜间），在图 16.1 中，只考虑两种密度的相对变化，而不应该比较两个的绝对值。

由于电离层也存在与地震活动无关的变化，因此必须说明与地震活动相关的观测并非常见。已发表的文章中能够做到了这一点，其中在发生强震之前很长时间就在同一位置研究了电离层的变化。在下文中，我们将总结用完整 DEMETER 数据集得到的两个统计数据（参见 16.4 节）。

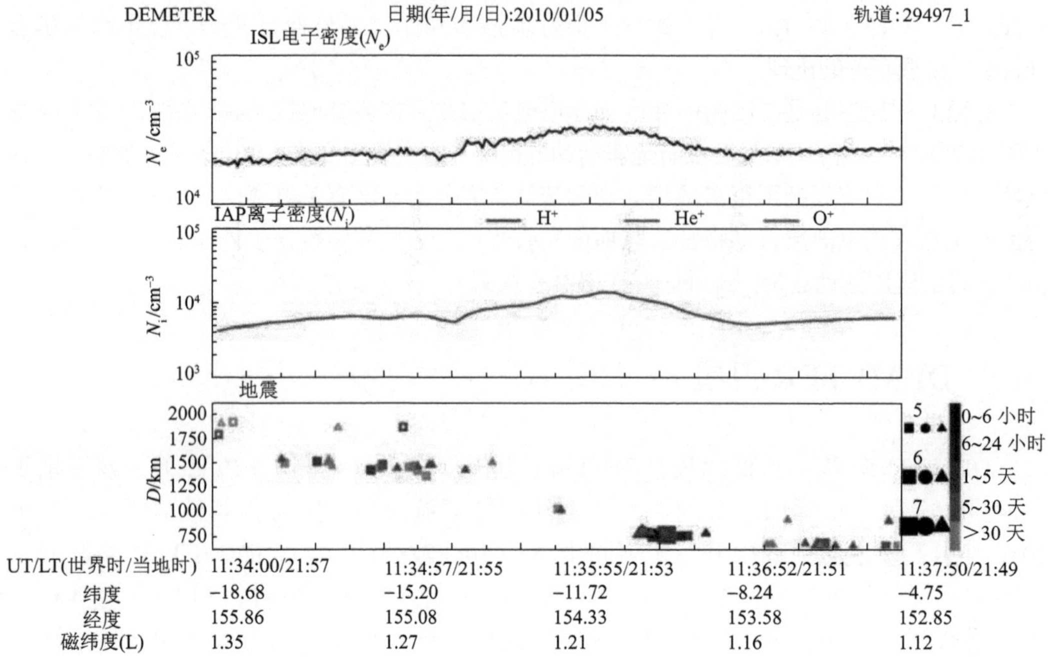

图 16.1 DEMETER 卫星于 2010 年 1 月 5 日 11:34:00 至 11:37:50 UT 记录的电离层密度变化，作为图底部显示参数的函数（UT / LT，纬度，经度，L（McIlwain 值））。顶部面板是电子密度的记录，中间面板是离子 O$^+$密度的记录（其他离子的密度低得多），底部面板显示沿相应轨道发生的地震以及震中和该轨道的距离。在 11:36:28 UT 处的亮红色三角形表示距离所选地震的震中附近，其他符号的描述可以在 Parrot 等（2006）的文章中找到（有关颜色表示，请参阅电子版）

16.3.2 汶川大地震

*M*8.0 级汶川地震发生于当地时间 2008 年 5 月 12 日凌晨 14:28:01（06:28:01 UT）。震中位于四川省，东经 103.367°，北纬 31.021°，深度 19 km。这次大地震信息非常详尽，因为有许多实验记录了各种地震参数：Singh 等（2010）、Zhang 和 Shen （2011）以及 Ma 和 Wu （2012）已对许多确认的不同前兆开展了评估。地面、气象和大气参量（气温和相对湿度）的异常变化已有报道。研究表明电磁异常开始于 2.5 年前，并持续到地震发生前 3 天，电离层异常是非常短暂的，在地震发生前 5 天达到峰值。

关于 DEMETER 数据，Zhang 等（2009）发现，当地夜间在震中区测量的日平均离子密度最低值出现在地震前 3 天。通过对地震前后电子密度数据的短期统计分析，He 等（2011a，b）在震中附近发现一个集中的异常增加。Yan 等（2013）通过比对 GPS 接收机、DEMETER 卫星和 NOAA 卫星上的甚高分辨率扫描辐射计（AVHRR）数据进一步确认了上述结果。Ryu 等（2014）已经证明，在地震前约 1 个月，震中经度附近的赤道电离层异常（EIA）增强，并在主震前 8 天达到最大值。通常 DEMETER 在电离层中较高，无法观察到 EIA。

Walker 等（2013）用汶川地震发生的数月 ULF 数据开展了统计研究。他们考虑了靠近震中的所有夜间轨道并且将 5.8 Hz 的单个频谱取时间为 30 s 进行平均，然后将其与整个轨道的平均功率谱进行比较，观察到当 DEMETER 飞过震中区域或其共轭区时，在此频率下测得的噪声相对于背景水平表现出了很大的变化。具体来说，最大的升高发生在 3 月底、4 月中下旬、5 月中旬以及 6 月上旬和中旬。

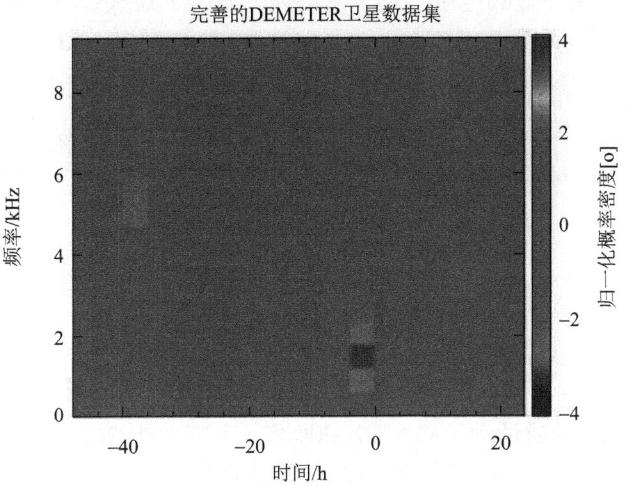

图 16.2　4.8 级以上距离地震最远 330 km 处通过夜间电子天线测量获得的归一化概率密度的时间-频率图。它显示地震前 4 小时波动强度在约 1.7 kHz 处减小（来源：经 Istituto Nazionale di Geofisica e Vulcanologia 许可转载）（颜色表示见电子版）

16.4　统计分析

16.4.1　经典分析

Němec 等（2008，2009）已经对高达 10 kHz 的电场变化进行了统计研究，在地震前后几天接近震中收到的信号强度与同一地点和相同条件下的平均强度进行比较。已对超过 2.5 年的卫星数据进行了分析，并研究了约 2000 次大于或等于 4.8 级的地震。与地震相关的数据（空间和时间上靠近震中的卫星轨道）被用于与同一地点未发生地震的正常数据进行比较。使用时序叠加法（所有地震发生被调整到零时间）来研究时间（地震之前和之后）和卫星轨道投影与震中之间距离的比率。这项研究表明，在夜间（22.30 LT），地震前短时间（约 4 h）测得的波强度在统计学显著性下降了 4～6 dB，被分析的地震震中深度小于或等于 40 km。数据库中剔除了余震，以免混淆地震前后效应。结果以相对强度的频率表示，该相对强度通过标准偏差归一化，结果表明 DEMETER 测量到在 1 和 2 kHz 之间的频率范围内波强度降低（当震级大时更明显）。值得注意的是，观察到频带的衰减与夜间地-电离层波导中（TM）波模的第一截止频率 f_c 相关。该频率由 $f_c=nc/2h$ 得出，其中 n 是模数，c 是光速，h 是地-电离层波导的高度。当 n=1 且 h=90 km 时，得 f_c=1666 Hz。如果电场强度减小，则意味着截止频率的增加，这表明电离层的高度在统计意义上低于震中上方。因此，这项研究统计表明，在未来地震的震中上方，底部电离层应该存在额外电离。Píša 等（2012,2013）用 DEMETER 任务结束后完整的数据集（9000 次地震）拓展了 Němec 及其同事的工作，凭借超过 6 年的数据，进一步确认了之前的结果（见图 16.2）。

Hobara 等（2013）通过电场测量开展了关于电离层的另一项统计研究，详细描述了 DEMETER 观测到的与赤道异常有关的电离层扰动，研究得出了夜间电离层扰动与陆地地震之间的弱相关性。用完整的电子、离子密度数据开展了几次统计分析。He 等（2010）把地震前 1 至 30 天内震中附近的密度和 31 至 75 天之间同一地点的密度结果进行了比较。通过方差对该比率进行归一化，并将所有地震量化为与震中距离的函数。统计数据显示夜间靠近震中处的密度有所增加。如果随机选取地震发生位置则不会出现这种增加。随着地震震级增大，这种增加表现得尤为明显，但如果地震深度大于 60 km，则不会出现该情况。

16.4.2 扰动的"实时"分析

Li 和 Parrot（2012,2013）对离子密度进行了两步的统计分析。第一步对完整的 DEMETER 数据集（6.5 年）进行自动搜索，查找类似图 16.1 所示的电离层密度峰值。然后，去除扰动期间的大地磁活动（$K_p > 3$）和地震区上方之外的扰动，输出结果是扰动的振幅、时间和位置。在第二步中，自动检查地震列表（表 16.1），自动查看特定扰动是否可归因于某个地震。该步骤中的参数为：地震震级（M_w）和深度（d），地震震中与扰动位置之间的最大距离（D），地震与扰动发生之间的最大时间（T）。其输出为成功检测的次数（一次扰动对应一次地震）、误报次数（一次扰动，但没有地震）和失败检测次数（没有扰动，但是发生了一次地震）。

为达成本研究的目的，使用了相同的数据处理方法，但地震数据库的选取不同。由于磁力线的存在，地球的两个半球之间有着联系，并且在半球中发射的 LF 电磁波倾向于沿着这些磁场线传播到相反的半球。在此过程中，它们与存在于辐射带中的粒子相互作用[e.g.，Sauvaud et al.（2008）的图 2]。这些粒子在电离层中沉降并引发额外的电离[Parrot et al.，2013]。以这种方式，在一个半球中观察到的扰动可能在靠近其磁共轭点的另一个半球也有对应的扰动。必须去除震中太靠近赤道（|lat| <10°）的地震（表 16.2），否则很难明确定义共轭区域，因为扰动和共轭扰动可能混杂在一起。在第 16.4.2.1 节中，我们将验证地震是否在电离层扰动时和接近电离层扰动时发生，根据 Li 和 Parrot（2012，2013）以及第 16.4.2.2 节中的内容，我们将验证地震震中的磁共轭点周围是否可以观察到的扰动。

16.4.2.1 震中附近发现的"实时"扰动分析

与 Li 和 Parrot（2012，2013）相比，用于异常检测的软件略有改进。且研究的地震次数也略有改变（表 16.1 和表 16.2），但表 16.3 和 16.4 中给出的最新结果未有明显变化，表 16.3 为靠近震中的扰动的统计数据，并列出了三个震级分类的数据，参数 r（成功探测的地震数量与地震总数之间的比率），以及参数 n ［考虑 D（距离，单位 km）和 T（时间，单位天）的值，检测每个地震的平均扰动数］。表 16.4 列出了一些相关的统计参数。因为给定地震可能在不同时间引起多次扰动，正确预警数量 N_p 小于成功检测数 N_g。$D = 0$～1500 km 和 $T = 0$～15 天时的结果表明误报和错误检测的数量很高，但是这个统计分析的优点（存在地震-电磁效应的预期变化）是：

- 随着地震震级的提高，检测到的地震数量也增加；
- 随着地震震级的提高，扰动次数增加；
- 扰动次数在地震发生前 4～5 天开始显著增加，并在地震发生前一天达到最大值（图 16.3）。
- 扰动的平均幅度随着地震震级的增加而增加（这里未标示出）。

对潜源地震（$d < 20$ km）也开展了类似的研究。结果列于表 16.5 和表 16.6 中。正如预期的一样，因为深源地震与地表的相互作用较少，在考虑所有地震时，参数 r 和 n 相对于结果会有所增加（参见表 16.3）。

表 16.1　已开展地震研究的地震数量

$4.8 \leqslant M_w \leqslant 5.0$	$5.1 \leqslant M_w \leqslant 6.0$	$M_w \geqslant 6.1$
12057	8953	853

表 16.2　满足本章要求的地震次数

$4.8 \leqslant M_w \leqslant 5.0$	$5.1 \leqslant M_w \leqslant 6.0$	$M_w \geqslant 6.1$
8081	6110	573

表 16.3　对靠近震中的离子密度的地震电离层效应统计结果（D=1500 km，d=0～1000 km）

T	M_w 4.8～5.0		M_w 5.1～6.0		$M_w > 6.1$	
	r/%	n	r/%	n	r/%	n
15 - 0	55.1	3.5	60.4	4.1	79.8	5.8

但这些结果必须经慎重考虑，因为成功检测并不意味着我们能够预测地震：地震位置存在很大的不确定性，而时间和震级的不确定性更大。电离层中电磁信号的天然变化会引起误报。重要的是，出现了许多失败的检测，这可以解释为卫星每天只在地震区域上空经过几分钟，我们没有在特定地震前观测到连续的扰动，因此可能错过与地震相关的扰动。通过实时使用几颗卫星在更长的时间段内监测未来震中上空的扰动，从而减少错误检测的数量是可行的。目前，ESA（欧洲航天局）SWARM 任务在电离层中有三颗相同在轨的卫星。

表 16.4　表 16.3 的数据列表

	M_w 4.8～5.0			M_w 5.1～6.0			$M_w > 6.1$		
T	N_e	N_g	N_p	N_e	N_g	N_p	N_e	N_g	N_p
15-0	8081	4454	1555	6110	3690	14959	573	457	2649

注：N_e 是地震数量，N_g 是接近震中的扰动的成功检测次数；N_p 是接近地震震中正确预警次数

16.4.2.2 对震中共轭点附近所发现扰动的“实时”分析

使用国际地磁参考场（IGRF）模型，对于每个地震震中，考虑了其在 400 km 高度的共轭点的位置，因为如果预期存在扰动，密度较大的电离层高度将更为重要。无论地震发生在什么地方，异常信息与之前相同，可以认为该信息涵盖了整个地球范围。然后我们用与之前一样的距离和时间（D=0～1500 km，T=0～15 天）的标准来搜索接近共轭点的扰动。关于那些可能与地震共轭点相关的扰动我们进行了相同的统计研究。结果列于表 16.7 和表 16.8 中。

表 16.7 类似于表 16.3，但是关于震中共轭点处的统计。可以看出，成功检测的地震数量与地震总数之间的比率 r 几乎与震中半球计算的比率相似，并且该比率也随着地震震级的增大而增加。图 16.4 表示了把共轭扰动次数作为地震前天数的函数所反映的变化。与图 16.3 相比，地震前一天的扰动次数略低，但总体变化相似，即接近地震日的扰动次数最多，随着距地震当天所隔天数的增加而平稳减少。我们的统计分析表明，地震区共轭区域的扰动也是可以被检测的。

正如之前针对上述变量所做的一样，在只考虑潜源地震（d<20 km）的情况下，对共轭区域开展了类似的研究，结果如表 16.9 和表 16.10 所示，正如预期的一样，r 值略大于表 16.7 中的值。

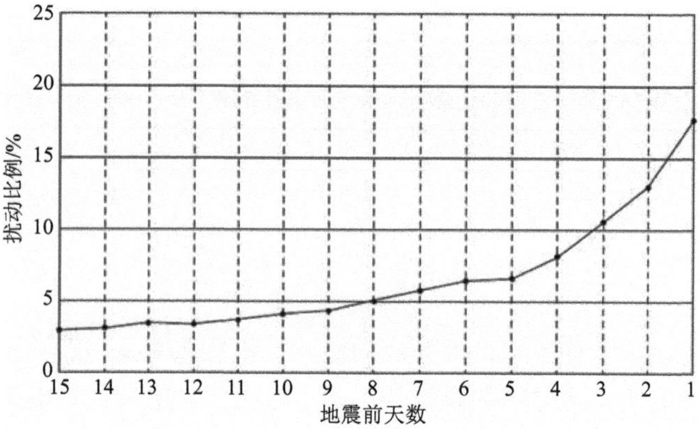

图 16.3 扰动次数作为地震前天数函数的变化。结果表示为相对于扰动总数的百分比

表 16.5 地震电离层对离子密度影响的统计结果（D=1500 km，d=0～20 km）

T	M_w 4.8～5.0		M_w 5.1～6.0		M_w > 6.1	
	r/%	n	r/%	n	r/%	n
15 - 0	58.2	4.8	63.2	5.4	80.7	6.1

表 16.6 对于表 16.5 的数据列表

T	M_w 4.8～5.0			M_w 5.1～6.0			M_w > 6.1		
	N_e	N_g	N_p	N_e	N_g	N_p	N_e	N_g	N_p
15-0	3511	2045	9739	2930	1851	9971	296	239	1462

注：N_e 是地震数量；N_g 是接近震中的扰动的成功检测数量；N_p 是接近震中的正确预警次数

表 16.7 地震电离层对靠近震中共轭点（D= 1500 km，d= 0～1000 km）的离子密度影响的统计结果

T	M_w 4.8～5.0		M_w 5.1～6.0		M_w > 6.1	
	r/%	n	r/%	n	r/%	n
15-0	54.8	3	59.4	4	80.5	5.3

表 16.8 对于表 16.7 的数据列表

T	M_w 4.8～5.0			M_w 5.1～6.0			M_w > 6.1		
	N_e	N_g	N_p	N_e	N_g	N_p	N_e	N_g	N_p
15～0	8081	4431	16297	6110	3631	14493	573	461	2440

N_e 是地震的数量；N_g 是在共轭点处成功检测的数量；N_p 是共轭点处的扰动数量

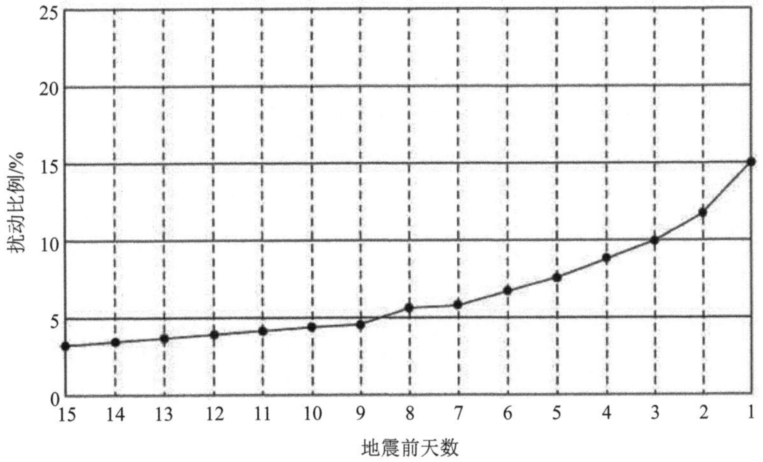

图 16.4 地震前天数与共轭扰动次数的变化函数

表 16.9 地震电离层对靠近地震震中共轭点（D= 1500 km，d= 0～20 km）的离子密度影响的统计结果

T	M_w 4.8～5.0		M_w 5.1～6.0		M_w > 6.1	
	r/%	n	r/%	n	r/%	n
15～0	58.6	4.6	62.3	4.6	81.8	5.2

16.4.3 在萨摩亚地震上的应用

*M*8.1 萨摩亚地震发生于 2009 年 9 月 29 日，震中位于 172.10°W、15.49°S。之前 Akhoondzadeh 等（2010a，b）和 Akhoondzadeh（2013）已对相关的电离层异常开展了研究。在此我们尝试是否有可能用 16.4.2 节中所讲的电离层异常数据库对该地震进行预测（Li and Parrot，2012）。再次强调，异常的检测是自动的。对在一定纬度（在 30°S 和 0°之间）和经度（在 174°E 和 157°W 之间）范围内的区域进行研究，每天检查这些异常现象，就像在做实时检测一样。除了过往，我们一无所知。通过用地震前 2 个月的数据，Akhoondzadeh 等（2010a）在震中附近监测到了密度变化，他们的文中图 1 和图 2 表明，在

同一时间地点，等离子体密度的增加并不普遍。在数据库中选定相对异常大于 10%，处理结果如图 16.5 所示。时间顺序为从左到右，从上到下排列。在 2009 年 9 月 16 日在地图上绘制一个异常，然后自动绘制其他时间点的其他异常。2009 年 9 月 20 日，该地区出现了几次异常，对所有异常的位置做平均，以确定可能发生地震的位置，该位置由蓝色三角形表示，随时间的推移继续进行自动数据处理。每天我们都会重新计算可能发生地震的位置，但是当到了 2009 年 9 月 29 日，也就是地震当天，我们不可能称这就是地震当天，因此无法预测地震发生的时间。我们只能提供一个预警，即在给定位置附近报告了异常。因为异常的出现开始于 15 天之前（前兆发生与地震发生之间的延迟随着地震的震级而增加），关于这次地震的震级，我们只能说震级比较大。

表 16.10 表 16.9 的数据列表

T	M_w 4.8～5.0			M_w 5.1～6.0			M_w > 6.1		
	N_e	N_g	N_p	N_e	N_g	N_p	N_e	N_g	N_p
15～0	3511	2058	9370	2930	1826	8446	296	242	1261

注：N_e 是地震的数量；N_g 是在共轭点处成功检测的数量；N_p 是共轭点处的扰动次数

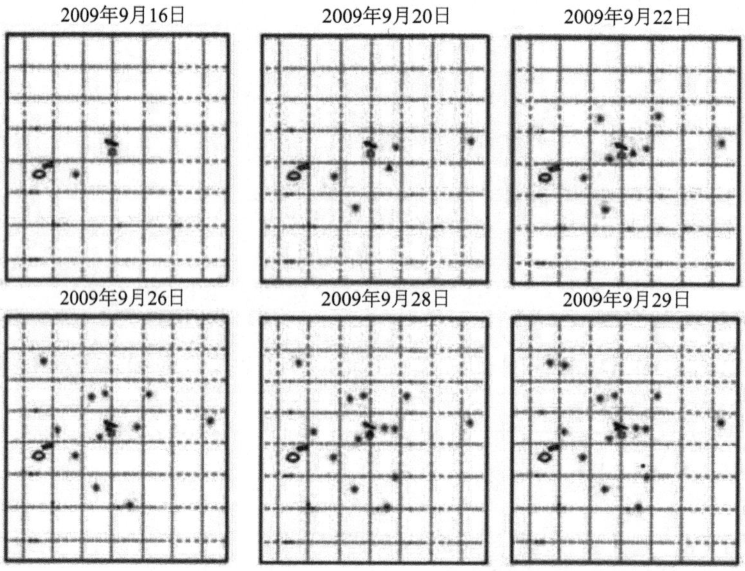

图 16.5 显示纬度和经度坐标的萨摩亚地区地图。红色十字表示在 2009 年地震之前电离层扰动位置，其震中由绿色星号标示。最后一个子图对应地震当天。蓝色三角形对应通过异常位置均值自动获取的震中（详解参照文本）（有关颜色表示，请参阅电子版）

16.5 讨论

尽管目前还不知道在地震之前产生电离层的扰动机制，但有几种假设可以解释这些现象（见第 16.1 节）。根据地壳的构造环境不同，不能排除一个机制在给定的地震区域内有效而在另一个地震区域内无效的可能性。但是，可以说在地面和低电离层之间始终存在一个晴天区电场（Rycroft et al., 2008; Pulinets, 2009），比如在雷暴活动期间，该电场会增强。如果在地震发生时地壳发生变化，可以肯定的是其会引起电离层的变化。

16.6 结论

本章强调了卫星观测在岩石圈-大气层-电离层耦合研究中的重要作用。统计数据显示，地震活动在地震前几小时到几天内会引起电离层的扰动。但存在的问题是通过单一卫星从电离层中探测的信息远远不够准确，无法进行地震预测（即预测时间、位置和震级）。事实还表明，需结合未来震中附近的观测与其磁共轭位置的观测。结合地基观测，通过几颗卫星在给定地震带上进行更频繁的探测，将大大提高地震区域的调研。可以预计其他国家将很快发射新的卫星，以继续对与地震活动有关的电离层变化进行观测。目前，中国已研制了名为 CSES（中国电磁监测试验卫星）的电离层探测卫星，于 2018 年 2 月发射（Shen, 2014）。必须指出的是，在实验覆盖较广的地区发生的大地震，例如汶川地震，为验证 LAIC 模型提供了有用的数据。

鸣谢

DEMETER 卫星项目得到了法国国家太空研究中心的支持。ML 由国家自然科学基金委员会（国家自然科学基金）出资，拨款协议号 41204057。

参考文献

Akhoondzadeh, M. (2013), Novelty detection in time series of ULF magnetic and electric components obtained from the DEMETER satellite experiments above Samoa (29 September 2009) earthquake region, *Nat. Hazards Earth Syst.Sci.*, *13*, 15-25, doi:10.5194/nhess-13-15-2013.

Akhoondzadeh, M., Parrot, M., and Saradjian, M. R. (2010a), Electron and ion density variations before strong earthquakes ($M > 6.0$) using DEMETER and GPS data, *Nat. Hazards Earth Syst.Sci.*, *10*, 7-18.

Akhoondzadeh, M., Parrot, M., and Saradjian, M. R. (2010b), Investigation of VLF and HF waves showing seismo-ionospheric anomalies induced by the 29 September 2009 Samoa earthquake (M_w=8.1), *Nat. Hazards Earth Syst.Sci.*, *10*, 1061-1067, doi: 10.5194/nhess-10-1061-2010.

De Santis, A., De Franceschi, G., Spogli, L., Perrone, L., Alfonsi, L., Qamili, E., Cianchini, G., Di Giovambattista, R., Salvi, S., Filippi, E., Pavon-Carrasco, F. J., Monna, S., Piscini, A., Battiston, R., Vitale, V., Picozza, P. G., Conti, L., Parrot, M., Pincon, J.-L., Balasis, G., Tavani, M., Argan, A., Piano, G., Rainone, M. L., Liu, W., and Tao, D. (2015), Geospace perturbations induced by the Earth: the state of the art and future trends.*Phys.Chem.Earth, Parts A/B/C*, *85-86*, 17-33.

Hayakawa, M., Asano, T., Rozhnoi, A., and Solovieva, M. (2018), Very-low-to low-frequency sounding of ionospheric perturbations and possible association with earthquakes, in D. Ouzounov, S. Pulinets, K. Hattori, and P. Taylor (eds), *Pre-Earthquake Processes: A Multi-disciplinary Approach to Earthquake Prediction Studies*, pp. 277-

304, Geophysical Monograph 234, American Geophysical Union, Washington, DC, and John Wiley & Sons, Inc., Hoboken, NJ.

He, Y., Yang, D., Zhu, R., Qian, J., and Parrot, M. (2010), Variations of electron density and temperature in ionosphere based on the DEMETER ISL data, *Earthquake Sci.*, *23*(4), 349-355, doi:10.1007/s11589-010-0732-8.

He, Y., Yang, D., Qian, J., and Parrot, M. (2011a), Response of the ionospheric electron density to different types of seismic events, *Nat. Hazards Earth Syst.Sci.*, *11*, 2173-2180, doi:10.5194/nhess-11-2173-2011.

He, Y., Yang, D., Qian, J., and Parrot, M. (2011b), Anomaly of the ionospheric electron density close to earthquakes:Case studies of Pu'er and Wenchuan earthquakes, *Earthquake Sci.*, *24*, 549-555.

Hobara, Y., Nakamura, R., Suzuki, M., Hayakawa, M., and Parrot, M. (2013), Ionospheric perturbations observed by the low altitude satellite DEMETER and possible relation with seismicity, *J. Atmos.Electr.*, *33*, 21-29, doi:/10.1541/jae.33.21.

Kuo, C. L., Ho, Y. Y., and Lee, L. C. (2018), Electrical Coupling Between the Ionosphere and Surface Charges in the Earthquake Fault Zone, in D. Ouzounov, S. Pulinets, K. Hattori, and P. Taylor (eds), *Pre-Earthquake Processes:A Multi-disciplinary Approach to Earthquake Prediction Studies*, pp. 99-124, Geophysical Monograph 234, American Geophysical Union, Washington, DC, and John Wiley and Sons, Inc., Hoboken, NJ.

Li, M. and Parrot, M. (2012), "Real Time Analysis"of the Ion Density measured by the satellite DEMETER in relation with the seismic activity, *Nat. Hazards Earth Syst.Sci.*, *12*, 2957-2963.

Li, M. and Parrot, M. (2013), Statistical analysis of an iono-spheric parameter as a base for earthquake prediction, *J. Geophys.Res.Space Phys.*, *118*(6), 3731-3739.

Liu, J. -Y, Hattori, K., and Chen, Y. (2018), Application of total electron content derived from the Global Navigation Satellite System for detecting earthquake precursors, in D. Ouzounov, S. Pulinets, K. Hattori, and P. Taylor (eds), *Pre-Earthquake Processes: A Multidisciplinary Approach to Earthquake Prediction Studies*, pp. 305-317, Geophysical Monograph 234, American Geophysical Union, Washington, DC, and John Wiley and Sons, Inc., Hoboken, NJ.

Liu, L., Wan, W., Yue, X., Zhao, B., Ning, B., and Zhang, M. L.(2007), The dependence of plasma density in the topside ionosphere on the solar activity level, *Ann.Geophys.*, *25*(6), 1337-1343.

Ma, T. and Wu, Z. (2012), Precursor-like anomalies prior to the 2008 Wenchuan Earthquake: a critical-but-constructive review, *Int. J. Geophys.*, 2012, article ID 583097, doi:10.1155/ 2012/583097.

Němec, F., Santolík, O., Parrot, M., and Berthelier, J. J. (2008), Spacecraft Observations of Electromagnetic Perturbations connected with Seismic Activity, *Geophys.Res.Lett.*, *35*(5), L05109.

Němec, F., Santolík, O., and Parrot, M. (2009), Decrease of intensity of ELF/VLF Waves observed in the upper ionosphere close to earthquakes: a statistical study, *J. Geophys.Res.Space Phys*., *114*(A4), A04303.

Parrot, M. (2006), First results of the DEMETER micro-satel- lite, *Planet.Space Sci.*, *54*(5), 411-558.

Parrot, M., Berthelier, J. J., Lebreton, J. P., Sauvaud, J. A., Santolik, O., and Blecki, J. (2006), Examples of unusual iono-spheric observations made by the DEMETER satellite over seismic regions, *Phys.Chem.Earth, Parts A/B/C*, *31*(4), 486-495.

Parrot, M., Sauvaud, J. A., Soula, S., Pinçon, J. L., and van der Velde, O. (2013), Ionospheric density perturbations recorded by DEMETER above intense thunderstorms, *J. Geophys.Res.Space Phys.*, *118*, doi:10.1002/jgra.50460.

Píša, D., Němec, F., Parrot, M., and Santolík, O. (2012), Attenuation of electromagnetic waves at the frequency～1.7 kHz in the vicinity of earthquakes observed in the upper ionosphere by the DEMETER satellite, *Ann.Geophys.*, *55*(1), 157-163.

Píša, D., Němec, F., Santolík, O., Parrot, M., and Rycroft, M. (2013), Additional attenuation of natural VLF electromag-netic waves observed by the DEMETER spacecraft resulting from pre-seismic activity, *J. Geophys.Res. Space Phys.*, *118*(8), 5286-5295.

Pulinets, S. A. (2009), Physical mechanism of the vertical electric field generation over active tectonic faults, *Adv.*

Space Res., *44*(6), 767-773, doi:10.1016/j.asr.2009.04.038.

Pulinets, S. A., Ouzounov, D. P., Karelin, A. V., and Davidenko, D. V. (2015), Physical bases of the generation of short-term earthquake precursors: A complex model of ionization-induced geophysical processes in the lithosphere-atmosphere-ionosphere-magnetosphere system.*Geomagn. Aeron.*, *55*(4), 521-538.

Pulinets, S., Ouzounov, D., Karelin, A., and Dmitry Davidenko, D. (2018), Lithosphere-atmosphere-ionosphere-magnetosphere coupling—a concept for pre-earthquake signals generation, in D. Ouzounov, S. Pulinets, K. Hattori, and P. Taylor (eds), *Pre-Earthquake Processes:A Multi-disciplinary Approach to Earthquake Prediction Studies*, pp. 79-98, Geophysical Monograph 234, American Geophysical Union, Washington, DC, and John Wiley and Sons, Inc., Hoboken, NJ.

Rycroft, M. J., Harrison R. G., Nicoll, K. A., and Mareev, E. A. (2008), An overview of Earth's global electric circuit and atmospheric conductivity, *Space Sci.Rev.*, *137*, 83-105.

Ryu, K., Parrot, M., Kim, S. G., Jeong, K. S., Chae, J. S., Pulinets, S., and Oyama, K. -I. (2014), Suspected seismo-ionospheric coupling observed by satellite measurements and GPS TEC related to the M7.9 Wenchuan earthquake of 12 May 2008, *J. Geophys.Res.Space Phys.*, *119*, doi:10.1002/2014JA020613.

Sauvaud, J. -A., Maggiolo, R., Jacquey, C., Parrot, M., Berthelier, J. -J., Gamble, R. J., and Rodger, C. J. (2008), Radiation belt electron precipitation due to VLF transmitters:Satellite observations, *Geophys.Res.Lett.*, *35*, L09101, doi:10.1029/2008GL033194.

Shen, X. (2014), The experimental satellite on electromagnetism monitoring, *Chin.J. Space Sci.*, *34*(5), 558-562.

Singh, R. P., Mehdi, W., Gautam, R., Kumar, J. S., Zlotnicki, J., and Kafatos, M. (2010), Precursory signals using satellite and ground data associated with the Wenchuan Earthquake of 12 May 2008, *Int. J. Remote Sens.*, *31*(13), 3341-3354.

Walker, S. N., Kadirkamanathan, V., and Pokhotelov, O. A. (2013), Changes in the ultra-low frequency wave field during the precursor phase to the Sichuan earthquake:DEMETER observations, *Ann.Geophys.*, *31*, 1597-1603, doi: 10.5194/ angeo-31-1597-2013.

Yan X., Shan, X., Zhang, X., Qu, C., Tang, J., Wang, F., and Wen, S. (2013), Multiparameter seismo-ionospheric anomaly observation before the 2008 Wenchuan, China, M_W7.9 earthquake, *J. Appl.Remote Sens.*, *7*(1), 073532, doi:10.1117/ 1.JRS.7.0773532.

Zhang, X. and Shen, X. (2011), Electromagnetic anomalies around the Wenchuan earthquake and their relationship with earthquake preparation, *Int. J. Geophys.*, article ID 904132, doi:10.1155/2011/904132.

Zhang, X., Shen, X., Liu, J., Ouyang, X., Qian, J., and Zhao, S. (2009), Analysis of ionospheric plasma perturbations before Wenchuan earthquake.*Nat. Hazards Earth Syst.Sci.*, *9*, 1259-1266.

第七部分　地震预报/预测的跨学科方法

17　地震热红外异常的重要案例

瓦列里奥·特拉穆托里[1]，尼克拉·詹扎诺[1]，马里亚诺·利西[1]，
尼克拉·佩尔戈拉[2]

1 意大利巴斯蒂卡塔大学，工程学院
2 意大利国家研究中心环境分析方法学研究所

摘要　通过对独立观测的适当识别和实时整合，希望能显著提高目前地震风险的短期（从地震前几周至几天）评估能力。一个特定的观察数据（例如单参量异常）有时可以看作触发器或作为参考点（空间域和/或时间域）用于激活/改善其他独立参量的分析，否则这些参数的系统计算可能代价高昂或者无法完成。在本章中，我们简要举例说明了这些优点以及鲁棒卫星技术（RST）方法的实用性。通过第二代气象卫星（MSG）搭载的地球同步卫星传感器旋转增强可见光和红外成像仪（SEVIRI），收集三个不同地区（意大利、希腊和土耳其）每日 TIR 数据上开展 RST 数据分析，进一步评估优化多参数系统优势，从而开展地震风险时序评估。

17.1　引言

第 14 章介绍并描述了鲁棒卫星技术（RST）法（Tramutoli，1998，2005，2007），并介绍其在震前识别近地表热异常的应用。在本章中，提出了一些实例，以更好地突出综合多参量（如化学、物理、生物等）观测的潜力；表 17.1 列出了本次分析的地震事件。虽然在某种程度上个别技术可以识别与复杂孕震过程相关的异常变化，但可以预见到多学科融合方法可以提高目前短期地震风险评估能力。

17.2　震前热红外异常实例

由意大利国家民防部（DPC）和意大利国家地球物理与火山学研究所（INGV）所支持的“S3-短期地震预测和准备”项目框架下，采用 RST 方法监测可能与 2012 年艾米利亚（意大利北部）地震序列有关的热辐射时空波动变化。正如 Scognamiglio 等（2012）所记述的一样，艾米利亚地区在 2012 年 5 月底受到了地震序列的影响。震级为 5.8 级的主震发生于 2012 年 5 月 20 日，震中位于 11.23°E、44.89°N，震源深度为地下 6.3 km。之后又发生了 6 次 5 级以上余震。最大的余震，被认为是第二次主震，即 2012 年 5 月 29 日发生的 5.6 级

地震（07:00:03 UTC）（Scognamiglioet al.，2012）。

为在艾米利亚地震序列的不同阶段开展地球的热辐射研究，用到了从 2004 年至 2012 年每年 5 月到 6 月经过在意大利半岛地区的所有 MSG - SEVIRI（Meteosat 第二代-旋转增强可见光和红外成像仪）卫星传感器测量的夜间（即 UTC 时间 00:00～00:15）TIR 数据。本次研究使用 RST 方法（Tramutoli et al.，2005）结合 TIR 异常的鲁棒性估计（RETIRA）指数[Filizzola et al.，2004]识别 TIR 异常。

表 17.1 地震活动分析列表

地震案例	日期	震级	震中经纬度	源
艾米莉亚地震序列	2012 年 5 月 20 日	M_W5.8	11.264°E，44.896°N	意大利地震仪器和参数数据库地震目录（INGV，2016）
	2012 年 5 月 29 日	M_W5.6	11.066°E，44.842°N	
土耳其地震事件	2012 年 7 月 22 日	M_L 5.6	36.3707°E，37.5740°N	DDA 地震目录（AFAD，2016）
	2012 年 10 月 16 日	M_L 4.6	37.1372°E，37.2710°N	
	2012 年 10 月 16 日	M_L 4.6	37.1484°E，37.2773°N	
爱琴海地震序列	2014 年 8 月 29 日	M 5.7	23.67°E，36.67°N	雅典国家天文台目录（NOA，2016）

图 17.1 显示了 2012 年 5 月 10 日至 20 日（主震发生日）意大利北部的 RETIRA 值分布图像。由于在相同的时间内频繁出现在该区域的云层遮盖，缺乏时空异常持续性，无法将检测的 TIR 异常定性为震前显著热异常序列（SSTA）。根据 Tramutoli 等（2005）和 Genzano 等（2015）的研究，SSTA 被定义为一系列相对强度为 RETIRA 指数（在这种情况下≥3）的 TIR 异常序列，而非由于特定的气象条件（例如大范围云层覆盖和/或已知的伪效应，如空间平均冷效应，见 Aliano 等（2008）、Genzano 等（2009）、Eleftheriou 等（2016），导航误差，其在 1°×1°的区域内空间扩展至少达到 150 km^2，且在 x，y 周围 1°×1°范围内具有时间持续性，出现于时间 t 之前或之后的 7 天内再次出现（见第 14 章和 Genzano 等（2015）以及 Eleftheriou 等（2016）的研究）。然而，值得注意的是，2012 年 5 月 13 日出现的 2≤RETIRA<3 的低强度 TIR 异常与艾米利亚地震的北亚平宁地区主要断层系统具有相当明显的空间关系。是继首次检测 TIR 异常后 7 天（M_w 5.8）和 16 天（M_w 5.6）发生的地震。

通常认为低强度 TIR 异常（RETIRA < 3）对地震异常评估意义不大。因此为进一步提高评估意义，需要将 TIR 与其他参数结合考虑。对受 TIR 异常影响的区域应用了 CN 算法，因为意大利（Peresan et al.，2005）地区在 2012 年 3～6 月期间由于 5.4 级以上地震的发生呈现出了概率增长倍数（TIP）的活跃期。简而言之，CN 算法（Keilis - Borok and Rotwain，1990）基于模式识别方案（Keilis - Borok and Soloviev，2003），致力于确定强地震发生的 TIP。对于选定区域（主要根据地震活动的空间分布和断层系统的几何形状来确定）和时间窗，CN 算法基于对分析区域内发生的地震观测所得地震活动模式的量化、

地震活动水平、地震序列和地震的时空聚集性，可以得到震级大于给定阈值 M_0（意大利北部 M_0=5.4）的地震的发生概率。

因此，当与其他方法（如 CN 算法产物）组合分析时，即使是不具有明显时空持续性的低强度（即 RETIRA＜3）TIR 异常（图 17.2）也可能具有重要意义。此外，由 CN 算法识别到的中期预警（直到 2012 年 6 月）区与通过低强度 TIR 异常（RETIRA＞2）定位的交叉区域，异常通常发生在地震前数周至数天［$M>4$，如 Eleftheriou 等（2016）］，可以缩小需要预警的时空窗（图 17.2）。由此，可以把预防及预防过程（e.g. Peresan et al.，2012）集中在缩小后的区域进行，预防过程通常在地震危险期进行，同时还要注意结合其他相关信息的分析以减少地震风险评估的不确定性。

RST 方法被用于震前实时集成和监测实验（PRIME），处理俄罗斯和欧洲地球观测地震前兆研究（EC/FP7 PRE-EARTHQUAKE）项目框架。该方法用于评估包括土耳其在内不同孕震区筛选独立前兆信息积分附加值。根据 MSG / SEVIRI 收集的 TIR 记录，从 2011 年 10 月开始系统地用 RST 方法生成每日 TIR 异常图。图 17.3 和 17.4 显示了位于马拉斯三连线交叉区域内的相同构造线附近的 SSTA 区域（Chorowicz et al.，1994），也是非洲、安纳托利亚和阿拉伯板块的碰撞处（土耳其中南部）。

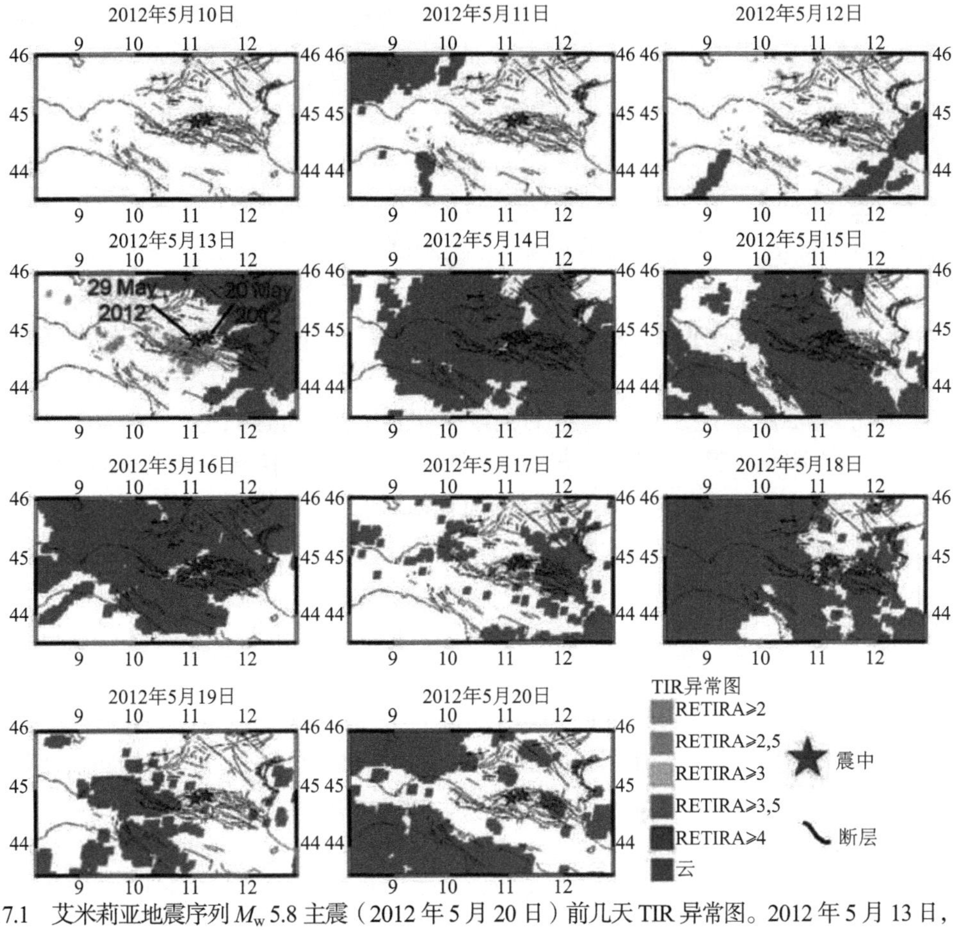

图 17.1 艾米莉亚地震序列 M_w 5.8 主震（2012 年 5 月 20 日）前几天 TIR 异常图。2012 年 5 月 13 日，震源区域出现位于北亚平宁构造线（黑线）附近的低强度（RETIRA≥2）TIR 异常（颜色表示见电子版）

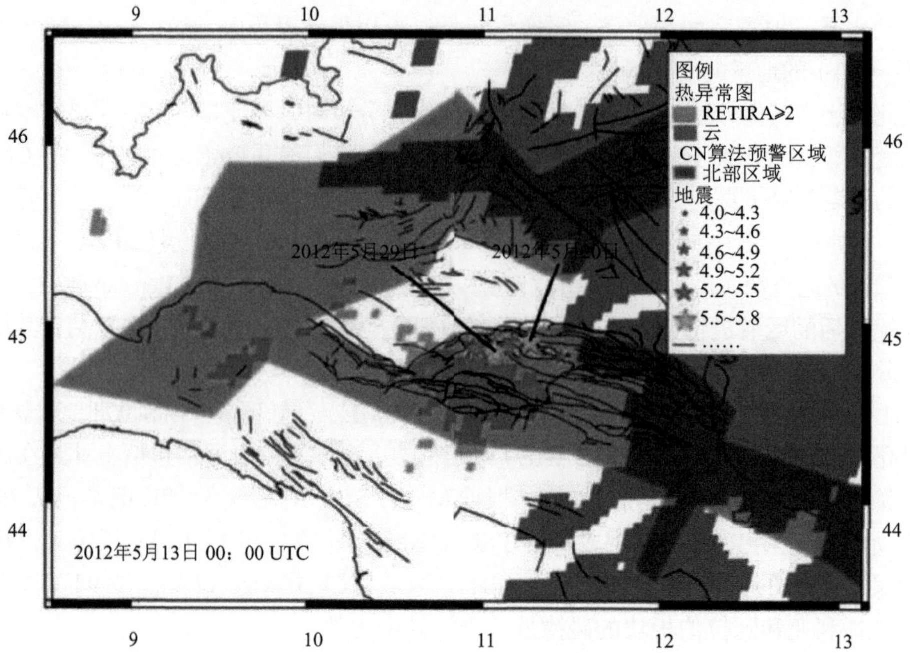

图 17.2　波河平原地区（意大利北部）图：在 2012 年 1 月至 6 月期间，由 CN 算法监测的 $M \geqslant 5.4$ 地震的预警区（紫色）和 2012 年 5 月 13 日由 RST 方法标注的 TIR 异常（绿色）的叠加。星号表示 2012 年 5 月发生的 $M \geqslant 4$ 级的地震（有关颜色表示，请参阅电子版）

特别是：

（1）　图 17.3 显示了 2012 年 7 月 18 日至 20 日马拉斯地区的主要断层附近出现的 RETIRA≥3 的 TIR 异常，而该异常出现后 4 天，即 2012 年 7 月 22 日发生了一次 $M>5$ 地震；

（2）　2012 年 9 月 28 日至 30 日，同一地区受到了高强度 TIR 异常（即 RETIRA≥3）的影响，其形状类似于之前所述的 TIR 异常（图 17.4）。2012 年 10 月 16 日两次 4.6 级地震前 18 天出现了 TIR 异常现象。

特定情况下，2012 年 9 月观测到的 TIR 异常与 7 月观测到的 TIR 异常具有明显相似性（异常形状和时空演变方面），为进一步增强预测能力提供特征信息。此外，表明震前 TIR 异常的典型形状/时空演变可能反映出特定的局部构造背景以及与之相关的主要排气方式。这也证明了其对地震预报业务（OEF）的重要性，在已发生的地震活动的基础上，通过持续的观测和知识的积累以改进和提高地震预报质量，可以更好地服务于民防的重大决策。与 PRIME 期间的情况一样，2012 年 7 月对类似的震前 SSTA 的相似观测促进了相关观测的发展，证实了其他参量检测到的异常变化的存在（PRE-EARTHQUAKES，2013）。

另一个有趣的例子说明了用 RST 方法确定的 TIR 异常与其他参量的融合可以用于改善短期和中期的地震风险评估，该例子是 2014 年 8 月发生在爱琴海（希腊）的地震序列。根据 MSG-SEVIRI 卫星传感器收集的 TIR 记录，在 2014 年 8 月 29 日发生的 5.7 级地震前几天，该区域于 18 日至 25 日识别到一个 SSTA（图 17.5）。

就像土耳其附近的案例一样，TIR 异常图的每天实时分析可以实时识别出该地区发生的地震活动与 TIR 异常之间的具体时空关系。事实上，如图 17.5 所示，2014 年 8 月 22 日至

24 日，几次震级 $M \geqslant 1.5$ 的地震活动包围了高强度 TIR 异常区（RETIRA≥3），几天后于 2014 年 8 月 29 日在 TIR 异常区发生了 5.7 级地震。

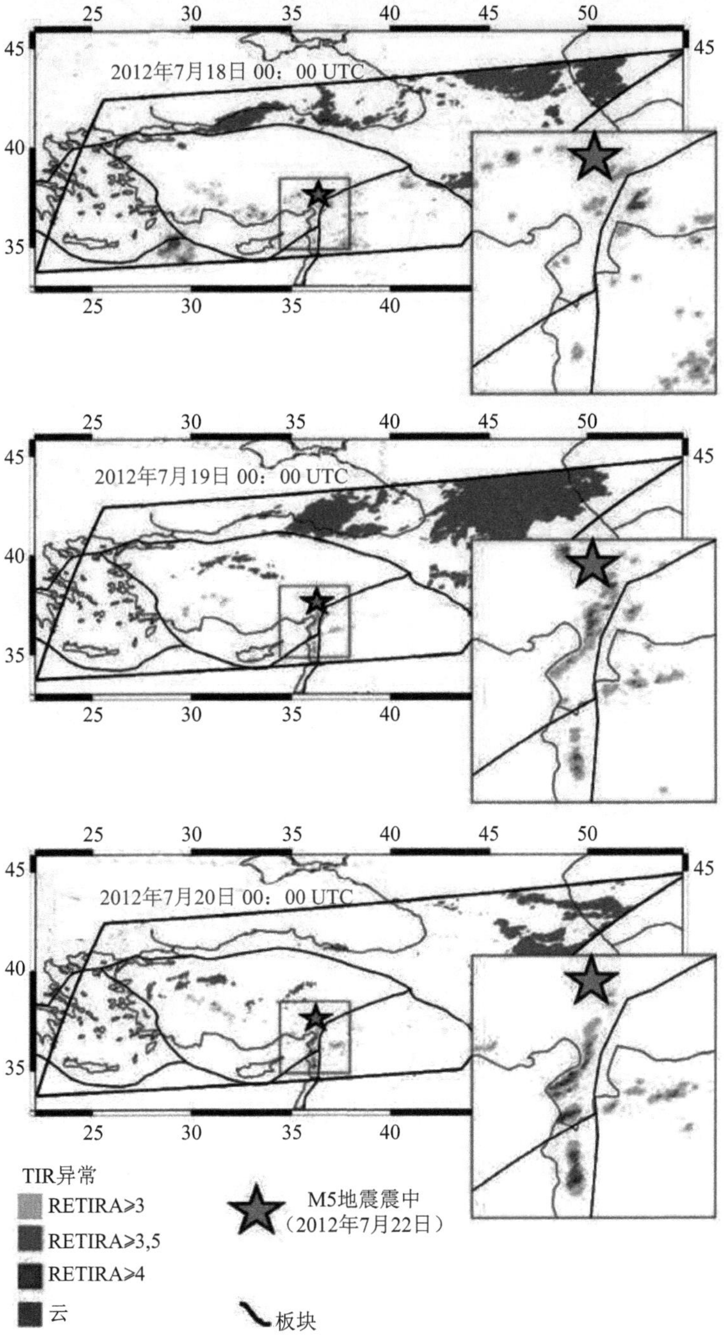

图 17.3　2012 年 7 月 18 日至 20 日在马拉斯三连线交叉区发现的 TIR 显著异常序列。绿色星号表示 2012 年 7 月 22 日卡赫拉曼马拉什 5 级地震的震中。请注意，线性形状的 TIR 异常封闭构造线在卡赫拉曼马拉什地震前 4 天开始出现（有关颜色表示，请参阅电子版）

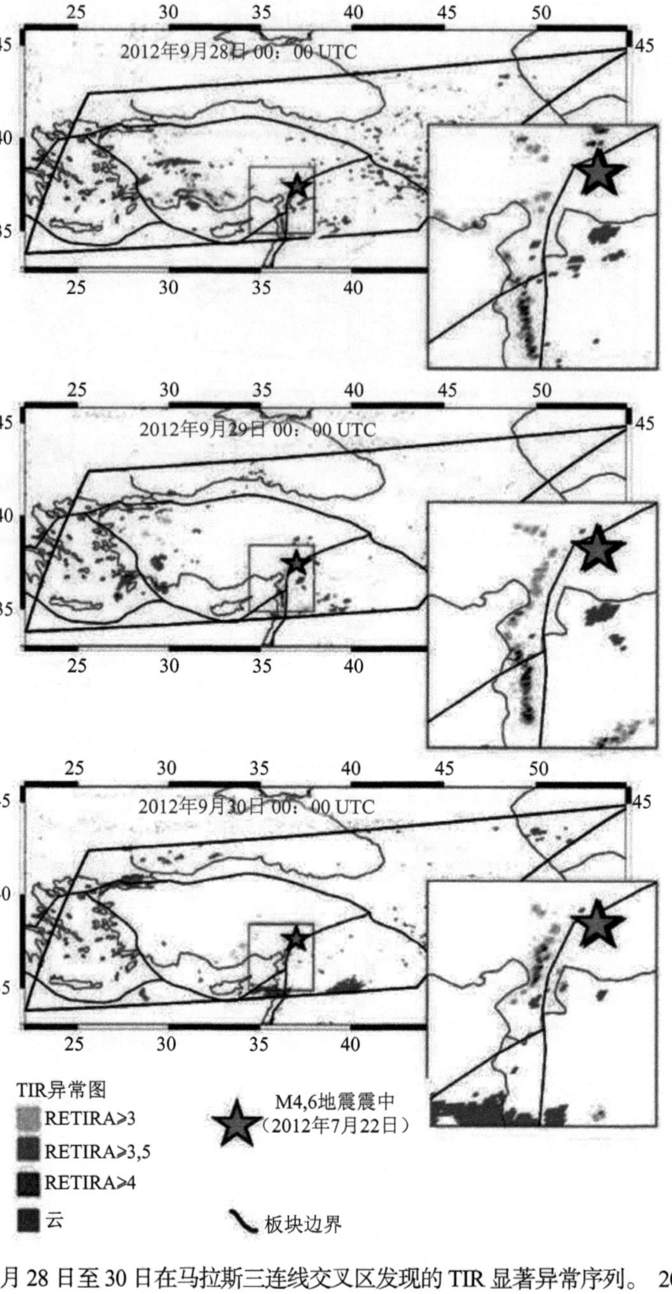

图 17.4 2012 年 9 月 28 日至 30 日在马拉斯三连线交叉区发现的 TIR 显著异常序列。 2012 年 10 月 16 日发生了两次 4.6 级地震（两个绿星号）。请注意，TIR 异常的形状和 2012 年 7 月强调的形状相似（图 17.3）。在同一地区发生的两次地震之前都出现了该异常（有关颜色表示，请参阅电子版）

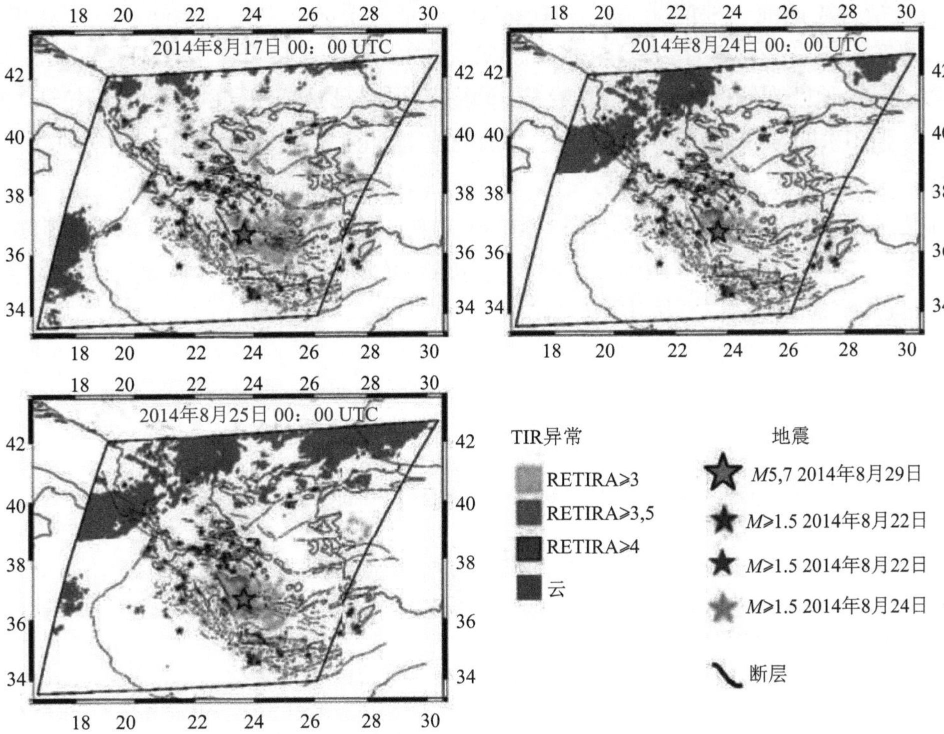

图 17.5　2014 年 8 月 17 日至 25 日在爱琴海发现的 TIR 显著异常序列。高强度 TIR 异常（RETIRA≥3）出现于 2014 年 8 月 17 日至 25 日，即 2012 年 8 月 29 日爱琴海 5.7 级地震（绿色星号）前几天。请注意，在 8 月 22 日至 24 日间受 TIR 异常影响的周围地区发生了几次 $M\geq1.5$ 级的地震（有关颜色表示，请参阅电子版）

17.3　结论

本章介绍的三个事例表明了使用多参数系统开展地震风险时序评估（t-DASH）的重要价值。三个例子说明了参量“RST 方法结合 RETIRA 指数凸显卫星前兆 TIR 异常”及其在 t-DASH 系统中可能的应用（具备潜在的业务性）潜力。

第一个例子涉及了 2012 年 5 月底袭击了艾米利亚地区的地震序列。在这种情况下，2012 年 5 月 20 日主震（M_W 5.8）发生前一周观察到了热异常，但由于该地区云层遮盖的持续存在且其相对强度较低（RETIRA<3），因此无法确定其时间持续性。按照第 14 章提出的方案［见 Tramutoli 等（2018），Genzano 等（2015）和 Eleftheriou 等（2016）］，这些情况下无法开展任何地震预报。反而经证明通过 CN 算法建立的在缩小的时间（从 3 个月到几个星期）和空间（从几十到几千 km^2）预警窗非常有用，并且也对地震预测的空间预警更有意义。因此，两个独立观察的组合提供了有用的信息，而如若分开来看，这些信息均会被舍弃。

第二个例子凸显了多种观测数据结合的优点。在这种情况下，由于卫星 TIR 观测的连续性，单参量观测的重要性得到了加强，不仅是因为单一参量可以与其他独立参量的观测数据进行结合（如前一种情况），使用多参数也是为了保存以往对相同参量的观测“记忆”。事实上，2012 年 9 月 28 日至 30 日 SSTAs 的出现与 2012 年 7 月 18 日至 20 日在 M5 级地震前同一地区观测到的相似，具有相同的线性形状且接近相同的断层（马拉斯三线交叉处），强烈表明 SSTA 预示着即将发生相似的地震活动，结果果然发生了两次地震。

第三个例子涉及 SSTA 观测与最常用数据（即地震活动）的结合。强震之前并非总伴随着地震活动的发生。然而，在爱琴海地震案例中，将地震活动数据与受前震影响的中部区域 SSTA 的结合分析，不仅可以更好地确定临震区域，也可以更好地确定地震发生时间（一个 SSTA 预警时间窗口可从几天至数周不等）。

参考文献

AFAD (2016), DDA Earthquake Catalogue, Disaster and Emergency Management Authority, available at http://www.deprem.gov.tr/en/ddacatalogue.

Aliano, C., Corrado, R., Filizzola, C., Genzano, N., Pergola, N., and Tramutoli, V.(2008), Robust TIR satellite techniques for monitoring earthquake active regions: limits, main achievements and perspectives, *Ann.Geophys.*, *51*, 303-317, doi 10.4401/ag-3050.

Chorowicz, J., Luxey, P., Lyberis, N., Carvalhoa, J., and Parrot, J. F. (1994), The Maras Triple Junction (southern Turkey) based on digital elevation model and satellite imagery interpretation, *J. Geophys. Res*., 99(B10), 20.225-20-242, doi: 10.1029/94JB00321.

Eleftheriou, A., Filizzola, C., Genzano, N., Lacava, T., Lisi, M., Paciello, R., Pergola, N., Vallianatos, F., and Tramutoli, V. (2016), Long term (2004-2013) RST analysis of anomalous TIR sequences in relation with earthquake occurrence in Greece, *Pure Appl.Geophys.*, *173*(1), 285-303, doi: 10.1007/ s00024-015-1116-8.

Filizzola, C., Pergola, N., Pietrapertosa, C., and Tramutoli, V. (2004), Robust satellite techniques for seismically active areas monitoring: a sensitivity analysis on September 7, 1999 Athens’s earthquake, *Phys.Chem.Earth*, *29*, 517-527, doi:10.1016/j.pce.2003.11.019.

Genzano, N., Aliano, C., Corrado, R., Filizzola, C., Lisi, M., Mazzeo, G., Paciello, R., Pergola, N. and Tramutoli, V. (2009), RST analysis of MSG-SEVIRI TIR radiances at the time of the Abruzzo 6 April 2009 earthquake, *Nat. Hazards Earth Syst.Sci.*, *9*, 2073-2084.

INGV (2016), *Italian Seismic Instrumental and Parametric Database*, Istituto Nazionale di Geofisica e Vulcanologia, available at http://iside.rm.ingv.it/iside/standard/index.jsp.

Keilis-Borok, V. I. and Rotwain, I. M. (1990), Diagnosis of time of increased probability of strong earthquakes in different regions of the world: algorithm CN, *Phys. Earth Planet.Inter.*, *61*, 57-72.

Keilis-Borok, V. I. and Soloviev, A. (2003), *Nonlinear Dynamics of the Lithosphere and Earthquake Prediction*.Springer-Verlag, Berlin-Heidelberg.

NOA (2016), *Earthquake Catalogues*, National Observatory of Athens, available at http://www.gein.noa.gr/en/seismicity/earthquake-catalogs.

Peresan, A., Kossobokov, V., Romashkova, L., and Panza, G. F. (2005), Intermediate-term middle-range earthquake predictions in Italy: a review, *Earth Sci.Rev.*, *69*(1-2), 97-132, doi:10.1016/j.earscirev.2004.07.005.

Peresan, A., Kossobokov, V., and Panza, G. F. (2012), Operational earthquake forecast/prediction, *Rend.Fis.Acc. Lincei 23*, 131-138, doi 10.1007/s12210-012-0171-7.

PRE-EARTHQUAKES (2013), PRE-earthquakes Final Project Report, available online in the “Downloads” area of the Pre-earthquakes Project website (http://www.pre-earthquakes.org/).

Scognamiglio, L., Margheriti, L., Mele, F., Tinti, E., Bono, A., De Gori, P., Lauciani, V., Lucente, F., Mandiello, A., Marcocci, C., Mazza, S., Pintore, S., and Quintiliani, M. (2012), The 2012 Pianura Padana Emiliana seimic sequence: locations, moment tensors and magnitudes, *Ann.Geophys.*, *55*(4), 549-559, doi: 10.4401/ag-6159.

Tramutoli, V. (1998), Robust AVHRR techniques (RAT) for envi-ronmental monitoring: theory and applications, in *Earth Surface Remote Sensing II*, pp. 101-113, SPIE Proceedings 3496.

Tramutoli, V. (2005), Robust satellite techniques (RST) for natural and environmental hazards monitoring and mitigation: ten years of successful applications, in *9th International Symposium on Physical Measurements and Signatures*, pp. 792-795, Remote Sensing XXXVI,7/W.

Tramutoli, V. (2007), Robust satellite techniques (RST) for nat-ural and environmental hazards monitoring and mitigation: theory and applications, *International Workshop on the Analysis of Multi-Temporal Remote Sensing Images 1*, pp. 1-6, doi:10.1109/Multitemp.2007.4293057.

Tramutoli, V., Cuomo, V., Filizzola, C., Pergola, N., and Pietrapertosa, C. (2005), Assessing the potential of thermal infrared satellite surveys for monitoring seismically active areas.The case of Kocaeli (Izmit) earthquake, August 17th, 1999, *Remote Sens.Environ.*, *96* (3-4), 409-426, doi:10.1016/ j.rse.2005.04.006.

Tramutoli, V., Filizzola, C., Genzano, N., and Lisi, M. (2018), Robust satellite techniques for detecting preseismic thermal anomalies, in D. Ouzounov, S. Pulinets, K. Hattori, and P. Taylor (eds), *Pre-Earthquake Processes:A Multidisciplinary Approach to Earthquake Prediction Studies*, pp. 243-258, Geophysical Monograph 234, American Geophysical Union, Washington, DC, and John Wiley and Sons, Inc., Hoboken, NJ.

18 地震前大气信号的多参数评估

迪米塔·乌佐诺夫 [1]，谢尔盖·普林涅茨 [2]，刘正彦 [3]，服部克巳 [4]，韩　鹏 [5]

1 地球系统建模和观测卓越中心（CEESMO），查普曼大学，美国加利福尼亚州橙县
2 俄罗斯科学院空间研究所，俄罗斯莫斯科
3 “中央大学”太空科学研究所，台湾桃园
4 理学研究院，千叶大学，日本千叶
5 南方科技大学，中国深圳

摘要　我们基于对大地震（$M > 6$）震前短期现象的多传感器观测，用跨学科观测来研究地震过程、物理学机制以及能量释放之前的现象。综合卫星和地面信息验证方法，基于包含若干与地震有关的物理和环境参量[卫星热红外辐射（STIR）、电离层中的电子总含量、大气温度和相对湿度]的传感器网络，发展了多学科分析的科学理论基于岩石圈-大气层-电离层耦合的概念。为了检验震前信号的预测潜力，我们使用回溯性和前瞻性两种模式开展验证。验证过程包括两个步骤：①在地震活动率较高的三个不同地区进行的回溯性分析（2014 年纳帕 6.0 级地震、2016 年中国台湾 6.0 级地震、2016 年日本熊本 7.0 级地震）；②测试 STIR 的 Molchan 误差图（MED）和日本与中国台湾地震事件的电子总含量差值计算。研究结果发现：①震前信号（1～30 天）遵循一般的时空演变模式；②震前大气异常可以为受试区域大地震的发生提供短期预测信息。

18.1 引言

大地震前的物理现象观测记录有着约两千五百年的历史（Martinelli，2000）。亚里士多德是古希腊首位对地震相关现象进行全面记录的科学家，记载写于公元前 340 年的著作《气象汇论》。他首先介绍了水汽蒸发、地震和其他天气现象，包括“普纽玛（气息）”理论，在地震前发生的现象（Aristotle，1951）。“普纽玛（气息）”的基本含义是风，表示运动中的空气（Humboldt，1897）。俄罗斯著名学者 V. Vernadsky（Vernadsky，1912，1945），在 20 世纪初提出一种被称为“地球之呼吸”的类似想法。亚里士多德的震前现象概念可归纳为以下步骤：“普纽玛（气息）”从地下上升到地表（气体和流体），到达地面（甲烷、氡、CO 的气体扩散），风立刻变平静（由于气体释放导致温度上升-触发空气电离，产生高压），产生雾，使大气充满灰尘（水合作用导致气溶胶增长）。接下来是在活动构造断层周围大型离子团簇上升到大气上部对流层内，并导致

线性云结构的形成[将 Pulinets et al.（2018）综述]。在地震发生前不久，可以听到地下的嗡鸣声（Aristotle，1951）。

在至少 1200 年的时间里，德尔福（希腊雅典附近）的祭司作为诸神的代言人，就各类事物表达了自己的见解。祭司始终由女性担任，她根据请愿者的祈求回复神谕。科学界的学者认为，祭司的灵感最有可能来源于从寺庙地板下方升起的蒸汽。最近的研究（Piccardi，2000；De Boer et al.，2001）表明两个断层交错位于神庙废墟之下，形成了一条通道，通过该通道，化学烟雾可以上升到地表从而产生视觉效应，其中很可能存在乙烯、乙烷和甲烷，乙烯通常被用于麻醉。据推测，女祭司的视觉受到了地球动力学环境释放的独特气体影响。这个猜想的依据是发生于公元前 373 年的大地震破坏了德尔福。虽然震中位于科林斯湾附近的南部，但通过地球化学分析结果显示，地震前甲烷和乙烯就已在德尔福大量排放（Piccardi，2000）。

近年来，许多新的研究记录了大气参量与地震过程之间可能存在的关联性。Tronin（2011）近期根据历史数据公布了一个有关地震现象的完整目录。这项研究囊括了自公元前 550 年至公元 2000 年之间发生的 1500 次地震。查阅了真实可靠的历史文献，其中记录了从地震事件发生前和发生期间观察到了热学、大气层、地球化学热作用、声学、动物行为和电磁现象等各类现象。广为流传的观测实例包括：（a）变形前兆（Wyss et al.，1981；Mogi，1985；Neresov and Latynina，1992；Kalenda et al.，2012）；（b）地球化学前兆（Irwin and Barnes，1980；Wakita，1982；Zia，1984；Gold and Soter，1985；King，1986；Thomas，1988；Toutain and Baubron，1998；Martinelli et al.，2000；Cicerone et al.，2009；Fu et al.，2015）；（c）热红外（Qiang et al.，1991；Tronin，1996；Tronin et al.，2002，2004；Tramutoli et al.，2001，2005；Ouzounov and Freund，2004；Ouzounov et al.，2007；Saraf and Choudhury，2005）；（d）潜热（Cervone et al.，2002；Dey and Singh，2003）；（e）地震云[Morozova，1996；Guo and Xie，2007；Doda et al.，2013]；（f）地震光[Stothers，2004；St-Laurent et al.，2006]；（g）湍流[Wu，2004；Wu et al.，2015]；（h）气温和湿度（Mil'kis，1986；Dunajecka and Pulinets，2005）和大气压力（Bokov，2010）；（i）VHF 信号（Kushida and Kushida，2002；Fujiwara et al.，2004）；（j）VLF 信号（Biagi et al.，2004；Hayakawa，2004，2011；Rozhnoi et al.，2007）；（k）GPS 相关的电子总含量（TEC）（Liu et al.，2004；Pulinets et al.，2006b；Zakharenkova et al.，2006；Kon et al.，2010）。Ari Ben-Menahem（1995）警告地震学界说："地震学已经到了一个单靠地震学家自己无法实现的崇高目标阶段，除非我们开展跨学科研究和观测工作，否则下一次大地震总会让我们惊讶。"他说的确实是对的，20 多年后的今天，大约 21 次破坏性地震已经造成接近百万人的丧生和数千亿美元的经济损失：短期预报没有在这些地震前发布。

18.2 震前异常的多参数记录

考虑 Ben-Benahem 的关注点，提出了多参数卫星和原位数据全球研究框架，用于验证基于物理学的震前信号（Ouzounov et al.，2006b；Pulinets，2011；Liu et al.，2016）。人们渐渐认识到，震前现象的复杂性和动态性所需要的空间、频谱和时间覆盖范围远远超出现有的所有方法和任何卫星的观测能力。近期用到了多种方法来探究多参量手段监测震前信号的概念：大气/电离层和岩石圈传感器网（Ouzounov et al.，2006b），多卫星观测（Singh et al.，2007），多参量地球化学分析（Yuce et al.，2010），数据融合（Akhoondzadeh and Saradjian，2012），大气多参量分析（Jing et al.，2013），电磁（EM）多前兆现象（Nagao et al.，2002，2014；Saraev et al.，2014），多参量分析（Wu et al.，2015）。这些研究的结果突出了震前信号的多参量分析中常见的三个问题。

（1）缺乏长期监测和不同物理观测数据的集成。

（2）缺乏对震前信号与地震周期之间可能相关的物理机制的解释。

（3）缺乏对震前信号的统计验证。为解决这些问题，我们在这里提供了一些新信息。

笔者积极参与了多个关于多参数震前信号的国际项目，即 iSTEP、震前和岩石圈-大气层-电离层-磁层耦合（LAIMC）。

（1）iSTEP（地震前兆全面搜索项目）是一个关于地震前兆的中国台湾项目。在 2001～2016 年期间，研究分三个阶段进行。在 1999 年 9 月 21 日发生毁灭性的 7.6 级地震之后，建立了 iSTEP1 计划，包括一个主项目和五个子项目。该项目开展研究以寻找地震变化、地磁和重力场、地表形变和电离层电子密度异常的可靠前兆，评估了中国台湾观测所得前兆的统计显著性（Tsai et al.，2006）。结果表明，中国台湾在强震前的数年、数月和几天时间内都会出现 P 波速度、地表形变、地磁场强度、电离层电子密度等方面的异常现象。该项目部署了一个综合地面地震电磁观测系统，包括八个由磁强计、电极阵列、电晕探测器、调频调谐器、多普勒探测系统、电离层探空仪、GPS 接收机和全天空成像仪组成的监测网，并定期监测岩石圈、大气层和电离层中的地震前兆，以及中国台湾地区可能存在的岩石圈-大气-电离层耦合（LAIC）的证据。同时还做了多个统计分析，以验证观察到的异常是否是可靠的前兆[参见 Liu 等（2016）以及其参考文献]。

在 iSTEP2（2006～2012）期间，该项目有了进一步进展，有更长的时间用于数据收集和分析，以及开发物理和统计模型。其报告了许多可能与地球和空间表面磁场的地震-岩石圈前兆有关的新观测，包括地表形变的 GPS 探测和次声信号的地震-大气前兆，以及卫星对电子密度剖面、电子温度、离子密度和中性温度这几方面地震-电离层前兆（SIPs）的观测。

iSTEP-3（2012～2016）计划得到了官方出资并专注于 SIP 的研究，包括一个主要项目和三个子项目。主项目是继续运行地面综合观测系统、开发物理模型，并将模型模拟结果与观测前兆进行比较，而三个子项目旨在：开发近乎实时（4 小时滞后）世界范围内的全球电离层格网（GIM）SIP 监测；监测岩石圈、大气层和电离层前兆，以找到前兆之间的关联性；开展地震风险评估（Liu et al.，2016）。

（2）震前项目（为开展地震前兆研究的俄罗斯和欧洲地球观测）由巴西利卡塔大学（意大利）和空间研究所（俄罗斯）主导，由欧盟项目开发（EU-FP7cordis.europa.eu/result/rcn/57410_en. html）。该项目旨在通过欧盟和俄罗斯的研究人员融合不同的地面和卫星数据，以便进行交叉验证来优化方法，达到：（a）大幅提高我们对地震准备阶段及其可能前兆的认知；（b）推广全球地震观测系统，作为全球综合地球观测系统（GEOSS）的专用组成部分。该项目的主要科研目标之一是调查和证明几个独立观测系统的集成（而不是单参量手段）可以提高目前的短期地震预测能力的程度。全球范围内该领域极具影响的三个欧洲（来自意大利、德国和土耳其）和三个俄罗斯的科学机构组成了该项目的核心。在此背景下，该项目调查了不同观测数据/参量的融合使用和数据分析方法的改进可以多大程度降低误报率，并提高短期预测的可靠性和精确度（选定时空域）。通过与其他独立研究的结果相比较，并以验证/驳斥方法评估是否存在时空异常与重大地震事件是否发生的关联性。(Tramutoli et al.，2012）。

（3）LAIMC 的验证是国际空间科学研究所（ISSI）在伯尔尼（2014-2016）和北京（2015～2017）所支持国际项目的目标，该项目涉及的国际团队包括了来自美国、俄罗斯、法国、意大利、中国台湾、日本和中国大陆的科学家（http://www.issibern.ch/teams/ spaceborneobserve/?page_id=13）。项目旨在研究与地震过程以及其他自然和人类活动过程相关的岩石圈-大气层与近地空间等离子体之间复杂的相互作用链。最初创建 LAIC 这一概念的目的是为了增进对多参量震前现象的总体理解，并将地球化学、大气和电离层参数的不同变化联系在一个由共同物理机制联合起来的逻辑链中。该项目的主要目标是利用最近全球强震的实验数据，开展广泛的空间观测从而验证 LAIC（Ouzounov et al.，2015，2016）。本项目根据实验数据及其详细分析，研究了在不同地球物理条件下影响地球等离子体环境系统的几个大气层-电离层的关键过程作为分析和建模的输入数据，我们使用了来自不同卫星的大气层、电离层和磁层数据产品，包括 EOS（Terra，Aqua）、NPOESS、ESA / EUM（METEOSAT、Swarm）、DEMETER / CNES 和 FORMOSAT-3 / COSMIC，以及 GPS / TEC、地磁场、气象监测数据、地球化学数据等的地面观测。LAIC 验证的初步成果有：（a）揭示所有类型地震（沿海、板内、海洋）的震前模式的一致性和可预测能力，能证实其普遍性；（b）与地震过程及其他自然和人为过程相关的复杂耗散开放系统（Pulinets et al.，2015；Ouzounov et al.，2016）。

这些项目的结果表明，不存在任何单独的方法——无论是地球化学磁场、热红外（TIR）、电离层变化或是 GPS/TEC——可以在全球范围内提供成功且一致的短期预测。这很可能受局部地质、构造地体因素影响，且强震可能是由长久的、持续的、大规模且有着不同阶段涉及断层带不同部分的作用结果（Keilis-Borok et al.，2004）。然而，在地面和空间的多个传感源的集成网络中同时使用选定的标准化测量，并与共同的物理机制相关联，应该可以为地震前信号的确定提供必要的信息。

这是提出卫星和地面综合框架（ISTF）的主要目标。日本的 ISFT 概念如图 18.1 所示，其分析中使用的物理参量列于表 18.1。使用了含多个传感器的协同观测设备，传感器分布在一个或多个平台上用来覆盖更大面积并提供时空连贯性的监测。如表 18.1 中的列表所示，ISTF 法的优点在于充分利用现有的多个已经验证的物理方法，从而将其与近期建立的与地震发生和传播相关的物理模型融合到一个框架中，并对可能从其他来源获得的数据差距提供反馈（Ouzounov 等，2011b）。目前可以使用不同的观测技术来研究地震发生过程、物理特性以及能量释放现象。我们的方法是基于对大地震（*M*> 6）前短期震前现象的多传感器观测。其验证方法基于一系列物理和环境参量——卫星热红外辐射（STIR）、电离层电子总浓度（GPS / TEC）和与地震活动有关的大气温度测量。多学科分析的科学理论基础基于 LAIC 的概念（Pulinets and Ouzounov，2011），其解释了与短期震前异常有关的不同物理过程与异常变化的协同作用。为确定震前信号的预测潜力，回溯性和前瞻性模式被用于检验不同的异常信号。检验流程包括两个步骤：（a）对具有高地震活动性的三个不同地区开展回溯性分析的案例研究；（b）对日本与中国台湾的 STIR 和总电子含量（dTEC）差值异常的统计检验。

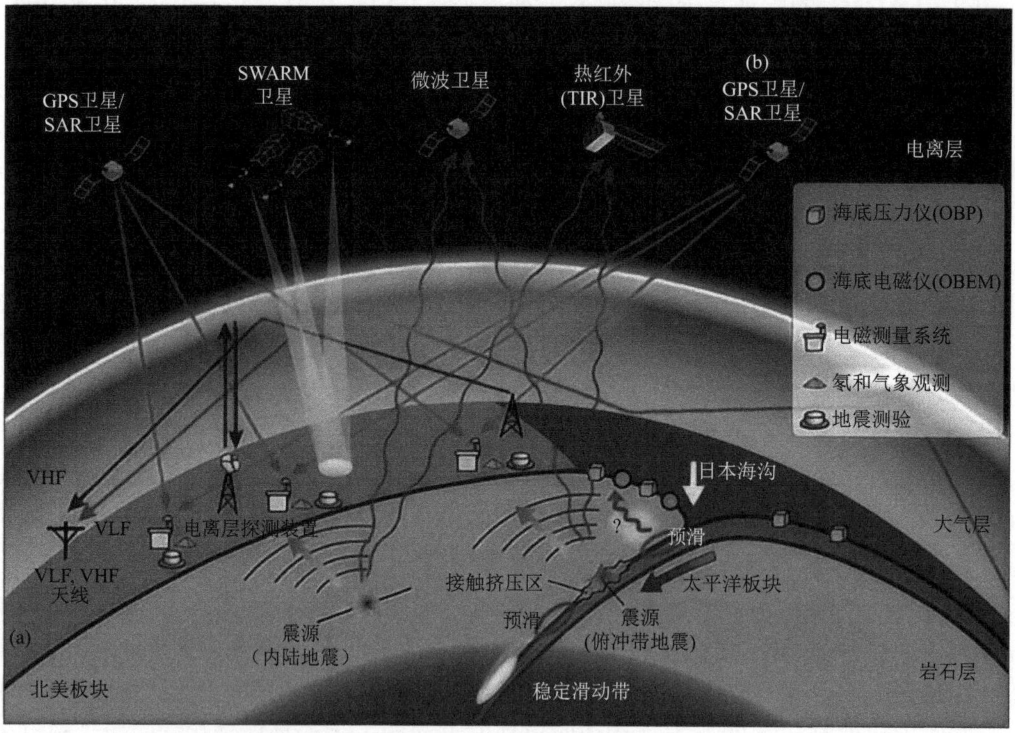

图 18.1　日本地震前信号多参数观测卫星和地面综合框架（ISTF）概念图：（a）地面部分包括地震学、EM 观测、氡、气象、VLF-VHF 和海底 EM 传感器；（b）卫星部分包括 GPS/TEC、SAR、Swarm、微波和热红外（TIR）卫星。

表 18.1 ISTF 分析中使用的物理参数列表

参数	滞后时间	异常范围	传感器	数据源	方法学	参考文献
电离层变化	震前 5～1 天	局部不规则提 15%～100%	GPS/TEC	IGS，NASA	电离层扰动探测	Liu，2000；Pulinetsand Boyarchuk，2004；Zakharenkova，2006；Kon，2010；Hirooka，2011
向外长波辐射	1～4 周	2～80Wm^{-2}	NPOESS/AVHRR EOS Aqua	AIRS 光谱仪，AQUA，AVHRR	TOA 时空热点检测	Ouzounov，2007，2011b；Xiong，2010
大气化学势能	一周	急剧增加	EOS 同化模型	NASA-GEOS5	时序数据分析	Pulinets，2006b

18.2.1 温度和湿度异常

John Milne 关于地震前大气温度变化的研究可能是科学文献中的首例（Milne，1913）。研究发现月平均温度的正弦曲线一般在波峰顶部有稍微提前，这预示了日本北部 387 次地震的发生。后来 Mil'kis（1986）通过研究苏联发生强震的一个月（或一个季度）时间内的热天气异常，证明了与地震活动有关的长期热效应。该研究使用了土库曼斯坦、乌兹别克斯坦和中亚其他地区 120 多个气象站的数据。研究结果表明，在几十年的时间段里，几乎所有地震年的平均月气温都异常偏高，是多年时间里的局部最大值。

在 2003 年墨西哥科利马地震和 2005 年 10 月 8 日巴基斯坦发生毁灭性的 M 7.6 级克什米尔地震之前，对空气温度和相对湿度（RH）的短期变化研究也发现了相似的结果（Pulinets et al.，2006a）。为理解地震活动发生时白天和夜间温度的逐日变化，分析了震中附近的每小时温度和相对湿度。

与冷凝不同，大气中离子的存在使水蒸气分子有通过水合过程加入冷凝过程的可能性。在冷凝过程中，化学势能等于潜热，即 $Q = 40.683\ \mathrm{kJ \cdot mol^{-1}}$ 或 $U_0 = 0.422\ \mathrm{eV \cdot mol^{-1}}$。蒸发/冷凝过程是一阶相变，总是发生在化学势均等的过程中，但我们需要考虑的是新形成的离子具有不同的化学势能，化学势可以表达为

$$U(t) = U_0 + \Delta U \cos^2 t \tag{18.1}$$

其中，U_0 是纯水的化学势，$U(t)$ 是考虑电离和水合作用的化学势，$\cos^2 t$ 考虑了太阳辐射的日常变化。正如 Pulinets（2006a）和 Boyarchuk 等（2010）所示，水分子化学势的增加 ΔU（可以从式 18.1 得出）表明了成核过程的强度，可以用作临震指标。

18.2.2 向外辐射的热异常

自然现象的观测和数据的可用性促进了与地震活动相关的长期热图像的分析。历史上第一次用热学卫星观测地震现象是在 20 世纪 80 年代和 90 年代中亚地区开展的

（Gorny et al.，1988；Qiang et al.，1991；Salman et al.，1992；Tronin，1996）。后来中国、日本、意大利、美国和其他国家也开展了类似的研究。卫星的热学观测表明（a）地球表面温度、（b）地球辐射、（c）潜热和（d）大气顶部的外向辐射（TOA）有明显的变化，并记录到了中亚、伊朗、中国、土耳其、日本、堪察加半岛、印度、土耳其、意大利、希腊和西班牙许多地震前的热异常（Qiang and Du，2001；Saraf and Choudhury，2005；Ouzounov et al.，2007，2016；Tronin，2011；Tramutoli et al.，2015）。

用于表征地球辐射环境的主要参数之一是长波辐射（OLR，8～12μm）。OLR 发生于 TOA，是来自地面、低层大气和云层辐射的集中排放（Ohring and Gruber，1982）。OLR 数据主要用来开展地球的辐射收支和气候研究（Gruber and Krueger，1984；Mehta and Susskind，1999）。美国国家海洋和大气管理局（NOAA）气候预测中心提供极地轨道环境卫星的日和月尺度 OLR 数据库，用于分析甚高分辨率辐射计（AVHRR）OLR 数据的算法是通过单独的算法对原始数据进行计算的（Gruber and Krueger，1984）。将回归方程应用于红外（IR）窗口观测获得总长波辐射通量（Mehta and Susskind，1999）：

$$T_f = T_w(a + bT_w) \tag{18.2}$$

其中，T_w 是 IR 窗口中最亮温度（以 K 表示亮度温度）在星下点的辐射当量，T_f 是通量等效值 BT（K），a 和 b 是回归系数。

OLR 主要表现为对近地表和云温度敏感。每日平均数据覆盖范围包括了一个重要区域（0°E～357.5°E，90°N～90°S），其空间分辨率为 2.5°×2.5°，用于研究地震活动区的 OLR 变化（Ouzounov et al.，2007；Xiong et al.，2010）。在地震活动区的大气层顶部记录到了辐射的增加和 OLR 的瞬变，且被认为与地球表面的热力学过程有关。OLR 异常变化的定义（Ouzounov et al.，2007）类似于 Tramutoli 等（2004）提出的异常热场的定义。异常被构建为特定位置特定时段 OLR 值的静态估值变化：

$$\text{Anomaly}_{i,j}(t) = \left(S^*\left(x_{i,j}, y_{i,j}, t\right) - \overline{S}^*\left(x_{i,j}, y_{i,j}, t\right)\right) / \tau_{i,j} \tag{18.3}$$

其中，t=1，K 天，S^*（$x_{i,j}$，$y_{i,j}$，t）是当前 OLR，S^*（$x_{i,j}$，$y_{i,j}$，t）是 OLR 场平均值，定义为对同一区域相同时间的多年观测结果，而 $\tau_{i,j}$ 是标准偏差。

使用修正版本的方程（18.3）——异常指数，来表示异常估值的区域校准：

$$\text{Anomaly Index} = \left(A^*\text{Anomaly}(t)\right) / B \tag{18.4}$$

其中，A 和 B 是区域校准系数，主要由地震构造模式、区域历史地震活动以及卫星热数据的覆盖范围和质量来定义决定的[详见 Ouzounov et al.（2018）]。

18.2.3 地震-电离层异常

最近，由地震活动区和电离层之间的 EM 耦合引起的一种特殊电离层变化被证明是存在的（Pulinets et al.，1998；Liu et al.，2000）。作为 LAIC 一部分，地震电离层异常（SEA）可能的物理机制（Pulinets and Boyarchuk，2004；Pulinets and Ouzounov，2011）的详细介绍请见第 6 章。由于全球 GPS 数据具有广泛用途，通过 GPS 卫星接收的无线电信号的时间延迟和相位变化，可在垂直方向上得到总 TEC。电离层的变化可以通过星地一体化方法进行监测。全球范围内使用 200 个 GPS 地面接收机构建的 TEC 的 GIM 以 2 小时（现在 1 小时）时间间隔进行发布，其延迟时间为 2～4 天。

为探测 GPS TEC 变化的 SEA，四分位方法被应用。对每个时间点计算 GPS TEC 连续 15 天的中值 M，并找到在第 16 天观察到的 GPS TEC 数据与计算所得中值 M 之间的偏差。为提供标准偏差的信息，计算第一个（或下）和第三个（或上）四分位数，分别记为 LQ 和 UQ。设 GPS TEC 满足正态分布，均值为 m 且标准偏差为 s 的情况下，M 和 LQ 或 UQ 的期望值分别为 m 和 $1.34s$（Klotz and Johnson，1983；Liu et al.，2018）。由于 GPS TEC 的时间分辨率为 2h，因此每天有 12 个数据点。如果一天内出现的上限或下限异常信号超过三分之一（= 4/12），且观察到的 GPS TEC 大于或小于相关的 UB 或 LB，那么认为该天检测到正或负的 SEA（Liu et al.，2009；Kon et al.，2010）。

18.2.4 与地震过程的物理联系

大气化学势（ACP）、OLR 和 SEA 现象是开展与地震过程相关的 LAIC 研究的基本问题（详见第 6 章中的 LAIC）。震前异常的成因与地震准备过程有关。地质结构（断层、裂缝、断裂等）是岩石圈上层流体和气体对流活动的良好通道。ACP 和 OLR 异常通常据观测发生于陆地和海洋的大断层以及其交汇处。根据地质和构造背景，Rn、H_2、He、CH_4、CO_2 和 O_3 等气体会进入大气层，但在大地震发生之前出现气体释放的可能原因是什么？

Thomas（1988）综述了五种可能的机制用于解释地震地球化学上的震前信号：地震超声波脉冲、对压强敏感的溶解度、孔隙体积坍塌、裂缝引起的反应表面的增加和含水层破裂。所有这些都直接或间接地需要地壳应变的增加。但是，提出的所有机制都面临一个共同的困境：即使是在震前现象非常明显的情况下，地震应变测量也常常无法检测到任何异常变化（Soter，1999）。因此，缺乏把震前信号理解为“应变指标”的观测数据支持。Gold（1979）和 Gold 及 Soter（1985）提出了一种基于氡偶发性析出机制。根据这种机制，下地壳和上地幔在岩石静压力下释放气体。一定浓度的气体可能在岩石中占据大尺度的区域，当达到一定的垂直范围时，可能会因压力变化而不稳定，迫使其向上通过岩石圈。在到达地壳时，气体扩散、膨胀并使得可接近的断层释放完毕。这些过程可以在不影响应变测量的情况下进行。在圣安德烈亚斯断层系统（Kennedy et al.，1997）中观察到了地幔气体，且这些气体因为承受了大部分的超负荷压力，明显地减少了断层壁上的静摩擦力，从而为地震的地表过程做准备（Gold and Soter，1985）。

这种假设可以通过整合几种氡、GPS 和基于卫星的观测数据来验证。岩石圈的快速脱气会触发地球表面附近的几个大气层过程，即空气分子电离和等离子体化学反应，主导复杂分子离子以及可达到大气溶胶尺寸的大离子团簇形成过程。断层附近区域与断层远端区域之间的温度差异导致整个地震准备区的水平空气运动、空气混合和气温的整体抬升。该过程通常还伴随着相对湿度的降低，因为水蒸气与离子的附着降低了空气中游离水蒸气的含量。这造成了两个主要后果：大气电导率发生变化，并因此改变近地大气电场和由水分子附着（冷凝）到离子产生的潜热释放。电离层作为全球电路的一部分，会立即对近地电场的相关属性变化作出反应，电离层内外加电场引起离子漂移和不规则的电子浓度。异常电场穿透电离层，沿着磁层中的地磁场线映射到另一半球的共轭点。随着与构造活动区域相关的整个磁层通道发生变化，出现了不同类型的等离子体不稳定性，并产生了超低频（ELF）和甚低频（VLF）辐射，且激发了高能粒子的沉淀（Pulinets et al.，2015）。

Enomoto（2012）提出了支持岩石圈-电离层耦合的新概念，也涉及深层气体的迁移。为了解释近期日本海域地震震前观测到的电离层电子增强现象，该假设基于地震成核与地球深部气体之间的相互作用，当气体通过有裂缝的凹凸体时，这种相互作用导致气体带负电，且其机制可以概括为压力感应电流发生器。然而，该模型没有评估气体对大气物理性质的影响，在 LAIC 框架下的很难通过观测来加以验证。Hayakawa（2011）通过研究大气振荡[声波（AW）或大气重力波（AGW）]的关键作用，认识到大气层作为 LAIC 过程的一部分，提出了大气通道机制的重要作用。地球表面的扰动，例如地震活动区域的温度和压力变化，可能会产生大气振荡，一直向电离层传播并引起电离层密度变化。尽管与大气热异常有明显的联系，但这种机制仍需要震前短时间产生 AGW 的实验证据支持。

18.3 地震前大气异常的统计评估

18.3.1 多参量分析的案例研究

在我们的研究中，整合了 OLR、GPS/TEC 和 ACP 数据，用于监测与最近三次大地震事件的大气层震前信号：（a）2014 年 8 月 24 日加利福尼亚州纳帕市南部 M 6.0 级地震；（b）2016 年 2 月中国台湾玉井东南部 M 6.4 级地震；（c）2016 年 4 月 16 日日本熊本 M 7.0 级地震：地震目录数据见表 18.2。

在受控环境中处理不同的卫星和地面数据。

（1）遥感数据为 NPOESS 和 EOS AIRS 传感器所记录的红外 OLR。因为其代表了地球表面、低层大气和云层的辐射，并且对近地表和云的温度敏感，因此用 TOA 计算的日 OLR 数据来研究地球的辐射收支。OLR 日均值全球数据的分辨率为 2.5°×2.5°，由 NOAA 甚高分辨率辐射计（AVHRR）提供。

（2）全球导航卫星系统（GNSS）的 GPS / TEC 数据。应用了电离层前兆的掩模概念（Pulinets et al.，2003），采用基于自相似性来识别 SEA。我们对给定区域所计算掩模的定义通常以基于单个 IGS（国际 GNSS 服务）站 ΔTEC 的二维分布呈现，其中主震的天数在水平轴上，而当地时间在垂直轴上，ΔTEC 的大小由颜色进行编码。

（3）ACP 数据来自地球观测系统的同化模型。用于计算 ACP 的一个单独算法来自 GOES-5 同化模型。每隔 3 小时的数据变化代表 ACP 的校正，其表示在存在离子化的情况下大气边界层中潜热转换的偏差。异常值的定义基于式（18.5）。为揭示基于 ACP 背景的 ACP 瞬态异常模式，用到了 2013～2016 年期间的数据。

表 18.2　研究的地震列表（美国地质调查局）

位置	地理坐标	日期和时间（UTC）	M	震源深度 / km
加利福尼亚南纳帕谷	122.31° W /38.21° N	2014 年 8 月 24 日 10:24:44	6.0	11.11
中国台湾玉井东南部	120.601° E /22.938° N	2016 年 2 月 6 日 19:57:27	6.4	23
日本熊本	130.754° E /32.791° N	2016 年 4 月 16 日 16:25:06	7.0	10

18.3.1.1　2014 年 8 月 24 日加利福尼亚南纳帕谷 *M*6.0 级地震

2014 年，在过去的 25 年里最大的一次地震袭击了旧金山湾区，对加利福尼亚州著名的纳帕谷造成了严重破坏。该 M 6 级地震于 2014 年 8 月 24 日清晨发生在西部纳帕断层[图 18.2（b）]。2000 年，同一断层发生的小规模地震对纳帕市造成了破坏。加利福尼亚州北部的 TOA 上检测到 OLR 瞬态场中的两个强异常时期：7 月 28 日至 8 月 2 日和 8 月 22 日至 23 日。地点位于 8 月 24 日地震震中东北约 150 km 处。与 2004 年 8 月至 2014 年 8 月的参考域相比，异常热点记录了 2014 年全年震中区域里的最大值[图 18.2（a）]。相比之下，2013 年没有显著的地震活动，采用相同方法并未观察到与 2014 年 OLR 信号相似的明显异常[图 18.2（a）]。使用 dTEC 掩模的回溯性 GPS/TEC 数据分析显示，纳帕地震震中以南的 p222 站在地震前 1～3 天和地震后 1 天的夜间发现了异常变化[图 18.2（c）]。将三个参量 OLR、dTEC 和 ACP 整合为一个 30 天的时间段，该时间段包括了 2014 年 8 月 24 日，也就是 6 级地震当天[图 18.2(d)]。ACP 正异常和 dTEC 增强（03:00 LT）在 OLR 异常明显期间（8 月 23 日夜间）达到顶峰。GPS 站 p222 的观测表明，地震前一天（2014 年 8 月 23 日）是唯一一天出现了 ACP 指数，TOA 的 OLR 和 dTEC 变化之间的协同增强，当其达到峰值时，可能表明在震中附近大气层和电离层之间存在物理耦合（表 18.3）。

18.3.1.2　2016 年 2 月 6 日中国台湾玉井东南部 *M*6.0 级地震

2016 年 2 月 6 日，中国台湾南部屏东市东北部发生 M_W 6.4 级地震[图 18.3（b）]。地震为浅层地震（深度 23 km）且表面强烈的震动造成了大范围的破坏，117 人死亡。该地震是自 1999 年集集地震以来，中国台湾最为致命的一次地震。目前正在对与 2016 年 2 月 6 日中国台湾地震相关的多参量前兆信息的震前时空模式开展检验。通过对 NPOESS 卫星系统获得的 OLR 数据的连续分析，显示出 2016 年 1 月 29 日 TOA 的 OLR[图 18.3（a）]出现了快速增加（对为期 25 年的分析呈 2.5 σ 的显著性）。2016 年 OLR 异

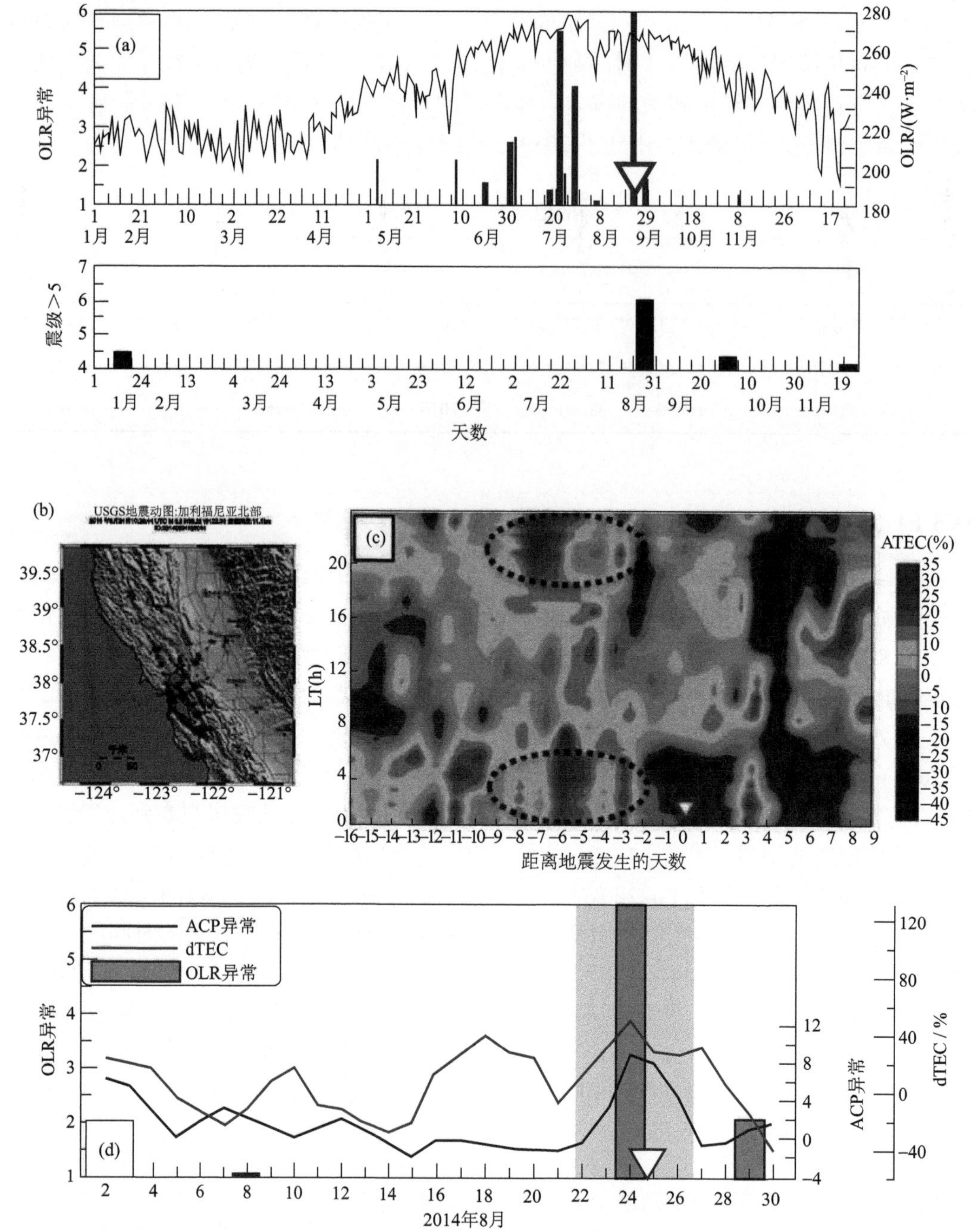

图 18.2 对南纳帕 *M* 6 级地震的不同观测结果。(a)2014 年位于地震震中附近的 OLR 夜间数据的时间序列(红色柱状)。包括未发生重大地震时间的 2013 年 OLR 异常(蓝色柱状)。灰线表示 2014 年每日 OLR 值。底图为 2014 年 $M\geqslant4.5$(欧洲-地中海地震中心)的地震事件。(b)地面震动图(美国地质调查局)。(c)包括地震当天(2014 年 8 月 24 日)在内的接收机 p222 的 30 天 dTEC 掩模数据。(d)OLR、dTEC 和 ACP 的 30 天综合图:灰色阴影区域为异常模式;白色三角形标记代表地震发生
(彩色图片请参阅电子版)

常的显著性[图 18.3（b）]是通过与 2015 年 OLR 异常进行比较来估算的，而 2015 年在该地区未发生重大地震活动[图 18.3（a）]。全年的比较显示，2016 年 OLR 异常略早于 2 月 6 日的地震[图 18.3（d）]，并且与 2015 年 OLR 的异常趋势没有相似之处，这也可能意味着该异常与气象条件无关。使用 dTEC 掩模的 GPS / TEC 分析显示，2 月 6 日地震震中北部的 TWTF 站在地震前 1～3 天和地震后 1 天的当地夜间出现了明显异常[图 18.3(c)]。图 18.3(d)展示了时间跨度覆盖 2016 年 2 月 6 日 M_w 6 级地震当天 OLR、dTEC 和 ACP 三个参数月度数据的综合结果。表征大气边界层内电离过程 ACP 的时间序列变化在 2 月 1 日至 8 日（12:00 LT）期间呈快速增加的趋势，与 dTEC（18:00 LT）增强同步。相比之下，主要的 OLR 异常出现在 ACP 和 dTEC 异常之前（1 月 29 日），这并不常见。根据 Pulinets 和 Ouzounov（2011）以及 Ouzounov 等（2011b）的说法，通常的演变模式[如图 18.2（d）和图 18.4（d）中另外两个案例研究所示]是 ACP 异常发生在 OLR 和 dTEC 异常之前。可能的原因是 OLR 参量使用的数据像素较大（2.5° × 2.5°），而 ACP 数据是单像素。由于 OLR 异常数据包含较大的区域，与震中附近的附加断层有关的地震活动并未在单像素的 ACP 图中呈现出来，从而可能引起 OLR 信号的异常[图 18.3（d）]。我们对 2016 年 2 月 6 日中国台湾 6.4 级地震的多参量分析结果揭示了地震前兆信号的一般时空演变模式（表 18.3）。

18.3.1.3 2016 年 4 月 16 日日本熊本 *M*7.0 级地震

2016 年熊本地震序列始于 2016 年 4 月 14 日 *M* 6.2 级前震（12:26 UTC），4 月 15 日 16:25 UTC 在日本九州地区熊本市发生了 *M* 7.0 级地震[图 18.4（b）]。两次地震造成至少 50 人死亡，约 3000 人受伤。我们回顾性地分析了这次地震发生前几天表征大气状态和电离层的三个物理参量的瞬时变化：TOA 上的 OLR，与低层大气中热力学特性有关的 ACP，和来自电离层 GPS 观测的 dTEC。对日本的卫星监测结果显示，从 12 月 12 日开始（*M* 7 级地震前 3 天），熊本中心区附近发生了 OLR 的快速增长。基于 OLR 参考场（2004～2016 年），在熊本震中区异常热点是 2016 年全年[图 18.4（a）]的最大值。为开展驳斥监测（没有热异常就不发生地震），我们对 2015 年数据采用了相同的方法，在相同区域并未发生重大地震活动，也没有观测到 OLR 明显异常[图 18.4(a)]。将三个参量 OLR、dTEC 和 ACP 整合到 30 天的时间段，时间跨度包括 2016 年 4 月 15 日的 *M* 7 级地震当天[图 18.4（d）]。观测发现 ACP 正异常（00:00 LT）与 OLR 异常（4 月 15 日夜间）和 dTEC 增强（21：00 LT）几乎同时发生。与另外两个案例（加利福尼亚和中国台湾）相比，ACP 数据显示出弱异常现象，可能是与九州地区的火山环境有关。使用 dTEC 掩模对位于地震震中以南的 GMSD（日本 IGS GPS 站）接收机[图 18.4（c）]的数据进行的 GPS / TEC 回顾性分析显示，在地震发生 1～2 天前的夜间出现正异常，地震发生后 1 天出现负异常。我们的结果显示了震前瞬态异常（OLR、ACP、dTEC）外在的相关性，主要是具有非常短的时滞，从数小时到数天不等，这可能是与 2016 年熊本地震序列的大气层和电离层特征性地震前兆有关（表 18.3）。

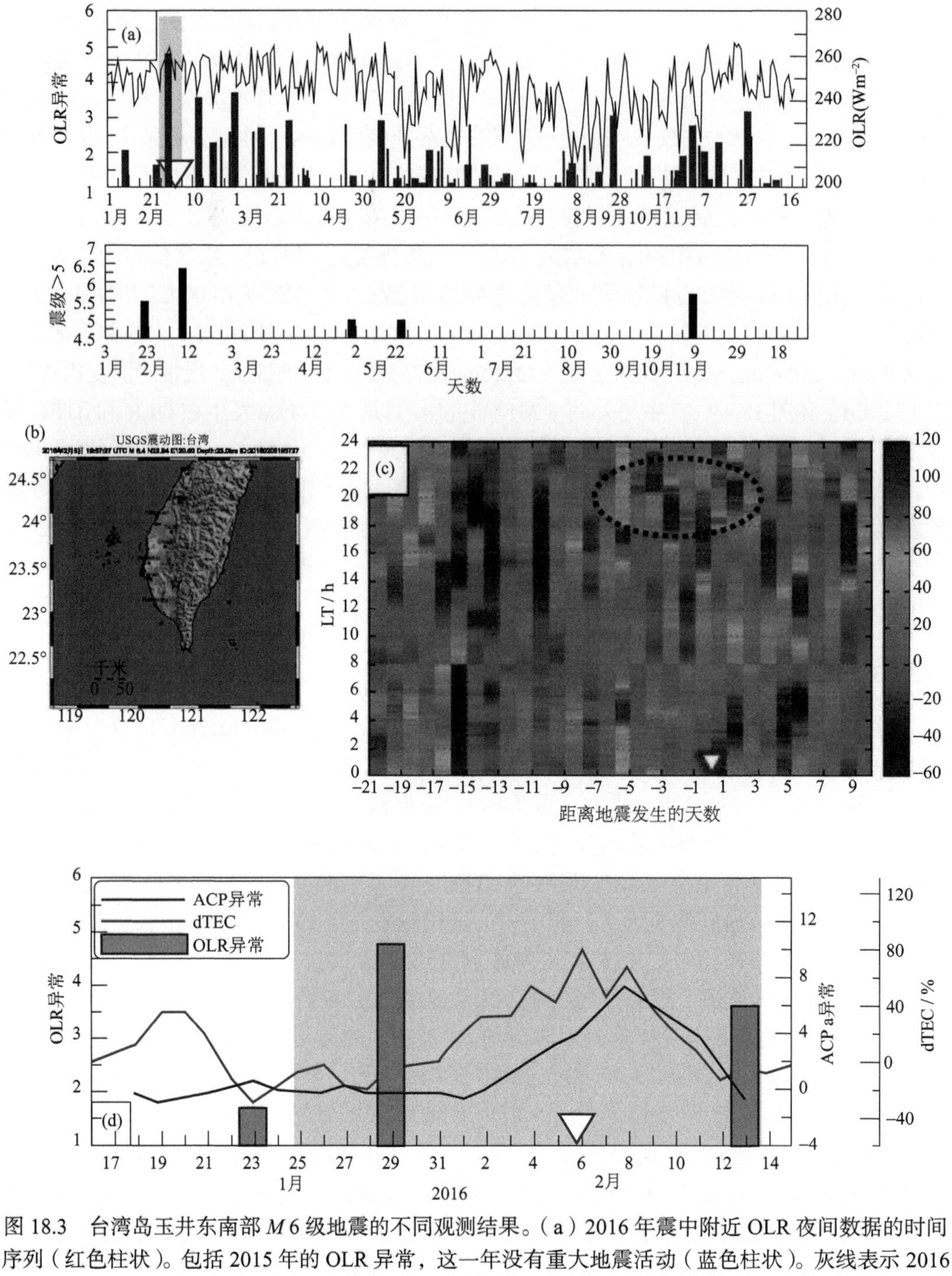

图 18.3　台湾岛玉井东南部 M 6 级地震的不同观测结果。（a）2016 年震中附近 OLR 夜间数据的时间序列（红色柱状）。包括 2015 年的 OLR 异常，这一年没有重大地震活动（蓝色柱状）。灰线表示 2016 年每日 OLR 值。（底图）2016 年 $M \geqslant 4.5$（欧洲-地中海地震中心）的地震活动。（b）地面震动图（美国地质调查局）。（c）包括地震当天（2016 年 2 月 6 日）在内，接收机 TWTF30 天的 dTEC 掩模数据。（d）OLR、dTEC 和 ACP 的 30 天综合图：灰色阴影区域表示异常模式；白色三角形标记了地震的发生

（彩色图片请参阅电子版）

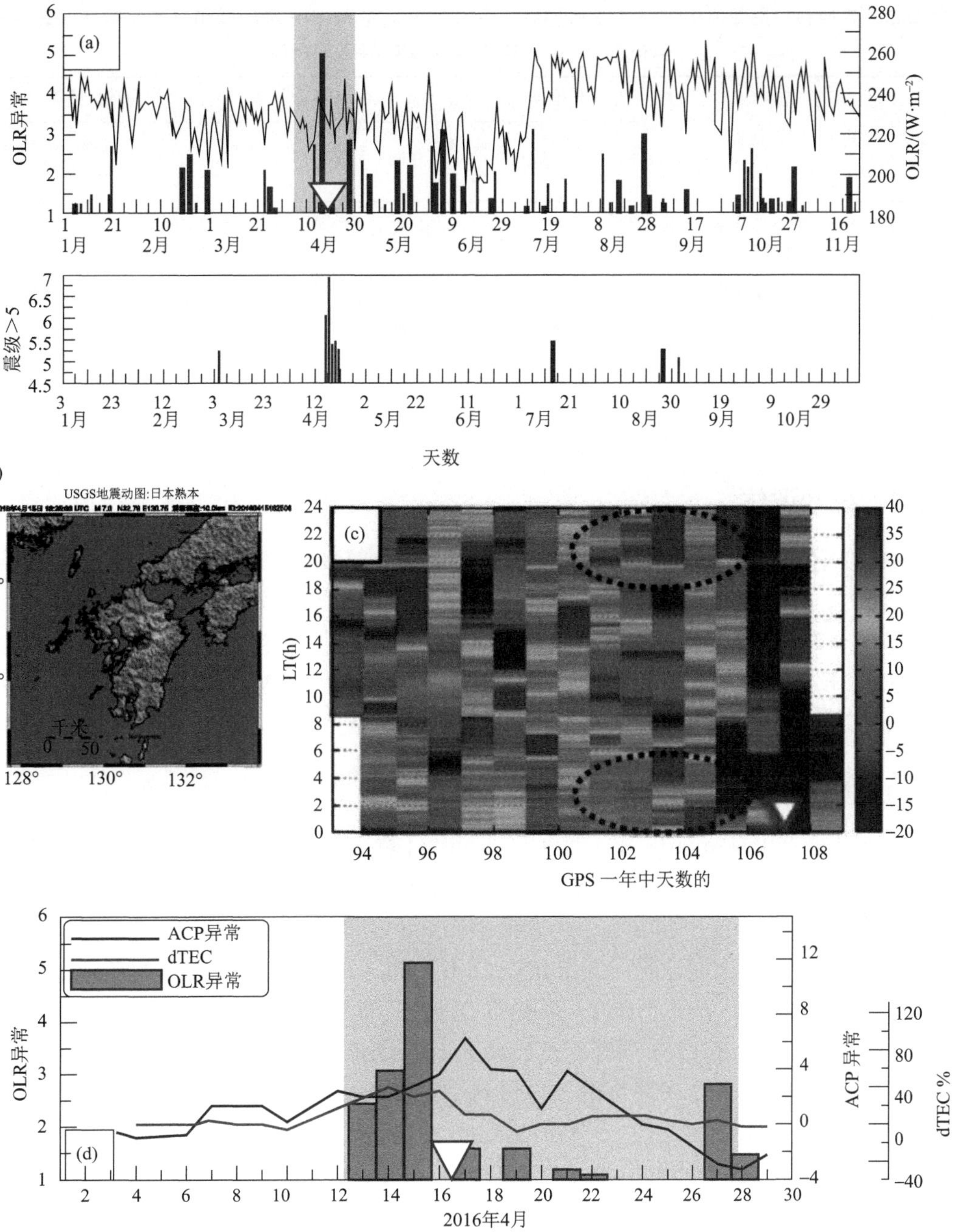

图 18.4　日本熊本 M 7 级地震的不同观测结果。(a) 2016 年震中附近 OLR 夜间数据的时间序列（红色柱状）。包括 2015 年的 OLR 异常，该年未发生重大地震活动（蓝色柱状）。灰线表示 2016 年每日 OLR 值。(底图) 2014 年 $M\geqslant4.5$（欧洲-地中海地震中心）的地震活动。(b) 地面震动图（美国地质调查局）。(c) 包括地震当天（2016 年 4 月 16 日）在内的接收机 GMSD30 天的 dTEC 掩模数据。(d) OLR、dTEC 和 ACP 的 30 天集成图：灰色阴影区域为异常模式；白色三角形标记代表地震发生（彩色图片请参阅电子版）

表 18.3　与加利福尼亚州纳帕谷 M6 级地震、中国台湾玉井 M_w 6.4 级地震和日本熊本 M7 级地震有关的 ACP、OLR 和 dTEC 异常的概述

日期和时间	地震	ACP 异常			OLR 异常			dTEC 异常		
		日期	数值	滞后时间	日期	数值	滞后时间/天	日期	数值/%	滞后时间/天
2014 年 8 月 24 日 10:24:44	M6 加利福尼亚南纳帕谷	8 月 22～23 日	8	−2	8 月 22 日	6	−1	8 月 22 日～23 日	40	−1～3
2016 年 2 月 6 日 19:57:27	M_w 6.4 中国台湾玉井东南部	2 月 1～8 日	8	−5	1 月 29 日	5	−7	2 月 4 日～6 日	70	−1～3
2016 年 4 月 16 日 16:25:06	M7.0 日本熊本	4 月 12 日	8	−3	4 月 12 日	5	−3	4 月 14 日	40	−1～2

18.3.2　统计评估

我们介绍了大地震前短期震前现象多传感器观测验证的最新进展。为了检验震前信号的预测潜力，我们采用了回溯性和前瞻性模式检验不同的异常信号。其流程包括：（a）对日本 2014～2015 年的 OLR 参量开展为期 9 个月的前瞻性测试；（b）对 1998～2010 年间日本的 SEA 开展连续回顾性分析；（c）对中国台湾在 1998～2010 年的 SEA 进行连续回顾性分析。

18.3.2.1　向外长波辐射异常

2014 年 6 月 1 日至 2015 年 3 月 31 日期间，针对震级≥M5.5 的重大地震活动对日本进行了持续的前瞻性预警。结合了两种参量：OLR 和 ACP，每个预警包含四个参数：（a）位置，包括纬度和经度坐标以及 2°的置信半径；（b）预估震级 ±0.5；（c）时间段，通常在 30 天内；（d）置信水平，介于 0.5 和 1.0 之间。实时与三个人共享每个警报并在线发布。基于式（18.1）～式（18.3）采用 ISTF 方法。在 310 天的试验期间，针对≥M5.5 个潜在地震活动发出了 22 个预警，表 18.4 列出了 OLR 前瞻性试验中的偶发事件。

在分析区域，有 22 次地震的发生得到了正确的预报，但有一次地震出现了漏报，即没有预测到[图 18.5（a）]。平均滞后时间为 12 天[图 18.5（b）]，仅针对≥M5.5+级以上的地震发出预警，置信半径为 250 km，有效期为 30 天。使用了 Molchan 的误差图（MED）（Molchan，1997；Zechar and Jordan，2008）评估预警的统计显著性。因预警包括时间和地点，因此使用二维时空 MED，时域预警单元为 1 天，空间域为 2°×2°。日本地区有 310 个时间预警单位（310 天）和 61 个空间预警像素。总预警单元为 310×61 = 18910。在表 18.4 中，我们计算了真正（TP）、假负（FN）、真负（TN）、实际正（AP）、实际负（AN）、预测正（PP）、预测负（PN）。因为我们有一个固定的预警阈值，所以只能在 MED 图上产生一个点。预警率约为 0.134，检测率约为 0.955[图 18.5（c）]，增益约为 7。请注意，这里我们使用统一假设，即地震在时间和空间上完全随机发生。

表 18.4 日本 2014 年 6 月至 2015 年 3 月的地震预警 OLR 分析列联表

	预警	未预警	总计
地震	真正（TP） 21	假负（FN） 1	实际正（TP+FN） 22
无地震	假正（FP） 2535-21=2514	真负（TN） 18910-21-1-2514=16374	实际负（FP+TN）18888
总计	预测正（TP+FP）2535	预测负（FN+TN）16375	TP+FP+FN+TN 18910

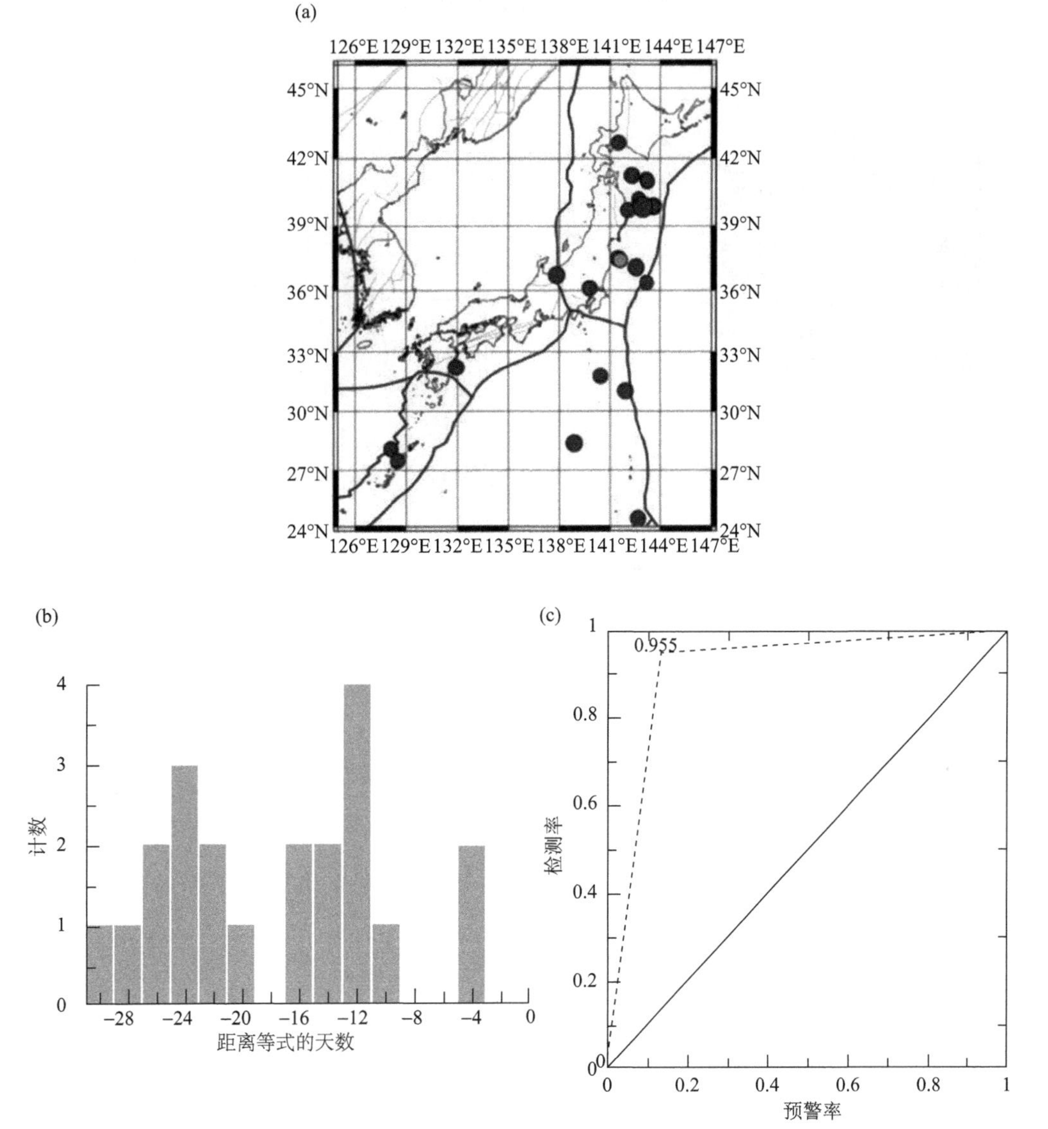

图 18.5 用 2014~2015 年日本的 Molchan 误差图（MED）评估 OLR 地震异常。（a）M>5.5 级以上地震的分布图，深色表示成功发出预警，而浅色表示漏报的地震。（b）与地震相关的 OLR 异常时间分布（时间滞后）。（c）MED 图（彩色图片请参阅电子版）

18.3.2.2 SEA 评估

在图 18.6 中，我们提出了 MED 分析概念，回溯性地评估 GPS / TEC 方法对日本进行评估短期地震预测的有效性。采用 1998～2013 年数据，图 18.6（a）显示了目标区域内满足以下条件的地震分布；目标区域震级 $M \geqslant 6.0$、深度小于 40 km。SEA 结果如图 18.6（b）所示。2011 年东日本大地震的 SEA 结果与 1998～2010 年余震产生的结果不同。图中灰色和黑色线分别对应于 1 天和 5 天数据累积的显著性水平。去除余震影响后，震后的未有异常现象，为检验前兆信号的效果，选取 5 天累积数据开展 MED 分析，结果

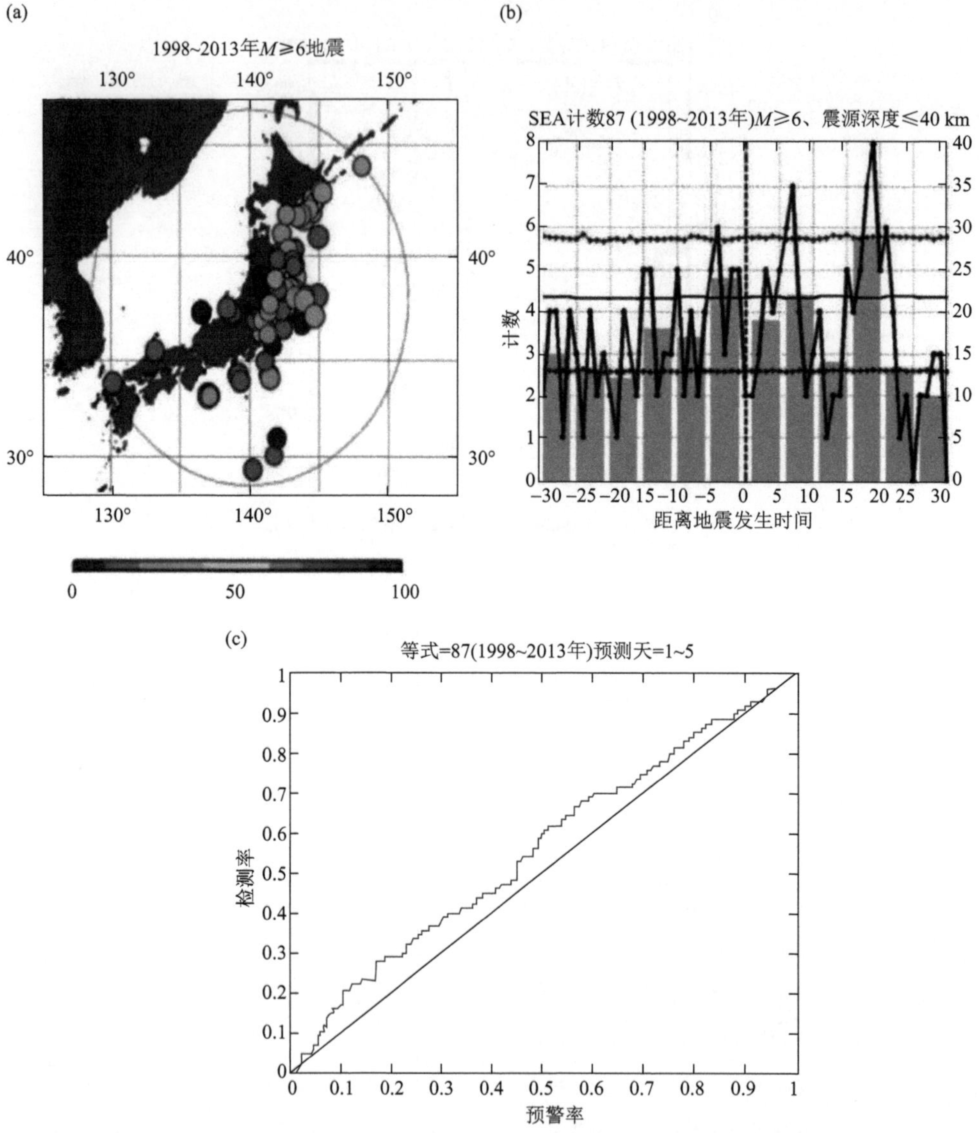

图 18.6 用日本 1998～2013 年的 Molchan 误差图（MED）评估 GPS/TEC 地震异常（SEA）（a）1998～2013 年期间震级在 $M>6$ 以上地震的分布图。（b）异常的分布，绿色和黑色线分别对应于 1 天和 5 天累积数据的显著性水平。（c）5 天累积数据的 MED 图（彩色图片请参阅电子版）

如图 18.6（c）所示，进一步表明使用 GPS/TEC 异常方法在统计学上是合理的。在所有案例中，1998～2013 年地震总数为 87，地震前 1 至 5 天检测出的地震数为 24，检测率约为 0.276，预警率约为 0.18，增益约为 1.53。

与图 18.7 所示日本地震结果进行交叉比较，我们还通过应用 MED 分析来回溯性地评估中国台湾 GPS / TEC 方法短期地震预报的有效性。采用了 1998～2013 年的数据。图 18.7（a）显示了目标区域中满足以下条件的地震分布：目标区域中 28 个 $M≥6.0$，深度小于 40 km。中国台湾中部的 TEC（东经 121°、北纬 24°）是从 CODE GIM 反演得到的。计算了 15 天的运行平均值（m），并构建了相关的上限 $UB = 1.25$（TEC/m）和下限 $LB = 0.75$（TEC/m）。在第 16 天，TEC 超过 UB 和 LB，表明 SEA 增加（正）或减少（负）。根据之前的结果（Liu et al.，2004），负 SEA 倾向于出现在中国台湾地震发生后 1～5 天的下午。因此，我们进一步关注负异常。为了消除磁暴的混淆效应，剔除了在 D_{st} 磁指数超过-100nT 后 1～2 天内出现的 SEA。

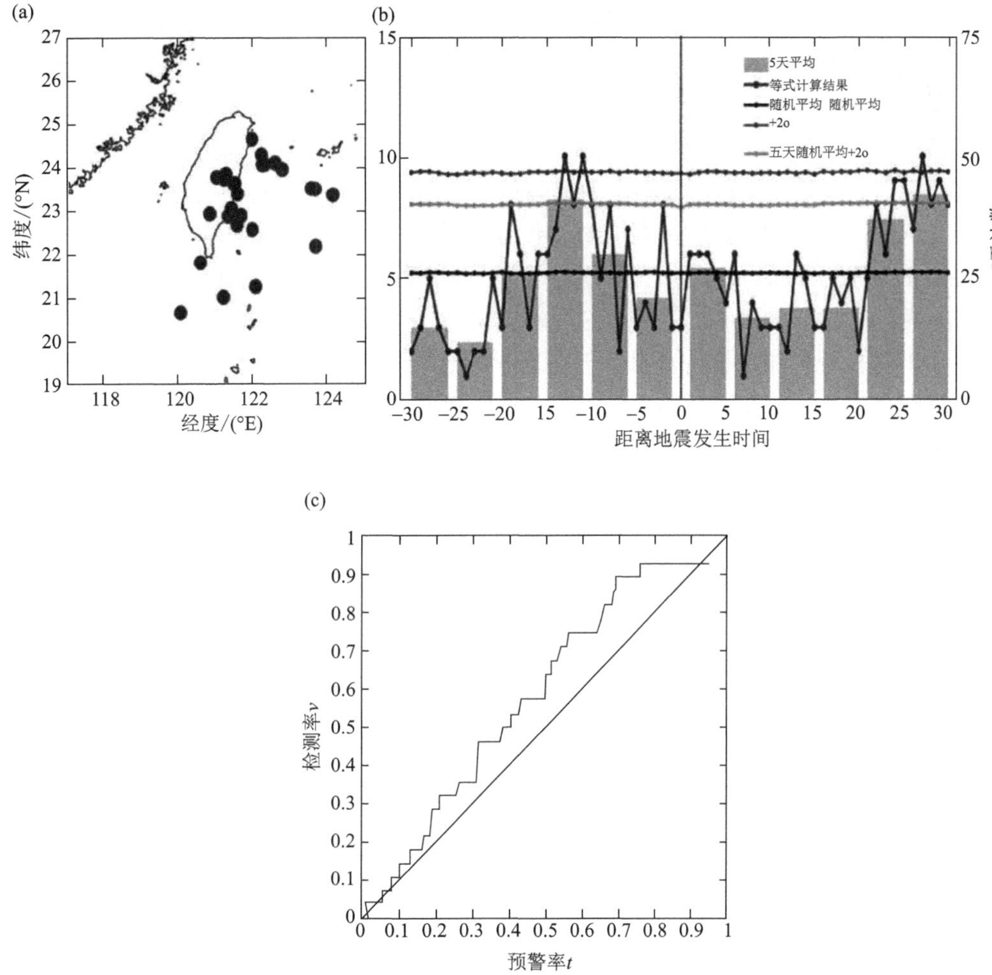

图 18.7　1998～2013 年台湾岛 Molchan 误差图（MED）对 GIM / TEC 地震异常（SEA）的评估。（a）1998 年-2013 年 $M>6$ 级以上地震分布图。（b）异常的分布，绿色和黑色线分别对应 1 天和 5 天累积数据的显著性水平。（c）5 天累积数据的 MED 图（彩色图片请参阅电子版）

SEA 结果如图 18.7（b）所示。由于 1999 年发生了集集地震事件，由于余震效应，SEA 结果与 1996～1999 年的结果不同。在该图中，灰色和黑色线分别对应于 1 天和 5 天累积数据的显著性水平。在充分去除余震后，发现震后异常消失。为检验前兆的效率，我们使用 5 天累积数据开展 MED 分析，如图 18.7（c）所示，提前期为 2 天，预警窗口为 1 天，结果表明，使用 TEC 异常方法在统计学意义上是合理的。请注意，因为磁暴的异常被排除在外，预警率不能达到 1。此次案例中，1998～2013 年间的地震总数为 28，地震前 1 至 5 天检测到地震的次数为 21 次，检测率约为 0.75，预警率约为 0.6，增益约为 1.25。

18.4 总结和结论

本章介绍了有关大气层-电离层异常与中强地震之间关联性研究的最新进展。理解这种基本联系将有助于减少地震灾害损失。基于跨学科手段的多传感器观测大地震（$M>6$）发生之前的短期（几天、几周）震前现象。ISTF 验证法基于多个与地震有关的物理和环境参量（卫星热红外辐射（STIR）、电离层电子浓度（GPS/TEC）、气温/湿度）多传感器手段具有两个观测方面的优势：（a）多参量观测表明，震前阶段遵循一般的时空演化模式，（b）多参量观测在理解与地震过程相关的 LAIC 中起着关键作用。上述两方面特征需要结合天地一体化的多仪器联合观测科学，依据是基于 LAIC 概念（Pulinets and Ouzounov，2011），其解释了不同物理过程和异常变化的协同作用，通常称为短期震前异常。使用 MED 开展 STIR 和 SEA 异常的初步测试显示日本和中国台湾的结果优于随机处理结果，且表明基于物理学的震前大气信号可以提供关于测试区主震发生的短期预测信息。开展 2014 年纳帕 M 6 级地震、2016 年中国台湾 M 6 级震和 2016 年熊本 M 7 级地震的震例研究，结合了 OLR、dTEC 和 ACP 的独立分析，发现震前大气层信号具有一般的时空演化模式（在 1～30 天的时间段内），与世界范围内其他地震现象有关。最新的地球观测卫星与地面传感器监测网给予我们对地震过程综合理解的绝佳机会，可以填补地球-空间系统科学全球概念中的大气和固体地球过程之间认知上的不足。

致谢

笔者要感谢 NOAA 的气候预测中心（CPR）、NASA 的戈达德地球科学数据和信息中心（GES DISC）、国际 GNSS 服务（IGS）和 GEONET-GSI-Japan 所提供的科学数据。特别感谢美国地质调查局和欧洲-地中海地震中心提供的地震信息数据。笔者还要感谢地球科学股份有限公司的协助和国际空间科学研究所（北京，伯尔尼）对“利用星载多仪器联合观测验证岩石圈-大气层-电离层-磁层耦合（LAIMC）的地圈相互作用概念”团队所提供的国际支持。

参考文献

Akhoondzadeh, M. and Saradjian, M. R. (2012), Fusion of multi precursors earthquake parameters to estimate the date, magnitude and affected area of the forthcoming powerful earthquakes, *International Archives of the Photogrammetry, Remote Sensing and Spatial Information Sciences*, Vol. *XXXIX-B8*, 2012, XXII ISPRS Congress, 25 August-01 September 2012, Melbourne, Australia.

Aristotle (1951), *Meteorolgica*, English Translation, H. F. P. Lee, Harvard.

Ben-Menahem, A. A. (1995), Concise history of mainstream seismology: Origina, legacy and perspectives. *Bull. Seismol.Soc.Am..85*, 1202-1225.

Biagi, P. F., Piccolo, R., Castellana, L., Maggipinto, T., Ermini, A., Martellucci, S., Bellecci, C., Perna, G., Capozzi, V., Molchanov, O. A., Hayakawa, M., and Ohta, K. (2004), VLF-LF radio signals collected at Bari (South Italy): a pre-lim-inary analysis on signal anomalies associated with earthquakes, *Nat. Hazards Earth Syst.Sci.*, *4*, 685-689.

Bokov, V. (2010), On the link between the atmospheric circulation and seismicity within the range of the seasonal variability, *Mem.Russian State Hydro-Meteorol. Univ.*, *14*, 89-100.

Boyarchuk, K. A., Karelin, A. V., and Nadolski, A. V. (2010), Statistical analysis of the chemical potential correction value of the water vapor in atmosphere on the distance from earthquake epicenter, *Issues Electromech.*, *116*, 39-46.

Cervone, G., Maekawa, S., Singh, R., Hayakawa, M., Kafatos, M., and Shavets, A. (2002), Surface latent heat flux and nighttime LF anomalies prior to the Mw = 8.3 Tokachi-Oki earthquake.*Nat. Hazards Earth Syst.Sci.*, *6*, 109-114.

Cicerone, R., Ebel, J., and Briton, J. (2009), A systematic compilation of earthquake precursors, *Tectonophysics*, *476*, 371-396.

De Boer, J. Z., Hale, J. R., and Chanton, J. (2001), New evidence of the geological origins of the ancient Delphic oracle (Greece), *Geology*, *29*, 707-710.

Dey, S. and Singh, R. P. (2003), Surface latent heat flux as an earthquake precursor, *Nat. Hazards Earth Syst.*, *3*, 749-755.

Doda, L., Natyaganov, V., and Stepanov, I. (2013), An empirical scheme of short-term earthquake prediction, *Dokl.Earth Sci.*, *453*(2), 1257-1263.

Dunajecka, M. A. and Pulinets, S. A. (2005), Atmospheric and thermal anomalies observed around the time of strong earth-quakes in Mexico, *Atmosfera*, *18*, 235-247.

Enomoto, Y. (2012), Coupled interaction of earthquake nucleation with deep Earth gases: a possible mechanism for seismo-electromagnetic phenomena, *Geophys.J. Int.*, *191*, 1210-1214.Fu, C. C., Wang, P. K., Lee, L. C., Lin, C. H., Chang, W. Y.,

Fujiwara, H., Kamogawa, M., Ikeda, M., Liu, J. Y., Sakata, H., Chen, Y. I., Ofuruton, H., Muramatsu, S., Chuo, Y. J., and Ohtsuki, Y. H. (2004), Atmospheric anomalies observed during earthquake occurrences, *Geophys.Res.Lett.*, *31*, L17110.

Gold, T. (1979), Terrestrial sources of carbon and earthquake outgassing, *J. Petrol.Geol.*, *1*, 3-19.

Gold, T. and Soter, S. (1985), Fluid ascent through the solid lithosphere and its relation to earthquakes, *Pure Appl.Geophys.*, *122*, 492-530.

Gorny, V. I., Salman, A. G., Tronin, A. A., and Shilin, B. V. (1988), The earth’s outgoing IR radiation as an indicator of seismic activity, *Proc.Acad.Sci.USSR.*, *301*, 67-69.

Gruber, A. and Krueger, A. (1984), The status of the NOAA outgoing longwave radiation dataset, *Bull.Am. Meteorol. Soc.*, *65*, 958-962.

Guo, G., and Xie, G. (2007), Earthquake cloud over Japan detected by satellite, *Int. J. Remote Sens.*, *28*, 5375-5376.

Hayakawa, M. (2004), Electromagnetic phenomena associated with earthquakes:A frontier in terrestrial electromagnetic noise environment, *Recent Res.Devel. Geophys.*, *6*, 81-112.

Hayakawa, M. (2011), Probing the lower ionospheric perturbations associated with earthquakes by means of subiono-spheric VLF/LF propagation, *Earthquake Sci.*, *24*, 609-637.

Hirooka, S., Hattori, K., and Takeda, T. (2011), Numerical validations of neural network based ionospheric tomography for disturbed ionospheric conditions and sparse data, *Radio Sci.*, *46*, RS0F05.

Humboldt, A. Von (1897), *COSMOS:A Sketch of the Physical Description of the Universe*, New York, 462 pp.

Irwin, W. P. and Barnes, I. (1980), Tectonic relations of carbon dioxide discharges and earthquakes.*J. Geophys.Res.*, *85*(B6), 3115-3121.

Jing, F., Shen, X. H., Kang, C. L., and Xiong, P. (2013), Variations of multiparameter observations in atmosphere related to earthquake, *Nat. Hazards Earth Syst.Sci.*, *13*, 27-33, doi:10.5194/nhess-13-27-2013

Kalenda, P., Neumann, L., Malek, J., and Wandrol, I. (2012), *Tilts, Global Tectonics And Earthquake Prediction*, Science Without Borders, London, 251 pp.

Keilis-Borok, V., Shebalin, P., Gabrielov, A., and Turcotte, D. (2004), Reverse tracing of short-term earthquake precursors.*Phys.Earth Planet.Inter.*, *145*(1-4), 75-85.

Kennedy, B. M., Kharaka, Y. K., Evans, W. C., Ellwood, A., Depaolo, D. J., Thordsen, J., Ambats, G., and Mariner, R. H. (1997), Mantle fluids in the San Andreas Fault System, *California, Science*, *278*, 1278-1281.

King, C.-Y. (1986), Gas geochemistry applied to earthquake prediction:An overview.*J. Geophys.Res.*, *91*(B12), 12, 269-12, 281.

Klotz, S. and Johnson, N. L. (1983), *Encyclopedia of Statistical Sciences*, John Wiley & Sons, Hoboken, NJ, 672 pp.

Kon, S., Nishihashi, M., and Hattori, K. (2010), Ionospheric anomalies possibly associated with $M \geqslant 6$ earthquakes in Japan during 1998-2010:Case studies and statistical study, *J. Asian Earth Sci.*, *41*(4), 410-420, doi:10.1016/j.jseaes.2010.10.005

Kushida, Y. and Kushida, R. (2002), Possibility of earthquake forecast by radio observations in the VHF band, *J. Atmos.Electr.*, *22*, 239-255.

Liu, J. Y., Chuo, Y. J., Shan, S. J., Tsai, Y. B., Chen, Y. I., Pulinets, S. A., and Yu, S. B. (2004), Pre-earthquake ionospheric anomalies registered by continuous GNSS GPS TEC meas-urement, *Ann.Geophys.*, *22*, 1585-1593.

Liu, J. Y., Chen, Y. I., Chen, C. H., Liu, C. Y., Chen, C. Y., Nishihashi, M., Li, J. Z., Xia, Y. Q., Oyama, K. I., Hattori, K., and Lin, C. H. (2009), Seismo-ionospheric GNSS GPS total electron content anomalies observed before the 12 May 2008 *Mw*7.9 Wenchuan earthquake, *J. Geophys.Res.*, *114*, A04320, doi:10.1029/2008JA013698

Liu, J.-Y, Hattori, K., and Chen, Y. (2018), Application of total electron content derived from the Global Navigation Satellite System for detecting earthquake precursors, in D. Ouzounov, S. Pulinets, K. Hattori, and P. Taylor (eds), *Pre-Earthquake Processes: A Multidisciplinary Approach to Earthquake Prediction Studies*, pp., Geophysical Monograph 234, American Geophysical Union, Washington, DC, and John Wiley and Sons, Inc., Hoboken, NJ, 305-318.

Martinelli, G., (2000), Contributions to a history of earthquake prediction research, Seismological Research Letters *Seismol.Res.Lett.*, *vol. 71* no. (5), 583-5-588.

Mehta, A. and Susskind, J. (1999), Outgoing longwave radiation from the TOVS Pathfinder path A data set,

J. Geophys.Res., *104*(D10), 12193-12212.

Mil' kis, M. R. (1986).Meteorological precursors of earthquakes, *Izvest.Earth Phys.*, *22*, 195

Milne, J. (1913), *Earthquakes and Other Movements*, 2nd edn, London, 210 pp.

Mogi, K. (1985), Temporal variation of crustal deformation during the days preceding a thrusttype great earthquake—the 1944 Tonankai earthquake of magnitude 8.1.Japan, *Pure Appl.Geophys.*, *122*, 765-780.

Molchan, G. M. (1997), Earthquake prediction as a decision-making problem, *Pure Appl.Geophys*, *147*(1), 1-15.

Morozova, L. I. (1996), Features of atmolithmospheric relationships during periods of strong Asian earthquakes.Izvestiya, *Phys.Solid Earth*, *5*, 63-68.

Nagao, T., Enomoto, Y., Fujinawa, Y., Hata, M., Hayakawa, M., Huang, Q., Izutsu, J., Kushida, Y., Maeda, K., Oike, K., Uyeda, S., and Yoshino, T. (2002), Electromagnetic anoma-lies associated with 1995 KOBE earthquake, *J. Geodyn.*, *33*, 401-411.

Nagao, T., Orihara, Y., and Kamogawa, M. (2014), Precursory phenomena possibly related to the 2011 *M*9.0 off the Pacific coast of Tohoku earthquake, *J. Disaster Res.*, *9*(3), 303-310

Neresov, I. L. and Latynina, L. A. (1992), Strain processes before the Spitak earthquake, *Tectonophysics*, *202*, 221-225.

Ohring, G. and Gruber, A. (1982), Satellite radiation observations and climate theory.*Adv.Geophys.*, *25*, 237-304.

Ouzounov, D. and Freund, F. (2004), Midinfrared emission prior to strong earthquakes analyzed by remote sensing data, *Adv.Space Res.*, *33*, 268-273.

Ouzounov, D., Pulinets, S., Cervone, G., Kafatos, M., and Taylor, P. (2006), New methodology for global earthquake monitoring using joint multi-parameter satellite and in-situ data, *36th COSPAR Scientific Assembly*, 16-23 July, Beijing, China

Ouzounov, D., Liu, D., Kang, C., Cervone, G., Kafatos, M., and Taylor, P. (2007), Outgoing long wave radiation variability from IR satellite data prior to major earthquakes, *Tectonophysics*, *431*, 211-220.

Ouzounov, D., Pulinets, S., Hattori, K., Parrot, M., Liu, J. Y., Yang, T. F., Arellano-Baeza, A. A., Kafatos, M., and Taylor, P. (2011a), Progress in multidisciplinary validation of earthquake atmospheric signals by joint satellite and ground based observations, *The XXV IUGG General Assembly*, Melbourne, 28 June to 7 July.

Ouzounov, D., Pulinets, S., Hattori, K., Kafatos, M., and Taylor, P. (2011b), Atmospheric signals associated with major earthquakes. a multisensor approach, in M. Hayakawa (ed.), *Frontier of Earthquake Short-Term Prediction Study*, pp. 510-531, Terra Scientific Publishing, Tokyo.

Ouzounov, D., Pulinets, S. A., Hernandez-Pajares, M., Alberto Garcia Rigo, A. G., Davidenko, D., Hatzopoulos, N., and Kafatos, M. (2015), Transient effects in atmosphere and ionosphere preceding the two 2015 *M*7.8 and *M*7.3 earthquakes in Nepal, *AGU Fall Meeting*, abstract #NH32B-05.

Ouzounov, D., Pulinets, S. A., Hernandez-Pajares, M., Alberto Garcia Rigo, A. G., Davidenko, D., Petrov, L., Hatzopoulos, N., and Kafatos, M. (2016), Pre-earthquake signatures in atmosphere/ionosphere and their potential for short-term earthquake forecasting, *Case Studies for 2015, EGU General Assembly*, 17-22 April, Vienna, p. 3496.

Ouzounov, D., Pulinets, S., Kafatos, M., and Taylor, P. (2018), Thermal radiation anomalies associated with major earth-quakes, in D. Ouzounov, S. Pulinets, K. Hattori, and P. Taylor (eds), *Pre-Earthquake Processes:A Multidisciplinary Approach to Earthquake Prediction Studies*, pp., Geophysical Monograph 234, American Geophysical Union, Washington, DC, and John Wiley and Sons, Inc., Hoboken, NJ, 259-274.

Piccardi, L. (2000), Active faulting at Delphi, Greece: seismo-tectonic remarks and a hypothesis for the geologic environment of a myth, *Geology*, *28*, 651 -654.

Pulinets, S. (2011), The synergy of earthquake precursors, *Earthquake Sci.*, *24*, 535-548.

Pulinets, S. and Boyarchuk, K. (2004), *Ionospheric Precursors of Earthquakes*, Springer, New York, 289. pp.

Pulinets, S. and Ouzounov, D. (2011), Lithosphere-atmos-phere-ionosphere coupling (LAIC) modela- unified concept for earthquake precursors validation, *J. Asian Earth Sci.*, *41*(4), 371-382.

Pulinets, S. A., Khegai, V. V., Boyarchuk, K. A., and Lomonosov, A. M. (1998), Atmospheric electric field as a source of iono-spheric variability.*Phys. Uspekhi*, *41*(5), 515-522.

Pulinets, S., Legen' Ka, A. D., Gaivoronskaya, T. V., and Depuev, V. K. (2003), Main phenomenological features of ionospheric precursors of strong earthquakes, *J. Atmos.Solar Terr. Phys.*, *65*(16), 1337-1347.

Pulinets, S., Ouzounov, D., Ciraolo, L., Singh, R., Cervone, G., Leyva, A., Dunajecka, M., Karelin, A. V., Boyarchuk, K. A., and Kotsarenko, A. (2006a), Thermal, atmospheric and ionospheric anomalies around the time of the Colima M7.8 earth-quake of 21 January 2003, *Ann.Geophys.*, *24*, 835-849.

Pulinets, S., Ouzounov, D., Karelin, A. V., Boyarchuk, K. A., and Pokhmelnykh, L. A. (2006b), The physical nature of the thermal anomalies observed before strong earthquakes, *Phys.Chem.Earth*, *31*, 143-153.

Pulinets, S., Ouzounov, D., Karelin, A., and Davidenko, D. (2015), Physical bases of the generation of short-term earthquake precursors: A complex model of ionization-induced geophysical processes in the lithosphere-atmosphere-ionosphere-magnetosphere system, *Geomagn.Aeron.*, *55*(4), 540-558.

Pulinets, S., Ouzounov, D., Karelin, A., and Dmitry Davidenko, D. (2018), Lithosphere-atmosphere-ionosphere-magnetosphere coupling—a concept for pre-earthquake signals generation, in D. Ouzounov, S. Pulinets, K. Hattori, and P. Taylor (eds), *Pre-Earthquake Processes:A Multi-disciplinary Approach to Earthquake Prediction Studies*, pp. Geophysical Monograph 234, American Geophysical Union, Washington, DC, and John Wiley and Sons, Inc., Hoboken, NJ, 79-98.

Qiang, Z.; Xu, X.; Dian, C. (1991a) Thermal infrared anomaly precursors of impending earthquakes. *Chin. Sci. Bull. 1991*, 36, 319-323.

Qiang, Z.; and Du, L.-T. (2001), Earth degassing, forest fire and seismic activities, *.Earth Science Sci. FrontiersFront.*, *2001, 8*, 235-2-245.

Qiang, Z., Xu, X., and Dian, C. (1991b), Thermal infrared anomaly precursors of impending earthquakes, *Chin.Sci.Bull.*, *36*, 319-323.

Rozhnoi A, Molchanov O, Solovieva M, Gladyshev V, Aken-tieva O, Berthelier J J, Parrot M, Lefeuvre F, Hayakawa M, Castellana L and Biagi P F (2007a).Possible seismo ionosphere perturbations revealed by VLF signals collected on ground and on a satellite. *Nat Hazards Earth Syst Sci 7*: 617-624.

Rozhnoi, A., Molchanov, O., Solovieva, M., Gladyshev, V., Aken-tieva, O., Berthelier, J. J., Parrot, M., Lefeuvre, F., Hayakawa, M., Castellana, L., and Biagi, P. F. (2007b), Possible seismo-ionosphere perturbations revealed by VLF signals collected on ground and on a satellite, *Nat. Hazards Earth Syst.Sci., 7*, 617-624.

Salman, A., Egan, W. G., and Tronin, A. A. (1992), Infrared remote sensing of seismic disturbances, in *Polarization and Remote Sensing, SPIE*, 1747, San Diego, CA.

Saraev, A. K., Antaschuk, K. M., Simakov, A. E., et al.(2014), Multiparameter monitoring of electromagnetic earthquake precursors in the frequency range 0.1 Hz-1 MHz, *Seismol.Instr.*, *50*, 52, doi: 10.3103/S0747923914010071

Saraf, A. K., Rawat, V., Banerjee, P., Choudhury, S., Panda, S. K., Dasgupta, S., and Das, J. D. (2008,) Satellite detection of earthquake thermal precursors in Iran, *Nat. Hazard*, *47*, 119-135.

Singh, R. P., Cervone, G., Kafatos, M., Prasad, A. K., Sahoo, A. K., Sun, D., Tang, D. L., and Yang, R. (2007), Multisensor studies of the Sumatra earthquake and tsunami of 26 December 2004, *Int. J. Remote Sens.*, *28*, 2885-2896.

Soter, S. (1999), Macroscopic seismic anomalies and submarine pockmarks in the Corinth-Patras rift, *Greece, Tectonophysics*, *308*, 275-290.

St-Laurent, F., Derr, J., and Freund, F. (2006), Earthquake lights and the stress-activation of positive hole charge carriers in rocks, *Phys.Chem.Earth*, *31*, 305-312.

Stothers, R. (2004), Ancient and modem earthquake lights in Northwestern Turkey, *Seismol.Res.Lett.*, *75*(2), 199-204.

Thomas, D. (1988), Geochemical Precursors to Seismic Activity, *Pure Appl.Geophys.*, *125*(2-4), 241-266.

Toutain, J.-P. and Baubron, J.-C. (1998), Gas geochemistry and seismotectonics: a review, *Tectonophysics*, *304*, 1-27.

Tramutoli, V., Bello, G. D., Pergola, N., and Piscitelli, S. (2001), Robust satellite techniques for remote sensing of seismically active areas, *Ann.Geofis.*, *44*, 295-312.

Tramutoli, V., Cuomo, V., Filizzola, C., Pergola, N., and Pietrapertosa, C. (2005), Assessing the potential of thermal infrared satellite surveys for monitoring seismically active areas.The case of Kocaeli (İzmit) earthquake, August 17, 1999.*Remote Sens. Environ.*, *96*, 409-426.

Tramutoli, V., Inan, S., Jakowski, N., Pulinets, S. A., Romanov, A., Filizzola, C., Shagimuratov, I., Pergola, N., Ouzounov, D. P., Papadopoulos, G. A., Parrot, M., Genzano, N., Lisi, M., Alparlsan, E., Wilken, V., Tsybukia, K., Romanov, A., Paciello, R., Zakharenkova, I., and Romano, G. (2012), Dynamic Assessment of Seismic Risk (DASR) by Multi-parametric Observations: Preliminary Results of PRIME experiment within the PRE-EARTHQUAKES EU-FP7 Project, *AGU Fall Meeting Abstracts*, #NH44A-02.

Tramutoli, V., Corrado, R., Filizzola, C., Genzano, N., Lisi, M., and Pergola, N. (2015), From visual comparison to robust satellite techniques:30 years of thermal infrared satellite data analyses for the study of earthquake preparation phase, *Boll.Geofis.Teor.Appl.*, *56*(2), 167-202.

Tronin, A. A. (1996), Satellite thermal survey—a new tool for the studies of seismoactive regions, *Int. J. Remote Sens.*, *17*, 1439-1455.

Tronin, A. A. (2011), *Catalog of Thermal and Atmospheric Phenomena Associated with Earthquakes*, Sankt Petersburg, Russia, 260pp.(In Russian.)

Tronin, A. A., Hayakawa, M., and Molchanov, O. A. (2002), Thermal IR satellite data application for earthquake research in Japan and China, *J. Geodyn.*, *33*, 519-534.

Tronin, A. A., Biagi, P. F., Molchanov, O. A., Khatkevich, Y. M., and Gordeev, E. I. (2004), Temperature variations related to earthquakes from simultaneous observation at the ground stations and by satellites in Kamchatka area, *Phys.Chem.Earth*, *29*, 501-506.

Vernadsky, V. (1912), About the gas exchange of Earth crust, *Russ.Acad.Sci.St Petersburg*, *6*(2), 141-162.(In Russian.)

Vernadsky, V. (1945), The biosphere and the noösphere, *Am. Sci.*, *33*(1), 1-12.

Wakita, H. (1982), Changes in groundwater level and chemical composition, in T. Asada (ed.), *Earthquake Prediction Techniques*. pp. 175-216, University of Tokyo Press.

Wu, H. C. (2004), Preliminary findings on perturbation of jet stream prior to earthquakes, *Eos (Trans.Am. Geophys.Union)*, *85*(47), T51B-0455.

Wu, H. C., Tikhonov, I., and C′esped, A. R. (2015), Multi-par-ametric analysis of earthquake precursors, *Russ.J. Earth. Sci.*, *15*, ES3002.

Wyss, M., Klein, F. W., and Johnston, A. C. (1981), Precursors to the Kalapana *M* 7.2 earthquake, *J. Geophys.Res.*, *86*, 3881-3900.

Xiong, P., Shen, X. H., Bi, Y. X., Kang, C. L., Chen, L. Z., Jing, F., and Chen, Y. (2010), Study of outgoing longwave radiation anomalies associated with Haiti earthquake, *Nat. Hazards Earth Syst.Sci.*, *10*,

2169-2178.

Yuce, G., Ugurluoglu, D. Y., Adar, N., Yalcin, T., Yaltirak, C., Streil, T., and Oeser, V. (2010), Monitoring of earthquake precursors by multi-parameter stations in Eskisehir region (Turkey), *Appl.Geochem.*, *25*(4), 572-579.

Zakharenkova, I. E., Krankowski, A., and Shagimuratov, I. I. (2006), Modification of the low-latitude ionosphere before December 26, 2004 Indonesian earthquake, *Nat. Hazards Earth Syst.Sci.*, *6*, 817-823.

Zechar, J. and Jordan, T. (2008), Testing alarmbased earthquake predictions, *Geophys.J. Int.*, *172*, 715-724.

Zia, R. (1984), Forewarning phenomena for the earthquake that took place in the Basilicata and Campania regions of South Italy on November 23rd 1980, *International Symposium on Continental Seismicity and Earthquake Prediction*, pp. 534-540, Seismological Press.